通信电路与系统

（第2版）

主　编　罗伟雄

北京理工大学出版社
BEIJING INSTITUTE OF TECHNOLOGY PRESS

内 容 提 要

本书由通信电子线路和通信原理两门课程的教材内容综合而成,包含通信电子线路的全部内容和通信原理的基本内容。

全书共分十章,内容包括:通信概论、谐振功率放大、振荡电路、幅度调制与解调、混频电路、角度调制与解调、锁相环路及其应用、通信系统设计、模拟信号数字化、数字基带与频带系统。本书内容丰富、通俗易懂、概念清楚,每章均有习题,有利于教学和自学。

本书可作为高校信息工程与其他相关专业的本科生教材,也可供从事通信工程的专业人员和其他科研人员参考。

图书在版编目(CIP)数据

通信电路与系统/罗伟雄主编. —2版. —北京:北京理工大学出版社,2007.9(2022.9重印)

普通高等教育"十一五"国家级规划教材. 高等院校电子、信息类教材

ISBN 978-7-81045-586-2

Ⅰ. 通… Ⅱ. 罗… Ⅲ. 通信系统-电子电路-高等学校-教材 Ⅳ. TN91

中国版本图书馆CIP数据核字(2007)第125431号

出版发行/北京理工大学出版社

社　　址/北京市海淀区中关村南大街5号

邮　　编/100081

电　　话/(010)68914775(办公室) 68944990(批销中心) 68911084(读者服务部)

网　　址/http://www.bitpress.com.cn

经　　销/全国各地新华书店

印　　刷/北京虎彩文化传播有限公司

开　　本/787毫米×1092毫米 1/16

印　　张/20

字　　数/452千字

版　　次/2007年9月第2版 2022年9月第10次印刷

定　　价/45.00元

责任校对/张 宏

责任印制/王美丽

前　　言

通信技术日新月异的发展及其成果的应用已经极大地影响着人类社会生活的方方面面，它对提高生产效率，改善人们的生活质量起到了巨大的推动作用，它和计算机同为实现信息化社会的重要技术手段。

“非线性电子线路”或“高频电子线路”是通信，电子信息工程专业本科生重要的技术基础课程之一。在该课程的传统教学中，主要讲授应用于通信、雷达、遥控遥测技术领域的单元功能电路，内容仅限于模拟电路，系统概念相对淡化；“通信原理”是通信专业本科生的必修专业课程。它以前续技术基础课为依托，较为全面地介绍通信原理和一定的通信系统知识，但不涉及系统内部的电路知识。实际上这两门课程有些内容是相互重复的。另外，随着通信技术和计算机技术的发展，有很多专业的学生需要通信的基本知识。有不少学校将“通信原理”课程由专业课变成了专业基础课。在这样的形势下，我们于 1999 年将原有的“通信原理”与“通信电子线路”两门课合并，变成了“通信原理与电路”。在几年的教学实际中取得了预期的效果。

这本教材是在原有《通信原理与电路》的基础上修订而成的。主要的修订之处包括：增加了通信系统设计的内容，主要讲述噪声、噪声传媒、噪声温度、接收机灵敏度、AGC、AFC 等内容，同时在各章节增加了一些内容，如 DDFS 部分，故本书更名为《通信电路与系统》。

本书在编写时注意吸收了当前国内外相关优秀教材内容，努力反映现代通信技术的发展和多年来教学和科研实践中积累的经验。本书在编写上力求深入浅出，通俗易懂，以适合电子信息类各专业本科生对通信技术基础知识的学习要求。全书共分十章，第一章概括了通信的基本概念、通信系统的构成，通信方式和信道特征；第二章讲述通信系统中高频谐振功率放大的内容；第三章讲述振荡电路与正弦波产生等内容；第四章讲述幅度调制解调及混频电路；第五章讲述角度调制与解调的内容；第六章讲述锁相环路及其应用；第七章讲述模拟通信系统设计；第八章讲述模拟信号数字化、PCM 调制与增量调制的内容；第九章讲述数字基带传输系统；第十章讲述数字基带调制解调原理。本书适合 64 学时左右的课程教学。

本书在编写过程中，韩力教授在内容的增减、教材结构和内容方面提出了很多宝贵意见；中北大学王高老师编写了第四、五章。

前言

目　　录

第一章　通信概论 ……………………………………………………………… (1)
§1.1　概述 ……………………………………………………………… (1)
§1.2　通信和通信系统 ……………………………………………………… (1)
§1.3　模拟和数字通信系统 …………………………………………………… (2)
§1.4　通信方式和主要传输方式的现状及发展趋势 ………………………… (7)
§1.5　信息及其度量 ………………………………………………………… (8)
§1.6　信道 ……………………………………………………………… (10)
§1.7　通信系统的主要质量指标 ……………………………………………… (20)
习题 ……………………………………………………………………… (21)
参考文献 ………………………………………………………………… (22)

第二章　谐振功率放大 …………………………………………………………… (23)
§2.1　概述 ……………………………………………………………… (23)
§2.2　非线性电路及其分析方法 ……………………………………………… (24)
§2.3　并联谐振回路 ………………………………………………………… (27)
§2.4　谐振功率放大器的基本工作原理 ……………………………………… (31)
§2.5　谐振功率放大器的动态特性 …………………………………………… (35)
§2.6　谐振功率放大器的设计原则 …………………………………………… (40)
附录2.1　宽频带的功率合成 ……………………………………………… (46)
附录2.2　余弦脉冲系数表 ………………………………………………… (50)
附录2.3　匹配网络的计算公式与条件 ……………………………………… (51)
习题 ……………………………………………………………………… (53)

第三章　振荡电路 ……………………………………………………………… (56)
§3.1　*LC* 正弦波振荡器 …………………………………………………… (57)
§3.2　*LC* 正弦振荡电路的频率稳定性 ……………………………………… (65)
§3.3　石英晶体振荡器 ……………………………………………………… (71)
§3.4　*RC* 正弦波振荡器 …………………………………………………… (75)
习题 ……………………………………………………………………… (78)
参考文献 ………………………………………………………………… (80)

第四章　幅度调制，解调和混频电路 ……………………………………………… (81)
§4.1　概述 ……………………………………………………………… (81)
§4.2　幅度调制原理 ………………………………………………………… (81)

§4.3　调幅电路 ……………………………………………… (87)
§4.4　幅度解调电路 ………………………………………… (97)
§4.5　混频电路 ……………………………………………… (105)
习题 ………………………………………………………… (117)

第五章　角度调制原理 …………………………………… (123)
§5.1　调角波的时域表达式 ………………………………… (123)
§5.2　调角波的频谱结构和带宽 …………………………… (125)
§5.3　调频与调幅的比较 …………………………………… (128)
§5.4　调频与调相的比较 …………………………………… (129)
§5.5　调频电路 ……………………………………………… (130)
§5.6　相位检波电路 ………………………………………… (136)
§5.7　频率检波电路 ………………………………………… (140)
习题 ………………………………………………………… (149)
参考文献 …………………………………………………… (151)

第六章　锁相环路 ………………………………………… (152)
§6.1　锁相环路的线性分析 ………………………………… (153)
§6.2　锁相环路的非线性分析 ……………………………… (166)
§6.3　集成锁相环 …………………………………………… (171)
§6.4　锁相环路的应用 ……………………………………… (177)
习题 ………………………………………………………… (190)
参考文献 …………………………………………………… (191)

第七章　模拟通信系统设计 ……………………………… (192)
§7.1　调幅与调频系统的抗噪声性能 ……………………… (192)
§7.2　接收机中的干扰与噪声 ……………………………… (203)
§7.3　自动增益控制与自动频率细调 ……………………… (213)
附录7.1　各种模拟调制系统的对比 ……………………… (219)
附录7.2　预加重/去加重对信噪比的改善值 …………… (220)
习题 ………………………………………………………… (221)

第八章　模拟信号数字化 ………………………………… (223)
§8.1　抽样定理 ……………………………………………… (223)
§8.2　量化理论 ……………………………………………… (228)
§8.3　PCM 编码原理 ………………………………………… (235)
§8.4　增量调制（ΔM 或 DM） …………………………… (245)
习题 ………………………………………………………… (253)
参考文献 …………………………………………………… (255)

第九章　数字基带传输系统 ……………………………………… (256)
§9.1　引言 ……………………………………………………… (256)
§9.2　数字基带信号的码型 ……………………………………… (256)
§9.3　数字基带信号的功率谱 …………………………………… (261)
§9.4　基带脉冲传输和码间干扰 ………………………………… (262)
§9.5　无码间干扰的基带传输特性 ……………………………… (264)
§9.6　无码间干扰基带系统的抗噪声性能 ……………………… (266)
§9.7　眼图 ……………………………………………………… (269)
§9.8　均衡 ……………………………………………………… (270)
习题 ……………………………………………………………… (273)
参考文献 ………………………………………………………… (275)
附录9.1　数字基带信号功率谱密度计算 ……………………… (276)
附录9.2　部分响应基带传输系统 ……………………………… (279)
附录9.3　误差函数 ……………………………………………… (283)

第十章　数字频带调制 ………………………………………… (285)
§10.1　概述 …………………………………………………… (285)
§10.2　二进制数字频带调制 ………………………………… (285)
§10.3　二进制键控信号的误比特率 ………………………… (292)
§10.4　二进制数字调制系统的性能比较 …………………… (299)
§10.5　多进制数字频带调制 ………………………………… (300)
习题 ……………………………………………………………… (308)
参考文献 ………………………………………………………… (309)

第一章　通信概论

§1.1　概　　述

通信的任务是传递和交换信息。人类社会是建立在信息交流基础上的，通信是推动人类社会文明、进步与发展的巨大动力。随着生产力和科学技术的发展，人们对于通信的要求也就越来越高，从传递和交换的信息来说，当今社会的信息包含语言、音乐、文字、符号、图像和数据等。从传输信息的速度来说，要求传输速率越来越高，传输距离也越来越远。现代通信和计算机已经而且必将更加有机地结合起来，形成各种通信网络，并将各种网络综合形成为各种信息服务的综合通信网络。

通信与经济发展密切相关。通信系统已经成为现代经济的重要基础产业。可以说没有通信事业的发展就没有经济的高速发展，因此，通信产业已成为我国经济建设的基础产业。

本章主要讨论通信系统的组成和分类，使读者对通信的基本概念和一些必要的术语有一个初步了解。

§1.2　通信和通信系统

通信是将信息从发送端传输到异地的接收端。现代通信系统的典型框图如图1-1所示。首先将所要传送的语言、音乐、符号、图像或数据等信息通过输入变换器（它可以是受话器、拾音器和电视摄像机等）转换成相应的电信号，这种电信号称为基带信号。

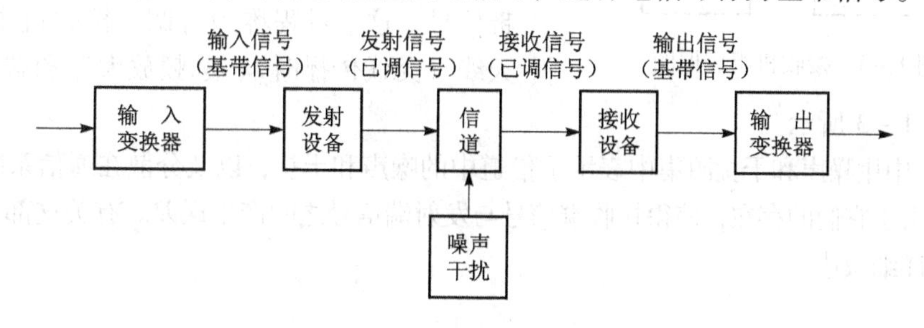

图1-1　通信系统典型框图

发射机将基带信号进行某种变换送入信道，以便使基带信号在信道中进行有效的传输，这一变换过程称为调制，变换后的信号称为已调信号或频带信号。发射机主要由载波产生器、调制器和必要的功率放大器与天线组成，如图1-2所示。

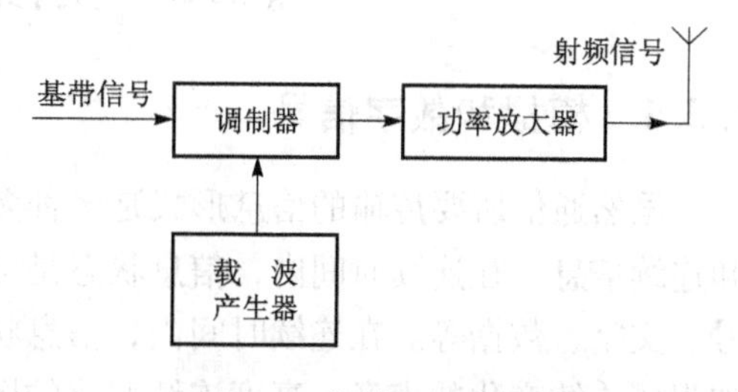

图1-2　发射机组成框图

信道是传播带有信息的电信号的媒质，它可

以是电线、电缆、波导、光导纤维或无线电信道。无线电信道是指携带信息的电信号在空间传播的通道。由于无线电波在空间传播的性能和大气结构、高空电离层结构、大地的衰减以及无线电波的频率、传播路径等密切相关，因此不同频段的无线电波的传播路径及其受上述各种因素的影响也不同，无线电波频段的划分如表 1－1 所示。

表 1－1　无线电波频段的划分

波段名称（传播方式）		波长范围	频率范围	频段名称	主要用途
地表波	长波	3 000 ~ 30 000 m	10 ~ 100 kHz	低频 LF	电报
	中波	200 ~ 3 000 m	100 ~ 1 500 kHz	中频 MF	广播
地表波电离层	短波：中短波	50 ~ 200 m	1 500 ~ 6 000 kHz	中高频 IF	电报，广播
	短波：短　波	10 ~ 50 m	6 ~ 30 MHz	高频 HF	电报，广播
视距波	超短波：米波	1 ~ 10 m	30 ~ 300 MHz	甚高频 VHF	通信，电视，导航
	超短波：分米波	10 ~ 100 cm	300 ~ 3 000 MHz	特高频 UHF	电视、雷达、导航
	微波：厘米波	1 ~ 10 cm	3 ~ 30 GHz	超高频 SHF	中继通信、卫星通信、雷达，导航等
	微波：毫米波	1 ~ 10 mm	30 ~ 300 GHz	极高频 EHF	
光波	激光	$<3\times10^{-4}$ m	$>10^{3}$ GHz		通信

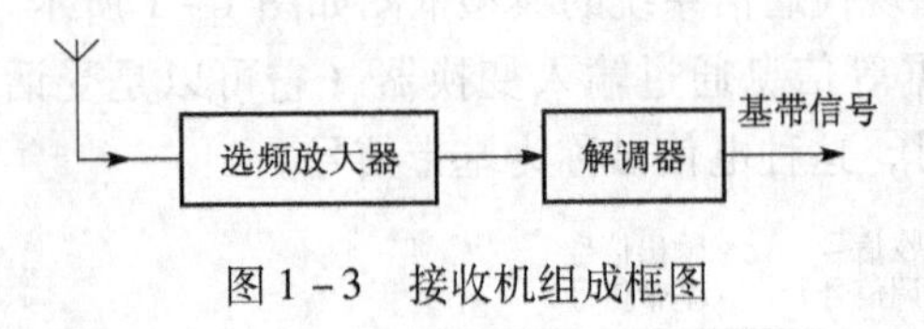

图 1－3　接收机组成框图

接收机的功能与发射机相反，它从信道中取出已调信号后进行处理，恢复出发送端相应的基带信号，这一过程称为解调。接收机主要由接收天线（无线传播时）、选频放大器和解调器组成，其框图如图 1－3 所示。

图 1－1 中用噪声和干扰源集中表示了信道中的噪声和干扰，以及分散在通信系统中其他各处的噪声。由于它们的存在，使得接收端信号与发射端信号之间产生误差。有关这部分内容将在后面章节中详细叙述。

§1.3　模拟和数字通信系统

1.3.1　模拟和数字信号

虽然通信所要传输的信息形式是多种多样的，但是它们都可以归纳为两大类：离散信息和连续信息。在连续时间内，信息状态是可数的且时域上不连续的，称为离散信息，例如符号、文字、数据等。在连续时间内，信息状态是连续的且时域上连续的，称为连续信息，例如强弱连续变化的声音，亮度连续变化的图像等。

当信息通过输入变换器转换成相应的电信号后，若电信号的参量（如幅度、频率和相位等）的变化在时间上是离散的，而且取值也是离散的，则该电信号称为数字信号。若电信号的参量在时间上是连续的，而且其取值也是连续的，则电信号称为模拟信号。

按照信道中所传输的信号性质不同，通信系统可分为模拟通信系统和数字通信系统两大类。

需要指出，模拟信号不限于仅在模拟通信系统中传输，利用模/数（A/D）转换技术，将模拟信号先转换成数字信号再送入数字通信系统中进行传输，然后在接收端利用数/模（D/A）转换技术恢复成模拟信号。采用这种方式是由于数字通信和模拟通信相比，前者有很多优点。首先，数字通信的抗干扰能力强，尤其在中继通信中，数字信号可以利用再生技术来消除传输过程中积累的噪声，还可以利用纠错码技术来纠正传输中产生的差错，提高通信的可靠性；其次，数字信号易于加密，其保密性强。第三，数字信号便于计算机对数字信息进行处理。基于上述原因，目前有以数字通信代替模拟通信的趋势。另一方面，考虑到目前的通信设备大多数是模拟通信系统，为了充分利用现有设备，可在模拟通信系统中加入调制解调器（Modem），就可利用现有的模拟通信系统传输数字信号，例如用模拟电话系统传输数字信号。

1.3.2 模拟信号的传输

一、调制的必要性

在无线通信系统中，往往将包含要传输信息的电信号，经过调制后再传输，然后在接收端进行解调来提取信息。调制的过程就是用基带信号去改变高频信号某个参量的过程。由于发射的已调高频信号带有基带信号的信息，而高频信号本身有运载信息的工具，因此该高频信号称为载波，相应的频率称为载频。在接收端则必须将已调高频信号进行反变换，以恢复发送端欲传送的基带信号，这一反变换过程称为解调。

基带信号必须调制到高频载波上再送入信道的原因为：

（1）高频已调信号易于辐射。为了使电磁能量有效地向空间辐射，通常发射天线的尺寸至少应该是发射信号波长的1/10，而对于大多数基带信号来说，其波长很长，以致天线尺寸大到难以实现的地步。例如语音信号频率范围是300～3 000 Hz，其相对应的波长为100～1 000 km，而制作一个10～100 km长的天线是不现实的。但是当基带信号调制到较高的载频上后，由于载频的波长较短，因此发射天线易于实现。

（2）便于同时传输多路不同的基带信号。若有若干个用户需使用电话线路，由于话音信号的频谱所占据的频带是相同的，所以如果不对基带信号（话音信号）进行调制处理，这些用户是无法同时通话的，否则这些基带信号之间将相互干扰。若将不同的基带信号调制到不同的载频上，只要这些载频的间隔足够大，使已调信号的频谱不重叠，就不会产生相互干扰。在接收端只要用不同中心频率的带通滤波器就可以得到所需的基带信号。

二、模拟调制的分类

对于模拟信号的调制处理称为模拟调制，按载波形式的不同，模拟调制可分为正弦波调制和脉冲调制两大类。

模拟正弦波调制的载波是正弦波。根据基带信号控制的正弦波参量——幅度、频率和相位的不同，又可分为幅度调制（AM）、频率调制（FM）和相位调制（PM）。图1-4给出了正弦波调制中调幅波和调频波的示意图。这时基带信号（或称为调制信号）为正弦波，它们分别表示了载波的幅度和频率随基带信号作线性变化。

模拟脉冲调制的载波是脉冲序列。根据基带信号所控制的脉冲序列参量——幅度、宽度和位置的不同，又可分为脉冲幅度调制（PAM）、脉宽调制（PWM），PWM有时也称为脉冲持续时间调制（PDM）和脉位调制（PPM），PAM、PWM和PPM分别是脉冲幅度、宽度（持续时间）和脉冲位置随基带信号做线性变化。它们的波形示意图如图1-5（c）、（d）、（e）所示。图1-5（a）（b）分别表示载波和基带信号的波形。

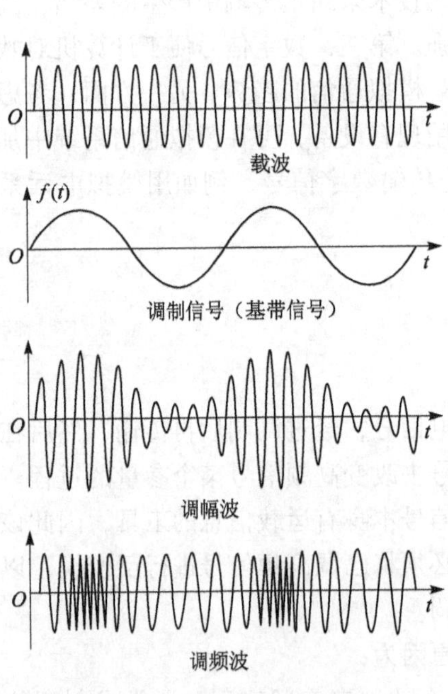

图1-4　模拟正弦波调制的示意图

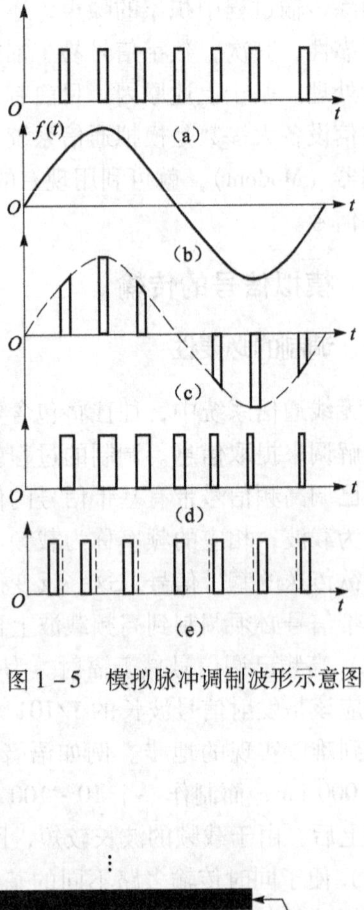

图1-5　模拟脉冲调制波形示意图

三、频分复用的多路传输

通信系统中，为了在同一信道中同时传输多个不同的基带信号，常常将各个不同的基带信号调制到不同的载波频率上。例如各个广播电台采用不同的载波频率。基带信号调制的类型可以不相同，但载波的频率间隔必须足够大，使各个已调信号的频谱之间有一定间隔，这个间隔为防护频带。它既可避免已调信号频谱间的相互干扰，同时也便于接收端将不同的基带信号分离出来。如我国的调幅广播电台的载频间隔就不能小于9 kHz，图1-6给出了频分复

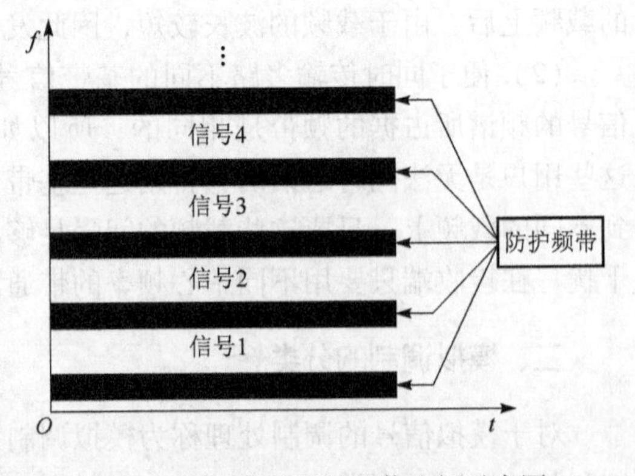

图1-6　频分复用的通信空间示意图

用（Frequency-Division Multiplexing，FDM）通信空间的示意图。由图看出频分复用系统中的每个信号在频域中占据着有限的不同频率区间，但每个信号在时域中同时占有信道，并且是混杂的。

若要用同一载波同时传输多个不同的基带信号，则必须采用二次调制方式。即先将各基带信号调制到较低的不同载频上，这一过程称为一次调制或称基带调制，它们的载波称为副载波。然后将这些已调的调制波相加在一起，便得到一个组合信号，将这个组合信号再调制到高频载波上，以便发射。采用模拟脉冲调制方式的频分复用系统往往采用二次调制方式，图 1－7（a）、（b）分别表示频分复用多路传输的发射和接收框图。

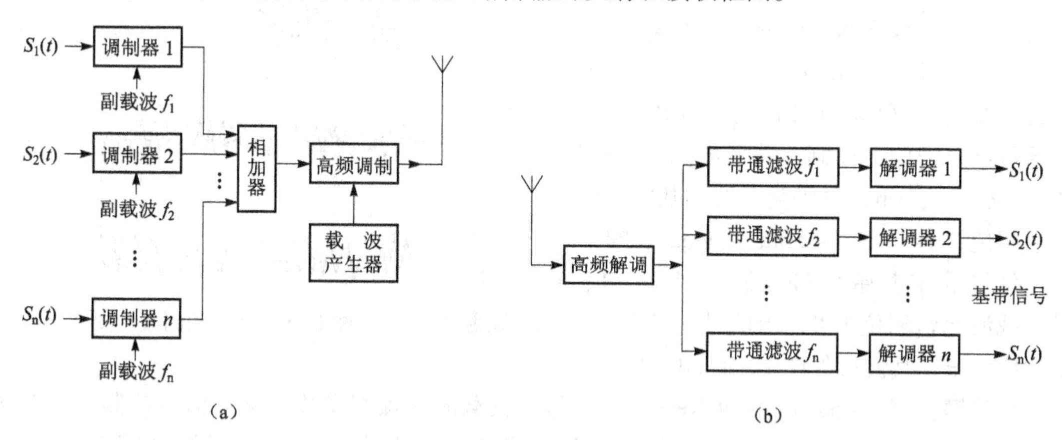

图 1－7 频分复用系统框图

（a）发射系统；（b）接收系统

1.3.3 数字信号的传输

一、模拟信号的数字化

正如前面所述，数字通信系统和模拟通信系统相比，前者有很多优越性，因此在很多情况下希望将模拟信号转换成数字信号，再用数字通信方式进行传输。例如数字移动电话（一般通俗称为数字大哥大）就是将语音信号（模拟信号）转换成数字信号，再进行传输的。

取样定理为模拟信号的数字传输奠定了理论基础。该定理指出：若对一个频带有限的模拟信号进行取样，当取样频率等于或大于模拟信号最高频率的 2 倍时，根据这些信号的取样值就可确定并恢复出原信号。这样在传输过程中只需传输离散的取样值，而不必传输模拟信号本身。对模拟信号取样可用模拟脉冲幅度调制（PAM）来实现，但是更常用的方法是采用脉冲编码调制（PCM）和增量调制（ΔM），这两种方法将在后面详细叙述。

一般将模拟信号数字化的过程称为模/数（A/D）转换。在接收端只要将收到的数字信号进行数/模（D/A）转换，即可恢复出原始模拟信号，图 1－8 给出了模拟信号数字传输的简单框图。

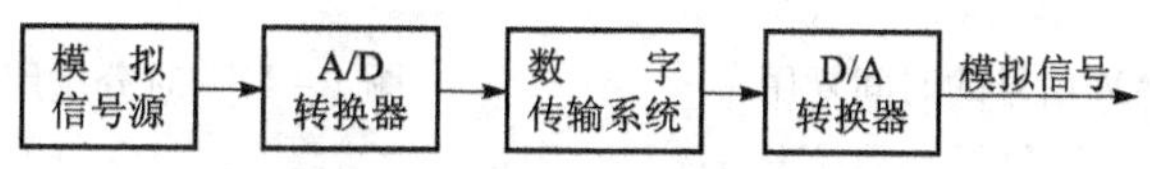

图 1－8 模拟信号的数字传输的简单框图

二、数字调制的分类

由于数字基带信号的频谱大多集中在低频端，因此它只适合于有线传输，例如本地电话网和计算机有线局域网。若要进行无线传输或同时传输多个数字信号，仍必须对数字信号进行调制，以便在无线信道中采用频分复用（FDM）方式进行传输。这种用数字信号对高频正弦型载波进行调制的方法称为数字调制。数字调制也分为三大类。

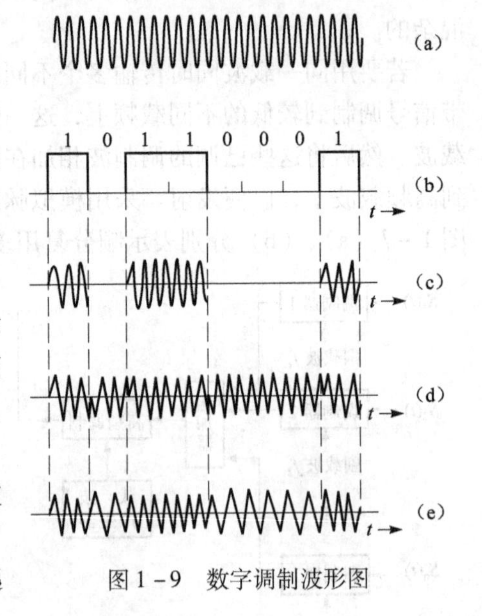

图1-9 数字调制波形图

幅度键控（Amplitude-Shift Keying，ASK）或称为通-断键控（On-Off Keying，OOK）：其载波的幅度受数字基带信号控制，波形如图1-9（c）所示，图1-9（a）、（b）分别为载波和数字基带信号。

相位键控（Phase-Shfit Keying，PSK）：其载波的相位受数字基带信号控制。当基带信号为“1”时，载波起始相位为0，当信号为“0”时，载波起始相应为π，其波形如图1-9（d）所示。

频移键控（Ferquency-Shift Keying，FSK）：其载波的频率受数字基带信号控制。当基带信号为“1”时，载波频率为f_1，而信号为“0”时，载波频率为f_2 其波形如图1-9（e）所示。

三、时分复用多路传输

由于数字基带信号在时间上是离散的，也就是传输模拟取样信号仅占用信道的部分时间，这样就有可能在不同的时间区域内，传输多个不同的数字基带信号。图1-10表示两个不同的信号$S_1(t)$和$S_2(t)$时分复用（Time-Division Multiplexing，TDM）示意图，这两个PAM信号的抽样脉冲频率相同，但在时间上却交替出现。

图1-11是时分复用的通信空间示意图，它与图1-6所示的频分复用通信空间相反。在时分复用系统中每个信号占据着不同时间区间，为了保证各个信号在时域内不重叠并便于接收端分离各路信号，应设置防护时间，如图1-11所示。

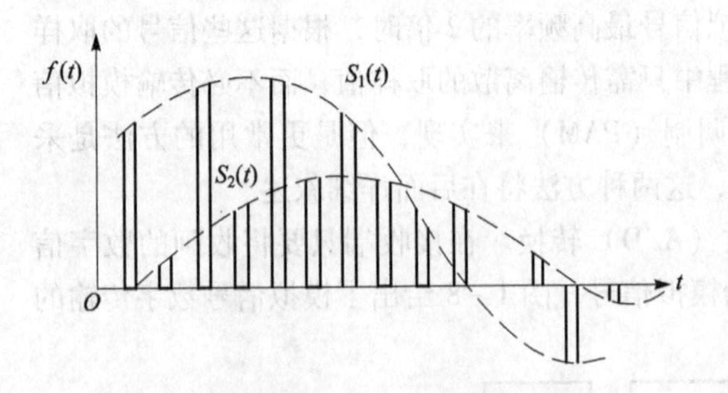

图1-10 两个PAM信号的时间复用

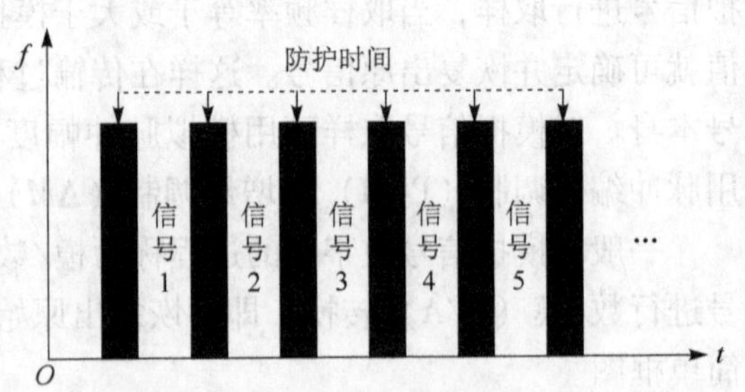

图1-11 时分复用的通信空间示意图

§1.4 通信方式和主要传输方式的现状及发展趋势

1.4.1 通信方式

对于点对点之间的通信，按信息传输的方向与时间关系，通信方式可分为单工通信、半双工通信和全双工通信三种。

所谓单工通信，是指信息只能单方向传输，如图1-12（a）所示。遥测、遥控和无线寻呼系统往往采用这种方式。

所谓半双工通信，是指通信双方均可以收发信息，但双方不能同时发送消息。如图1-12（b）所示。例如采用同一载频的无线通信设备，就按这种通信方式工作。

所谓全双工通信，是指通信双方可以同时发送接收消息的工作方式，如图1-12（c）所示。例如电话就是全双工通信。

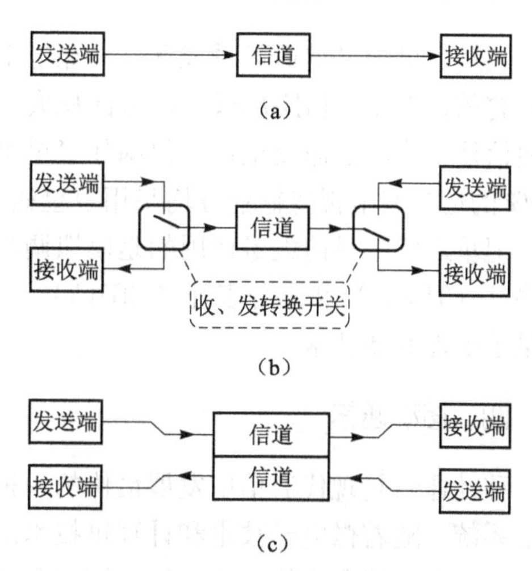

图1-12 通信方式示意图

（a）单工方式；（b）半双工方式；（c）全双工方式

在数字通信中，按数字信号传输的排列方式，可分成串行传输和并行传输。

所谓串行传输，是将数字信号按时间顺序一个接一个地在信道中传输。并行传输是指在同一时刻在信道中可传输两个或两个以上的数字信号。一般远距离数字通信均采用串行通信，因为它只需要一条通信线路，对于近距离通信，为了提高传输速率可采用并行通信，这就要有若干个通路。

1.4.2 主要传输方式的现状及发展趋势

一、有线通信

有线通信是最早发展的通信手段，它包含明线、对称电缆、同轴电缆和光纤四种。它们的通信容量均由可通话路数来衡量。对于明线，通话路数一般在3~12路，一般用于农村电话通信。对称电缆可通话路数为60路左右，一般用于市话通信系统。同轴电缆最高可达13 200路，一般用于长途话路通信或有线电视系统。光纤通信是近几年发展起来的通信方式，可望提供极大的通信容量，它具有损耗低、频带宽、线径细、重量轻、耐腐蚀和价格低的优点，因此同轴电缆有逐渐被光纤电缆所替代的趋势。电缆通信中主要采用模拟单边带和频分复用（SSR/FDM）方式。

二、无线电视距中继通信

无线电视距中继是指工作频率在超短波和微波波段时，电磁波基本上沿视线传播、通信距离依靠中继方式延伸的无线通信系统。相邻中继站间距离一般为40~50 km。它弥补了有线通信的缺点，可到达电缆无法敷设的地区，且容易架设，建设周期短，投资也低于同轴电缆，它是长途电话和电视节目的主要传输手段。目前模拟电话微波通信容量每频道可达6 000 话路，主要采用 SSB/FM/FDM 调制方式。

数字微波通信也已成为微波中继通信的主要发展方向，并且从二进制调制向多进制调制方向发展。采用多电平调制，在 40 MHz 的标准频道间隔内可传送 1 920 ~ 7 680 路脉冲编码调制（PCM）数字电话，赶上并超过模拟通信的容量。

三、卫星中继通信

人造卫星中继信道可看成无线中继信道的一种特殊形式，也就是将中继站架设在卫星上。它的特点是通信距离远、覆盖面积大、不受地形限制、传输容量大、可靠性高。目前卫星通信使用范围已遍及全球，仅国际卫星组织就拥有上百万条话路，80% 的洲际通信业务和 100% 的远距离电视传输业务均采用卫星通信，它已成为国际通信的主要手段。

卫星通信中目前大量使用的是模拟调制及频分多址方式，其方展方向也是数字调制、时分多址（TDMA）和码分多址（CDMA）。卫星通信正在向更高频段发展，并采用多波束和卫星上处理的新技术。

四、移动通信

移动通信是现代通信中发展最快的一种通信手段，它分为公用移动通信系统和专用调度通信系统。随着微电子技术和计算机技术的发展，移动通信已从过去无线对讲和广播方式发展成为一个有线和无线融为一体、固定和移动互联的全国或全球的通信系统。

移动通信的发展方向是数字化、微型化、标准化、个人化。

§ 1.5　信息及其度量

通信的目的是传输信息，因此有必要对“信息”的含义和它的量度进行讨论。信息在概念上与消息相似，消息是以具体信号形式表现出来，而信息则是抽象的、本质的内容。信息可理解为消息中所包含的有意义的内容。消息的出现是随机的、无法预知的。一个预先确知的信号（消息），不会给接收者带来任何信息，因而此消息不包含任何信息量，也就没有必要进行传输。为了衡量通信系统传输信息的能力，需要对被传输的信息进行定量。

对于消息而言，可以分成离散信源和连续信源两种，首先对离散信源的信息量进行定量。

从日常经验可知：消息出现的可能性越小，也就是出现概率越小，则此消息携带的信息量就越大。例如：一般人们早上 8：00 上班，若有人告诉你“明天早上 8：00 上班”，这个消息人们已习以为常，因而这个消息中信息量就很小。但若有人告诉“明天早上 10：00 上班”，这将使人感到意外，这一异常的告知将带给人们更大的信息量。从这个例子可明显地看出信息量与消息出现概率有关。当一个必然事件也就是消息出现概率为 1 时，这消息所包含的信息量为 0。

另外，若消息持续时间越长，则消息包含的信息量也随之增加，也就是说，若干个独立消息之和的信息量应该是每个消息所含信息量的线性叠加，即信息量具有相加性。另一方面，对于有若干个符号组成的离散消息源，随消息长度的增加，其可能出现消息的数目将按指数规律增加。例如，二元离散序列中，由 2 位符号组成的随机序列的消息有 00，01，10

和11四个，即2^2。而3位符号构成的随机序列的消息为000，001，010，011，100，101，110和111八个，即2^3。

基于上述考虑，哈特莱首先提出用消息出现概率的对数作为离散消息的信息度量单位，某离散消息x_i所包含的信息量为

$$I(x_i)=\log_a \frac{1}{P(x_i)}=-\log_a P(x_i) \tag{1-1}$$

式中，$P(x_i)$为消息x_i的出现概率。

信息量单位的确定取决于式（1-1）中对数底a的确定。若取对数底$a=2$，则信息量的单位为比特（bit）；若取$a=e$为对数的底，则信息量的单位为奈特（nit）；若取10为底，则信息量的单位为十进制单位，或称哈特莱。通常广泛使用的单位为比特（bit）。

若传输的离散消息是两个消息中独立选择其一，即二进制中0，1必出现其中之一，而且每个消息出现的概率是相同的，也就是"1"出现和"0"出现的概率均为1/2。这时每收到一个消息时的信息量为

$$I=\log_2 \frac{1}{1/2}=\log_2 2=1\ \text{bit}$$

这说明对于二进制序列每传送一个符号，在0、1等概率的情况下，一个二进制符号携带的信息量为1 bit。若采用M进制，也就是在M个符号中独立地选择其一，每个符号出现的概率为等概率的，即概率为$1/M$，这样对于M进制中每收到一个符号的信息量为

$$I=\log_2 \frac{1}{1/M}=\log_2 M\ \text{bit} \tag{1-2}$$

当M为2的整幂次，即$M=2^k$（$k=1, 2, 3, \cdots$）

$$I=\log_2 2^k=k\ \text{bit} \tag{1-3}$$

式（1-3）表示当$M=2^k$进制时，每一符号包含的信息量为二进制每个符号所包含信息量的k倍。

综上所述，若符号出现的概率为等概率时，则每收到一个符号其包含的信息量为

$$I=\log_2 1/P \tag{1-4}$$

或

$$I=\log_2 M \tag{1-5}$$

式中，M为独立符号个数；P为每个符号出现的概率$P=1/M$。

在符号出现的概率为非等概率的情况，如离散信息源是由几个符号组成的集合，在此符号集中每个符号用x_i表示，每个x_i的出现概率用$P(x_i)$表示，并相互独立出现，它可表示为

$$\begin{Bmatrix} x_1 & x_2 & \cdots & x_n \\ P(x_1) & P(x_2) & \cdots & P(x_n) \end{Bmatrix}$$

而且

$$\sum_{i=1}^{n} P(x_i)=1$$

这时每个x_1，x_2，…，x_n所包含的信息量分别为

$$-\log_2 P(x_1), -\log_2 P(x_2), \cdots, -\log_2 P(x_n)$$

每个符号所包含信息量的统计平均值，即平均信息量为

$$\begin{aligned} H(x) &= P(x_1)[-\log_2 P(x_1)]+P(x_2)[-\log_2 P(x_2)]+\cdots+P(x_n)[-\log_2 P(x_n)] \\ &= -\sum_{i=1}^{n} P(x_i)\log_2 P(x_i) \end{aligned} \tag{1-6}$$

上述平均信息量计算公式与热力学和统计力学中关于系统熵的公式一样，因此常把信息源输出符号的平均信息量称为信息源的熵，单位为 bit/符号。

例 1-1　某信息源的符号集由 A、B、C、D、E 组成，设每个独立出现，其出现概率分别为1/4，1/8，1/8，3/16，5/16，试求该信息源的平均信息量。

解：
$$H(x)=\frac{1}{4}\log_2\frac{1}{1/4}+\frac{1}{8}\log_2\frac{1}{1/8}+\frac{1}{8}\log_2\frac{1}{1/8}+\frac{3}{16}\log_2\frac{1}{3/16}+\frac{5}{16}\log_2\frac{1}{5/16}$$
$$=\frac{1}{2}+\frac{3}{8}+\frac{3}{8}+0.453+0.524=2.227\ \text{bit/符号}$$

对于连续消息的信息量可用概率密度来表示。可以证明*，连续消息的平均信息量（相对熵）为

$$H(x)=-\int_{-\infty}^{\infty}P(x)\log_2 P(x)\,\mathrm{d}x$$

式中，$P(x)$ 为连续消息出现的概率密度。

§1.6 信　道

1.6.1 信道的定义

信道是通信系统中必不可少的组成部分，在图 1-1 中表示的信道仅仅是指传输信号的传输媒质，这通常称为狭义信道。有时为了分析问题方便和突出重点起见，常常根据所研究的问题，把信道范围扩大，除了传输媒质之外，还可以包括有关的部件和电路（如天线、功率放大器、调制和解调器等）均可以成为信道的一部分，这样的信道就称为广义信道。在通信中所讨论的信道通常为广义信道。

在模拟通信中，为了研究调制和解调特性，常把调制和解调部分划在信道之外，如图 1-13 所示，这种信道称为调制信道。它的范围是从调制器的输出端到解调器的输入端。

在数字通信中，如果仅仅着眼于研究编码和解码特性，可定义一种编码信道。它的范围由编码器的输出到解码器的输入，如图 1-13 所示。

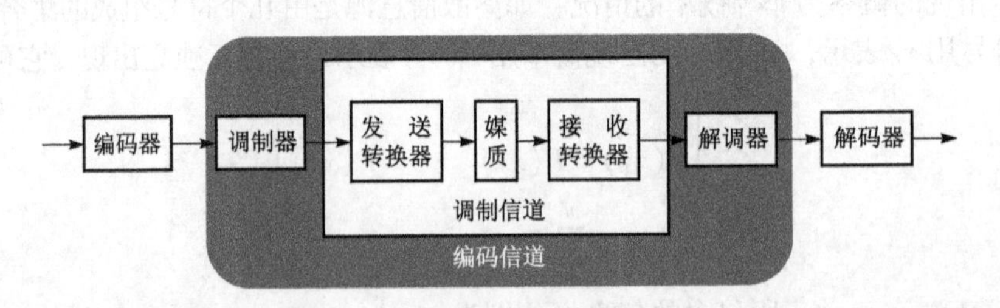

图 1-13　调制信道和编码信道

应该指出，狭义信道是广义信道的核心，广义信道的性能很大程度上取决于狭义信道的性能。

* 可参见曹志刚，钱亚生编《现代通信原理》，清华大学出版社，1992。

1.6.2　信道模型

为了研究方便，总是把调制信道和编码信道表示为和它等效的信道模型。

一、调制信道

调制信道一般可以看成一个在输出端叠加有噪声源的线性时变系统，如图 1－14 所示，图中 $H(\omega, t)$ 为网络的传输函数，它是随时间变化的，可表示为

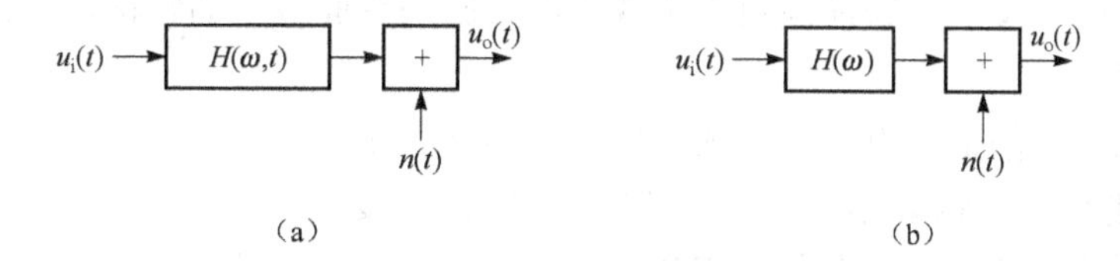

图 1－14　调制信道的一般模型

$$H(\omega,t) = |H(\omega,t)| e^{j\varphi(\omega,t)} \tag{1-7}$$

$|H(\omega,t)|$是网络参量随时间变化的幅频特性。$\varphi(\omega,t)$为网络参量随时间变化的相频特性，$n(t)$为信道噪声。这种网络参量随时间变化的信道为变参信道。若网络参数不随时间变化，这时线性时变网络就变成为线性时不变网络，这样的信道为恒参信道，它的传输函数可写成

$$H(\omega) = |H(\omega)| e^{j\varphi(\omega)} \tag{1-8}$$

对于变参信道，它的输入和输出之间的关系一般比较复杂。有时为了数学上分析简便起见，将其输出量表示为

$$u_o(t) = k(t)u_i(t) + n(t) \tag{1-9}$$

这是二口信道模型。从式（1－9）可以看出，信道对于信号传输可归纳为两点，一是乘性干扰 $k(t)$，另一个是加性干扰 $n(t)$。信道的不同特性反映在 $k(t)$ 和 $n(t)$ 上。

乘性干扰 $k(t)$ 是一个复杂的函数，它可以是各种线性失真和非线性失真所引起的，也可以是由于复杂的传输媒质而引起的波形畸变等。

二、编码信道

由于编码信道包含调制信道，它受调制信道的影响，它的输入/输出均为数字信号，它将一种数字序列变换为另一种数字序列，调制信道的影响反映在输出数字序列是否出现差错上。例如，对于二进制数字信号，当输入数字信号为“1”时，信道输出数字信号若是“1”，说明信道传输无误，反之说明传输有差错。调制信道越差，即特性不理想或加性干扰太严重，差错概率就越大。因此，对于编码信道而言，最主要是看数字序列经信道传输后是否出现差错和出现差错概率的大小。图 1－15 表示二进制编码信道模型，其中：

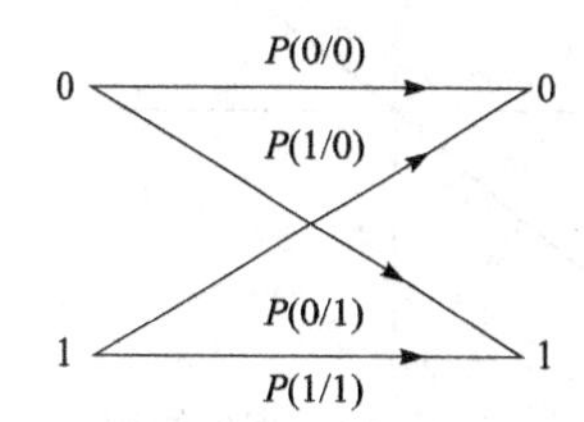

图 1－15　二进制无记忆编码信道模型

$P(0/0)$ 为输入数字为 0 时，输出数字为 0 的概率；

$P(1/0)$ 为输入数字为 0 时，输出数字为 1 的概率；

$P(1/1)$ 为输入数字为 1 时，输出数字为 1 的概率；

$P(0/1)$ 为输入数字为 1 时，输出数字为 0 的概率。
显然，$P(0/0)$，$P(1/1)$ 为正确转移概率，而 $P(1/0)$ 和 $P(0/1)$ 为错误转移概率。此外，由概率的性质可知

$$P(0/0)+P(1/0)=1$$
$$P(1/1)+P(0/1)=1$$

编码信道分为无记忆编码信道和有记忆编码信道。这里说的无记忆是指：当数字信号在信道中传输时，它是否出现错误与它前面或后面数字是否出现错误无关。也就是每个数字的转移概率是统计独立的。反之，若前面数字出现错误会影响后面数字的转移概率，则该编码信道为有记忆编码信道。

对于有记忆编码信道，由于前后数字信号发生错误的概率不是统计独立的，这时信道的转移概率将变得很复杂，其信道模型要复杂得多，在此不作介绍。

由二进制无记忆编码信道的模型不难推出任意多进制无记忆编码信道的模型。一个四进制无记忆编码信道的模型如图 1－16 所示，这时其转移概率有 16 个。

由于编码信道包含了调制信道，因此它的特性在很大程度上取决于调制信道，有必要对调制信道作进一步的讨论。

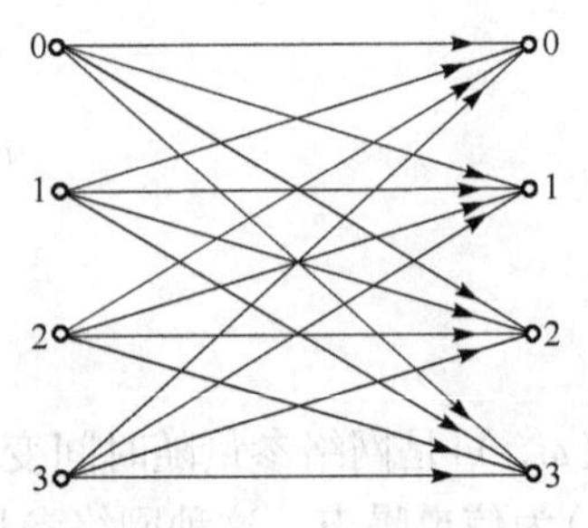

图 1－16　四进制无记忆编码信道的模型

1.6.3　恒参信道对信号传输的影响

从上一节中已知，恒参信道等效为一个线性时不变网络，只要得到该网络的传输函数，就可以知道信号通过信道时所发生的变化。

由线性系统分析可知，要使信号通过线性系统后不产生失真，其传输函数必须满足下列条件

$$|H(\omega)|=k_0$$
$$\varphi(\omega)=-\omega d_0$$

在此 k_0 和 d_0 均为常数，上式说明系统的幅频特性与频率无关，而其相频特性 $\varphi(\omega)$ 为通过原点的直线，如图 1－17 所示。

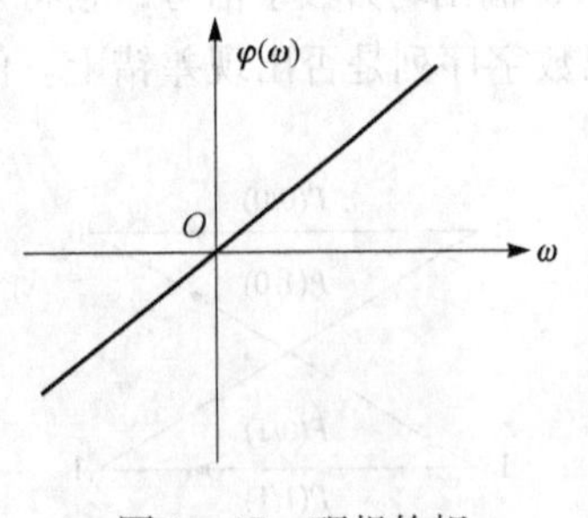

图 1－17　理想的相频特性

一般实际恒参信道不可能具有上述的理想特性。对于幅频特性 $|H(\omega)|$ 不可能在无限宽的频带内保持不变。当频率降低或增加到某一频率时，幅频特性就要减小，均存在一个上截止频率和下截止频率。例如，话音信道的下截止频率为 300 Hz，上截止频率为 3 400 Hz。另外，在有限的传输带宽内其幅频特性也不是恒定的，而是有起伏变化的，这种由于幅频特性不理想而产生的失真，称为振幅频率失真。它对模拟信号传输影响较大。为了减小振幅频率失真，首先应使信道的幅频特性在信号频谱范围内比较平坦。此外也可以在信道内加一个线性补偿网络，使整个系统的幅频特性得到改善，这种方法通常称为振幅均衡，所加的线性补偿网络称为幅度均衡器。

图 1－17 表示的是理想的相频特性曲线，即相位 φ 是频率 ω 的线性函数。在实际信道中常常用时延 $\tau(\omega)=\mathrm{d}\varphi/\mathrm{d}\omega$ 来表示信道的相频特性。$\tau(\omega)$ 和 ω 的关系曲线称为群时延频率特性。图 1－18 所示为理想的群时延频率特性，它是一条平行于横轴的直线，如图虚线所示。实际信道不可能是理想的，如图实线所示，其相频特性不理想也会引起失真。例如输入信号 $u_i(t)$ 由基波和三次谐波组成，幅度为 2:1，如图 1－19（a）所示。通过信道后基波相移为 π，时延为 1/2 周期($T/2$)。而三次谐波分量相移不是 3π，而是 2π，时延为 1/3 周期（$T/2$）这时输出信号如图 1－19（b）所示，它和原信号相比有明显失真。这种失真称为相位频率失真，简称相位失真，又称为群时延频率失真，简称群时延失真。

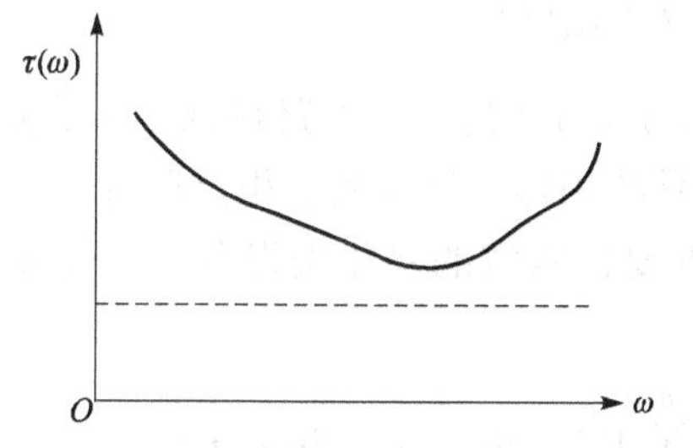

图 1－18 理想和实际的群时延频率特性

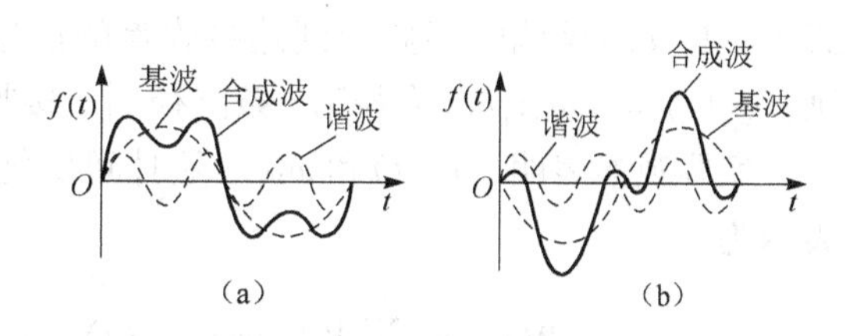

图 1－19 信号通过恒参信道的相位失真
（a）信号初始波形；（b）信号失真波形

相位频率失真对数字信号传输有较大影响。它能引起码间干扰影响通信质量。为了减小相位频率失真，也可用某种网络进行补偿，这种方法称为相位均衡。补偿网络为相位均衡器。

1.6.4 变参信道对信号传输的影响

变参信道的特性要比恒参信道复杂得多，它主要是由复杂的传输媒质所引起的。这类传输媒质的典型代表是短波电离层反射信道、超短波和微波对流层散射信道。由于电离层的不稳定性，其内部的电子和离子浓度随时间不断变化，这样通过电离层反射或散射后返回地面的短波信号的强度和时延均是随机的。这些传输媒质对信号传输影响的共同特点如下。

（1）多径传输现象。它的发射端发射信号可以由多个路径传到接收端，如图 1－20 所示。这种现象称为多径效应。

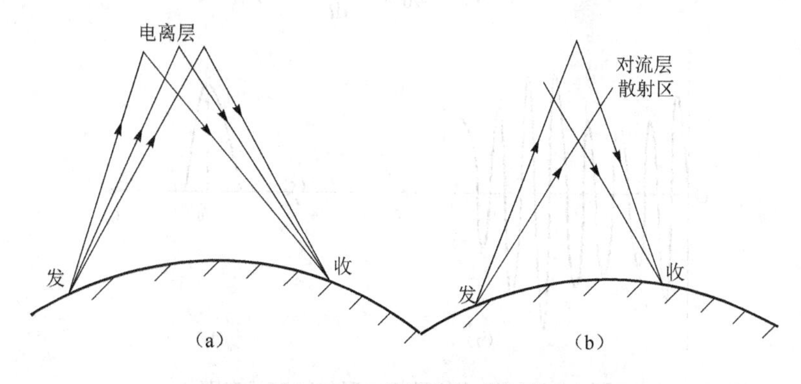

图 1－20 多径传播示意图
（a）电离层散射；（b）对流层散射

（2）对于每条路径而言，它对发射信号的衰减和时延都不是固定不变的，而是随时间作随机变化，这是由于电离层和对流层内部结构的不稳定所产生的。因而同一发射信号通过多径到达接收端的信号幅度和相位均是随机的。对于多径传输的效果可用下面的分析来说明。

为了简单起见，设发射信号为单一频率的正弦波，表示为 $V\cos\omega t$，通过 n 条路径传输后到达接收点的信号 $R(t)$ 应是多个信号的合成，可表示为

$$R(t) = \sum_{i=1}^{n} V_i(t)\cos\omega_0[t - \tau_i(t)]$$
$$= \sum_{i=1}^{n} V_i(t)\cos[\omega_0 t + \varphi_i(t)]$$

式中，$V_i(t)$ 为经第 i 条路径到达接收点的信号振幅；$\tau_i(t)$ 为经第 i 条路径到达接收点的时延；$\varphi_i(t) = -\omega_o\tau_i(t)$ 为径第 i 条路径到达接收端信号的相移，负号表示相位滞后。

实际观察表明，$V_i(t)$ 和 $\varphi_i(t)$ 随时间变化的速度要比载波的变化慢得多。这样 $R(t)$ 可表示为

$$R(t) = \sum_{i=1}^{n} V_i(t)\cos\varphi_i(t)\cos\omega_0 t - \sum_{i=1}^{n} V_i(t)\sin\varphi_i(t)\sin\omega_0 t$$
$$= V(t)\cos[\omega_0 t + \varphi(t)]$$

令

$$x(t) = \sum_{i=1}^{n} V_i(t)\cos\varphi_i(t)$$

$$y(t) = \sum_{i=1}^{n} V_i(t)\sin\varphi_i(t)$$

式中

$$V(t) = \sqrt{x^2(t) + y^2(t)}$$

$$\phi(t) = \arctan\frac{y(t)}{x(t)}$$

由于 $V_i(t)$ 和 $\varphi_i(t)$ 均是慢变化的，所以 $x(t)$，$y(t)$ 和 $V(t)$，$\phi(t)$ 也是慢变化的，其波形如图1-21所示，可看成一个窄带过程。这一结果表明，多径传输的结果使单一频率的等幅信号变成幅度和角频率均随时间变化的信号。这种信号振幅的起伏称为信号衰落。而信号频率的变化，即将单一频率变成了具有窄带频谱信号，这种变化称为频率弥散，其角频率可表示为

$$\omega(t) = \omega_0 + \frac{d\varphi(t)}{dt}$$

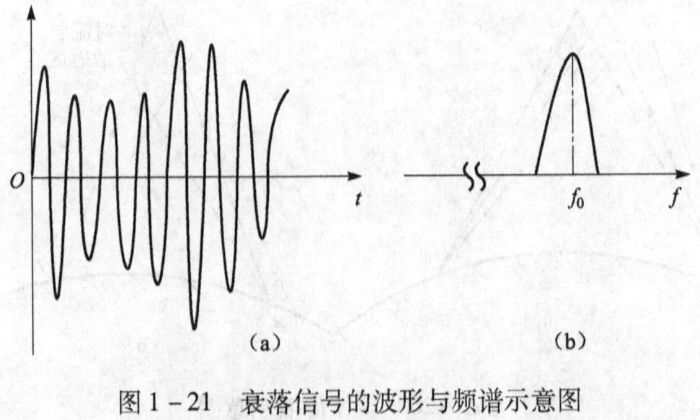

图1-21　衰落信号的波形与频谱示意图

（a）衰落信号的波形；（b）衰落信号的频谱

多径传输不仅会造成上述的信号衰落和频率弥散，同时还可能发生频率选择性衰落。所谓频率选择性衰落是对信号频谱中某些分量产生衰落的现象。这也是多径传输的又一个重要特征。为了简单起见，假设路径为两条，并且到达接收端的两路信号幅度相同，只是到达时间上相差 τ。若令发送信号为 $v_i(t)$，则到达接收端的两路信号分别为 $Av_i(t-t_0)$ 和 $Av_i(t-t_0-\tau)$，其中 A 是每条路径的传输衰减，t_0 是先到达的一路信号的时延，这样信道可用图 1－22 表示。

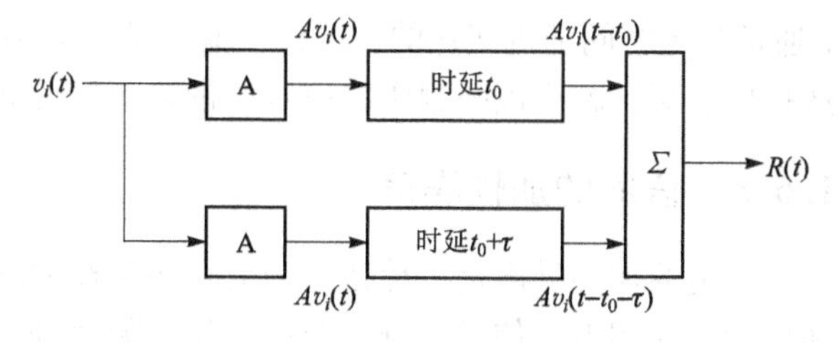

图 1－22　两径传输模型

现分析上述信道对信号频谱的影响，设发送信号的频谱为 $V_i(\omega)$，则有

$$V_i(t)\Leftrightarrow V_i(\omega)$$

根据傅里叶变换的时延性质

$$V_i(t-t_0)\Leftrightarrow V_i(\omega)\mathrm{e}^{-\mathrm{j}\omega t_0}$$

$$V_i(t-t_0-\tau)\Leftrightarrow V_i(\omega)\mathrm{e}^{-\mathrm{j}\omega(t_0+\tau)}$$

接收信号为两路信号之和为

$$R(t)=AV_i(t-t_0)+AV_i(t-t_0-\tau)$$

其频谱 $R(\omega)$ 为

$$R(\omega)=AV_i(\omega)\mathrm{e}^{-\mathrm{j}\omega t_0}+AV_i(\omega)\mathrm{e}^{-\mathrm{j}\omega(t_0+\tau)}$$

信道模型的传输函数为

$$H(\omega)=\frac{R(\omega)}{V_i(\omega)}=A\mathrm{e}^{-\mathrm{j}\omega t_0}(1+\mathrm{e}^{-\mathrm{j}\omega\tau}) \tag{1-10}$$

其幅频特性为

$$\begin{aligned}|H(\omega)|&=|A\mathrm{e}^{-\mathrm{j}\omega t_0}(1+\mathrm{e}^{-\mathrm{j}\omega\tau})|\\&=A|1+\cos\omega\tau-\mathrm{j}\sin\omega\tau|\\&=A\left|2\cos^2\frac{\omega\tau}{2}-2\mathrm{j}\sin\frac{\omega\tau}{2}\cdot\cos\frac{\omega\tau}{2}\right|\\&=2A\left|\cos\frac{\omega\tau}{2}\right|\end{aligned}$$

图 1－23 给出了 $|H(\omega)|$ 的曲线，由图可见，两条路径传输时信道对不同频率的信号有不同的传输衰减。在 $\omega=2n\pi/\tau$，n 为任意整数时，$|H(\omega)|$ 为最大；而 $\omega=(2n+1)\cdot\pi/\tau$ 时，$|H(\omega)|$ 为零，传输衰减为无限大。如果发射信号的频谱足够宽，以致它包含传输衰减为无限大的频率，这样接收端就收不到这些频率分量，而引起信号失真，这种失真称为选择性衰落。

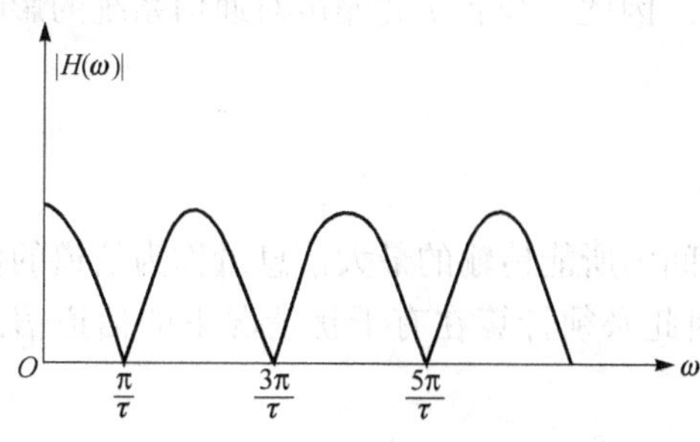

图 1－23　$|H(\omega)|$ 曲线

上述结论可推广到多径传输中去，不过这时会出现更多的传输衰减为无限大的频率，因而更容易发生选择性衰减。另外不同路径之间的时延

τ 通常是随时间随机变化的，这样传输衰减为无限大的频率也是随机变化的。为了防止出现选择性衰减，就应该限制所传信号的带宽，尽可能避开传输衰减为无限大的频率。

1.6.5 信道的加性噪声

信道的加性噪声是一种独立于信号而存在的噪声。它与信号是相叠加的，也就是说，在加性噪声作用下，信号本身不会产生新的频率分量，而且信号所含频率分量的振幅、相位关系也不会发生改变。但是，加性噪声的存在将使通信系统输出端的信号噪声功率比下降，严重时甚至使信号淹没在噪声中而使提取信号变得十分困难。

信道中的加性噪声主要来自以下三个方面。

（1）人为噪声：它来自于与信号无关的其他信号源。例如其他发射机的信号、开关接触噪声、工业点火辐射及荧光灯干扰等。

（2）自然噪声：它来自自然界中存在的各种电磁波。例如闪电及其他天体辐射形成的宇宙噪声等。

（3）内部噪声：它来自通信设备内部。例如电阻中自由电子的热运动、有源器件中电子或载流子的起伏变化等。

但是，不论加性噪声来自何处，它们总可以分为两大类：一类加性噪声是可以设法消除的，即使消除并不那么容易。例如开关接触不良、电源的自激振荡、设备内部产生的谐振干扰等。另一类加性噪声是无法避免的，而且无法预测其准确波形，这类噪声称为随机噪声。

常见的随机噪声有三种。

（1）单频噪声：这是一种连续波干扰，它可以看成是一个幅度、频率和相位均不能预知的正弦波，例如其他发射机的信号。这种噪声的特点是频带窄。

（2）脉冲噪声：这是一种在时间上无规则出现的干扰，例如工业点火干扰、闪电、电气开关通断等产生的噪声。这种噪声特点是脉冲幅度大，但持续时间短，相邻突发脉冲之间的休止期长，它占有的频谱较宽。

（3）起伏噪声：主要以电阻类导体中自由电子布朗运动引起的热噪声、有源器件中电子或载流子发射不均匀性引起的散弹噪声以及天体辐射引起的宇宙噪声为代表。这种噪声特点是不论在时域还是在频域内它们总是存在，而且不可避免。

由于单频噪声的频带极窄，因此它不是对所有通信系统均有影响。脉冲噪声由于其幅度大，一般的调制技术无法消除其影响，一旦出现，在模拟通信中对它是无能为力的，但在数字通信系统中可采用纠错编码技术来消除。又由于脉冲噪声休止期较长，因此它并不始终影响通信系统。经常影响通信质量的主要是起伏噪声。因此，今后研究噪声对通信系统的影响时，应以起伏噪声为重点。

1.6.6 信道的信息容量

信息必须经过信道才能传输。在信道上单位时间内所能传输的最大信息量称为信道的信息容量。在实际信道中总存在各种噪声和干扰，因此必须计算在有干扰情况下的信道信息容量。

一、有扰离散信道的信息容量

信道输入和输出符号都是离散符号时，该信道为离散信道。当信道中不存在干扰时，离散信道的输入和输出符号为一一对应的确定关系。但若信道中存在干扰，则输入符号与输出符号之间存在某种随机性，而且有一定的统计相关性。这种统计相关性取决于转移概率 $P(y_i/x_i)$，$P(y_i/x_i)$ 是信道输入（即发送符号）为 x_i 时，信道输出符号（即接收符号）为 y_i 的条件概率，如图 1-24 所示。离散信道的特性可用转移概率来描述。

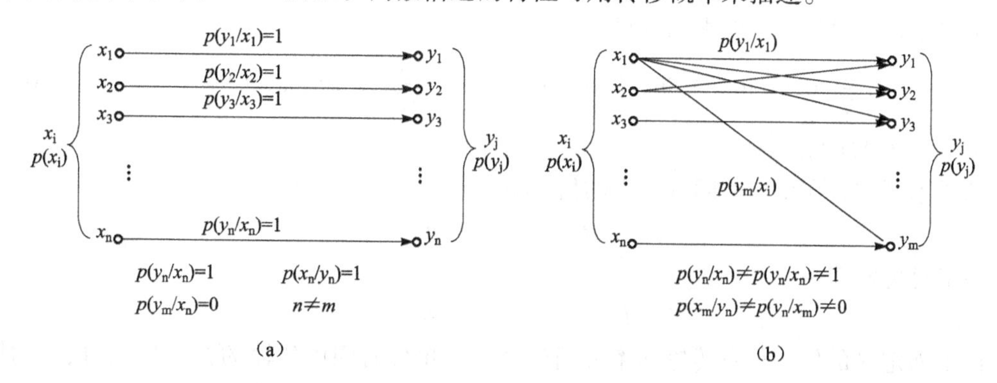

图 1-24 离散信道模型

（a）无噪信道；（b）有噪信道

于是在有干扰的信道中，不难得到发送符号为 x_i 而收到的符号为 y_i 时所获得的信息量，它等于信源所发出的信息量，也就是未发送符号前对 x_i 的不确定程度，减去由于干扰存在而在信道中所损失的信息量，即收到 y_i 后对 x_i 的不确定程度。这样

$$\text{发送 } x_i \text{ 收到 } y_i \text{ 时所获得的信息量} = -\log_2 P(x_i) + \log_2 P(x_i/y_i) \qquad (1-11)$$

式中，$P(x_i)$ 为未发送符号前 x_i 出现的概率；$P(x_i/y_i)$ 为收到 y_i 后发送 x_i 的条件概率。对各 x_i 和 y_i 取统计平均，即对所有发送为 x_i 收到为 y_i 的概率取平均，得每传输一符号的平均信息量。

$$\begin{aligned}\text{平均信息量/符号} &= -\sum_{i=1}^{n} P(x_i)\log_2 P(x_i) - \left[-\sum_{j=1}^{m} P(y_j)\sum_{i=1}^{n} P(x_i/y_j)\log_2 P(x_i/y_j)\right] \\ &= H(x) - H(x/y)\end{aligned} \qquad (1-12)$$

式中，$H(x)$ 为发送的每个符号以平均信息量；$H(x/y)$ 为发送每个符号在有干扰信道中平均每个符号丢失的信息量。

信息传输速率表明信道传输信息的能力，它是指单位时间内信道所能传输的平均信息量，用 R 来表示。设单位时间信道传输的符号数为 r，则

$$R = r[H(x) - H(x/y)] \qquad (1-13)$$

式（1-13）表明在有干扰信道中，信息传输速率等于信源每秒内发送的信息量减去由于干扰存在所丢失的信息量。

在无干扰信道中 $H(x/y) = 0$，也就是信道不丢失信息，则

$$R = rH(x) \qquad (1-14)$$

例 1-2 设信源由符号 0 和 1 组成，且是等概率。如果在信道中传输速率为每秒1 000 个符号，由于有干扰存在引起的差错率为 1/100，求信道信息传输速率。

解：首先可以给出其信道模型，如图 1 - 15 所示。信源的平均信息量为

$$H(x) = -\left(\frac{1}{2}\log_2\frac{1}{2} + \frac{1}{2}\log_2\frac{1}{2}\right) = 1 \text{ bit/符号}$$

信源发送的信息速率为

$$rH(x) = 1\,000 \text{ bit/s}$$

在干扰下，信息输出端收到符号“0”，而发送端也为“0”的概率为 0.99，发“1”的概率为 0.01。同样收到“1”，实发也为“1”的概率为 0.99，而实发“0”的概率为 0.01，则信道对于每一符号丢失的平均信息量为

$$\begin{aligned}H(x/y) &= -\left[\frac{1}{2}(0.99\log_2 0.99 + 0.01\log_2 0.01) + \frac{1}{2}(0.99\log_2 0.99 + 0.01\log_2 0.01)\right]\\ &= 0.081 \text{ bit/符号}\end{aligned}$$

由于信道不可靠，在单位时间内丢失的信息量为

$$rH(x/y) = 81 \text{ bit/s}$$

故信道信息传输速率为

$$R = rH(x) - rH(x/y) = 919 \text{ bit/s}$$

由上面定义的信道信息传输速率 R 可知，它与单位时间内传输的符号数 r、信源的概率分布以及信道干扰所引起的符号转移概率有关。但对给定信道来说其干扰所引起的转移概率是一定的。如果单位时间传输的符号数一定，则信道信息传输速率仅仅与信源的概率分布有关。信源的概率分布不同，信道信息传输速率也不同。一个信道的传输能力是用该信道能传输的最大信息传输速率来衡量。一个信道的信息容量被定义为：对于一切可能的信源概率分布来说，信道信息传输速率 R 的最大值，记作 C，即

$$C = \max_{[p(x_i)]} R = \max_{[p(x_i)]}\{H(x) - H(x/y)\} \tag{1-15}$$

式中，max 是表示对所有可能的输入概率分布来说的最大值。

可以证明：当信源的概率分布为等概率分布时，其信息量为最大值。

二、有扰连续信道的信息容量

若信源以传输速率 R 不断地发送信息，那么这些信息是否能通过信道传输到接收端呢？这个问题，信息论中的香农（Shannon）定理做了回答。该定理指出：对于任何一个信道都有一个信息容量 C，如果信源的信息传输速率 R 小于或等于信道容量 C，那么从理论上总存在一种方法使信源的输出以任意小的错误概率通过信道传输，而若 $R > C$ 则没有任何方法能实现这一点。

由于信道中干扰和噪声的存在，而且信道的带宽总是有限的，它们均会对信道传输的信号产生影响，因此信道容量受噪声和带宽的限制。可以证明，在有白色高斯噪声的信道中，信道容量 C 可用式（1 - 16）确定：

$$C = B\log_2\left(1 + \frac{S}{N}\right) \tag{1-16}$$

式中，B 为信道带宽（Hz）；S 为信号功率（W）；N 为噪声功率（W），此公式称为香农公式。

香农公式表明，一个信道的信息容量 C 与信道带宽 B 及信噪比 S/N 有关。当 B 和 S/N 确定后，信道的信息容量 C 也就确定了。为了提高信道的信息容量，有下述两个方面可考虑。

（1）提高信噪比 S/N。在极端情况下，对于无干扰信道，$N\to 0$，$S/N\to\infty$，这样信道的信息容量 C 就为无限大。

（2）改变信道带宽 B，从公式上看似乎 C 和带宽 B 成正比，但实际上并不是这样的。因为当信道噪声是白高斯噪声时，信道的噪声功率 N 不是常数，而与 B 有关。设噪声的单边功率谱密度为 n_0（W/Hz），则噪声功率为

$$N = n_0 B$$

代入式（1-16）可得

$$C = B\log_2\left(1+\frac{S}{n_0 B}\right)$$

当 $B\to\infty$ 时，信息容量 C 为

$$\begin{aligned}\lim_{B\to\infty} C &= \lim_{B\to\infty} B\log_2\left(1+\frac{S}{n_0 B}\right)\\ &= \lim_{B\to\infty}\frac{S}{n_0}\frac{n_0 B}{S}\log_2\left(1+\frac{S}{n_0 B}\right)\\ &= \frac{S}{n_0}\lim_{B\to\infty}\frac{n_0 B}{S}\log_2\left(1+\frac{S}{n_0 B}\right)\end{aligned}$$

利用下面关系式

$$\lim_{x\to 0}\frac{1}{x}\log_2(1+x) = \log_2 \mathrm{e}\approx 1.44$$

可得

$$\lim_{B\to\infty} C = 1.44\,\frac{S}{n_0} \tag{1-17}$$

由式（1-17）可得：当 S 和 n_0 一定时，信道容量 C 虽然随 B 的加大而加大，而当 $B\to\infty$ 时，C 不会趋于无限大，而是趋于常数 $1.44S/n_0$。

如前所述，信道容量 C 是信道能传输的最高信息传输速率。通常把能以等于 C 的传输速率传输信息并能达到任意小错误概率的通信系统称为理想通信系统。不过有必要指出，香农定理只在理论上证明了理想通信系统是存在的，但未涉及这种系统如何具体实现。因此理想通信系统还只能作为评价各种实际通信系统的理想界限和奋斗目标。

例 1-3 已知黑白电视图像大约由 3×10^5 个像素组成，假设每个像素有 10 个亮度等级，它们的出现概率是相等的。要求每秒传送 30 帧图像，而满意再现图像所需信噪比为 30 dB，试求传输此电视信号所需的最小带宽。

解：由于每个像素有 10 个亮度等级，而且是等概率，则每个像素所包含的信息量为

$$\log_2 10 = 3.32\ \text{bit}$$

每帧有 3×10^5 像素，每帧的信息量为

$$3.32\times(3\times 10^5) = 9.96\times 10^5\ \text{bit}$$

每秒传 30 帧，故信息传输速率为

$$R = 9.96\times 10^5\times 30\ \text{bit/s} = 2.99\times 10^7\ \text{bit/s}$$

由香农定理可知，信道信息容量必须大于或等于 R，则所需信道最小的信息容量为

$$C_{\min} = R = 2.99\times 10^7\ \text{bit/s}$$

由题已知 $S/N = 30\ \text{dB} = 10^3$，可求出最小带宽

$$B_{\min}=\frac{C_{\min}}{\log_2(1+S/N)}=\frac{2.99\times10^7}{\log_2 1\,001}\ \text{Hz}=3.02\times10^6\ \text{Hz}$$

这样，传输黑白电视信号所需最小带宽为 3 MHz。

§1.7　通信系统的主要质量指标

通信系统是一个复杂的大系统，衡量系统的优劣有很多指标。从通信系统所要完成的任务来看，一个通信系统应尽可能快速可靠地传递信息。由于信息传输过程中有干扰和噪声的存在，因此衡量通信系统质量的主要指标是：信息的传输速率和信息在传输过程中的失真程度。通常这两个指标是相互矛盾的，往往只能在一定失真程度下，尽可能提高信息的传输速率；或者在一定的信息传输速率的前提下，尽可能减小传输过程中信息的失真程度。由于模拟通信系统和数字通信系统所传输的信号性质不同，因此具体质量指标的表示方法也不同。

在模拟通信系统中，系统的信息传输速率通常用给定信号（如话音信号）的有效传输带宽来衡量。这是因为，当信道带宽给定后，每个给定信号的有效传输带宽越窄，信道内允许同时传输的信号路数就越多，这样信道在单位时间内传输的信息量就越大，传输速率就越高。信号的有效传输带宽与调制方式有关。

模拟通信系统中，在传输过程中由于干扰和噪声的影响所产生的失真程度可用下述两个指标来衡量。

（1）加性噪声所产生的失真通常用系统输出的信号功率和噪声功率比（简称信噪比）来衡量。若在相同条件下系统输出的信噪比越高，说明该系统的通信质量越好，或者说该系统抗干扰能力越强。不同用途的通信系统，其信噪比的指标要求也不同。例如：一个好的电视系统应有大约 60 dB 的信噪比；而一个令人满意的商用电话应有 30 dB 的信噪比；而某些雷达系统当输入端的信噪比只要有 3 dB 系统仍可正常工作，这对于其他通信系统则是不可能的。

（2）乘性噪声产生的失真。对不同的通信系统有不同的更具体的性能指标来衡量。例如：话路通信系统中的可懂度和清晰度等，广播通信系统中则要求保真度等。

数字通信系统传输的是数字信号，即信号不仅在时间上而且在取值上均为离散的信号。如果离散信号的取值只有两个不同状态（例如只有两个电压值或电流值），则可以用二进制符号“0”和“1”来表示；若离散值多于两种状态，则可以用若干位二进制符号来表示，或采用多进制符号表示。对于 N 进制的一个符号可以用 $\log_2 N$ 个二进制符号表示。例如 $N=16$时，十六进制的每个符号可以用4 位二进制符号表示。在传输过程中通常用脉冲来代表符号每一个脉冲称为码元。若码元能取两个不同的值，则称为二进制码元，相应的脉冲信号称为二进制信号。脉冲信号的持续时间称为码元长度。同样道理，若码元能取 N 个不同的值，则称为 N 进制码元，相应的脉冲信号为 N 进制信号。鉴于数字通信系统中传输的是二进制或多进制的码元，因此其主要质量指标用码元传输速率和差错率来衡量。

码元传输速率（简称码元速率）定义为每秒所传输的码元数目，单位为“波特”，用符号“B”表示。正如前面所指出的，对于二进制码元来说，一个码元所包含的信息量为 $\log_2 2=1$ bit，因此对于采用二进制码元，其码元速率等于信息传输速率。而对于 N 进制的码元来说，一个码元所包含的信息量为 $\log_2 N$。因此采用 N 进制码元，其信息传输速率应为

$$(\text{信息速率}) = \log_2 N \times (\text{码元速率})\ \text{bit/s}$$

数字通信系统的另一个质量指标——差错率有两种表示方法，即误码率和误信率。误码率表示错误接收的码元数和传输总码元数之比，也就是在传输过程中码元被传借的概率。误信率表示错误接收的信息量与传输总信息量之比，即在传输过程中信息被传错的概率。由上可知，对于二进制信号误码率等于误信率。

习　题

1-1 设英文字母 E 出现的概率为 0.105，而 x 出现的概率为 0.002，试求 E 及 x 的信息量。

1-2 设有四个消息 A、B、C、D 分别以概率 1/4，1/8，1/8 和 1/2 传送，每一消息的出现是相互独立的。试计算其平均信息量。

1-3 已知某信源的六个互相独立的消息组成它们出现概率分别为 1/2，1/4，1/8，1/16，1/32，1/32。

(1) 试求此信源的平均信息量。

(2) 若信源每秒发出 64 个消息，求此信源的信息传输速率。

1-4 某恒参信道可用图 P1-4 所示线性二端口网络等效。试求它的传输函数 $H(\omega)$，并说明信号通过它会产生哪些失真。

1-5 今有两个恒参信道，其等效模型分别如图 P1-5 (a)、(b) 所示。试求这两个信道的群时延特性并画出群时延曲线，说明信号通过它们时有无群时延失真。

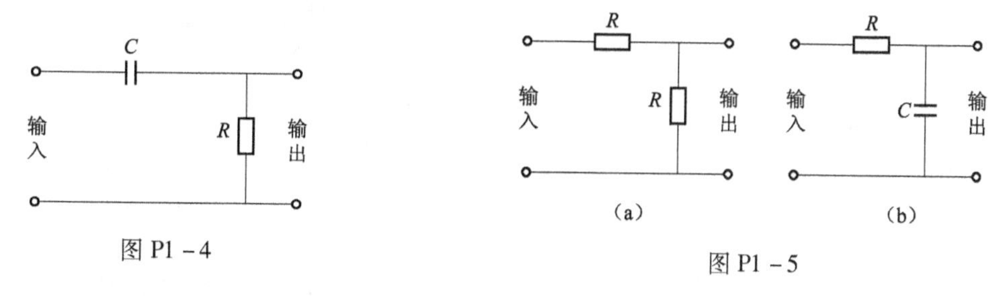

图 P1-4

图 P1-5

1-6 设某恒参信道的传输函数为

$$H(\omega) = K_0[1 + a\cos \omega T_0]\mathrm{e}^{-\mathrm{j}\omega t_\mathrm{d}}$$

式中，K_0，a，T_0 和 t_d 均为常数，试求信号 $S(t)$ 通过该信道后输出信号的表示式。

1-7 假定某变参信道的两径时延 τ 为 1 ms，试求该信道在哪些频率上传输衰减最大？所传输的信号选用哪些频率对传输最有利？

1-8 具有 6.5 MHz 带宽的某高斯信道，若信道中信号功率与噪声功率谱密度之比为 45.5 MHz，试求其信道容量。

1-9 已知某标准话路信道的上限截止频率为 3.4 kHz。

(1) 若信道的信噪比 $S/N = 30$ dB，试求这信道的信道容量。

(2) 在实际应用中，这信道上的最大信息传输速率为 4 800 bit/s，试求以此传输速率传输信息时理论上所需的最小信噪比。

1-10 在传输图片时，每帧约 2.55×10^6 个像素，为了良好地重现此图片，需要 12 个亮度等级，假定所有亮度等级等概率出现，信道中信噪比为 30 dB。

(1) 若传送一张图片所需时间为 1 min，计算这时所需信道带宽。

(2) 若传送一张图片所需时间改为 3 min，则所需信道带宽又为多少。

(3) 若在带宽为 3.4 kHz 的话音信道上传输这图片，试求传输一张图片所需的时间。

参 考 文 献

[1] 董荔真，等．模拟与数字通信电路［M］．北京：北京理工大学出版社，1990.
[2] 樊昌信，等．通信原理［M］．北京：国防工业出版社，1995.
[3] 曹志刚，等．现代通信原理［M］．北京：清华大学出版社，1992.
[4] 郭世满，等．数字通信——原理、技术及应用［M］．北京：人民邮电出版社，1994.

第二章　谐振功率放大

§2.1　概　　述

为使信息有效地进行远距离传输，除了像1.3.2所述，应对基带信号进行必要的调制外，被传输的高频已调信号还应具有足够大的功率。因此，高频已调信号需要经过放大以获得一定的功率电平，再通过天线发射出去。实际上当电波在空间传播时是按着距离平方进行衰减的，为保证接收端所需要的最小输入信号电平得到满足，发送端必须输出足够的功率电平。由此可知，高频功率放大器在无线通信系统中起着很重要的作用，它是发射设备中不可缺少的组成部分。

高频功率放大器的质量指标是（在保证功率晶体管安全工作的条件下）：① 输出功率；② 效率；③ 非线性失真（有时用输出中谐波分量的抑制来表示）。有关功率晶体管安全工作条件等内容，将用另外篇幅叙述，这里着重强调提高效率的重要性。高频功率放大器的输出功率是从电源供给功率转换而来，一般功率放大电路的输出功率都较大，所以在满足功率要求时还必须注意提高转换效率，以充分合理地利用能量。

在要求兼顾功率和效率两项指标，适当考虑非线性失真的情况下，通常选择丙类工作状态。在这种状态下，晶体管集电极电流导通角小于90°（导通角为管子导通区间的一半），集电极输出电流波形已严重失真，故其负载必须采用具有理想滤波特性的选频网络，以获得接近正弦波的输出电压波形，这一类高频功率放大器也称为窄带或谐振功率放大器。有些场合下还选择丁、戊类（开关）工作状态，丁、戊类功率放大器的频率要比丙类高，但它们的上限工作频率较低，而丙类功率放大器能够工作到GHz范围。谐振功率放大器主要用作发射机末级电路，进行等幅波功率放大，或实现高电平调幅，此外，还可用来完成倍频或限幅作用。

在要求有一定输出功率和效率，又要求非线性失真很小的场合，不宜采用丙类（或丁、戊类）工作状态。因为此类状态下面的晶体管处于强非线性区域工作，输出电流波形严重失真，而实际负载选频网络的滤波特性不可能是理想的，故很难满足对非线性失真的要求。为不产生波形失真，就要采用甲类（前级）或乙类推挽（后级）工作状态。当高频功率放大器侧重于获得不失真放大性能时，输出功率不足的缺陷可通过功率合成的办法来补偿。对已调幅波进行功率放大时，通常选择末级高频功率放大器为乙类（谐振窄带放大或推挽放大）工作状态，也可选择为甲、乙类（推挽放大）工作状态。这时，既可避免波形（包络）出现失真，又能输出一定功率电平。

不论工作在哪一类状态，对谐波辐射这项指标来说，通常要求距发射机1 km处（不论发射机输出功率多大），所测到的谐波辐射电平不得大于25 mW。

根据采用的负载不同，高频功率放大器可分为窄带和宽带放大两类。窄带放大是以选频网络作负载，只有被放大的已调信号占据的相对带宽相对来看很窄时，才允许高频功率放大器的负载采用相对带宽较窄的选频网络。但是，在某些通信电台中，常常要求迅速更换发射机的工作频率，以提高抗干扰能力，这时要迅速更换选频网络的中心频率是十分困难的，此时，高频功率放大器可采用宽带传输线变压器作负载。因为这种宽带放大器的负载不具有滤除谐波能力，高频功率放大器必须工作在甲类（或乙类）状态。在扩频通信系统中，宽带高频功率放大器获得了实际应用，这是由于它能够在极宽的频带范围内，平坦的放大扩频信号的功率。

用于高频功率放大器中的有源器件，有功率晶体管、GaAs 功率场效应管、射频功率模块等，超过千瓦功率时，主要使用发射真空电子管。采用硅双极工艺制造的射频功率放大模块，具有优异的放大量、效率和线性特性，在现代通信系统中获得越来越多的应用。例如某一型号功率放大模块，它的工作频率达到 900 MHz 频段，最大输出功率为 1 W，其谐波失真为 −45 dBc，具有 50 Ω 的输入/输出阻抗，在电源为 6 V，输入功率为 1 mW 时，平均输出功率为 0.8 W，最小放大量为 29 dB，很适合用在数字移动电话上。在本章中，因受篇幅所限，主要讨论典型的功率晶体管放大器，对功率放大模块一类电路感兴趣者，可去查阅有关射频功率器件的资料。

本章主要讲述工作在丙类状态的谐振功率放大器的基本原理与性能分析，并给出工程设计原则；然后讨论宽频带功率放大器，着重说明功率合成的关键元件——传输线变压器的工作原理，这部分内容安排在本章附录中。

在讲解本章内容之前，先讲两个问题，一是非线性电路及分析方法。二是在本书中常用的并联谐振回路。

§ 2.2　非线性电路及其分析方法

2.2.1　线性元件和非线性元件

若描述元件的特性曲线为一通过原点的一直线，该元件为线性元件（广义地说只要是一直线就可认为是线性元件）。如电阻的 $u \sim i$ 曲线，电容的 $q \sim u$ 曲线均为一过原点的直线，该电阻和电容则为线性电阻和线性电容如图 2－1 所示。

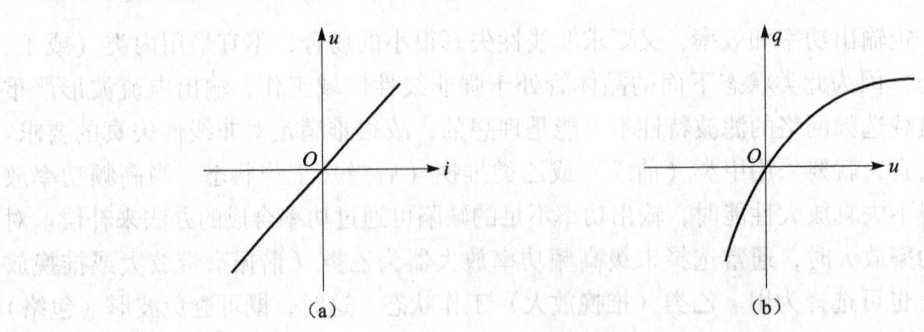

图 2－1

(a) 线性电阻 $u \sim i$ 曲线；(b) 非线性电容 $q \sim u$ 曲线

若描述元件的特性曲线不是过原点的直线或曲线时，该元件为非线性元件。

2.2.2　线性电路与非线性电路

若组成电路的所有元器件均为线性元件，则此电路为线性电路。该电路的线路方程为线性代数方程或为线性微分方程。

而非线性电路中至少包含一个非线性元件，它的线路方程为非线性代数方程或非线性微分方程。

严格地说，一切实际元器件均是非线性的，绝对线性元件是不存在的，有时在分析小信号时，由于信号工作范围很小，元器件的非线性特性对其影响就很小，这时为了分析方便，将其近似地看成线性元件。

图2－2为一放大器的示意图。在此的晶体管转移特性为　$i_c = f(u_{be}) = f(u_i)$

在a点写出KCL得

$$i_c = i_R + i_C + i_L$$

$$f(u_i) = \frac{u_o}{R} + C\frac{du_o}{dt} + \frac{1}{L}\int u_o dt \qquad (2-1)$$

式（2－1）表示该电路的输出电压 u_o 和输入电压 u_i 的关系，该方程为一个二阶非线性微分方程。

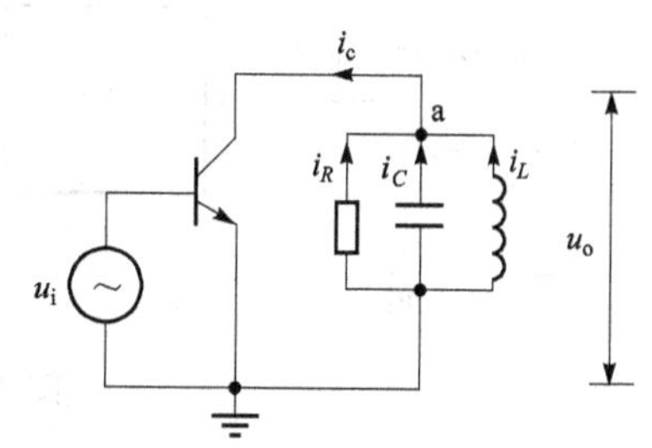

图2－2　放大器示意图

2.2.3　非线性电路的特点

非线性电路和线性电路均可以适用KVL和KCL定律。但非线性电路有其特殊规律。

一、不适用叠加原理

叠加原理是分析线性电路时一个十分重要的定理。线性电路中很多分析方法是建立在该定理基础上的。如频域分析法，时域分析法，拉普拉斯分析法等，但对于非线性电路它是不适用的。

对一个输出与输入之间关系为

$$u_o = u_i^2$$

的非线性系统，将 $u_i = u_{i1} + u_{i2}$ 代入上式得

$$u_o = u_{i1}^2 + 2u_{i1} \cdot u_{i2} + u_{i2}^2 \qquad (2-2)$$

用适于线性系统叠加原理，解得

$$u_o = u_{i1}^2 + u_{i2}^2 \qquad (2-3)$$

可见式（2－2）和式（2－3）并不相等。用叠加原理得到的结果是错误的。

因此在线性电路中应用的一些方法，对非线性电路不适用。

二、非线性电路可产生新的频率分量

线性电路在正常工作情况，且不产生失真条件下，输出频率和输入频率相同，如小信号放大器。而非线性电路的输出频率中可产生很多和输入频率不同的分量。

若　$u_o = u_i^2$　的非线性电路。当

$$u_i = u_{i1} + u_{i2}; \quad u_{i1} = U_{1m}\cos\omega_1 t; \quad u_{i2} = U_{2m}\cos\omega_2 t$$

代入得

$$\begin{aligned}u_o &= (U_{1m}\cos\omega_1 t + U_{2m}\cos\omega_2 t)^2\\ &= \frac{1}{2}U_{1m}^2 + \frac{1}{2}U_{2m}^2 + U_{1m}U_{2m}\cos(\omega_1+\omega_2)t + \\ &\quad U_{1m}U_{2m}\cos(\omega_1-\omega_2)t + \frac{1}{2}U_{1m}^2\cos 2\omega_1 t + \frac{1}{2}U_{2m}^2\cos 2\omega_2 t\end{aligned}$$

从此例可看出，此非线性电路的输出产生了很多与输入频率不同的频率分量（见图 2－3）。

通信电路中常用非线性电路的此特性完成信号频率变换的功能。本书中后面论述的振荡电路，混频，调制和解调电路均利用了这一特性。

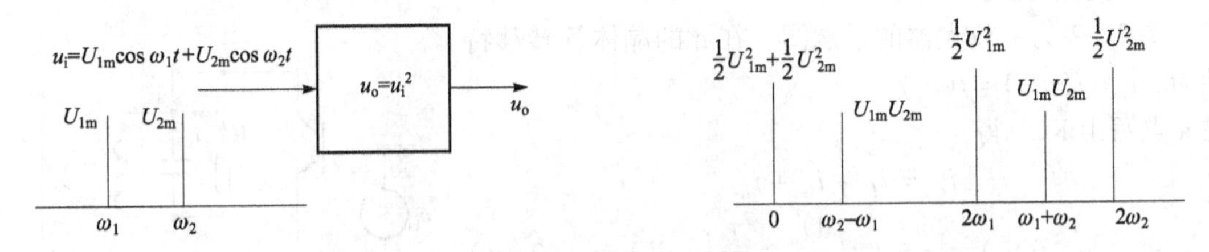

图 2－3　$u_o=u_i^2$ 的输入/输出频谱

2.2.4　非线性电路的分析方法

一般情况下非线性电路的电路方程为非线性微分方程，在数学上解非线性微分方程无一定解法，通常适用近似分析法。在电路中也通常用近似法来解，也就是工程近似法。

一般非线性电路输出端常接一个选频网络，为了在诸多频率分量中选择所需的频率分量，这样在近似分析法中假设此选频电路为一理想的选频电路也就是该电路只输出所需频率而其他频率无输出。如图 2－2 该电路只有 ω_0 的频率有输出，也就是 $u_o(t)=U_{om}\cos\omega_0 t$，在此 ω_0 为已确定的而 U_{om} 为待定的，将此代入式（2－1）得

$$f(u_i) = \left(\frac{1}{R} + j\omega_0 C + \frac{1}{j\omega_0 L}\right)U_{om}\cos\omega_0 t$$

从上式可知要解此方程在已知 u_i 情况下求 u_o，只要从器件转移特性 $i_C=f(u_i)$ 中找出 ω_0 的频率分量，令等式两边相等，即可求出输出电压的幅值 U_{om}。

这样解非线性电路的工程方法可为

（1）用非线性元件的伏安特性列电路方程。

（2）将非线性元件的 $i=f(u)$ 特性展开，找出感兴趣的频率分量。

（3）用对应频率分量相等，解出输出电压。

在此关键点是 $i=f(u)$ 的展开，这方法一般可用。

一、幂级数法

将 $i=f(u)$ 用泰勒级数在静态工作点 u_o 处展开

$$i=f(u)=a_0+a_1(u-u_o)+a_2(u-u_o)^2+a_3(u-u_o)^3+\cdots$$

其中　$a_0=f(u_o)$；　$a_1=\left.\frac{di}{du}\right|_{(u=u_o)}$；　$a_2=\frac{1}{2}\left.\frac{d^2i}{du^2}\right|_{u=u_o}$；　$a_3=\frac{1}{3!}\left.\frac{d^3i}{du^3}\right|_{u=u_o}$　…；

然后将电压代入展开，求出所需的频率分量。

二、折线法

如晶体管的转移特性 $i_c = f(u_{be})$ 在大信号作用下可用一折线来近似曲线，如图 2-4 所示。该折线可用一数学方程来表示，即

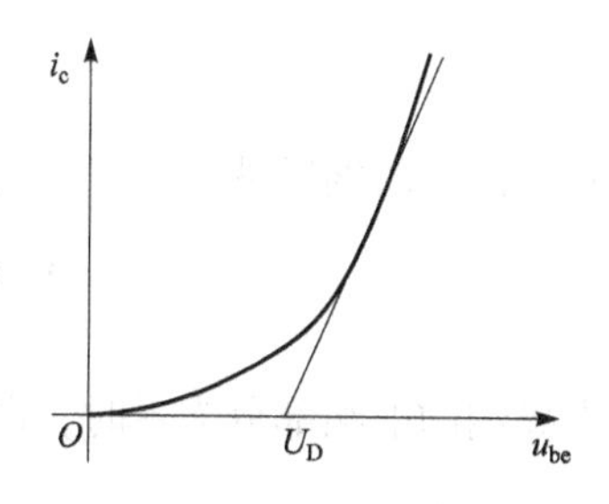

图 2-4　用折线近似转移特征 $i_c = f(u_{be})$

$$i_c = \begin{cases} 0 & u_{be} < U_p \\ G_C(u_{be} - U_p) & u_{be} > U_p \end{cases}$$

式中，U_p 为晶体管的导通电压。

G_C 为晶体管的跨导，即斜线的斜率。

三、时变参量法

此方法适用于器件的输入电压为一大信号和一小信号的叠加。具体方法在后面章节详细讲述。

§2.3　并联谐振回路

在通信电路中比较广泛的应用谐振回路，上面所说的非线性电路中的选频网络经常用并联谐振回路实现的。许多正弦波振荡电路也大致如此，所以鉴于本章和后面章节学习的需要，必须较好地掌握并联谐振回路的基本工作原理。

2.3.1　空载并联谐振回路

并联谐振回路是由电感和电容并联组成，由于实际的电感和电容均有损耗电阻，而电容的损耗电阻小于电感的损耗电阻，因此并联谐振回路可表示为图 2-5 所示。根据电路串并联变换原理，可变换为图 2-6 的形式，根据两端导纳相等可写为

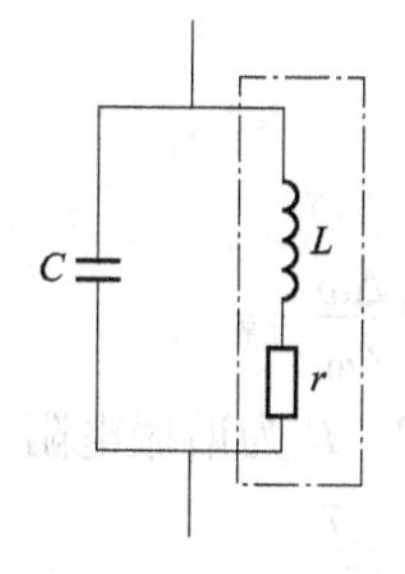

图 2-5　实际的并联谐振回路

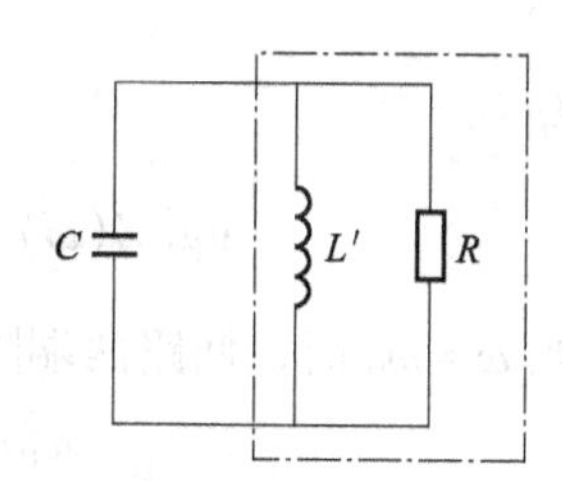

图 2-6　并联谐振回路的等效形式

$$\frac{1}{R} + \frac{1}{\mathrm{j}\omega L'} = \frac{1}{r + \mathrm{j}\omega L} \Big/ \frac{r}{r^2 + \omega^2 L^2} - \mathrm{j}\frac{\omega L}{r^2 + \omega^2 L^2}$$

$$\frac{1}{R} = \frac{1}{r(1 + Q^2)} \qquad \frac{1}{\omega L'} = \frac{1}{\omega L\left(1 + \frac{1}{Q^2}\right)} \qquad \left(Q = \frac{\omega L}{r}\right)$$

当电感的 $Q \gg 1$ 时，有

$$R = rQ^2 = \frac{\omega^2 L^2}{r} \qquad L' = L \tag{2-4}$$

并联回路两端导纳

$$Y(\omega) = \frac{1}{R} + j\omega C + \frac{1}{j\omega L} = \frac{1}{R} + j\left(\omega C - \frac{1}{\omega L}\right)$$

当导纳的电纳部分为零时，即 $\omega C = \frac{1}{\omega L}$；回路导纳为纯电导 $\frac{1}{R}$，这时称为回路谐振，此时谐振频率为

$$\omega_0 = 2\pi f_0 = \frac{1}{\sqrt{LC}} \tag{2-5}$$

在其他频率时，其阻抗特性为

$$Z(\omega) = Y(\omega) = \frac{R}{1 + jQ\left(\frac{\omega}{\omega_0} - \frac{\omega_0}{\omega}\right)} = \frac{R}{1 + j\xi} \tag{2-6}$$

$\xi = Q\left(\frac{\omega}{\omega_0} - \frac{\omega_0}{\omega}\right)$ 称为回路的广义失谐。

当频率在谐振频率附近，此时广义失谐为

$$\xi = Q\left(\frac{\omega}{\omega_0} - \frac{\omega_0}{\omega}\right) = Q\frac{(\omega + \omega_0)(\omega - \omega_0)}{\omega\omega_0} \approx Q\frac{2\omega(\omega - \omega_0)}{\omega\omega_0} = Q\frac{2(\omega - \omega_0)}{\omega_0} = 2Q\frac{\Delta\omega}{\omega_0} \tag{2-7}$$

$\Delta\omega = \omega - \omega_0$ 为绝对失谐；$\frac{\Delta\omega}{\omega_0}$ 为相对失谐。$Z(\omega)$ 可写为

$$Z(\omega) = \frac{R}{1 + j2Q\frac{\Delta\omega}{\omega_0}} \tag{2-8}$$

阻抗特性可分别写成幅频和相频特性，幅频特性为

$$|Z(\omega)| = \frac{R}{\sqrt{1 + \left(2Q\frac{\Delta\omega}{\omega_0}\right)^2}} \tag{2-9}$$

相频特性为

$$\arg[Z(\omega)] = -\arctan\xi = -\arctan 2Q\frac{\Delta\omega}{\omega_0} = \varphi \tag{2-10}$$

（1）当 $\omega = \omega_0$ 时，回路两端阻抗，为纯电阻 $|Z(\omega)| = R$，R 为谐振电阻

$$R = \frac{\omega_0^2 L^2}{r} = Q \cdot \omega_0 L = Q \cdot \frac{1}{\omega_0 C} = Q\sqrt{\frac{L}{C}} \tag{2-11}$$

此时其相角 $\varphi = 0$。

（2）当 $\omega < \omega_0$ 时，回路的阻抗小于谐振电阻，此时的相角 $\varphi > 0$，回路呈现电感性。

（3）当 $\omega > \omega_0$ 时，回路的阻抗同样也小于谐振电阻，其相角 $\varphi < 0$，回路呈现电容性。

根据上面情况可画出并联回路阻抗的幅频和相频特性如图 2-7 所示。从（2-9）和式（2-10）可知当回路 Q 值提高时，回路的幅频特性将变窄，而相频特性将变陡，如图 2-7 所示。

如图 2－8 所示，当回路两端接一各频率分量均为一恒值的电流源时，此时回路两端的电压为

$$U = IZ$$

由于 I 为恒值，此时电压响应和阻抗特性相同，其幅频特性和相频特性也和图 2－6 相同。从图 2－8 可看出回路具有选择性也就是对不同频率分量的响应不相同。有的频率分量响应最大，也就在 $\omega=\omega_0$ 处 $U=IR$，而其他分量均要小，越偏离谐振频率 ω_0 越远，响应越小，为了说明此响应可用通频带的概念也就是其响应下降到 $0.707=\frac{1}{\sqrt{2}}$ 时两点间的频率差为回路的通频带如图 2－9 所示。

$$\frac{1}{\sqrt{2}}IR = \frac{IR}{\sqrt{1+\left(2Q\frac{\Delta\omega}{\omega_0}\right)^2}}$$

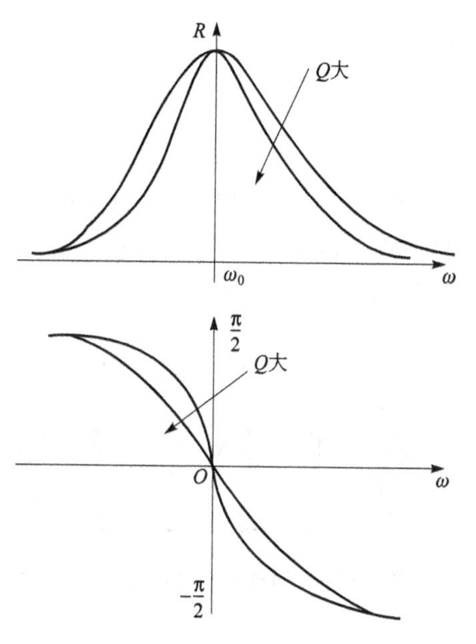

图 2－7　回路阻抗幅频和相频特性

从上式可求出回路的通频带

$$2\Delta\omega = \frac{\omega_0}{Q} \qquad BW = 2\Delta f = \frac{f_0}{Q} \tag{2-12}$$

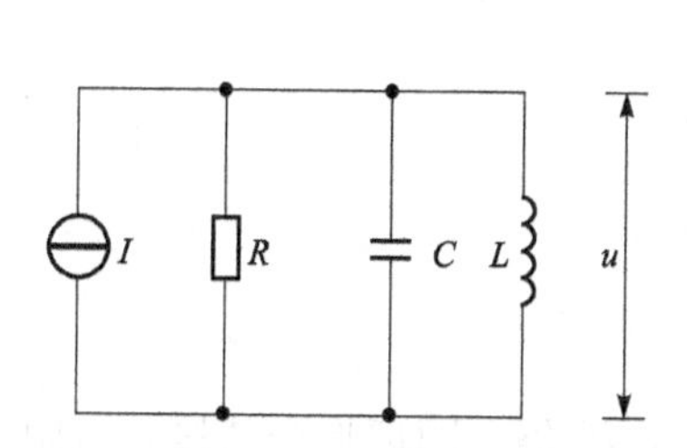

图 2－8　回路在恒流源作用下两端电压响应

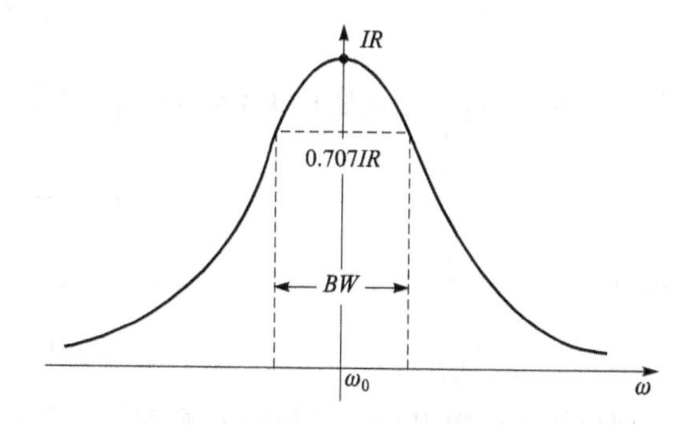

图 2－9　谐振回路通频带示意图

2.3.2　源阻抗和负载阻抗对回路的影响和减小此影响的方法——部分接入

当回路两端接有负载电阻 R_L 和源电阻 R_S 时如图 2－10 所示。此时由于 L，C 没有变，其谐振频率 ω_0 和谐振阻抗 $\rho=\omega_0 L=\frac{1}{\omega_0 C}=\sqrt{\frac{L}{C}}$ 不变。而谐振电阻

$$R' = \frac{1}{\frac{1}{R}+\frac{1}{R_S}+\frac{1}{R_L}}$$

其品质因数由原来的 $Q_{无载}$ 值：

$$Q_{无载} = R\sqrt{\frac{C}{L}} \tag{2-13}$$

变成 $Q_{有载}$ 值

$$Q_{有载}=R'\sqrt{\frac{C}{L}}=\frac{Q_{无载}}{1+\frac{R}{R_S}+\frac{R}{R_L}} \tag{2-14}$$

从式（2－14）可看出 $Q_{有载}<Q_{无载}$。因此其带宽 BW 要加大。当 R_S，$R_L\to\infty$ 时其影响就不存在。为了减小它们的影响可采用部分接入使其接入回路两端的阻值加大，如图 2－11 所示，当电阻 R 接入同性电抗 x_1 和 x_2 之间，定义部分接入系数为

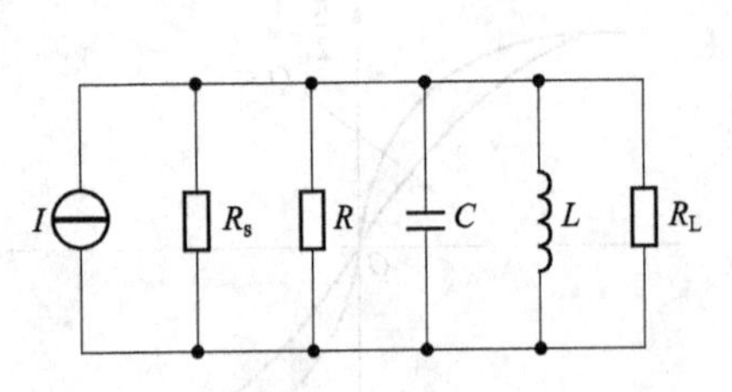

图 2－10　回路接入源阻抗和负载阻抗

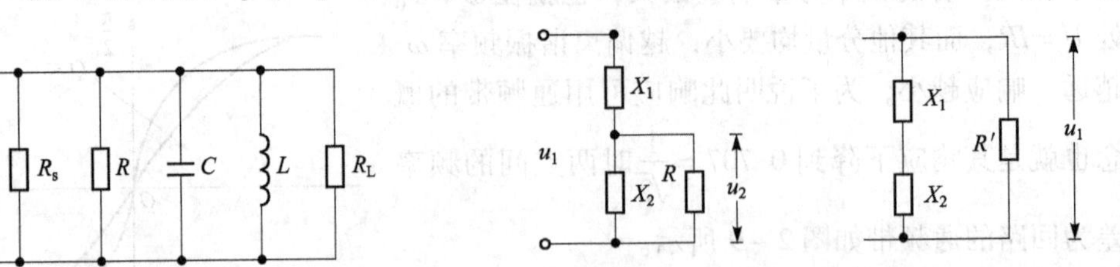

图 2－11　部分接入

$$p=\frac{接入部分电抗值}{总电抗值}=\frac{X_2}{X_1+X_2}$$

将部分接入电阻 R 等效为全部接入电阻 R'。采用功率不变原理，有

$$\frac{u_2^2}{R}=\frac{u_1^2}{R'} \tag{2-15}$$

在满足 $R\gg X_2$，也就是并联支路 $Q=\frac{R}{X_2}\gg 1$ 时

$$\frac{u_2}{u_1}=\frac{X_2}{X_1+X_2}=p \tag{2-16}$$

此时

$$R'=\frac{R}{p^2} \tag{2-17}$$

将部分接入电阻 R 变为全部接入 R' 时，其阻抗值扩大 $1/p^2$ 倍。同理将全部接入电阻 R' 变成部分接入电阻 R 时，其阻值减小 p^2 倍。

1. 电容部分接入

图 2－12（a）所示为电容部分接入，有

$$p=\frac{X_2}{X_1+X_2}=\frac{\frac{1}{\omega C_2}}{\frac{1}{\omega C_1}+\frac{1}{\omega C_2}}=\frac{C_2}{C_1+C_2} \tag{2-18}$$

2. 电感部分接入

图 2－12（b）所示为电感部分接入，有

$$p=\frac{X_2}{X_1+X_2}=\frac{L_2+M}{L_1+L_2+2M} \tag{2-19}$$

若同名端相反时，互感 M 前为负号。

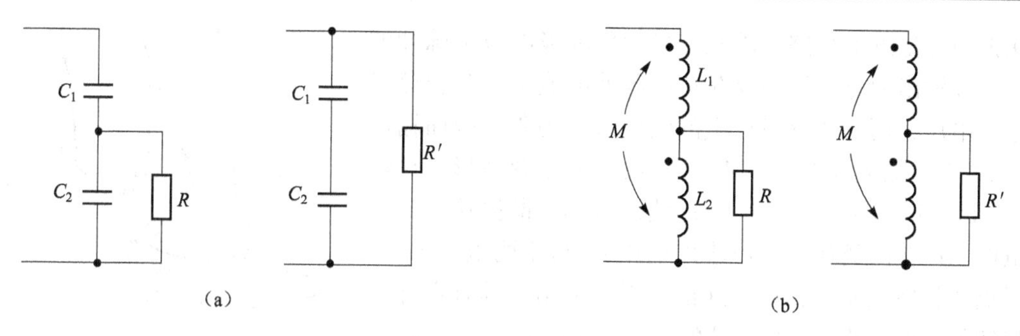

图 2-12　部分接入

(a) 电容部分接入；(b) 电感部分接入

§2.4　谐振功率放大器的基本工作原理

2.4.1　电路特点和工作原理

图 2-13 是谐振功率放大器的原理电路图，图 2-14 为谐振功率放大器各极电压和电流波形图。由图 2-13 看出，电路具有如下特点：

(1) 发射结为零偏置甚至是负偏置；

(2) 输出回路具有频率选择性。

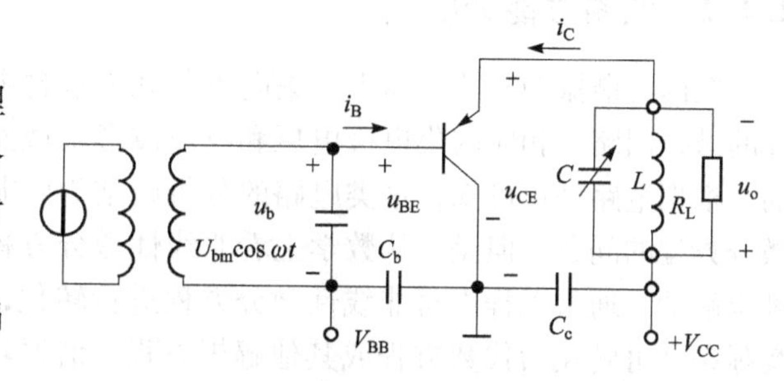

图 2-13　谐振功率放大器的原理电路图

从第一个特点可知，电路在余弦信号输入电压激励情况下，晶体管只有在发射结电压 u_{BE} 大于导通电压 U_D（对硅管而言 0.6~0.7 V，对锗管而言为 0.2~0.3 V）的时间内，才有显著的集电极电流流通，因此晶体管基极和集电极电流为图 2-14 (c)、(d) 所示的脉冲波形。它的出现范围是 $(2n\pi-\theta\leqslant\omega t\leqslant 2n\pi+\theta)$，这里 θ 称为导通角，系指激励信号电压一周期内，集电极电流出现时间一半所相应的角度。根据导通角大小的不同，晶体管的工作状态区分为：$\theta=180°$ 为甲类工作状态；$\theta=90°$ 为乙类工作状态；$\theta<90°$ 为丙类工作状态。可从图 2-14 (d)、(e) 波形中看出，集电极电流的 $\theta<90°$ 时，即在丙类工作状态下，仅在 u_{CE} 较小时，才有集电极电流流过，而 u_{CE} 较大时 i_c 为零，因此集电极损耗功率 P_c 为

$$P_c=\frac{1}{T}\int_0^T i_c u_{CE}\mathrm{d}t=\frac{1}{\pi}\int_0^{\theta} i_c u_{CE}\mathrm{d}\omega t \tag{2-20}$$

式中，$T=2\pi/\omega$ 为余弦电压周期。这样，当 θ 较小时 P_c 就很小，而效率为

$$\eta=\frac{P_o}{P_{dc}}=\frac{P_o}{P_c+P_o} \tag{2-21}$$

因 P_c 很小，η 就较大。

从第二个特点知道，谐振功率放大器输出接近正弦波电压。由于在余弦电压激励下，丙类工作状态的晶体管集电极电流是周期性的余弦脉冲序列，因此可以利用傅里叶级数分解为包含平均分量、基波分量以及各高次谐波分量的电流之和。当输出回路具有良好的选择性且调谐于基波频率时，输出回路仅对集电极电流中的基波分量呈现很大的谐振电阻，而对其他

各次谐波分量近似短路。因此，尽管集电极电流呈脉冲波形，但在输出回路两端却仅存在由脉冲电流中的基波分量产生的电压，而其他分量产生的电压近似为零。因而输出电压 u_o 仍近似为如图 2－14（e）所示的余弦波形。比较图 2－14（b）和图 2－14（e）波形可知，谐振功率放大器虽然工作在丙类状态，但输出电压 u_c 与激励电压 u_b 的波形仍然相似且相位相反，这正是因为采用了具有良好选频特性的谐振回路作输出负载的结果。

需要指出，采用选频网络作负载，除了实现在丙类工作状态下的不失真放大作用外，还具有实现放大器的最佳负载阻抗与实际负载之间的阻抗变换作用，从而使放大器能以高效率在实际负载上给出指定的输出功率。

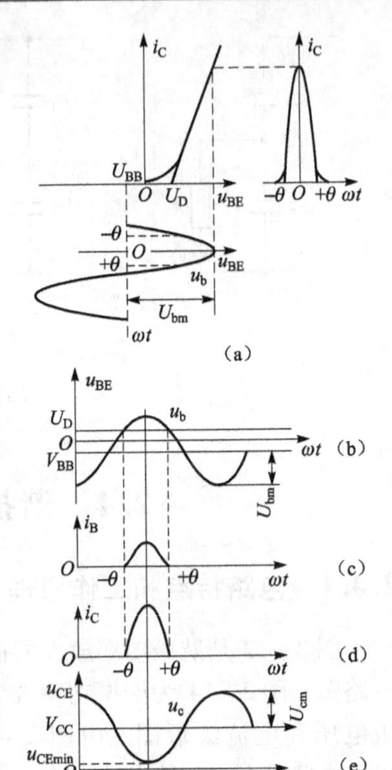

图 2－14　谐振功率放大器各级电压和电流波形

2.4.2　电路性能分析

在丙类谐振功率放大器中，集电极负载为包含电抗元件的谐振回路，相应的集电极电压和电流波形是截然不同的。根据电路理论可知，这类电路的分析归结为解非线性微分方程的问题，但是，从数学上看非线性微分方程是很难求解的。通常工程中将非线性微分方程进行转化，根据实际条件可转化为代数方程或其他解析方程。谐振功率放大器的性能分析，一般采用准线性折线近似方法，这种方法的解析式简单，物理概念清楚，估算结果满足工程要求，给通过实验确定电路参数提供了必要依据。准线性折线分析的条件如下。

（1）输入和输出回路（或其他形式滤波网络）具有理想滤波特性。在此条件下，如图 2－12 所示电路中，虽然晶体管的基极和集电极电流为周期性余弦脉冲，但基极－发射极间电压和集电极－发射极之间电压仍是余弦波形且相位相反，写为

$$u_{BE}=V_{BB}+U_{bm}\cos\omega t \tag{2-22}$$

$$u_{CE}=V_{CC}-U_{cm}\cos\omega t \tag{2-23}$$

由于仅考虑了集电极输出电流脉冲中的基波分量在负载两端产生的电压，因此称为准线性放大。实际上，由于真实负载（例如天线或下级谐振功率放大器的输入电阻）接入时，输出回路的有载品质因数一般只在10左右，甚至更低。因此，准线性放大的这一条件只是理想情况，实际上会有不需要的谐波分量输出。

（2）忽略晶体管的高频效应。在此条件下，可以认为功率晶体管在工作频率下只呈非线性电阻特性，而不考虑功率晶体管的极间电容和引线电感等所造成的电抗效应。因此，可以近似认为，功率晶体管的静态伏安特性就能代表它在工作频率下的特性。

（3）晶体管的静态伏安特性可近似用折线表示。大信号激励下，忽略不计起始弯曲部分特性时，晶体管的伏安特性可以用分段直线表示。例如图 2－15 所示中的晶体管转移特性，采用折线表示后如图 2－15 中倾斜线所示。该线与横轴交点是起始导通电压 U_D，大于 U_D 的区域是晶体管放大工作区，小于 U_D 的区域是晶体管截止工作区。

以下的电路分析包括两方面内容：一是求得余弦脉冲电流的频域分解表示式，二是根据性能要求选择合适的电流导通角。

一、余弦脉冲电流分解

如图 2－15 所示，谐振功率放大器在满足准线性折线分析条件时，可以利用晶体管折线化后的转移特性曲线绘出集电极电流波形。

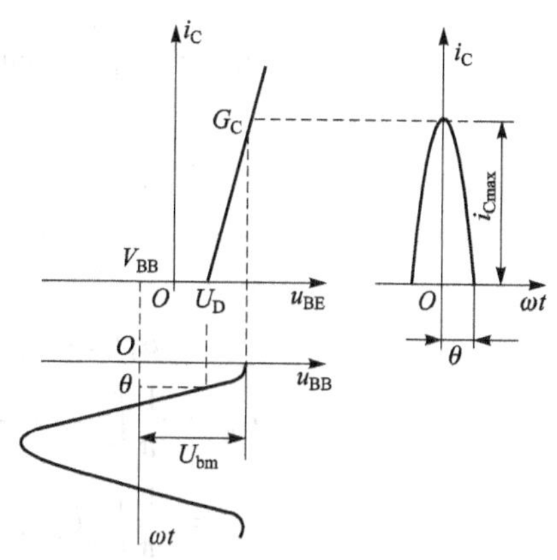

图 2－15　丙类工作状态下的集电极电流波形

设激励信号为余弦电压，根据准线性条件，发射结电压可表示为 $u_{BE}=V_{BB}+U_{bm}\cos\omega t$，晶体管折线化转移特性可表示为

$$\left.\begin{aligned} i_C&=0 & u_{BE}&\leqslant U_D\\ i_C&=G_C(u_{BE}-U_D) & u_{BE}&>U_D \end{aligned}\right\} \tag{2-24}$$

式中，G_C 是折线化后放大区特性曲线的斜率。

将 u_{BE} 表达式代入式（2－24）可得

$$i_C=G_C(V_{BB}+U_{bm}\cos\omega t-U_D) \tag{2-25}$$

由图 2－14 可知，当 $\omega t=\theta$ 时，$i_C=0$，代入式（2－25）可求得

$$\cos\theta=\frac{U_D-V_{BB}}{U_{bm}} \tag{2-26}$$

由此可得到导通角 θ 与 U_D、V_{BB}、U_{bm} 的关系为

$$\theta=\arccos\left(\frac{U_D-V_{BB}}{U_{bm}}\right) \tag{2-27}$$

利用式（2－26）可将式（2－25）改写为

$$i_C=G_CU_{bm}(\cos\omega t-\cos\theta) \tag{2-28}$$

由图 2－7 可知，当 $\omega t=0$ 时，$i_C=i_{C\max}$，代入式（2－28）得

$$i_{C\max}=G_CU_{bm}(1-\cos\theta) \tag{2-29}$$

将式（2－29）代入式（2－28）中，便可求得集电极余弦脉冲电流的表示式为

$$i_C=i_{C\max}\left(\frac{\cos\omega t-\cos\theta}{1-\cos\theta}\right) \tag{2-30}$$

式（2－30）是周期性时域表示式，完全由脉冲电流幅度 $i_{C\max}$ 和导通角 θ 所确定。利用傅里叶级数可将式（2－30）展开为

$$i_C=\sum_{n=0}^{\infty}I_{cn}\cos n\omega t \tag{2-31}$$

式（2－31）中各个分量的电流幅度分别为

$$\begin{aligned} I_{c0}&=\frac{1}{2\pi}\int_{-\pi}^{\pi}i_C\,d\omega t\\ &=\frac{1}{2\pi}\int_{-\theta}^{\theta}i_{C\max}\frac{\cos\omega t-\cos\theta}{1-\cos\theta}d\omega t\\ &=i_{C\max}\left(\frac{1}{\pi}\cdot\frac{\sin\theta-\theta\cos\theta}{1-\cos\theta}\right)=\alpha_0(\theta)i_{C\max} \end{aligned} \tag{2-32}$$

$$
\begin{aligned}
I_{c1} &= \frac{1}{\pi}\int_{-\pi}^{\pi} i_{C} \cos \omega t \cdot d\omega t \\
&= \frac{1}{\pi}\int_{-\theta}^{\theta} i_{C\max} \frac{\cos \omega t - \cos \theta}{1 - \cos \theta} \cos \omega t \cdot d\omega t \\
&= i_{C\max}\left(\frac{1}{\pi} \cdot \frac{\theta - \sin \theta \cos \theta}{1 - \cos \theta}\right) \\
&= \alpha_1(\theta) i_{C\max}
\end{aligned} \tag{2-33}
$$

$$
\begin{aligned}
I_{cn} &= \frac{1}{\pi}\int_{-\pi}^{\pi} i_{C} \cos n\omega t \cdot d\omega t \\
&= \frac{1}{\pi}\int_{-\theta}^{\theta} i_{C\max} \frac{\cos \omega t - \cos \theta}{1 - \cos \theta} \cos n\omega t \cdot d\omega t \\
&= i_{C\max}\left(\frac{2}{\pi} \cdot \frac{\sin n\theta \cdot \cos \theta - n\cos n\theta \cdot \sin \theta}{n(n^2 - 1)(1 - \cos \theta)}\right) \\
&= \alpha_n(\theta) i_{C\max}
\end{aligned}
$$

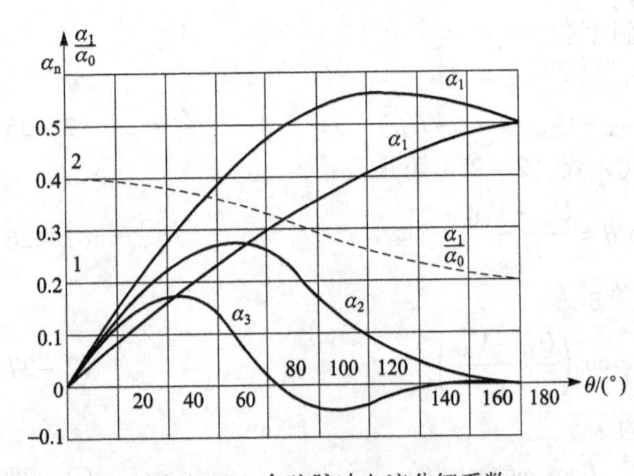

图 2-16　余弦脉冲电流分解系数

式中，α 称为余弦脉冲电流分解系数；α_0 为平均分量分解系数；α_1 为基波分量分解系数；α_n 为 n 次谐波分量分解系数。图 2-16 给出了 α_0、α_1、α_2、α_3 与 θ 的关系曲线。还有 $\alpha \sim \theta$ 数据表可供计算时查阅，详见本章附录 2-2。

由上所述，折线分析法的关键在求导通角 θ，在由 U_D，V_{BB}，U_{bm} 的值确定 θ 角以后，利用查 $\alpha \sim \theta$ 曲线或数据表，很快的就可求出所关心的频率分量大小，从而计算输出功率和效率。

根据余弦脉冲电流中的基波和平均分量，可以求得谐振功率放大器的输出功率和效率。输出功率为

$$
P_o = \frac{1}{2}U_{cm}I_{c1} = \frac{1}{2}I_{c1}^2 R_p = \frac{1}{2}\frac{U_{cm}^2}{R_p} \tag{2-34}
$$

式中，R_p 是输出回路的有载谐振电阻。

集电极电源供给的直流功率为

$$
P_{dc} = V_{CC} \cdot I_{c0} \tag{2-35}
$$

由此可得集电极效率为

$$
\eta_c = \frac{P_o}{P_{dc}} = \frac{1}{2}\frac{U_{cm}I_{c1}}{V_{CC}I_{c0}} = \frac{1}{2} \cdot \xi \frac{\alpha_1(\theta)}{\alpha_0(\theta)} = \frac{1}{2}\xi g_1(\theta) \tag{2-36}
$$

式中，$\xi = \dfrac{U_{cm}}{V_{CC}}$ 为集电极电压利用系数；$g_1(\theta) = \dfrac{\alpha_1(\theta)}{\alpha_0(\theta)}$ 为波形系数，它随 θ 变化规律如图 2-16 中虚线所示。

二、最佳导通角的选择

根据谐振功率放大器的不同运用场合，最佳导通角选择是有区别的，下面分三种场合来讨论。

1. 等幅波功率放大

谐振功率放大器的最基本运用是进行等幅波功率放大。在这种场合 $\alpha_1(\theta)$ 最大值时的导通角是否最佳呢？由图 2-16 可以看出，$\alpha_1(\theta)$ 最大值 0.536 对应 $\theta=120°$，若负载电阻 R_p 被确定，则此时输出信号功率 P_o 最大，但此时放大器为甲乙类工作状态，$g_1(\theta)$ 只有 1.32。假设 $\xi=1$，则效率 η_c 只有 66%，集电极效率较低。而当 $\theta=0$ 时，$g_1(\theta)=2$ 达最大值，效率 η_c 可高达 100%，但是由于此时集电极电流为零，因此也就没有信号功率输出，所以实际上不能采用。为了兼顾输出信号功率和效率的要求，在放大等幅波时，通常选择最佳导通角为 $\theta=60°\sim70°$，当 $\xi=1$ 时，η_c 可达 85% 左右，可见丙类工作状态 η_c 高。

2. 调幅波功率放大

当需要考虑对普通调幅波进行功率放大时，若将工作状态选为丙类的话，此时，集电极电流脉冲的基波分量幅度为

$$I_{C1}=i_{C\max}\alpha_1(\theta)=G_C U_{bm}(1-\cos\theta)\alpha_1(\theta)$$

瞬时幅度 $U_{bm}=U_{bm0}(1+m\cos\omega t)$（见 4.2.1），$U_{bm}$ 不是恒定的，导致了 $i_{C\max}$ 和导通角 θ 随着改变，结果输出基波电流 I_{c1} 不再与输入电压 U_{bm} 成比例，必然会出现波形（包络）失真。

为了不产生失真，普通调幅波末级谐振功率放大器的工作状态应选为乙类，这时 $\theta=90°$，而 $\alpha_1(90°)=0.5$，因此

$$I_{c1}=0.5G_C U_{bm}$$

从上式看出，在乙类工作状态下的基波电流幅度可正比于输入信号电压幅度，不会产生波形失真。

通常将上述工作于乙类状态（要求不进入饱和区）有足够带宽的谐振功率放大器称为“乙类线性放大器”，其最佳导通角 $\theta=90°$，可以在兼顾满足一定的输出功率和效率的要求时，避免使已调幅波出现失真。

3. n 次谐波倍频

谐振功率放大器的集电极回路不是调谐于基频，而是调谐于激励信号频率的 n 次谐波时，输出回路就对基频和其他非 n 次谐波呈现较小阻抗，而对所要的 n 次谐波呈现很大的谐振电阻，因此在输出回路两端获得 n 次谐波输出信号功率。通常称这一类功能电路为丙类倍频器，其导通角 $\theta_n<90°$，选择的最佳倍频导通角大致是：二倍频 $\theta_2=60°$，三倍频 $\theta_3=40°$。有

$$\theta_n=120°/n$$

这里 n 一般不大于 5。如果实际电路需要增加倍频次数，可将倍频器级联使用。

§2.5　谐振功率放大器的动态特性

2.5.1　动态特性

当晶体管与外电路连接时，u_{BE} 和 u_{CE} 同时产生变化，而集电极电流通常是 u_{BE} 与 u_{CE} 的

二元函数，即 $i_C = f(u_{BE}, u_{CE})$。因此在作放大器分析时要考虑其动态特性，也就是与线性电路类同。作动态线（负载线或工作线），在此不同的是丙类谐振功率放大器负载是谐振回路，在作动态分析时，作两点假设。

（1）将晶体管转移特性和输出特性折线化，如图2－17所示。

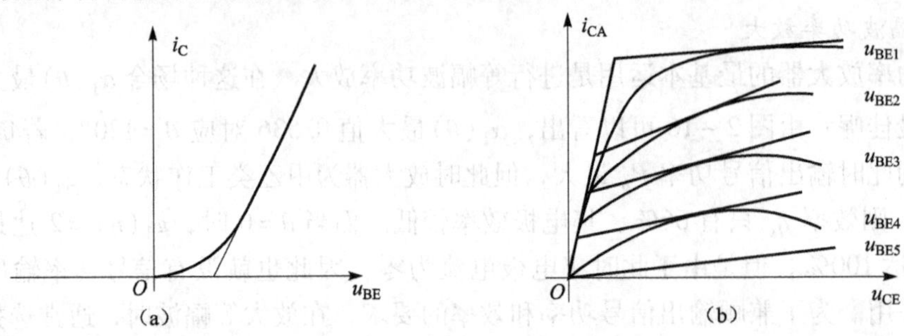

图2－17

（a）转移特性　$i_C = f(u_{BE}, u_{CE})$ 折线化；（b）输出特性　$i_C = f(u_{CE})$ 折线化

折线化后，转移特性 $i = f(u_{BE}, u_{CE})$ 在工作区可以近似看成与 u_{CE} 无关，同样输出特性中饱和线 A 与 u_{BE} 无关。

（2）认为负载的谐振回路具有理想的选频特性，即仅仅对所需频率有压降，对其他频率压降为零。

由于丙类谐振功放工作在大信号情况下，这时晶体管可能工作在的饱和，截止和工作三个区域。这样动态线应作三个区域的动态线即对转移特性和输出特性要作六根动态线，根据上面的假设可以认为下列情况成立。

状　态	转移特性动态线	输出特性动态线
截止区	与静态线相同	与静态线相同
饱和区	—	与静态线相同
工作区	与静态线相同	—

这样只要在转移特性上作饱和线，以及在输出特性上做工作线即可。

一、输出特性动态线

从上已知转移特性工作区的动态线为

$$i_c = G_C(u_{BE} - U_D) \tag{2-37}$$

又已知晶体管接入外电路后

$$u_{CE} = V_{CC} - U_{cm}\cos\omega t$$

$$u_{BE} = V_{BB} + U_{bm}\cos\omega t$$

上式消除 $\cos\omega t$ 后，得

$$u_{BE} = \frac{U_{bm}}{U_{cm}}(V_{CC} - u_{CE}) + V_{BB} \tag{2-38}$$

上式代入式（2－37），就可得到输出特性工作区的动态线：

$$
\begin{aligned}
i_C &= G_C\left[\frac{U_{bm}}{U_{cm}}(V_{CC}-u_{CE})+(V_{BB}-U_D)\right] \\
&= -G_C\frac{U_{bm}}{U_{cm}}u_{CE}+G_C\left[\frac{U_{bm}}{U_{cm}}V_{CC}+(V_{BB}-U_D)\right]
\end{aligned} \tag{2-39}
$$

式（2-39）是一直线方程式，如图 2-18 所示在折线化 $i_C \sim u_{CE}$ 特性曲线上，采用简单的两点作图法，可以画出式（2-39）所描述的直线来，为此，取该式中的下述两个特殊点。

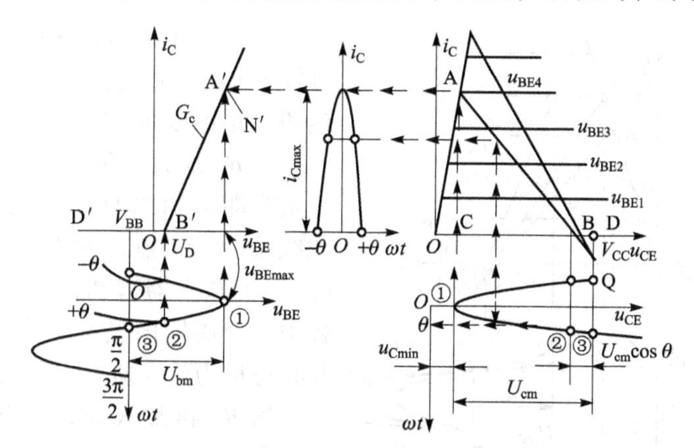

图 2-18　谐振功率放大器的动态线和集电极电流波形

$$
\text{B 点}: i_C = 0,\quad u_{CE} = V_{CC} + \left(\frac{V_{BB}-U_D}{U_{bm}}\right)U_{cm}
$$

$$
\text{Q 点}: u_{CE} = V_{CC},\quad i_C = G_C(V_{BB}-U_D)
$$

注意到 V_{BB}本身是负值，所以从 Q 点计算得出的 i_C 为负值，即集电极电流倒流，这在实际上是不可能的，因此说明 Q 点只是为作图而得出的一个虚设电流点。当从转移特性看时，相当于$(V_{BB}-U_D)$范围内的 i_C 等于零，故在输出特性上 i_C 应沿截止段 BD 变化。

将两个特殊点 B 和 Q 连以直线，这一直线向上延伸，处在工作区部分的 BA 是有意义的，它是集电极电流导通后的动态特性。而处于饱和区部分的直线已无意义，因为在这一区域，i_C 只受 u_{CE}控制不再随 u_{BE}变化，i_C 是沿饱和线 OA 移动的，假定此饱和线斜率是 G_{cr}，那么，有

$$
i_C = G_{cr}u_{CE} \tag{2-40}
$$

由上所述，集电极电流动态变化特性是由 OA、AB、BD 三段线组成。处在工作区的直线 AB 也称为谐振功率放大器的交流负载线。与一般电阻性负载放大器的交流负载线不同，该线斜率不等于 $1/R_p$，此线斜率为

$$
-G_C\frac{U_{bm}}{U_{cm}} = -G_C\frac{U_{bm}}{I_{c1}}G_p\left(=\frac{AC}{CD-BD}\right)
$$

式中，$G_p=\dfrac{1}{R_p}$为并联谐振回路有载电导。在一般情况下，$G_C\dfrac{U_{bm}}{I_{c1}}\neq 1$，因此动态线的斜率不等于 G_p 值，但是随着 G_p 增加，动态线的斜率也将变大，相应于线段 CD$(=U_{cm})$往小变化。

类似地可以做出 $i_C \sim u_{BE}$坐标系上的集电极电流的动态特性，如图 2-19 所示中 N′A′、A′B′、B′D′所示，具体求法不再细述了。

二、谐振功率放大器的三种工作状态

在折线化输出特性上，作出不同 R_p 时的三条负载线，如图 2－19 所示。注意，三条负载线在横坐标上有不同的截距。负载线 $OA_1$①的 R_p 值较小，集电极交变电压 U_{cm1} 幅度也越小，当$u_{CE}=U_{CE\ min}$时，负载线与 $u_{BE\ max}$所在的那条特性交于 A_1，这种情况在放大器全工作过程，也就是

$$u_{BE}=V_{BB}+U_{bm}\cos\omega t$$

过程中 $u_{BE}\to u_{BE\ max}=V_{BB}+U_{bm}$ 放大器也不饱和，此状态称为放大器工作在欠压状态。

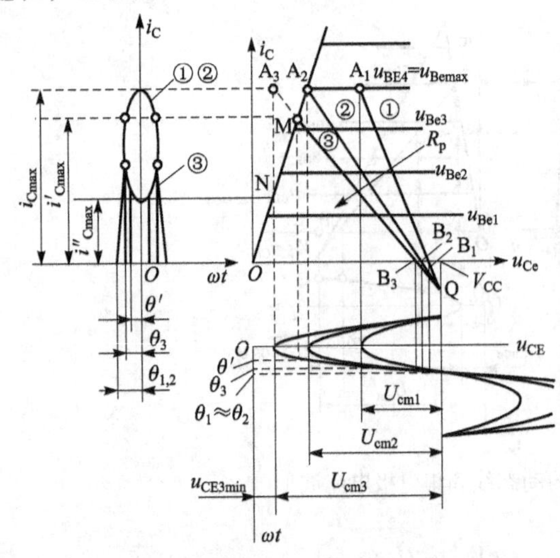

图 2－19　谐振功率放大器的三种工作状态及相应电压、电流波形

当 R_p 加大，负载线变成 $OA_2$②，此时三条线即饱和线 OA_2、u_{BE} 为 $u_{BE\ max}$ 线与负载线交于 A_2 点，此时放大器仅在 $u_{BE}=u_{BE\ max}$时放大器饱和，也就是在整个工作过程中一个周期内只有一个时刻放大器饱和，此状态称为放大器工作在临界状态。

当 R_p 再加大时，负载线变成 $OA_3$③，此时 u_{BE} 尚未到达 $u_{BE\ max}$，放大器就饱和，而当 u_{BE} 继续加大时，放大器均是饱和的，因此放大器在一个周期内在一个时间段为饱和，此时称放大器工作在过压状态；此时 i_C 的电流出现凹陷。这是由于当 R_p 加大到一定程度后，可能使晶体管工作点摆动到饱和区内，因为负载 R_p 是 Q 值较高的谐振回路，致使集电极上的交变电压是十分接近余弦的波形，在这个交变电压幅度 U_{cm3} 加大时，集电极 u_{CE}则是减小的。当 u_{CE}减小超过临界点 A_2 时，集电极电流 i_C 将沿饱和线 OA_2 变化，其幅度从 M 点起不断降低，随着 U_{cm3} 继续加大，u_{CE}迅速减小，在 N 点 i_C 降到最大值。当 u_{CE}从最小值回升时，集电极电流 i_C 也随着增大，直至脱离饱和区后，i_C 才随 u_{CE}增加而减小。这样 i_C 成为顶部出现凹陷的余弦脉冲，但是集电极输出交变电压 U_{cm3} 却是最大。

2.5.2　负载和激励电压变化对工作状态的影响

一、改变负载 R_p

所谓谐振功率放大器的负载特性是指 V_{BB}、V_{CC}、U_{bm}一定，放大器性能随 R_p 变化的特性。根据上面的讨论可知，R_p 由小变大时，工作状态将由欠压到临界和进入过压，相应的 i_C 由余弦脉冲变为中间凹陷的脉冲。据此可画出 I_{c0}、I_{c1}、U_{cm}随 R_p 变化的特性，如图 2－20（a）所示，通过计算，又可画出 P_o、P_{dc}、P_c 和 η_c 随 R_p 变化的曲线，如图 2－20（b）所示。

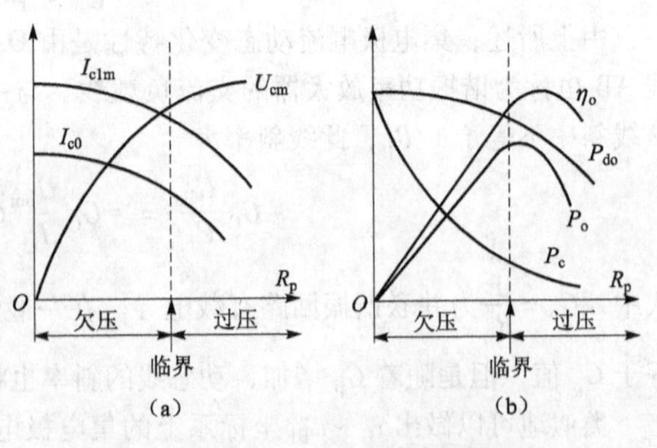

图 2－20　谐振功率放大器的负载特性

由图2-20所示负载特性曲线可以得到如下结论：

（1）欠压工作状态下，输出功率和效率都较低，集电极耗散功率大，当负载改变时，输出幅度不平稳，因此，一般不采用这种工作状态。尤其应当注意，当 $R_p=0$，即负载短路时，集电极耗散功率达最大值，从而有使晶体管烧毁的可能，因此，在调整谐振功率放大器的过程中，必须防止由于严重失谐而引起负载短路。

（2）临界工作状态下，可保证有较大的输出功率和较高效率，是兼顾两项性能要求的最佳工作状态。发射机的末级多采用临界工作状态。

（3）过压工作状态下，当负载 R_p 变化时，输出信号电压幅度 U_{cm} 变化不大，因此，在需要维持输出电压比较平稳的场合（例如中间级）可采用过压状态。

二、改变激励电压幅度

图2-21（a）给出的在 R_p、V_{BB}、V_{CC} 均不变化时，仅改变 U_{bm} 情况下的集电极电流波形。可以看出，当 U_{bm} 由小变大时，工作状态由欠压向过压过渡。在欠压区，集电极电流脉冲幅度随 U_{bm} 的增加而增加，因此 I_{c0}、I_{c1}、U_{cm} 也随 U_{bm} 而增加；当 U_{bm} 增加到使晶体管进入饱和区后，由于出现凹陷脉冲电流，致使 I_{c0}、I_{c1}、U_{cm} 增加缓慢；上述变化曲线如图2-21（b）所示。而图2-21（c）为 U_{bm} 改变时相应 P_o、P_{dc}、P_c 的变化曲线。

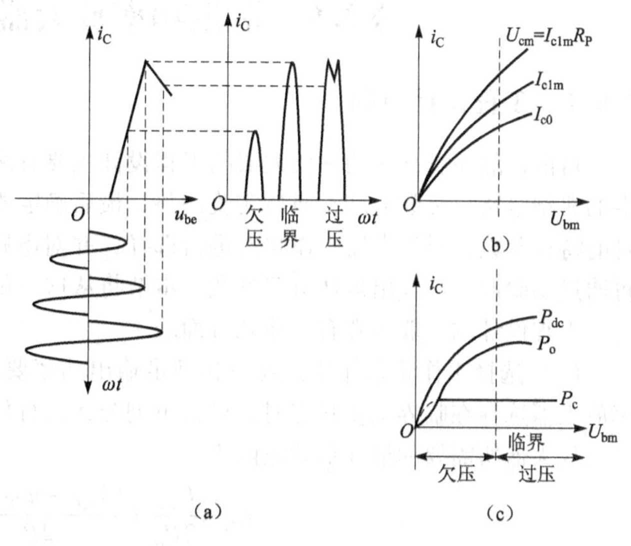

图2-21　U_{bm} 对工作状态的影响

在图2-21（b）上 U_{cm} 随 U_{bm} 变化的那条曲线，称为谐振功率放大器的放大特性（或振幅特性）曲线。它表明的关系很有用处，例如，在后面正弦波振荡器内容中，利用这条曲线很容易地解释了振荡过程中出现的现象。

可以指出，只改变 V_{BB} 或者只改变 V_{CC} 时，也同样会影响工作状态，由欠压向过压或相反变化，限于篇幅不予细述。

例2-1　已知谐振功放饱和线的斜率为 $G_{cr}=0.6$ A/V，集电极电流通角 $\theta=60°$，$i_{C\max}=1.22$ A，电源电压 $V_{CC}=12$ V。试求负载电阻 R_p 值。

解：临界工作状态时（参照图2-19）晶体管的饱和压降为

$$U_{CES}=\frac{i_{C\max}}{G_{cr}}=\frac{1.22}{0.6}=2.03\ \text{V}$$

而

$$U_{cm}=V_{CC}-U_{ces}=12\ \text{V}-2.03\ \text{V}=9.97\ \text{V}$$

已知 $\theta=60°$，查表 $\alpha_1(60°)=0.391$，则

$$I_{c1}=i_{C\max}\cdot\alpha_1(\theta)=1.22\times0.391=0.477\ \text{A}$$

因此可得

$$R_p = \frac{U_{cm}}{I_{c1}} = \frac{9.97}{0.477}\ \Omega = 20.9\ \Omega$$

到目前为止，主要讨论结果都是依照理想晶体管模型得出的。从实际器件看，对 FET 来说，将反向偏压和余弦激励加到栅极，在漏极出现余弦脉冲电流波形，与理想分析比较接近一致。而对 BJT 而言，这类晶体管的输入阻抗低得多，使它很难形成所需要的丙类激励状态，集电极电流波形可能不呈余弦脉冲形状。另外，无论采用哪一种晶体管，所计算出的最佳并联谐振回路参数值，可能由于电感量太小或电容量太大在实现时有某些困难。所以，晶体管谐振功率放大电路的实际结构形式，往往与理论分析时所用电路有所不同，读者应注意两者间的联系和差别。

§2.6　谐振功率放大器的设计原则

2.6.1　工程设计原则

目前，晶体管高频功率放大器的工程设计主要有两种方法：一种是以晶体管制造厂家提供的典型电路和参数为准，通过实验调整，最后确定放大器的电路参数；一种则是根据晶体管的特征参数，对放大器工作状态进行选择，并对电路参数作工程近似估算，在此基础上，再通过实验调整，找出最佳电路参数。本节将从这一角度作简要的说明。

工程设计的一般步骤有下述几方面。

（1）选择工作状态并计算效率和满足输出功率要求时的最佳负载电阻值。当将末极功率放大器选择在临界工作状态时，可按下列公式进行估算。

放大器所需要的最佳负载电阻为

$$R_L = \frac{U_{cm}^2}{2P_o} = \frac{(V_{CC} - u_{CE\,min})^2}{2P_o} \tag{2-41}$$

式中，$u_{CE\,min}$为最小管压降，一般选 $u_{CE\,min} = U_{ces}$（功率晶体管的饱和压降）。

直流电源供给的功率为

$$P_{dc} = V_{CC} I_{c0}$$

式中，$I_{c0} = i_{C\,max}\alpha_0(\theta)$则有

$$i_{C\,max} = \frac{I_{c1}}{\alpha_1(\theta)} = \frac{U_{cm}}{R_L} \cdot \frac{1}{\alpha_1(\theta)} = \frac{V_{CC} - U_{ces}}{R_L} \cdot \frac{1}{\alpha_1(\theta)} \tag{2-42}$$

一般导通角 θ 选择为 60°～70°。

集电极耗散功率为

$$P_c = P_{dc} - P_o \tag{2-43}$$

集电极效率为

$$\eta_c = \frac{P_o}{P_{dc}} \tag{2-44}$$

（2）选择功率晶体管。通常将功率晶体管的工作频率划分三个区域，而不同频率下面的功率增益 A_p 不同。三个区域大致为

$0 < f_s < 0.5 f_\beta$，晶体管的低频工作区；

$0.5f_\beta < f_s < 0.2f_T$，晶体管的中频工作区；

$0.2f_T < f_s < f_T$，晶体管的高频工作区。

其中 f_β 是 h_{fe} 降至 0.707 时对应的频率，f_T 是晶体管特征频率，而 f_s 是工作频率。在低频区，晶体管呈纯非线性电阻特性；在中频工作区，结电容（包括势垒电容和扩散电容）的影响不容忽视；在高频工作区，不仅考虑结电容的影响，而且各级引线电感的影响也开始显著。对于同一功率晶体管，由已知某工作频率 f_1 上的增益 A_{p1}，可方便地估算出另一工作频率 f_2 上的增益 A_{p2}，即有

$$A_{p1}f_1^2 = A_{p2}f_2^2 = f_{max}^2 \tag{2-45}$$

式中，f_{max} 为功率晶体管的最高振荡频率。式（2-45）写成对数形式为

$$A_{p2}(\mathrm{dB}) = A_{p1}(\mathrm{dB}) + 20\lg\frac{f_1}{f_2}(\mathrm{dB}) \tag{2-46}$$

所选功率晶体管参数应满足：$f_T = (2 \sim 10)f_s$，$P_{CM} \geqslant P_c$ 和 $V_{CEO} > 2V_{CC}$。后两个参数是功率晶体管的安全工作条件。其中 P_{CM} 是最大允许集电极耗散功率；V_{CEO} 是最大允许集电极击穿电压；另外，应选最大允许集电极电流 $I_{CM} > i_{C\,max}$（余弦脉冲电流幅度）。严格地说，还应考虑正、反向二次击穿电压的极限值 V_{CEF} 和 V_{CER}，可选 $V_{CEF} = 0.7V_{CEO}$。一般上述参数都可以从晶体管器件手册上查到。

（3）选择耦合电路。谐振功率放大器所采用的耦合电路，分为输入、输出和级间耦合三种电路，附录 2-3 的表 2-1、表 2-2 和表 2-3 中列出常用的几种电路形式、应用条件和元件参数的计算公式，以供设计时进行选择。耦合电路是否选择合适，关系着谐振功率放大器最后能否实现所要求的指标。所以，下一节将对耦合电路的作用和结构继续作出说明。

（4）偏置电路的考虑。谐振功率放大器中多采用自给反向偏置电路。经常采用的两种偏置电路如图 2-22 所示。图 2-22（a）利用基极电流 I_{B0} 在电阻 R_b 上的压降产生自给负偏压，而图 2-22（b）利用射极电流 I_{E0} 在 R_e 上的压降产生自给偏压。图中高频扼流圈（Radio Frequency Check，RFC），其感抗 X_L 满足式（2-47）：

$$X_L = (5 \sim 20)Z_p \tag{2-47}$$

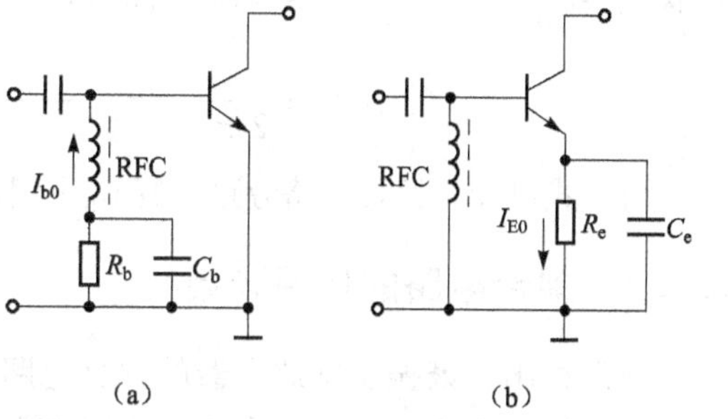

图 2-22　产生自给反向偏压的电路

电路中旁路电容的容抗 X_C 满足式（2-48）：

$$X_C = \frac{1}{5 \sim 20}Z_p \tag{2-48}$$

上述公式中，Z_p 是相并联的其他支路阻抗。运用公式时，当频率高时取下限值，而频率低时取上限值。

例 2-2　已知晶体管 $h_{fe} \geqslant 10$，$f_T = 180$ MHz，在 $f_1 = 20$ MHz 时 $A_{p1} = 12$ dB，采用该管作谐振功率放大有源器件，工作在临界状态，导通角 $\theta = 75°$，激励信号频率 $f_2 = 10$ MHz，输出信号功率 $P_o = 30$ W，负载电阻 $R_L = 8\ \Omega$，试求基极激励功率 P_i 和基极偏置电阻 R_b 值及旁路电容 C_b 值（选用图 2-22（a）偏置）。

解：依题意计算工作频率下的 A_{p2} 为

$$A_{p2}=A_{p1}+20\lg\frac{f_1}{f_2}=12+20\lg\frac{20}{10}=12\ \text{dB}+6\ \text{dB}=18\ \text{dB}$$

则 $$A_{p2}=10^{1.8}\approx 63\ 倍$$

基极激励功率为

$$P_i=\frac{P_o}{A_{p2}}=\frac{30}{63}\approx 0.48\ (\text{W})$$

依题意计算基波电流 I_{c1} 和平均电流 I_{c0}：

有 $$I_{c1}=\sqrt{\frac{2P_o}{R_L}}=\sqrt{\frac{2\times 30}{8}}\ \text{A}=2.73\ \text{A}$$

及 $$I_{c0}=\frac{I_{c1}\cdot\alpha_0(\theta)}{\alpha_1(\theta)}=\frac{2.73\times 0.269}{0.455}\ \text{A}=1.61\ \text{A}$$

基极激励电压幅度为

$$U_{bm}\approx\frac{2P_o}{I_{b1}}=\frac{2P_i}{I_{c1}/h_{fe}}=\frac{2\times 0.48}{2.73/10}\ \text{V}=3.52\ \text{V}$$

又 $$\begin{aligned}V_{BB}&=V_D-U_{bm}\cos\theta=0.8-3.52\cos 75^\circ\\&=0.8\ \text{V}-0.9\ \text{V}=-0.1\ \text{V}\end{aligned}$$

可求得基极偏置电阻为

$$R_b=\frac{|V_{BB}|}{I_{b0}}=\frac{|V_{BB}|}{I_{c0}/h_{fe}}=\frac{0.1}{1.61/10}\ \Omega=0.62\ \Omega$$

若取 $X_c=\frac{Z_p}{10}\approx\frac{R_b}{10}=\frac{0.62}{10}$，则偏置电路旁路电容

$$C_b\ 为\ C_b=\frac{1}{2\pi f_2X_c}=\frac{1}{2\times 3.14\times 10\times 10^6\times 0.062}=2\ 560\ (\text{pF})$$

由上式可知，偏置电路旁路电容 C_b 可用3 300 pF标准电容值。

2.6.2 耦合电路的作用和结构

前已指出，谐振功率放大器的耦合电路所起到的作用是不容忽视的，本节将对耦合电路的作用继续作出说明，然后介绍一实际谐振功率放大器耦合电路的设计过程。

一、基本作用和结构形式

在谐振功率放大器中，耦合电路的重要作用如下：

(1) 将外接负载变换为功率晶体管所要求的负载电阻 R_L，以保证放大器向实际负载输出所需功率。

(2) 充分滤除不需要的谐波分量，使丙类工作状态的放大器向实际负载输出不失真的信号。

实际上，在低频放大器中，耦合电路不必要做十分细致的设计考虑；可是在高频放大器中，尤其是功率放大场合，耦合电路必须设计得既起匹配作用又起选频的作用。下面仅粗略看一下匹配情况：

对于输入耦合电路来说，它应使信号源内阻和与之相比低得多的功率晶体管的输入阻抗

匹配，使信号源的功率有效地加到晶体管发射结上。

对于级间耦合电路来说，由于其负载是下级功率放大器的输入阻抗，它一方面应能提供下级所需要的激励功率，另一方面应尽可能地减少下级负载阻抗变化对中间级本身状态的影响。

对于输出耦合电路来说，由于输出级的真实负载是天线，要求在保证功率晶体管安全工作条件下，耦合到天线上的高频输出功率应尽可能大并具有高效率，即通过输出耦合电路，将天线阻抗转换为输出级功率放大器所需最佳负载电阻值。

上述三种耦合电路的设计要求虽有所不同，但是从电路结构形式看，除了前面已熟悉的变压器形式耦合电路外，还可以采用L形、T形，π形三种匹配滤波网络形式电路，后者可用于工作频率较高场合。这些即满足阻抗变换，又满足选取频率的网络，在很多资料上都有详细叙述，并且给出一整套计算公式，采用计算方法确定网络元件参数。本章附录2－2中所列常用匹配滤波网络的计算公式均有条件限制注明在相应电路形式下面，查阅时应注意分清楚。

除了采用计算法设计外，还可采用导抗圆图法设计耦合电路（这种方法与计算法实质一致），通常，导抗圆图法在微波技术中有阐述，感兴趣者可查找有关教材。

二、实际谐振功率放大器的设计举例

设计一功率放大器，工作频率$f_s=175$ MHz，输入功率$P_i=1$ W，输出功率$P_o=12$ W，信号源阻抗$R_s=50\ \Omega$，负载阻抗$R_L=50\ \Omega$。

根据输入和输出功率的要求，可选用两级放大电路，假定第一级输出功率$P_{o1}=4$ W，第二级输出功率$P_{o2}=12$ W。

根据工作频率和输出功率的要求，国产功率晶体管3DA21A和3DA22A的性能满足要求，所用3DA21A和3DA22A参数如表2－1所示。

表2－1　高频大功率晶体管参数

参数 / 型号	P_{CM}/W	I_{CM}/A	$U_{(BR)CEO}$/V	$U_{CE(sat)}$/V	C_{ob}/pF	$r_{bb'}/\Omega$
3DA21A	7.5	1	30	1	12～18	7
3DA22A	15	1.5	35	1.5	25～40	5
$f_T\geqslant 400$ MHz，$A_p\geqslant 5$ dB　$h_{fe}\geqslant 10$，$P_o\geqslant 4$ W						

注：必要时选用性能充分满足要求的另外型号功率晶体管。

根据$V_{CC}\leqslant\frac{1}{2}U_{(BR)CEO}$，选$V_{CC}=13.5$ V。为使各级输出功率最大，均选择临界工作状态，则第一级放大器的最佳负载电阻为

$$R_{L1}=\frac{U_{cm1}^2}{2P_{o1}}=\frac{(V_{CC}-U_{CE(sat)1})^2}{2P_{o1}}=\frac{(13.5-1)^2}{2\times 4}\ \Omega=20\ \Omega$$

第二级放大器的最佳负载电阻为

$$R_{L2}=\frac{(V_{CC}-U_{CE(sat)2})^2}{2P_{o2}}=\frac{(13.5-1.5)^2}{2\times 12}\ \Omega=6\ \Omega$$

输入、级间、输出耦合电路分别采用附录2－3的表2－2电路Ⅰ、表2－3电路Ⅰ、表2－4电

路 I 的形式。所设计两级功率放大电路如图 2－23 所示。

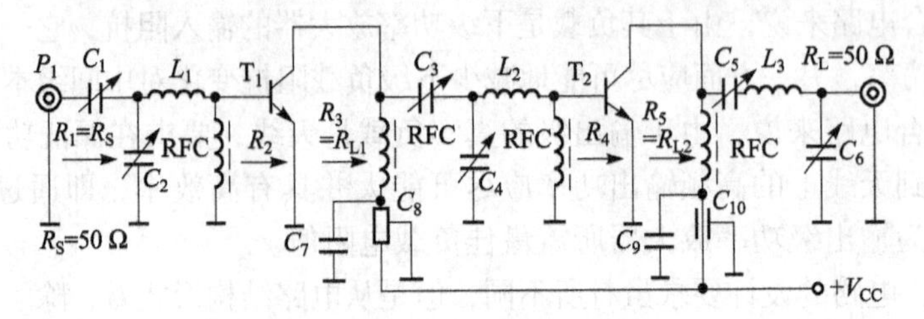

图 2－23　175 MHz 谐振功率放大电路

下面计算耦合电路的元件参数。

（1）输入耦合电路。一般大功率电路中 $Q_L = 2 \sim 10$，本电路取 $Q_L = 5$。根据附表 2－3 电路 I 可求得

$$X_{L1} = Q_L R_2 = Q_L r_{bb'1} = 5 \times 7 = 35\ \Omega$$

$$L_1 = \frac{X_{L1}}{\omega} = \frac{35}{2\pi \times 175 \times 10^6}\ \mu\text{H} = 0.032\ \mu\text{H}$$

$$X_{C1} = R_1\sqrt{\frac{R_2(Q_L^2+1)}{R_1} - 1} = 50\sqrt{\frac{7(5^2+1)}{50} - 1}\ \Omega = 81\ \Omega$$

$$C_1 = \frac{1}{\omega X_{c1}} \approx \frac{1}{2\pi \times 175 \times 10^6 \times 81}\ \text{pF} = 11.2\ \text{pF}$$

$$X_{C2} = \frac{R_2(Q_L^2+1)}{Q_L} \cdot \frac{1}{\left(1 - \frac{X_{c1}}{Q_L R_1}\right)} = \frac{7(5^2+1)}{5} \cdot \frac{1}{\left(1 - \frac{81}{5 \times 50}\right)}\ \Omega = 54\ \Omega$$

$$C_2 = \frac{1}{\omega X_{c2}} = \frac{1}{2\pi \times 175 \times 10^6 \times 54}\ \text{pF} = 16.8\ \text{pF}$$

（2）级间耦合电路。取 $Q_L = 5$。根据附表 2－3 电路 L 可求得

$$X_{L2} = Q_L R_4 = Q_L r_{bb'2} = 5 \times 5\ \Omega = 25\ \Omega$$

$$L_2 = \frac{X_{L2}}{\omega} = \frac{25}{2\pi \times 175 \times 10^6}\ \mu\text{H} = 0.023\ \mu\text{H}$$

因为

$$C_{o1} \approx 2C_{ob1}\ \text{pF} = 2 \times 18\ \text{pF} = 36\ \text{pF}$$

所以

$$X_{c01} = \frac{1}{\omega C_{o1}} = \frac{1}{2\pi \times 175 \times 10^6 \times 36 \times 10^{-12}} = 25\ (\Omega)$$

$$X_{c3} = X_{co1}\left[\sqrt{\frac{R_4(Q_L^2+1)}{R_3}} - 1\right] = X_{co1}\left[\sqrt{\frac{R_4(Q_L^2+1)}{R_{L1}}} - 1\right]$$

$$= 25\left[\sqrt{\frac{5(5^2+1)}{20}} - 1\right]\ \Omega = 39\ \Omega$$

$$C_3 = \frac{1}{\omega X_{c3}} = \frac{1}{2\pi \times 175 \times 10^6 \times 39}\ \text{pF} = 23\ \text{pF}$$

$$X_{c4} = \frac{R_4(Q_L^2+1)}{Q_L} \cdot \frac{1}{\left[1 - \sqrt{\frac{R_{L1}R_4(Q_L^2+1)}{X_{co1}^2 Q_L^2}}\right]}$$

$$=\frac{5(5^2+1)}{5}\cdot\frac{1}{\left[\sqrt{\frac{20\times5(5^2+1)}{(25)^2\times(5)^2}}\right]}\ \Omega=44\ \Omega$$

$$C_4=\frac{1}{\omega X_{C4}}=\frac{1}{2\pi\times175\times10^6\times44}\ \text{pF}=21\ \text{pF}$$

（3）输出耦合电路。取 $Q_L=3$。根据附表 2-3 电路 I 可求得

$$C_{02}\approx2C_{0b2}=2\times40=80\ \text{pF}$$

$$X_{co2}=\frac{1}{\omega C_{02}}=\frac{1}{2\pi\times175\times10^6\times80\times10^{-12}}=11\ (\Omega)$$

$$X_{cS}=\frac{Q_LX_{co2}^2}{R_5}\left(1-\frac{R_5}{Q_LX_{co2}}\right)=\frac{Q_LX_{co2}^2}{R_{L2}}\left(1-\frac{R_{L2}}{Q_LX_{co2}}\right)$$

$$=\frac{3\times(11)^2}{6}\left(1-\frac{6}{3\times11}\right)\ \Omega=50\ \Omega$$

$$C_5=\frac{1}{\omega X_{c5}}=\frac{1}{2\pi\times175\times10^6\times50}\ \text{pF}=18\ \text{pF}$$

$$X_{c6}=\frac{R_L}{\sqrt{\frac{(Q_L^2+1)}{Q_L^2}\cdot\frac{R_{L2}\cdot R_L}{X_{co2}^2}-1}}$$

$$=\frac{50}{\sqrt{\frac{(3^2+1)}{(3)^2}\cdot\frac{6\times50}{(11)^2}-1}}\ \Omega=38\ \Omega$$

$$C_6=\frac{1}{\omega X_{c6}}=\frac{1}{2\pi\times175\times10^6\times38}\ \text{pF}=24\ \text{pF}$$

$$X_{L3}=\frac{Q_LX_{co2}^2}{R_{L2}}\left(1+\frac{R_L}{Q_LX_{c6}}\right)\frac{Q_L^2}{Q_L^2+1}$$

$$=\frac{3\times11^2}{6}\left(1+\frac{50}{3\times38}\right)\frac{3^2}{3^2+1}\ \Omega=78\ \Omega$$

$$L_3=\frac{X_{L3}}{\omega}=\frac{78}{2\pi\times175\times10^6}\ \mu\text{H}=0.07\ \mu\text{H}$$

以上计算初步确定了各耦合电路元件参数，实际上各个电感量和电容量的最后确定是在通过实验调整之后。考虑晶体管参数的分散性以及分布参数的影响，耦合电路中电容器 $C_1\sim C_6$ 均宜采用微调可变电容，而电感器需要细心绕制才行。

在工作频率超过 100 MHz 时，一段长 l（cm）、直径为 d（cm）的导线的电感量 L_0 按下式估算：

$$L_0=2l\left(\ln\frac{4l}{d}-1\right)$$

可算出一根长 10 mm、直径 0.8 mm 的直导线的电感量约为 5.8 nH，在 175 MHz 下工作将产生接近 6～7 Ω 的感抗。如果这段线构成高频大功率管发射极的外引线，就将使谐振放大器的功率增益明显下降。所以，在电路安装过程中，应尽量缩短高频大功率管外引线，尤其是公共端对地的引线，以免产生不需要的反馈和防止工作不稳定。

放大电路中高频扼流圈的电感量取0.1 μH～0.2 μH，去耦电容 C_7 和 C_8 取0.05 μF，穿心电容 C_8 和 C_{10} 取1 500 pF左右。

实际效果表明，3DA21/22较适合在几十兆赫范围内使用，这时该型号功率管的许多优点可充分发挥出来。在超过100 MHz情况下，宜采用特征频率更高的管型，或者采用微波射频功率块器件，感兴趣者可查阅现代功率器件手册。

附录2.1　宽频带的功率合成

附2.1.1　传输线变压器

一、传输线变压器的结构特点

传输线变压器是一种绕在磁环上的传输线。其中，绕线可以采用并行双线或双扭线，也可采用带状线或同轴电缆，而磁环一般由镍锌高磁导率 $\mu=100\sim400$ 的铁氧体制成。附图2－1（a）是1∶1传输线结构示意，附图2－1（b）和附图2－1（c）是相应的等效电路，分为等效成传输线形式和等效成变压器形式。

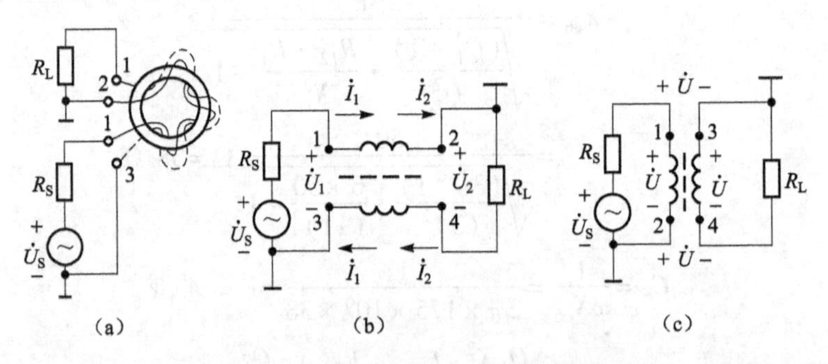

附图2－1　1∶1传输线变压器及等效电路

与普通高频变压器比较，传输线变压器的特点是工作频带极宽，其上限频率高到上千兆赫，而普通高频变压器的上限频率只能达到几十兆赫。为什么传输线变压器有极宽的工作频带呢？要弄清楚这个问题，首先需要对传输线有一粗略的了解。

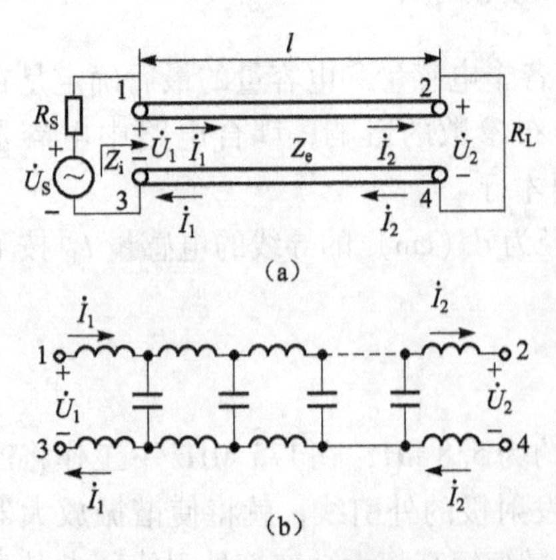

附图2－2　传输线能量传递原理

所谓传输线就是指连接着信号源和负载的两根导线，如附图2－2（a）所示。在工作频率较低时，传输线就是两根普通的连接线。但在高频工作时，即信号波长与导线长度可以比拟时，双导线上的分布参数影响就不能忽略，可看成由附图2－2（b）分布电感和分布电容组成的电路。

当将双导线绕在磁环上后也仍然保持上面所说的特征。而且，在传输线变压器中的分布参数已成为特性阻抗 Z_C 的组成部分，是电磁波赖以传播的因素。对于无损耗的理想传输线变压器来说，能量的传递就在这些分布电感和分布电容构成的链路中完成。只要是在匹配情形下，则不论信号源是什么样的频率，沿着传输线变压器任一位置上的电压和电流的幅度都会处处相等，因而获得了良好的频率响应。理论分析指出，当传输线长度 $l<\lambda_{min}/8$（λ_{min}对应上限频率）时，可近似认为传输线输出端与输入端的电压和电流大小相等、相位相同。

传输线变压器中能量既然是依靠双导线来传递的，人们自然会问：采用磁环结构有什么用处呢？以上说明了传输线能够实现 1∶1 电压同相传输功能。那么如何实现 1∶1 输出电压反相功能？为此，传输线型等效电路（附图 2－1（b））中 3 端和 2 端必须接地，如果传输线不绕在磁环上，这时 1 端和 2 端之间的短导线必将输入信号源短路。同理，3 端和 4 端之间短导线将负载短路。而如果将传输线绕在磁环上，那么 1 端和 2 端之间、3 端和 4 端之间就是电感线圈了，并且它们又构成了变压器，这样一来，输入信号加在变压器初级 1－2 端绕组，负载加在变压器次级 3－4 端绕组上，不难从变压器型等效电路（附图 2－1（c））上看出：采用传输线变压器结构能够实现 1∶1 反相功能。另外，在工作频率较低时，只要将传输线绕到锰锌高磁导率 $\mu=1\,000\sim2\,000$ 的磁环上，就可保证在较短长度导线上，传输线变压器绕组呈现较大感抗，从而扩展了低频工作的范围。

综上所述，将传输线变压器的工作特点归纳为

（1）从传输线形式等效电路看，输入端 1－3 电压 $\dot{U}_1$，输出端 2－4 电压 $\dot{U}_2$，输入端电流 $\dot{I}_1$，输出端电流 $\dot{I}_2$，有关系式为

$$\dot{U}_1=\dot{U}_2,\quad \dot{I}_1=\dot{I}_2$$

注意通过两个线圈中的电流方向相反。

（2）从变压器形式等效电路看，1－2 端输入电压 $\dot{U}_1$（1 端为正，2 端为负），3－4 端输出电压 $\dot{U}_2$（3 端为正，4 端为负），因为 2 端和 3 端接地，所以 1－3 端和 2－4 端之间电压仍保持与传输线形式电路一致。注意输出与输入电压相位相反。

应当指出，经常采用 1∶1 倒相传输线变压器完成平衡－不平衡变换或作倒相器单独使用。但把 1∶1 传输线变压器作为阻抗匹配元件用的场合不多，因为电路中 $R_L=R_S$ 的情况很少。

二、传输线变压器的阻抗变换作用

附图 2－3（a）示意的传输线变压器可起阻抗变换作用，其两种等效电路形式分别如附图 2－3（b）、附图 2－3（c）所示。

当以传输线方式工作时（附图 2－3（b）），根据传输线理论可写出

$$\begin{aligned}\dot{U}_1&=\dot{U}_2\cos\alpha l+\mathrm{j}\,\dot{I}_2Z_C\sin\alpha l\\ \dot{I}_1&=\dot{I}_2\cos\alpha l+\mathrm{j}\frac{\dot{U}_2}{Z_C}\sin\alpha l\end{aligned}\tag{2-49}$$

式中，$\alpha=\dfrac{2\pi}{\lambda}$为传输线相移常数；$\lambda$ 为工作波长；l 为传输线长度；Z_C 为传输线特性阻抗。

从 2－4 端看进时的输入阻抗为

$$Z_i=\frac{\dot{U}_1}{\dot{I}_1+\dot{I}_2}=\frac{\dot{U}_2\cos\alpha l+\mathrm{j}\,\dot{I}_2Z_C\sin\alpha l}{\dot{I}_2(1+\cos\alpha l)+\mathrm{j}\dfrac{\dot{U}_2}{Z_C}\sin\alpha l}\tag{2-50}$$

从负载 R_L 两端看应有

$$\dot{I}_2 R_L = \dot{U}_1 + \dot{U}_2 = \dot{U}_2(1+\cos\alpha l) + \mathrm{j}\,\dot{I}_2 Z_C \sin\alpha l$$

即有

$$\frac{\dot{U}_2}{\dot{I}_2} = \frac{R_L - \mathrm{j}Z_C\sin\alpha l}{1+\cos\alpha l} \tag{2-51}$$

将式（2-51）代入式（2-50）整理化简后得

$$Z_i = Z_C\left[\frac{R_L\cos\alpha l + \mathrm{j}Z_c\sin\alpha l}{2Z_C(1+\cos\alpha l) + \mathrm{j}R_L\sin\alpha l}\right] \tag{2-52}$$

在传输线长度 l 满足 $\alpha l \ll 1$ 时，由式（2-52）可得

$$Z_i = \frac{1}{4}R_L \tag{2-53}$$

于是从传输线观点看，附图 2-3 所示结构相当 1∶4 阻抗变换器。

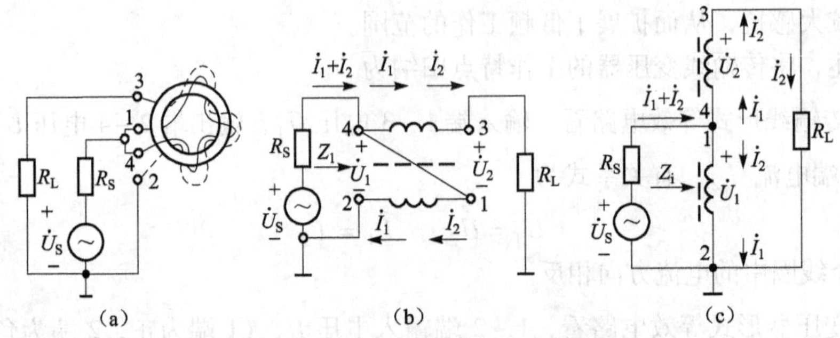

附图 2-3　1∶4 阻抗变换传输线变压器

而当从变压器工作方式看（附图 2-3（c）），由于在理想变压器情况下：

$$\dot{U}_2 = \dot{U}_1 \qquad \dot{I}_2 = \dot{I}_1$$

由此可求出 4-2 端等效输入阻抗

$$Z_i = \frac{\dot{U}_1}{\dot{I}_2 + \dot{I}_1} = \frac{1}{4}\,\frac{\dot{U}_1 + \dot{U}_2}{\dot{I}_2} = \frac{1}{4}R_L$$

即从变压器观点看，也得到 1∶4 阻抗变换的同样结果。

目前已有 1∶4（4∶1）、1∶9（9∶1）、1∶16（16∶1）几种阻抗变换比，相应连接结构可查资料[3]。

通常，传输线变压器自身的损耗比较小，但在阻抗变换不能完全匹配情况下，就难免带来一定的能量损耗。这种插入损耗增大时，传输线变压器的有较输出功率明显减小。

为了使传输线变压器处于近似匹配状态，大多数情况下，传输线长度取最短波长的 1/8 或更小；但为了保证低频端响应良好，除采用高磁导率磁环外，尚必须有一定的绕组长度，以使绕组有足够感抗。传输线变压器的特性阻抗取决于绕组所用导线粗细、绕制的松紧等因素。实际上需要仔细制作和反复调整参数，以尽可能达到所要求的特性阻抗值。

附 2.1.2　功率合成电路

利用传输线变压器构成一种混合网络，可以实现宽频带功率合成和功率分配的功能。本

节仅介绍前者，功率分配可查有关 CATV 系统资料。

一、反相功率合成原理电路

利用传输线变压器组成的反相功率合成原理电路如附图 2－4 所示。图中，T_{r1} 为混合网络，T_{r2}为平衡－不平衡变换器；两个功率放大器 A 和 B 输出反相等值功率，提供等值反相电流 I_a 和 I_b；通过电阻 R_C 的电流为 I_c，通过电阻 R_D 的电流为 I_d。

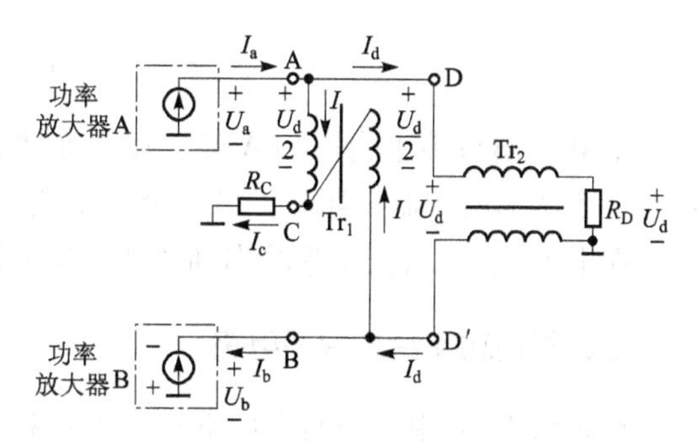

附图 2－4 反相功率合成原理电路

由附图 2－4 可知，通过 T_{r1} 两绕组的电流为 I，因有

$$\text{A 端} \quad I=I_a-I_d$$

$$\text{B 端} \quad I=I_d-I_b$$

所以

$$I_a-I_d=I_d-I_b$$

可得

$$I_d=\frac{1}{2}(I_a+I_b) \tag{2-54}$$

及

$$I=\frac{1}{2}(I_a-I_b) \tag{2-55}$$

相应写出 C 端电流 I_C，由附图 2－4 可知

$$I_C=2I$$

根据式（2－55），还有 $I_C=I_a-I_b$

如果满足 $I_a=I_b$ 时，就会有 $I_C=0$，则在 C 端无输出功率。这时还会有（参照式（2－54））

$$I_d=I_a=I_b$$

若在电阻 R_D 上的电压为 U_d，显然为

$$U_d=I_dR_D$$

传输线变压器 T_{r2}为 1∶1 平衡－不平衡变换器，因此在 DD′之间电压亦为 U_d，由电压环路 ADD′B 可得

$$U_a=U_b=\frac{U_d}{2}$$

则两个功率放大器注入的功率为

$$U_aI_a+U_bI_b=U_dI_d \tag{2-56}$$

上述结果表明已在 R_D 上获得合成功率，或者说，两功率放大器输出的反相等值功率在 R_D 上叠加起来。

每一个功率放大器的等效负载 R_L 为

$$R_L=\frac{U_a}{I_a}=\frac{U_b}{I_b}=\frac{U_d}{2I_d}=\frac{R_D}{2}$$

如果取 $R_D=4R_C$，则当某一功率放大器（例如功率放大器 B）出现故障或者 $I_a\neq I_b$ 时，A 端电压为

$$U_a=\frac{U_d}{2}+2IR_C=\frac{I_d}{2}R_D+(I_a-I_b)R_C=\frac{I_a}{2}R_D$$

因此功率放大器 A 的等效负载仍等于

$$R_L = \frac{R_D}{2}$$

它表示 B 端出故障不会影响 A 端，反之亦然，也就是说，A 端和 B 端之间是隔离的。但注意在一个功率放大器损坏时，另一个功率放大器的输出功率将均等分配到 R_D 和 R_C 上，这时，在电阻 R_D 上所获功率减小到两功率放大器正常时的1/4。

二、同相功率合成原理电路

在附图 2－4 中，若两个功率放大器 A 和 B 输出同相等值功率，提供等值同相电流 I_a 和 I_b，则可称为同相功率合成电路。采用和上面类似方法可以证明，此时两功率放大器的注入功率在 C 端 R_C 上合成，而在 D 端电阻 R_D 上无输出功率。后者所接电阻称为假负载或平衡电阻。

通过分析，在同相功率合成电路中，偶次谐波分量在输出端是叠加的。而在上面反相功率合成电路中则互相抵消，显然，这是同相功率合成的一个不足之处。

实际设计中，利用传输线变压器组成功率合成电路，能较好地解决宽频带、大功率、低损耗等一系列技术指标要求。目前，实用功率合成技术已经成熟，可获得上百至上千瓦高频输出功率。由于功率合成网络结构简单，又很容易配合各种固态射频功放电路的运用，因此已在无线通信电台等诸多地方成为主要发射设备。

最后，给出宽频带传输线部分参数，如附表 2－1 所示。

附表 2－1　传输线变压器参数

频率范围/MHz	0.5～2 000
插入损耗/dB	典型值 0.2
幅度不平衡度/dB	典型值≤0.3
相位不平衡度/（°）	典型值 2～3
电压驻波比	典型值 1.3
隔离度/dB	典型值 25

附录 2.2　余弦脉冲系数表

θ/（°）	cos θ	α_0	α_1	α_2	g_1
0	1.000	0.000	0.000	0.000	2.00
10	0.985	0.036	0.073	0.073	2.00
20	0.940	0.074	0.146	0.141	1.97
30	0.866	0.111	0.215	0.198	1.94
31	0.857	0.115	0.222	0.203	1.93

续表

θ/（°）	cos θ	α_0	α_1	α_2	g_1
32	0.848	0.118	0.229	0.208	1.93
33	0.839	0.122	0.235	0.213	1.93
34	0.829	0.125	0.241	0.217	1.93
40	0.766	0.147	0.280	0.241	1.90
45	0.707	0.165	0.311	0.256	1.88
50	0.643	0.183	0.339	0.267	1.85
60	0.500	0.218	0.391	0.276	1.80
70	0.342	0.253	0.436	0.267	1.73
75	0.259	0.269	0.455	0.258	1.69
90	0.000	0.319	0.500	0.212	1.57
120	-0.500	0.406	0.536	0.092	1.32
150	-0.866	0.472	0.520	0.014	1.10
179	-1.000	0.500	0.500	0.000	1.00

附录 2.3　匹配网络的计算公式与条件

常用的输入匹配网络、级间和输出匹配网络的几种形式和元件参数的计算公式及其应用条件，分别如附表 2-2，附表 2-3，附表 2-4 所示，可供设计者参考使用。

附表 2-2　输入耦合电路

	电 路 形 式	计 算 公 式
Ⅰ	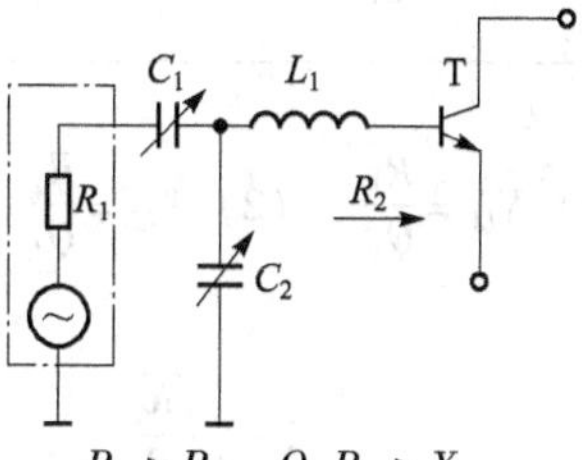 $R_1 > R_2$，$Q_L R_1 > X_{C1}$	（1）$X_{L1} = Q_L R_2$ （2）$X_{C1} = R_1 \sqrt{\dfrac{R_1(Q_L^2+1)}{R_1} - 1}$ （3）$X_{C2} = \dfrac{R_2(Q_L^2+1)}{Q_L} \cdot \dfrac{1}{\left(1 - \dfrac{X_{C1}}{Q_L R_1}\right)}$
Ⅱ	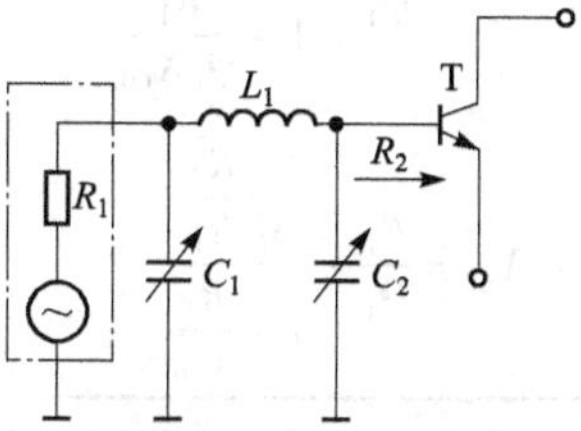 $Q_L^2 > \dfrac{R_1}{R_2} - 1$	（1）$X_{C1} = \dfrac{R_1}{Q_L}$ （2）$X_{C2} = \dfrac{R_2}{\sqrt{\dfrac{R^2}{R_1}(Q_L^2+1) - 1}}$ （3）$X_{L1} = \dfrac{Q_L R_1}{Q_L^2+1}\left(1 + \dfrac{R_2}{Q_L X_{C2}}\right)$

续表

	电路形式	计算公式
Ⅲ	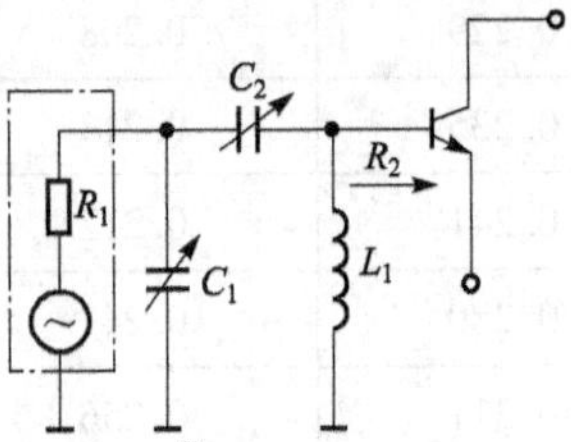 $Q_L^2 > \frac{R_1}{R_2} - 1$，$R_2 > X_{L1}$	(1) $X_{C1} = \frac{R_1}{Q_L}$ (2) $X_{C2} = \frac{Q_L R_1}{Q_L^2 + 1}\left(\frac{R_2}{X_{L1}} - 1\right)$ (3) $X_{L1} = \frac{R_2}{\sqrt{(Q_1^2 + 1)\frac{R_2}{R_1} - 1}}$

注：表中 $R_2 \approx r_{bb'}$ 为功率晶体管的输入电阻。

附表 2-3　级间耦合电路

	电路形式	计算公式
Ⅰ	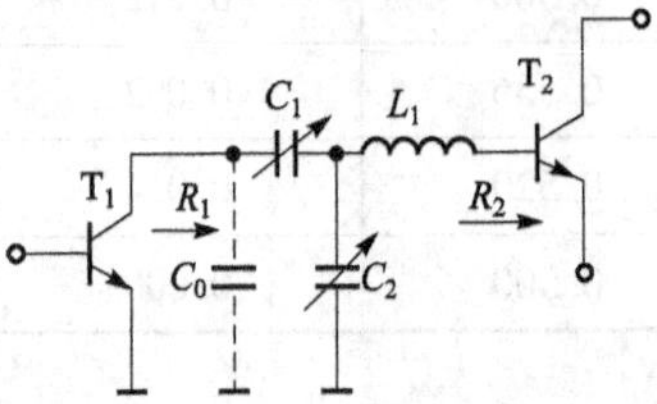 $Q_L^2 > \frac{R_1}{R_2} - 1, X_{C0}^2 Q_L^2 > (Q_L^2 + 1) R_1 R_2$	(1) $X_{L1} = Q_L R_2$ (2) $X_{C1} = X_{C0}\left(\sqrt{\frac{R_2}{R_1}(Q_L^2 + 1)} - 1\right)$ (3) $X_{C1} = \frac{R_2(Q_L^2 + 1)}{Q_L} \cdot \frac{1}{1 - \sqrt{\frac{R_1 R_2 (Q_L^2 + 1)}{X_{C0}^2 Q_L^2}}}$
Ⅱ	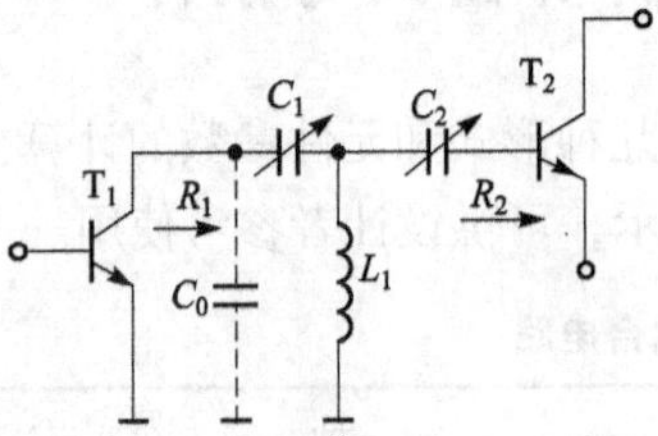 $Q_L^2 > \frac{R_1}{R_2} - 1$	(1) $X_{L1} = \frac{R_2(Q_1^2 + 1)}{Q_L} \cdot \frac{1}{1 + \sqrt{\frac{R_1 R_2 (Q_L^2 + 1)}{X_{C0}^2 Q_1^2}}}$ (2) $X_{C1} = X_{C2}\left(\sqrt{\frac{R_2(Q_L^2 + 1)}{R_1}} - 1\right)$ (3) $X_{C2} = Q_L R_2$
Ⅲ	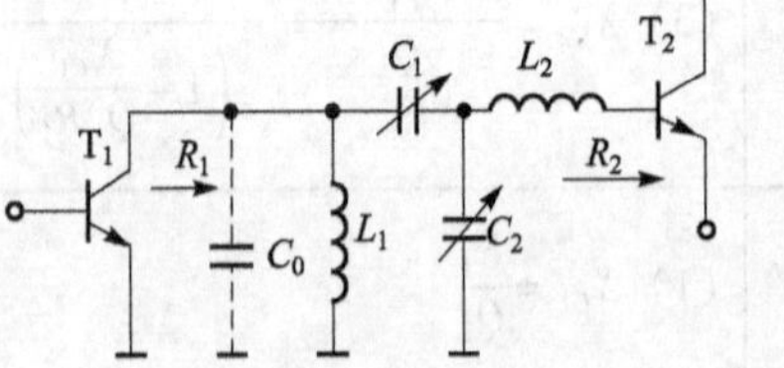 $R_1 > R_2$，$X_{C0} > X_{L1}$	(1) $X_{L1} = \frac{R_1}{Q_L}$　(2) $X_{L2} = \frac{R_2}{Q_L} \cdot \frac{\sqrt{\frac{R_1}{R_2} - 1}}{1 - \frac{R_1}{Q_L X_{C0}}}$ (3) $X_{C1} = \frac{R_1}{Q_L} \cdot \frac{1 - \sqrt{\frac{R_2}{R_1}}}{1 - \frac{R_1}{Q_L X_{C0}}}$ (4) $X_{C2} = \frac{R_1}{Q_L} \cdot \frac{\sqrt{\frac{R_2}{R_1}}}{1 - \frac{R_1}{X_{C0}}}$

注：表中 $R_1 = U_{cm}^2/2P_o$ 是 T_1 功率放大器输出功率为 P_o 时，所要求的负载电阻值。$C_0 \approx 2C_{ob}$，C_{ob} 为 T_1 在低频区工作时的输出电容值，$R_2 \approx r_{bb'}$，为 T_2 的输入电阻。

附表 2-4　输出耦合电路

	电 路 型 式	计 算 公 式
Ⅰ	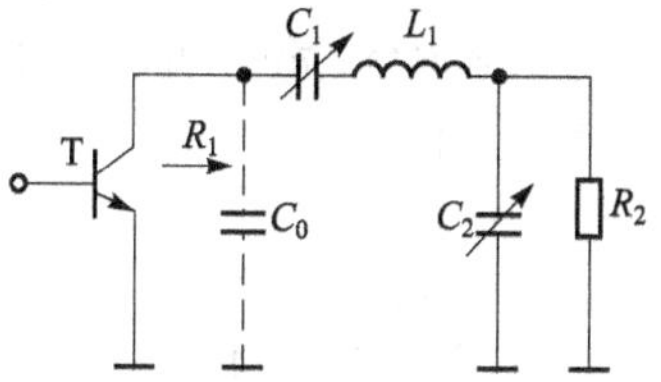 $Q_L X_{C0} > R_1$，$\dfrac{r_1 R_2}{X_{C0}^2} > 1$	(1) $X_{L1} = \dfrac{Q_L X_{C0}^2}{R_1}\left(1 - \dfrac{R_1}{Q_L X_{C0}}\right)$ (2) $X_{C2} = \dfrac{R_2}{\sqrt{\dfrac{(Q_L^2+1)}{Q_L^2}\dfrac{R_1 R_2}{X_{C0}^2} - 1}}$ (3) $X_{L1} = \dfrac{Q_L X_{C0}^2}{R_1}\left(1 + \dfrac{R_2}{Q_L X_{C2}}\right)\dfrac{Q_L^2}{Q_L^2+1}$
Ⅱ	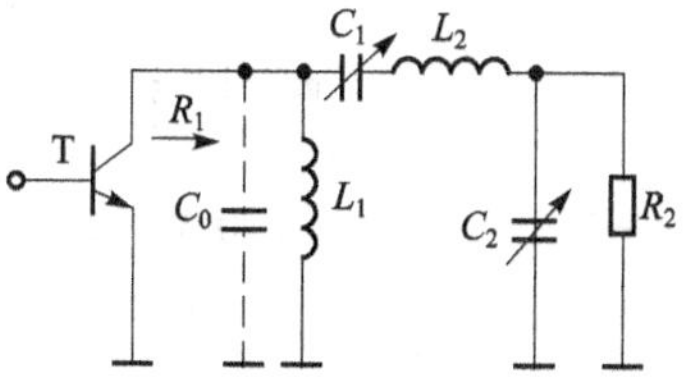 $R_2 > R_1$	(1) $X_{C1} = Q_L R_1$ (2) $X_{C2} = \dfrac{R_2}{\sqrt{\dfrac{R_2}{R_1}\cdot\dfrac{Q_L^2+1}{Q_L^2} - 1}}$ (3) $X_{L1} = \dfrac{Q_L R_1}{\dfrac{Q_L R_1}{X_{C0}} + 1}$ (4) $X_{L2} = Q_L R_1\left(1 + \dfrac{R_2}{Q_L X_{C2}}\right)$
Ⅲ	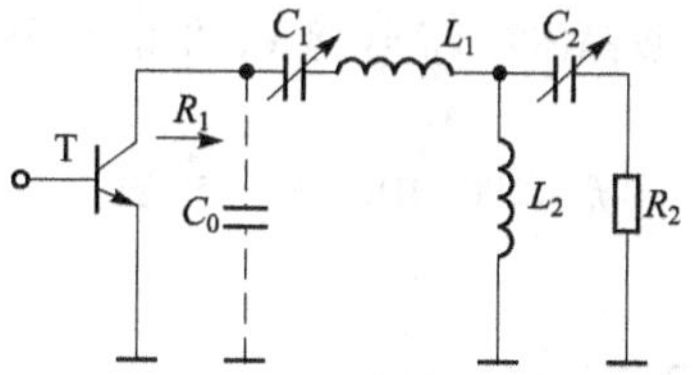 $\dfrac{Q_L X_{C0}}{\sqrt{R_1 R_2}} > 1$，$Q_L X_{C0} > R_1$	(1) $X_{L1} = \dfrac{Q_L X_{C0}^2}{R_1}\left(1 - \dfrac{\sqrt{R_1 R_2}}{Q_L X_{C0}}\right)$ (2) $X_{L2} = X_{C0}\sqrt{\dfrac{R_2}{R_1}}$ (3) $X_{C1} = \dfrac{Q_L X_{C0}^2}{R_1}\left(1 - \dfrac{R_1}{Q_L X_{C0}}\right)$ (4) $X_{C2} = \dfrac{R_2}{Q_L}\left(\dfrac{Q_L X_{C0}}{\sqrt{R_1 R_2}} - 1\right)$

注：表中 $R_1 = U_{cm}^2/2P_o$ 输出功率为 P_o 时放大器所要求的负载电阻值。$C_0 \approx 2C_{ob}$，C_{ob} 为高频功率晶体管在低频区工作时的输出电容。

习　　题

2-1　对于某高频功率放大器，若选择甲、乙、丙三种不同工作状态时，集电极效率分别为 $\eta_{甲} = 50\%$，$\eta_{乙} = 75\%$，$\eta_{丙} = 85\%$，试求：

（1）当输出功率 $P_o = 5$ W 时，三种工作状态下的晶体管集电极损耗 P_c 各多大？

（2）若晶体管的 $P_c = 1$ W 保持不变，求三种工作状态下放大器输出功率各多大？

2-2　某高频功率晶体管的理想化转移特性如图 P2-2 实线所示。当发射结电压为 $u_{BE} = (700 + 100\cos\omega t)$ mV 时，画出集电极电流 i_C 的波形图，用积分法求 I_{C0} 及 I_{C1}，并用查表的方法进行校验。

2-3　晶体管谐振功率放大器工作在临界状态，已知 $V_{CC} = 36$ V，$\theta = 75°$，$I_{C0} = 100$ mA，$R_p = 200$ Ω，求 P_o 和 η_c。

2-4　高频功率晶体管 3DA4 的参数为 $f_T=100$ MHz，$h_{FE}=20$，临界线的斜率为 $G_{cr}=0.8$ s，用它做成 2 MHz 的谐振功率放大器，电源电压 $V_{CC}=24$ V，集电极电流导通角 $\theta=75°$，余弦脉冲幅度 $i_{C\max}=2.2$ A，工作于临界状态，计算放大器的负载电阻 R_p 及 P_o、P_{dc}、P_c、η_c。

2-5　图 P2-5 所示高频功率放大器工作在临界状态，电流导通角 $\theta=70°$，电源电压 $V_{CC}=24$ V，工作频率 $f_0=10$ MHz，输出功率 $P_o=30$ W。晶体管 3DA77 的主要参数如下：

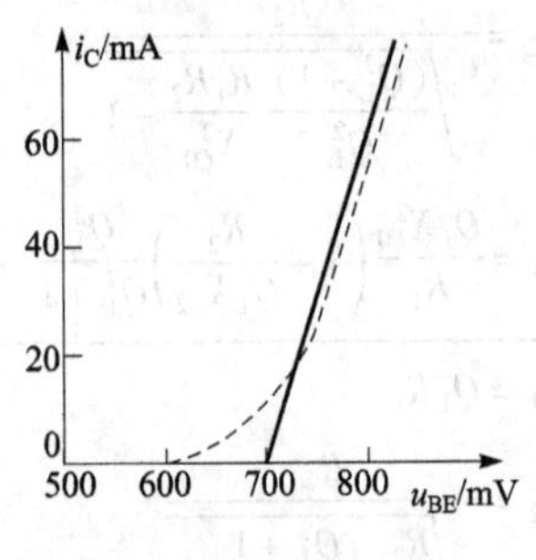

图 P2-2

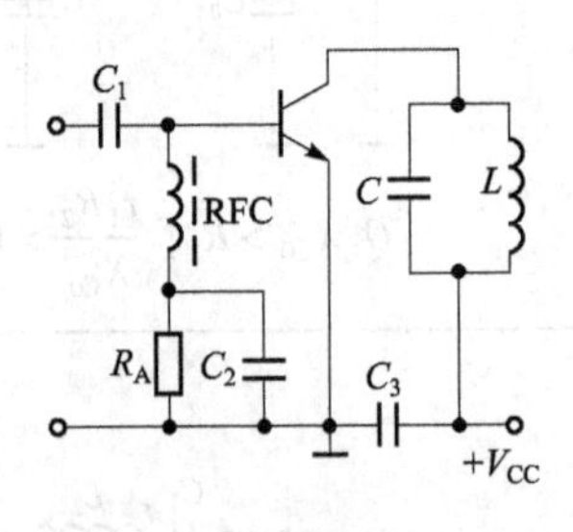

图 P2-5

$f_T=80$ MHz，$h_{FE}=10$，$U_{CE(sat)}=2$ V，$P_{CM}=50$ W，$I_{CM}=5$ A，$U_{(BR)CEO}=70$ V，功率增益 $A_p=12$ dB（测试条件：$V_{CC}=24$ V，$P_i=1$ W，$f=20$ MHz），试计算：

（1）集电极电路的最佳负载电阻值 R_p。

（2）检验用晶体管 3DA77 时，其 $V_{(BR)CEO}$，P_{CM}，I_{CM}是否满足要求？

（3）基极激励功率 P_i；

（提示：利用 $A_{p1}f_1^2=A_{p2}f_2^2$）

（4）计算保证 $\theta=70°$时的基极偏置电路 R_b 值（提示：设晶体管 $V_D=0.8$ V，根据所需的 V_{BB}和 U_{bm}计算）。

2-6　求图 P2-6 所示输出匹配网络参数。已知工作频率 $f_0=200$ MHz，$R_L=50\ \Omega$，$P_o=12$ W，$V_{CC}=12$ V，$U_{CE(sat)}=0.5$ V，$C_{Ob}=45$ pF，$Q_L=4$。

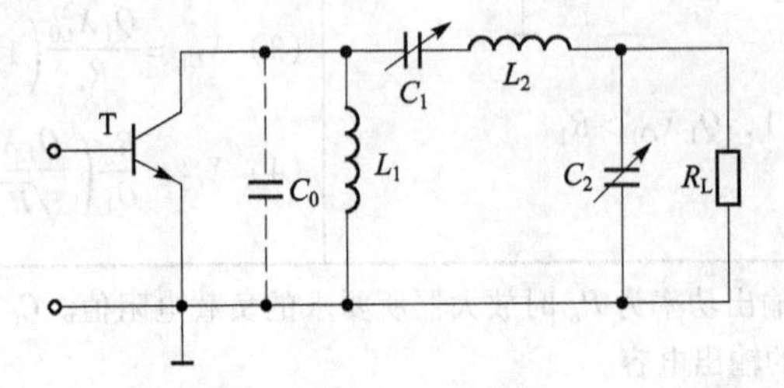

图 P2-6

2-7　在图 P2-7 所示谐振功率放大器电路中，r_A 和 C_A 是天线等效电路，L_rC_t 为匹配网络（r_r 为 L_r 中损耗电阻）。工作于丙类状态时集电极电流为

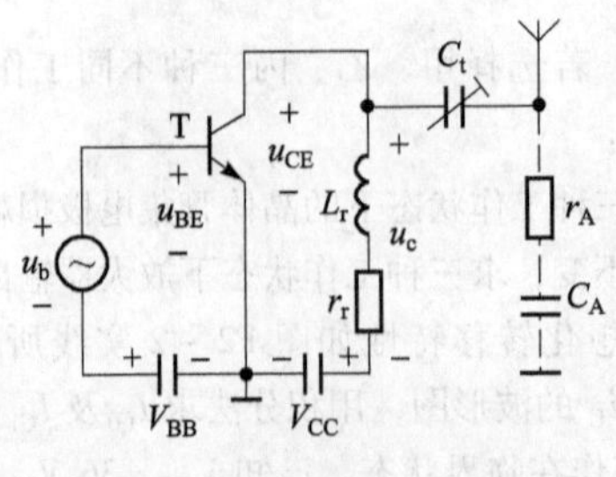

图 P2-7

$$i_C = 0.557 + 0.959\cos\omega t + 0.587\cos 2\omega t + \cdots + A$$

输入电压为 $u_b = U_{bm}\cos\omega t$。假设 $r_A = 50\ \Omega$，$r_r = 0.01\ \Omega$，$C_A = 200\ pF$，$C_t = 200\ pF$，$L_r = 0.1\ \mu H$。试问：

（1）输入电压的角频率 ω 值应为多少？

（2）输出电压幅度 U_{cm} 值为多少？

（3）负载天线上获得多少交流功率？

（4）若电源 $V_{CC} = 24\ V$ 时效率 η_c 为多少？

（提示：需用公式 Q_r^2，将 r_r 折算出来）

2-8 有一丙类倍频器的负载采用了简单的并联谐振回路，输出电压波形如图 P2-8 所示，图中 f_s 为激励信号频率。问输出波形是否正常？为什么？

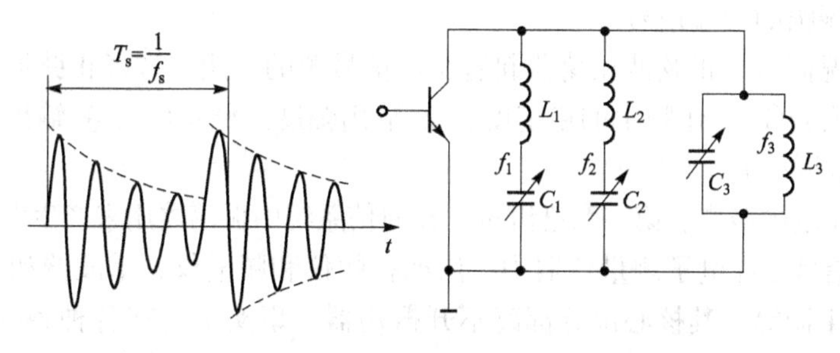

图 P2-8

第三章 振荡电路

振荡器是一种能够自动地将直流电能转换为所需要的交流电能的能量转换电路。它与放大器的区别在于，没有外加输入信号或不受外加输入信号的控制，就能产生具有一定频率、一定波形和一定振幅的交流信号。

对大多数情况而言，正弦波振荡器起着交流信号源的作用。选择正弦振荡电路时，主要应考虑到的因素有：① 工作频率的稳定度；② 输出幅度的稳定度；③ 输出波形或频谱的纯度；④ 驱动负载的能力。

振荡器的应用范围极广。第一章已讲过，在通信系统中振荡器用来产生发送端的载波信号和接收端的本振信号。在电子测量仪器中，诸如扫频仪和频谱仪、示波器和 Q 表、数字频率计和各种信号发生器等，其核心部分都离不开振荡器。事实上，在各种各样的电子产品中，从移动电话到个人计算机，从彩色电视到组合音响，都少不了各种振荡电路。其中，更值得提到的是晶体振荡器的应用日益增长，在微处理器及数字信号处理器中，都采用晶体振荡实现准确的时间控制，在多媒体技术中的情形也是如此。其他像自动控制、环境监测、医疗器械、工业加工等国民经济诸多部门的某些技术领域里，振荡器都得到了相当普遍的应用。

振荡器的种类很多。从构成振荡器有源器件的特性和产生振荡的原理来看，可分为反馈型和负阻型两大类振荡器。前者是振荡回路通过正反馈网络与有源器件连接构成的振荡电路，后者是振荡回路直接与具有负阻特性的二端有源器件相连构成的振荡电路。从振荡器产生的波形来看，又可分为正弦波振荡器和非正弦波振荡器。前者产生接近理想的正弦波，后者产生脉冲波、矩形波或锯齿波等。根据振荡器产生信号频率范围的不同，构成振荡器回路的元件形式也不同，可分为集总参数振荡器和分布参数振荡器。前者振荡频率为几赫至几百兆赫左右，通常可用电阻器与电容器（*RC* 振荡器）或电感器与电容器（*LC* 振荡器）等集总参数元件构成振荡电路；后者振荡频率为几百兆赫至几千兆赫，一般多采用微带传输线或高 Q 谐振腔等分布参数元件构成振荡回路，而且多采用特殊的微波半导体二端器件作为有源器件，如隧道二极管、雪崩管和甘氏效应管等。微波三端晶体管器件正处在 300 GHz 的攻关期间，已经看到了很大希望。不久，微波振荡器可能大量采用性能更好的三端器件了。

以集成电路形式出现的振荡器，还含有缓冲、放大、整形等电路，并考虑到了与集成逻辑电路电平兼容的问题，调试电路过程也比较简单。集成芯片本身还具有较好的温度稳定、功耗很小等优点，因而在现代通信系统中广泛应用集成电路振荡器。对这方面内容感兴趣者可去查阅有集成电路手册，而其中任何 *LC* 或者 *RC* 正弦波振荡器的工作原理，都可以参照本书给出的基本阐述加以理解。

在许多场合下，晶体管仍是构成振荡器的主要有源器件。原因是低噪声的 f_T 到 10 GHz 左右的晶体管早已成为很普通的器件，采用晶体管构成的振荡器具有低成本的特点。但需要指出，分立元件振荡器的设计与调试过程比较麻烦一些，尤其是在各种质量指标要求较高的情况下。

近年来在微型化高科技电子产品中，新一代的片式元器件获得大量应用。这种表面贴装元器件（SMC 与 SMD）的安装密度大、电性能好、抗振动力强、可靠性高，已成为 21 世纪的各类元器件的发展趋势。采用片式元器件构成的低电压、低功耗型振荡电路，与所有（SMC 与 SMD）贴片电路一样，无论外观和体积都以崭新的姿态出现。同时，由于电路结构改进和减小引线分布参数的影响，使得振荡器性能显著提高。

本章后几节主要讨论用于产生频率稳定的、采用集总参数回路的正弦波振荡器的基本工作原理，并以 *LC* 反馈型振荡电路为主，分析振荡产生条件及频率稳定性。最后简述 *RC* 振荡电路。

§3.1 *LC* 正弦波振荡器

3.1.1 反馈型振荡器的工作原理

如图 3－1 所示电路中，当开关 S_1 置于端子 1，开关 S_2 置于地端时，电路是一个普通的谐振放大器。而外激励电压 $\dot{U}_s$ 就是放大器的输入电压 $\dot{U}_i$，若 $\dot{U}_s$ 为正弦信号，则输出电压 $\dot{U}_o$ 为放大了的正弦信号，并且在变压器二次侧（又称次级）得到电压 $\dot{U}_f$，各电压的瞬时极性如图 3－1 所示。如果开关 S_1 倒向端子 2，也就是用电压 $\dot{U}_f$ 代替信号 $\dot{U}_s$，电路便成为一个带有反馈的谐振放大器，设想代替过程转换得如此之快，以至于全部电路工作状态没有受任何影响，那么，电路在不需要外激励信号时，同样能够在集电极负载上得到幅度为 $\dot{U}_o$ 的输出电压。由于负载回路具有选择特性，$\dot{U}_o$ 的频率必然与回路谐振频率一致。这样，在无须任何外激励信号下，电路就能自动产生频率、波形和幅度一定的正弦信号，电路成为一个自激振荡器。

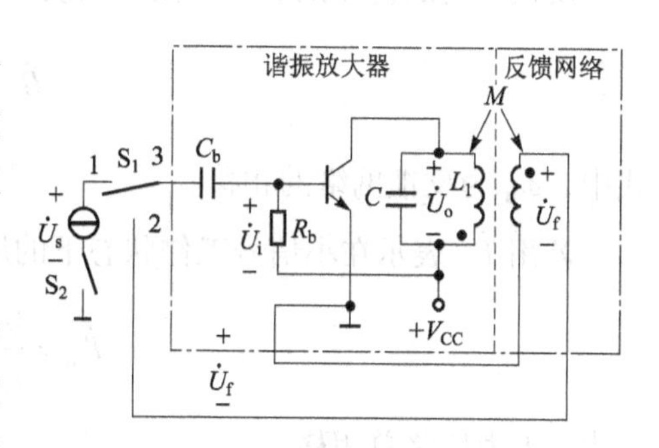

图 3－1 互感耦合反馈型振荡器

现在的问题是，最初的输入电压 $\dot{U}_i$ 是如何提供的。实际上，振荡电路在刚接通电源时，晶体管的电流将从零跃变到某一数值，这种跃变电流具有很宽的频谱，由于谐振回路的选频作用，回路两端只建立振荡频率等于回路自然谐振频率的正弦电压 $\dot{U}_o$，当通过互感耦合网络得到反馈电压 $\dot{U}_f$，再将 $\dot{U}_f$ 加至晶体管输入端时，就是振荡器最初的激励信号电压 $\dot{U}_i$。$\dot{U}_i$ 经过放大、回路选频得到 $\dot{U}'_o$，通过反馈网络又得到 $\dot{U}'_f$，只要 $\dot{U}'_f$与 $\dot{U}_i$ 同相，而且 $\dot{U}'_f > \dot{U}_i$，尽管起始输出振荡电压 $\dot{U}_o$ 很微弱，但是经过反馈、放大选频、再反馈、放大等多次循环，一个与 *LC* 回路谐振频率相同的正弦振荡电压便由小到大增长起来，这就是振荡建立的物理过程。

振荡建立以后，振荡幅度会不会无限增加呢？根据 2.3.2 节的分析可知，谐振放大器的放大特性是非线性的，因此，当反馈电压使输入幅度不断增大时，晶体管将进入大信号非线性工作状态，致使放大器的输出电压增加趋于缓慢，电压增益降低，从而限制了输入电压的增长。这样，当 $\dot{U}_f=\dot{U}_i$ 时达到平衡状态，电路就进入了等幅振荡阶段。自激振荡的建立及进入等幅阶段的波形如图3－2所示。从起振到幅度稳定这段时间极其短暂，在普通示波器上只能观察到平衡期间内的连续正弦振荡波形。

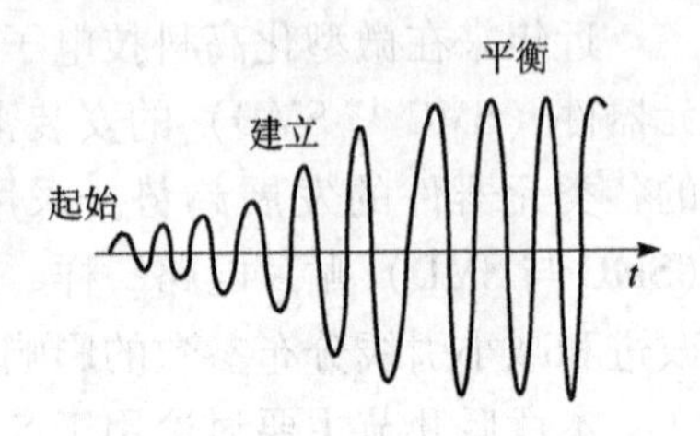

图3－2　振荡幅度的建立和平衡

从上面分析可知，自激振荡过程包含建立和平衡两个阶段，下面进行扼要讨论。

一、振荡器的起振条件

对于图3－1电路来说，小信号工作时的谐振放大器电压增益可表示为

$$\dot{A}_{uo}=\frac{\dot{U}_o}{\dot{U}_i}=A_{uo}e^{j\phi_A} \tag{3-1}$$

式中，ϕ_A 为放大器引入的相移。

反馈网络的传输函数或反馈系数表示为

$$\dot{B}=\frac{\dot{U}_f}{\dot{U}_o}=Be^{j\phi_B} \tag{3-2}$$

式中，ϕ_B 为反馈网络的相移。

若用 $\dot{T}_o$ 表示在小信号工作状态下的反馈放大器的环路增益或回归比，则有

$$\dot{T}_o=\frac{\dot{U}_f}{\dot{U}_i}=\dot{A}_{uo}\dot{B}=T_oe^{j\phi} \tag{3-3}$$

式中，ϕ 为环路总相移。

要使振荡幅度不断增长，必须有

$$\dot{U}_f>\dot{U}_i \tag{3-4}$$

即应有

$$\frac{\dot{U}_f}{\dot{U}_i}=\dot{T}_o>1 \tag{3-5}$$

由式（3－1）～式（3－3）、式（3－5）可写出

$$|\dot{A}_{uo}\dot{B}|e^{j(\phi A+\phi B)}>1 \tag{3-6}$$

则振荡器的起振条件可表示为

$$\begin{cases}\text{相位条件 } \Phi=\Phi_A+\Phi_B=2n\pi \quad (n=0,1,2,\cdots)\\ \text{幅度条件 } T_o=|\dot{A}_{uo}\dot{B}|>1\end{cases} \tag{3-7}$$

式中，$\Phi_A=\Phi_f+\Phi_Z$；Φ_f 表示晶体管的相移；Φ_Z 为谐振回路的相移。

应当强调指出，电路只有在满足相应条件的前提下，又满足幅度条件，才能产生振荡。对于复杂电路来说，一般在它的交流等效电路上作出相位判断。将电路中大容量电容短接，扼流圈和偏置电阻开路，保留晶体管、负载回路及反馈网络，就可得到交流等效电路。

二、振荡器的平衡条件

为进一步理解振荡建立以后，振荡幅度不会无限增长下去，可将谐振放大器的放大特性 $\dot{U}_o \sim \dot{U}_i$（这里称为振荡特性）和反馈网络的反馈特性 $\dot{U}_o \sim \dot{U}_f$ 置于同一坐标系上，根据振荡特性和反馈特性的交点坐标，便可确定达到平衡时的振幅，如图 3-3 所示。由于反馈系数 B 仅由无源线性反馈网络的参数确定（略去基极电流的影响，$B = \dot{U}_f/\dot{U}_o = j\omega MI/j\omega LI = M/L$），它与振荡电压幅度无关，因此在 $U_o \sim U_f$ 坐标系中为一条通过原点的直线，其斜率为 $1/B$。图中，两条特性曲线的交点 A 满足下列关系：

$$U_{iA} = U_{fA}$$

即在 A 点处，有

$$T = A_u B = 1 \tag{3-8}$$

式中，A_u 为大信号工作状态下谐振放大器的电压增益，称为平均电压增益；T 为环路回归比。式（3-8）表明，在 A 点振荡幅度达到平衡，输出电压是幅度为 U_{oA} 的等幅振荡。

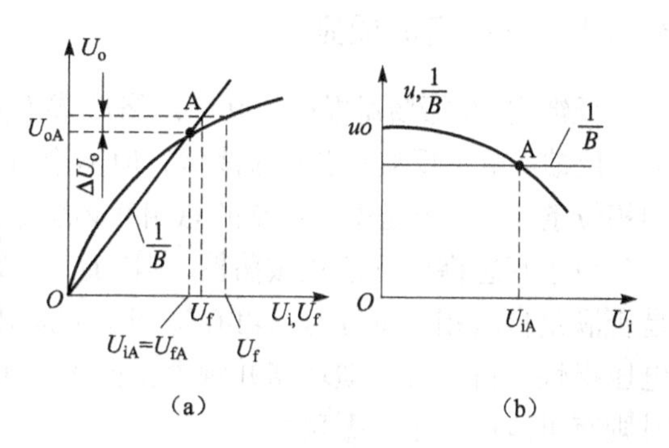

图 3-3　振荡幅度的确定

由图 3-3 看出，当振荡特性确定后，若反馈系数 B 太小，则反馈特性与振荡特性将没有交点，说明电路不满足振荡的振幅条件，只有 B 足够大，使反馈特性和振荡特性相交时，才会有 $U_f > U_i$ 并使振荡幅度不断增长到 A 点稳定下来。而 A 点为什么是稳定平衡点呢？假若有外界扰动，致使 U_{oA} 增加 ΔU_o，则通过反馈网络产生的 $U_f < U_i$，因而振荡幅度将减小直至降回 U_{oA} 为止；反之，若 U_{oA} 减小 ΔU_o，则通过反馈网络产生 $U_f > U_i$，因此振荡幅度将增加回升到 U_{oA}，由上说明，A 点是一个稳定平衡点。读者可自行判断 O 点是一不稳平衡点，在 O 点处只要有很小的扰动（较小 U_i）就可使振幅增长至 A 点处而稳定下来。

由上面的分析，可得到振荡的平衡条件为

$$\begin{cases} \Phi = \Phi_A + \Phi_B = 2n\pi \quad (n = 0,1,2,\cdots) \\ T = A_u B = 1 \end{cases} \tag{3-9}$$

式中，$\Phi_A = \overline{\Phi}_f + \Phi_z$，其中 $\overline{\Phi}_f$ 为大信号作用下的晶体管的相移。

三、振荡频率的确定

根据相位平衡条件，从 $\overline{\Phi}_f$，Φ_B，Φ_z 对频率的变化关系，可以确定振荡器工作频率 f_g。并联谐振回路的相频特性为

$$\Phi_z = -\arctan 2Q_p \frac{f - f_0}{f_0} \tag{3-10}$$

式中，f_0 为回路的自然谐振频率（相频特性曲线如图 3-4 所示）。

Φ_f 和 Φ_B 随频率的变化，在 f_0 附近的较小频率范围内，由于很缓慢可近似认为不变，因此视其相频特性为平行于横轴的直线。根据相位平衡条件可知，$\Phi_z \sim f$ 与 $\Phi_{fB} = (\Phi_f + \Phi_B) \sim f$ 的曲线交点坐标就是振荡频率 f_g。图 3-4 表示三种不同情况时的 f_g 与 f_0 的位置。

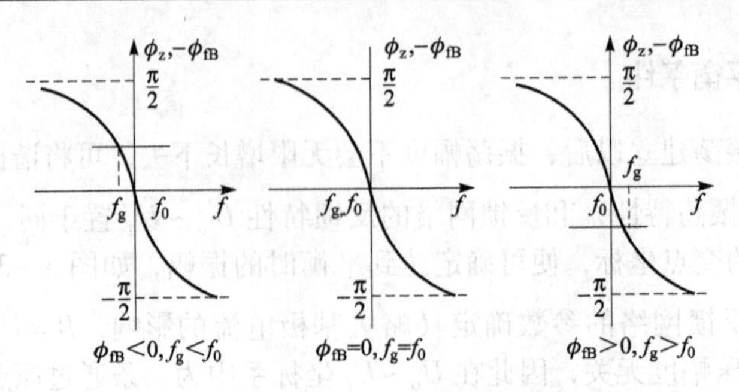

图 3－4 振荡频率的确定

由于通常情况下 $\Phi_{fB}\approx0$，因此振荡频率 f_g 近似等于并联谐振回路的自然谐振频率 f_0。工程计算时，振荡频率用式（3－11）求出

$$f_g\approx f_0=\frac{1}{2\pi\sqrt{LC}} \tag{3-11}$$

3.1.2 电路组成原则

反馈型 LC 振荡器根据其反馈网络形式不同，可分为互感耦合（变压器）反馈式振荡器、电容反馈或电感反馈三点式振荡器，但不论那一种形式，其电路组成原则都必须首先满足自激的相位条件，也就是说，环路的总相移必须等于零或 2π 的整数倍，保证 U_f 与 U_i 同相。

对于互感耦合反馈式振荡器，其初、次级线圈同名端必须保证电路为正反馈。判断电路是否满足自激相位条件时，可在适当地方断开反馈环路，然后标出无反馈放大器输入和输出电压极性，再闭合反馈环路并观察由同名端确定的反馈电压极性是否正确，如果构成正反馈时则有可能产生正弦振荡。

例 3－1 图 3－5 是一基极接地的变压器耦合反馈电路，为简化交流等效电路形式，试根据同名端判断所示电路可否产生振荡。

解：可先将反馈线圈 L_2 断开，在发射极处标上 $\dot{U}_i$ 的瞬时极性（假定如图所示），根据共基组态放大器特点，标出集电极上的 $\dot{U}_o$ 极性（应与输入 $\dot{U}_i$ 同极性）；再将反馈线圈 L_2 闭合，标出由同名端确定下来的反馈电压 $\dot{U}_f$ 的极性，图中 $\dot{U}_f$ 和 $\dot{U}_i$ 相位一致，表示构成了正反馈环路，故该电路可能产生振荡。

三点式振荡器是指从由 LC 组成的振荡回路引出三个端点，分别与晶体管的三个电极相连构成的振荡电路，其一般形式如图 3－6 所示。为了便于说明，忽略了振荡回路中损耗影响。

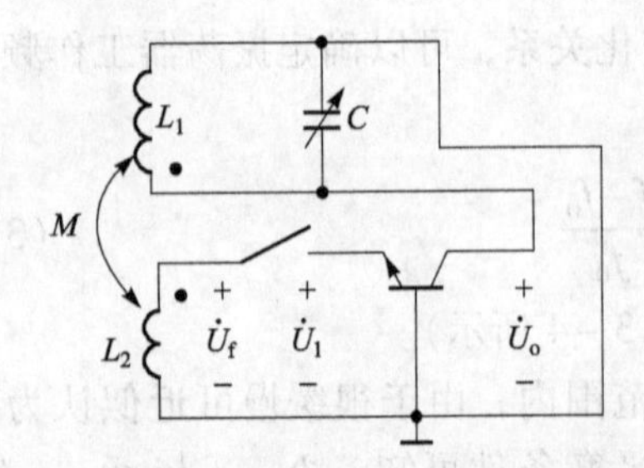

图 3－5 基极接地的变压器耦合反馈电路

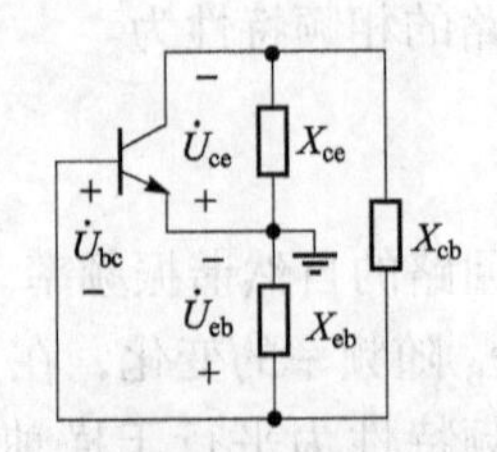

图 3－6 三点式振荡器的一般形式

假设振荡回路由三个纯电抗元件x_{eb}、x_{ce}、x_{cb}构成，由于晶体管的$\dot{U}_{ce}$和$\dot{U}_{be}$反相，即有

$$\dot{U}_{ce}=-A\dot{U}_{be} \tag{3-12}$$

其中A是比例常数，各电压极性如图3-6所示。

为了保证电路的正反馈特性，由图3-6看出必须有

$$\dot{U}_{f}=\dot{U}_{eb}=-\dot{U}_{be} \tag{3-13}$$

比较式（3-12）和式（3-13）可知，$\dot{U}_f$必须与$\dot{U}_{ce}$同相。当可以忽略晶体管对回路部分的影响时，则近似认为有

$$\dot{U}_{f}=\dot{U}_{eb}\doteq\frac{x_{eb}}{x_{ce}}\dot{U}_{ce} \tag{3-14}$$

欲使$\dot{U}_f$与$\dot{U}_{ce}$同相，则x_{eb}与x_{ce}必须为同性电抗。

在忽略Φ_f和Φ_B的影响时，应用$\Phi_z=0$，因此，回路应处于谐振状态，其串联总电抗应为零，即有

$$x_{ce}+x_{eb}+x_{cb}=0$$

可得

$$x_{cb}=-(x_{ce}+x_{eb}) \tag{3-15}$$

从式（3-15）可知，x_{cb}与x_{ce}和x_{eb}必为异性电抗，也就是x_{cb}的性质与另两个电抗元件不同。

综上所述，满足自激相位条件的三点式振荡器的电路组成原则是：与发射极连接的两个电抗元件性质必须相同，而与基极-集电极间连接的另一个电抗元件性质应相反。根据这一原则，可以容易地判断电路组成是否可能产生振荡。

3.1.3　基本三点式振荡电路

目前应用广泛的三点式振荡器有多种电路形式，下面着重讨论两种基本电路。

一、电容反馈三点式振荡电路

当与发射极连接的两个电抗元件都为电容时，由于反馈电压取自电容器C_1和C_2的分压，因此称为电容反馈三点式振荡器，又称考比兹（Copitts）振荡器，图3-7是一个基极接地考比兹电路。

图3-8是图3-7电路分析时所用的交流等效电路。其中，为简化起见，图3-8（a）中晶体管微变参数只用了跨导g_m（$g_i\approx0$，$g_o\approx0$），但是结电容（在图3-8（b）中画出）不被忽略。

由图3-8（a）等效电路，可求得小信号工作时的电压增益为

$$\mathrm{A}_{uo}=\left|\frac{\dot{U}_o}{\dot{U}_i}\right|=\frac{g_m}{G_p} \tag{3-16}$$

式中，$G_p=G_0+G_L$，G_0为振荡回路的固有电导；G_L为负载电导。

当计入晶体管结电容C_{ce}和C_{be}影响时（见图3-8（b））反馈系数由式（3-17）求得

$$B=\left|\frac{\dot{U}_f}{\dot{U}_o}\right|=\frac{C_1'}{C_1'+C_2'} \tag{3-17}$$

式中，$C_1'=C_1+C_{ce}$，$C_2'=C_2+C_{be}$。

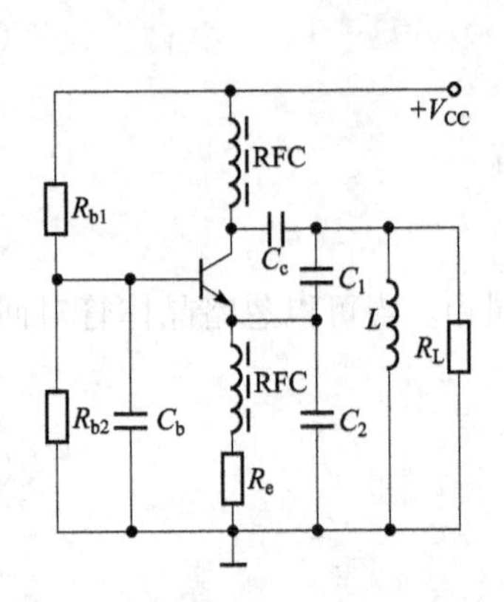

图 3-7　电容反馈三点式振荡器

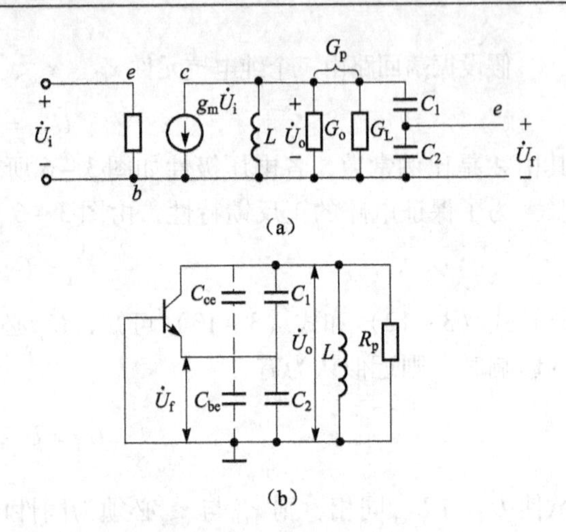

图 3-8　图 3-7 的几种等同简化等效电路

根据 $A_{uo}B>1$，由式（3-16）、式（3-17），求得满足起振幅度条件为

$$\frac{g_m}{G_p}\cdot B>1$$

上式可改写成

$$g_m>\frac{1}{B}G_p \tag{3-18}$$

这样，满足起振幅度条件时所需的晶体管跨导最小值，就可用式（3-18）确定。

电容反馈三点式振荡器的振荡频率 f_g 由式（3-19）得出

$$f_g\approx\frac{1}{2\pi\sqrt{LC_\Sigma}} \tag{3-19}$$

式中，C_Σ 是回路总电容，$C_\Sigma=\frac{C_1'\cdot C_2'}{C_1'+C_2'}$。

例 3-2　图 3-9 所示发射极接地三点式振荡电路。若已知回路参数为：$C_1=36$ pF，$C_2=180$ pF，$L=2.5$ μH，$Q_o=100$，晶体管的 $C_{ce}=4.3$ pF，$C_{b'e}=41$ pF（图中未画）；工作点电流 $I_e=0.5$ mA。试求 f_g、B、g_m 值，并讨论 g_m 与 I_e 的关系。

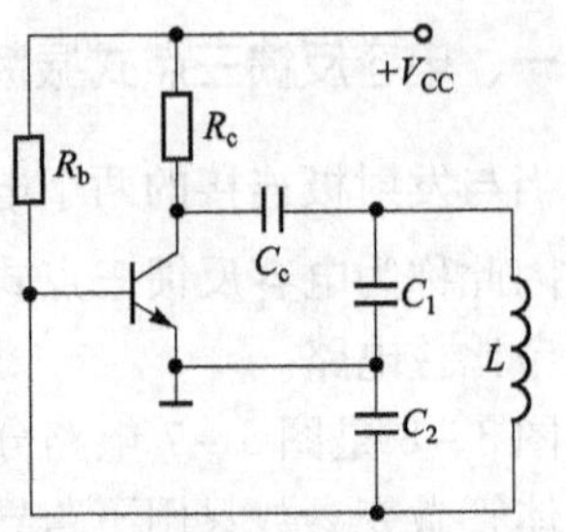

图 3-9　发射极接地三点式振荡器

解：在考虑到晶体管结电容影响时，应有

$$C_1'=C_1+C_{ce}=36+4.3\text{ pF}\approx40\text{ pF}$$

$$C_2'=C_2+C_{b'e}=180+41\text{ pF}=221\text{ pF}$$

则

$$C_\Sigma=\frac{C_1'\cdot C_2'}{C_1'+C_2'}=\frac{40\times221}{40+221}\text{ pF}\approx33.8\text{ pF}$$

代入式（3-11）中，得

$$f_g\approx\frac{1}{2\pi\sqrt{LC_\Sigma}}$$

$$=\frac{1}{2\pi\sqrt{2.5\times10^6\times33.8\times10^{-12}}}\text{ MHz}\approx17.3\text{ MHz}$$

对于发射极交流接地情况，反馈系数应为

$$B=\left|\frac{\dot{U}_{f}}{\dot{U}_{o}}\right|=\frac{C_1'}{C_2'}=\frac{40}{221}\approx 0.18$$

本例不计入负载 R_L，有

$$R_p=Q_p\rho$$

$$\approx Q_o\sqrt{\frac{L}{C}}=100\sqrt{\frac{2.5\times10^{-6}}{33.8\times10^{-12}}}\ \Omega=27\times10^{3}\ \Omega=27\ \text{k}\Omega$$

因此

$$G_p=\frac{1}{R_p}=\frac{1}{27}10^{-3}\ \text{s}$$

根据式（3－18），满足起振幅度条件的 g_m 为

$$g_m>\frac{1}{B}G_p=\frac{10^{-3}}{27\times0.18}\approx 0.2\ \text{ms}$$

由上述结果可知，只要晶体管跨导大于0.2 ms，电路就可能产生振荡。

当工作点电流 $I_e=0.5$ mA 时，实际工作的晶体管跨导值为

$$g_m=\frac{I_e(\text{mA})}{26(\text{mV})}=\frac{0.5}{26}\text{s}\approx 0.0192\ \text{s}\approx 19.2\ \text{ms}$$

可见，实际 g_m 值远大于起振条件要求的跨导值。

最后指出，计算反馈系数应分清是哪一种接地形式。上面例题中是发射极接地，故根据反馈系数定义求得的 B 的表示式与基极接地时不同。一般说来，这两种接地形式所取的反馈系数范围是

$$B=0.125\sim0.5$$

注意将反馈系数选择太大或过小都不利于振荡器正常工作。

二、电感反馈三点式振荡电路

当与发射极连接的两个电抗元件为电感时，则构成电感反馈三点式振荡器，又称“哈特莱”（Hartley）振荡器。如图3－10（a）所示的基极接地电感反馈三点式电路中，依靠线圈 L_2 产生反馈电压。通常 L_1、L_2 绕在同一个带磁心的骨架上，它们之间的互感为 M。简化后的交流参数等效电路如图3－10（b）所示。

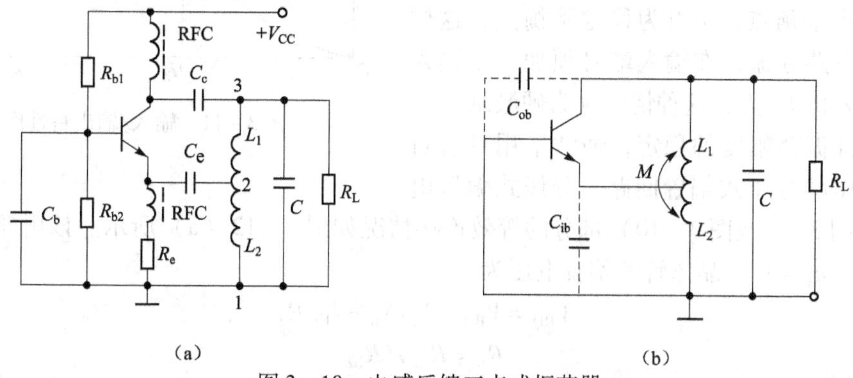

图3－10　电感反馈三点式振荡器

（a）基极接地电感反馈三点式电路；（b）简化后的交流参数等效电路

利用类似分析电容反馈三点式振荡器方法，同样可以求得“哈特莱”电路的起振条件和振荡频率。这里只给出结果：

$$f_g \approx \frac{1}{2\pi\sqrt{LC_\Sigma}} \tag{3-20}$$

式中，C_Σ 为回路总电容，$C_\Sigma = C + C_{ob} + n^2 C_{ib}$；$n$ 为（端点 1 - 2 与端点 1 - 3 线圈匝数比），$n = \frac{N_{12}}{N_{13}}$；$L$ 为回路总电感，$L = L_1 + L_2 + 2M$。

因为 L_1 与 L_2 整体地绕在加有磁芯的骨架上，耦合系数接近于 1，并当忽略晶体管基流及输入/输出电容的影响时，反馈系数可近似表示为

$$\dot{B} \approx \frac{L_2 + M}{L_1 + L_2 + 2M} = \frac{N_{12}}{N_{13}} = n \tag{3-21}$$

满足起振的幅度条件为

$$g_m > \frac{1}{B} G_p \tag{3-22}$$

式中，$G_p = G_o + G_L$。显然，从形式上看，哈特莱电路和考比兹电路的起振公式是相同的。

电感反馈三点式振荡器的反馈电压取自 L_2，它对高次谐波电流呈高阻，反馈电压中的高次谐波分量较大，所以输出波形较差。另外，晶体管结电容并联在电感线圈上，在频率很高时结电容影响很大，可能使电路不能起振，所以这种电路只适用于频率低于数十兆赫的场合。这时可充分表现出其优点：L_2 和 L_1 间存在着互感 M，起振较容易；调节回路电容，可以方便地改变振荡频率。

三、振荡器的直流偏置

为保证振荡电路在电源接通后就正常工作，必须给晶体管以正向偏置，此时反馈放大器才具有如图 3 - 3 所示振荡特性，电路工作在稳定平衡点 A，称为软激励状态。如果晶体管为反向偏置或正向偏置很小时，开始时晶体管工作在截止状态，其输入/输出特性如图 3 - 11 所示。放大特性与反馈特性有三个交点，其中 B 点为不稳定平衡点，A 点为稳定平衡点，这样要使振荡电路起振，在输入端必须加一个输入电压并且要比 U_{ia} 大，这种情况称为硬激励。

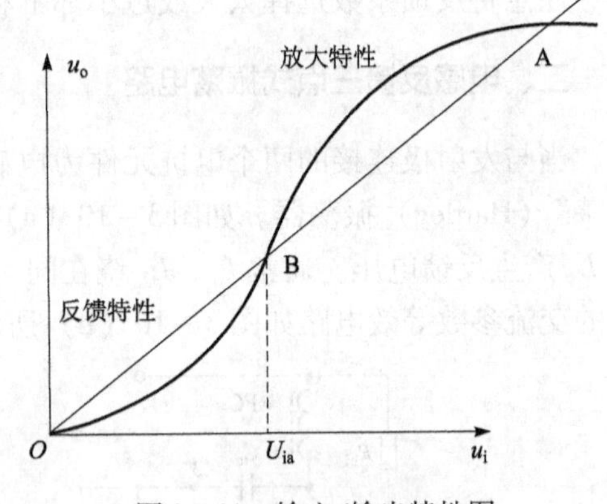

图 3 - 11　输入/输出特性图

为保证振荡幅度的稳定，通常采用具有自给反向偏压的分压式偏置回路。分压式偏置电路（参考图 3 - 7 或图 3 - 10）部分的等效连接情况如图 3 - 12（a）所示。该电路在反馈环路闭合前（$u_i = 0$），晶体管的偏置电压为

$$V_{BQ} = V_{BB} - I_{BQ} R_b - I_{EQ} R_e \tag{3-23}$$

式中

$$R_b = R_{b1} // R_{b2}$$

而
$$V_{BB}=\frac{R_{b2}}{R_{b1}+R_{b2}}V_{CC}$$
上述固定偏置对应于图3－12（b）中的静态工作点Q。

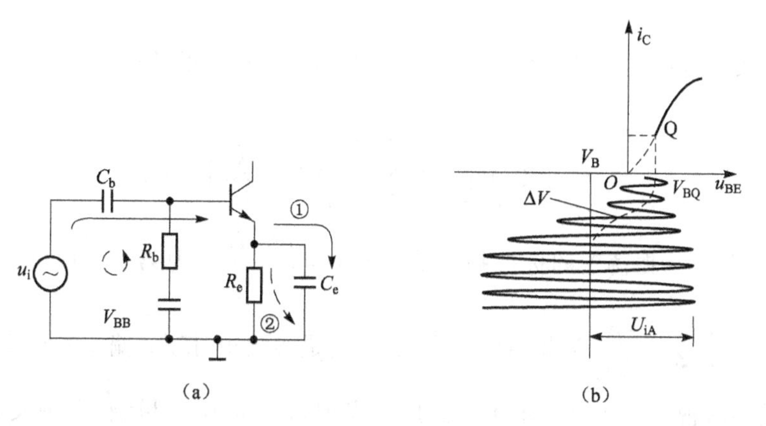

图3－12 有自给反向偏压效应的偏置电路

当反馈环路闭合后，偏置电压的变化如图3－12（b）所示中虚线ΔV所示。为什么ΔV逐渐从V_{BQ}往负渐移呢？当振荡建立后，发射结上除V_{BQ}以外，还作用有幅度逐增的振荡电压U_i，为了讨论简单，下面仅从ΔV渐移于0电压时着手分析。这时，在U_i的正半周b－e结导通，电容C_b和C_e充电（途径如实线①所示）；而在U_i的负半周b－e结开路，电容C_b和C_e放电（途径如虚线②所示）。由于放电时间常数C_bR_b远大于充电时间常数C_br_{be}，充电时间常数C_eR_e远大于充电时间常数C_er_e（r_{be}为由基极看进去的等效电阻，r_e为由发射极看进去的发射结电阻），因此，C_b和C_e两端将随着U_i增长而积累起电荷，其效果相当于给发射结加了反向偏电压，并且随U_i增加反向偏压不断加大，这种现象称为自给反向偏压效应。

由于自给反向偏压的建立，振荡管的工作点将从一开始自激时的Q点不断下移，换句话说，振荡器的工作状态会自动地由刚起振时的甲类渐移到乙类甚至丙类。当振荡幅度达到稳定平衡点值U_{iA}时，在U_i的一个周期内，电容C_b和C_e上充电电荷等于放电电荷时，自给偏压就在V_B处稳定下来。只要R_bC_b、R_eC_e数值选择合适，这种有自给负偏压效应的偏置电路就具有很好地自动稳幅作用。

为保证振荡频率稳定，则要求振荡回路有足够高的有载Q_p值（详细说明见§3.2.2）。对于反馈型振荡器的谐振回路，它不仅与晶体管的输出阻抗耦合，而且通过反馈网络还与晶体管的输入阻抗耦合，当工作点Q选择较低时，由图3－12（b）看出，振荡建立后振幅首先进入晶体管特性的截止区而满足幅度的平衡条件，这时晶体管较高的输出和输入阻抗对谐振回路有载Q_p值影响很小，有利于振荡频率的稳定。但是为了兼顾开始建立振荡时有足够大的电压增益，静点Q处电流也不宜过小，一般选$I_{eq}=0.5\sim4$ mA，对射频/微波晶体管来说，实际静点电流还可大些。

§3.2 *LC*正弦振荡电路的频率稳定性

3.2.1 频率稳定度的定义和意义

频率稳定度是衡量振荡器质量的重要性能指标之一。其定义是：在规定的时间内振荡频率的相对变化量。按规定时间长短不同，频率稳定度（简称频稳度）有长期、短期和瞬时之分。长期频稳度是指一天以上乃至几个月内的相对频率变化量；短期频稳度是指一天或一小时以内的相对频率变化量；瞬时频稳度（又称秒级或毫秒级稳定度）是一种随机的相对频率变化量。

频稳度的表示方法，通常采用建立在大量测量数据基础上的统计法表示，即用标准偏差值表示为

$$\frac{\Delta f}{f_N}\Big/ t = \lim_{n\to\infty}\sqrt{\frac{1}{n}\sum_{i=1}^{n}\left[\left(\frac{\Delta f}{f_N}\right)_i - \frac{\overline{\Delta f}}{f_N}\right]^2}\Big/ t \tag{3-24}$$

式中，t 表示时间，f_N 为振荡器的标称频率值；$\left(\frac{\Delta f}{f_N}\right)_i = \left(\frac{f-f_N}{f_N}\right)_i$ 为第 i 个时间内实测的相对频率偏差；$\frac{\overline{\Delta f}}{f_N} = \lim_{n\to\infty}\frac{1}{n}\sum_{i=1}^{n}\left(\frac{\Delta f}{f_N}\right)_i$ 为相对频率准确度，它是实测相对频率偏差的平均值。

频稳度的要求视用途而异。用于中波广播发射机的为 10^{-5} 量级，电视发射机的为 10^{-7} 数量级，普通信号发生器的为 $10^{-5}\sim10^{-4}$ 数量级，高精度信号发生器的为 $10^{-9}\sim10^{-7}$ 数量级。

这里特别说明，对于时域内的短期频稳度，转换成频域描述时常用频谱纯度表征。理想情况下，可将一个正弦波振荡器的输出信号写为

$$u_o = U_o\cos(\omega_0 t + \Phi_o) \tag{3-25}$$

式中，U_o、ω_0、Φ_0 均是常数。这种纯净的正弦波形的主频谱是一根直线如图 3-13（a）所示。实际上振荡器输出信号，不可避免的存在着或多或少的幅度、相位和频率的不稳定，在这种情形下将会附带有随机的幅度变化及相位抖动和频率抖动，后者也称为相位噪声或频率噪声。从频谱组成看，除了主谱线以外，还有频谱较宽的噪声分量分布在主谱线左右，如图3-13（b）所示。当用数字显示的网络综合测试仪或频谱分析仪观察振荡器的频谱时，通常能将测量结果存储和打印下来供分析。

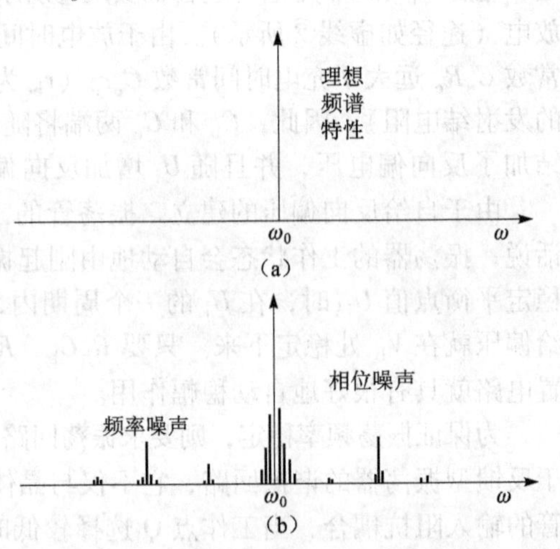

图 3-13　正统振荡信号的频谱组成

（a）理想的频谱特性；（b）实际的频谱特性

频谱纯度规定为主频谱中心 ±10 kHz（或 ±3 kHz）范围内（不包括中心频谱 1 Hz）总的相位噪声功率大小。在高质量的振荡器中，离开主频谱线中心频率 10 kHz 处的相位噪声功率衰减要大于 85 dBc/Hz 以上（c 为修正值）。

频率稳定性是振荡器的重要质量指标，其理由是非常清楚的，因为任何通信系统或者电子测量仪器等的工作频率是否稳定，都取决于这些设备中的振荡源的频率是否稳定。如果通信系统的工作频率不稳定，就可能漏失信号而造成通信中断；而测量仪器的工作频率不稳定，就将会引起较大的测量误差。可见，提高振荡器的频率稳定性是一个十分重要的课题。后面节次中将讨论如何提高振荡器的频稳度，介绍改进型振荡电路以及高稳定晶振源。

3.2.2 影响频稳度的因素及改进措施

因为长久使用，元器件老化或者环境温度、电源电压、振荡器负载改变等，都可能使振荡频率变化。根据引起频率不稳定的原因，可采取如下措施以提高频稳度。

一、减小外界因素的变化

减少环境温度变化的影响，可采用恒温措施；减少振动而引起的元器件参数变化，可采取防振措施，减少电源变化引起的晶体管参数变化，可采用稳压电源；减小负载变化的影响，可加缓冲级或射随器。其他如减少外部磁场感应，可用屏蔽罩；减少湿度和气压变化的影响，可采用浸渍密封；等等。

大多数情况下，使用热敏电阻补偿温度变化影响；使用射随器隔离负载的影响；使用集成稳压块消除电源变化的影响。

二、提高振荡回路的标准性

在外界因素变化时，振荡回路保持其谐振频率不变的能力，称为回路的标准性。回路的标准性越高，频稳度就越好。它可以用回路谐振频率的相对变化量 $\Delta\omega_0/\omega_0$（或 $\Delta f_0/f_0$）来表示。$\omega_0=1/\sqrt{LC}$，当外因使 L 和 C 变化 ΔL 和 ΔC 时，ω_0 相应变化 $\Delta\omega_0$，则可写出：

$$\frac{\Delta\omega_0}{\omega_0}=-\frac{1}{2}\left(\frac{\Delta C}{C}+\frac{\Delta L}{L}\right) \tag{3-26}$$

式中，负号表示电容或电感数值增大时，将引起谐振频率下降。L 为回路总电感，包括回路电感和反映到回路中的引线电感；C 为回路总电容，包括回路电容和反映到回路中的结电容和其他分布杂散电容。

由式（3－26）可知，欲提高振荡回路的标准性可采取如下措施。

（1）采用参数稳定的回路电感和电容。例如采用品质因数 $Q_L>200$ 的镀银电感线圈，采用 Q_C 高达几千至几万的云母电容器，等等。另外，同时采用具有正、负温度系数的电容器，亦可抵消因环境温度变化引起的频率变化。

（2）采用合理的工艺结构，引线尽量短、元件安装应有足够的机械强度，焊接应当牢固，等等，这样可提高分布电容的稳定性。

（3）采用晶体管部分接入到振荡回路，这样不仅使晶体管结电容在回路总电容中所占比例减小，而且有利于回路 Q 值的提高，从而提高了回路的标准性。这方面内容还将在改进型三点式振荡器中叙述。

三、选用低噪声有源器件

在振荡电路中，选用低噪声晶体管器件具有明显的作用。上面所说的频谱纯度好坏，实际上是反映电路内部噪声引起的振荡频率变化情况。当提高了振荡回路标准性时，谐振回路产生的噪声功率已不成为主要因素。但是，产生于晶体管内部的噪声（例如 $1/f$ 闪烁噪声）如果很大的话，振荡器的频率稳定性也不会好。

已有诸多型号的低噪声晶体管器件供选用。表 3－1 给出 2SC3355 的主要参数，其噪声系数 $N_F=1.1$ dB，$f_T=7$ GHz，是一种质量较好的低噪声的射频/微波晶体管，常用在高达几百兆赫的振荡电路中工作。顺便指出，表3－1中所列S参数的S_{11}和S_{22}为输入/输出反射系数，而S_{21}为正向电流传输系数，详细说明可查阅器件资料。2SC3355的国内代换型号有2G913、CG39系列。

表3－1　2SC3355参数

f_T：7.0 GHz　G_{ob}≤1.0 pF			
N_F：1.1 dB～1.2 dB　G_a：12 dB			
S_{11}	0.46	−136°	$V_{ce}=10$ V $I_c=7$ mA $f=500$ MHz
S_{21}	7.21	97°	
S_{12}	0.06	50°	
S_{22}	0.53	−31°	

需要说明，除了选用低噪声晶体管器件外，根据设计要求，也可采用其他低噪声器件，例如场效应管和差分对管等，这里不再细述。

3.2.3　改进型三点式振荡电路

前面一节介绍的基本的LC振荡器，其频稳度在10^{-3}量级。根据提高回路标准性的原理，采用减弱晶体管与振荡回路耦合程度的方法，可得到改进型的电容反馈三点式振荡器，其频稳度可达10^{-5}～10^{-4}量级。

改进型三点式振荡器为克拉泼（Clapp）电路和西勒（Seiler）电路。

在介绍两种改进型的电路之前，有必要说明考比兹电路的频稳度。如图3－14所示考比兹振荡器等效电路中，使用ΔC_{ce}、ΔC_{be}、ΔC_{cb}分别表示晶体管各极间电容的变化量。这些不稳定电容受温度、电源电压等变化影响较大，是影响频率不稳定的主要原因。为减小这一影响，可用加大回路电容的方法，使不稳定电容占的比例减小。但当频率一定时，增加回路总电容必然减小回路电感，电感量过小时线圈品质因数Q_L就不易做高，这样反不利于提高频稳度。所以，一般都采用减小晶体管与振荡回路耦合方法，使不稳定电容影响减弱。为此，需要说明部分接入的概念，可以定义晶体管任意两极X、Y对谐振回路端点AB（规定为线圈两端）的接入系数为

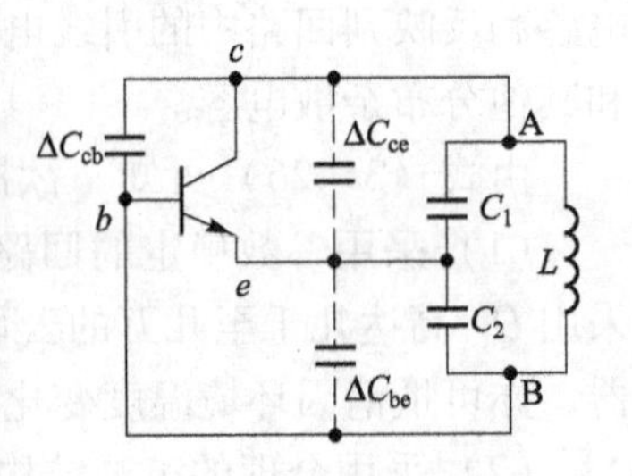

图3－14　考比兹振荡器的交流等效电路（画出ΔC_{XY}）

$$P_{XY}=\frac{U_{XY}}{U_{AB}}=\frac{Z_{XY}}{Z_{AB}} \tag{3-27}$$

式中，U_{AB}表示回路端点间电压，U_{XY}泛指U_{ce}、U_{be}、U_{cb}。式（3－27）可转化成相应阻抗比和元件参数比。

若ΔC_{XY}反映到回路端点上不稳定电容为ΔC_Σ，可由能量等效关系写出

$$\frac{1}{2}\Delta C_\Sigma U_{AB}^2=\sum\frac{1}{2}\Delta C_{XY}U_{XY}^2$$

则可得到

$$\Delta C_{\Sigma}=\sum P_{XY}^{2}\Delta C_{XY}$$

即 ΔC_{Σ} 应为 $P_{ce}^{2}\Delta C_{ce}$、$P_{be}^{2}\Delta C_{be}$、$P_{cb}^{2}\Delta C_{cb}$ 三者相加。由此看出，各个接入系数减小时，总的 ΔC_{Σ} 就会减小，就会有利于提高频稳度。

下面写出考比兹电路的各个接入系数为

$$P_{ce}=\frac{U_{ce}}{U_{AB}}=\frac{C_2}{C_1+C_2} \tag{3-28}$$

$$P_{be}=\frac{U_{be}}{U_{AB}}=\frac{C_1}{C_1+C_2} \tag{3-29}$$

$$P_{cb}=\frac{U_{cb}}{U_{AB}}=1 \tag{3-30}$$

显然对于考比兹电路而言，P_{ce} 和 P_{be} 均小于1，为部分接入，而 $P_{cb}=1$ 为全部接入。而从式（3-28）和式（3-29）可知，在减小 P_{ce} 的同时，P_{be} 将加大，反之亦然。因此，用单纯减小 P_{ce} 或 P_{be} 的方法不能有效地减弱晶体管对回路的耦合程度，所以考比兹电路很难提高频稳度的量级。

然而，克拉泼电路和西勒电路的改进结构，可以较好地解决考比兹电路中的矛盾，使振荡器频稳度提高约一个量级。

一、克拉泼振荡电路

克拉泼振荡器（图3-15（a））的特点是在振荡回路中加了一个与电感串接的小电容 C_3，满足 $C_3 \ll C_1$，$C_3 \ll C_2$，因此可得回路总倒电容为

$$\frac{1}{C_{\Sigma}}=\frac{1}{C_1}+\frac{1}{C_2}+\frac{1}{C_3}\approx\frac{1}{C_3} \tag{3-31}$$

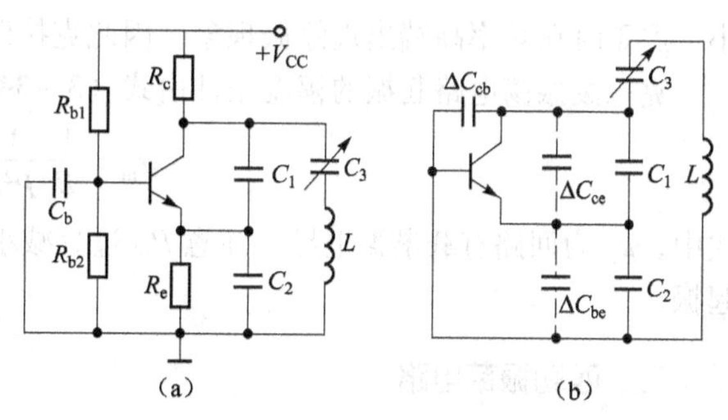

图3-15 克拉泼振荡器及其交流等效电路

下面来看克拉泼振荡电路的频稳性。由图3-15（b）交流等效电路可得到

$$P_{ce}\approx\frac{C_3}{C_1}\quad P_{be}\approx\frac{C_3}{C_2}\quad P_{cb}\approx\frac{C_3}{C_{1.2}}$$

式中

$$C_{1.2}=\frac{C_1\cdot C_2}{C_1+C_2}$$

由以上几个公式可看到，在增大 C_1、C_2 或减小 C_3 时，P_{ce}、P_{be}、P_{cb} 均能够同时减小，这样，折合到回路两端的不稳定电容就会大大减小，因此提高了频率稳定性。

根据图3-15（b）交流等效电路可得克拉泼振荡器的反馈系数为

$$B=\frac{\dot{U}_f}{\dot{U}_o}=\frac{C_1}{C_1+C_2}$$

可见，为了保持电路反馈系数 B 不变，在加大 C_1 的同时，也应适当加大 C_2，此时 P_{ce} 和 P_{be} 都能相应地减小，有效地解决了考比兹电路中的难题。另外，改变 C_3 调节频率时也不会影响电路的反馈系数。克拉泼振荡器的振荡频率为

$$\omega_g \approx \frac{1}{\sqrt{LC_\Sigma}} \approx \frac{1}{\sqrt{LC_3}} \tag{3-32}$$

从以上说明可知，利用与电感线圈串联的小电容 C_3 以减弱晶体管对振荡回路的耦合，不仅提高了电路的频稳度，而且不必减小回路的电感数值；因此不会降低回路的特性阻抗，从而保证了电路起振幅度条件和回路电感量的相对稳定性。

需要指出，在克拉泼等效电路中，用可变电容 C_3 来改变振荡频率 ω_g 时，随着 ω_g 的升高，输出振荡电压幅度会急剧下降。放大器的等效负载电阻可写成

$$\begin{aligned} R'_p &= P_{cb}^2 R_p \\ &= P_{cb}^2 \cdot \frac{1}{\omega_g C_3} \cdot Q_p = \frac{C_3}{C_{1.2}^2} \cdot \frac{Q_p}{\omega_g} \end{aligned}$$

而 $C_3 \approx \frac{1}{\omega_g^2 L}$ 代入上式，得到

$$R'_p = \frac{Q_p}{C_{1.2}^2 L} \cdot \frac{1}{\omega_g^3} \tag{3-33}$$

该式表明，在电路其他元件参数一定的条件下，放大器的 R'_p 与振荡频率 ω_g 的三次方成反比。因此，放大器的电压增益 A_{uo} 将随 ω_g 升高而迅速降低，导致输出电压幅度 U_o 急剧减小，严重时在频率高端出现停振现象，因此克拉泼振荡电路不适宜作波段振荡器。

克拉泼振荡电路起振的幅度条件由式（3-34）确定：

$$g_m > \frac{1}{B} \frac{1}{P_{cb}^2} g_p \tag{3-34}$$

式中，g_p 为回路有载谐振电导。注意 P_{cb} 过分减小时会导致 g'_p 加大，从而使 A_{uo} 降低不利于起振。

二、西勒振荡电路

西勒振荡器（见图3-16）主要特点是在克拉泼振荡电路基础上与电感并联一个可调电容 C_4，而 C_1、C_2、C_3 均为固定电容，并且仍满足条件：

$$C_3 \ll C_1, \quad C_3 \ll C_2$$

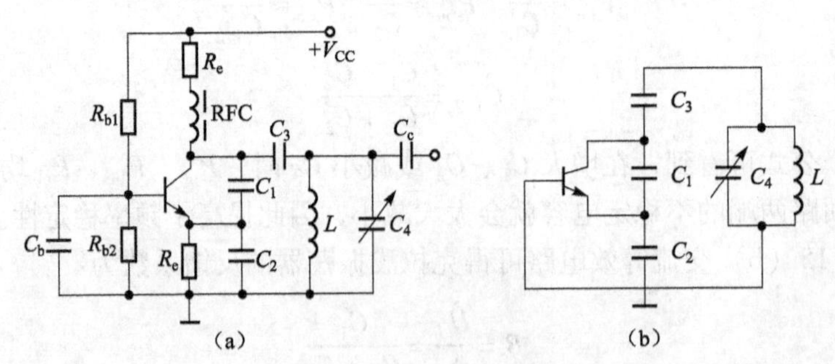

图3-16　西勒振荡器及其交流等效电路

而电容 C_4 一般与 C_3 同量级，因此回路总电容近似为

$$C_\Sigma \approx C_3 + C_4$$

振荡频率近似等于

$$\omega_g \approx \frac{1}{\sqrt{L(C_3 + C_4)}} \tag{3-35}$$

西勒振荡电路保持了克拉泼振荡电路频率稳定性高的优点，而且适合作波段振荡器。由于放大器的等效负载为

$$R'_p = P_{cb}^2 R_P = \left(\frac{C_3}{C_{1.2}}\right)^2 Q_p \omega_g L$$

可以看出，在电路其他参数一定时，随着频率升高，R'_p 与 ω_g 成正比，似乎电压增益 A_{uo} 将随 ω_g 升高而加大；实际上，由于 ω_g 升高，晶体管的 g_m 将有所下降，因此可近似认为放大器增益在波段范围内不变。所以，在利用 C_4 改变振荡频率时，输出振荡电压幅度能保持基本稳定，并且频率调节也比较方便。

与克拉泼振荡电路相比，作为波段振荡器时，克拉泼振荡电路的波段覆盖系数 $K = \left(\frac{f_{g\,max}}{f_{g\,min}}\right)$ 只有 1.1 ~ 1.2，而西勒振荡电路的波段覆盖系数 K 可达 1.6 ~ 1.8，因此得到广泛应用。

§3.3 石英晶体振荡器

LC 振荡器的频稳度只能达到 $10^{-5} \sim 10^{-3}$ 数量级，如果要求频稳度超过 10^{-5} 数量级，就必须采用石英晶体振荡器，对于现代超高精度石英晶体振荡电路，频稳度可达 $10^{-11} \sim 10^{-9}$ 数量级。

3.3.1 石英谐振器及其特性

石英谐振器（简称晶体）是利用石英晶体（二氧化硅）的压电效应而制成的一种谐振元件。它的内部结构如图 3－17 所示，在一块石英晶片的两面涂上银层作为电极，并从电极上焊出引线固定于引脚上，通常做成金属封装的小型化器件。

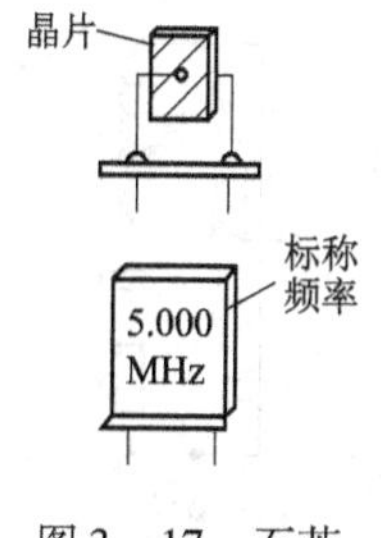

图 3－17 石英谐振器

石英晶片是按一定方位切割而成，它具有一固有振动频率，其值与切片形状、尺寸和切型有关，而且十分稳定；它的温度系数（温度变化 1 ℃引起的固有振动频率相对变化量）均在 10^{-6} 或更高的数量级上。目前切片类型有 AT、BT、CT 等系列，某些切型的石英晶片，其温度系数在很宽范围内均趋于零。石英晶片的振动模式存在多谐性，除具有最低次频率的基音振动外，还有奇次谐波的泛音振动。一般在晶体外壳上均注有振荡频率的标称值，通常基音晶体以（kHz）为单位，泛音晶体以（MHz）为单位。

实践中发现，将石英晶体接入具有正反馈特性的放大电路时，由于石英晶体发生压电效应，两电极上就会产生相应振动，同时引起相应交变电荷，这样电路的工作频率就被控制和稳定在石英晶体的机械振动频率上。当外加电压频率等于晶体固有振动频率时，就会发生类似串联 LC 电路中的共振现象，石英晶体电极上的交变电荷量达最大，也就是通过石英晶体的交流电流幅度最大。石英晶体 Φ 可看成电感 L_q、晶体的弹性相当电容 C_q，晶体振动的摩擦损耗相当电阻串联 r_q；并考虑到晶体两极存在的静态电容以及支架引线的分布电容，用

C_0 表示，则可用图 3－18 所示等效电路来表示石英晶体。图中串联谐振支路的 L_q、C_q、r_q 都是动态参数，由于 L_q 极大，C_q 及 r_q 极小，其等效品质因数 Q_q 极高，往往高达几十万至几百万。表 3－2 中列出几种型号的石英晶体参数。除石英晶体外，实际上还有压电陶瓷晶体可供运用。

表 3－2 几种石英晶体参数

晶　体	（高精度）2.5 MHz	（JAB）5 MHz	（B04）20～45 MHz
频稳度/天	$10^{-10}\sim10^{-9}$	5×10^{-9}	5×10^{-9}
温度系数/℃$^{-1}$	$\leqslant2\times10^{-7}$	$<1\times10^{-7}$	$<1\times10^{-7}$
L_q/H	19.5	0.08	0.08
C_q/pF	0.000 21	0.013	0.000 1
r_q/Ω	≤110	≤10	≮0
C_0/pF	5	5	4.5
Q_q	2.8×10^{6}	$\geqslant5\times10^{5}$	$\geqslant5\times10^{5}$
负载电容/pF	—	30，50，∞	30，50，∞
振动方式	5 次泛音	基音	3 次泛音
$\rho\left(\approx\dfrac{C_q}{C_0}\right)$	4.2×10^{-5}	—	—

根据图 3－18 所示等效电路，可得石英晶体的等效阻抗为

$$Z_e=\frac{Z_0\cdot Z_q}{Z_0+Z_q} \tag{3-36}$$

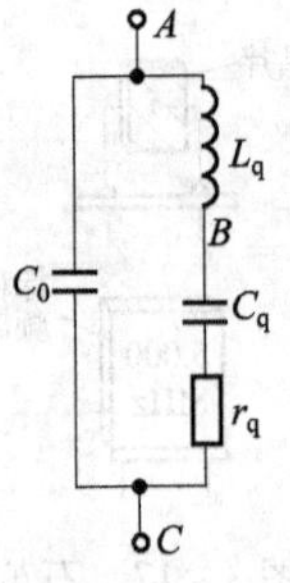

式（3－36）中 $Z_0=\dfrac{1}{j\omega C_0}$

$$Z_q=r_q+j\left(\omega L_q-\frac{1}{\omega C_q}\right)$$

当忽略 r_q 时式(3－36)可近似为

$$Z_e\approx-j\frac{1}{\omega C_0}\cdot\frac{\omega L_q-\dfrac{1}{\omega L_q}}{\omega L_q-\dfrac{1}{\omega C_q}-\dfrac{1}{\omega C_0}} \tag{3-37}$$

图 3－18 晶体的等效电路

令

$$\omega_s=\frac{1}{\sqrt{L_qC_q}}$$

$$\omega_p=\sqrt{\frac{C_q+C_0}{L_qC_qC_0}}$$

式中，ω_s 为晶体串联谐振角频率，ω_p 为晶体并联谐振角频率，由于 $C_q\ll C_0$，则 ω_s 和 ω_p 十分靠近，则式（3－37）变为

$$Z_e \approx -\frac{1}{j\omega C_0}\cdot\frac{1-\left(\frac{\omega_s}{\omega}\right)^2}{1-\left(\frac{\omega_p}{\omega}\right)^2}=jX_e \tag{3-38}$$

根据式（3-38）可以画出晶体的阻抗频率特性曲线如图3-19所示。由图可见，在$\omega_s \sim \omega_p$的频率范围内，X_e为正值，呈感性；而在其他范围内，X_e均为负值，呈容性。正确使用的晶体应在$\omega_s \leqslant \omega_g \leqslant \omega_p$范围，在此狭小区间内，晶体具有陡峭的电抗频率特性，呈现很大的正电抗或接近于零的电阻，晶体可等效成高Q大电感元件或高Q短路线元件来用。

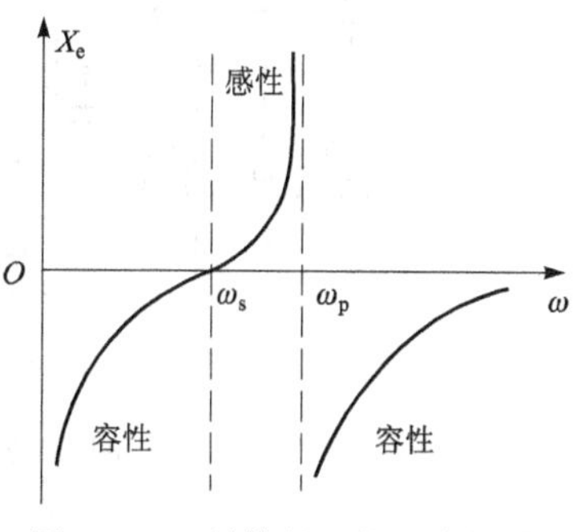

图3-19　晶体的阻抗频率特性

式中，$C_L=\frac{C_1\cdot C_2}{C_1+C_2}$称为晶体的负载电容。

3.3.2　晶体振荡电路

一、并联型晶体振荡器

并联型晶振电路的工作原理和一般三点式LC振荡器相同，只是把其中的一个电感元件用晶体置换。若将晶体接在晶体管的b-c之间，如图3-20（a）所示，称为皮尔斯（Pierce）晶振；将此图中的晶体用等效电路表示，则可得到图3-20（b）电路。在忽略r_q的影响时，可求出电路的振荡频率为

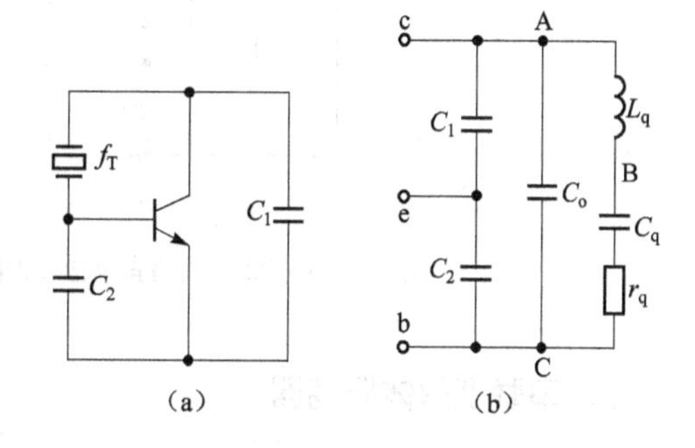

图3-20　皮尔斯晶振及其等效电路

$$\omega_q \approx \left[\sqrt{L_q\frac{C_q\ (C_0+C_L)}{C_q+C_0+C_L}}\right]^{-1}$$

图3-21（a）为某通信机中的皮尔斯晶振电路。图中C_3和C_4的数值一般根据生产厂家所提供的负载电容C_L值来确定，调整晶体的负载电容大小，使得电路工作在晶体外壳所注明的标称频率上。图中1 MHz晶体选用AT切型时温度系数$\leqslant 4\times10^{-7}$℃$^{-1}$，电路的频稳度可达10^{-6}量级，可用于频率校准的场合。从图3-21（b）交流等效电路可计算振荡频率，这里仅指出，不论C_3和C_4为何值，振荡频率永远满足$f_s<f_g<f_p$。[1]

并联型泛音晶振电路如图3-22（a）所示。它与皮尔斯晶振电路不同处在于同一选频回路L_1C_1代替了电容C_1，目的是保证反馈电压中仅包含所需要的泛音频率，而抑制其他奇次谐波分量。由图3-22（b）所示选频回路的电抗特性曲线，L_1C_1回路的固有谐振频率f_1处于3~5次泛音之间，对于3次泛音（3 MHz）呈现感抗，不会满足三点式振荡电路的相位条件；而对7次或9次泛音，L_1C_1回路呈现非常小的容抗，不能满足起振幅度条件；只有对5次泛音（5 MHz），既满足相位条件又满足幅度条件，于是电路可靠地工作在5次泛音频率上，此时f_1等于3.5 MHz左右。

最后简单说明，如将晶体接在晶体管b-e之间，则构成并联型密勒（Miller）晶振，当有源器件用场效应管时，因为其输入阻抗高，可不降低晶体的标准性。

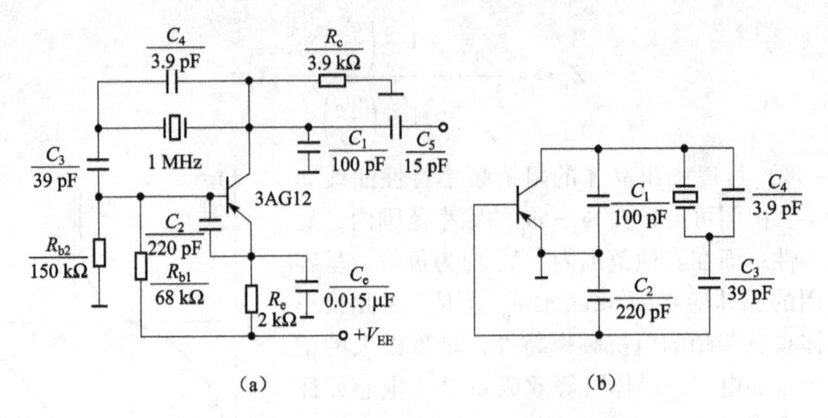

图3-21　实用皮尔斯晶振电路及其等效电路

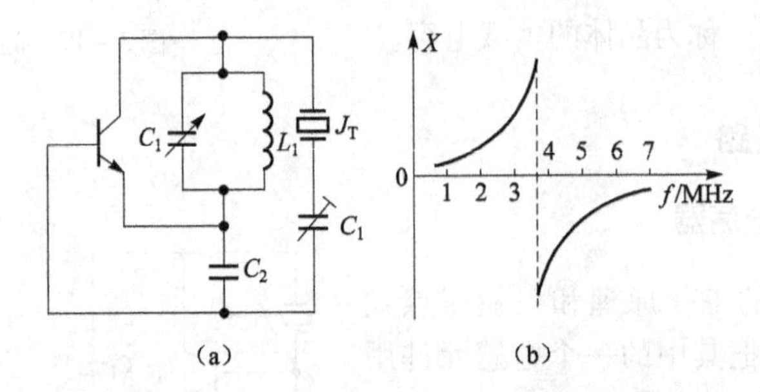

图3-22　泛音晶振原理电路及 LC 回路的电抗频率特性

二、串联型晶体振荡器

串联型晶体振荡器如图3-23所示。图3-23（a）上的元件参数是相应于5 MHz晶体的情况，适当改变回路参数和选用合适晶体，该电路还可在1～60 MHz范围内工作，在频率更高场合，应使用串联谐振电阻 r_q 很小的优质晶体。由图3-23（b）等效电路可知，串联型晶振振荡器是在三点式振荡器基础上，晶体作为具有高选择性的短路元件接入到振荡电路的适当地方，只有当振荡回路的谐振频率等于接入的晶体的串联谐振频率时，晶体才呈现很小的纯电阻，电路的正反馈最强。因此，振荡频率 $f_g \approx f_0 \approx f_s$，而频稳度完全取决于晶体

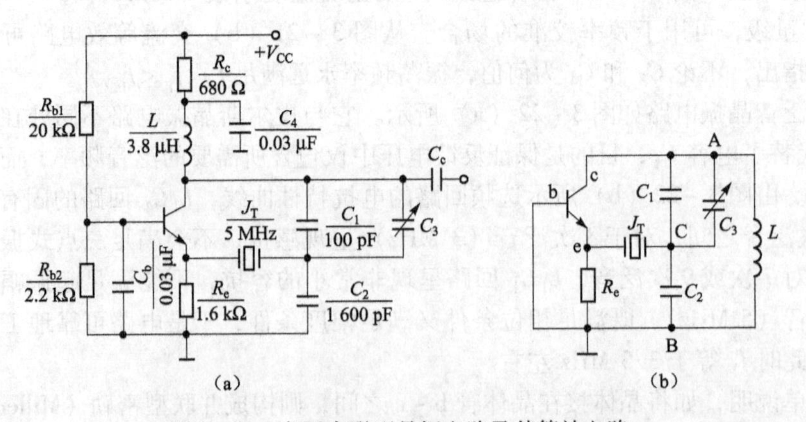

图3-23　实用串联型晶振电路及其等效电路

f_s 的稳定度。谐振回路的 f_0 为

$$f_0=\frac{1}{2\pi\sqrt{LC_\Sigma}}$$

式中，$C_\Sigma=\frac{(C_1+C_3)\ C_2}{C_1+C_2+C_3}$，其中 C_3 是频率微调电容。

例 3 -3 试由表 3 -2 给出的 2.5 MHz 高精度晶体参数，计算晶体特性阻抗 ρ_q 和串联谐振频率与并联谐振频率之差（f_p-f_s）；将该晶体用于图 3 -23 电路中，若 C_1、C_2 不变及 C_3 用微调，问电感 L 值如何？

解：由表 3 -2 知下列参数：

$$L_q=19.5\ \text{H},C_q=2.7\times10^{-4}\ \text{pF},p=4.2\times10^{-5}$$

晶体特性阻抗 ρ_q 为

$$\rho_q=\sqrt{\frac{L_q}{C_q}}=\sqrt{\frac{19.5}{2.1\times10^{-16}}}\ \Omega=305\times10^6\ \Omega$$

由于

$$\omega_s=\frac{1}{\sqrt{L_qC_q}},\qquad \omega_p=\sqrt{\frac{C_q+C_0}{L_qC_qC_0}}$$

可求得

$$\frac{\omega_p-\omega_s}{\omega_s}=\sqrt{\frac{C_q+C_0}{C_0}}-1=\sqrt{1+P}-1$$

$$\approx1+\frac{P}{2}-1=\frac{P}{2}$$

则 $f_p-f_s\approx\frac{P}{2}f_s=\frac{1}{2}\times4.2\times10^{-5}\times2.5\times10^6\ \text{Hz}=53\ \text{Hz}$。

可见，$f_p\sim f_s$ 的区间范围很小。

若选微调电容 C_3 为 5 ~25 pF，假定 $C_3=20$ pF，则有 $C_\Sigma=\frac{(C_1+C_3)C_2}{C_1+C_2+C_3}=\frac{(100+20)\cdot160}{100+20+760}\ \text{pF}\approx$ 68.5 pF。

由于 $L=\frac{1}{(2\pi f)^2C_\Sigma}$，当 $f=2.5\times10^6$ Hz 时 $L\approx58.4\ \mu\text{H}$。

§ 3.4 *RC* 正弦波振荡器

采用 *RC* 电路作为移相网络的振荡器，可以得到几十千赫以下的正弦振荡信号。本节简要介绍两种常用电路。

3.4.1 *RC* 移相振荡器

反馈型振荡器实际上是由主网络和反馈网络构成的闭合系统。图 3 -24（a）中主网络为反相放大器，则反馈网络应提供 180°相移。当采用导前移相电路（图 3 -24（b））或滞后移相电路（图 3 -24（c））来提供 180°相移时，至少需要三节 *RC* 电路，这是由于每一节 *RC* 电路实际能够提供的最大相移小于 90°的缘故。

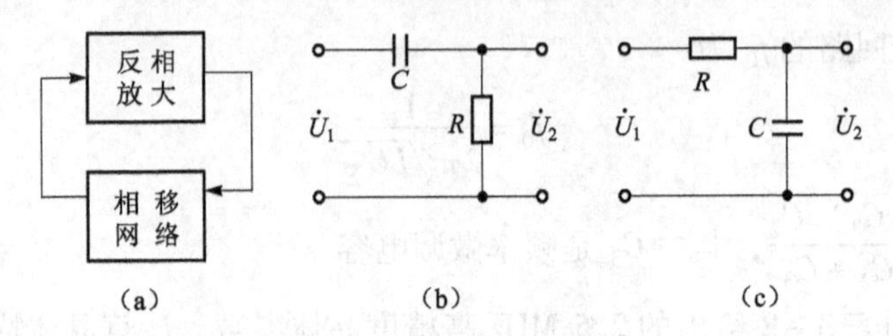

图 3－24　RC 移相电路

图 3－25 示出采用导前移相电路构成的 RC 振荡器，其中运算放大器接成反相放大电路，产生 －180° 相移，而三节 RC 移相电路提供 180° 相移，电路构成了正反馈环路。可以分析出振荡频率和起振条件分别为

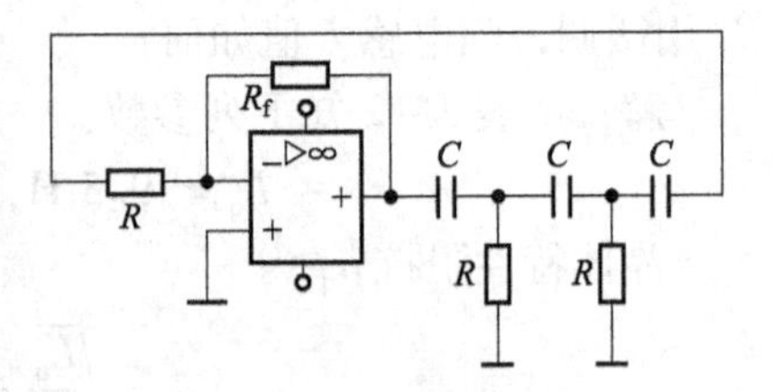

图 3－25　RC 移相振荡器

$$\omega_g = \frac{1}{\sqrt{6}RC}$$

$$\frac{R_2}{R_1} > 29$$

这种电路由于输出波形较差，只用在性能要求不高场合。

3.4.2　文氏电桥振荡器

在多数场合，最常用 RC 串并联网络组成文氏电桥（Wien-bridge）振荡器，下面说明其典型结构。

一、串并联选频网络

如图 3－26（a）所示 RC 串并联网络的扼要分析如下，由于有

$Z_1 = R + \frac{1}{j\omega C} = \frac{1 + j\omega CR}{j\omega C}$；$Z_2 = \frac{R\frac{1}{j\omega C}}{R\frac{1}{j\omega C}} = \frac{R}{1 + j\omega CR}$；该网络的传输函数为

$$B(j\omega) = \frac{Z_2}{Z_1 + Z_2} = \frac{j\omega RC}{(1 - \omega^2 R^2 C^2) + j\omega RC}$$

可写成 $B(j\omega) = \frac{1}{3 + j\left(\frac{\omega}{\omega_0} - \frac{\omega_0}{\omega}\right)}$

则有

$$B(\omega) = \frac{1}{\sqrt{9 + \left(\frac{\omega}{\omega_0} - \frac{\omega_0}{\omega}\right)^2}} \tag{3-39}$$

$$\Phi(\omega) = -\arctan\frac{1}{3}\left(\frac{\omega}{\omega_0} - \frac{\omega_0}{\omega}\right) \tag{3-40}$$

式中，$\omega_0 = 1/RC$。

其传输函数频率特性如图 3－26（b）、（c）所示。由图看出：当 $\omega = \omega_0$ 时，传输函数 $B = 1/3$ 达最大值，其相角 $\Phi = 0°$；而当 ω 偏离 ω_0 时，B 减小，Φ 在 $-90° \sim 90°$ 之间变化。可见这

种选频网络具有类似谐振曲线的选频特性，它兼作反馈网络时，必须与同相放大器连接。

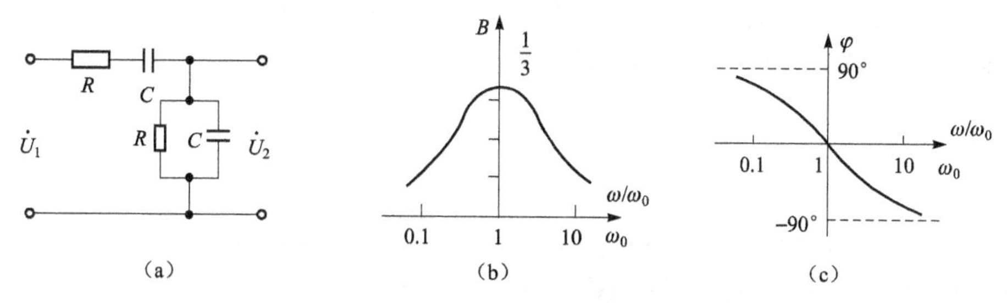

图 3－26　串并联选频网络

(a) RC 串并联网络；(b)，(c) 传输函数的频率特性

二、文氏电桥振荡电路

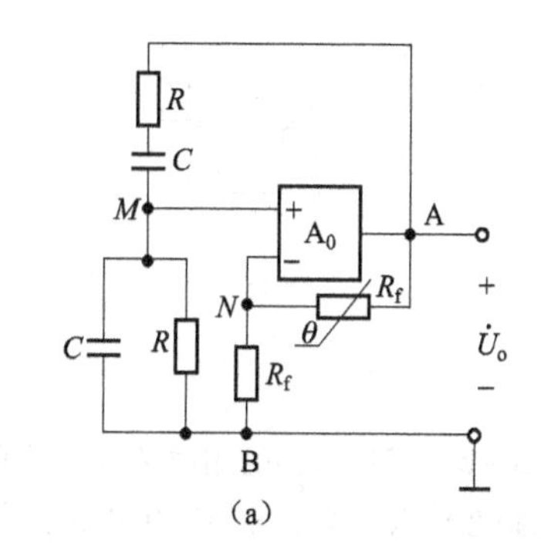

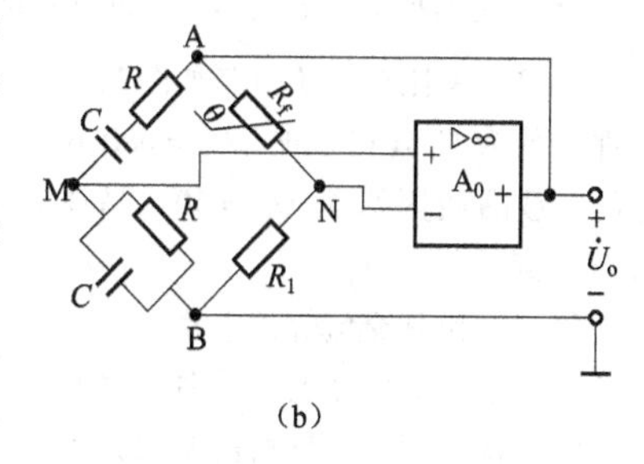

图 3－27　不同画法的文氏振荡器

典型的文氏电桥振荡电路如图 3－27（a）所示。由图可知，RC 串并联网络构成运算放大器的正反馈支路，以保证满足起振条件；（热敏）电阻 R_t 和电阻 R_r 构成负反馈支路，以保证满足平衡条件。由于正、负反馈支路正好构成电桥的四个臂，改画成桥式的电路如图3－26（b）所示。

从桥路观点看，运算放大器的输出电压加到对角线 AB 两端，而从另一对角线 MN 取出电压加到运算放大器输入端，当桥满足振幅平衡条件时，等幅正弦振荡就产生了。

在采用 RC 串并联网络时，为了满足正反馈时起振相位条件，其中点 M 必须与运算放大器的同相端连接，而负反馈支路中点 N 接到反相端。因为只有当角频率为 ω_0 时，RC 串并联电路才提供零相移，振荡电路才能满足相位平衡条件，则振荡频率为

$$\omega_g = \omega_0 = \frac{1}{RC} \tag{3-41}$$

当运算放大器开环增益足够大时，可以求得在振荡频率上的环路增益为

$$T(\omega_0) \approx \frac{1}{3}\frac{R_t + R_r}{R_r} \tag{3-42}$$

选择合适的 R_t 和 R_r 值，使 $T(\omega_0) > 1$ 就可满足振幅起振条件。

文氏电桥振荡电路的特点是：

（1）采用负反馈支路外稳幅，这种方法可使运放工作在线性放大状态，有利于改善输出电压波形。

（2）热敏电阻 R_t 具有负温度系数，当振荡电压幅度增大，R_t 上消耗功率也增大，致使温度上升，阻值相应减小，因此运放增益降低，从而维持了幅度平衡，可见，负反馈支路起着自动稳幅作用。

最后简单说明，几十千赫的正弦波、三角波和方波用同一块集成电路产生，具有使用方

便、性能价格比高等优点，很容易开发成多功能的信号源。这种电路常称为波形发生器或函数发生器，已广泛应用于电子领域。推荐型号有 ILC8038 及 MAX038 等，后者输出信号频率达到兆赫量级，详细运用可查阅集成电路手册。

习　题

3-1　为保证满足电路起振的相应条件，给图 P3-1 中互感耦合线圈标注正确的同名端，并说明各电路的名称（例如图（a）所示为基极接地互感耦合反馈振荡器）。

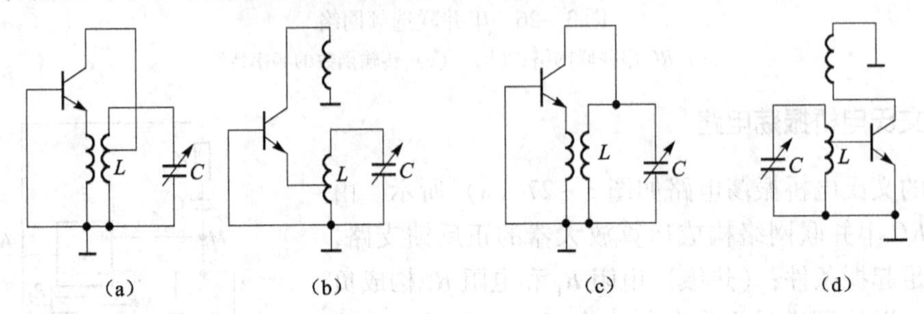

图 P3-1

3-2　根据起振的相位条件，说明图 P3-2 所示等效电路在什么情况下可能产生正弦振荡，写出振荡频率 ω_g 与各回路谐振频率 ω_1、ω_2 之间应满足的关系。

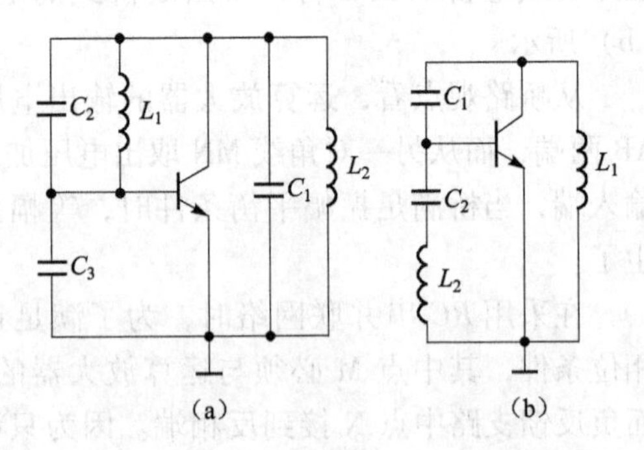

图 P3-2

3-3　考比兹振荡电路如图 P3-3 所示。已知回路元件参数为 $C_1=140$ pF，$C_2=680$ pF，$L=2.5$ μH，回路的有载品质因数为 $Q_p=50$，晶体管的 $C_{be}=40$ pF，$C_{ce}=4$ pF。

（1）画出其交流等效电路；

（2）求振荡频率 f_g、反馈系数 B。

（3）满足起振条件所需要的 g_m 值。

3-4　在图 P3-4 所示基极交流接地哈特莱振荡电路中，$L_1=2$ μH，$L_2=1$ μH，$M=0.5$ μH，$C=100$ pF，回路的有载品质因数 $Q_p=40$；晶体管 $C_{be}=40$ pF，$C_{cb}=4$ pF。试求反馈系数 B、振荡频率 f_g 和起振所必需的晶体管跨导 g_m。

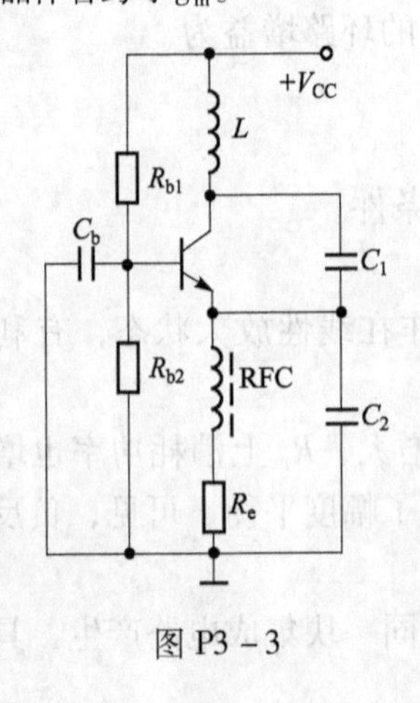

图 P3-3

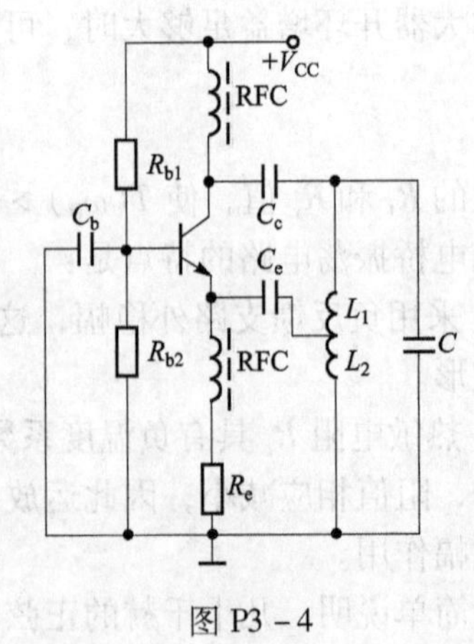

图 P3-4

3－5 基极交流接地的克拉泼振荡电路如图 P3－5 所示。

（1）若要求波段覆盖系数 $K=1.2$，波段中心频率 $f_0=10$ MHz，求可变电容 C_3 取值范围。

（2）若回路的 $Q_p=60$，求满足频段内均能起振所需要的晶体管跨导 g_m（按 $C_3=C_{3\,min}$时的情况计算）。

3－6 图 P3－6 为射极交流接地的西勒振荡电路，回路元件参数为 $C_1=500$ pF，$C_2=1\ 000$ pF，$C_3=30$ pF，$L=25$ μH，$C_4=(2\sim7)$ pF，$Q_p=60$，$C_{ce}=4$ pF，$C_{be}=40$ pF。

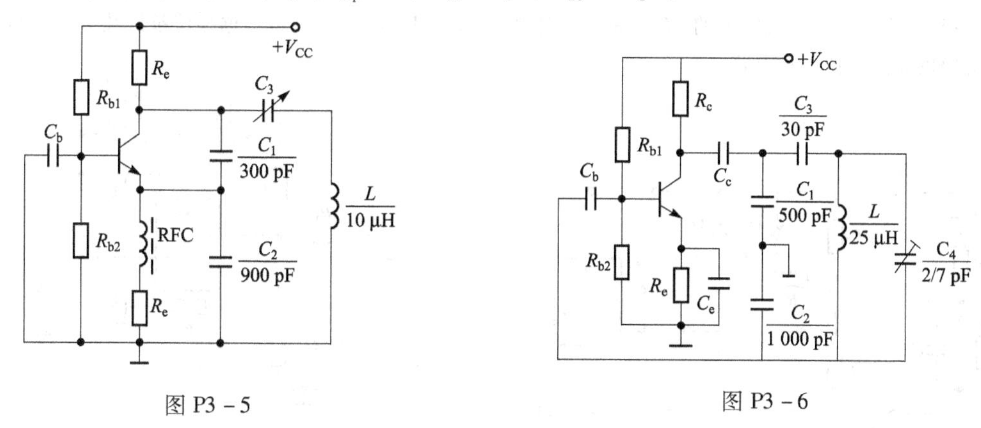

图 P3－5　　　　图 P3－6

（1）求振荡频率 f_g 值的范围和反馈系数 B；

（2）求满足起振条件所需要的晶体管跨导 g_m 值；

（3）若增大 C_3 值，其他元件参数不变化，电路的 f_g 和 B 有哪些变化？

（4）若 C_1 和 C_2 各减小到原来的 1/10 时，其他元件参数不变，电路的输出电压波形有哪些变化？为什么？（提示：从滤除高次分量的角度考虑）

3－7 若晶体的参数 $L_q=19.5$ H，$C_q=2.1\times10^{-4}$ pF，$C_0=5$ pF，$r_q\leqslant100\ \Omega$。试求

（1）串联谐振频率 f_s。

（2）并联谐振频率 f_p，f_p 与 f_s 相差多少？

（3）晶体的品质因数 Q_q 和等效谐振电阻 R_q。

3－8 试将晶体正确接入如图 P3－8 所示电路中，构成并联型（图 P3－8（a））与串联型（图 P3－8（b））晶体振荡器。

3－9 晶体振荡电路如图 P3－9 所示。晶体为标称频率 $f_N=15$ MHz 的 5 次泛音晶体，电路中 C_t 为频率微调电容。

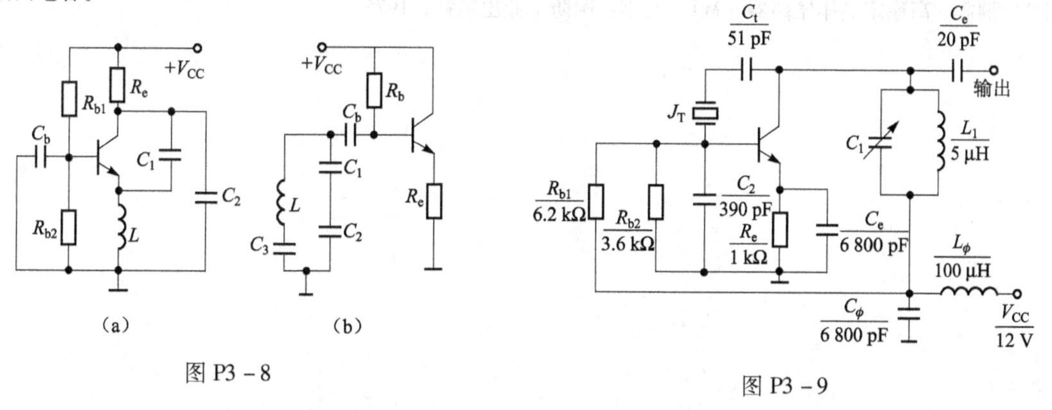

图 P3－8　　　　图 P3－9

（1）画出交流等效电路并写出振荡器的名称。

（2）为使电路工作频率 $f_g=f_N$，集电极回路 L_1C_1 的谐振频率 f_1 值应选择为多少？

3-10　如图 P3-10 所示文氏电桥振荡电路中，相反并联的二极管 D_1 和 D_2 用于稳幅。图中，$R_1=10\ \text{k}\Omega$，$R_2+R_w=20\ \text{k}\Omega$，$R_3=30\ \text{k}\Omega$，$R=4.7\ \text{k}\Omega$，$C=3\ 300\ \text{pF}$。试求：

（1）输出电压 U_o 的角频率 ω_0 及起振时的电压增益 A_{u0} 值；

（2）振荡建立以后的电压增益 A_u 值。（提示：进入稳态时 U_o 较大，二极管 D_1 和 D_2 导通期间将 R_3 短路。）

3-11　有一尚未连接完成的 *RC* 正弦波振荡电路如图 P3-11 所示。试根据相位条件及考虑稳幅措施，构成完整的文氏电桥振荡电路。

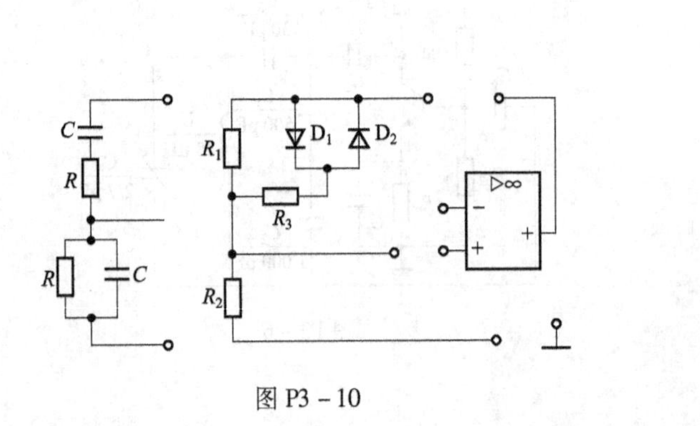

图 P3-10

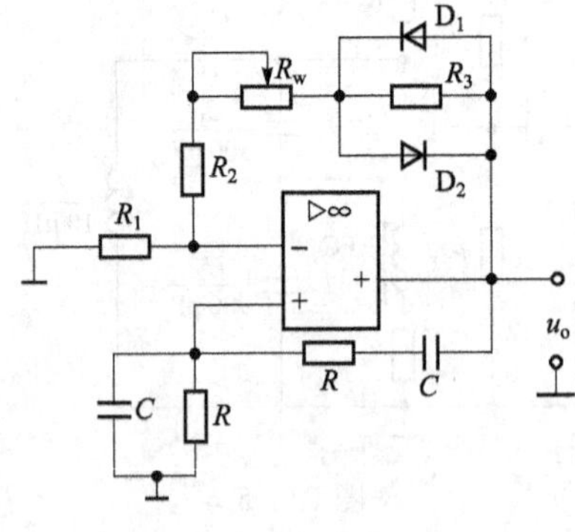

图 P3-11

参考文献

[1] 董荔真，倪福卿，罗伟雄．模拟与数字通信电路［M］．北京：北京理工大学出版社，1990.
[2] 谢嘉奎，宣月清．电子线路（非线性部分）［M］．3版．北京：高等教育出版社，1989.
[3] 张肃文．高频电子线路［M］．北京：人民教育出版社，1980.
[4] 卢淦．高频电子线路［M］．北京：中国铁道出版社，1986.
[5] Robert Byron Ward. A Study of Class C Applications of Power Transistors. AD 404, 901, Report On SEL-62-157 1963, Stanford Electronics Laboratory, Stanford, Calif, Feb, 1963.
[6]［日］入江俊昭，等．高频大功率晶体管［M］．翻译组，译．北京：国防工业出版社，1976.
[7] 倪福卿，董荔真，罗伟雄．非线性电子线路［M］．北京：高等教育出版社，1987.
[8] 谢沅清，籍义忠．晶体管高频电路［M］．北京：人民邮电出版社，1980.
[9] 荆震．高稳定晶体振荡器［M］．北京：国防工业出版社，1975.

第四章　幅度调制，解调和混频电路

§4.1　概　　述

正如1.3.2中所说，当改变载波某些参数的基带信号（或称调制信号）是时间的连续函数时，这种类型的调制称为模拟调制。按着载波的形式不同，模拟调制又分正弦型调制和脉冲调制两类，前者载波是正弦型，后者载波是脉冲序列。

调制在通信系统中起着十分重要的作用，调制方式在很大程度上决定了一个通信系统的性能。最广泛应用的模拟调制方式，是以正弦波作为载波的幅度调制和角度调制。在幅度调制过程中，调制后的信号频谱和基带信号频谱之间保持线性平移关系，可称为线性幅度调制。而在角度调制过程中，尽管也完成频谱变化，但没有线性对应关系，故称为非线性角度调制。另外，解调的过程则是从已调制波中恢复基带信号，完成与调制相反的频谱搬移。混频过程与线性调制类似，在混频过程中，将输入信号频谱由原来频率附近线性平移到另一个频率附近，但不改变频谱内部结构。无论线性或非线性搬移，作为频谱搬移电路的共同特点是，为得到所需要的新频率分量，都必须采用非线性器件进行频率变换，并用相应的滤波器选取有用频率分量。各种频率变换电路均可用图4-1所示的模型表示。图中的非线性器件可采用二极管、晶体管、场效应管、差分对管以及模拟乘法器等；而图中滤波器则起着滤除通带以外频率分量的作用，只有落在通带范围里的频率分量才会产生输出电压。

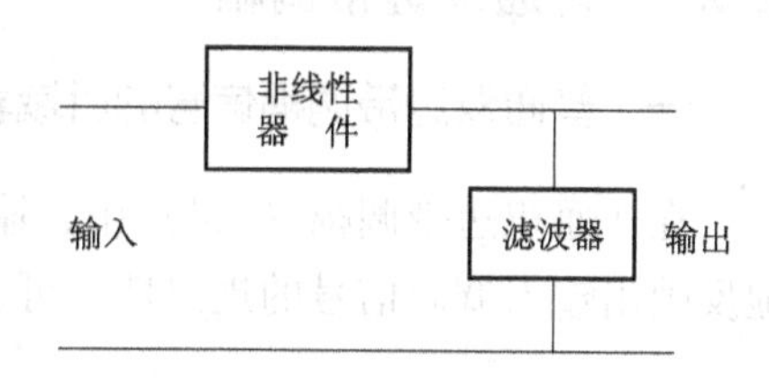

图4-1　频率变换电路的一般组成模型

不言而喻，描述频率变换电路的数学模型是非线性微分方程。因此，要对频率变换电路性能进行严格理论分析，必然是很困难的甚至于无法求解。在实践中间发现和成熟了的工程近似分析方法，避开严格性，因而摆脱了数学上求解的困境。在工程近似分析中，需将复杂的非线性问题做出适当简化，以得到物理概念上很清楚的分析结果，并给出在调试电路时具有明显指导作用的估算公式。有必要指出，为了尽快适应工程近似分析的思路，初学者应特别注意从频率变换角度，理解这一章讨论的各种功能不同、但本质相同的电路。

本章将介绍广泛采用的以正弦波为载波的各种线性调制系统，阐述不同功能电路的基本原理、实现方法。此外，还将安排适量篇幅讨论混频电路，并对频率变换过程中产生的失真和干扰做一定的说明。

§4.2　幅度调制原理

为了理解调制过程，将调制器看作一个黑盒，它有两个输入端和一个输出端，如图4-2

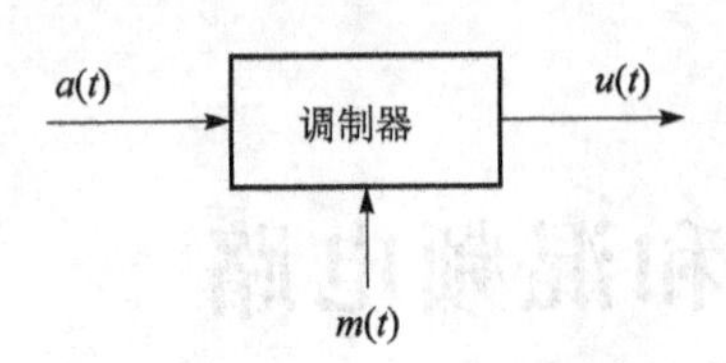

图4－2　调制器的示意图

所示。输入端有两个信号：一是所要传送的调制信号 $m(t)$，也称为基带信号；另一个是正弦高频振荡电压或电流 $a(t)$，称为未调载波信号；输出端 $u(t)$ 为已调制信号。

在模拟调制中，一般是由语言或图像等信息通过输入变换器形成相应的电信号，这就是所说的基带信号 $m(t)$。通常认为基带信号是不包含零频率分量或其平均值是零，也就是 $m(t)$ 的频谱 $M(\omega)$ 受限制的范围为

$$0<\omega\leqslant\omega_{\mathrm{m}}$$

式中，ω_{m} 是 $m(t)$ 中的最高频率分量。而载波信号可表示为

$$a(t)=A_{\mathrm{c}}\cos(\omega_{\mathrm{c}}t+\Phi_0) \tag{4-1}$$

式中，ω_{c} 是载波角频率，应满足，$\omega_{\mathrm{c}}\gg\omega_{\mathrm{m}}$。

在幅度调制情况下，式（4－1）中的 ω_{c} 和 Φ_0 都是常数，并可认为初相 $\Phi_0=0$，而载波的幅度受基带信号的控制，是随时间变化的。若瞬时幅度写成 $A(t)$，那么，已调幅信号可表示成

$$u(t)=A(t)\cos\omega_{\mathrm{c}}t \tag{4-2}$$

式中，$A(t)$ 受 $m(t)$ 控制。

在调幅方式中，常见的有普遍双边带调幅、抑制载波双边带调幅以及单边带调幅等几种制式，它们相应的瞬时幅度 $A(t)$ 的波形是各不相同的，下面分别加以讨论。

4.2.1　普通双边带调幅

一、普通双边带调幅信号的时域表达

在普通双边带调幅（AM）中，输出已调制信号的瞬时幅度变化即包络形状，应不失真地反映出输入调制信号的规律性，可表达为

$$A(t)=A_{\mathrm{c}}+m(t)$$

式中，A_{c} 是未调载波幅度。上式表明，瞬时幅度 $A(t)$ 在直流或平均值附近按照调制信号规律成正比变化（认为比例常数等于1）。这样一来，普通已调幅波可写成：

$$u(t)=[A_{\mathrm{c}}+m(t)]\cos\omega_{\mathrm{c}}t \tag{4-3}$$

式中，$m(t)$ 可以是确知信号，也可以是随机信号。

为简化分析，下面仅讨论 $m(t)$ 是确知信号情形，并且为更简单，假定，$m(t)$ 是一角频率为 Ω 的音频电压 u_{Ω}；并假定载波 $a(t)$ 是一个正弦高频电压 u_{c}。写作：

$$u_{\Omega}=U_{\Omega\mathrm{m}}\cos\Omega t \tag{4-4}$$

$$u_{\mathrm{c}}=U_{\mathrm{cm}}\cos\omega_{\mathrm{c}}t \tag{4-5}$$

式中，$\omega_{\mathrm{c}}\gg\Omega$；$U_{\Omega\mathrm{m}}$ 为调制信号幅度；U_{cm} 为载波电压幅度。

根据式（4－3）可知，经过调制后得到的调幅波为

$$u=U_{\mathrm{cm}}(1+m\cos\Omega t)\cos\omega_{\mathrm{c}}t \tag{4-6}$$

式中，$m=k\dfrac{U_{\Omega\mathrm{m}}}{U_{\mathrm{cm}}}$，称为调幅指数或调幅度，其中 k 是由调制器确定的比例常数。

式（4－6）是单一音频电压调制时的普通已调幅信号的时间波形表达式。图4－3给出单音调制时的输入、输出电压波形。图中虚线所示已调波的包络形状与调制信号波形相同，

称为不失真调幅。

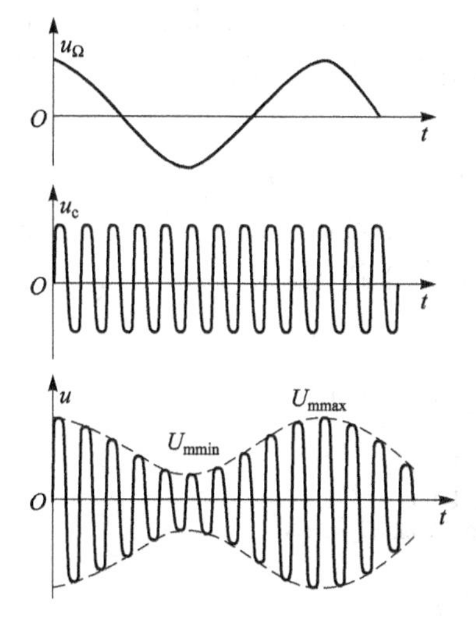

图4-3　普通调幅器的输入、输出波形

调幅系数 m 是一表征普通双边带调幅（AM）波的重要参数，调制系数 m 的大小通常从示波器荧光屏上通过测量调幅波的波形得到。测出调幅波包络的最大值 U_{mmax} 和最小值 U_{mmin}，根据式（4-6）应有

$$U_{mmax}=U_{cm}(1+m)$$

$$U_{mmin}=U_{cm}(1-m)$$

由上两式可解出

$$m=\frac{U_{mmax}-U_{mmin}}{U_{mmax}+U_{mmin}} \tag{4-7}$$

式（4-7）表明，$m\leqslant 1$。m 越大，表示 U_{mmax} 与 U_{mmin} 差别越大，即调制越深。如果 $m>1$，就意味着已调幅波的包络形状已与调制信号不同，产生了严重失真，这种情况称为过量调幅，其波形如图4-4所示，必须尽力避免出现过调幅现象。

二、调幅波的频谱特性

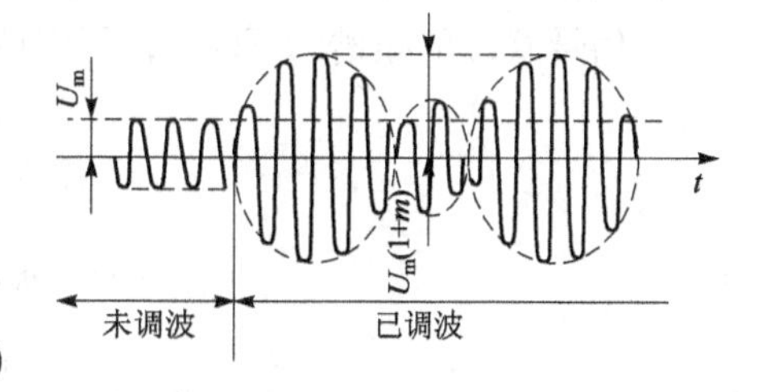

图4-4　过量调幅波形

利用三角公式将式（4-6）展开可得

$$u(t)=U_{cm}\cos\omega_c t+\frac{m}{2}U_{cm}\cos(\omega_c+\Omega)t+$$

$$\frac{m}{2}U_{cm}\cos(\omega-\Omega)t \tag{4-8}$$

式（4-8）表明，单音信号调制的调幅波由三个频率分量组成，即载频分量 ω_c，上边频分量 $\omega_c+\Omega$ 和下边频分量 $\omega_c-\Omega$，其频谱如图4-5所示，显然该调幅波所占频带宽度为

$$BW=2\Omega \text{ rad/s 或 } BW=2F \text{ Hz}$$

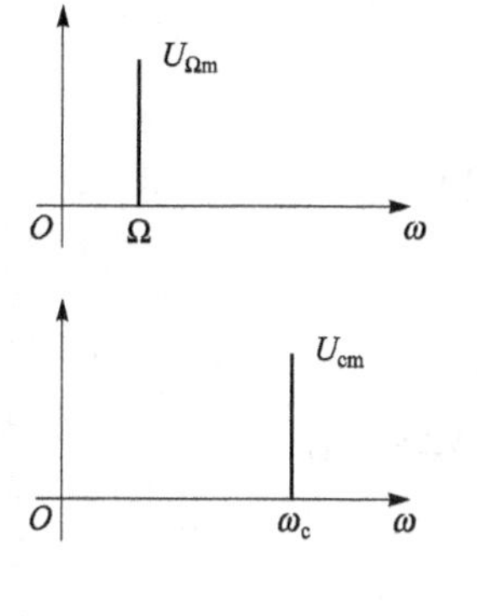

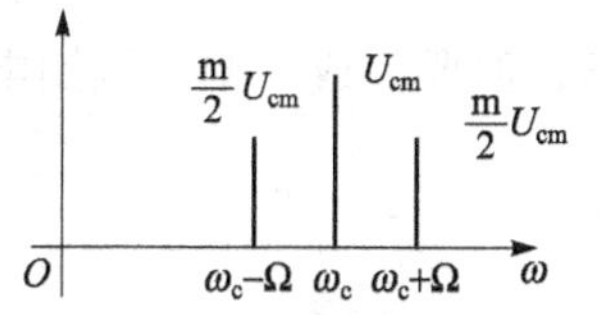

图4-5　单音信号调制的调幅波频谱

载波分量并不包含信息，调制信号的信息只包含在上、下边频分量内，边频分量的振幅 $\frac{m}{2}U_{cm}$ 反映了调制信号幅度大小（因为 m 与 $U_{\Omega m}$ 有关），而调制信号的频率在上、下边频的频率 ω_c 与 Ω 中反映，实际的调制信号是比较复杂的，含有多个频率分量，如语音信号，信号频率为100～3 400 Hz，经调制后，各频率均产生各自的上下边频，叠加后形成了上边频带和下边频带。如图4-6所示。由于上、下边频带的频谱分布相对载波是对称的，所以其数学表示式为

$$u(t)=U_{cm}\cos\omega_c t+$$

$$\frac{U_{cm}}{2}\sum_{i=1}^{n}m_i\left[\cos(\omega_c+\Omega_i)t+\cos(\omega_c-\Omega_i)t\right] \tag{4-9}$$

该调幅波所占据的频带宽度为

$$BW=2\Omega_{max} \text{ rad/s 或 } BW=2F_{max} \text{ Hz}$$

由于多音频调制时各个低频分量的幅度并不相同，因而调制系数 $m_i = kU_{\Omega m}/U_{cm}$，也不相同。所以对整个调幅波来说，常采用平均调制系数的概念，平均调制系数是指在一定时间内多音调制所可产生的边带能量与相同时间内某一单音调制所产生的边带能量相同，则该单音的调制系数为此时间内多音调制的平均调制系数。

由图 4－6 可以看出，调幅过程实质上是一个频谱搬移过程。经过调制后，调制信号的频谱由低频搬移到载频附近，成为上、下边带，这一结论在通信理论中称为调制定理，它是实现振幅调制各种方法的理论基础。调制定理在数学上可作如下描述。

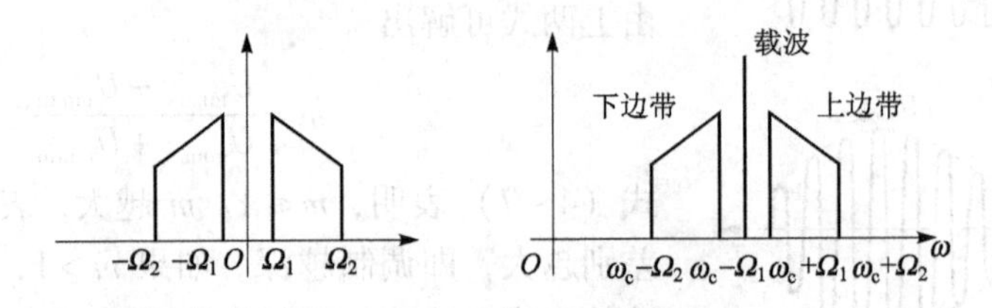

图 4－6　多音调制的调幅波频谱

若要在频域内完成频谱平移，则在时域上要完成相乘。

若信号 $f(t)$ 的频谱为 $F(\omega)$，利用傅里叶变换 $f(t)e^{j\omega_0 t}$ 的频谱为 $F(\omega-\omega_0)$，可表示为

$$f(t) \leftrightarrow F(\omega)$$

$$f(t)e^{j\omega_0 t} \leftrightarrow F(\omega-\omega_0)$$

而

$$\cos\omega_0 t = \frac{1}{2}(e^{j\omega_0 t} + e^{j\omega_0 t})$$

所以

$$f(t)\cos\omega_0 t \leftrightarrow \frac{1}{2}[F(\omega-\omega_0) + F(\omega+\omega_0)]$$

上述关系可用图 4－7 表示。

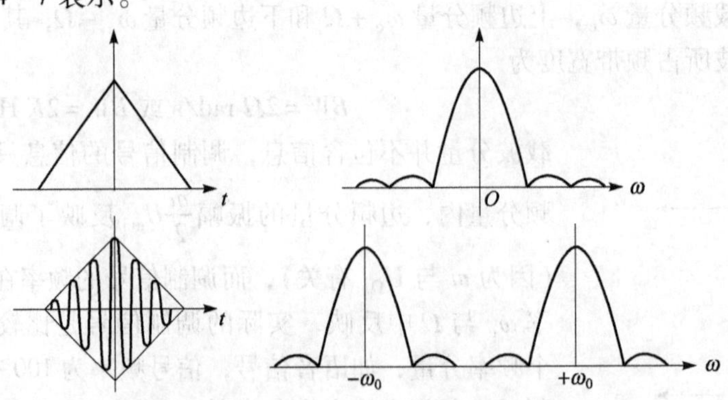

图 4－7　调制定理的图示

上述分析可以得出：振幅调制的实质在频域上完成频谱平移，但要完成调幅，调制电压必须在时域上和载波相乘。

三、功率分配关系

现在仅以单一频率调制的情况来说明普通调幅波中的功率关系。如果将式（4－6）所表示的调幅波电压加到电阻 R 的两端，则可分别得到载波功率和每个边频功率为

$$P_0 = \frac{1}{2}\frac{U_{cm}^2}{R} \tag{4-10}$$

$$P_1 = P_2 = \frac{1}{2}\left(\frac{m}{2}U_{cm}\right)^2\frac{1}{R} = \frac{m^2}{4}P_0 \tag{4-11}$$

于是在调制信号的一个周期内，调幅波输出的平均总功率为

$$P_\Sigma = P_0 + P_1 + P_2 = \left(1 + \frac{m^2}{2}\right)P_0 \tag{4-12}$$

式（4－12）表明，调幅波的输出功率随 m 增加而增加。当 $m=1$ 时有 $P_0 = \frac{2}{3}P_\Sigma$，$P_1 + P_2 = \frac{1}{3}P_\Sigma$，这说明不包含信息的载波功率占了总输出功率的2/3，包含信息的（边频振幅$\frac{m}{2}U_{cm}$中 m 与 $U_{\Omega m}$有关）上、下边频功率之和只占总输出功率的1/3。从能量观点看，这是一种很大的浪费。而且实际调幅波的平均调制系数远小于1，因此能量的浪费就更大。一般将这种调幅方式称为普通调幅或常规调幅（Amplitude Modulation，AM）表示。能量利用不合理是AM方式本身固有的缺点，目前主要应用于中、短波无线电广播系统，基本原因是AM方式的解调电路简单，可使广大用户的收音机简化而价廉。而在其他通信系统中很少采用AM方式，已被别的调制方式替代。

4.2.2　双边带调制和单边带调制

由于载波本身不包含信息，而信息仅仅包含在上、下边带之中，这样就可以不发射载波而只发射上、下边带，这种调幅度称为抑制载波双边带调幅（Amplitude Modulation-Suppressed Carrier，SC－AM或AM－SC）表示。这种信号的数学式为

$$u = U_{cm}[\cos(\omega_c + \Omega)t + \cos(\omega_c - \Omega)t]$$

它也可以看成由调制信号 U_Ω 和载波信号 U_c 直接相乘，即

$$u = KU_\Omega U_c = KU_{\Omega m}U_{cm}\cos\Omega t \cdot \cos\omega_c t$$

$$= \frac{1}{2}KU_{\Omega m} \cdot U_{cm}[\cos(\omega_c + \Omega)t + \cos(\omega_c - \Omega)t] \tag{4-13}$$

式中，K 为常数。

由于上、下边带中任何一个均包含调制信号的全部信息，所以可以将其中一个边带抑制调制发射一个边带，这种调制方式称为单边带调幅（Single Side Band，SSB）表示，若调制信号为单一正弦波，这时SSB可表示为

$$u = U_{cm}\cos(\omega_c + \Omega)t \tag{4-14}$$

或

$$u = U_{cm}\cos(\omega_c - \Omega)t \tag{4-15}$$

根据式（4－13）和式（4－14）可画出上述两种调幅波的波形和频谱如图4－8所示。

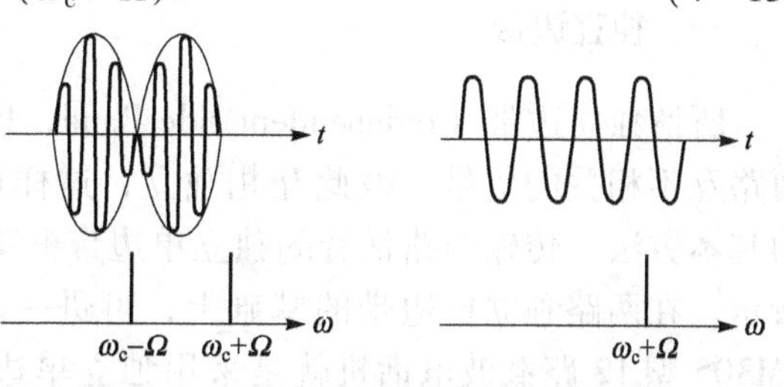

图4－8　SC－AM和SSB的波形及频谱

单边带调幅方式主要优点为：

（1）提高频带利用率；与普通调幅相比，单边带调幅其传输频带可节省一半，或者说在同一波段内所容纳的信道数目可

增加 1 倍。这对于日益拥挤的频道，无疑是非常有利的。

（2）节省功率；从理论上看，采用单边带调幅，其发射功率可全部用来传输包含信息的一个边带信号。也就是说，在与普通 AM 波总功率相同的情况下，其通信的距离可大大增加。

（3）减小由选择性衰落引起的信号失真；从电波传输过程看，普通 AM 波的载频和上、下边带的原始相位关系在传输过程中往往易遭到破坏，而且各分量幅度衰减也不尽相同。这样在接收到信号就要产生频率失真这一现象称为选择性衰落。在短波段尤为显著。而单边带信号只有一个边带分量，选择性衰落就不太严重。

但是单边带调幅也有一些缺点：

（1）收、发两端的载频要求严格同步；后面在 SSB 调制解调时，必须提供一个与发射机载波保持同频同相的本地参考信号，才能推出原来的调制信号。这样就要求收发信机具有较高的频稳度和其他技术性能。一般其频稳度在 10^{-6} 数量级这就必然带来设备复杂性，成本高的缺点。一般对于广播和电视。一发多收的设备不用 SSB 调制方式，而对于一对一通信方式，常采用 SSB 方式。

（2）SSB 信号产生较复杂；现在常用滤波来产生，也就是先产生 DSB - SC 信号，然后用滤波器滤除一个边带，如图 4 - 9 所示。这种方法从原理上讲很简单，但对这种滤波器的技术要求很高。因为在 DSB - SC 信号中，上、下边带的频率间隔为 2 Ω_{min}（一般为几百赫）且 $N_c \gg \Omega_{max}$，所以为了达到滤除一个边带而保留另一个边带的目的，就要求滤波器具有陡峭的滤波特性（接近矩形），如图 4 - 10 所示。

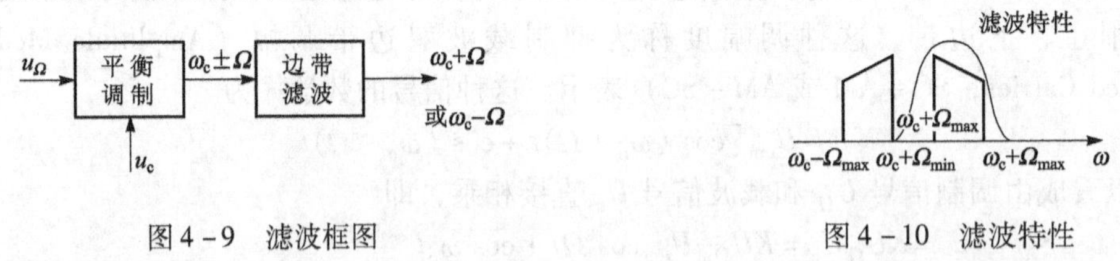

图 4 - 9　滤波框图　　　　图 4 - 10　滤波特性

通常要求载频抑制度和无用边带的抑制度均达到 40 dB ~ 60 dB 才能合格。对话音信号 F_{min} = 300 Hz，若要求在 $2F_{min}$ 间隔内达到 40 dB 的衰减，则要求滤波器过渡带衰减特性斜率达到 40/600 = 0.08 dB/Hz 以上。载频越高，要求相对过滤带就越窄，实现就越困难。目前都采用机械或晶体滤波器，且采用多次混频（提高频率）的方案来产生单边带信号。

4.2.3　单边带传输的两种制式

一、独立边带

所谓独立边带（Independent side Band，ISB）是利用发射机上、下两个边带同时传输两路互不相关的信号，彼此互相独立，这样可以实现频分多路复用。它已成为干线通信的基本方法。传输两路话音的独立单边带框图如图 4 - 11 所示。其对应的频谱如图 4 - 12 所示。在两路独立单边带的基础上，可进一步组成四路或更多路的独立单边带传输，如 ZM305 型 12 路载波电话机就是采用独立单边带体制，经过四级调制将 12 路话音信号同时传输出去。

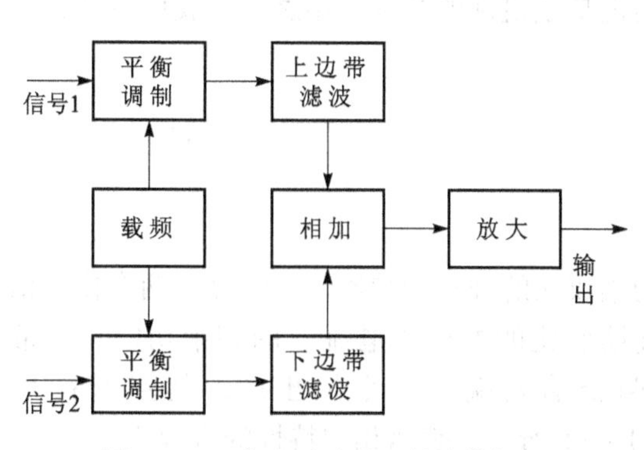

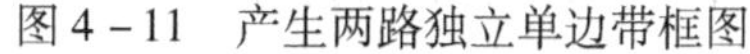
图4－11　产生两路独立单边带框图

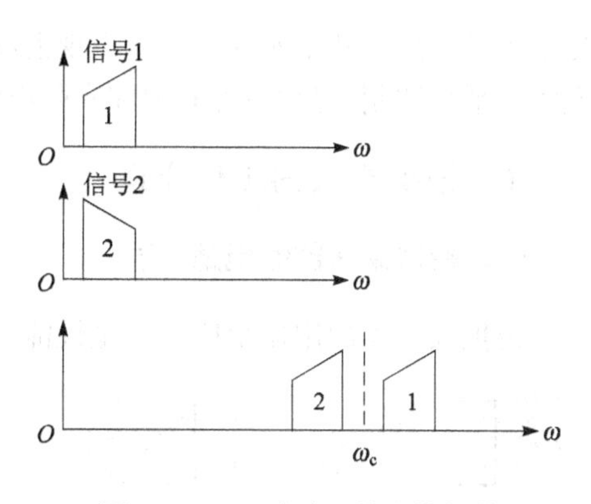

图4－12　两路独立单边带频谱

采用独立单边带可节省信道频率，实现多路复用。但也会带来一些技术难度。由于多个边带同时在放大器中进行放大，这就要求放大和调制器线性，不存在非线性失真，否则会产生许多不需要的频率分量，这表现在通话时，边带之间相互串音，这现象称为互调失真（在本章后面介绍）。

二、残留边带

在电视发射机中，图像信号是调幅的。为了压缩发射图像信号所占的频带宽度，希望采用单边带调制方式，但为了能用接收AM波的方法来接收图像信号，以免接收机结构复杂，成本提高，就要求载波和部分被抑制的边带信号能同时发射出去，这就是所谓残留边带（Vestigial side Band，VSB）。

图4－13（a）是电视图像信号发射时的频谱，可以看出载波和上边带全部发射，下边带只发射了图像信号中低频的一部分（小于0.75 MHz）发射出去，高频部分（虚线表示）被抑制了。在电视机中，为了能不失真地恢复示图像信号，将接收机图像通道的滤波器幅频特性设计成如图4－13所示，在载波处幅度衰减一半（A点）。经过这样的校正，从能量观点看，等效接收到一个完整的上边带加载波信号。于是可用AM波的方法来解调。使千家万户使用的电视接收机结构大为简化。

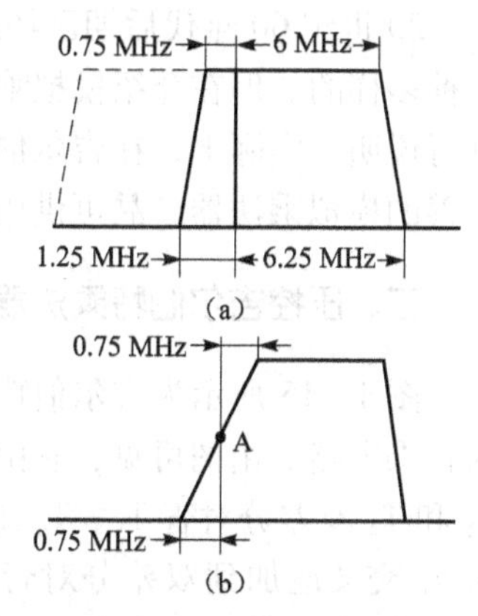

图4－13　电视图像发射和接收信号频谱

§4.3　调幅电路

双边带调幅电路的种类很多，可分为叠加型调制器和乘积型调制器。本节不打算一一列举各种电路，而是着重介绍应用很广泛的采用模拟乘法器构成的平衡调制电路。作为一种能够满足理想相乘的新型器件，模拟乘法器还可用于实现混频、倍频和各种解调功能，其性能日臻完善，目前工作频率可达到几百兆赫。另外，由传输线变压器和肖特基二极管构成的双平衡调制器（环形调制器）组件，也早已广泛用于各种线性频谱搬移电路，工作频率低至几十千赫，高达几千兆赫。由于实现混频作用也是该组件的基本运用之一，我们将并在一起说明双平衡调制/混频组件原理和实际电路。

4.3.1 模拟乘法器工作原理

一、模拟乘法器的电路符号

模拟乘法器的用途很广泛，是性能完善的集成化的理想相乘器件，它完成两个模拟信号（连续变化的电压或电流）的相乘功能。通常具有两个输入端和一个输出端，其图形符号如图 4－14 所示。表达相乘特性的方程为

$$u_o = K u_X u_Y \tag{4-16}$$

式中，K 为乘法器增益因子，其量纲为 V^{-1}，大小由具体电路决定。通常称两个输入端为 X 通道和 Y 通道，输出端为 Z 通道，并可写成 $Z = KX \cdot Y$。

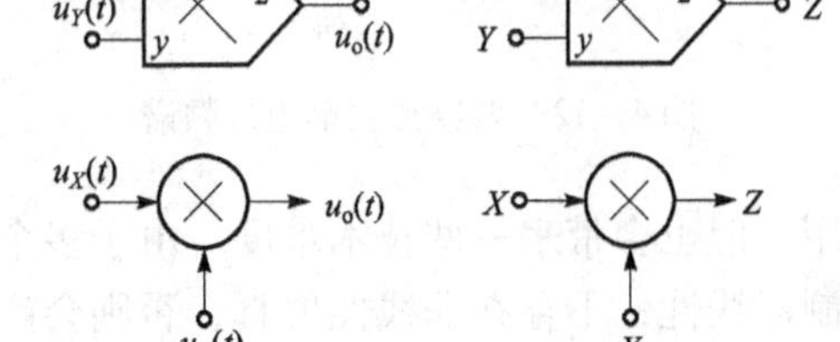

图 4－14　模拟乘法器图形符号

若模拟乘法器的两个输入端 X 和 Y 都可允许所加信号作正负极性变化，具有这种性能的器件可实现四个象限相乘功能，因而称为四象限模拟乘法器，这种器件很适合在通信电路中完成调制混频等功能。

20 世纪 60 年代后期已经出现了模拟乘法器的第一代产品，今天的模拟乘法器件类型是多种多样的。但在介绍模拟乘法器工作原理时，人们总是用基本的吉尔伯特乘法器单元电路进行说明。实际上，在吉尔伯特电路基础上经过不断改进，到现在为止，已有几十种性能很完善的模拟乘法器产品可供用户选择。

二、压控吉尔伯特乘法器原理

图 4－15 所示为吉尔伯特（B. Gilbert）20 世纪 60 年代末期设计的电压输入、电流输出的相乘电路。由图可见，它由双差分对管 T_1 和 T_2，T_3 和 T_4 及差分对管 T_5、T_6 组合而成。图中信号电压 u_1 交叉地加到双差分对管的输入端，而信号电压 u_2 加到单差分对管输入端，I_0 为恒流源电流。对于图4－16所示差分对管来说，集电极电流分别为

$$\left.\begin{aligned} i_{c1} &\approx \frac{I_o}{2}\left[1 + \text{th}\,\frac{qu}{2kT}\right] \\ i_{c2} &\approx \frac{I_o}{2}\left[1 - \text{th}\,\frac{qu}{2kT}\right] \end{aligned}\right\} \tag{4-17}$$

式中，u 为输入差模电压，双端输出时差值电流为

$$i = i_{c1} - i_{c2} = I_0 \text{th}\left(\frac{qu}{2kT}\right) \tag{4-18}$$

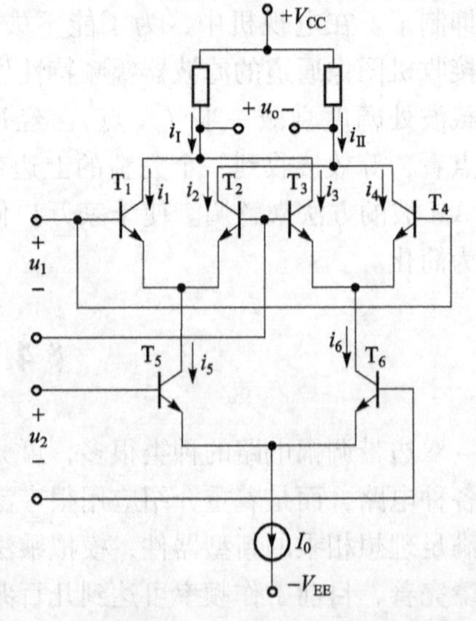

图 4－15　双差分对管模拟乘法器原理电路

根据式（4－17）、式（4－18），写出图 4－15 中各对管集电极电流分别为

$$\left.\begin{aligned} i_1 &= \frac{i_5}{2}\left[1 + \mathrm{th}\left(\frac{qu_1}{2kT}\right)\right] \\ i_2 &= \frac{i_5}{2}\left[1 - \mathrm{th}\left(\frac{qu_1}{2kT}\right)\right] \end{aligned}\right\} \tag{4-19}$$

$$\left.\begin{aligned} i_3 &= \frac{i_6}{2}\left[1 - \mathrm{th}\left(\frac{qu_1}{2kT}\right)\right] \\ i_4 &= \frac{i_6}{2}\left[1 + \mathrm{th}\left(\frac{qu_1}{2kT}\right)\right] \end{aligned}\right\} \tag{4-20}$$

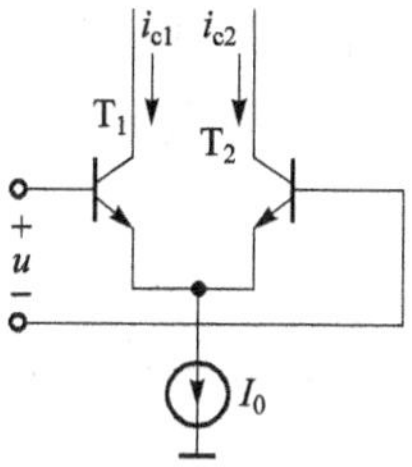

图 4－16　差模电压与差值电流

$$\left.\begin{aligned} i_5 &= \frac{I_0}{2}\left[1 + \mathrm{th}\left(\frac{qu_2}{2kT}\right)\right] \\ i_6 &= \frac{I_0}{2}\left[1 - \mathrm{th}\left(\frac{qu_2}{2kT}\right)\right] \end{aligned}\right\} \tag{4-21}$$

当双端输出时，总差动输出电流 i 可写成

$$i = i_{\mathrm{I}} - i_{\mathrm{II}} = (i_1 + i_3) - (i_2 + i_4) = (i_1 - i_2) - (i_4 - i_3)$$

将式（4－19）～式（4－20）代入上式得

$$i = (i_5 - i_6)\,\mathrm{th}\,\frac{qu_1}{2kT} \tag{4-22}$$

再将式（4－21）代入式（4－22）得

$$i = I_0\,\mathrm{th}\left(\frac{qu_1}{2kT}\right)\mathrm{th}\left(\frac{qu_2}{2kT}\right) \tag{4-23}$$

式（4－23）表明，$i_{\mathrm{I}} - i_{\mathrm{II}}$ 和 u_1、u_2 之间是双曲线正切函数关系，是两个双曲线正切函数相乘。根据该函数性质，即当有 $x < 1$ 时，$\mathrm{th}(x) \approx x$；所以在满足 u_1 和 u_2 小于 26 mV 条件下，式（4－23）可近似为

$$i = I_0\left(\frac{qu_1}{2kT}\right)\left(\frac{qu_2}{2kT}\right) = K'u_1 \cdot u_2 \tag{4-24}$$

式中，$K' = I_0\left(\frac{q}{2kT}\right)^2$ 为常数。其中，q 为电子电荷量 1.6×10^{-19} C，k 为波耳兹曼常量 1.38×10^{-23} J/K，T 为热力学温度 K；室温 290 K 或者 300 K。式（4－24）表明，在输入为小信号的情况下，双差分对管电路的输出电流正比于两个输入电压的乘积，因而在输出负载两端得到的电压也正比于两个输入电压的乘积。由于输入电压 u_1 和 u_2 都可正负变化，因此这种模拟乘法器可实现四个象限的相乘功能。

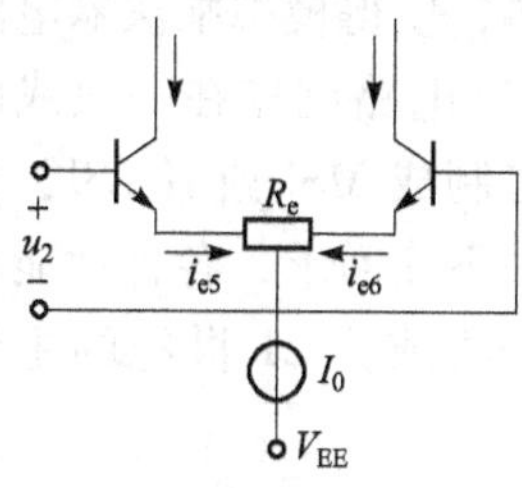

图 4－17　扩大输入电压 u_2 的动态范围

需要指出，由于只有当 u_1 和 u_2 均限制在 26 mV 以下时，才能够实现理想的相乘运算，因此 u_1 和 u_2 的线性动态范围比较小。实际运用中往往需要克服输入动态范围小的缺点，可在 X 通道引入预失真网络，在 Y 通道引入负反馈，从而使模拟乘法器的性能大大提高。下面仅扼要说明在 Y 通道采取的线性化措施。

为了扩大输入电压 u_2 的线性动态范围，可以在图 4－15 所示的 T_5 和 T_6 晶体管发射极上接入负反馈电阻 R_e，这部分电路另外画出如图 4－17 所示。

由图4－17可写出下述关系式，假设 R_e 的滑动点处于中间值时，并且因为恒流源 I_0 对交流信号呈现高阻抗，应有

$$u_2 = u_{BE5} + \frac{1}{2}i_{e5}R_e - \left(u_{BE6} + \frac{1}{2}i_{e6}R_e\right) \tag{4-25}$$

如果发射结饱和电流为 I_s，可写

$$i_{e5} = I_s e^{u_{BE5}q/\kappa T}$$

$$i_{e6} = I_s e^{u_{BE6}q/\kappa T}$$

因此

$$u_{BE5} - u_{BE6} = \frac{kT}{q}\left[\ln\frac{i_{e5}}{I_s} - \ln\frac{i_{e6}}{I_s}\right] = \frac{kT}{q}\ln\frac{i_{e5}}{i_{e6}}$$

所以式（4－25）可表示为

$$u_2 = \frac{kT}{q}\ln\frac{i_{e5}}{i_{e6}} + \frac{1}{2}(i_{e5} - i_{e6})R_e \tag{4-26}$$

若 R_e 足够大，满足深度负反馈条件，即

$$\frac{1}{2}(i_{e5} - i_{e6})R_e \gg \frac{kT}{q}\ln\frac{i_{e5}}{i_{e6}} \tag{4-27}$$

则式（4－26）可简化为

$$u_2 \approx \frac{1}{2}(i_{e5} - i_{e6})R_e \approx \frac{1}{2}(i_5 - i_6)R_e \tag{4-28}$$

式（4－28）表明，接入负反馈电阻 R_e，且其值满足式（4－27）时，差分对管 T_5 和 T_6 的输出差值电流近似与输入电压 u_2 成正比，而与恒流源 I_0 大小无关。注意这个结论成立的条件是 T_5 和 T_6 两管均应工作在放大区域。

应当说明，在满足深度负反馈条件时，虽可使差分对管的输出差值电流随输入电压变化接近线性，但其值几乎与 $i_5 - i_6$ 的大小无关，因此还必须进行补偿。需要利用电流－电压转换电路完成，这种转换电路应具有反双曲线正切函数特性，以用来补偿引入负反馈的差分对管的双曲线正切函数特性。尤其是在深度负反馈情况下，当差分对管的双曲线正切函数关系近乎不存在时，使用转换补偿电路的效果就更加显著。事实上，输入电压允许变化范围很大，而且又能实现理想相乘运算的模拟乘法器电路，几乎是在做出上述改进措施后才获得良好性能的。有关线性化改进措施的内容已超出本节范围，故不再进一步说明。

第一代模拟乘法器问世以后，明显地加快了非线性电路的集成化速度。由于模拟乘法器适用于调制、解调、混频、倍频、鉴相、鉴频等多种场合，引起了人们普通重视，各种模拟乘法器电路的生产工艺不断提高，尤其是CMOS芯片制作技术的成熟，使得模拟乘法器电路的品种和数量都大幅度增加。趋势是将各种功能（含线性及数字等）电路制作在一块或两块芯片内，即将包括基带信号处理、射频/中频信号处理等全部电路制成MSI或者LSI，目前已有不少这类产品。应当指出，随着蓬勃发展的高科技信息产业的不断需求，各种性能卓越的数字通信电路纷纷涌现，采用软件编程支持的数字通信电路，将成为21世纪的主流产品。

三、常用模拟乘法器集成单片电路

MC1496/MC1596集成电路是常用的廉价且性能较好的模拟乘法器。MC1496的内部

原理图和外部引脚排列如图 4－18（a）、（b）所示。由于 MC1496/MC1596 能够完成的功能较多，特别适合于在通信电路原理实验场合应用。这里主要介绍该器件的静态运用，有关动态运用情况在下小节细述。

MC1496/MC1596 的静态电流大小可由偏置 I_5 决定。当基流可忽略，可将 I_5 看成流经二极管 D 和 500 Ω电阻到 14 引脚的电流。双电源运用时，第 14 引脚接负电源，则由第 5 引脚到地的电阻 R_5 确定了偏流 I_5，有

$$R_5 = \frac{|U_{14}| - U_D}{I_5} - 500 \tag{4-29}$$

式中，$U_D = 0.7$ V，而模拟乘法器内部电流按式（4－30）给出

$$I_6 = I_{12} = \frac{1}{3} I_{14} = I_5 \tag{4-30}$$

一般 $I_5 \leqslant 5$ mA，常取 1 mA。

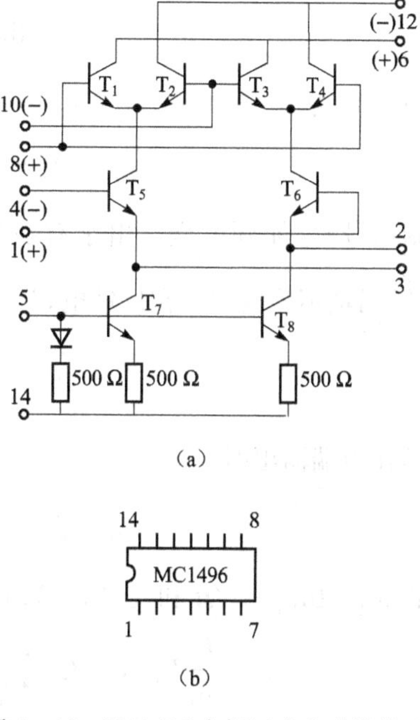

图 4－18　MC1496 内部组成和引脚排列

单电源运用情况时第 14 引脚接地，第 5 引脚通过一个电阻接到正电源 V_{CC}，通过调整该电阻大小来确定合适的偏置 I_5 值。

4.3.2　模拟乘法器调幅电路

一、平衡调制器

采用 MC1496 集成电路构成的双边带调幅（DSB－SC）实际电路如图 4－19 所示。载波电压由引脚 10 输入，调制信号由引脚 1 输入，已调制电压从引脚 6（或 12）输出。在引脚 8 和引脚 4 外接分压式偏置电阻；引脚 2 和 3 之间外接负反馈电阻 R_e，阻值视情况而定，图中 51 Ω 电阻用于传输电缆特性阻抗匹配；两只 10 kΩ 电阻与 R_W 构成平衡调节电路，用来对载波馈通输出调零。两个 R_L 是直流负载电阻。

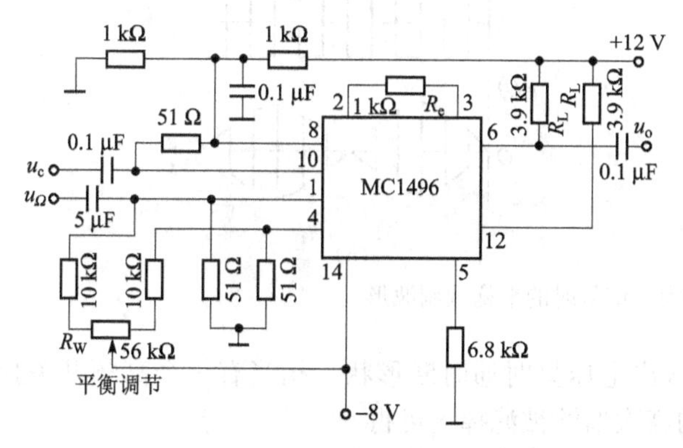

图 4－19　MC1496 接成平衡调幅电路

设载波信号幅度 $U_{cm} \gg 2V_T$（$V_T = 26$ mV），是大信号输入情况。这时根据式（4－18）和图 4－20（a）可知，双曲线正切函数具有开关特性，表示为

$$\mathrm{th}\left(\frac{qu_c}{2kT}\right) = \begin{cases} +1 & (\cos \omega_c t > 0) \\ -1 & (\cos \omega_c t < 0) \end{cases} \tag{4-31}$$

对式（4－31）按傅里叶级数展开有

$$\operatorname{th}\left(\frac{qu_c}{2kT}\right)=\sum_{n=1}^{\infty}A_n\cos n\omega_c t \tag{4-32}$$

式中，A_n 为

$$A_n=\frac{\sin(n\pi/2)}{n\pi/2}\qquad (n\ 为奇数)$$

调制信号 u_Ω 加到 1 端。由于有负反馈电阻 R_e（2－3 引脚间接 1 kΩ 电阻）作用，此时 $\operatorname{th}\left(\frac{qu_\Omega}{2kT}\right)$ 项不能成立，在反馈电阻足够强的情况下，有

$$i_5-i_6\approx\frac{2u_\Omega}{R_e} \tag{4-33}$$

于是在单端输出时

$$u_o=\frac{1}{2}(i_5-i_6)R_L\operatorname{th}\left(\frac{qu_c}{2kT}\right)\approx\frac{U_\Omega R_L}{R_e}\operatorname{th}\left(\frac{qu_e}{2kT}\right) \tag{4-34}$$

将式 $u_\Omega=U_{\Omega m}\cos\Omega t$ 和式（4－32）代入式（4－34）得

$$\begin{aligned}u_o&=\frac{R_L}{R_e}U_{\Omega m}\cos\Omega t\sum_{n=1}^{\infty}A_n\cos n\omega_c t\\&=\frac{R_L}{R_e}\sum_{n=1}^{\infty}\frac{U_{\Omega m}A_n}{2}[\cos(n\omega_c+\Omega)t+\cos(n\omega_c-\Omega)t]\end{aligned} \tag{4-35}$$

在 u_c 为大信号时的各点电压波形如图 4－20（b）所示。

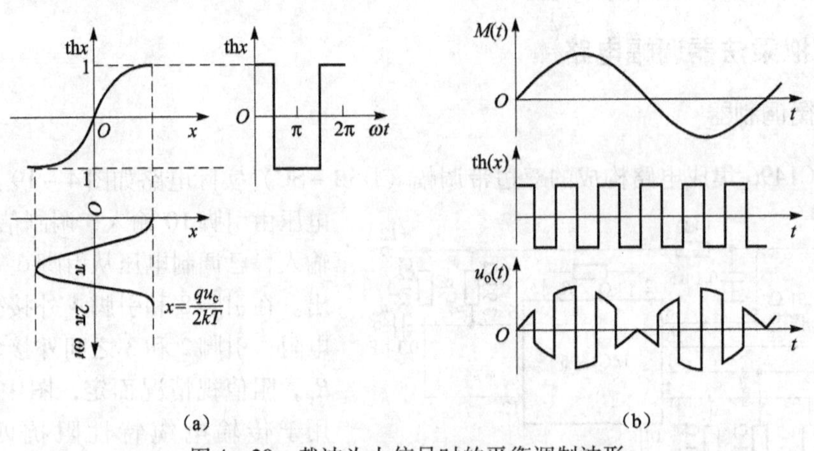

图 4－20　载波为大信号时的平衡调制波形

从图 4－20（b）看出，模拟乘法器输出电压呈时通时断形状，相当有一个高频开关控制它。若接入带通滤波器，输出电压中的高次谐波被滤掉，可得

$$u_o'=\frac{A_{BP}R_L}{R_e}A_1U_{\Omega m}\cos\Omega t\cos\omega_c t=U_o'\cos\Omega t\cos\omega_c t \tag{4-36}$$

式中，$U_o'=\frac{A_{BP}R_L}{R_e}A_1U_{\Omega m}$，$A_{BP}$是滤波器带内增益系数，$A_1$ 是 $n=1$ 时的参数$\left(A_1=\frac{4}{\pi}\right)$。

式（4－36）同样也是抑制载波双边带调幅波的表达式。这里首先说明，当输入载波电平较大时，模拟乘法器的转换增益$\left(\frac{R_L}{R_e}A_1\ 项\right)$大，使输出幅度 U_o 一般说来较大。

其次，纯阻负载的模拟乘法器输出信号频谱含有无用分量，当接有带通滤波器（BPF）时，可进一步抑制 $n>1$ 时奇次谐波，从而提高已调波频谱纯净程度。还有，由于带通滤波器（BPF）的输入和输出波形已很接近。故对它的频率特性要求不高，电路上容易实现。

图4－19中平衡调节部分起着控制泄漏到乘法器输出端载波分量大小的作用（说明见下文），载漏大小是衡量平衡程度的重要指标，它对调制线性影响较大，允许载漏大小视应用场合而定，一般要求载波输出功率比边带输出功率低40 dB以上。注意带通滤波器起着减小已调波形失真作用，而对于抑制载漏是无能为力的。

二、普通双边带调幅器

在图4－20所示电路结构中，稍微改动一些参数，将与 R_W 串接的10 kΩ电阻改为750 Ω，就接成普通双边带调幅（AM）电路（见图4－21）。这时的 R_W 已成为 m（调幅度）调节电位器，当改动 R_W 时是有意在输出端提供载频分量。这是因为实际模拟乘法器内部差分对管参数不是理想对称时，有所谓电压馈通作用，如下式表示

因为输入失调（offset）电压为

$$\begin{cases}U_{X_{of}}\neq 0 & (X\text{通道，引脚8、10})\\ U_{Y_{of}}\neq 0 & (Y\text{通道，引脚1、4})\end{cases}$$

所以线性馈通电压为

$$\begin{cases}U_o\,|_{u_c=0}=Ku_\Omega U_{Y_{of}}\neq 0\\ U_o\,|_{u_\Omega=0}=Ku_c U_{X_{of}}\neq 0\end{cases}$$

因此，在引脚6或引脚12的输出中出现误差电压。在DSB－SC电路结构中，平衡调节电位器 R_W 起载波馈通输出调零作用。而在构成AM电路时，则利用了馈通现象，这时用改变 R_W 来控制输出端载波幅度大小。将 R_W 值调整好以后，再通过改变 $U_{\Omega m}$ 大小进行调幅时，应能够在 $m=0\sim100\%$ 范围内得到线性较好的AM波形。需要注意，调制电压幅度不能太大，以避免出现过量调幅。

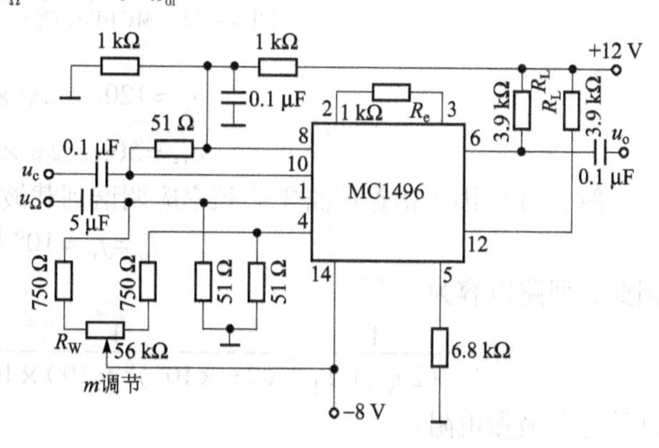

图4－21　用MC1496构成AM电路

表4－1列出 $V_{CC}=12$ V，$V_{EE}=-8$ V时的MC1496各主要引脚电位，供电路调整时参考。MC1496调制器的输入载波和输入调制信号的参考数值如下：

表4－1　MC1496静态参数

引脚	V_1	V_4	V_8	V_{10}	V_6^*	V_{12}^*	V_5
电压/V	0	0	6 V	6 V	8 V	8 V	−6.8 V（$I_5=1$ mA）

*：通过直流负载电阻3.9 kΩ降压获得。

U_{cm}：100 ~ 300 mV，最大不超过 400 mV；

$U_{\Omega m}$：10 ~ 60 mV，最大不超过 300 mV；

交流负载电阻等于 50 Ω 时，MC1496 的工作频率可达到 300 MHz 左右。

由上所述，采用模拟乘法器构成双边带调幅电路，在原理和实现上都比较简单，明显优于用其他器件构成的调幅器电路。尤其是选用外围元件个数较少的模拟乘法器件，简单接上电源和连接少量外部元件（有的型号甚至不要求连接外部元件）就可工作，这种特点使它在现代通信系统中得到了广泛应用。

例 4 – 1　在 MC1496 调幅电路后面接入带通滤波器，选用如图 4 – 22 所示谐振回路。其中，$L_1 = 100\ \mu H$，$Q_0 = 100$；初级抽头变比 $n_1 = 8:1$，初、次级变比 $n_2 = 9:1$；负载 $R'_L = 1\ k\Omega$；假定在 $f = f_o$ 时的 $A_{BP} = 1$；模拟乘法器直流负载 $R_L = 3.9\ k\Omega$，负反馈电阻 $R_e = 1\ k\Omega$。其输入电压为

试求：(1) 谐振回路中心频率 f_o 值，回路电容 C_1 值，带宽 $\Delta f_{0.7}$ 值，有载谐振电阻 R_P 值。

(2) 输出电压 U_2 会不会出现失真？为什么？估算 U_2 值。

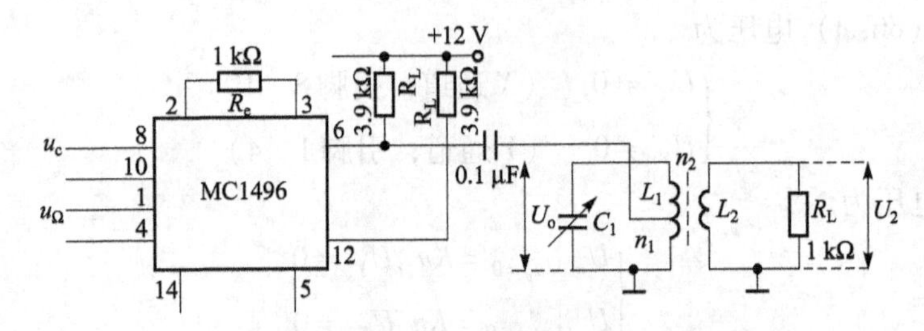

图 4 – 22　MC1496 调幅电路接入 BPF

$$u_c = 120\cos 2\pi \times 10^6 t \quad \text{mV}$$

$$u_\Omega = 50\cos 2\pi \times 10^4 t \quad \text{mV}$$

解：(1) 因为谐振回路中心频率应调谐到载波频率上，则有

$$f_o = f_c = 10^6\ \text{Hz}$$

因此，回路电容为

$$C_1 = \frac{1}{(2\pi f_o)^2 L_1} = \frac{1}{(2\pi \times 10^6)^2 \times 100 \times 10^{-6}}\text{F} = 254 \times 10^{-12}\text{F} = 254\ \text{pF}$$

计算空载谐振电阻：

$$R_o = Q_o\sqrt{\frac{L_1}{C_1}} \approx 100\sqrt{\frac{100 \times 10^{-6}}{254 \times 10^{-12}}}\ \Omega = 62.8 \times 10^3\ \Omega = 62.8\ k\Omega$$

又因　$R'' = n_2^2 R'_L = 9^2 \times 1\ k\Omega = 81\ k\Omega$

所以有载谐振电阻为

$$R_P = n_1^2 R_L // R'' // R_o \approx 250 // 81 // 62.8 \approx 30.8\ k\Omega$$

（查 MC1496 器件运用说明：输出电阻 40 kΩ，可不必计入。）

则可求出有载品质因数大小为

$$Q_P = \frac{R_P}{2\pi f_o L_1} = \frac{30.8 \times 10^3}{2\pi \times 10^6 \times 100 \times 10^{-6}} \approx 49$$

通频带宽为 $\Delta f_{0.7} \approx f_{o}/Q_{P} \approx 20.4$ kHz。（实际上，可允许 $\Delta f_{0.7}$ 比 20 kHz 宽出许多。）

（2）DSB－SC 信号占有的带宽为

$$B = 2F = 2 \times 10^{4}\ \text{Hz} = 20\ \text{kHz}$$

结果表明 DSB－SC 信号的两个边频分量处在回路通频带（0.707 处）边缘。由于其频谱分量（$\omega_{c} \pm \Omega$）落在选频电路通带范围内，而 Ω 分量、（$3\omega_{c} \pm \Omega$）等分量都远离 ω_{c}，均被谐振回路滤除，故它们不会使 U_{2} 的波形附加失真。

在大信号作用下，可用式（4－47）作参考估算 U_{2} 值。可先求出

$$U_{o}' = \frac{A_{BP}R_{L}}{R_{e}}A_{1}U_{\Omega m} = \frac{1 \times 3.9}{\sqrt{2} \times 1} \times \frac{4}{\pi} \times 50\ \text{mV} = 217.6\ \text{mV}$$

其中 A_{BP} 按 0.707 考虑。则有

$$U_{2} = n_{1}\frac{U_{o}'}{2}\frac{1}{n_{2}} = 8 \times \frac{217.6}{2} \times \frac{1}{9}\ \text{mV} = 96.7\ \text{mV}$$

式中，$U_{o}'/2$ 是展开式（4－47）有系数 1/2 时的情形。

三、正交式调制/解调器

和第一代乘法器产品 MC1496 相比，正交式调制/解调芯片 RF2703 在性能上有明显完善，从很大程度上反映了今天新一代乘法器件的发展水平。

图 4－23 是 RF2703 内部功能框图。由图看出，以两个相乘器为核心，集成了大量辅助电路构件，主要包括一个数字二分频器（含 90°移相输出），还有可同 A/D 转换接口连接的基带放大器。芯片中的相乘器是内置直流偏压的差分 Gibert Cell 电路，数字分频器前面配置了限幅放大器（未在框图上画出）。

RF2703 是 14 引脚塑封（SMD）集成电路，具有以下特点

（1）适合调制解调及双平衡混频；

（2）中频（IF）0.1～400 MHz；

（3）基带频率（F_{MOD}）为 0～50 MHz；

（4）LO 数字正交分频；

（5）3～6 V 的电源电压；

（6）低功耗小型化器件。

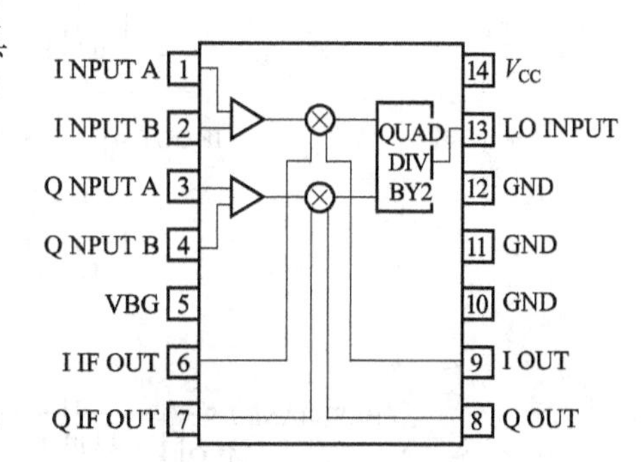

图 4－23　RF2703 内部组成框图

RF2703 典型应用场合有：D/A 接收和发射、高速数字传输和扩频通信、互动有线闭路电视、便携电池供电移动通信系统、其他工业或民用通信系统。

当 RF2703 用作调制器时（见图 4－24（a）），每一个相乘器都由独立的基带（baseband）信号驱动，引脚 1 和引脚 2 的信号送至加有同相载波（I 信号分量）的相乘器，而引脚 3 和引脚 4 的信号送至加有正交载波（Q 信号分量）的相乘器。在单端驱动时，引脚 2 和引脚 4 互相连接，可保证单端信号以同样电平到达两个相乘器，以获得最佳载波抑制比。单端输入阻抗 1 200 Ω，而双端输入阻抗可达 2 400 Ω。上述四个引脚都有内置偏压，输入基带信号时需用电容耦合。

由于 RF2703 也可以用于混频场合，故图 4－23 中将载波输入引脚 13 用 LO（本振）表

示，而已调波输出引脚 6 和引脚 7 用 IF（中频）表示。I 信号分量由引脚 6 给出，Q 信号分量由引脚 7 给出。此外，LO 输入频率应是 2 倍 IF 频率。

RF2703 作调制器时，在 $V_{CC}=3$ V，IF = 100 MHz，LO = 200 MHz，$F_{MOD}=500$ kHz。典型运用情况下，LO 端口应加入 V_{P-P}200 mV 信号，而在 I/Q 端口有 V_{P-P}28 mV 输出，载波抑制比有 25 dBc。

I/Q 端口输出是集电极开路型，实际应用中可接 1 200 Ω 左右电阻，或者采用 *LC* 负载选频。引脚 6 和引脚 7 连接在一起完成向上混频（和频）的 I 和 Q 输出的加法功能。

当 RF2703 作解调器运用时（见图 4 – 24（b）），从引脚 1 和引脚 3（已连在一起）输入已调波信号，这样可保证到达每个相乘器的信号幅度一致，解调输出最好的 I 和 Q 信号，且分别从引脚 9 和引脚 10 输出。

RF2703 作解调器时，在典型运用（见上文调制中所给）情况下，IF 端口（引脚 7 和引脚 3），只要加入 V_{P-P}28 mV 信号即可，而在 LO 端口加入 2 倍 IF 频率的 V_{P-P}200 mV 信号，解调输出最大幅度为 1.4 V（输出口饱和），解调电压增益 20 dB，通常输出幅度 0.9 V 左右。

有关正交式调制和解调器的更详细介绍可查阅 RF Micro Devices，InC（美）产品资料。

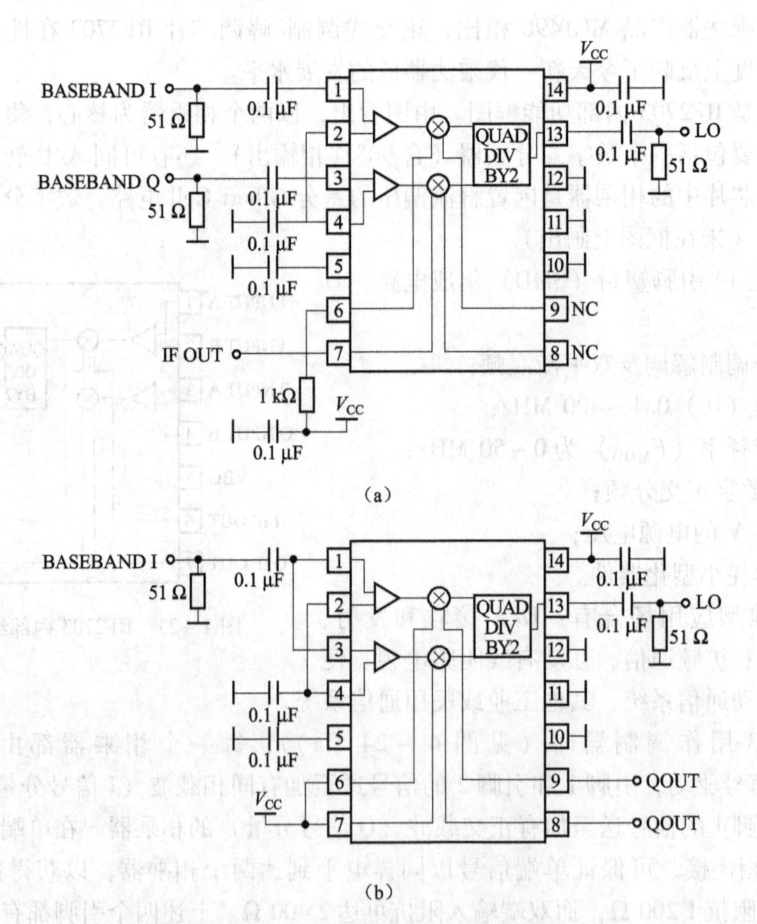

图 4 – 24　RF2703 的实际应用

§4.4　幅度解调电路

完成幅度解调作用的电路称为振幅检波器，简称为检波器。它是通信系统中最基本的电路之一，也是频率解调和相位解调电路的基础。

4.4.1　检波电路的作用和组成

振幅检波电路的作用是从已调幅波中不失真地检出调制信号，如图4－25所示。它是调制的逆过程，且仍然是一种频谱搬移过程。由§4.2可知，已调幅波中包含有调制信号的信息，但并不包含调制信号本身的分量，因此检波器必须包含有非线性器件，使之产生新的频率分量，然后由低通滤波器滤除不需要的高频分量，取出所需的低频调制信号，所以检波电路的组成可用图4－26表示，两部分缺一不可。非线性器件通常采用二极管、模拟乘法器等，而低通滤波器则是由电阻和电容组成。

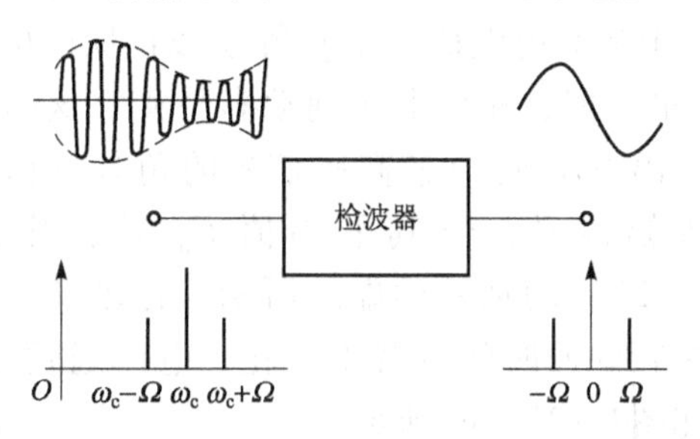

图4－25　检波器输入和输出波形与频谱

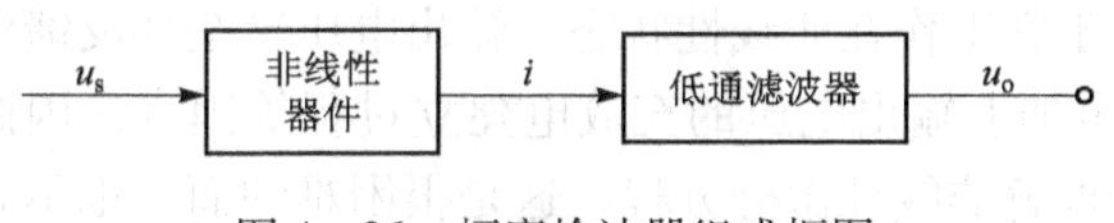

图4－26　幅度检波器组成框图

在§4.2中已指出，调幅波有三种信号形式：普通调幅信号（AM信号）、抑制载波双边带信号（DSB－SC信号）和单边带信号（SSB信号）。它们在反映同一调制信号时，频谱结构和波形都不同，因此解调方法也有所不同。基本有两类解调方法，即包络检波和同步检波。

包络检波是指检波器的输出电压直接反映输入高频已调幅波包络变化规律的一种检波方式（见图4－25）。根据调幅波的波形特点，显然它只适合于AM波的解调。二极管包络检波器电路结构简单，性能优越，获得广泛应用，本节将重点讨论。

对于DSB－SC波和SSB波来说，波形包络都不直接反映调制信号的变化规律，因此不能用包络检波器解调，而必须用同步检波器解调，将在4.4.3介绍同步检波电路。

4.4.2　二极管包络检波器

一、检波的物理过程

图4－27（a）为二极管包络检波电路。为便于讨论，假设二极管的伏安特性可表示为

$$i=\begin{cases} g_D u & u>0 \\ 0 & u\leqslant 0 \end{cases} \tag{4-37}$$

式中，g_D 为二极管导通时正向电导，也可用正向电阻 r_D 表示，即 $g_D=1/r_D$。令高频输入电压 u_s 为等幅波，参照图4－27（b）、（c）可看到，每当二极管导通时，高频输入电压通过二极管向电容 C 充电，充电时间常数为 $r_D C$；每当二极管截止时，电容 C 向 R_L 放电，

放电时间常数为 R_LC。充放电时的电流方向已在图上标出。通常 $r_D \ll R_L$，因此对电容 C 来说，充电速度快、放电速度慢，输出电压 u_o 正是在这样的充放电过程中逐步建立起来。相对于二极管的极性而言，u_o 是一个反向电压，还起着使二极管趋向截止的作用，所以随着 u_o 的逐步上升，二极管的导通时间逐渐缩短，电流导通角 θ 逐步减小。经过若干个高频周期后，当导通期间电容 C 上的充电电荷［量］等于截止期间的放电电荷［量］时，充放电达到动态平衡。这时检波器的输出电压 u_o 就按高频信号的角频率做锯齿状的等幅波动，但其平均值 U_{av} 是稳定的，如图 4－27（b）所示中虚线所示。在动态平衡时，二级管导通时间维持不变化，电流通角保持恒定，如图4－27（c）所示。

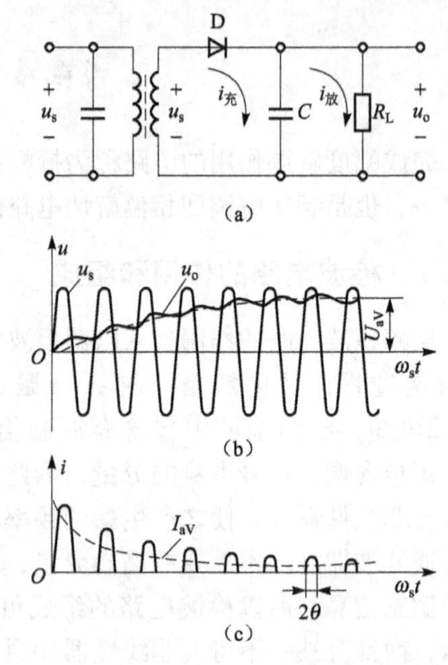

图 4－27　二极管检波器及电压电流波形

二、大信号检波主要性能分析

二极管检波电路结构尽管简单，但是由于它工作在非线性状态，输出电压又全部反馈到二极管两端（称为平均电压负反馈效应），再加上输出电压的充放电建立过程等因素，因此要对它的性能进行严格数学分析，就要涉及求解非线性微分方程，这是很困难的而且也不必要。实际上只要对其稳态情况作出工程近似分析，就能了解大信号检波的主要性能。二极管检波电路的近似分析具体表现在两方面，一是根据输入信号大小对二极管的伏安特性作适当的近似表示；二是假设负载 R_LC 电路具有理想滤波特性，即它的阻抗频率特性 $Z(\omega)$ 满足下列条件：

$$Z(\omega)=\begin{cases}R_L & 0\leqslant\omega\leqslant\Omega_{max}\\0 & \omega>\Omega_{max}\end{cases}$$

这意味着电路 C 的容抗对低频完全开路，对高频完全短路。显然这种假设条件是不可能达到的，通常要求电容 C 应有一个合理的足够大的值，使锯齿状残余载频成分尽量小，而对于低频成分的影响则尽可能忽略。

所谓大信号检波是指输入高频电压的幅度大于0.5 V，假设这时二极管的伏安特性可近似表示为

$$i=\begin{cases}g_D(u-U_D) & u>U_D\\0 & u\leqslant U_D\end{cases} \tag{4-38}$$

式中，U_D 为二极管导通电压。近似表示后的伏安特性曲线如图 4－28（a）所示。考虑到平均电压负反馈，二极管上的外加电压波形如图 4－28（b）所示，流过二极管的余弦脉冲电流如图 4－28（c）所示。

在上述近似和假设条件下，可对二极管检波器主要性能作如下分析。

1. 电压传输系数 K_d

当输入为高频等幅波，即 $u_s=U_{sm}\cos\omega_s t$ 时，K_d 定义为

$$K_d = \frac{U_{av}}{U_{sm}} \tag{4-39}$$

式中，U_{av}为检波器输出平均电压（注意要按定义式求 K_d 值需测得 U_{av}和 U_{sm}）。

而当输入为高频调幅波，即 $u_s = U_{sm0}(1 + m\cos \Omega t)\cos \omega_s t$ 时，$K_{d\Omega}$定义为

$$K_{d\Omega} = \frac{U_{\Omega m}}{mU_{sm0}} \tag{4-40}$$

式中，$U_{\Omega m}$为检波器输出平均电压中的低频分量幅度（注意 mU_{sm0}是 AM 波幅度的最大值）

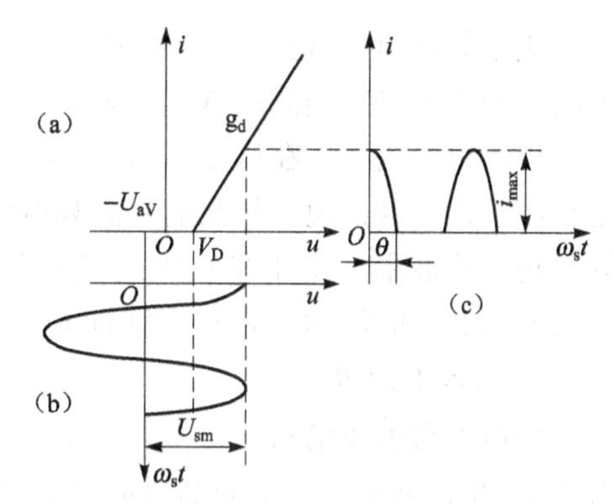

图 4-28 大信号检波工作情况图解

采用电压传输系数 K_d（或 $K_{d\Omega}$）来说明检波器对输入高频电压信号的解调能力，K_d 又称为检波效率，在不失真的前提下，总希望 K_d 大一些。

由图 4-28 不难写出以下关系式：

$$u = u_s - U_{av} = U_{sm}\cos \omega_s t - U_{av},$$

当 $\omega_s t = \theta$ 时，有

$$\cos \theta = \frac{U_{av} + U_D}{U_{sm}} \tag{4-41}$$

式中，θ 是二极管电流导通角。

在大信号检波条件下，$U_{sm} \gg U_D$（或者加一固定正偏压以克服起始导通电压），式（4-41）可近似成

$$\cos \theta \approx \frac{U_{av}}{U_{sm}}$$

上式与式（4-39）比较可得

$$K_d \approx \cos \theta \tag{4-42}$$

式（4-39）用来估算 K_d 值具有简单的优点，显然，当所用检波二极管的伏安特性和假设情况相差较大时，存在估算值误差较大的缺点。

通常充电时间常数 $r_D C$ 远小于放电时间常数 $R_L C$，即有

$$\frac{R_L C}{r_D C} = g_D R_L \gg 1 \tag{4-43}$$

实践表明，当信号幅度 U_{sm} 足够大并且电路参数 $g_D R_L \geqslant 50$ 时，导通角 θ 就只与电路参数 $g_D R_L$ 有关了。在此条件下的 θ 值可用参考文献[1]给出的公式估算

$$\theta \approx \sqrt[3]{\frac{3\pi}{g_D R_L}} \quad \text{rad} \tag{4-44}$$

表 4-2 列出某大信号检波电路在不同 $g_D R_L$ 下的 K_d 值（这里 K_d 是从实验测量得出）。

表 4-2 导通角与电压传输导数关系

θ	40°	30°	20°	10°
$g_D R_L$	22	59	200	1 570
K_d	0.77	0.87	0.94	0.98

表中的 θ 值与由公式（4-44）的计算值大体一致。很明显，当 K_d 值只与电路参数有关时，与输入是等幅波或AM波无关。

以上讨论表明：在满足 $g_D R_L \geqslant 50$ 时，$\theta < 0.6$ rad（约34°），可见二极管的电流导通角是很小的，也就是说：只在输入高频电压峰值附近导通，因此大信号二极管检波器又可称为峰值包络检波器。由于平均电压负反馈效应维持了 θ 为定值，工程近似计算中很容易用式（4-42）和式（4-44）来估计 K_d 大小；显然 $K_d \leqslant 1$，K_d 一般为0.8～0.9。

2. 输入电阻 R_i

检波器对前级电路（一般是末级中频放大器）有显著影响，通常用输入电阻 R_i 和输入电容 C_i 并联表示。C_i 引起前级回路失谐，可以靠微调前级回路电抗参数得到补偿；而输入电阻 R_i 会使前级回路有载品质因数改变，因此总希望 R_i 尽量大而减少其影响。由于二极管检波器是非线性电路，输入电阻 R_i 的定义与线性放大器情况有所不同。检波器的输入电阻定义为

$$R_i = \frac{U_{sm}}{I_{1m}} \tag{4-45}$$

式中，U_{sm} 为输入等幅高频电压的振幅；I_{1m} 为流过二极管电流（为余弦脉冲电流）中的基波（指载频 ω_s）分量振幅。

根据余弦脉冲电流分解公式，电流 I_{1m} 可表示为

$$I_{1m} = i_{max}\alpha_1(\theta) = \frac{g_D U_{sm}}{\pi}(\theta - \sin\theta\cos\theta)$$

于是按定义又可将 R_i 表示为

$$R_i = \frac{U_{sm}}{I_{1m}} = \frac{\pi}{g_D(\theta - \sin\theta\cos\theta)}$$

上式也隐含着 R_i 与 R_L 大小有关。实际上当二极管的电流导通角 θ 很小时，即当满足 $g_D R_L \geqslant 50$，$\theta < 0.6$ 时，可用式（4-46）估计 R_i 值为

$$R_i \approx \frac{1}{2} R_L \tag{4-46}$$

式（4-46）可从检波器中的能量守恒关系求得。检波器从输入信号源获得的高频功率为 $P_i = U_{sm}^2/2R_i$，经二极管变换后，一部分转换为有用输出功率为 $P_L = U_{av}^2/R_L$，其余的消耗在二极管正向导通电阻 r_D 上。由于二极管导通时间短，i 在 r_D 上消耗的功率很小，可忽略，因而可近似认为 $P_i = P_L$，同时 $R_d \approx 1$，$U_{sm} \approx U_{av}$，这样可求得式（4-46）。

3. 非线性失真

在二极管包络检波器中，主要有两种非线性失真：惰性失真和负峰切割失真，下面作具体分析。

（1）惰性失真。若 $R_L C$ 参数选择合适，那么电容 C 在充放电达到动态平衡时，其两端的平均电压能够不失真地跟随输入电压包络变化，如图4-29（a）所示。但如果选择过大的 $R_L C$ 参数，那么电容 C 放电速度过慢，就可能在输入电压包络的下降段（$t_1 \sim t_2$）时间内，输出电压跟不上输入电压包络的变化，而是按电容 C 的放电规律变化，从而产生失真，如图4-29（b）所示。通常把这种失真称为惰性失真。

从图中不难看出，调制信号频率越高或调制系数越大，则输入信号包络下降速度越快，

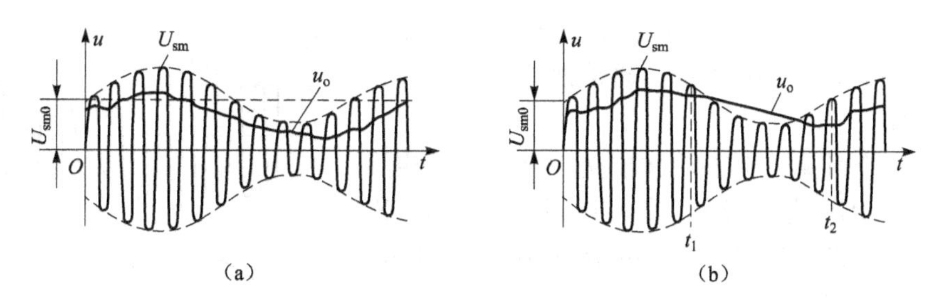

图 4－29　检波器的惰性失真

惰性失真也越易产生。为了避免产生惰性失真，必须在输入信号包络下降最快的时刻，保证电容 C 通过 R_L 的放电速度大于包络下降速度，即

$$\left|\frac{dU_{sm}}{dt}\right|_{t=t_1} \leqslant \left|\frac{dU_o}{dt}\right|_{t=t_1} \tag{4-47}$$

经推导[9]可得出不产生惰性失真的充分条件为

$$R_L C \leqslant \frac{\sqrt{1-m^2}}{m\Omega} \tag{4-48}$$

在多音调制时，考虑到最不利的情况，取 $\Omega = {}_{\Omega\max}$代入即可。式（4－48）表明，为避免产生惰性失真，若 Ω_{max}、m 越大，则允许选取的 $R_L C$ 值就越小。

（2）负峰切割失真。为了把检波器的输出电压（音频部分）耦合到下级电路（如低频放大器），一般都需要通过一个容量很大的电容 C_C 与下级电路相连，如图 4－30 所示。此外，电容 C_C（不论容量大小）所起的隔直作用，可避免检波器输出电压中的直流分量影响下级电路静态工作点。图中 R_L' 表示下级电路的输入电阻。显然，对检波器来说：

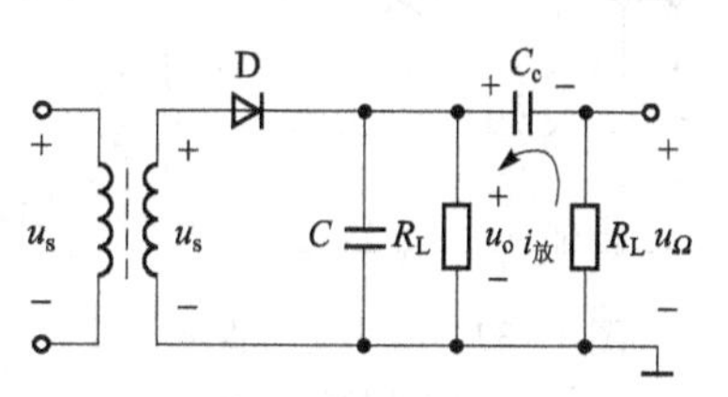

图 4－30　检波器与下级电路耦合

$$\text{直流负载}\quad R_L$$

$$\text{交流负载}\quad R_\Omega = \frac{R_L \cdot R_L'}{R_L + R_L'} \tag{4-49}$$

在这样连接的电路中，假设输入调幅波的包络为

$$U_{sm} = U_{sm0}(1 + m\cos \Omega t)$$

当电路达到稳态时，输出电压 u_o 中的直流分量 U_{av0} 全部加在耦合电容 C_C 的两端，而 u_o 中的交流分量（即反映包络变化的音频电压）全部加在 R_L' 两端。若认为 $K_d = 1$，则可写出

$$u_\Omega = K_d m U_{sm0} \cos \Omega t = m U_{sm0} \cos \Omega t$$

由于 C_C 的容量很大（μF 量级），在低频一个周期内可认为其两端的直流电压 U_{av0} 基本维持不变，它在电阻 R_L 和 R_L' 上产生分压，R_L 两端的额外增加的直流电压为

$$U_A = \frac{R_L}{R_L + R_L'} U_{av0} \tag{4-50}$$

U_A 对二极管来说也是反向电压。因而，当忽略二极管导通电压 U_D 时，如果在 U_{sm} 最小值附近有一段时间的电压数值小于 U_A，那么二极管在这段时间内就会始终截止，电容 C 只放电不充电，但由于电容 C_C 的容量很大（$C_C \gg C$），它两端的电压（U_{av0}）放电很慢，因此输

出电压 u_o 被维持在 U_A，u_o 波形的底部被切割，u_Ω 波形同样失真，如图 4－31 所示。通常把这种失真称为负峰切割失真。

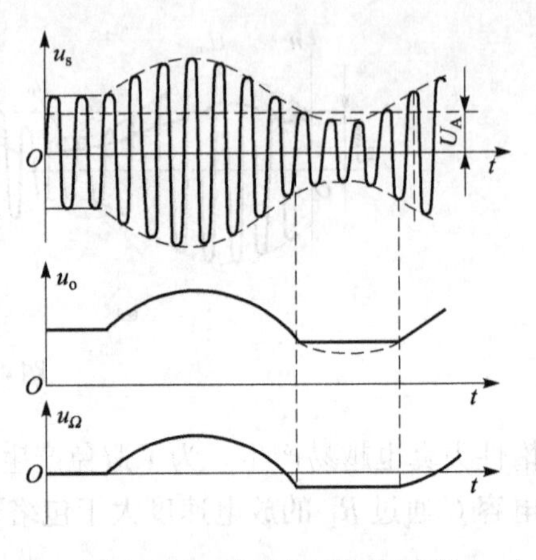

图 4－31　负峰切割失真波形

从上述讨论可见，由于检波器交、直负载不相等（即 $R'_L \neq \infty$），因此有可能产生负峰切割失真。为了避免这种失真，当忽略 U_D 时，U_{sm} 的最小值必须大于 U_A（以免二极管始终截止），即

$$U_{sm0}(1-m) \geqslant \frac{R_L}{R_L + R'_L} U_{av0}$$

在大信号检波和 $g_D R_L \geqslant 50$ 的条件下，$U_{av0} \approx U_{sm0}$，故上式可简化为

$$m \leqslant \frac{R_L}{R_L + R'_L} = \frac{R_\Omega}{R_L} \tag{4-51}$$

式（4－51）表明，当 m 一定时，R'_L 越大，也就是 R_Ω 越接近 R_L，则负峰切割失真越不容易产生。另一方面也表明，负峰切割失真与调制信号频率的高低无关，这是与惰性失真不同之处。

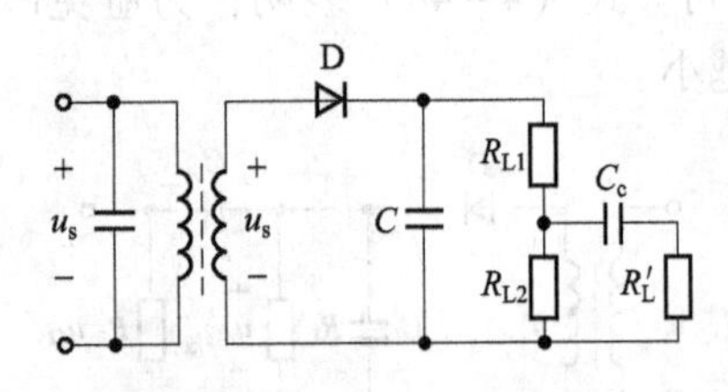

图 4－32　减小交、直流负载差别的检波电路

在实际电路中，为了提高 R'_L，可在检波器和下级放大器之间插入一级射极跟随器；另外也可把直流负载电阻 R_L 分成两部分，按图 4－32 所示的方式与下级电路相连接。但由于 R_{L1} 和 R_{L2} 的分压作用，使有用的输出电压 u_Ω 也减小了，因此通常取（经验公式）

$$R_{L1} = (0.1 \sim 0.2) R_{L2} \tag{4-52}$$

最后应当指出，产生惰性失真和负峰切割失真的根本原因还是二极管伏安特性的非线性。因为电阻和电容都是线性元件，它们本身不会产生非线性失真，只是在与二极管相连接而导致二极管不正常截止时，才会产生非线性失真。

三、实际电路举例和设计考虑

1. 收音机检波器

如图 4－33 所示晶体管收音机检波器及其有关的附加电路，在大信号检波状态下，为避免产生负峰切割失真，将 R_L 分成两部分与下级电路相连。为了增强输出滤除高频纹波的能力，又将 C 分成两部分，即 $C_1 R_{L1} C_2$ 组成 π 形滤波器。此外，该电路中还有两个附加电路：

（1）由 R_{L2}、R_2、R_1、6 V 电源组成的外加正向偏置电路，给二极管提供静态工作点电流，通常调整在 20～50 μA 范围内。

（2）自动增益控制电压产生电路。由 $R_2 C_3$ 组成低通滤波器，用来滤除 R_{L2} 两端输出电压中的低频分量，取出其中的直流电压分量加到前级中放晶体管的基极，作为控制电压调整该级的增益。接收机收到的信号越强，检波输出的直流电压分量就越大，加到中放管（PNP）基极上的正极性电压越大，所以增益就下降。反之，增益则提高，从而使检波器输入端高频电压幅度基本保持不变。自动增益控制电路简称（AGC）

电路。

2. 检波器设计考虑

设计二极管检波器，除了正确选用二极管外，主要是合理选取 R_LC 电路的参数，以满足各项性能指标。

（1）检波二极管的选择。为了提高电压传输系数，应该选择正向电阻小，结电容小（或最高工作频率高）和导通电压低的二极管。优先选用的是点触式锗二极管，国产的2AP系列可供选用。当二极管选定后，根据需要可外加适当的正向偏压，以静态工作点电流在20~50 μA 范围为宜。

（2）R_L 和 C 的参数选择，主要从三个方面考虑。

① 从提高 K_d 和减小输出纹波考虑，R_LC 应尽可能大，通常取

$$R_LC \geqslant \frac{5 \sim 10}{\omega_s} \tag{4-53}$$

为避免产生惰性失真，R_LC 不宜过大，即

$$R_LC \leqslant \frac{\sqrt{1-m^2}}{m\Omega_{max}}$$

于是可供选用的 R_LC 数值范围为

$$\frac{5 \sim 10}{\omega_s} \leqslant R_LC \leqslant \frac{\sqrt{1-m^2}}{m\Omega_{max}} \tag{4-54}$$

② 从提高输入电阻 R_i 考虑，R_L 应尽可能大，在大信号检波情况下，要求 $R_L \geqslant 2R_i$；为避免产生负峰切割失真，R_L 又应尽可能小，由式（4-51）可求出

$$R_L \leqslant \frac{1-m}{m}R'_L$$

于是可供选择的 R_L 数值范围为

$$2R_i \leqslant R_L \leqslant \frac{1-m}{m}R'_L \tag{4-55}$$

③ 由式（4-54）、式（4-55）选定 R_LC 和 R_L 的数值后，C 的数值亦随之确定。但为了保证输入高频电压能有效地加到二极管两端，应验算是否满足式（4-56），即

$$C \geqslant 10C_0 \tag{4-56}$$

式中，C_0 包括二极管结电容和分布电容。对图4-33检波电路，一般取 $C_1 = C_2 = 0.5C$。

现代收音机电路已大量采用集成电路（例如ULN2204集成（AM/FM）电路），幅度解调部分已用模拟乘法器替代二极管检波。但是仍然在较多场合（例如通信原理的实验研究）人们喜欢采用简单的二极管解调电路，这是上面细致讨论二极管包络检波器的原因之一。

例4-2　在图4-34所示的二极管大信号检波器中，已知输入信号电压为

$$u_s = 0.8(1+0.4\cos 2\pi \times 10^3 t)\cos 2\pi \times 10^7 t \text{ V}$$

二极管正向电阻 $R_D = 100\ \Omega$，下级负载 $R'_L = 2\ \text{k}\Omega$，其他元件参数见图4-34，电位器 R_W 用于音量调节。

试问：（1）检波器的电压传输系数 K_d 和输入电阻 R_i 等于多少？（2）电位器 R_W 的滑动点在音量达到最大值位置时，能否出现负峰切割失真？为什么？

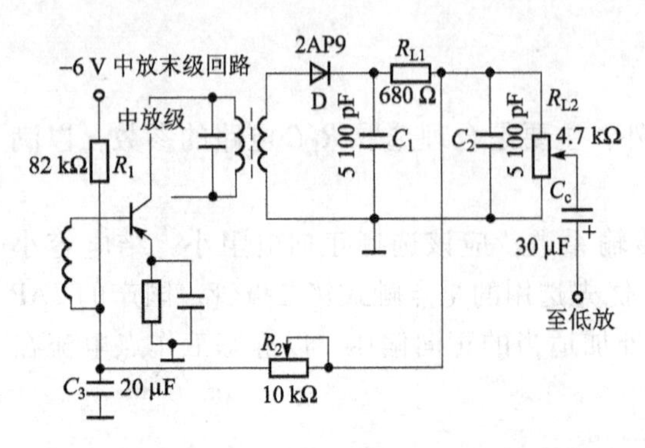

图 4－33　晶体管收音机的检波器及附加电路

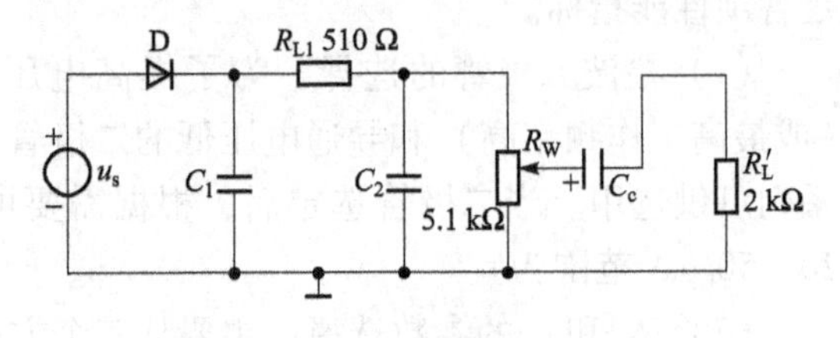

图 4－34　检波输出音量调节

解：（1）依题给出参数可计算：

$$g_D = \frac{1}{R_D} = \frac{1}{100}\ \mathrm{S} = 10^{-2}\ \mathrm{S}$$

直流负载：$R_L = R_{L1} + R_W = (0.51 + 5.1) \times 10^3\ \Omega = 5.61 \times 10^3\ \Omega$

因为　$g_D R_L = 5.61 \times 10^3 \times 10^{-2} = 56.1 > 50$，则

$$\theta \approx \sqrt[3]{\frac{3\pi}{g_D R_L}} \approx \sqrt[3]{\frac{3\pi}{56}} \approx 0.56\ \mathrm{rad}，约\ 32.6°$$

所以　$K_d \approx \cos\theta = \cos 32.6° \approx 0.85$

$$R_i \approx \frac{1}{2}R_L \approx \frac{1}{2} \times 5.61 \times 10^3\ \Omega = 2.805 \times 10^3\ \Omega$$

（2）计算此时交流负载电阻 R_Ω 为

$$R_\Omega = R_{L1} + R_W /\!/ R'_L = 510 + \frac{5.1 \times 2}{5.1 + 2} \times 10^3 = 1.93 \times 10^3\ (\Omega)$$

根据式（4－62）有

$$\frac{R_\Omega}{R_L} = \frac{1.93}{5.61} = 0.34 < 0.4$$

可见，当音量调节到最大时，容易产生负峰切割失真。（上题中，当电位器 R_W 的滑动点在中间值位置时，R_Ω = ?，此时是否出现负峰切割失真?）

4.4.3　同步检波器

前面已提到，对 DSB－SC 波和 SSB 波来说，波形的包络都不直接反映调制规律，因此不能用普通包络检波方法解调，原因在于它们都缺少一个载频分量（在调制过程中被抑制掉了）。为了解调这两种调幅波 $u_s(t)$，可采用图 4－35 所示的框图来实现，即在解调器的输入端另加一个参考信号 $C_R(t)$，它的频率和相位都与发送端的载频分量一样，并保持同步变化，这样就可检出原调制信号，这种检波方式称为同步检波。

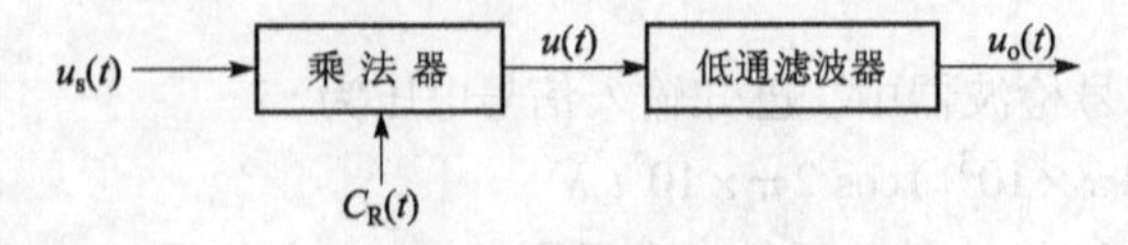

图 4－35　同步检波器框图

同步检波器也称为相干解调器，实际适用于所有线性幅度调制（包括普通 AM 波）信

号的解调。因此，根据式（4-2）表示的已调波，其中认为初相 $\Phi_0=0°$，并有 $\omega_c=\omega_s$，可写为

$$u_s(t)=A(t)\cos\omega_s t$$

而参考载波应与发送载波同频同相，为

$$C_R(t)=\cos\omega_R t=\cos\omega_s t$$

则经乘法器（假定增益系数等于1）后有

$$u(t)=u_s(t)\cdot C_R(t)=A(t)\cos^2\omega_s t=\frac{1}{2}A(t)+\frac{1}{2}A(t)\cos 2\omega_s t \qquad (4-57)$$

显然，式（4-57）右边第一项是所需的调制分量，而第二项是高次分量，可被低通滤波器（LPF）滤除，则解调器的输出为

$$u_o(t)=\frac{1}{2}A(t)\propto m(t) \qquad (4-58)$$

对于单音调制的 DSB-SC 信号来说，同步检波器的输入和输出波形如图4-36所示（未画参考载波波形）。

同步解调器的关键是产生基准 $C_R(t)$，由本地产生的载波，这将在第六章中讲解。

需要注意的是，当本地产生载波与发送端载波只保持频率同步而相位不同步时，相干解调输出信号有相位失真，这对语音通信质量影响较小（因为人耳对相位失真不敏感），但对电视图像信号会有明显影响。另外，当保持相位同步但频率不同时，相干解调输出信号将出现严重失真。因此，实现相干解调的关键在于产生一个参考信号，要求它的频率和相位都与发送端载波保持严格同步。实际上做到这一点是很难的，只能要求频率和相位的不同步量限制在允许值范围内。

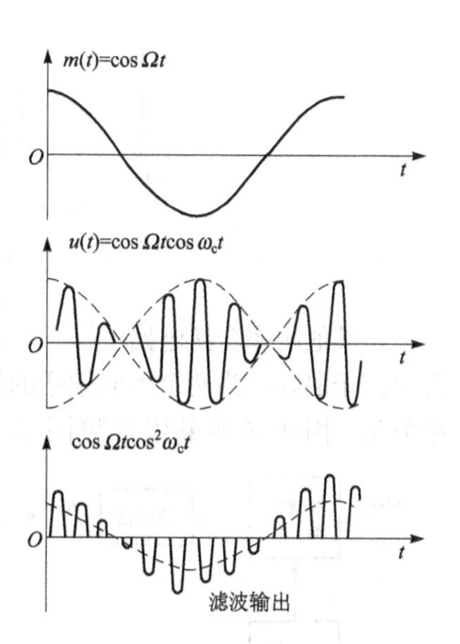

图4-36　同步检波器的输入输出波形

§4.5　混 频 电 路

4.5.1　混频器的作用和组成

混频器是一种典型的频率变换电路。它与倍频器功能相像，即将某一个频率的输入信号变换成另一个频率的输出信号，而保持原有的调制规律不变。倍频器输出信号的频率为输入信号频率的整数倍，即

$$f_o=nf_i \qquad (n=2,3,4,\cdots)$$

而混频器的输出信号频率是两个输入信号频率的和或差，或为两个输入信号谐波频率的和或差，即

$$f_o=Pf_L+qf_s \quad (p,q=\pm1,\pm2,\cdots)$$

式中，f_s 为信号频率；f_L 为本地振荡频率。

混频器的作用可以用图4-37表示，图中分别给出了输入信号和输出信号的波形（时域）和频谱（频域）。当输入信号 u_s 是普通调幅波时，混频器的输出信号 u_o 仍是普通调幅

波，只是载频由f_s变成f_o，当$f_s<f_o$时，称为上混频器；当$f_s>f_o$时，称为下混频器。从频域角度看，混频器的作用是完成频谱搬移，即由f_s附近搬移到f_o附近，而频谱内部结构（或者说调制规律）并不改变。由此可知，当输入信号u_s是一调频波时，混频器的输出将仍然是一调频波，只是调频波的中心频率f_s移到了中频频率f_o处。

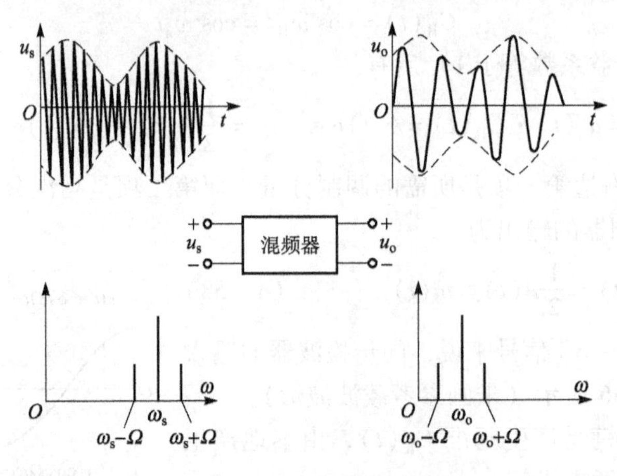

图4-37　混频器作用示意图

与其他频率变换电路一样，混频器的组成必须有非线性器件，§4.1中提到的各种器件都可用于混频。当两个不同频率的信号经过非线性器件作用后，输出信号电流中含有许多频率分量，因此必须采用选频网络（即滤波器）选出所需的频率分量。由此，可得出如图4-38所示的混频器组成框图。图中，本地振荡器用来产生某一固定频率的等幅正弦振荡，它可由单独的非线性器件构成的振荡电路产生，也可与混频器共用一个非线性器件产生。图中的滤波器是带通型，实际上采用的滤波器器件有：中频调谐变压器、三端或五端陶瓷滤波器以及晶体滤波器等；在相对带宽较宽情况下，可采用多节椭圆滤波器（滚降特性很快），或采用声表面波（SAW）滤波器。

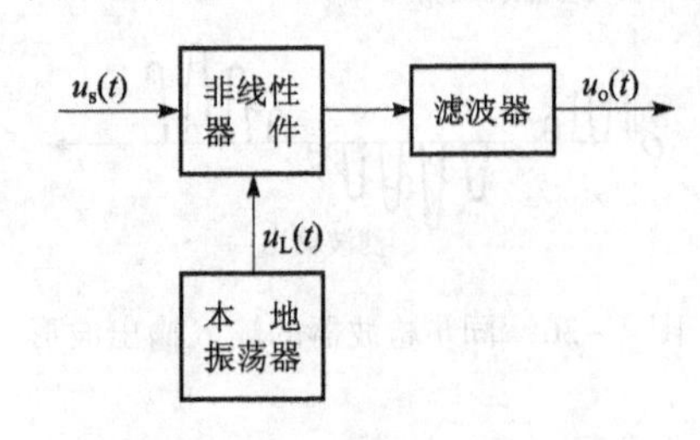

图4-38　混频器组成框图

混频器广泛用于各种电子设备。在发送设备和电子仪器中，利用混频器可改变振荡源输出信号频率；在接收设备里利用混频获得中频信号；在频率合成器中，常用混频器完成频率的加减运算，从而得到各种不同频率的信号。

4.5.2　混频器的类型

混频电路是一典型的频谱搬移电路。它的功能可由时域相乘来完成。相乘可由乘法器组成，也可由非线性器件中的乘积项来完成，对晶体管来说

$$i_c=f(u_{be})$$

可将此项展开成几级数

$$i_c=a_0+a_1u_{be}+a_2u_{be}^2+a_3u_{be}^3+\cdots$$

若u_{be}由两个信号叠加而成$u_{be}=u_c+u_s$，则上式的平方项就可以产生$u_c\times u_s$的乘积项，因此

混频器按工作原理可分为两大类：叠加型混频和乘积型混频。下面分别介绍叠加型混频和乘积型混频。

一、叠加型混频

先将信号电压和本振电压叠加，再作用于非线性器件的混频方式称为叠加型混频。两个不同频率的高频信号叠加（即代数相加），从时域看虽然波形发生了变化，但从频域看它并不包含新的频率分量。因此叠加过程本身仍然是线性的，只有通过非线性器件才能实现混频。

1. BJT 混频电路

当采用晶体管（BJT）作为混频器件时，所组成的叠加混频原理电路如图 4－39 所示。设输入信号 u_s、本振电压 u_L 及静点电压 U_{BQ} 作用到发射结上；集电极输出回路调谐在中频 f_I 上，输出电压为 u_I。则

$$u_{be}=u_L+u_s+U_{BQ} \tag{4-59}$$

其中假设 $u_s=U_{sm}\cos\omega_s t$（等幅波），而 $u_L=U_{Lm}\cos\omega_L t$。通常 $U_{Lm}\gg U_{sm}$。

这时在 BJT 的基极作用有三个电压，即 $u_{be}=u_L+u_s+U_{BQ}$。若把大信号 u_L 和直流偏压 U_{BQ} 看成 BJT 的时变偏置（u_L+U_Q）而 u_s 看成交流信号，如图 4－40 所示这样对于小信号 u_s 而言，电路就成了参量随时间变化的线性电路。这样可以采用时变参量法来分析此电路。首先将 $i_c=f(u_{be})$ 在时变偏压 $U_{BQ}+U_{Lm}\cos\omega_L f$ 上展开。

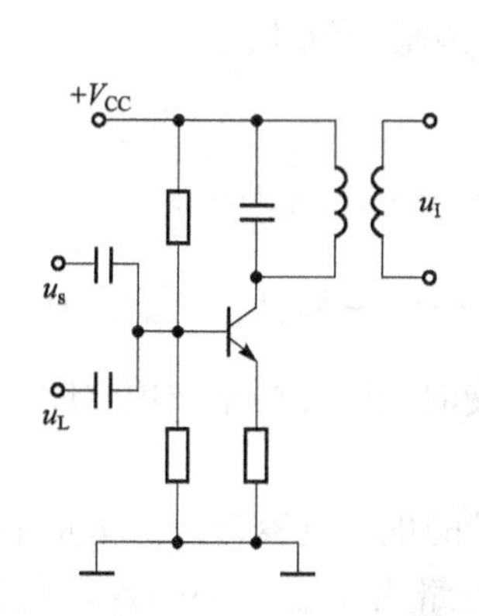

图 4－39　BJT 混频器原理电路

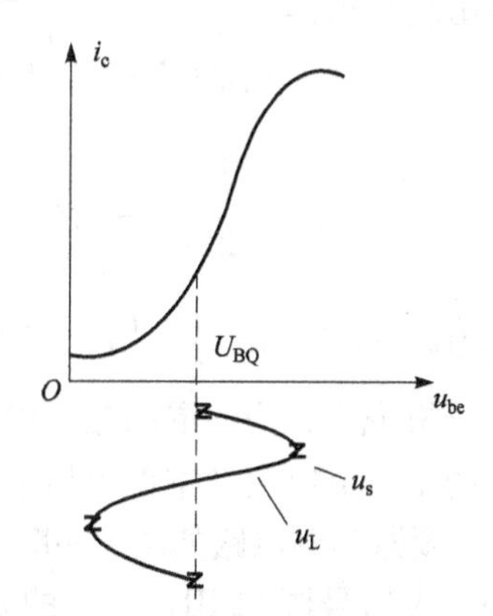

图 4－40　时变参量的转移特性

$$i_c=f(u_{be})\Big|_{u_{be}=U_{Lm}\cos\omega_L t+U_{BQ}}+\frac{\partial f(u_{be})}{\partial t}\Big|_{u_{be}=U_{Lm}\cos\omega_L t+U_{BQ}}\cdot u_s+\frac{1}{2}\frac{\partial^2 f(u_{be})}{\partial t^2}\Big|_{u_{be}=U_{Lm}\cos\omega_L t+U_{BQ}}\cdot u_s^2+\cdots \tag{4-60}$$

由于 u_s 为小信号，可忽略 u_s^2 以上项可得

$$i_c=I_o(t)+g(t)\cdot u_s \tag{4-61}$$

$I_o(t)=f(u_{be})\Big|_{u_{be}=U_{Lm}\cos\omega_L t+U_{BQ}}$ 为工作点的电流，$g(t)=\frac{\partial f(u_{be})}{\partial t}\Big|_{u_{be}=U_{Lm}\cos\omega_c t+U_{BQ}}$ 为时变跨导。

从上述两式可看出 $I_o(t)$ 和 $g(t)$ 均为周期函数，其周期为本振电压周期 $T_L=\frac{2\pi}{\omega_L}$；将此两项

展开为三角级数并代入式（4-61）得

$$i_c = (I_{Q0} + I_{Q1}\cos\omega_L t + I_{Q2}\cos 2\omega_L t + \cdots) + (g_0 + g_{1m}\cos\omega_L t + g_{2m}\cos 2\omega_L t + \cdots)\cdot U_{sm}\cos\omega_s t$$

在上式可以找出中频（$\omega_L - \omega_s$）电流的幅度 I_{Im}，即

$$I_{Im} = \frac{1}{2}g_{1m}U_{sm}$$

定义

$$g_c = \frac{I_{Im}}{U_{sm}} = \frac{1}{2}g_{1m}$$

为变频跨导。

例 4-3　已知一 BJT 混频器其转移特性为

$$i_c = a_0 + a_1 u_{be} + a_2 u_{be}^2 + a_3 u_{be}^3 + a_4 u_{be}^4$$

$$u_{be} = U_{BQ} + U_{sm}\cos\omega_s t + U_{Lm}\cos\omega_L t;\ 并\ U_{Lm} \gg U_{sm}$$

试求其中频电流幅度 I_{Im}。

解：求时变跨导 $g(t)$

$$g(t) = a_1 + 2a_2 u_{be} + 3a_3 u_{be}^2 + 4a_4 u_{be}^3 \Big|_{u_{be}=U_{Lm}\cos\omega_L t + U_{BQ}}$$

$$= a_1 + 2a_2(U_{BQ} + U_{Lm}\cos\omega_L t) + 3a_3(U_{BQ} + U_{Lm}\cos\omega_L t)^2 + 4a_4(U_{BQ} + U_{Lm}\cos\omega_L t)^3$$

展开并找出基波项得

$$g_{1m} = 2a_2 U_{Lm} + 6a_3 U_{BQ} U_{Lm} + 12a_4 U_{BQ}^2 U_{Lm} + 3a_4 U_{Lm}^2$$

则

$$g_c = \frac{1}{2}g_{1m} = a_2 U_{Lm} + 3a_3 U_{BQ} U_{Lm} + 6a_4 U_{BQ}^2 U_{Lm} + \frac{3}{2}a_4 U_{Lm}^2$$

$$I_{Im} = g_c \cdot U_{sm} = (a_2 U_{Lm} + 3a_3 U_{BQ} U_{Lm} + \frac{3}{2}a_3 U_{Lm}\cdot U_{sm} + 3a_4 U_{Lm} U_{sm}^2)\cdot U_{sm}$$

以上分析说明，为使混频输出中频电流幅度大，应使时变跨导中基波项幅度大，这就需要有合适的工作点电流及本振电压幅度（图 4-41）。

BJT 混频器实例电路如图 4-42 所示。图中，1.2 pF 的耦合电容是为了防止本振电路的阻抗影响输入信号源与 BJT 之间的阻抗匹配。该混频电路当 $U_{Lm} = 500$ mV，$U_{sm} = 1$ mV，$I_e = 0.5$ mA时，可给出近似为 30 dB 的混频增益。

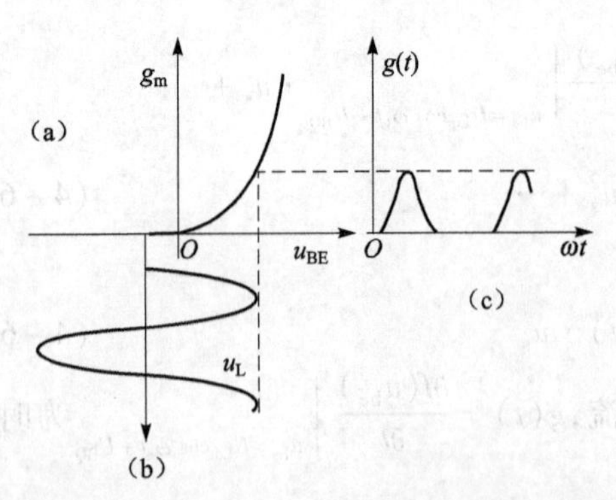

图 4-41　静态跨导 g_m 曲线和时变跨导 $g(t)$ 波形

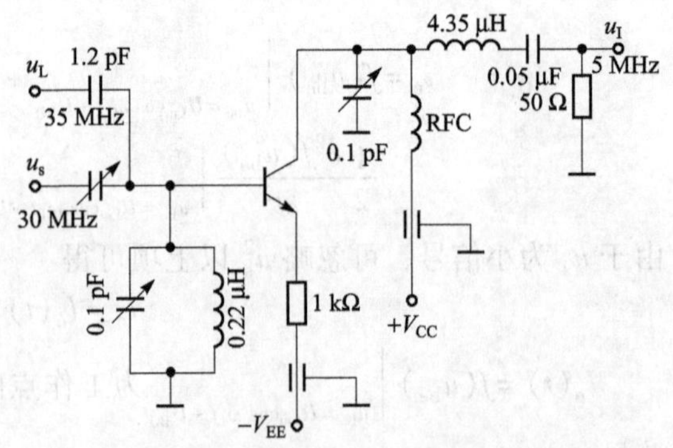

图 4-42　BJT 混频器实例

2. FET 混频电路

场效应管（FET）的转移特性有较理想的平方律特性，用它作为混频器时，输出电流中包含的组合频率分量比 BJT 混频器要少得多，这是 FET 混频器的一个最大优点。另外，FET 的输入动态范围比较大（约为 BJT 的 10 倍），噪声系数比较小，因此 FET 混频器在短波和超短波接收机中得到广泛应用。

图 4 –43 为场效应管混频原理电路。图中，漏极 LC 回路调谐在中频（$\omega_I=\omega_L-\omega_s$），信号电压 u_s 和本振电压 u_L 分别由栅极和源极馈入。

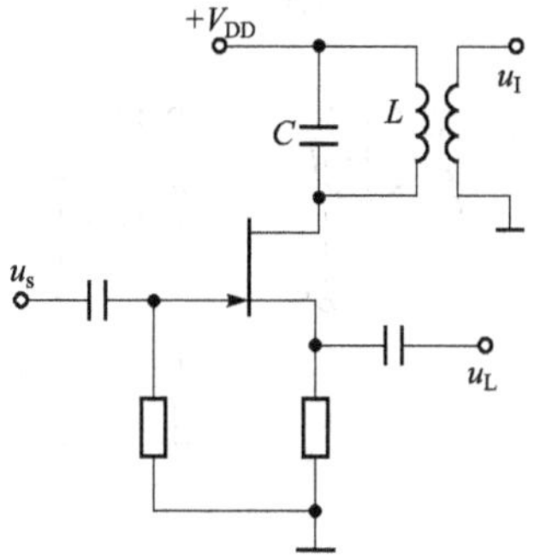

已知 N 型沟道结型 FET 的转移特性为

$$i_D=I_{DSS}\left(1-\frac{u_{GS}}{V_p}\right)^2 \tag{4-62}$$

式中，$V_p\leqslant u_{GS}\leqslant 0$；$I_{DSS}$ 为漏极饱和电流（即 $u_{GS}=0$ 时的 i_D）；V_p 为夹断电压（$V_p<0$）。设栅极直流偏压为 u_{GSQ}，则由图可写出栅－源的电压 u_{GS} 为

图 4 –43　FET 混频原理电路

$$u_{GS}=u_{GSQ}+u_s-u_L$$

将上式代入式（4 –62），可得

$$i_D=\frac{I_{DSS}}{V_p^2}[(V_p-u_{GSQ})^2+(u_L-u_s)^2+2(u_L-u_s)(V_p-u_{GSQ})] \tag{4-63}$$

式（4 –63）中只有（u_L-u_s）^{2} 项能产生中频电流，当 $u_L=U_{Lm}\cos\omega_L t$，$u_s=U_{sm}\cos\omega_s t$ 时，由式（4 –63）可求出中频电流幅度为

$$I_{Im}=\frac{I_{DSS}}{V_p^2}U_{sm}U_{Lm} \tag{4-64}$$

FET 选定后，I_{DSS}、V_p 是常数；本振电压幅度 U_{Lm} 根据需要选定，也是常数。因此 $I_{Im}\propto U_{sm}$，当输入为调幅波时，则输出中频电流也为调幅波，其包络与输入信号相同。

下面给出实例电路，分为 JFET 和 MOSFET 两种。

采用 JFET 组成的共源混频器如图 4 –44 所示。这是一个由栅极同时注入信号和本振的混频电路，工作频率为 200 MHz。图中，输出端中频回路采用较为复杂的 π 形网络，以便与管子的高输出阻抗尽可能实现匹配，获得较大的变频功率增益。其中 L_3C_5 并联回路为本振

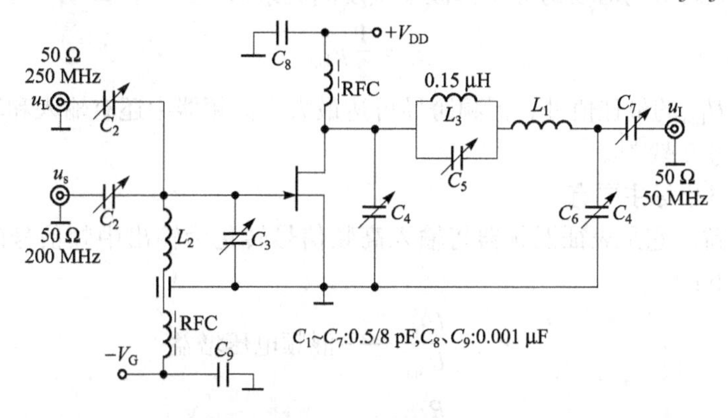

图 4 –44　共源混频器实例

陷波器，它对本振频率呈现高阻抗，阻止本振电压从输出端漏出。

在实际设计中，应注意到N型结型FET的转移特性与理想平方律有差别。实验表明，为充分利用平方律特性区，兼顾变频增益和减小失真，通常选 $0.2|V_p| \leqslant U_{Lm} \leqslant 0.8|V_p|$，$u_{GSQ}=0.8V_p$。

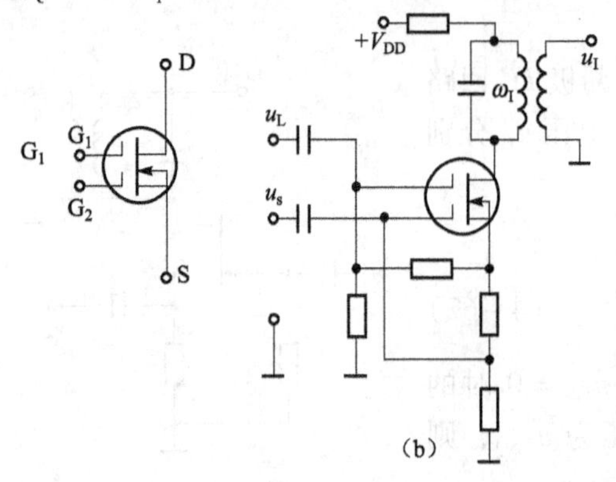

图4－45　双栅MOSFET混频电路

双栅MOSFET的栅－漏间电容很小（<0.1 pF），而正向传输导纳较大（约20 ms），尤其是双栅结构很适宜作超高频段混频器。图4－45为N沟道双栅MOSFET混频电路。双栅MOSFET的 i_D 受到双重控制，栅极 G_1 的控制作用更为灵敏，通常将输入信号 u_s 接到栅极 G_1，本振电压 u_L 接到栅极 G_2。直流偏置应使双栅MOSFET工作在放大区，此时，漏极电流表示为

$$i_D=g_{m1}u_s+g_{m2}u_L \qquad (4-65)$$

式中，$g_{m1}=a_0+a_1u_s+a_2u_L$，$g_{m2}=b_0+b_1u_s+b_2u_L$ 代入式（4－65）得

$$i_D=a_0u_s+a_1u_s^2+(a_2+b_1)u_su_L+b_0u_L+b_2u_L^2 \qquad (4-66)$$

其中 $(a_2+b_1)u_su_L$ 项引起中频电流，其余分量被输出回路滤除。式中常数 a_0、a_1、a_2、b_0、b_1、b_2 由直流偏置及双栅MOSFET本身决定。对于MOSFET，它不工作到绝缘栅的正向导通区。

3. 主要参数与质量指标

混频跨导是混频器的一个主要参数。混频跨导定义为中频电流幅度 I_{Im} 与输入高频信号电压幅度 U_{sm} 之比，即

$$g_c=\frac{I_{Im}}{U_{sm}}$$

它表征混频器把输入信号电压转换为中频电流的能力。对于FET混频器，混频跨导可由式（4－64）得出为

$$g_c=\frac{I_{DSS}}{V_p^2}U_{Lm}$$

可推导出BJT混频跨导与时变跨导中基波项幅度间关系为

$$g_c=\frac{1}{2}g_{1m}$$

通常在本振电压 U_{Lm} 的最佳值处，混频跨导可达最大。混频器中还有输入和输出阻抗等其他参数，详细见参考文献[9]。

混频器的质量指标主要有

（1）混频增益。它是表征混频器将输入高频信号转化为输出中频信号的能力，可按电压或功率定义如下：

$$A_{uc}=\frac{U_{Im}}{U_{sm}} \text{——混频电压增益}$$

$$A_{pc}=\frac{P_I}{P_s} \text{——混频功率增益}$$

式中，U_{Im}、P_{I} 分别为输出中频信号电压振幅和功率；U_{sm}、P_{s} 分别为输入高频信号电压振幅和功率。在工程上常用 dB 作为混频增益的单位。分析表明[9]，为提高混频增益，应增大管子的混频跨导和中频回路的谐振阻抗。

（2）选择性。由于非线性器件使用，混频器的输出电流中包含很多频率分量，但其中只有一个频率分量是所需的。选择性表征混频器对那些无用的频率分量的抑制能力，提高选择性的主要措施是使选频网络的幅频特性接近于矩形。

（3）噪声系数。用作混频的非线性器件都会产生一定的噪声，它对整个接收机的噪声系数影响很大，尤其是在没有高放的接收机中更是如此。反映混频器噪声性能的噪声系数定义为

$$N_{\mathrm{F}}(\mathrm{dB})=\frac{\text{混频输入信噪比}}{\text{混频输出信噪比}}(\mathrm{dB})$$

噪声系数 N_{F} 主要取决于所用器件的类型及其工作点电流大小，设计混频器时必须予以足够重视。

在解调器输入端产生指定的信噪功率比时，接收机最前端能够收到的最小载波信号电压，称为接收机的信噪比灵敏度。实际在很大程度上，接收机内部产生的噪声决定着灵敏度。当混频器处在接收机最前端时，主要是混频器输出噪声决定着接收机的灵敏度。可见，为了提高接收机灵敏度，必须降低前端电路的输出噪声，因此接收机输入级应尽量采用低噪声器件。

根据混频器噪声系数 N_{F} 定义，可写

$$N_{\mathrm{F}}=\frac{P_{\mathrm{si}}/P_{\mathrm{ni}}}{P_{\mathrm{so}}/P_{\mathrm{no}}}=\frac{1}{A_{P\mathrm{c}}}\cdot\frac{P_{\mathrm{no}}}{P_{\mathrm{ni}}}$$

式中，输入信号功率和噪声功率分别为 P_{si} 和 P_{ni}，相应的输出信号功率和噪声功率分别为 P_{so} 和 P_{no}，在指定带宽内的功率增益为 $A_{P\mathrm{c}}$。注意公式中的 P_{so} 就是前面文字中的 P_{I}。

除了接收机前端电路本身噪声起着很大影响之外，显然前端电路的 $A_{P\mathrm{c}}$ 也会起不小影响。从上面公式知道，N_{F} 基本上与 $1/A_{P\mathrm{c}}$ 成正比，它表明混频器增益愈大时接收机的灵敏度就愈高。

（4）失真和干扰。将在 4.6.3 中说明这一质量指标。

二、乘积型混频

将信号电压和本振电压通过乘法器电路直接相乘，再由选频网络取出所需频率分量（和频或差频）实现混频，称为乘积型混频。其工作原理与乘积型调幅器十分类似，只是将调制信号换成本振信号即可。乘积型混频的特点是输出电流中无用频率分量少，因而产生的各种干扰和失真就比叠加型混频少。随着集成电路与组件的发展，乘积型混频日益广泛应用。

1. 模拟乘法器构成的混频器

利用模拟乘法器实现混频，其原理十分简单，将信号 u_{s} 与本振 u_{L} 分别加到模拟乘法器的两输入端，则其输出电流为

$$i=Ku_{\mathrm{s}}u_{\mathrm{L}}=Ku_{\mathrm{sm}}u_{\mathrm{Lm}}\cos\omega_{\mathrm{s}}t\cos\omega_{\mathrm{L}}t=\frac{1}{2}KU_{\mathrm{sm}}U_{\mathrm{Lm}}[\cos(\omega_{\mathrm{L}}+\omega_{\mathrm{s}})t+\cos(\omega_{\mathrm{L}}-\omega_{\mathrm{s}})t]$$

由滤波器取出差频（$\omega_{\mathrm{L}}-\omega_{\mathrm{s}}$）分量，可获得中频输出，实现混频。

采用模拟乘法器 MC1496 构成的混频电路如图 4－46 所示。图中，本振电压 u_{L} 由引脚 10（X 通道）输入，信号电压 u_{s} 由引脚 1（Y 通道）输入，混频后的中频频率为 $f_{\mathrm{I}}=9$ MHz，由引脚 6 经过 π 形带通滤波器输出中频电压 u_{I}。该滤波器的通频带约为 450 kHz，

除作选频外还起阻抗变换作用，以获得较高变频增益。当 $f_s = 30$ MHz，$U_{sm} \leqslant 15$ mV，$f_L = 39$ MHz，$U_{Lm} = 100$ mV 时，电路的变频增益可达 13 dB。为减小输出信号波形失真，引脚 1 与引脚 4 之间接有平衡调节电路，应仔细调整。

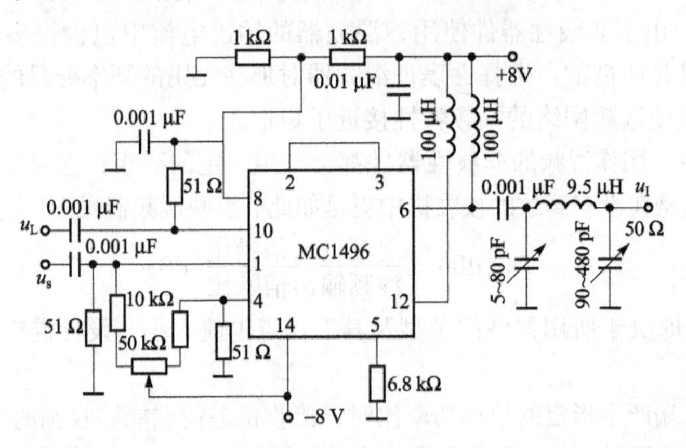

图 4-46　MC1496 混频器实例

总的来说，模拟乘法器混频具有以下优点：

（1）混频输出电流频谱较为纯净，可大大减少接收机中的寄生通道干扰。

（2）对本振电压的幅度限制不很严格，一般说来，其大小只影响变频增益而不引起信号失真。

现在，已有多种集成混频芯片，它将模拟乘法器与本地振荡器集成到一起，使用起来很方便。

2. 双平衡混频/调制组件

前已指出，采用宽带传输线变压器和四个特性一致的肖特基二极管组成的双平衡混频/调制组件，有极宽的工作频段（从几十千赫到几千兆赫），从其工作原理来看，能实现较理想的相乘功能，可广泛运用于各种线性频谱搬移电路。由双平衡混频/调制组件构成的混频器，它同样也是乘积型混频的一种电路形式。下面扼要地说明双平衡混频/调制组件的相乘功能。

双平衡混频/调制组件的内部电路如图 4-47（a）所示。它又称为环形混频/调制器，实际上可看成由图 4-47（b）和图 4-47（c）两个平衡混频/调制电路所组成。假定图中四个二极管特性由式（4-67）表示

$$i_D = a_0 + a_1 u_D + a_2 u_D^2 + \cdots \tag{4-67}$$

输入变压器和输出变压器都具有理想对称结构。

由图 4-47（b）看出，加到 D_1、D_2 上的电压分别为

$$u_{D1} = u_L + u_s$$

$$u_{D2} = u_L - u_s$$

则流过 D_1、D_2 的电流分别为

$$i_{D1} = a_0 + a_1(u_L + u_s) + a_2(u_L + u_s)^2 + \cdots$$

$$i_{D2} = a_0 + a_1(u_L - u_s) + a_2(u_L - u_s)^2 + \cdots$$

而输出差动电流为

$$i_I \propto i_{D1} - i_{D2} = 2a_1 u_s + 4a_2 u_s u_L + \cdots$$

由图 4－47（c）看出，加到 D_3、D_4 上电压分别为

$$u_{D3} = -(u_L + u_s)$$

$$u_{D4} = -(u_L - u_s)$$

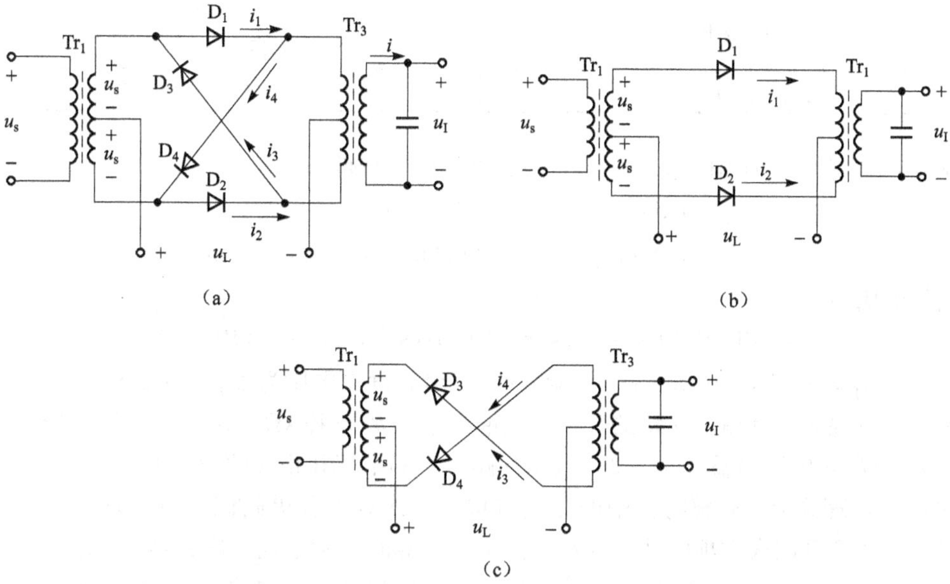

（a）　　（b）

（c）

图 4－47　双平衡混频电路

则流过 D_3、D_4 的电流分别为

$$i_{D3} = a_0 - a_1(u_L + u_s) + a_2(u_L + u_s)^2 + \cdots$$

$$i_{D4} = a_0 - a_1(u_L - u_s) + a_2(u_L - u_s)^2 + \cdots$$

而输出差动电流为

$$i_{\text{II}} \propto i_{D3} - i_{D4} = -2a_1 u_s + 4a_2 u_s u_L + \cdots$$

双平衡混频/调制组件负载上总电流为

$$i \propto i_{\text{I}} + i_{\text{II}} = 8a_2 u_s u_L + \cdots \qquad (4-68)$$

在总电流中不出现本振基波和各次谐波分量等，总电流的频谱一般表示为

$$P\omega_L \pm q\omega_s$$

式中，P、q 为奇数。可见，其频谱组成较为纯净，双平衡混频/调制组件可以实现较理想的相乘作用。

实际金属封装的双平衡混频/调制组件中，习惯上规定 u_s、u_L、u_I 端口分别用 RF、LO、IF 表示。各个端口的匹配阻抗均为 50 Ω。整体外形尺寸、引脚排列如图 4－48 所示，主要性能如表 4－3 所示。

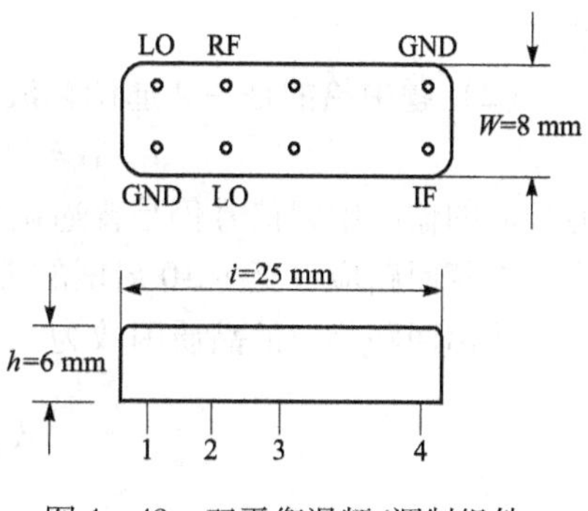

图 4－48　双平衡混频/调制组件

表 4－3　双平衡混频器性能

频率范围/MHz	0.003～4 200
变频损耗/dB	典型值　5.5～6.5

续表

隔离度/dB	典型值　LO→IF　35 LO→RF　30
本振电平/dBm	+7、+10、+13 +17、+23
失真假响（$P-q$）	（只有较小奇数组合）

例4-4　某叠加型BJT混频器中，若BJT的转移特性为

$$i_c=0.5+0.7(u_{be}-0.2)+0.3(u_{be}-0.2)^2+0.01(u_{be}-0.2)^3+0.005(u_{be}-0.2)^4\quad \text{mA}$$

输入信号电压为

$$u_s=0.001(1+0.5\cos\pi\times10^4t)\cos2\pi\times1\,465\times10^3t\quad \text{V}$$

本振电压为 $u_L=0.25\cos2\pi\times1\,930\times10^3t$ V，晶体管静点电压为 $U_{BQ}=0.2$ V。

采用向下混频，且输出回路的等效并联谐振电阻 $R_p=40\ \text{k}\Omega$。试求：（1）该混频器的混频跨导 g_c 及混频电压增益 A_{uc}？（2）输出回路应有的带宽和相应的 Q_p 值。

解：（1）理论上，转移特性中的二次方项、四次方项及更高偶次方项均会产生中频电流分量，但注意到四次方项的系数很小，故本题计算时只考虑到二次方项。

从题给条件可知，$a_2=0.3\ \text{mA/V}^2$。对于所求参数来说，先求 $A_{uc}=U_{Im}/U_{sm}$ 较为简略，根据式（4-59）可得

$$U_{Im}=a_2U_{sm}U_{Lm}R_p$$

所以　$A_{uc}=a_2U_{Lm}R_p=0.3\times10^{-3}\times0.25\times40\times10^3=3$。

实际上中频电流幅度 $I_{Im}=a_2U_{sm}U_{Lm}$，根据混频跨导的定义 $g_c=\dfrac{I_{Im}}{U_{sm}}$，则有

$$g_c=a_2U_{Lm}=0.3\times10^{-3}\times0.25\ \text{ms}=0.075\ \text{ms}$$

另外，本题也可根据 $g_c=\dfrac{1}{2}g_{1m}$ 求解，由于有 $g_{1m}=2a_2U_{Lm}$，也可得到与按定义计算一致的结果。

（2）题中给的是一普通调幅波信号，其占有带宽为 $B=2F$，已给 $F=5\,000$ Hz，则有

$$B=2F=2\times5\,000\ \text{Hz}=10\times10^3\ \text{Hz}$$

混频后的输出中频信号仍是普通调幅波，只是载频变为465 kHz，而其带宽不应变化，所以输出中频回路应有至少10 kHz的带宽。

输出回路相应的品质因数为

$$Q_p\approx\frac{f_0}{\Delta f_{0.7}}=\frac{465\times10^3}{10\times10^3}\approx47$$

4.5.3　混频过程中产生的干扰和失真

一、组合频率分量干扰

从前面分析可知，混频器在信号电压和本振电压共同作用下，不仅产生所要求的频率分量，而且产生许多无用的组合频率分量，即

$$f_o = Pf_L + qf_s \quad (P, q = 0, \pm 1, \pm 2 \cdots)$$

但这些组合频率分量并不都能在混频器输出端出现，只有落入输出滤波器通带内的那些频率分量才能输出，即满足式（4-69）

$$f_I - \Delta f_{0.7}/2 \leqslant Pf_L + qf_s \leqslant f_I + \Delta f_{0.7}/2 \tag{4-69}$$

才能有输出。式中 f_I 和 $\Delta f_{0.7}$ 分别为混频器输出滤波器的中心频率和通带。

混频器产生的组合频率分量，其电平是不同的，一般说来，随着 $|P|$ 和 $|q|$ 的增大，组合频率分量的电平是减小的。因此，主要考虑较小的 $|P|$、$|q|$ 值分量所形成的干扰。

1. 寄生通道干扰

由于混频器前端电路选择性不够好，在混频器输入端除有用信号外，还有干扰电压作用，它同样可以与本振电压产生混频作用。设干扰电压频率为 f_t，则产生组合频率分量为 $Pf_L + qf_t$ 当满足：

$$Pf_L + qf_t \approx f_I \tag{4-70}$$

时，就会有中频干扰电压输出，经过中频放大器等各级电路，在接收机输出端形成干扰。这种干扰称为寄生通道干扰。对应于频率变换 $f_L - f_s = f_I$ 的通道称为主通道，其余的通道称为寄生通道或副通道。

由式（4-70）可求出在给定 f_I 和 f_L（或 f_s）的情况下，能产生寄生通道干扰的外界干扰频率为

$$f_t = -\frac{P}{q}f_L + \frac{1}{q}f_I \tag{4-71}$$

式中，p、q 可为正负整数值。其中变换能力最强的主要有两组值：

$$P = 0,\ q = 1:\ f_t = f_I$$

$$P = -1,\ q = 1:\ f_t = f_L + f_I = f_s + 2f_I$$

分别称为中频干扰和镜像干扰，其分布情况如图 4-49 所示。只要这两种干扰电压进入混频器信号输入回路，混频器自身就很难予以削弱或抑制。

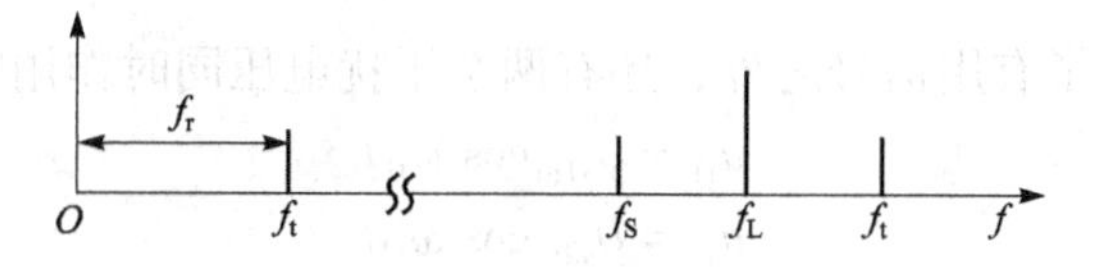

图 4-49　中频干扰和镜像干扰分布情况

2. 干扰啃叫

混频器输入端仅有信号电压输入，它与本振电压产生混频作用后，在输出端除了有 $f_L - f_s = f_I$ 的有用中频分量外，还可能有满足式（4-69）的组合频率分量落入中频滤波器的通带内，这些无用分量也可以通过后面的中频放大器，两者经检波器的非线性作用就会产生差拍信号，这时在接收机输出端可以听到一种哨叫，称为干扰哨叫。它与外界干扰电压无关。

设 $f_L > f_s > f_I \gg \Delta f_{0.7}$，则由式（4-69）可得

$$f_s \approx \frac{1-P}{q+P} f_I \tag{4-72}$$

式（4－72）表明，可能产生干扰哨叫的输入信号频率有许多个（对应不同的 P、q 值）。但实际上只有落在接收频段内的信号才有可能产生干扰哨叫。

例如，中波段广播为535～1 605 kHz，收音机中频为465 kHz，根据式（4－72）可求出可能产生干扰哨叫的信号频率为

$$P=-1,\ q=2:\ f_s \approx 2f_I = 930\ \text{kHz}$$

$$P=-2,\ q=3:\ f_s \approx 3f_I = 1\ 395\ \text{kHz}$$

$$\vdots$$

其中 $|P|$、$|q|$ 取值较小时对应的信号频率（930 kHz）所产生的干扰哨叫最为严重，这是通常在930 kHz处不设电台原因。应当说明，现代收音机性能优越，基本上见不到干扰哨叫现象。

二、非线性失真的产生

1. 交叉调制失真

当混频器输入端有用信号电压 u_s 和干扰电压 u_t 同时作用时，若两个电压均为调幅波，则通过混频器的非线性作用，使输出中频信号的包络上叠加有干扰电压的包络，从而造成有用信号的包络失真，这种现象称为交叉调制失真（cross-modulation），简称交调失真。其特点是，在有用信号存在的同时，就有干扰电压的包络存在，一旦有用信号消失，干扰电压的包络也随之消失。

若计入四次方项并令 $u_{be}=u_L+u_s+u_t+V_{BQ}$，$u_{be}$ 的二次方项（展开式中的 $2a_2u_Lu_s$）、四次方项（展开式中的 $4a_4u_L^3u_s+4a_4u_Lu_s^3+12a_4u_Lu_su_t^2$）及更高偶次方项均会产生中频电流分量，其中 $12a_4u_Lu_su_t^2$ 产生的中频电流分量振幅为 $3a_4U_{Lm}U_{sm}U_{tm}^2$，其值与 U_{tm} 有关。这就表明，中频电流分量振幅中含有干扰信号的包络变化。这种失真是将干扰信号的包络交叉地转移到输出有用中频信号上去，当信号消失（$U_{sm}=0$）时，失真项也将随之消失。它无须有用信号与干扰信号之间发生频率联系。

2. 互相调制失真

当混频器输入端除了有用信号之外，还有两个干扰电压同时作用时，它们分别为

$$u_{t1}=U_{t1m}\cos\omega_{t1}t$$

$$u_{t2}=U_{t2m}\cos\omega_{t2}t$$

由于混频器的非线性，这两个干扰电压与本振电压 u_L 相互作用会产生组合频率分量：

$$|\pm mf_{t1} \pm nf_{t2} \pm Pf_L|$$

当这些组合频率分量满足式（4－73）：

$$mf_{t1}+nf_{t2}+Pf_L \approx f_I \quad (m,n,P=0,\pm1,\pm2,\cdots) \tag{4-73}$$

则混频器输出端便有寄生中频分量，使有用的中频信号分量产生失真。这种由于干扰电压之间相互作用而引起对信号的失真，称为互相调剂失真（inter－modulation），简称互调失真。

互调失真也是由器件非线性特性四次方项或更高偶次项所产生，在 $f_I \ll f_L$、f_{t1}、f_{t2} 情况下，最强的互调干扰组合频率分量为

$$2f_L-f_{t1}-f_{t2} \approx f_I$$

$$2f_{t1}-f_L-f_{t2} \approx f_I$$

$$2f_{t2}-f_L-f_{t1}\approx f_I$$

这些分量均由非线性四次项产生，习惯上则称为三阶互调失真。如上述所述，产生互调干扰的两个无用信号频率之间必须满足某种关系。

三、减小干扰和失真的措施

总的说来，可以采取以下具体方法，减小组合频率干扰：

（1）提高混频器前端电路的选择性。这主要是指提高接收机输入端天线回路和高频放大器输出回路的滤波性能，并适当降低高放的增益。这样可减小进入混频器的信号幅度和干扰电压幅度，从而减小干扰哨叫和寄生通道干扰。

（2）适当选择中频的数值。对波段接收机来说，首先应将中频选在接收频段之外，其次应考虑将中频选得高一些，因为这样有利于滤除镜像频率干扰及某些寄生通道干扰。在现代短波通信接收机中，广泛采用高中频方案，即选$f_I>f_s$，同时混频后的中频放大器，相应采用晶体滤波器作为它的中频滤波网络，以克服因中频提高而导致选择性差的缺点。

（3）适当选择混频器的工作点。使混频器工作在器件非线性较弱的区域，可以减小组合频率分量的数目或幅度。一般只需将工作点设置在平方律特性为主的区域内，而本振电压幅度不宜过大，并且要求本振电压的波形尽可能接近正弦形，以减小本振电压的谐波分量。

（4）适当选择混频器件和电路。由前面分析知道，场效应管、模拟乘法器以及各种平衡混频电路，它们都可以不同程度地减少组合频率分量数目，实际设计时应优先选用这类器件。

以上措施除了（2）外，也都是减小混频器的交调和互调失真方法。应当指出，交调失真和互调失真在电压放大器中也不同程度的存在，原因是用作放大的器件本质上仍然是非线性的，只是在一定条件下近似认为是线性的。对电压放大器的交调失真、互调失真的减小方法，可以参照上面的几种措施。因无本振加入，减小电压放大器失真的方法显得简单些。而对于功率放大器来说，如前章所述，减小交调和互调失真要付出代价，这里不赘述。

习　题

4-1　试按图 P4-1 所示两种调制信号波形，画出相应的 DSB-SC 波示意波形图。假定载波为 $a(t)=A\cos 2\pi f_c t$ 及有 $f_c\gg F_{max}$，F_{max}是基带中最高频率分量，并认为调幅度 $m=1$。

4-2　试按图 P4-2 所示调制信号波形，画出两种情形下的普通调幅波的示意波形：（1）当调幅度 $m=1$时；（2）当调幅度 $m=0.5$ 时。

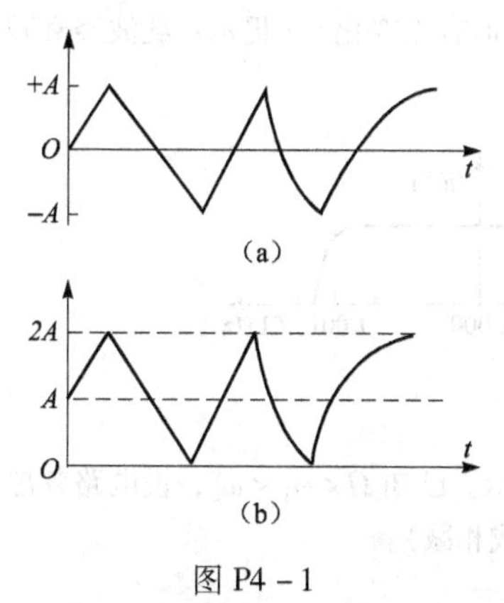

图 P4-1

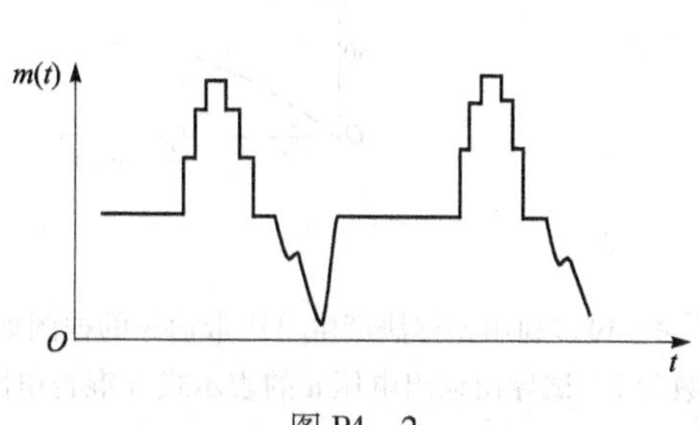

图 P4-2

4-3 试画下列两种已调幅波的电压波形和频谱图。

（1）$u(t)=5\cos\Omega t\cos\omega_c t(V)(\omega_c\gg\Omega)$；

（2）$u(t)=(5+3\cos\Omega t)\cos\omega_c t(V)(\omega_c\gg\Omega)$；

4-4 图 P4-4 是用频率为 1 000 kHz 的载波信号传送某一多音调制信号的频谱图，试画出相应实现框图，并写出相应已调波电压表达式。

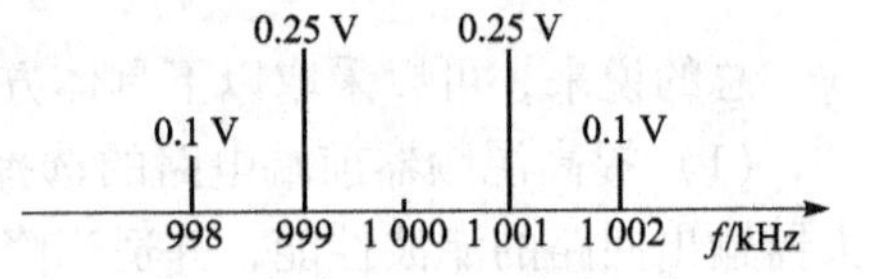

P4-4

4-5 某调幅发射机载频为 720 kHz，载波功率为 500 W；调制信号包含两个频率分量 0.5 kHz 和 0.8 kHz；平均调制系数 $m=0.3$。试求：

（1）该调幅波包含哪些频率分量？

（2）该调幅波占据的频带宽度为多少？

（3）该调幅波的总功率和边频功率各为多少？

4-6 给出一个调幅电流波为

$$i=10(1+0.8\cos 10^4\pi t)\sin 2\pi\times10^6 t\ \text{mA}$$

将该电流输入到一个调谐在载频的并联 RLC 回路，该回路 $Q_0=100$，等效并联谐振电阻 $R_p=1\ \text{k}\Omega$，试求：

（1）该电流的各个频率分量的幅度和频率。

（2）调谐回路两端电压的各个频率分量的幅度。

（3）电流波和调谐回路两端电压的调幅系数各为多少？

（4）若调谐回路的 Q_0 值减小，则电压波的调幅系数将增加还是减小？从中得出什么结论？

4-7 当两个输入电压 u_1、u_2 的幅度都远大于 26 mV 时，利用双曲线正切函数的开关特性，即当 $|x|\gg1$ 时

$$\text{th}x\approx\begin{cases}+1,\ x>0\\-1,\ x<0\end{cases}$$

分析模拟乘法器输出电流频谱。（提示：将开关特性展成傅里叶级数形式求解）

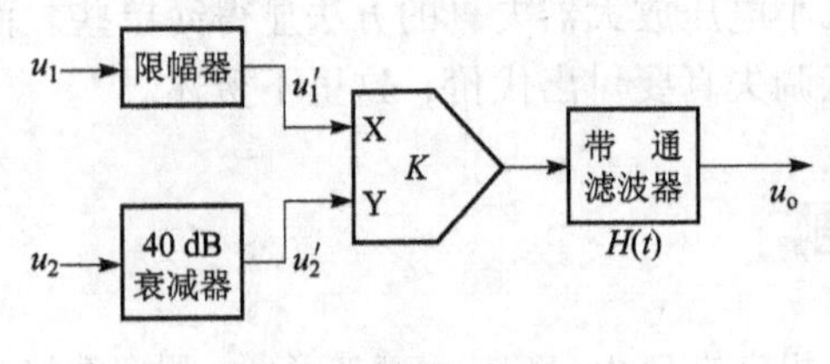

图 P4-8

4-8 某线性调制系统如图 P4-8 所示。图中，u_1 为大信号正弦载波，经限幅器后成为开关方波，u_2 为调制信号，经衰减器后仍为正弦波；带通 $|H(\omega)|=1$，频宽满足要求。试画 u_1、u_1'，u_2、u_2' 及 u_o 处的示意波形。

4-9 上题中，假定限幅特性及带通特性如图 P4-9 所示。设 $u_1=150\cos 2\pi\times10^6 t$ mV，$u_2=52\cos 2\pi\times10^3 t$ mV相乘器增益系数 $K=10/\text{V}$。试求：

（1）写出输出 u_o 的表示式（要求代入参数）。

（2）若 u_1 出现馈通，在负载 R_L 上提供约有 10 mV 电压，写出此时的输入 u_o 表示式。

（3）若将限幅器改成衰减器（10 dB），调制系统的各处波形有无变化？（提示：载波经衰减 10 dB 后可认为是小信号电压）

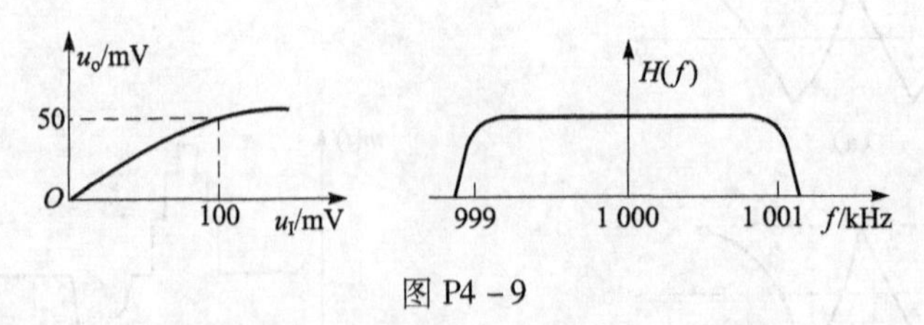

图 P4-9

4-10 利用相移法产生单边带信号的框图如图 P4-10 所示。已知 $\Omega<\omega_1<\omega_2$，设电路各部分的传输系数为 1，试导出输出电压 u 的表示式（混合电路可视为相加或相减）。

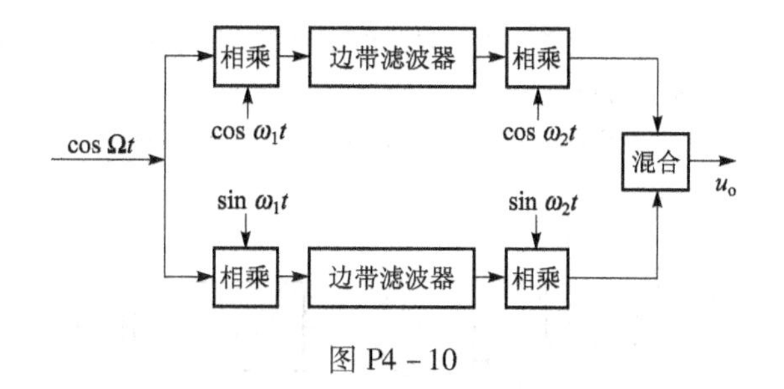

图 P4－10

4－11 产生上边带的框图如图 P4－11 所示。图中 $f_{c1}=50$ MHz，$f_{c2}=5$ MHz，$f_{c3}=100$ MHz；调制信号 $m(t)$ 为话音，频谱为 300 Hz～3 400 Hz；试注明框图各点的频率值（上边带滤波器为 $H_{hi}(f)$，$i=1,2,3$）。

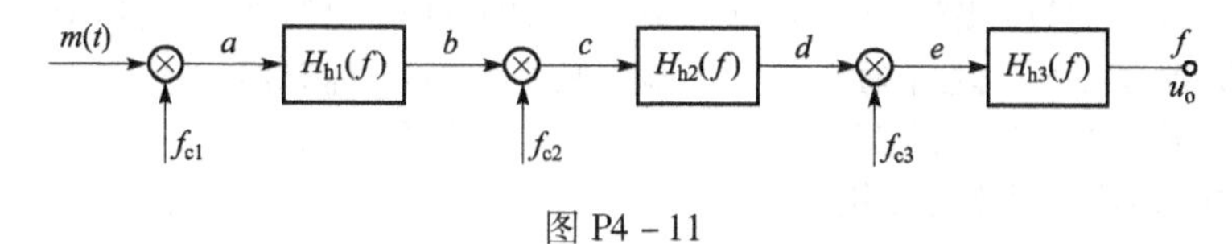

图 P4－11

4－12 大信号二极管检波电路如图 4－30 所示。已知输入调幅波的载频为 465 kHz，调制信号频率为 1 kHz，二极管 $R_D=100\ \Omega$，负载电阻 $R_L=5\ \text{k}\Omega$，电容 $C=0.01\ \mu\text{F}$。若 R_L 增大到原来的 10 倍，C 减小到原来的 1/10，试问：

（1）检波器电压传输系数和输入电阻各变化多少倍？

（2）设检波器下级的输入电阻 $R'_L=10\ \text{k}\Omega$，则为了不使检波失真，在 R_L 和 C 的数值改变前后，输入调幅波的最大允许调幅度 m 各为多少？

4－13 某检波器如图 P4－13 所示。若输入调幅波载频为465 kHz，调制信号频率为 1 kHz，试求：

（1）为保证检波不失真，允许最大调幅系数为多大？

（2）若将 C_1 和 C_2 都换成 5 600 pF，其他元件参数不变，问对检波性能有何影响？

（3）若将 C_3 换成 0.01μF，其他元件参数仍如图所示，问对检波输出 u_Ω 有何影响？

4－14 图 P4－14 所示检波电路中，二极管的 $R_D=100\ \Omega$，负载 $R_L=6.8\ \text{k}\Omega$，$C_L=0.01\ \mu\text{F}$；中放回路 $L_I=230\ \mu\text{H}$，$C_I=510$ pF，空载 $Q_o=90$；线圈初级与次级之间的变比 $n=4:1$。初级的中频电压为：

$$u_I=3(1+0.3\cos 2\pi\times10^3 t)\cos 2\pi\times465\times10^3 t\ \text{V}$$

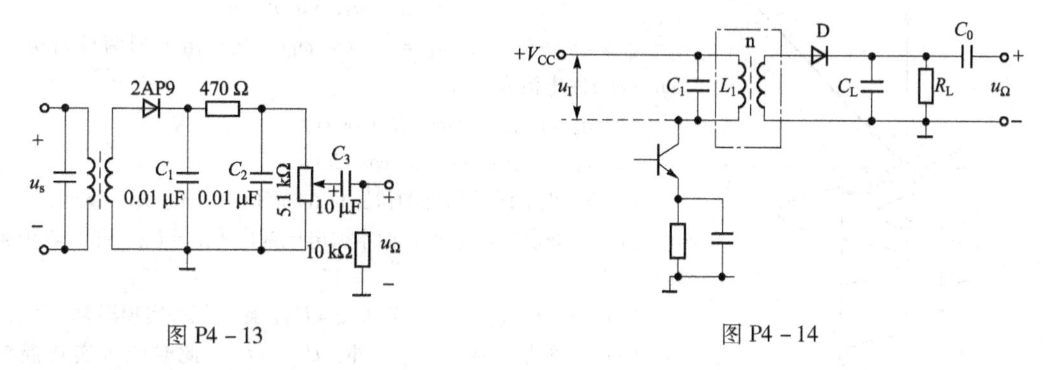

图 P4－13　　图 P4－14

试求：（1）检波器输出电压 u_Ω 的表示式。

（2）估算中放回路在接有检波器时的带宽值。

4－15 设乘积同步检波器中，$u_s=U_{sm}\cos\Omega t\cos\omega_s t$，而 $u_R=U_{rm}\cos(\omega_s+\Delta\omega)t$，并且 $\Delta\omega<\Omega$，试画出检波器输出电压频谱。在这种情况下能否实现不失真解调？

4－16　设乘积同步检波器中，u_s 为单边带信号，即 $u_s = U_{sm}\cos(\omega_s+\Omega)t$，而 $u_R = U_{rm}\cos(\omega_s t+\Phi)$，试问当 Φ 为常数时能否实现不失真解调？

4－17　设乘积同步检波框图如图 P4－17 所示。若 $u_s = U_{sm} = (1+m\sin\Omega t)\cos\omega_s t$，试证明该电路方案能够实现不失真解调。

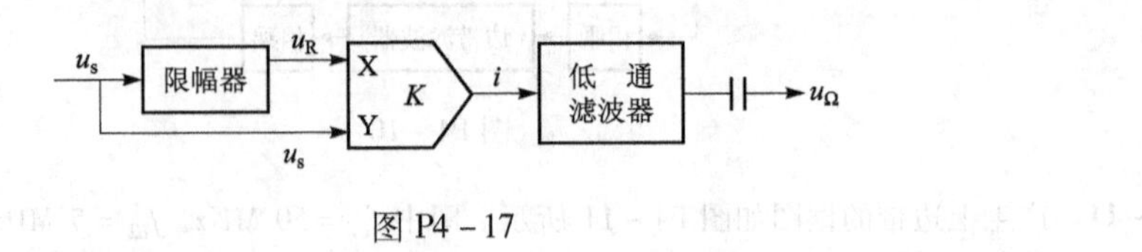

图 P4－17

4－18　设某信道具有均匀的双边噪声功率谱密度 $P(f)=0.5\times10^{-6}$ W/Hz；在该信道内传送 DSB－SC 信号，若调制信号 $m(t)$ 的频带限制在5 kHz，而载波频率为100 kHz；已调波功率为10 W。接收机的输入信号在加至解调器之前，先经过理想带通滤波器，传输系数为 $|K(f)|=K_0$ 试问：

（1）该理想带通滤波器应具有怎样的传输特性 $H(f)$？

（2）解调器输入端信噪功率比为多少？

（3）解调器输出端信噪功率比为多少？

4－19　若在上题给定信道条件下传送 SSB 信号（上边带），其他条件不变化，试求：

（1）理想带通滤波器的传输特性 $H(f)$＝？

（2）解调器输入端信噪功率比为多少？

（3）解调器输出端信噪功率比为多少？

（4）与传送 DSB－SC 信号情况作比较，从中得出什么结论？

4－20　某线性调制系统的输出信噪比为 20 dB，输出噪声功率为 10^{-9} W。由发射机输出端到解调器输入端之间总的传输损耗为 100 dB。试求：

（1）DSB－SC 时的发射机输出功率。

（2）SSB 时的发射机输出功率。

4－21　设被接收的调幅信号为 $u(t)=A[1+m(t)]\cos\omega_c t$，采用包络检波法解调，其中 $m(t)$ 的功率谱密度与题 3－18 相同。若一双边功率谱密度为 $n_0/2$ 的噪声叠加于已调信号，试求解调器输出的信噪功率比。

4－22　设非线性器件的伏安特性为

$$i = a_0 + a_1 u + a_2 u^2 + a_3 u^3$$

若 $u=u_s+u_L$，且 $u_L=U_{Lm}\cos\omega_L t$。试写出下列两种情况下差额 $(\omega_L-\omega_s)$ 的电流表示式。

（1）$u_s = U_{sm}(1+m\cos\Omega t)\cos\omega_s t$。

（2）$u_s = U_{sm}\cos(\omega_s t+m_f\cos\Omega t)$。

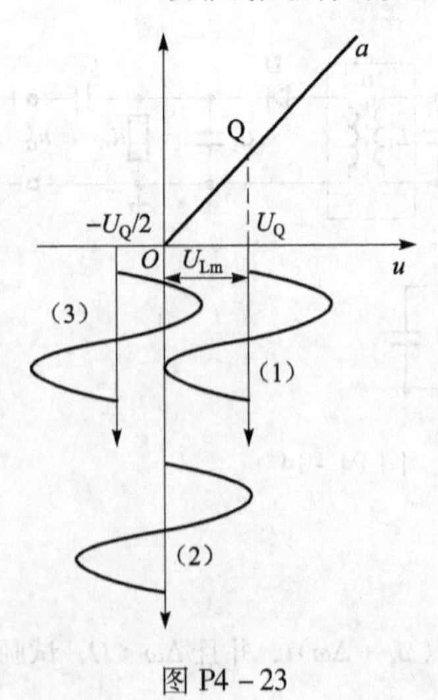

图 P4－23

4－23　设非线性器件的伏安特性为图 P4－23 所示。试问：

（1）当静点选在 Q 点，而本振电压幅度 $U_{Lm}=U_Q$，此时能否实现混频？为什么？

（2）当静点选在原点，且 $U_{Lm}=U_Q$，此时能否实现混频？为什么？

（3）当静点选在－ $U_Q/2$ 外，$U_{Lm}=U_Q$，此时能否实现混频？为什么？

（提示：非线性器件在本振电压作用下，可看成时变参量元件。对输入信号来说，该器件的跨导是随本振电压而变，称为时变跨导元件。应分别画出三种情况下时变跨导的波形，再用相应积分公式求解，注意静

态跨导为 a。）

4-24　设非线性器件的伏安特性为

$$i = 0.5 + 7.2u + 2.0u^2 + 0.3u^3 + 0.02u^4 \text{ mA}$$

式中 $u = u_L + u_s$，且有

$$u_s = 0.01\cos(2\pi \times 102 \times 10^6 t + 5\cos 2\pi \times 1.5 \times 10^3 t) \text{ V}$$

$$u_L = 0.2\cos(2\pi \times 112.7 \times 10^6 t) \text{ V}$$

中频回路 $f_I = 10.7$ MHz，$\Delta f_{0.7} = 100$ kHz，$R_p = 10$ kΩ。试求：

（1）下混频后的中频电压表达式。

（2）混频电压增益 A_u 及混频跨导 g_c 等于多少？

（3）若有干扰信号频率 $f_t = 123.35$ MHz，可能会出现哪种失真？为什么？

4-25　在图 P4-25 电路中，片内 OSC 是射随型振荡器，L_1C_1 和 C_2 为外接反馈元件，振荡频率由 J_T 确定；电路中的混频器有 20 dB 电压增益，本振大信号电压从内部提供；输入信号频率为 45 MHz，由引脚 1 加入；乘积信号从引脚 5 输出，带通滤波器中心频率 455 kHz，插入损耗 3 dB。试问：

（1）哪个引脚为片内晶体管射极？是何种晶体振荡器？在下混频时的本振频率为多少？

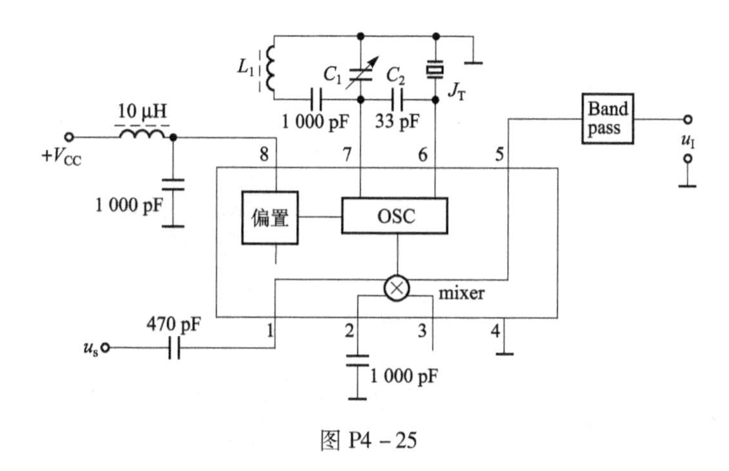

图 P4-25

（2）若引脚 5 输出电压为 10 mV，U_{sm} 和 U_{Lm} 各有多大？

4-26　若有一信号频率为 414.250 MHz，第一本振频率为 435.800 MHz，第一中频回路的中心频率为 21.600 MHz，带宽 500 kHz。第二本振频率为 21.135 MHz，第二中频回路的中心频率为 465 kHz，带宽 10 kHz。现有一干扰电压的频率为 456.900 MHz，落入前端输入回路内。试问该干扰电压能否到达解调器输入端？为什么？

4-27　若混频器件的伏安特性包含四次方及其以下各项；已知本振频率 $f_L = 23$ MHz，输入有用信号频率 $f_s = 20$ MHz；同时作用有两干扰电压，频率分别为 $f_{t1} = 19.2$ MHz，$f_{t2} = 19.6$ MHz，输出回路调谐在中频 $f_I = 3$ MHz，输入回路的等效品质因数为 Q_p。试问：

（1）当 $Q_p > 20$，且干扰幅度较强时。

（2）当 $Q_p < 20$，且干扰幅度较弱时。

输出电压 u_I 中是否有明显交调失真和互调失真？为什么？

4-28　在图 P4-28 所示平衡正交合成器中，采用两个混频组件 x_1 和 x_2，并用移相器使进入两个组件的本振电压和信号电压分别相差 90°，输入 u_L 和 u_s 分别表示为

$$u_L = U_{Lm}\sin[\omega_L t + \theta_L(t)]$$

$$u_s = U_{sm}\cos[\omega_L t + \theta_s(t)]$$

假定组件 x_1 和 x_2 特性一致，且增益系数为 1。试：

（1）写出 u_{1L} 和 u_{2L}、u_{1s} 和 u_{2s}、u_{1I} 和 u_{2I} 及输出电压 u_o 的表示式；

（2）该合成器可避免出现和频项 $(\omega_L+\omega_s)$ 输出吗？

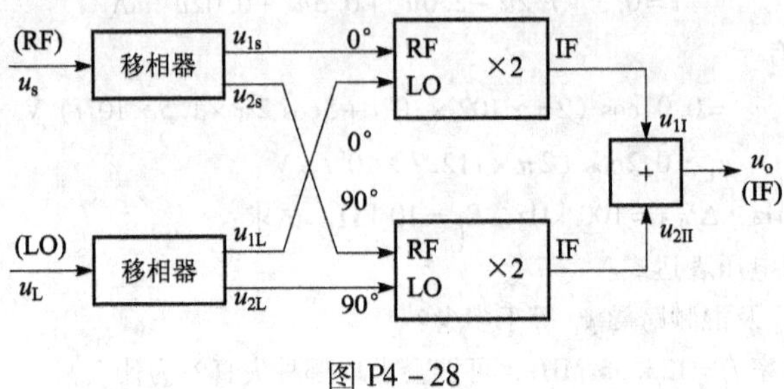

图 P4－28

第五章　角度调制原理

前面所说的线性调制方式是通过基带信号改变正弦载波的幅度来实现的；而非线性调制方式则是通过基带信号改变正弦载波的角度实现；角度调制信号的频谱结构要比幅度调制情况复杂，特别是宽带调角信号占用的频带相对的宽得多，但其抗噪声性能明显优于幅度调制系统。角度调制分为调频和调相两种方式，而在模拟通信中，调频方式应用更为广泛。

§5.1　调角波的时域表达式

一、调频波的时域表达式

若一未调载波电压或电流表达为 $a(t)=A_c\cos(\omega_c+\Phi_0)$，其中幅度 A_c 和初相 Φ_0 是常量。采用改变角频率来携带信息构成角度调制信号时，将未调制时的高频载波频率 ω_c 称为中心频率。而用含有信息的基带信号 $m(t)$ 去控制载波的瞬时角频率变化时，应有

$$\omega(t)=\omega_c+K_f m(t) \tag{5-1}$$

式中，K_f 是由调频电路决定的比例常数，量纲是 rad/s · V。它表明在调频方式下载波的瞬时频率按基带信号规律变化。由式（5－1）可求出调频波的瞬时相位 $\Phi_f(t)$ 为

$$\begin{aligned}\Phi_f(t) &= \int\omega(t)\,\mathrm{d}t \\ &= \omega_c t + K_f\int m(t)\,\mathrm{d}t\end{aligned} \tag{5-2}$$

所以调频波的一般表达式为

$$u(t) = A_c\cos\Phi_f(t) = A_c\cos\left[\omega_c t + K_f\int m(t)\,\mathrm{d}t\right] \tag{5-3}$$

现在研究调制信号为单一频率余弦波的特殊情况。即

$$m(t)=U_{\Omega m}\cos\Omega t$$

$$u_c=U_{cm}\cos\omega_c t$$

注意 $\omega_c\gg\Omega$。此时进行频率调制，应有

$$\begin{aligned}\omega(t)&=\omega_c+K_f u_\Omega \\ &=\omega_c+K_f U_{\Omega m}\cos\Omega t\end{aligned} \tag{5-4}$$

令　$\Delta\omega_m=K_f U_{\Omega m}$，则式（5－4）变成

$$\omega(t) = \omega_c + \Delta\omega_m \cos \Omega t \qquad (5-5)$$

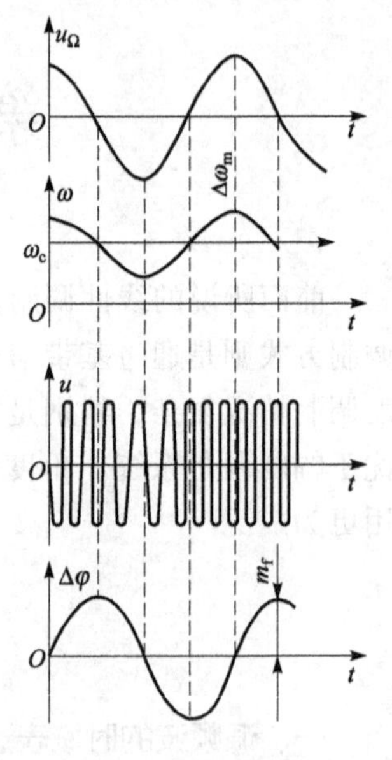

图 5－1　调频波波形图

式中，$\Delta\omega_m$ 称为调频波的最大角频偏，它表示瞬时角频率偏离中心频率 ω_c 的最大值。而瞬时相位 $\Phi_f(t)$ 则为

$$\Phi_f(t) = \int_0^t \omega(t)\,dt$$

$$= \omega_c t + \frac{\Delta\omega_m}{\Omega}\sin \Omega t \qquad (5-6)$$

令 $m_f = \Delta\omega_m/\Omega$，则单一频率余弦调制的调频波电压表示式为

$$u = U_{cm}\cos \Phi_f(t)$$

$$= U_{cm}\cos(\omega_c t + m_f \sin \Omega t) \qquad (5-7)$$

式中，m_f 为调频波的最大相应偏移，又称调频指数。通常 m_f 总是大于1。量纲为弧度（或量纲为一）。调频波的有关波形如图5－1所示。

$\Delta\omega_m$ 和 m_f 是表征调频波的两个重要参数。调频信号的 $\Delta\omega_m$ 与调制信号幅度成正比而与调制信号频率无关；m_f 与由调制信号幅度引起的最大频偏成正比，而与调制信号频率成反比；注意，如果调制信号幅度 $U_{\Omega m}$ 一定，m_f 只与 Ω 成反比。

二、调相波的时域表达式

若正弦载波的幅度 A_c 和角频率 ω_c 保持不变化，瞬时相位按基带信号 $m(t)$ 的规律变化，这种调角方式称为相位调制。此时有

$$\Phi_p(t) = \omega_c t + K_p m(t) \qquad (5-8)$$

式中，K_p 是由调相电路决定的比例常数，量纲为 rad/V。于是调相波的一般表达式为

$$u(t) = A_c \cos \Phi_p(t) \qquad (5-9)$$

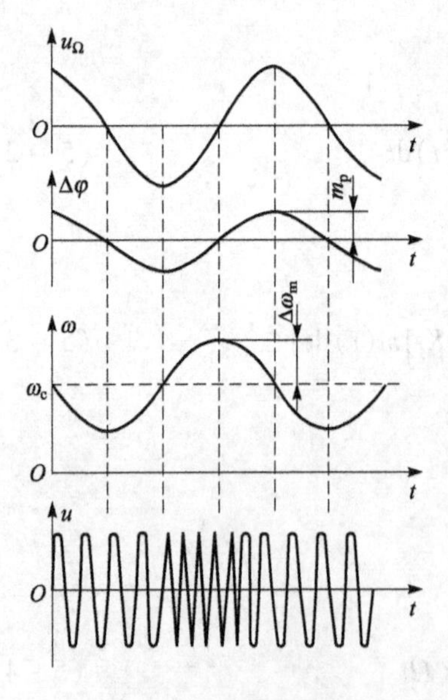

图 5－2　调相波形图

现在研究单一频率余弦调制的特殊情况：显然

$$\Phi_p(t) = \omega_c t + K_p U_{\Omega m}\cos \Omega t$$

$$= \omega_c t + m_p \cos \Omega t \qquad (5-10)$$

式中，$m_p = K_p U_{\Omega m}$ 是调相波的最大相位偏移，又称调相指数，m_p 的量纲为弧度（或量纲为一）。则单一频率余弦调制的调相波电压表示式为

$$u = U_{cm}\cos(\omega_c t + m_p \cos \Omega t) \qquad (5-11)$$

由式（5－10）可求出调相波的瞬时角频率为

$$\omega(t) = \frac{d\Phi}{dt} = \omega_c - K_p U_{\Omega m}\Omega \sin \Omega t$$

$$= \omega_c - \Delta\omega_m \sin \Omega t \qquad (5-12)$$

式中，$\Delta\omega_m = K_p U_{\Omega m}\Omega = m_p\Omega$ 是调相波的最大频偏。调相波的示意波形如图5－2所示。

$\Delta\omega_m$ 和 m_p 是表征调相波信号的重要参数。$\Delta\omega_m$ 与调

制信号幅度、频率成正比；m_p 只与调制信号幅度 $U_{\Omega m}$ 成正比而与调制频率 Ω 无关。

§5.2　调角波的频谱结构和带宽

5.2.1　调角波的频谱结构特点

一般说来，受同一基带信号调制的调频波和调相波，它们的频谱结构是有差异的。但是当调制信号为单一频率音频信号时，两种已调波的频谱结构却是类似，而且它们的分析方法也是相同的。因而，为简化分析，下面以单一频率音频信号调制为例，介绍调角波频谱结构的特点。

将式（5-7）和式（5-11）合写成一个公式即调角波表示式为

$$u = U_m \cos(\omega_c t + m \sin \Omega t) \tag{5-13}$$

这里把 m_f 和 m_p 都写作 m，同时认为 $\sin \Omega t$ 与 $\cos \Omega t$ 只是相位上差90°，本质上没有差别。

利用三角变换公式，式（5-13）变成

$$u = U_m [\cos(m \sin \Omega t) \cos \omega_c t - \sin(m \sin \Omega t) \sin \omega_c t] \tag{5-14}$$

式（5-14）表明，调角波是时间的周期性函数，因此可以展开成傅里叶级数。将式（5-14）展开时，各次分量的幅度可由贝塞尔函数曲线确定。在贝塞尔函数理论中，已证出下述关系：

$$\cos(m \sin \Omega t) = J_0(m) + 2J_2(m) \cos 2\Omega t + 2J_4(m) \cos 4\Omega t + \cdots \tag{5-15}$$

$$\sin(m \sin \Omega t) = 2J_1(m) \sin \Omega t + 2J_3(m) \sin 3\Omega t + 2J_5(m) \sin 5\Omega t + \cdots \tag{5-16}$$

式中，$J_0(m), J_1(m), J_2(m), \cdots, J_n(m)$，分别是 0 阶，1 阶，2 阶，…，$n$ 阶贝塞尔函数，其中 m 称为宗数，且有

$$J_n(m) = \frac{1}{2\pi} \int_{-\pi}^{\pi} e^{j(m \sin x - nx)} dx \tag{5-17}$$

式（5-17）称为宗数为 m 的 n 阶第一类贝塞尔函数。该积分数值有曲线或表格可查。图 5-3 画出两张有关 $J_n(m)$ 的曲线。

将式（5-15）和式（5-16）代入式（5-14）可得

$$u = U_m \{J_0(m) \cos \omega_c t - 2J_1(m) \sin 3\Omega t \sin \omega_c t + 2J_2(m) \cos 2\Omega t \cos \omega_c t - 2J_3(m) \sin 3\Omega t \sin \omega_c t + 2J_4(m) \cos 4\Omega t \cos \omega_c t + \cdots\} \tag{5-18}$$

写成通式为

$$u = U_m \sum_{n=-\infty}^{\infty} J_n(m) \cos(\omega_c + n\Omega) t \tag{5-19}$$

式（5-19）表明，单音调制的角度调制信号频谱是由载频（对应 $n=0$）ω_c 和无限多对边频 $\omega_c \pm n\Omega$（n 为整数）所组成，相邻的两个频率分量的间隔为 Ω。载频分量和各对边频分量的相对幅度由相应的各阶贝塞尔函数值确定。值得注意的是，有些边频分量的幅度可能超过载频分量的幅度（见图 5-3 贝塞尔函数曲线），这是调角波频谱的一个重要特点。

5.2.2　调角信号占据的频带宽度

尽管从理论上分析，调角波的频带宽度应为无限大，但从能量观点看，调角波能量的绝

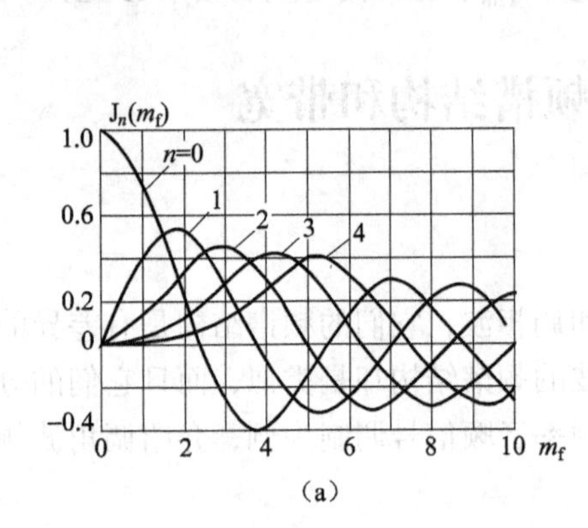

（a）

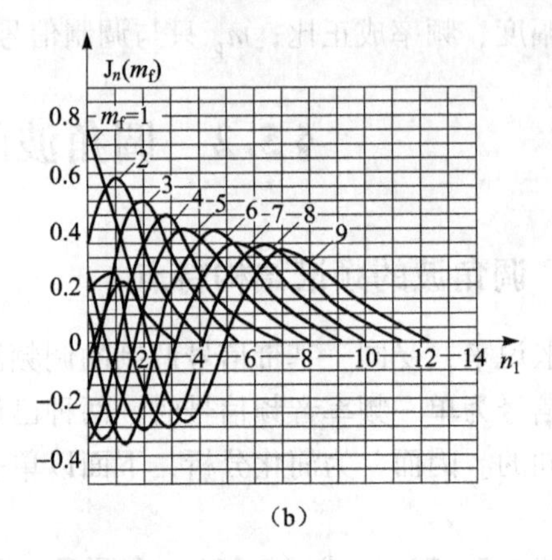

（b）

图 5-3　第一类贝塞尔函数曲线

大部分实际上是集中在载频附近的有限边频上，因此不可能也没有必要把调角系统的带宽设计成无限大。从图 5-3 曲线上看出，当 m 一定时，随着 n 的增大，$|J_n(m)|$的数值虽有起伏变化，但总的趋势仍然是减小的。通常规定$|J_n(m)|<0.1$ 的边频分量可以忽略，这并不会引起调角波明显失真。理论上已经证明，当 $n>m+1$ 时，$|J_n(m)|<0.1$，考虑到上、下边频是成对出现，因此调角波的有效宽度，简称频带宽度，可由卡森（Carson）公式计算：

$$B=2(m+1)\Omega=2(\Delta\omega_m+\Omega) \tag{5-20}$$

分别写出调频波和调相波的频带宽度是

$$\text{调频（FM）：} B_f=2(m_f+1)\Omega \quad \text{rad/s} \tag{5-21}$$

$$\text{调相（PM）：} B_p=2(m_p+1)\Omega \quad \text{rad/s} \tag{5-22}$$

式中，$\Omega=2\pi F$。

图5-4 画出了当 $U_{\Omega m}$一定（即 $\Delta\omega_m$ 一定）而调制信号频率变化时，调频波的频谱图，它是以载频分量为中心的对称分布。

由图 5-4 看出，当改变调制频率 Ω 时，由于 m_f 跟着变化，调频波占用带宽 B_f 变化不大，也就是说，由于与 Ω 大小无关，调频制式是恒定带宽调制。

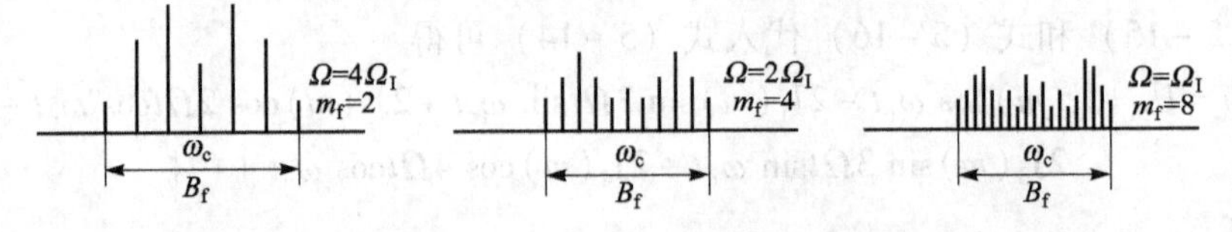

图 5-4　$U_{\Omega m}$一定时调频波频谱

调相波的频谱如图 5-5 所示。由于调相指数 m_p 与调制频率 Ω 无关，所以当 $U_{\Omega m}$一定时（m_p 不变），改变Ω，调相波占用带宽 B_p 与 Ω 成正比，B_p 变化较大，这是与调频波明显不同处。一般调相系统带宽按 Ω_{max} 设计，那么对 Ω_{min} 来说，系统带宽利用不合理，这是调相制式的缺点。

由上所述，角度调制也要完成频谱搬移，但它所形成的频谱不再保持原来基带频谱结构，也就是说，已调角信号频谱与基带信号频谱之间存在着非线性变换关系，故称为非线性角度调制。它与线性幅度调制一样，成为模拟调制的主要方式。

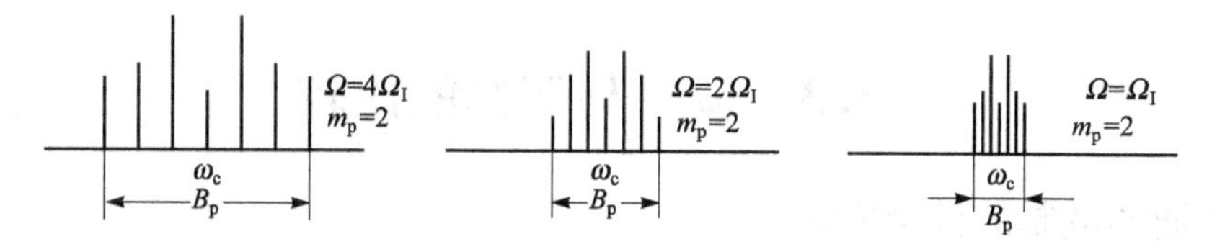

图 5 – 5　$U_{\Omega m}$一定时调相波频谱

5.2.3　调频波的平均功率

根据帕塞瓦尔（Parseval）定理，调频波的平均功率等于各个频率分量平均功率之和。因此，单位电阻上调频波的平均功率为

$$P_o = \frac{U_m^2}{2}\sum_{n=-\infty}^{\infty} J_n^2(m_f) \tag{5-23}$$

根据第一类贝塞尔函数的下列特性：

$$\sum_{n=-\infty}^{\infty} J_n^2(m) = 1$$

式（5 – 23）可简化为

$$P_o = \frac{1}{2}U_m^2 \tag{5-24}$$

式（5 – 24）表明，当 U_m 一定时，调频波的平均功率也就一定，且等于未调制时的载波功率，其值与 m_f 无关。改变 m_f 仅引起各个分量间功率的重新分配。

从图 5 – 3 看到，改变 m_f 时，载波分量幅度 $J_0(m_f)$是起伏变化的，总的趋势是随 m_f 增大而减小，而且在某些 m_f 值时，$J_0(m_f)=0$，这样就给人们提供了一种可能性，即适当选择 m_f 的大小，使载波分量携带的功率很小，绝大部分功率由边频分量携带，从而极大地提高调频系统设备的利用效率。

例 5 – 1　有一调角波表达式如下：

$$u(t) = 5\cos\left(2\pi\times10^6 t + 20\sin 2\pi\times500t\right)\ \text{V}$$

试问：（1）该调角波信号占用带宽等于多少？（2）最大频偏等于多少？（3）如果是调频波，基带 $m(t)$是余弦波吗？（4）如果是调相波，基带 $m(t)$是正弦波吗？（5）50 Ω 负载电阻的平均功率等于多少？

解：（1）由卡森公式求调角波带宽 B 为

$$B = 2(m+1)F = 2\times(20+1)\times500\ \text{Hz} = 21\times10^3\ \text{Hz}$$

（2）最大频率偏移 Δf_m 为

$$\Delta f_m = mF = 20\times500\ \text{Hz} = 10\times10^3\ \text{Hz}$$

（3）如果是调频波，则 $K_f\int m(t)\,dt = 20\sin(2\pi\times500t)$，所以基带 $m(t)$是 500 Hz 的余弦波。

（4）如果是调相波，则 $K_p m(t) = 20\sin(2\pi\times500t)$，所以基带 $m(t)$是 500 Hz 的正弦波。

（5）平均功率为

$$P_o = \frac{1}{2}\cdot\frac{U_m^2}{R} = \frac{1}{2}\cdot\frac{5^2}{50}\ \text{W} = 0.25\ \text{W}$$

§5.3 调频与调幅的比较

5.3.1 普通调频制的两种方式

根据调制后载波瞬时相位偏移大小，可以将频率调制分为窄带和宽带两种，两者之间的区分并无严格的界限，但通常认为最大瞬时相位偏侈远小于30°，即式（5－27）中的

$$\left|K_f\int m(t)\,dt\right|_{max} \ll \frac{\pi}{6}$$

时，称为窄带调频。上述条件得不到满足时，则称为宽带调频。当不加区分时，两者无例外的都是普通调频方式，如前说明，用 FM（Freguency Modulation）来表示；若加以区分时，窄带调频可用 NBFM（Narrow Band Frequency Modulation）表示；而宽带调频用 WBFM（Wide Band Frequency Modulation）表示。依照上小节分析结果，从卡森公式知道，当调频指数 $m_f \ll 1$ 时，调频波带宽为

$$B_f \approx 2\Omega$$

此时相应于窄带调频情况；而当调频指数 $m_f \gg 1$ 时，调频波带宽为

$$B_f \approx 2\Delta\omega_m$$

此时则相应于宽带调频情况。

5.3.2 窄带调频与普通调幅的比较

窄带调频时，调频波的带宽与调幅波基本相同，但两者频谱结构并不相同。以单音调制为例，窄带调频信号的两个边频在相位上互相倒转180°，这一特征可从式（5－20）展开后得到验证。由此形成的窄带调频波形与普通调幅波完全不同，因而其性质也不同。一般说来，窄带调频信号比普通调幅信号的抗噪声干扰性能要稍好一些，但窄带调频信号不以增加带宽为代价，如上所述，它仍然占据和调幅信号一样的带宽。

窄带调频占用频带较窄的特点，近些年来引起人们注意。这种小频偏的调频方式，对于信道十分拥挤的蜂窝电话系统，无疑是一种很合适的调制方式，因此窄带调频迅速发展成为现代移动通信领域里一种重要的调制方式。

5.3.3 宽带调频与普通调幅的比较

在宽带调频下，调频信号的带宽明显大于调幅信号，所以在同一频率范围内，能容纳的调频电台数目远少于调幅电台。以广播系统为例，调幅广播安排在中波或短波波段，而调频广播则安排在超短波波段，以能够缓解工作信道拥挤的状况。

宽带调频与普通调幅相比，最大的优点是抗噪声干扰能力强。但同时，调频信号占据的频带也加宽。在后面章节中还要深入叙述以增加信道带宽为代价，换取抗噪声干扰能力显著改善的效果。可以看到，宽带调频时调制方式增益按调频指数 m_f 的立方正比增大。当 m_f 较大时，宽带调频的解调输出信噪比，要高出普通调幅时的几十倍以上。

宽带调频信号抗干扰性好，广泛用于要求高质量传输或信道噪声大的场合，例如调频广播、电视伴音及卫星广播电视等场合。宽带调频技术是首先从调频广播兴起的，至今已积累了几十年的发展成果，它在微波中继 、高速数据传输等领域也获得大量应用。

5.3.4 几种实际调频系统的说明

在调频广播系统中，为提供高质量的话音和音乐节目，规定最大频偏为 75 kHz，最高调制频率为 15 kHz，调频广播的频率范围为 88 MHz ~ 108 MHz，各个电台之间的最小频道间隔为 200 kHz。众所周知，现在调频广播有单声道和双声道之分，下面扼要作出说明。

在普通单声道的调频广播中，如果用 $|J_n(m_f)| < 0.01$ 为标准，则需要传输到 $n = 8$ 次边频，传输带宽为 $B_f = 2 \times 8 \times 15$ kHz = 240 kHz。实际上声音节目里高频分量很小，因此可将主要频谱分量限制在 200 kHz 频带内。而由卡森公式算出所需带宽应为

$$B_f = 2(\Delta f_m + F_m) = 2(75 + 15)\ \text{kHz} = 180\ \text{kHz}$$

基本满足规定指标。

在双声道立体声调频广播中，以美国联邦通信委员会（FCC）规定为例：

（1）导频载波（19 kHz）分量在调频时只允许占最大频偏 10%（7.5 kHz）。因此，在节目停顿期间，导频的调频指数为 7.5/19 = 0.395。

（2）在传送非立体声广播节目时，可同时传送专供用户使用的辅助节目（SCA），其中心频率为 67 kHz，传送 SCA 信号时总频偏应小于 75 kHz，只能占最大频偏的 30%，其余 70% 频偏分配给广播节目。

（3）在不带 SCA 信号的立体声广播中，10% 频偏分配给 19 kHz，其余 90% 分配给 $(L+R)$ 和 $(L-R)$ 两个声道。

（4）在带有 SCA 信号的立体声广播中，10% 频偏分配给导频，另有 10% 频偏分配给 SCA，其余 80% 分配给立体声的两个声道。

下面，再简要说明广播电视系统中的情形。

在普通彩色或黑白广播电视系统，伴音信号采用调频方式发送。最大频偏规定为 25 kHz，伴音最高频率为 15 kHz，可算得传输频带宽度为 80 kHz。

在卫星广播电视系统，以日本 1984 年发射的 BS－2 广播电视卫星为例，图像信号采用调频传送，NTSC 制式图像信号的频带宽度为 4.2 MHz，卫星系统的频带要稍宽一些，取成 4.5 MHz，最大频偏为 17 MHz，则图像信号经调频后所需带宽为 $B_f = 17$ MHz + 4.5 × 2 MHz = 26 MHz，这是每一路电视图像的带宽。BS－2 卫星传送两路电视，由同步卫星向地球的发射载频为 12 GHz（11.7 ~ 12.2 MHz）。

上述几种实际的调频系统，为了显著提高接收机输出端的信噪比，都以增加信道带宽为代价，换取了优异的抗噪声干扰能力，性能已远远超过了普通调幅系统，满足了高质量传输各种信息的需要。

§5.4 调频与调相的比较

由前面说明可知，在调制信号幅度一定的条件下，调频信号的频带宽度基本上由最大频偏所决定，所需系统（或信道）的带宽也随之确定，而与调制信号频率无关。但对调相信号来说，则需按最高调制信号频率来设计系统（或信道），这样对较低的调制信号频率，系统（或信道）的带宽就没有充分利用。

实际上，对复杂调制信号，要求其包含的多个调制频率分量的幅度都相等是不可能的。例如，语言、音乐信号的能量主要集中在低频端，随着频率增高幅度减小。因此，

在这种情况下，系统频带利用情况就与前面分析有所不同。但是在模拟信号调制中，可以证明，当系统带宽相同时，调频系统接收机输出端的信噪比明显优于调相系统接收机输出端信噪比。[7] 所以，目前在模拟通信中仍广泛采用调频制而较少采用调相制。

但是，相位变化和频率变化之间彼此联系，即可经过一定转化，用调相方法获得调频信号。相位调制用 PM（Phase Modulation）表示，做中间调制方式是 PM 的一种用途。调相器的实现电路于后节中说明。

顺带指出，在数字信号调制中，相位键控的抗干扰性能优于频率键控和幅度键控，因而调相制在数字通信中获得大量应用。

§5.5　调 频 电 路

产生调频信号的方法很多，通常可分两类：直接调频和间接调频。前者是用调制信号直接去控制振荡电路的振荡频率，后者是通过调相间接获得调频信号。

本节主要介绍变容管直接调频电路，适当说明间接调频方法，其他调频方案不予赘述。

5.5.1　变容管直接调频电路

一、变容二极管的特性与参数

变容二极管是根据 PN 结势垒电容能随反向电压而变化的原理所设计的一种二极管。在一定的反向电压下，它呈现出较大的势垒电容，并且这个势垒电容的大小能灵敏地随反向电压而变化，其特性曲线如图 5-6 所示。

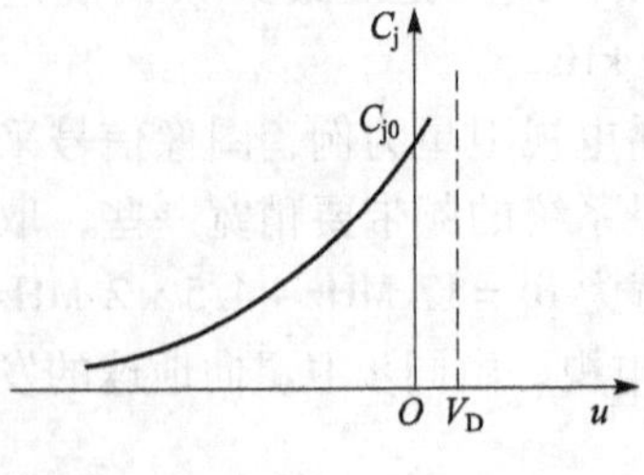

C_j　C_{j0}　O　V_D　u

图 5-6　变容二极管电容变化曲线

变容二极管的势垒电容与外加电压的关系可表示为

$$C_j = \frac{C_{j0}}{\left(1 - \frac{u}{V_D}\right)^{\gamma}} \tag{5-25}$$

式中，V_D 为 PN 结的内建电位差（硅管约为 0.6 V）；u 为外加电压；C_{j0} 为零偏（即 $u=0$）时变容二极管的电容量；γ 为电容变化指数，它决定于 PN 结的结构和杂质分布情况（缓变结 $\gamma \approx 1/3$，实变结 $\gamma \approx 1/2$，超实变结 $\gamma > 1$）。

很明显看出，变容二极管所呈现的 $C_j - u$ 特性是非线性函数，若外加电压为正弦波时，C_j 的变化并非呈正弦形状。变容二极管所呈现的特性除能用于完成调频外，还可用于实现参量倍频等，并可通过改变直流的外加电压，控制 C_j 随着变化，经常用于电子调谐场合。

二、调频器工作原理

当变容二极管作为一个受到外加正弦电压 u_Ω 控制的电容元件运用时，为保证在整个 u_Ω 周期内 C_j 上都具有反向电压，需加静态偏置电压 V_Q，则外加电压（要求 $|V_Q| > U_{\Omega m}$）为

$$u = V_Q + U_{\Omega m} \cos \Omega t$$

图 5-7 表示此时 C_j 的变化情况，将 u 的表示式代入式（5-25）中，有

$$C_{\mathrm{j}}=\frac{C_{\mathrm{j0}}}{\left[1-\frac{1}{V_{\mathrm{D}}}(V_{\mathrm{Q}}+U_{\Omega\mathrm{m}}\cos\Omega t)\right]^{\gamma}}=\frac{C_{\mathrm{jQ}}}{(1-m_{\mathrm{c}}\cos\Omega t)^{\gamma}} \tag{5-26}$$

式（5－26）给出了受控变容二极管 $C_{\mathrm{j}}-u$ 之间关系。

式中，$m_{\mathrm{c}}=\frac{U_{\Omega\mathrm{m}}}{V_{\mathrm{D}}-V_{\mathrm{Q}}}$ 为变容二极管电容调制度；$C_{\mathrm{jQ}}=\frac{C_{\mathrm{jQ}}}{\left(1-\frac{V_{\mathrm{Q}}}{V_{\mathrm{D}}}\right)^{\gamma}}$ 为静点 V_{Q} 处电容。

将受控变容二极管 C_{j} 作为振荡回路的电容全部接入时的原理电路如图 5－8（a）所示。图中，L 为振荡回路的电感线圈；C_{c} 为隔直电容，对高频振荡电压可视为短路；L_{p} 为高频扼流圈；C_{p} 为高频旁路电容；虚线表示省略振荡器其他部分。由图 5－8（a）很容易画出它的高频等效电路如图 5－8（b）所示，而 C_{j} 是以回路的总电容出现的。以上说明了变容管调频器的基本结构。

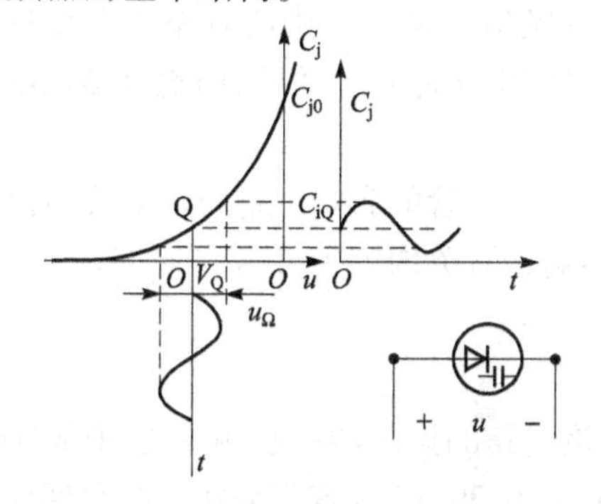

图 5－7　已受控的变容二极管

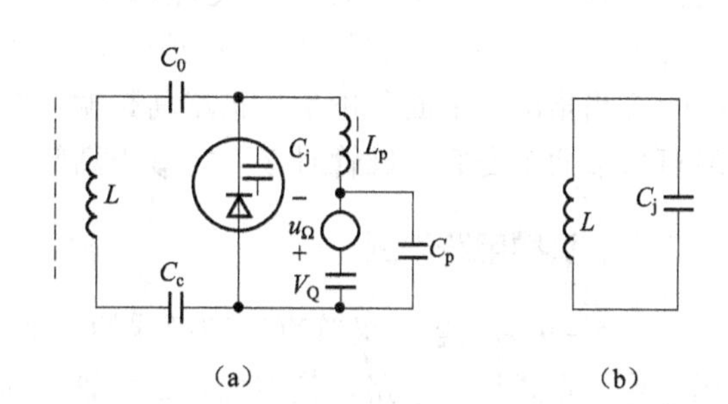

图 5－8　变容二极管全部接入振荡回路

假设振荡器的振荡频率近似等于回路的自然谐振频率，则利用式（5－26）求得

$$\begin{aligned}\omega(t)&=\frac{1}{\sqrt{LC_{\mathrm{j}}}}\\&=\frac{1}{\sqrt{LC_{\mathrm{jQ}}}}(1-m_{\mathrm{c}}\cos\Omega t)^{\frac{\gamma}{2}}\\&=\omega_{\mathrm{c}}(1-m_{\mathrm{c}}\cos\Omega t)^{\frac{\gamma}{2}}\end{aligned} \tag{5-27}$$

式中，$\omega_{\mathrm{c}}=1/\sqrt{LC_{\mathrm{jQ}}}$ 是调频器未受调（即 $u_{\Omega}=0$）时的振荡频率，即调频波的中心频率。

由于变容二极管的 r 值是随外加电压 u 变化的，式（5－27）通常不是线性方程（当 $r=2$ 时才是）。下面分析 $r\neq2$ 时的工作情况，令 $x=m_{\mathrm{c}}\cos\Omega t$，则由式（5－28）可改写出

$$\omega(x)=\omega_{\mathrm{c}}(1-x)^{\frac{\gamma}{2}} \tag{5-28}$$

由于 $|x|<1$，故可用马克劳林级数将式（5－28）展开为

$$\omega(x)=\omega_{\mathrm{c}}\left[1-\frac{\gamma}{2}x+\frac{1}{2!}\frac{\gamma}{2}\left(\frac{\gamma}{2}-1\right)x^{2}-\frac{1}{3!}\frac{\gamma}{2}\left(\frac{\gamma}{2}-1\right)\left(\frac{\gamma}{2}-2\right)x^{3}+\cdots\right]$$

若忽略上式中三次方项及其以上的高次项，并加整理，有

$$\omega(t)\approx\omega_{\mathrm{c}}\left[1-\frac{\gamma}{2}m_{\mathrm{c}}\cos\Omega t+\frac{\gamma}{8}\left(\frac{\gamma}{2}-1\right)m_{\mathrm{c}}^{2}+\frac{\gamma}{8}\left(\frac{\gamma}{2}-1\right)m_{\mathrm{c}}^{2}\cos2\Omega t\right] \tag{5-29}$$

由式（5－29）可得到调频波的最大角频偏，即线性调频项为

$$\Delta\omega_{\mathrm{m}} = \frac{\gamma}{2} m_{\mathrm{c}} \omega_{\mathrm{c}} \tag{5-30}$$

当 $\gamma = 2$ 时，与由式（5－27）求出的结果完全一致。

调频灵敏度指由单位电压所产生的频率偏移，即

$$S_{\mathrm{m}} = \frac{\Delta\omega_{\mathrm{m}}}{U_{\Omega\mathrm{m}}} = \frac{\gamma}{2}\left(\frac{\omega_{\mathrm{c}}}{V_{\mathrm{D}} - V_{\mathrm{Q}}}\right) \tag{5-31}$$

二次谐波失真项的最大角频偏为

$$\Delta\omega_{2\mathrm{m}} = \left|\frac{\gamma}{8}\left(\frac{\gamma}{2} - 1\right)\right| m_{\mathrm{c}}^2 \omega_{\mathrm{c}} \tag{5-32}$$

而中心角频率的固定偏移为

$$\Delta\omega_{\mathrm{c0}} = \left|\frac{\gamma}{8}\left(\frac{\gamma}{2} - 1\right)\right| m_{\mathrm{c}}^2 \omega_{\mathrm{c}} \tag{5-33}$$

以上分析表明，在变容二极管 $\gamma \neq 2$ 的情况下，调频信号将产生中心频率固定偏移和非线性失真。并可看出，为提高线性调频项 $\Delta\omega_{\mathrm{m}}$，可适当增大 m_{c}，但同时会引起 $\Delta\omega_{2\mathrm{m}}$ 和 $\Delta\omega_{\mathrm{c0}}$ 的加大，因此，实际选取 m_{c} 值时应折中考虑。

应当指出，上面分析是在忽略高频振荡电压对变容二极管的影响下进行的。在电路设计时可采取两个变容二极管对接方式减小高频电压的影响，有关内容见参考文献[1]。

三、调频电路举例

图 5－9 为变容二极管直接调频器的一个实例。该电路的振荡器中心频率为 90 MHz，采用电容三点式振荡电路。其中变容二极管 C_{j} 通过 15 pF 和 39 pF 电容部分接入振荡回路，可提高中心频率稳定性，但获得的相对频偏减小。反向偏置电压 V_{Q} 由分压电阻上取得。调制信号 u_{Ω} 通过 22 μH 扼流圈加到变容二极管。图中 1 000 pF 电容均起高频旁路作用。

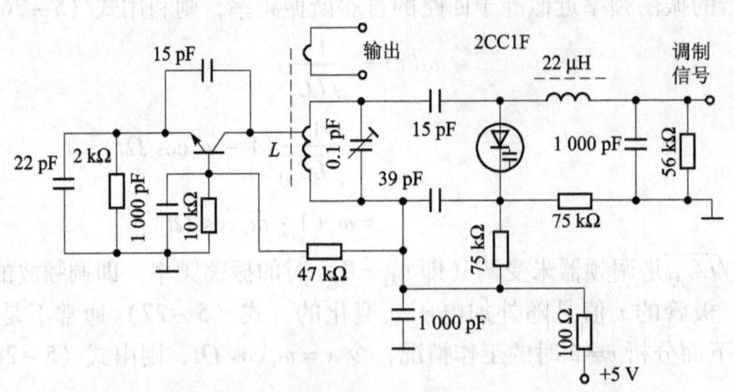

图 5－9　中心频率 90 MHz 的调频电路

图 5－10 也是频率稳定性较好的调频振荡电路。当变容二极管的反向偏压在 3 ~ 30 V 范围内改变时，可使中心频率在 438 ~ 780 MHz 范围内变化，并且整个波段内输出幅度比较平稳。反向偏压与调制电压是通过隔离电阻 47 kΩ 加至变容二极管。由于 C_{j} 与电感 L 串接，总等效电感较小，所以能够工作到几百兆赫频率范围。所选晶体管为国产低噪声超高频型号。

变容二极管直接调频电路的特点是电路结构简单，容易获得较大频偏，在小频偏时非线性失真可以很小。但是变容二极管结电容容易受外部影响发生变化，所以调频电路的中心频率稳定性不高。由于电路内部存在噪声和外部干扰等因素，产生的调频波可能有不同程度的寄生调幅。

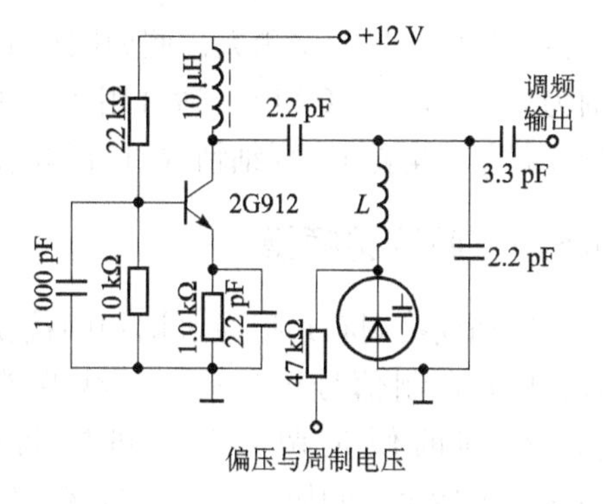

图 5－10　中心频率 470 MHz 的调频电路

5.5.2　晶体直接调频器

在某些应用场合，对调频信号中心频率的稳定度要求较高，例如，在 88～108 MHz 的调频广播频段，为了减小邻近电台间的相互干扰，规定各电台中心频率的绝对漂移不大于 ±2 kHz，若调频台中心频率 98 MHz，就意味着相对频稳度应达到 2×10^{-5} 量级。采用普通的变容二极管直接调频电路很难达到上述要求。为此，可采用变容二极管对晶体振荡器进行直接调频。这种电路在锁相环路中也常用作压控振荡器，用途较广。

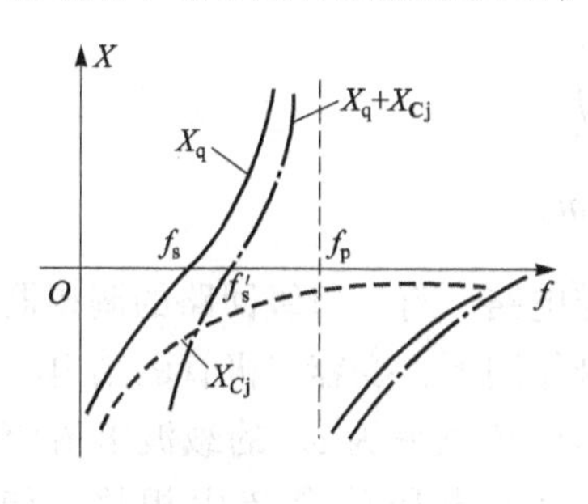

图 5－11　变容二极管与晶体串接时的电抗曲线

在晶体直接调频电路中，变容二极管作为一个受控电抗元件使用。当一个受控电抗元件与晶体元件串联时，合成的电抗曲线如图 5－11 所示。这时，晶体串联谐振频率及等效电抗大小都与所加控制信号有关，从而使晶体振荡器的频率发生变化，即实现了调频。由于晶体等效为电感的范围很窄，晶体直接调频器不易获得大的频偏。通常相对频偏只能达到 $10^{-3}\sim10^{-4}$ 量级。

图 5－12 是晶体振荡器直接调频电路实例。晶体 J_T 的标称频率 17.5 MHz，它与 C_1 和 C_2 组成皮尔斯晶振电路，集电极负载回路 L_2、C_3、C_4 调谐在 52.5 MHz 上，因而该电路同时兼有三次倍频功能，可以扩大调制频偏。图中变容二极管的偏置电压是经过简单分压电路取得，两个 22 kΩ 电阻均为高频隔离电阻，也可改用扼流圈。电路中 L_1 与晶体串联，目的是增大频偏范围，但频率稳定度会略有下降。

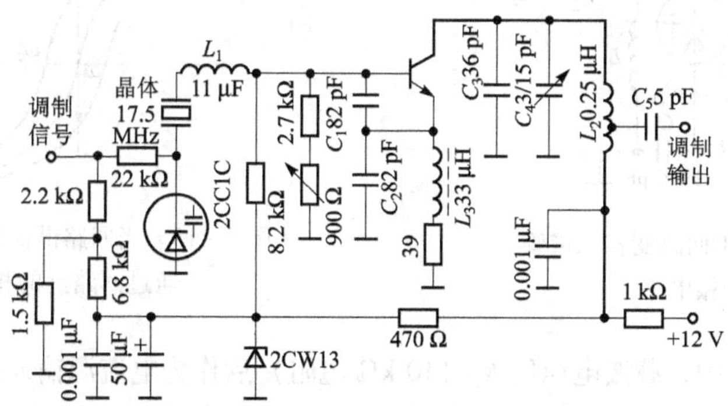

图 5－12　晶体直接调频器实例

晶体直接调频电路的特点是：中心频率稳定度高，一般可达到 10^{-5} 量级，但是调制灵敏度较低，不易获得大的频偏。大多数泛音压控晶体，频率可调区域只有 1～2 kHz。基音压控晶体的频偏范围稍大，例如国产 JA49A 型晶体，标称频率为 16.600×10^{3} kHz，频偏范围为 2.5 kHz ~ 3.0 kHz，适合用于窄带调频发射器电路（例如 MC2831/2833 低功耗窄带调频发射集成电路）。详细情况可查阅晶体手册。

5.5.3　间接调频器

所谓间接调频是指通过调相间接获得调频信号，即将调制信号积分后，对载波进行相位调制，得到的便是调频波，间接调频框图如图 5 – 13 所示。间接调频电路的核心是调相器。

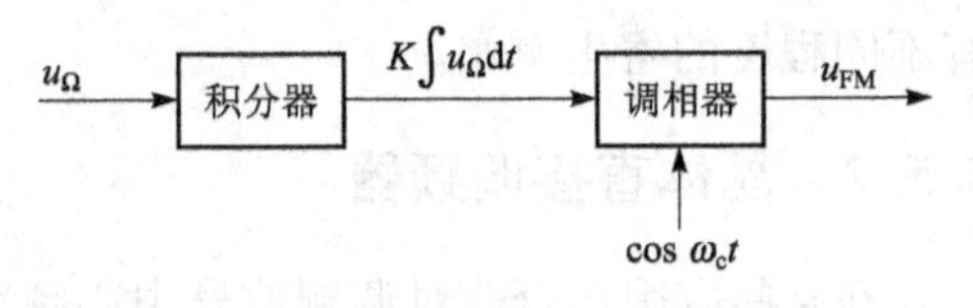

图 5 – 13　间接调频框图

假设调制信号 $u_\Omega(t)=U_{\Omega m}\cos\Omega t$，经积分器后：

$$u'_\Omega(t)=K\int u_\Omega(t)\mathrm{d}t=K\frac{U_{\Omega m}}{\Omega}\sin\Omega t$$

对 $u'_\Omega(t)$ 来说，调相波表示式为

$$u=U_m\cos\left(\omega_c t+k_p K\frac{U_{\Omega m}}{\Omega}\sin\Omega t\right)$$

上式对 $u_\Omega(t)$ 来说是一个调频指数为 $\left(k_p K\frac{U_{\Omega m}}{\Omega}\right)$ 的调频波 u_F。

下面简要讨论采用变容二极管失谐回路实现调相的原理与电路。有一单级回路的调相器如图 5 – 14 所示，其中回路电容使用变容二极管。在调制信号作用下，变容二极管的结电容发生变化，因而使并联回路自然谐振角频率 ω_0 发生变化。而当角频率为 ω_c 的载波电流流入回路时，在 $\omega_c\neq\omega_0$ 时，因为回路失谐，从回路两端输出的电压就会产生相移，如图 5 – 15 所示。从而实现了对输入载波的调相作用。当采用高稳定晶体振荡器作载波源时，调相波的中心频率稳定度就会很高。由于并联回路的相频特性线性范围为 –30° ~ 30°，故这种电路可实现的线性调相范围 Φ_{zm} 比较窄。

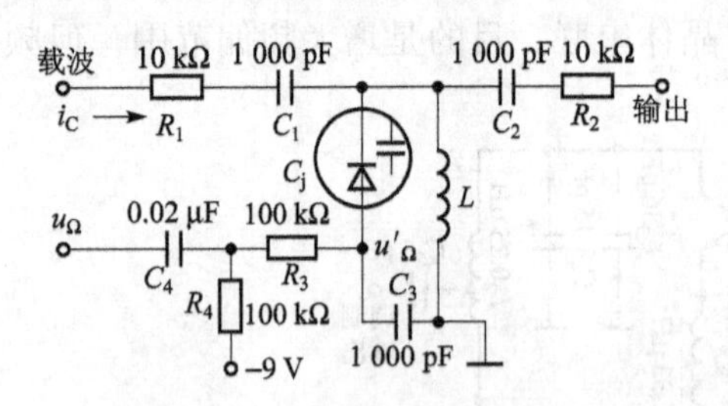

图 5 – 14　单回路变容二极管调相电路

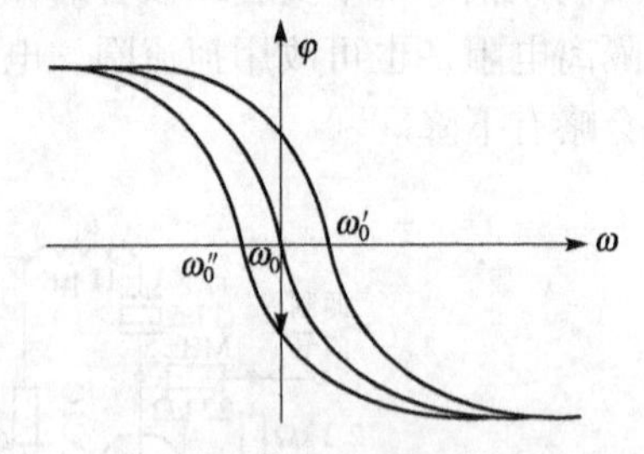

图 5 – 15　当回路谐振频率变化时载频通过回路后的相位变化

在图 5 – 14 电路中，载波电压经 R_1（10 kΩ 电阻）后作为电流源输入；调制信号 U_Ω 经耦合电容加至 R_3C_3 组成的积分电路，因此加在变容二极管两端的调制信号已是 u'_Ω，故输出调相波对 u_Ω 来说便是调频波了。图 5 – 14 中其他元件的作用是，C_1 和 C_2 为隔直电容，对载波可视为短路；R_2 用来减轻下级电路对回路的影响；R_4 用作调制信号源与偏压源之间的隔离。

根据式（4 – 6）已知变容二极管的结电容为

$$C_j = \frac{C_{jQ}}{(1 - m_c \sin \Omega t)^{\gamma}}$$

于是回路的谐振频率 ω_0 可表示为

$$\omega_0 = \frac{1}{\sqrt{LC_j}} = \frac{1}{\sqrt{LC_{jQ}}}(1 - m_c \sin \Omega t)^{\gamma/2} = \omega_c (1 - m_c \sin \Omega t)^{\gamma/2} \tag{5-34}$$

式中，$\omega_c = 1/\sqrt{LC_{jQ}}$ 为回路未受调制的角频率，它等于输入载波的角频率。将式（5－34）展为泰勒级数，得

$$\omega_0 = \omega_0 \left[1 - \frac{\gamma}{2} m_c \sin \Omega t + \frac{1}{2^1} \frac{\gamma}{2} \left(\frac{\gamma}{2} - 1 \right) m_c^2 \sin^2 \Omega t + \cdots \right]$$

因为 $m_c \ll 1$，故可忽略 m_c^2 的高次项上式可近似为

$$\omega_0 \approx \omega_c \left(1 - \frac{\gamma}{2} m_c \sin \Omega t \right) \tag{5-35}$$

已知并联谐振回路的相频特性在失谐不大的情况下，可表示为

$$\tan \varphi_z \approx \frac{2(\omega - \omega_0)}{\omega_0} Q_e$$

当 $\varphi_z \leqslant 30°$（即 $\pi/6$）时，$\tan \varphi_z \approx \varphi_z$，即

$$\varphi_z = \frac{2(\omega - \omega_0)}{\omega_0} Q_e \tag{5-36}$$

式中，Q_e 是回路有载品质因数，而 ω 为输入信号的角频率，在调相情况下输入载波角频率 $\omega_c = \omega$，ω 为一个不变量，而 ω_0 为一个变量。式（5－36）可改写为

$$\varphi_z = -\frac{2(\omega_c - \omega_0)}{\omega_0} Q_e$$

在失谐量不大时，上式分母中 ω_0 可近似为 ω_c，即

$$\varphi_z = -\frac{2(\omega_c - \omega_0)}{\omega_c} Q_e \tag{5-37}$$

将式（5－35）代入式（5－37），可得

$$\varphi_z = -\gamma m_c Q_e \sin \Omega t \tag{5-38}$$

这时若输入载波电压为 $u_i = U_{im} \cos \omega_c t$，则其输出电压为

$$u_0 = U_{om} \cos(\omega_c t - \gamma m_c Q_e \sin \Omega t)$$

其调频指数和最大频偏分别为

$$m_f = \gamma m_c Q_e \tag{5-39}$$

$$\Delta\omega_m = \gamma m_c Q_e \Omega \tag{5-40}$$

必须指出，上述结果是在 $\varphi_z \leqslant 30°$，前提下导出的，当 $\varphi_e > 30°$，即回路失谐较大时，由于回路相频特性的非线性，因而所得的调频波非线性失真较大。该调频指数等于调相器的最大相位偏移，当较小失谐回路的 $\Phi_{zm} = \frac{\pi}{6} \approx 0.5$ rad 时，调频指数 $m_f \approx 0.5$。显然，由于最大相位偏移受限，从单级失谐回路所得到的调频波最大频偏不可能很大。此外，用多音调制信号进行间接调频时，为保证调相器的相位偏移在允许的不失真范围内，应让调相器在 Ω_{min} 时达到最大相位偏移，并按 Ω_{min} 来计算最大频偏（$\Delta\omega_m = m_f \Omega_{min}$）。为扩大线性移相范围，应当采用多级回路的调相器，或者采用脉冲调相器等，受篇幅所限不再叙述。

从上述内容可知，由于频率和相位之间存在微积分关系，因此不管是调频波还是调相波，它们之间可以互相转化。间接调频方法依据这种特点，调制过程不直接在振荡器中进行，而是在后一级电路实现，这样可采用中心频率十分稳定的载频信号。

目前，在诸如调频广播发射机和电视伴音调频器中，大多采用间接调频方法。最后，从方案上说，还应提到集成电抗直接调频。

§5.6　相位检波电路

调相信号的解调电路称为相位检波器，简称为鉴相器，它除了用作解调调相波外，还可构成频率检波电路，也是锁相环路中不可缺少的组成部分。鉴相电路类型有许多种：双平衡鉴相器、模拟乘法器鉴相器、数字逻辑电路鉴相器以及采样鉴相器等。本节从介绍相位检波器原理的角度出发，只讨论具有正弦鉴相特性和三角鉴相特性的鉴相器，并且仅重点说明乘积型鉴相电路。

5.6.1　相位检波电路的作用和组成

相位检波电路用来检出两信号之间的相位差，完成相位 - 电压的变换。通常，假设鉴相器的两输入信号分别为

$$u_1 = U_{1m}\sin\left[\omega_c t + \Phi_1(t)\right]$$
$$u_2 = U_{2m}\cos\left[\omega_c t + \Phi_2(t)\right]$$

则鉴相器输出电压 u_o 是两个输入信号相位差的函数，即

$$u_o = f[\Phi_1(t) - \Phi_2(t)] = f[\Phi_e(t)] \tag{5-41}$$

式中，$\Phi_e(t) = \Phi_1(t) - \Phi_2(t)$。其中 u_1 与 u_2 之间的固定相位差$\frac{\pi}{2}$并不影响鉴相器的基本特性。

在解调调相波时，可把 u_1 看作是输入的调相波，$\Phi_1(t)$反映了调制信号的变化规律；u_2 是固定相位的本地参考信号，为简单起见，可令 $\Phi_2(t)=0$。因此，$\Phi_e = \Phi_1(t), u_o = f[\Phi_1(t)]$。若要求不失真解调，则应使 $u_o \propto \Phi_1(t)$。

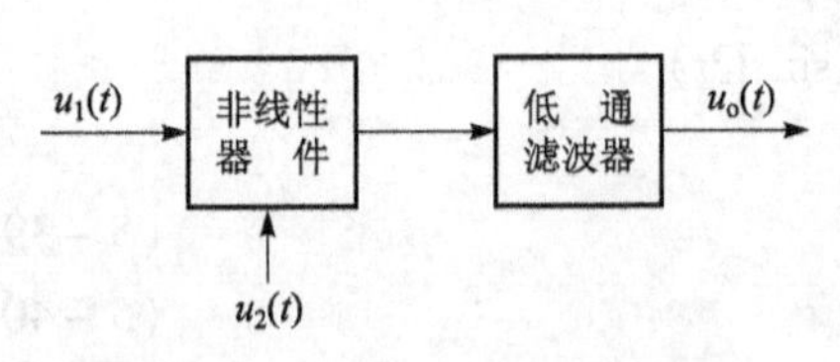

图 5 - 16　鉴相器的组成框图

从频率的角度看，单音调制时调相波包含的频率为 $\omega_c \pm n\Omega$（$n=0, 1, 2, \cdots$），并不包含调制分量 Ω；而鉴相器的输出电压 u_o 应该只包含 Ω 分量。可见，鉴相器必须有非线性器件，利用它产生新的频率分量，再由低通滤波器取出所需的频率分量 Ω，滤除其他频率分量。因此鉴相器的组成框图如图 5 - 16 所示，两者缺一不可。

5.6.2　乘积型鉴相器

这种鉴相器采用模拟乘法器作为非线性器件，框图如图 5 - 17 所示。假设

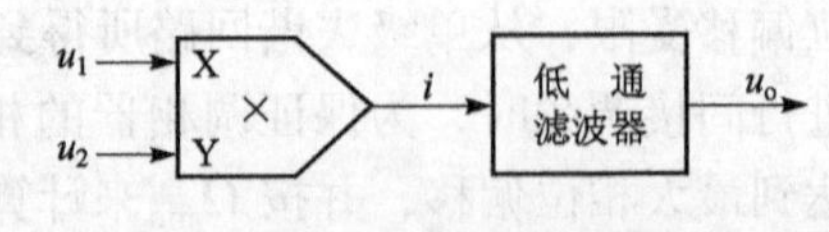

图 5 - 17　乘积型鉴相器框图

$$u_1 = U_{1m}\sin(\omega_c t + \Phi_e)$$

$$u_2 = U_{2m}\cos\omega_c t$$

根据 U_{1m}、U_{2m} 大小不同，分三种工作情况进行讨论。

一、u_1 和 u_2 均为小信号

当 U_{1m} 和 U_{2m} 均小于 26 mV 时，便属于这种情况。根据模拟乘法器特性，可写出其输出电流为

$$\begin{aligned} i &= Ku_1u_2 = KU_{1m}U_{2m}\sin(\omega_c t + \Phi_e)\cos\omega_c t \\ &= \frac{1}{2}KU_{1m}U_{2m}\sin\Phi_e + \frac{1}{2}KU_{1m}U_{2m}\sin(2\omega_c t + \Phi_e) \end{aligned}$$

式中，K 为乘法器的相乘增益因子。

上式中第二项经低通滤波器被滤除，于是可得输出电压为

$$u_o = \frac{1}{2}KU_{1m}U_{2m}R_L\sin\Phi_e \tag{5-42}$$

式中，R_L 为低通滤波器通带内所呈现的负载电阻。根据式（5－42）可画出 $u_o \sim \Phi_e$ 的关系曲线，如图 5－18 所示，称为鉴相器的鉴相特性。很明显，这是一条周期性的正弦形曲线，周期为 2π。

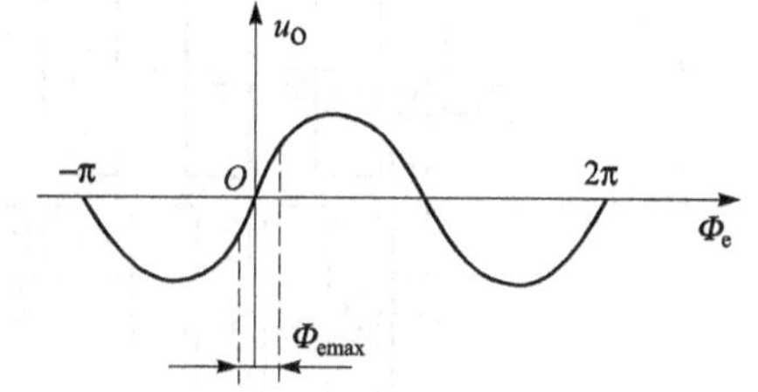

图 5－18　正弦形鉴相特性曲线

从鉴相特性曲线上，可以直观地看到鉴相器的两个主要性能指标：

（1）鉴相灵敏度（或称鉴相跨导），其定义为

$$S_\Phi = \left.\frac{du_o}{d\Phi_e}\right|_{\Phi_e=0} \tag{5-43}$$

S_Φ 表明鉴相器的鉴相效率，单位为 V/rad，通常希望 S_Φ 大一些。根据定义，当 Φ_e 很小时，$\sin\Phi_e \approx \Phi_e$，参照式（5－42），求出 u_1、u_2 均为小信号时鉴相灵敏度为

$$S_\Phi = \frac{1}{2}KU_{1m}U_{2m}R_L \tag{5-44}$$

（2）线性鉴相范围，它表示不失真解调所允许输入信号的最大相位变化范围，用 Φ_{emax} 表示。对于正弦形鉴相特性来说，当 $|\Phi_e| \leqslant 0.4$ rad（约 23°）时，$\sin\Phi_e \approx \Phi_e$，鉴相特性接近于直线，因此线性鉴相范围较小，即

$$\Phi_{emax} = \pm 23°$$

二、u_1 为小信号，u_2 为大信号

当 $U_{2m} > 100$ mV 时，就属大信号情况。此时由于模拟乘法器自身的限幅作用，可以等效看成 u_2 经双向限幅变成正负对称的方波 u'_2（幅度为 U'_{2m}）后加入乘法器，其波形如图 5－19 所示。图中 u_1 仍为小信号电压。

可得乘法器的输出电流为 $i = Ku_1u'_2$，经低通滤波器取出其平均分量电流 i_{av}，从而求得输出电压为

$$u_o = i_{av}R_L = \frac{1}{\pi}KR_L\int_0^\pi u_1u'_2\,d\omega_c t = \frac{2}{\pi}KR_LU_{1m}U'_{2m}\sin\Phi_e$$

上式表明，当乘积型鉴相器一个输入为大信号时，鉴相特性曲线仍以正弦形，只是鉴相灵敏度比前一种情况高，即

$$S_{\Phi}=\frac{2}{\pi}KR_{\rm L}U_{\rm 1m}U'_{\rm 2m} \tag{5-45}$$

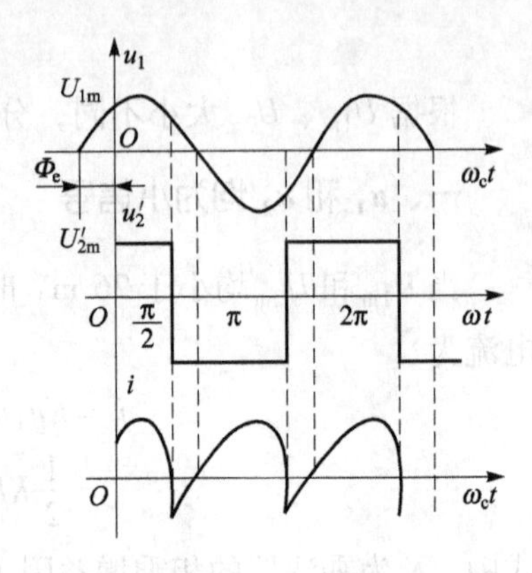

图 5－19　u_1 为小信号，u_2 大信号时的鉴相波形

三、u_1 和 u_2 均为大信号

当 $U_{\rm 1m}$ 和 $U_{\rm 2m}$ 均大于 100 mV 时，由于模拟乘法器自身的限幅作用，可以等效看成 u_1 和 u_2 经双向限幅变成正负对称的方波信号 u'_1 和 u'_1 后，加入乘法器，其幅度分别为 $U'_{\rm 1m}$ 和 $U'_{\rm 2m}$，波形如图 5－20 所示。由图中相乘而得电流 i 的波形，用积分的方法很容易求出其平均分量 $i_{\rm av}$，从而可得输出电压为

$$u_{\rm o}=i_{\rm av}R_{\rm L}=\frac{1}{\pi}R_{\rm L}\int_0^{\pi}i{\rm d}\omega_{\rm c}t$$

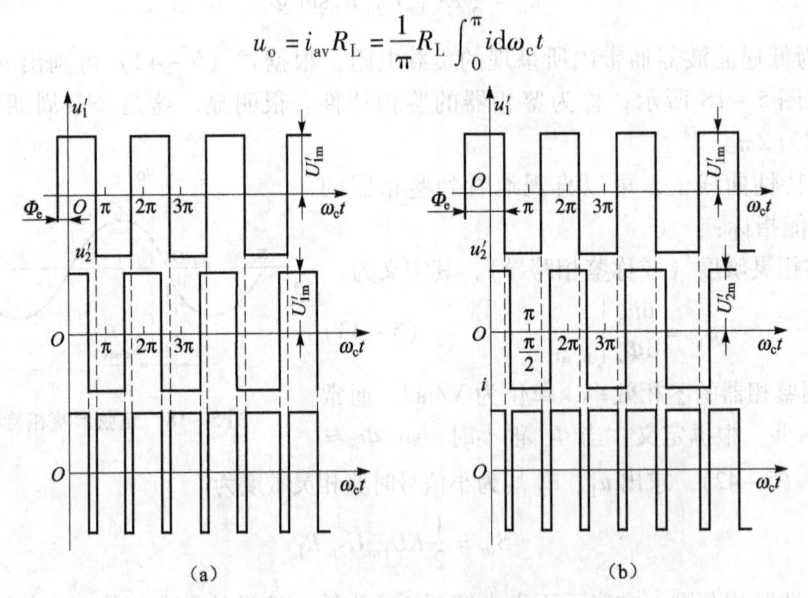

图 5－20　u_1 和 u_2 均为大信号时的鉴相波形

考虑到 $\Phi_{\rm e}$ 取值范围不同，i 的波形不同，因此分两种情况计算。

当 $-\pi/2<\Phi_{\rm e}<\pi/2$ 时，由图 5－20（a）可求得

$$\begin{aligned}u_{\rm o}&=\frac{1}{\pi}KR_{\rm L}u'_{\rm 1m}u'_{\rm 2m}\left[\int_0^{\frac{\pi}{2}}{\rm d}\omega_{\rm c}t-\int_{\frac{\pi}{2}}^{\pi-\Phi_{\rm e}}{\rm d}\omega_{\rm c}t+\int_{\pi-\Phi_{\rm e}}^{\pi}{\rm d}\omega_{\rm c}t\right]\\&=\frac{2}{\pi}KR_{\rm L}U'_{\rm 1m}U'_{\rm 2m}\Phi_{\rm e}\end{aligned} \tag{5-46}$$

当 $\pi/2<\Phi_{\rm e}<3\pi/2$，由图 3－74（b）可求得

$$\begin{aligned}u_{\rm o}&=\frac{1}{\pi}KR_{\rm L}U'_{\rm 1m}U'_{\rm 2m}\left[\int_0^{\pi-\Phi_{\rm e}}{\rm d}\omega_{\rm c}t-\int_{\pi-\Phi_{\rm e}}^{\frac{\pi}{2}}{\rm d}\omega_{\rm c}t+\int_{\frac{\pi}{2}}^{\pi}{\rm d}\omega_{\rm c}t\right]\\&=\frac{2}{\pi}KR_{\rm L}U'_{\rm 1m}U'_{\rm 2m}(\pi-\Phi_{\rm e})\end{aligned} \tag{5-47}$$

由式（5－46）、式（5－47）可画出 u_1、u_2 均为大信号时，乘积型鉴相器的鉴相特性曲线，如图 5－21 所示。可以看到，这是一条三角形鉴相特性曲线，线性鉴相范围为

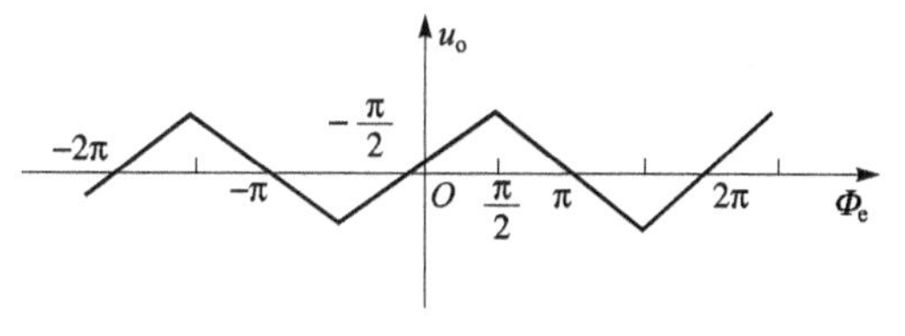

图 5－21　三角形鉴相特性

$$\Phi_{emax}=\pm\frac{\pi}{2}$$

这比正弦形鉴相特性的线性鉴相范围增大近 3 倍。由式（5－46）可求出鉴相灵敏度为

$$S_{\Phi}=\frac{2}{\pi}KR_LU'_{1m}U'_{2m} \qquad (5-48)$$

以上分析表明，对乘积型鉴相器应尽量采用大信号工作状态，或将正弦输入信号先经限幅放大变换成方波电压再加入鉴相器，这样可获得较宽的线性鉴相范围。

应当指出，大信号工作时的乘积鉴相特性，在考虑到 u_1 和 u_2 之间起始固定相差 Φ_0 不同时，常见如图 5－22 所示的一组曲线，分别对应（a）$\Phi_0=90°$，（b）$\Phi_0=0°$，（c）$\Phi_0=-90°$，（d）$\Phi_0=180°$。而上面所讨论的是 $\Phi_0=90°$的情况。

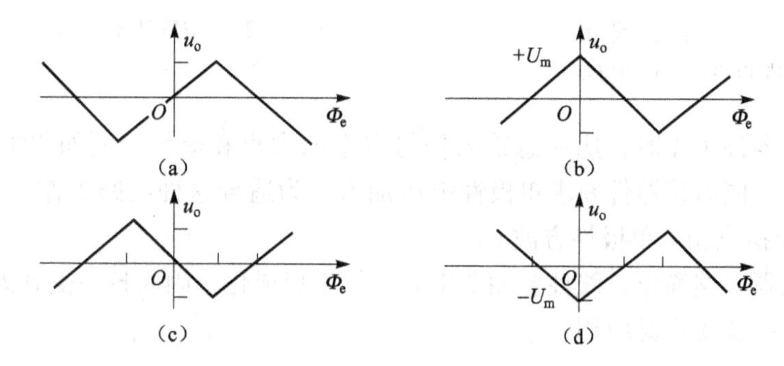

图 5－22　起始相差不同时的鉴相特性

概括起来，由于起始固定相差不同，使三角形特性曲线在 $u_o\sim\Phi_e$ 坐标上的位置不同，上述常见曲线零相位原点（$\Phi_e=0$）时输出电压分为

（1）原点零值输出，（$S_{\Phi}>0$）；

（2）原点 $+U_m$ 值输出；

（3）原点零值输出，（$S_{\Phi}<0$）；

（4）原点 $-U_m$ 值输出。

虽然起始固定相差并不影响鉴相器的基本特性，但是有的场合还是需要引入固定相移。例如在 u_1 和 u_2 之间引入了 90°相移，可满足零相位原点零电压值输出这一要求。这种特性就是当调制信号电压为零时，鉴相器的输出电压也为零，它对于使用者来说，会感到比较方便和直观。道理相同，小信号正弦鉴相特性也有上述效果。

5.6.3　数字型鉴相器

实际应用中，利用“或”、“与”、“异或”及“符合”门逻辑也可以组成鉴相电路；利用 R－S、J－K，或 D 触发器同样也可以组成鉴相电路。图 5－23（a）画出了采用数字异或门电路构成的鉴相器电路。当 A、B 二端加入等空度比方波时，F 端波形和 C 端平均值与相位差关系如图 5－23（b）所示，这一类鉴相器的鉴相特性曲线具有三角形状。

不难看出，当输入两方波空度比不都是50%时，鉴相特性曲线会出现平坦部分，意味着线性鉴相范围减小了。这种情况时的波形如图5-24所示（C代表鉴相特性）。

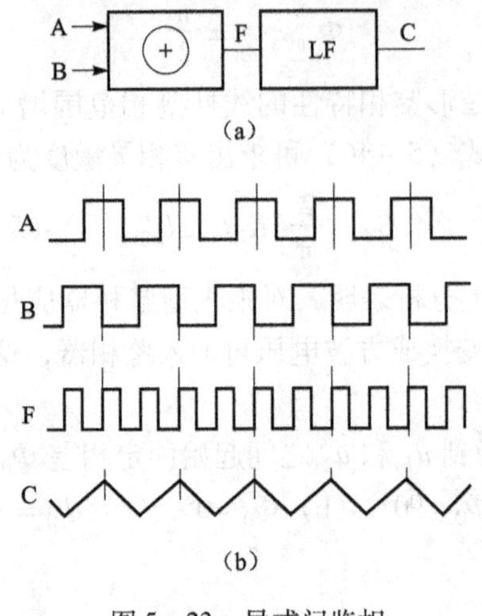

图5-23　异或门鉴相

(a) 鉴相器电路；(b) 相位差关系

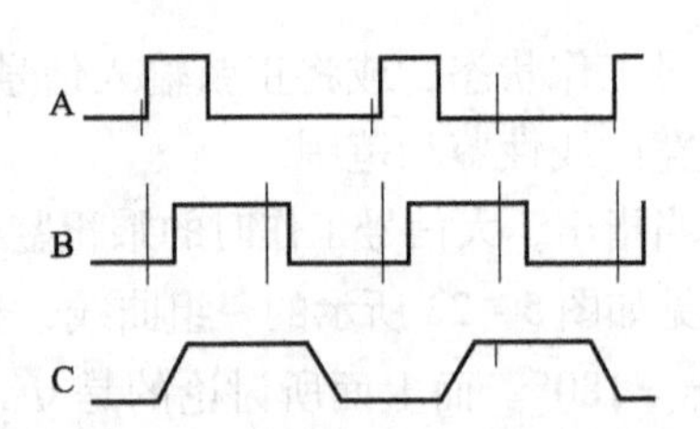

图5-24　空度比不是50%时的鉴相波形

当采用数字器件工作时，应注意输入信号电平的大小和极性，例如TTL器件对高、低电平有一定要求，同时该器件要求单极性电压加入。为适合这种电路工作，通常先将u_1和u_2放大整形，变换成相应单极性方波。

数字型鉴相器电路简单，线性鉴相范围大，易于集成化，因而日益受到人们的重视，特别是在锁相环路中获得广泛应用。

§5.7　频率检波电路

5.7.1　鉴频器的作用和实现方法

调频波的解调称为频率检波，简称鉴频。鉴频电路的功能是从输入调频波中检出反映在频率变化上的调制信号，即完成频率-电压的变换作用。

鉴频的各种实现方法都是将输入调频波进行一定的波形变换，根据波形变换的不同特点大致可以分为以下四种。

(1) 先将等幅调频波的瞬时频率变化规律不失真地变换为调频波的振幅包络变化，即变换成AM-FM波，然后用包络检波器检出所需的调制信号。这种方法简称为斜率鉴频。

(2) 先将等幅调频波的瞬时频率变化规律不失真地变换为调频波的相位变化，即变换成PM-FM波，然后用相位检波器检出所需的调制信号。这种方法简称为相位鉴频。

(3) 先将调频波进行波形变换，得到重复频率受调的矩形脉冲序列，然后在单位时间内对脉冲序列进行计数，同样可检出所需的调制信号。这种方法简称为脉冲计数鉴频。

(4) 利用锁相环路进行鉴频，简称为锁相鉴频。

在上面几种方法中，以(1)最能直观地用来说明频率解调原理，其关键是完成频率-幅度变换。由于调频信号瞬时频率正比于调制信号幅度，因而频率解调器必须产生正比于输

入频率变化的输出电压，也就是当输入调频信号为

$$u_i(t) = A_c\cos\left[\omega_c t + K_f\int m(t)\mathrm{d}t\right]$$

时，频率解调器的输出电压应为

$$u_o(t) \propto K_f m(t)$$

那么，理想的频率解调器可看成由一个时域微分器和包络检波器级联，而时域微分器起频率－幅度变换作用。因为其输出

$$u_d(t) = -A_c[\omega_c + K_f m(t)]\sin\left[\omega_c t + K_f\int m(t)\mathrm{d}t\right]$$

已是一个调频调幅电压，如果只取包络信息，则幅度检波后的输出电压为

$$u_o(t) = K_d K_f m(t)$$

本节将讲述方法（1）中的失谐回路斜率鉴频器，但更多地介绍应用广泛的方法（2）中的相位鉴频电路，其他方法不多细述。

5.7.2　斜率鉴频器

一、单失谐回路斜率鉴频器

采用简单的并联失谐回路已能对调频波完成频率－幅度变换，其原理电路如图 5－25 所示，图中虚线左边是一失谐并联回路，实际上起着与时域微分器相似的作用；右边是包络检波器，通过它检出调制信号电压。

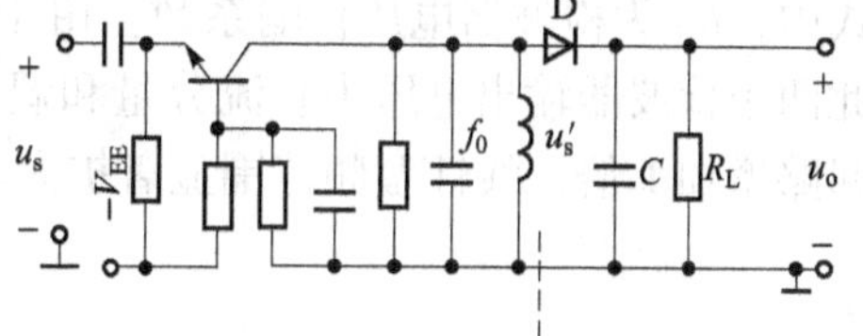

图 5－25　单失谐回路鉴频原理电路

所谓失谐回路是指该并联回路对输入调频波的中心频率是失谐的，可用图 5－26（a）说明，选择 LC 并联回路幅频特性 $K(\omega)$ 曲线上接近于直线的线段 AB，并且假定 AB 段对应的频率范围内，回路的相移近似为常数。若让输入调频波中心频率 ω_c 位置处于 AB 段中心 O 所对应的地方，则当输入调频波瞬时频率按单音调制规律变化时，并联失谐回路的两端调频波的幅度 U'_{sm} 也将按同样规律变化，通过二极管包络检波器就可检出单音信号来。电路的波形变换如图 5－26（b）所示。显然将 ω_c 置于 O′地方，由另一倾斜线段也能完成变换。

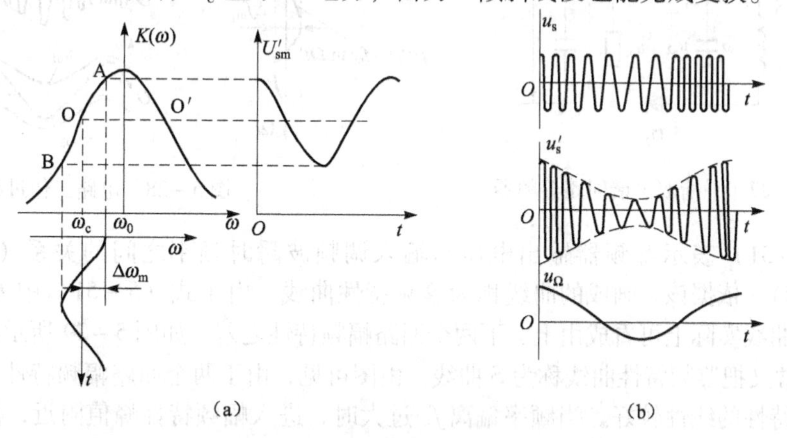

图 5－26　斜率鉴频变换器原理

然而，在实际中却较少采用单失谐回路斜率鉴频器，这是由于并联谐振回路幅频特性的两边倾斜部分并不是理想直线（严格说，还应考虑相频特性的影响），因此在频率－幅度变换中会造成非线性失真，即线性鉴频范围较小。

二、双失谐回路斜率鉴频器

为了扩大线性鉴频范围，根据平衡差动输出抵消失真项的原理，可采用如图5－27所示的平衡双失谐回路鉴频器。图中，上、下两个回路的谐振频率分别为

$$f_{01}=f_c+\Delta f_0 \tag{5-49}$$

$$f_{02}=f_c-\Delta f_0 \tag{5-50}$$

其中Δf_0为回路对调频波中心频率f_c的失谐量。输入调频波的示意情况如图5－28所示。显然，应有

$$U'_{o1}=K_1(f)U_{sm}$$

$$U'_{o2}=K_2(f)U_{sm}$$

式中，$K_1(f)$、$K_2(f)$分别为上、下两个回路的幅频特性。调频波的幅度为U_{sm}。由于接成差动方式输出，故总的输出电压u_o为

$$\begin{aligned}u_o&=u_{o1}-u_{o2}=K_d(U'_{o1}-U'_{o2})\\&=K_dU_{sm}[K_1(f)-K_2(f)]\end{aligned} \tag{5-51}$$

式中，K_d为检波器电压传输系数。由于两个回路的幅频特性形状对称、失谐量也相等，因此两个检波器输出电压中直流分量和偶次（失真）项分量相互抵消，而有用分量比单失谐回路增加1倍，线性鉴频范围显著扩大。

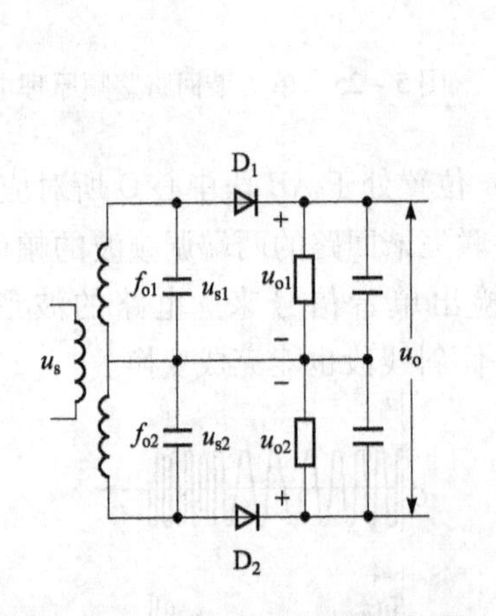

图5－27　平衡双失谐回路鉴频器

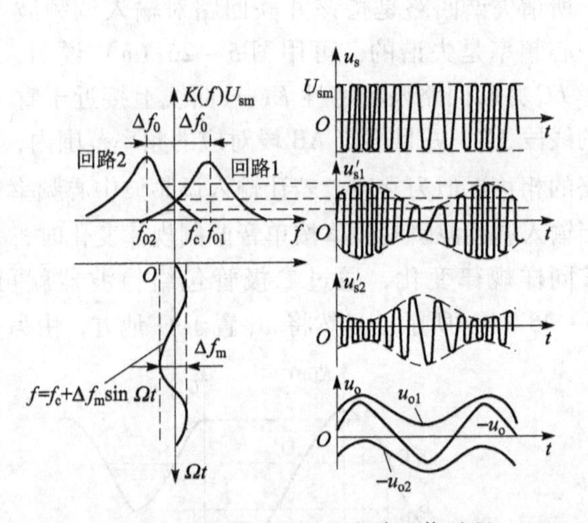

图5－28　电路工作过程

式（5－51）表示鉴频器输出电压与输入调频波瞬时频率之间的关系（因为$f=f_c+\Delta f_m\sin 2\pi Ft$），依据该式画成的曲线称为鉴频特性曲线。由于式（5－51）中K_dU_{sm}为常数，故鉴频特性曲线实际上可看成由上、下两个回路幅频特性之差，如图5－29所示。它的形状与S相似，通常又把鉴频特性曲线称为S曲线。由图可见，由于两个回路幅频特性互相补偿，在f_c附近鉴频特性的线性较好。当频率偏离f_c过大时，进入幅频特性峰值附近，使鉴频特性曲线开始弯曲，最后基本上按单个回路的幅频特性规律下降。

三、鉴频器主要性能指标

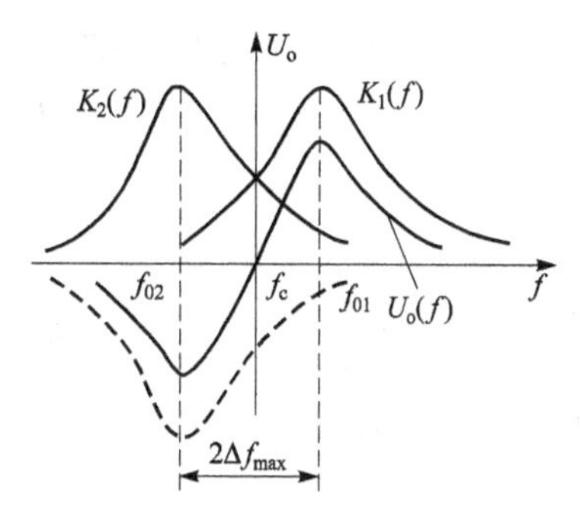

图 5－29　鉴频特性曲线

（1）鉴频跨导，其定义为

$$S_d = \left.\frac{dU_o}{df}\right|_{f=f_c} \tag{5-52}$$

它是鉴频特性曲线在 $f=f_c$ 处的斜率，单位为 V/kHz。它反映了鉴频器将输入信号频率的变化转变为输出电压变化的能力，又称为鉴频灵敏度。通常希望 S_d 大一些。

（2）线性鉴频范围，用 $2\Delta f_{max}$ 表示。它表明鉴频器不失真解调调频波时，所允许的最大频率变化范围，又称为鉴频器的带宽。通常设计鉴频器时应满足式（5－53）：

$$2\Delta f_{max} \geqslant 2\Delta f_m \tag{5-53}$$

式中，Δf_m 为输入调频波的最大频偏。

5.7.3　相位鉴频器

本节讨论的相位鉴频器由两部分组成：一是将调频波的瞬时频率变化转换为相位变化的线性网络；二是检出相位变化的相位检波器。实现相位鉴频的框图如图 5－30 所示。下面将从两个方面来讨论相位鉴频电路。

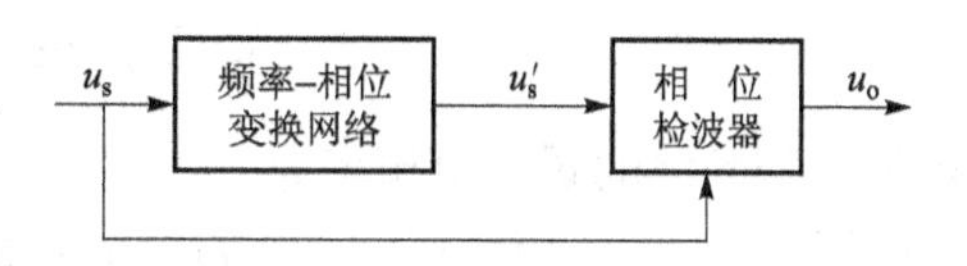

图 5－30　相位鉴频器框图

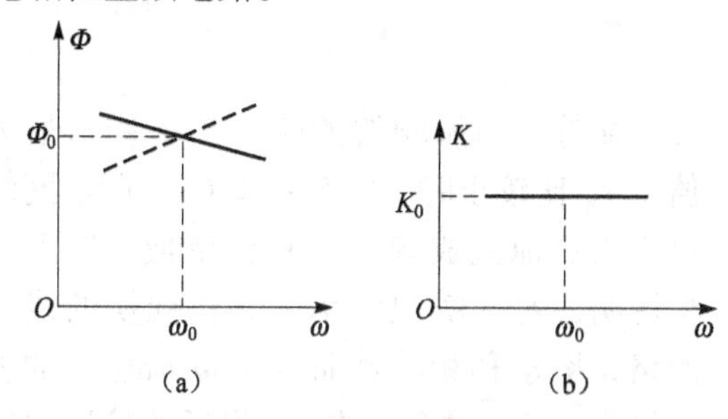

图 5－31　频率－相位变换网络的理想特性

一、频率－相位变换网络

相位鉴频的关键是找到一个线性的频率－相位变换网络，它将调频波的瞬时频率变化不失真地转换为相位变化，而保持幅度基本不变，即要求网络应具有如图 5－31 所示的相频特性和幅频特性。目前经常采用的变换网络形式有：单谐振回路、耦合回路或其他 *RLC* 电路。作为例子，下面分析图 5－32（a）所示网络的传输特性。这是一个由电容 C_1 和谐振回路 LC_2R 组成的分压电路。设输入电压为 U_1，输出电压 U_2，则由图可写出输出电压 U_2 为

$$\frac{U_2}{U_1} = \frac{\dfrac{1}{(1/R + j\omega C_2 + 1/j\omega L)}}{(1/j\omega C_1) + [1/(R + j\omega C_2 + 1/j\omega L)]} \tag{5-54}$$

整理式（5－54）并令

$$\omega_0 = \frac{1}{\sqrt{L(C_1 + C_2)}}$$

$$Q_p = \frac{R}{\omega_0 L} \approx \frac{R}{\omega L} = R\omega(C_1 + C_2)$$

则在失谐不太大的情况下可得

$$\frac{U_2}{U_1}=\frac{\mathrm{j}\omega C_1 R}{1+\mathrm{j}Q_{\mathrm{p}}\dfrac{2(\omega-\omega_0)}{\omega_0}}=\frac{\mathrm{j}\omega C_1 R}{1+\mathrm{j}\xi} \tag{5-55}$$

式中，$\xi=\dfrac{2(\omega-\omega_0)}{\omega_0}Q_{\mathrm{p}}$ 为广义失谐量。由上式可求得网络的幅频特性 $K(\omega)$ 和相频特性 $\Phi(\overline{\omega})$ 分别为

$$K(\omega)=\frac{\omega C_1 R}{\sqrt{1+\xi^2}} \tag{5-56}$$

$$\Phi(\omega)=\frac{\pi}{2}-\arctan\xi \tag{5-57}$$

由式（5-56）、式（5-5）两式可画出网络的幅频特性曲线和相频特性曲线，如图5-32（b）所示。

由图看出，只有当失谐量很小，即 $\arctan\xi<\pi/6$ 时，$\Phi(\omega)$才可近似为直线，此时

$$\Phi(\omega)\approx\frac{\pi}{2}-\xi=\frac{\pi}{2}-2Q_{\mathrm{p}}\frac{\omega-\omega_0}{\omega_0}$$

若输入调频波的瞬时角频率为

$$\omega=\omega_{\mathrm{c}}+\Delta\omega_{\mathrm{m}}\cos\Omega t=\omega_{\mathrm{c}}+\Delta\omega$$

假定 $\omega_{\mathrm{c}}=\omega_0$，将上式代入 $\Phi(\omega)$后可得

$$\Phi(\omega)\approx\frac{\pi}{2}-2Q_{\mathrm{p}}\frac{\Delta\omega}{\omega_0}=\frac{\pi}{2}-k\Delta\omega \tag{5-58}$$

式中，$k=2Q_{\mathrm{p}}/\omega_0$ 为常量。

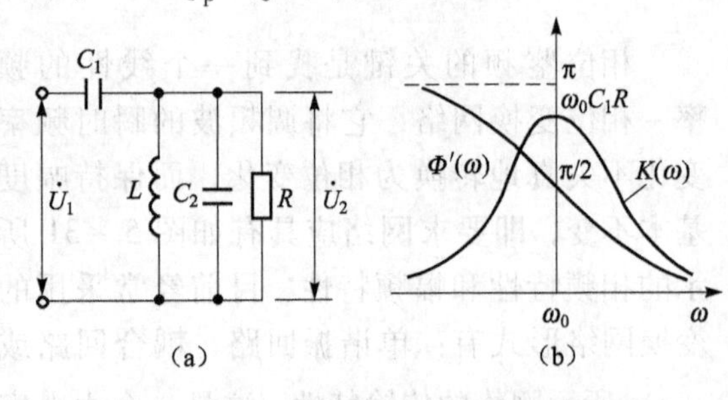

图5-32　常用频率-相位变换网络

显然，当调频波的瞬时频率偏移最大值 $\Delta\omega_{\mathrm{m}}$ 比较小时，图5-32（a）所示网络可不失真地完成频率-相位变换。以上分析说明，对于实现频率-相位变换的线性网络，要求移相特性曲线在 $\omega=\omega_0$ 时的相移量为 $\pi/2$，并且，在 ω_0 附近的特性曲线近似为直线。

在设计和调整电路时，必须注意使输入调频波的中心频率 $\omega_c=\omega_0$，对应于固定相移为$\dfrac{\pi}{2}$处；还要注意输入调频波的有效频宽，在调频波频偏最大时不超出相频特性的直线范围。这样才可较好地实现频率-相位变换作用。引入固定 $\pi/2$ 相移，是为了得到一条通过原点的鉴相曲线，以使鉴频器在 $\omega_{\mathrm{c}}=\omega_0$ 时的输出电压 u_{o} 为零，当然，引入 $-\dfrac{\pi}{2}$相移的效果也类似。

二、乘积型相位鉴频器

在乘积型相位检波电路基础上增加频率-相位变换网络，便可构成乘积型相位鉴频器，框图如图5-33所示。不难看出，只需将鉴相特性公式中的 Φ_{e} 用式（5-58）代替，即可

获得相应的鉴频特性公式，这里不再赘述。

假若鉴相器的两个输入电压都较大，因此具有（±90°）的直线鉴相范围，那么，乘积型相位鉴频器的带宽主要受移相网络的线性限制，其范围在 -30°～30°之间。在线性移相区间内有 $\Delta\Phi$ 正比于 $\Delta\omega$，而 $\Delta\omega$ 又与 u_Ω 成正比，所以 $\Delta\Phi$ 实际上反映 u_Ω 规律，经相位检波器后完成了调制信号的电压量输出。而超出线性移相区间就不再有上述关系。由此可知，乘积鉴频特性曲线也会具有类似 S 形状，线性鉴频范围主要受变换网络的影响。

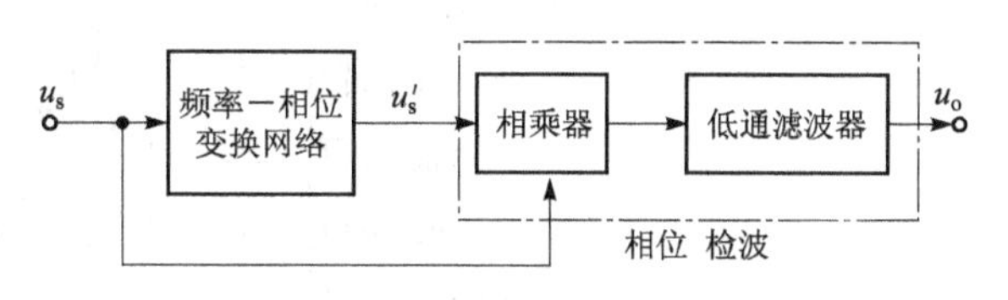

图 5-33 乘积型相位鉴频器框图

乘积型相位鉴频器的设计关键是能否选择好变换网络的元件参数。对于上面举例网络来说，当电容 C_1 太大时就只起耦合作用，可能使其失掉移相效果，故 C_1 应选较小电容，变换网络 ω_0 的中心频率主要由电容 C_2 和电感 L 决定。为了在 $\omega=\omega_0$ 处准确地提供 90°相移，电感线圈应有微调磁心。不少场合下将电感 L 称为正交线圈（quad-coil），同时，将整个乘积相应鉴频器称为正交检波器（quadrature detector）。为了增大线性移相范围，往往还在电感线圈两端并接一个电阻。

上述变换网络的突出优点是只用一个调谐回路、结构简单、容易调整，尤其是在大规模集成电路中用起来十分方便，因而受到人们重视而得到普遍应用。在现代单片调频接收集成电路中，不仅包括相位检波器，还包括限幅中放、双平衡混频、正弦振荡等许多功能电路。同时像变换网络中的电容元件，也可在集成电路内部做成，因此整个调频接收集成电路外部所需连接元件个数很少，电路体积小但性能很高。

5.7.4 实际应用电路举例

本小节给出两个型号的调频接收集成电路，可供设计参考。分成窄带调频接收和宽带调频接收来介绍。

（1）窄带调频接收集成电路。MC3363 是可用于无绳电话机等场合的集成电路，它是 28 引脚双列塑封（SMD）芯片，内部组成原理框图如图 5-34 所示。

芯片外部连接的元件情况如图 5-35 所示。输入的窄带调频信号中心频率为 49.67 MHz，经放大后从引脚 1 加到片内第一混频器，而 38.97 MHz 的第一本振信号从内部注入。当用外部振荡信号时，需 100 mV 电平从引脚 25/26 加入。第一中频信号为 10.7 MHz，通过三端陶瓷滤波器从引脚 21 加到第二混频器。而 10.24 MHz 的第二本振信号由另一块晶体产生。第二混频器输出 455 kHz 中频信号，也经陶瓷滤波器从引脚 9 加到限幅中放，增益为 60 dB，带宽较窄约 3.5 kHz。正交检波后从引脚 16 输出音频信号，后接一个放大器。图中一些外接元件说明如下：

Z_1——455 kHz 陶瓷滤波器，$R_{in}=R_{out}=(1.5\sim2.0)$ kΩ；

Z_2——10.7 kHz 陶瓷滤波器，$R_{in}=R_{out}=330$ kΩ；如果采用晶体滤波器，可以更加改善邻频道干扰与第二镜像抑制，提高接收机选择性和灵敏度；

LC——455 kHz 正交谐振回路；

RP——音量控制电位器；

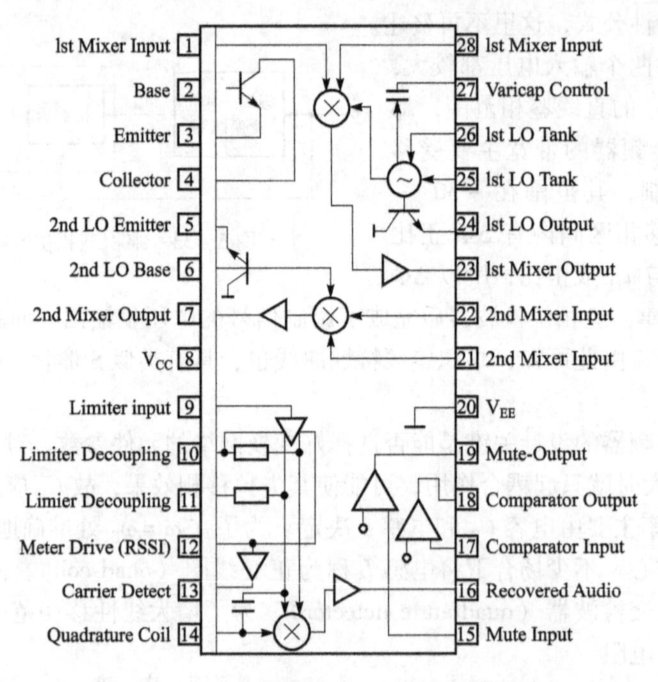

图 5－34　NBFM 接收集成芯片 MC3363 内部组成

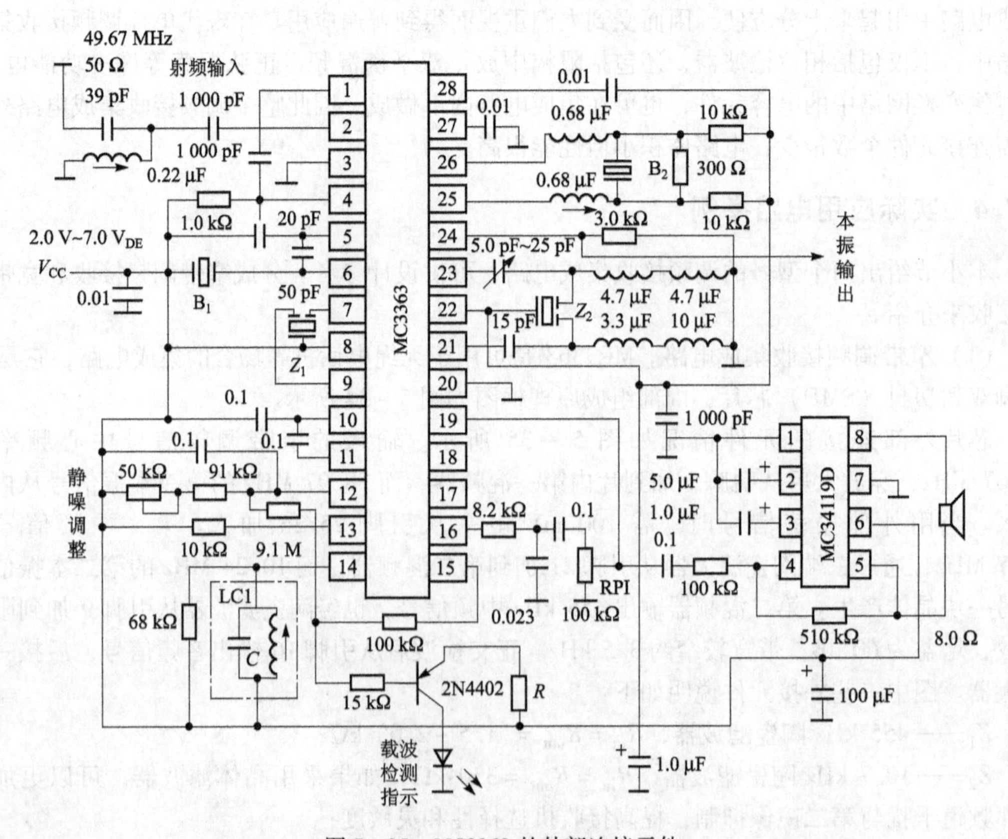

图 5－35　MC3363 的外部连接元件

B_1——10.245 MHz 泛音晶体，负载电容 32 pF；

B_2——38.97 MHz 泛音晶体，串联型晶体振荡器，调整线圈为 0.68 μH；

R——用来调整发光二极管电流 $I_{LED} \approx (V_{CC} - V_{LED})/R$，$V_{LED}$ 一般 1.7 ~ 2.2 V。

第一本振所用泛音晶体的串联谐振电阻应远小于 300 Ω，与晶体并接的 300 Ω 电阻限制其他振荡频率出现。而正交线圈两端并联的 68 kΩ 电阻用来确定解调器的峰距（线性范围），较小的阻值可降低 Q 值以改善频偏线性区大小，但却会影响再现音频信号电平幅度。

对于 MC3363 集成电路来说，在信噪失真比（$SINAD$）12 dB 时，具有优于 0.3 μV 的灵敏度（在使用片内射频放大器时）。信噪失真比的意义可参考下式：

$$SINAD = \frac{S + N + D}{N + D}\ \text{dB}$$

式中，S 为信号电平；N 为噪声电平；D 为失真分量电平，通常指解调器输出有用信号的二次谐波电平。在规定的 12 dB 信噪失真比下，窄带调频接收机输入端所需要的最小信号电平，称为 $SINAD$ 灵敏度，可用 μV 或 dBμ 表示。

典型应用情况（$f_s = 49.67$ MHz）下输入信号电平约 μV 量级时，MC3363 解调后的波形如图 5－36 所示。由图可见，在噪声背景中已可分辨出来有用信号，但是也附加着一定的谐波失真。

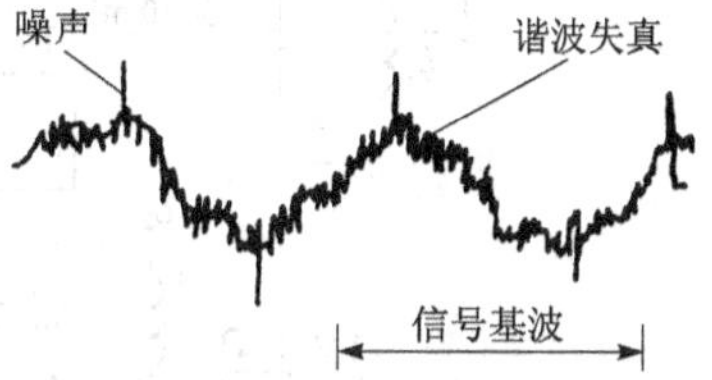

图 5－36　0.3 μV 输入时 MC3363 解调波形

MC3363 的系列有 MC3362/3372/3367…，其中 MC3362 可与 MC145166/167 频率合成器一起构成 46 MHz ~ 49 MHz 波段十频道无绳电话机，该系列器件在 NBFM 移动通信领域应用很普遍，感兴趣者可查阅美国摩托罗拉公司通信器件手册。

（2）宽带调频接收集成电路。TA7792F 是可用于接收 AM/FM 广播的音响集成电路，该芯片为 16 引脚双列塑料（SMD）器件，而 TA7792P 是普通封装器件。在接收 FM 广播时的内部相应组成框图和外部电路连接分别如图 5－37、图 5－38 所示。由图可知，调频广播信号从 16 引脚加入；本振信号从内部加入到混频器；中频信号从 14 引脚输出，经过 10.7 MHz 陶瓷滤波器加到 12 引脚，该引脚为调频中放输出，其增益较高而且频带较宽（至少为 200 kHz），因此适合放大宽度调频信号。频率检波器的外部连接元件只有一个移相线圈和电容，接在 9 引脚，工作原理与前面所做有关说明相同。解调输出音频电压由 8 引脚送到后级低频放大电路。

宽带调频接收机通常使用信噪比灵敏度表示性能。在 S/N 等于 30 dB 时，TA7792F 的灵敏度约为 12 dBμ。

在图 5－38 电路中，采用了变容管电子调谐器，用来改变本振电压频率，以便能够接收整个 88 ~ 108 MHz 频段的广播信号。另外，经频率检波后的音频信号，需进行一定放大以后才能推动较大功率音响终端。当接收立体声调频广播时，频率检波后的信号需先送到立体声解码电路进行分离，然后送入左、右两声道音频放大电路。TA7792 的输出音频信号可以带动耳机，同时耳机连线能兼作接收天线用。

TA7792F/P 频率解调电路的输出失真小，再现的语言和音乐信号优美动听，是 1.5 ~ 3 V 低电压 FM/AM 收音机中常用的前端电路器件。有关详细介绍可查阅“最新世界集成电路”手册。

例 5－2　已知调频接收天线输出电动势为 e；输入级噪声系数为 N_F，输入阻抗 50 Ω；

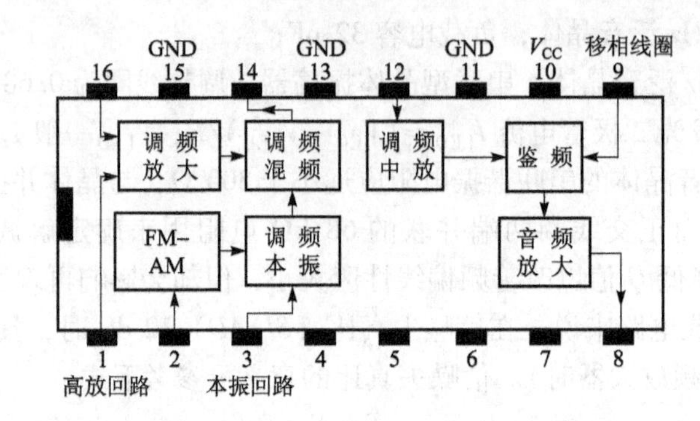

图 5-37　WBFM 接收集成芯片 TA7792 的内部组成（AM 部分省略）

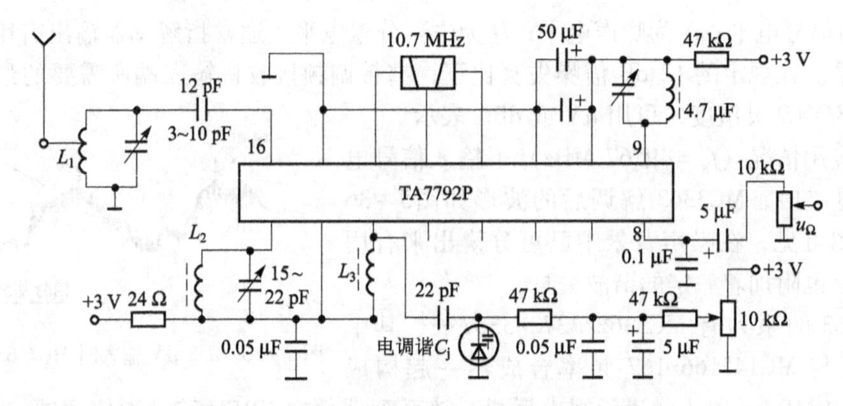

图 5-38　接收调频广播时的外部元件连接

中频带宽为 16 kHz；限幅器输入端载噪比 C/N 为 10 dB；在室温下工作。试求：（1）当 N_F 分别为 3 dB、6 dB、10 dB 时，天线电动势 e 等于多少 μV？（2）输入级所需最小信号功率电平等于多少 dBW？

解：（1）本题实际是求以限幅器为分界线的调频接收机灵敏度。接收天线上输出电动势 e 可由下式求得

$$e=\left(4kTBN_F\frac{C}{N}R\right)^{\frac{1}{2}}$$

上式的由来见参考文献[10]。式中，k 为波耳兹曼常量（1.38×10^{-23} J/K）；T 为信号源绝对温度（按室温 290 K 算）；B 为等效噪声带宽，近似等于接收机频带宽；R 为接收机输入阻抗（50 Ω）。根据题意，有

$$\begin{aligned}e&=(4\times1.38\times10^{-23}\times290\times16\times10^{3}\times10\times50\times N_F)^{\frac{1}{2}}\times10^{6}\\&=0.356\sqrt{N_F}\ \mu\text{V}\end{aligned}$$

当 $N_F=3$ dB 时，$e=0.50$ μV；

$N_F=6$ dB 时，$e=0.71$ μV；

$N_F=10$ dB 时，$e=1.12$ μV。

上述结果可认为是采用天线电动势表示的接收机灵敏度。

（2）在工程设计中，有时需要知道接收机输入级的信号功率 P_i（dBW）。假定接收天线等效阻抗为 50 Ω，当匹配时有

$$P_{\mathrm{i}}=\frac{e^2}{4R}=kTBN_{\mathrm{F}}\frac{C}{N}$$

或者

$$P_{\mathrm{i}}=10\lg kT+10\lg B+N_{\mathrm{F}}(\mathrm{dB})+\frac{C}{N}$$

$$=-204+10\lg B+N_{\mathrm{F}}+\frac{C}{N}$$

当 $B=16\ \mathrm{kHz}$ 及 $N_{\mathrm{F}}=10\ \mathrm{dB}$、$\frac{C}{N}=10\ \mathrm{dB}$ 时：

$$P_{\mathrm{i}}=-204+42+10+10=-142(\mathrm{dBW})$$

对于本例，$N_{\mathrm{F}}=3\ \mathrm{dB}$ 情况相应于 P_{imin}，读者可自行求出结果。

本题是用 1 W 功率作参考信号强度，负号表示信号强度比 1 W 低。

习　　题

5－1　已知调角波的数学表示式为

$$u(t)=5\cos(2\pi\times10^6t+10\sin2\pi\times500t)\ \mathrm{V}$$

调制信号的幅度 $U_{\Omega\mathrm{m}}=2.5\ \mathrm{V}$。试问：

（1）该调角波的 Δf_{m}、$\Delta\Phi_{\mathrm{m}}$ 及频带宽度为多少？

（2）如果是调频波，应满足什么条件？

（3）如果是调相波，应满足什么条件？

（4）该调角波在 100 Ω 电阻上消耗的平均功率等于多少？

5－2　在某调频发射机中，调制信号幅度为 $U_{\Omega\mathrm{m}}$，频率为 $F=500\ \mathrm{Hz}$，产生调频波最大频偏为 $\Delta f_{\mathrm{m}}=50\ \mathrm{kHz}$。

（1）求该调频波的最大相移 $\Delta\Phi_{\mathrm{m}}$（用 rad 表示）及带宽。

（2）如果 F 不变，而调制幅度减到 $U_{\Omega\mathrm{m}}/5$，求最大频偏 $\Delta f_{\mathrm{m}}=?$

（3）如果 $U_{\Omega\mathrm{m}}$ 不变，而 $F=2.5\ \mathrm{kHz}$，求此时的 $\Delta\Phi_{\mathrm{m}}$，Δf_{m} 及带宽。

5－3　图 P5－3 是变容二极管直接调频电路，试画出简化的交流等效电路，并说明各个元件的作用。

5－4　图 P5－4 是采用两只变容二极管的直接调频电路，试：

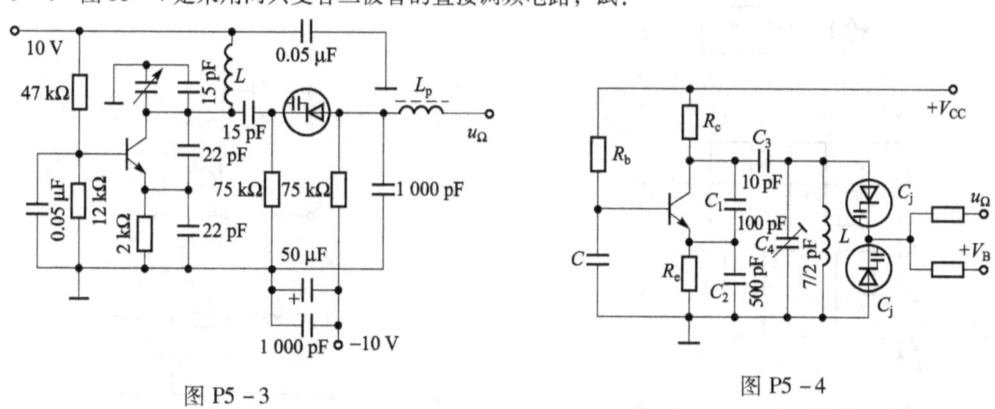

图 P5－3　　　　图 P5－4

（1）扼要说明这种连接方式有何优点？

（2）画交流等效电路，其瞬时频率怎样表示？

（提示：采用两只特性一致的变容二极管对接方式，对于高频振荡电压来说，两管是串联的，两管结电容变化相互抵消。）

5-5 图 P5-5 为间接调频扩大频偏的组成框图，试按图中给出的数据求输出调频波的载频频率和最大频偏。

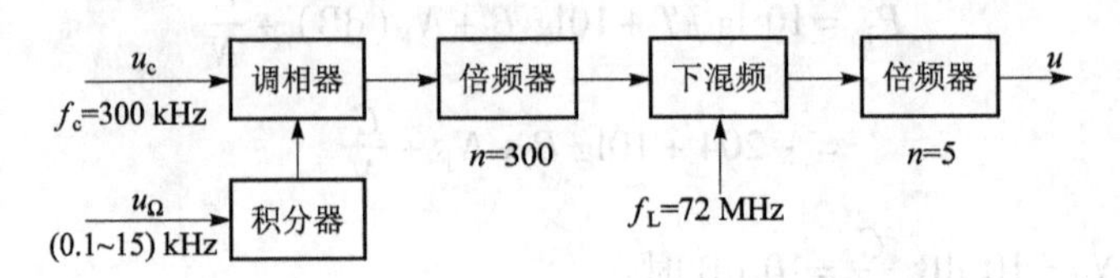

图 P5-5

5-6 某调频发射机组成如图P5-6所示。直接调频器输出 FM 信号的中心频率为10 MHz，调制信号频率范围为 100～1 000 Hz，$F_{\max}$时的调频指数 $m_f=5$，调制幅度保持不变化。混频器输出取差频信号。试求：

（1）输出信号 $u_o(t)$ 的中心频率f_0 及最大频偏 Δf_m；

（2）放大器的通频带应为多少？

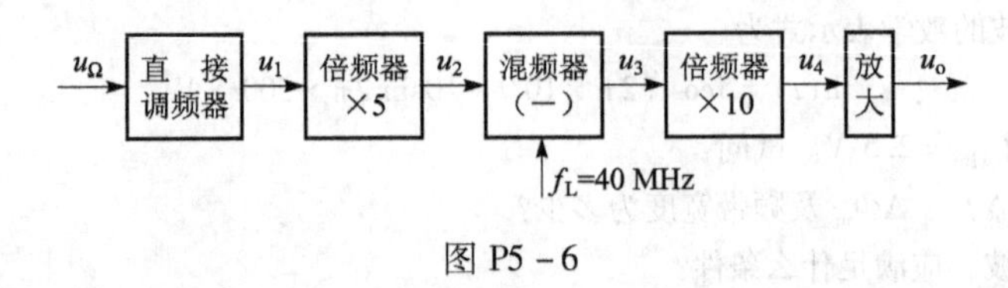

图 P5-6

5-7 试用相乘器构成完整的相位检波电路（参照图 P5-7）并画出输出电压 u_o 的波形，求 u_o 的表示式，最后画出鉴相特性曲线。

5-8 设乘积型相位鉴频器中的频率-相位变换网络分别如图 P5-8（a）、（b）所示，假设 $r \ll \omega L$。

（1）试分别画出网络的相频特性曲线。

（2）当 u_s 为大信号，并工作于网络相频特性线性段时，试分别画出鉴频器的鉴频特性曲线。（提示：利用5.6.2 节乘积鉴相的分析结果。）

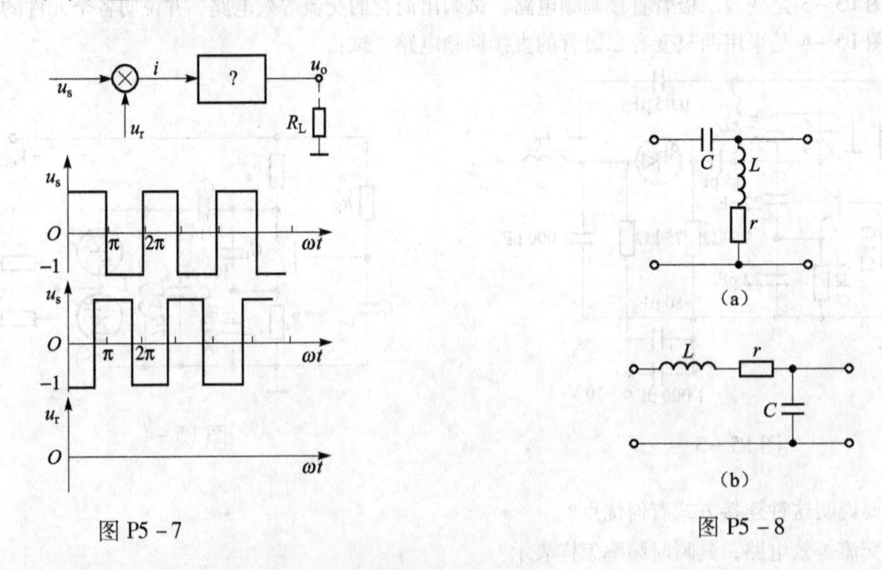

图 P5-7　　　　图 P5-8

5-9 若某调频接收机限幅中放的输出电压为

$$u_I(t)=100\cos(2\pi\times10^7 t+5\sin 2\pi\times10^3 t)\ \text{mV}$$

后面连接鉴频电路的鉴频特性如图 P5 - 9 所示，其中 $\Delta f = f - f_{\rm I}$。试求：

（1）该调频信号的最大频偏值，并画出其瞬时频率变化波形。

（2）写出鉴频器输出电压 $u_o(t)$ 表达式。

5 - 10　晶体鉴频器原理电路如图 P5 - 10 所示。图中电容器与晶体串接，组成一个阻抗分压器，两个幅度检波器特性一致，分别对 u_c 和 u_J 进行检波；解调输出电压为 U_o，为差动输出。试求：

（1）容抗 x_c 与晶体电抗 x_J 的阻抗曲线。

（2）电容与晶体上的电压分配关系曲线。

（3）鉴频器输出电压与频率的关系曲线。

（提示：当输入信号频率不同时，在 ω_s 和 ω_p 之间 x_J 随频率剧烈变化，但电抗 x_c 可认为没有变化。这就意味着，在频率不同时，电容器和晶体上所分得电压是很不相同的，即阻抗分压器可完成频幅变换作用。）

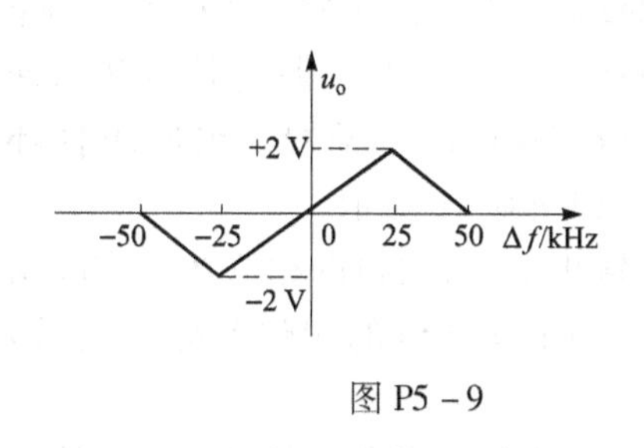

图 P5 - 9

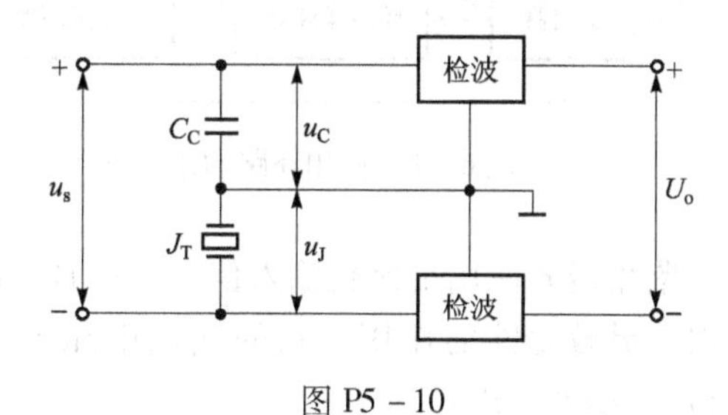

图 P5 - 10

5 - 11　设某信道具有均匀的双边噪声功率谱密度 $n_0/2 = 0.25 \times 10^{14}$ W/Hz，在该信道内传送 FM 信号。若调制信号为单一频率 1 kHz 正弦，已调信号带宽为 10 kHz，其路径衰耗为 100 dB，要求解调器输出信噪比为 40 dB，采用普通鉴频器解调，试求发送端最小载波功率。

5 - 12　设有一频分多路复用系统，副载波用 DSB - SC 调制，主载波用 FM 调制。如果有 40 路等幅音频输入，每路频带限制在 3.4 kHz 以下，信道间隔为 0.6 kHz。

（1）若最大频偏为 800 kHz，试求传输信号的带宽。

（2）第 40 路与第 1 路相比信噪比下降多少 dB？（假定鉴频器输入的噪声是白噪声，且解调电路中无去加重网络）。

参考文献

[1] 董荔真，倪福卿，罗伟雄．模拟与数字通信电路［M］．北京：北京理工大学出版社，1990.

[2] 樊昌信，詹道庸，徐炳祥，等．通信原理［M］．4 版．北京：国防工业出版社，1995.

[3] 曹志刚，钱亚生．现代通信原理［M］．北京：清华大学出版社，1992.

[4] 郭梯云，刘增基，王新梅，等．数据传输［M］．北京：人民邮电出版社，1986.

[5] Martin S. Roden. Analog and Digital Communication Systems, SECOND EDITION［J］. by Prentice-Hall, Inc, Englewood Cliff, New Jersey. 1985.

[6] MC1496/1596 BALANCED MODULATOR Motorola. Inc（器件应用说明），AN531，1980.

[7] 姜文潮．频率调制技术［M］．北京：高等教育出版社，1985.

[8] 张风言．电子电路基础［M］．2 版．北京：高等教育出版社，1995.

[9] 倪福卿．董荔真，罗伟雄．非线性电子线路［M］．北京：高等教育出版社，1987.

[10]［美］F · G · 斯特瑞姆勒．通信系统导论［M］．熊秉群，张秋霞，等，译．北京：人民邮电出版社，1983.

[11]［美］K · K · 克拉克，D · T · 希斯．通信电路：分析与设计［M］．戚治孙，等，译．北京：人民教育出版社，1981.

[12]［美］H · L · 克劳斯，等．固态无线电技术［M］．秦士，姚玉洁，译．北京：高等教育出版社，1983.

第六章　锁相环路

锁相环路（Phase Lock Loop，PLL）是一种允许用外部参考信号控制环路内部振荡器的频率和相位的电路，且是一个相位反馈控制电路。

锁相环路由相位检波器（Phase Detector，PD）、环路滤波器（Loop Filter，LF）和压控振荡器（Voltage Control Oscillator，VCO）组成闭合环路，如图6-1所示。

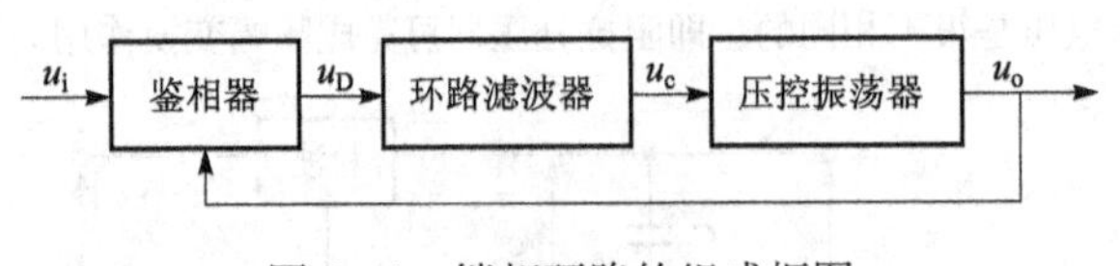

图6-1　锁相环路的组成框图

鉴相器的作用是比较输入信号$u_i(t)$的相位θ_i与VCO输出电压$u_o(t)$的相位θ_o，它起相位误差灵敏元件的作用，它的输出电压$u_D(t)$决定于$u_i(t)$和$u_o(t)$的相位差$\theta_i-\theta_o$，即$u_D(t)=\phi(\theta_i-\theta_o)$。

环路滤波器是一个低通滤波器。它主要是滤除鉴相器输出电压中不需要的成分。它的输入和输出的关系可写成

$$u_c(t)=F(P)u_D(t)$$

式中，$F(P)$为滤波器的传输特性；P为拉普拉斯算子。

压控振荡器输出电压$u_o(t)$的频率随控制电压$u_c(t)$的变化而变化，即

$$\omega_o(t)=\omega_o+K_0u_c(t)$$

式中，ω_o为$u_c(t)=0$时VCO的输出频率；K_0为压控振荡器的压控灵敏度，量纲为Hz/V。

若环路在“锁定”状态，则输入信号频率与VCO的频率相等（$f_o=f_i$）。此时的相位差$\theta_i-\theta_o$取决于鉴相器的特性及输入频率f_i偏离VCO空载频率f_o的程度。这个值一般称为锁相环路的起始频率差$\Delta f_o=f_i-f_o$。如果锁相环路起始频率差为0，即$f_i=f_o$，这时VCO不需要外加控制电压，环路就处于锁定状态，因而要求鉴相器输出电压$u_D(t)=0$，这时相位差$\theta_i-\theta_o=0$，而且鉴相器无直流电压输出。如果起始频差$\Delta f_o\neq0$，即$f_i\neq f_o$，这时要锁相环路锁定，必须在VCO上加一个控制电压$u_c(t)$，使VCO输出频率f_o等于f_i，这时鉴相器输出电压$u_D(t)$就不再为零，而是必须保持一定的相位差$\theta_i-\theta_o$，来维持$u_D(t)$的电压。

从以上锁相环路工作原理可知，在环路锁定时，输出电压的频率和输入电压的频率是相等的，而两个电压的相位是不相等的。也就是说，在一般情况下环路有一定的稳态相位差，这个相位差存在使鉴相器产生一直流电压输出，以控制VCO的输出频率和输入频率同步。

锁相环路除了在环路锁定时无频率误差之外，还有下述特点：

（1）具有良好的滤波特性。对于一个带通滤波器要得到窄的通频带是比较困难的，因为要做到这一点，回路必须有很高的Q值。由于锁相环路中的鉴相器和VCO之间插入了一个低通滤波器，因而能得到窄带滤波特性。当VCO的输出频率锁定在输入信号频率时，输入端位于信号频率附近的频率分量通过鉴相器后就平移到零频率附近。因为鉴相器输出为两个输入信号的差拍频率，这样环路滤波器的低通作用对输入信号电压而言为

一带通滤波器，只要将环路滤波器的通带做得比较窄，整个环路对输入电压而言就具有较窄的带通特性。它的相对带宽可做到 $10^{-7} \sim 10^{-6}$，环路通带的宽窄主要取决于环路滤波器通带的大小。

（2）频率跟踪特性。由于 VCO 的输出频率可以跟踪输入信号频率的变化，这样环路对输入信号电压呈现带通特性，通带的中心频率可随输入频率的变化而变化。因此锁相环路可看成一个具有频率跟踪特性的窄带滤波器。

（3）较好的低门限特性。锁相环路存在自身的非线性特性，若作为鉴频器应用时，在噪声作用下和一般鉴频电路一样存在门限效应。但锁相鉴频的门限要比一般鉴频电路低 4 ~ 5 dB。

锁相环路是由鉴相器、环路滤波器和 VCO 组成的相位反馈系统，因此常用反馈控制理论来分析锁相环路。一般情况下，由于鉴相器的鉴相特性是非线性的，这样锁相环路的电路方程是一非线性微分方程，要用非线性系统理论进行分析。但当环路处于锁定状态时，输出信号的相位 θ_o 能随输入信号相位 θ_i 变化，即环路处于相位跟踪状态，这时相位误差 $\theta_i - \theta_o$ 比较小，鉴相特性可近似看成线性，这样环路就可用线性系统分析方法来分析。当环路失锁时，由于输入信号和输出信号之间存在频率差，对相位而言相位误差就可能很大，此时环路处于捕捉状态，不能将鉴相特性线性化。因此分析环路捕捉过程时，必须采用非线性系统分析方法。本章先介绍环路的线性分析方法，研究环路锁定时的跟踪状态，然后简单叙述环路的捕捉过程。

§6.1　锁相环路的线性分析

6.1.1　环路的特征方程和传输函数

在分析环路时，必须求出环路的传输函数和它的相位模型。在分析之前特别要提醒注意，在锁相环路中分析的变量是相位，所以其传输函数是输出相位的拉普拉斯变换与输入相位的拉普拉斯变换之比，这与以前分析中变量是电压或电流是不同的。

一、各部件的传输函数

1. 鉴相器

鉴相器是比较输入信号电压 $u_i(t)$ 和输出信号电压 $u_o(t)$ 之间的相位关系，它在锁相环路中起相位误差灵敏元件的作用。设环路的输入电压 $u_i(t)$ 为

$$u_i(t) = U_{im}\sin[\omega_i t + \theta_1(t)]$$

式中，$\theta_1(t)$ 为输入信号载波频率为 ω_i 的瞬时相位。VCO 的输出电压为

$$u_o(t) = U_{om}\cos[\omega_o t + \theta_2(t)]$$

要对两个电压进行比相，就需要在同频条件下进行。为此，将输入信号的总相位改写为

$$\begin{aligned}\omega_i t + \theta_1(t) &= \omega_o t + [(\omega_i - \omega_o)t + \theta_1(t)] \\ &= \omega_o t + \theta_i(t)\end{aligned}$$

在此 $\theta_i(t)$ 是以 ω_o 为参考频率时输入信号的瞬时相位，即

$$\theta_i(t) = (\omega_i - \omega_o) + \theta_1(t) = \Delta\omega_o t + \theta_1(t)$$

于是，输入和输出电压可写成

$$u_{\mathrm{i}}(t)=U_{\mathrm{im}}\sin\left[\omega_{\mathrm{o}}t+\theta_{\mathrm{i}}(t)\right]$$

$$u_{\mathrm{o}}(t)=U_{\mathrm{om}}\cos\left[\omega_{\mathrm{o}}t+\theta_{\mathrm{o}}(t)\right]$$

$$\theta_{\mathrm{o}}(t)=\theta_{2}(t)$$

若鉴相器为正弦型乘积鉴相器，则鉴相器输出电压为

$$u_{\mathrm{D}}(t)=K_{\mathrm{d}}\sin\theta_{\mathrm{e}}(t) \tag{6-1}$$

$$\theta_{\mathrm{e}}(t)=\theta_{\mathrm{i}}(t)-\theta_{\mathrm{o}}(t)$$

于是鉴相器的相位模型可表示为图 6－2。

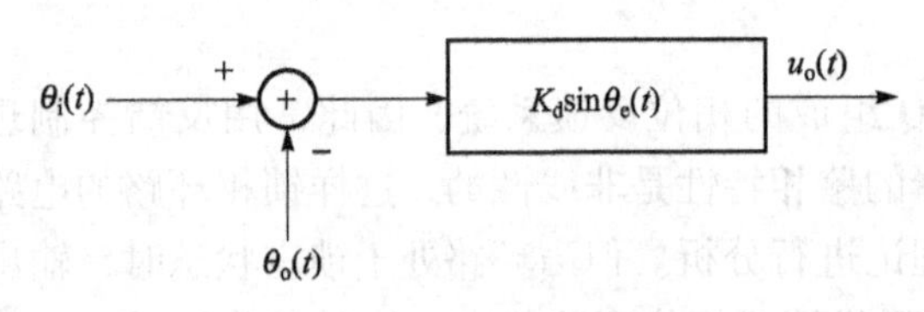

图 6－2　鉴相器的相位模型

2. 压控振荡器

压控振荡器（VCO）输出电压的瞬时角频率受控制电压 $u_{\mathrm{c}}(t)$ 控制，它是一个“电压－频率”转换器，其控制特性如图 6－3 所示，图中 ω_{o} 为未加控制电压时的振荡频率，一般 VCO 在此点附近呈现线性，可近似表示为

$$\omega_{\mathrm{o}}(t)=\omega_{\mathrm{o}}+K_{0}u_{\mathrm{c}}(t)$$

式中，K_0 为压控振荡器压控灵敏度。这时 VCO 输出的总相位为

$$\theta(t)=\int\omega_{\mathrm{o}}(t)\,\mathrm{d}t=\omega_{\mathrm{o}}t+K_{0}\int u_{\mathrm{c}}(t)\,\mathrm{d}t$$

故

$$\theta_{\mathrm{o}}(t)=K_{0}\int u_{\mathrm{c}}(t)\,\mathrm{d}t \tag{6-2}$$

若用运算微积表示可写成

$$\theta_{\mathrm{o}}=K_{0}\frac{1}{P}u_{\mathrm{c}}(t)$$

于是，VCO 的相位模型可表示为图 6－4 所示。

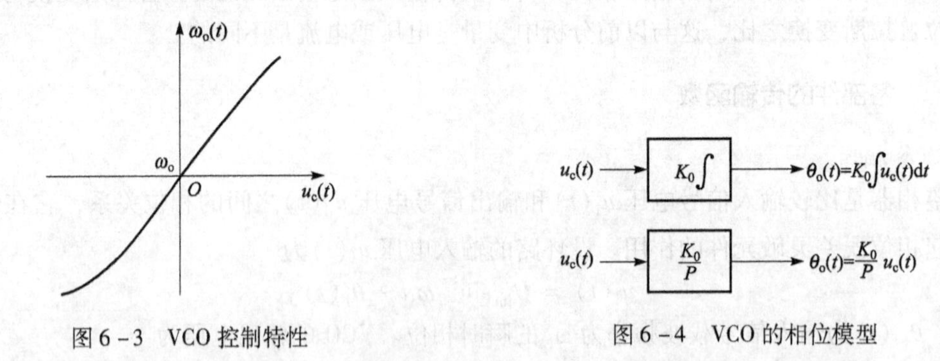

图 6－3　VCO 控制特性　　　图 6－4　VCO 的相位模型

3. 环路滤波器

广泛应用于锁相环路中的环路滤波器有如图 6－5 所示的无源 RC 滤波器，无源比例积分滤波器和有源比例积分滤波器三种。它的传输函数由表 6－1 所示，它的输入与输出关系可用运算微积表示的传输函数 $F(P)$ 来说明，即

$$u_{\mathrm{c}}(t)=F(P)\cdot u_{\mathrm{D}}(t) \tag{6-3}$$

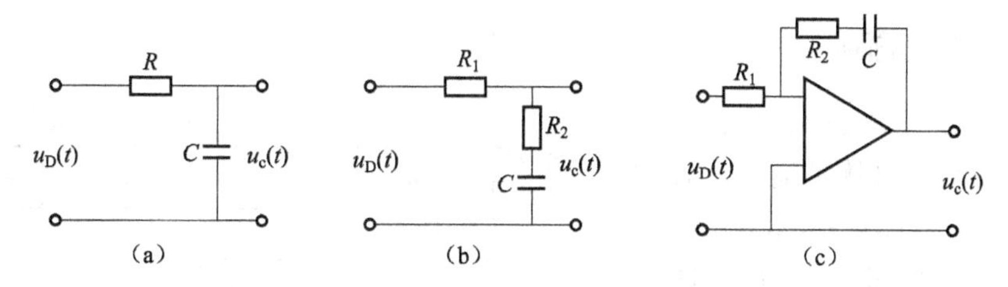

图 6-5　三种常用环路滤波器

(a) 无源 RC 滤波器；(b) 无源比例积分滤波器；(c) 有源比例积分滤波器

表 6-1　各种环路滤波器的传输函数、频率响应及对应的环路传输函数

	无源 RC 滤波器	无源比例积分滤波器	有源比例积分滤波器
滤波器传输函数 $F(P)$	$F(P)=\dfrac{\frac{1}{\tau}}{P+\frac{1}{\tau}}$ $\tau=RC$	$F(P)=\dfrac{P+\frac{1}{\tau_2}}{P+\frac{1}{\tau_1+\tau_2}}\cdot\dfrac{\tau_2}{\tau_1+\tau_2}$ $\tau_1=R_1C$；$\tau_2=R_2C$	$F(P)=\dfrac{\tau_2}{\tau_1}\cdot\dfrac{P+\frac{1}{\tau_2}}{P}$ $\tau_1=R_1C$；$\tau_2=R_2C$，$A\approx\infty$
滤波器的幅频特性	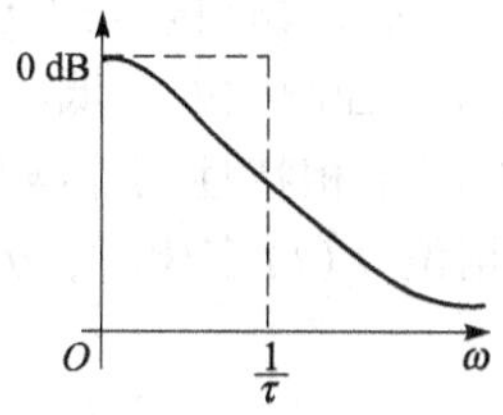	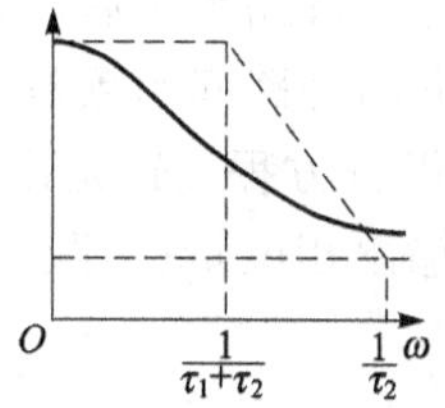	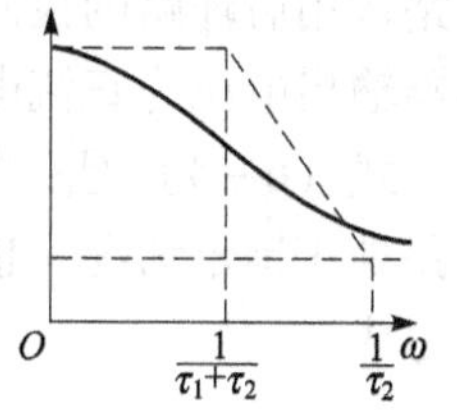
滤波器的相频特性	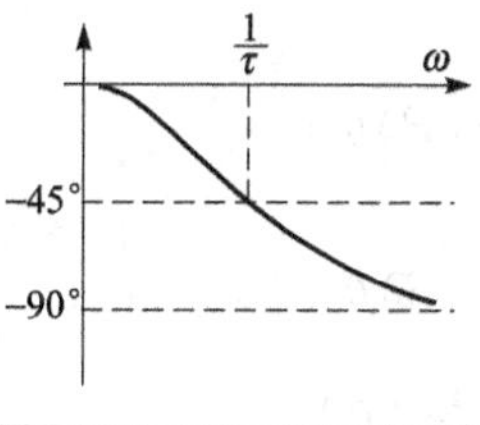	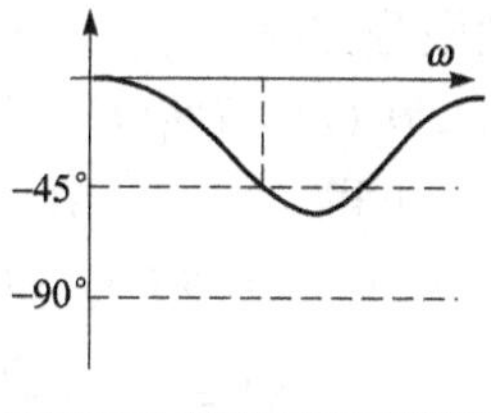	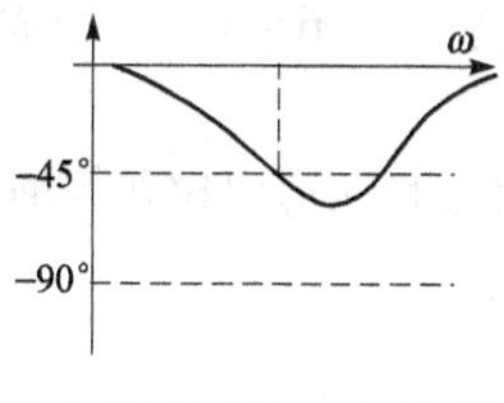
闭环传输函数 $H(S)$	$\dfrac{\frac{K_0K_d}{\tau}}{S^2+\frac{1}{\tau}S+\frac{K_0K_d}{\tau}}$	$\dfrac{\frac{K_0K_d}{\tau_1}(S\tau_2+1)}{S^2+\frac{(1+K_0K_d\tau_2)}{\tau_2}S+\frac{K_0K_d}{\tau}}$	$\dfrac{\frac{K_0K_d}{\tau_1}(S\tau_2+1)}{S^2+S\left(\frac{K_0K_d\tau_2}{\tau_1}\right)+\frac{K_0K_d}{\tau_1}}$
用 ω_n 和 ξ 表示的 $H(S)$	$\dfrac{\omega_n^2}{S^2+2\xi\omega_nS+\omega_n^2}$	$\dfrac{S\left(2\xi\omega_n-\frac{\omega_n^2}{K_0K_d}\right)+\omega_n^2}{S^2+2\xi\omega_nS+\omega_n^2}$	$\dfrac{2\xi\omega_nS+\omega_n^2}{S^2+2\xi\omega_nS+\omega_n^2}$
无阻尼自然谐振频率 ω_n	$\left(\dfrac{K_0K_d}{\tau}\right)^{1/2}$	$\left(\dfrac{K_0K_d}{\tau_1+\tau_2}\right)^{1/2}$	$\left(\dfrac{K_0K_d}{\tau_1}\right)^{1/2}$
阻尼系数 ξ	$\dfrac{1}{2}\left(\dfrac{1}{\tau K_0K_d}\right)^{1/2}$	$\dfrac{1}{2}\left(\dfrac{K_0K_d}{\tau_1+\tau_2}\right)^{1/2}\left(\tau_2+\dfrac{1}{K_0K_d}\right)$	$\dfrac{\tau_2}{2}\left(\dfrac{K_0K_d}{\tau_1}\right)^{1/2}$

二、环路的传输函数

由上述三个基本部件组成的环路，它的相位模型也就是输入和输出的相位关系，可用图 6－6 表示。

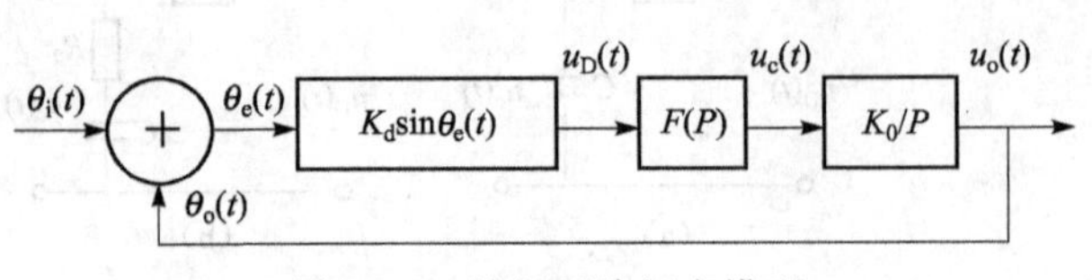

图 6－6　锁相环路相应模型

根据图 6－6 可写出下列四个方程

$$u_D(t)=k_d\sin\left[\theta_i(t)-\theta_o(t)\right]$$

$$u_c(t)=F(P)\cdot u_D(t)$$

$$P\theta_o(t)=K_0u_c(t)$$

$$\theta_e(t)=\theta_i(t)-\theta_o(t)$$

联立后可得

$$P\theta_e(t)=P\theta_i(t)-K_0K_dF(P)\sin\theta_e(t) \tag{6-4}$$

式中，$P\theta_e(t)$为瞬时频差；$P\theta_i(t)$为起始频差。式（6－4）是环路基本微分方程。它说明在环路闭合后，任何时刻的瞬时频差等于起始频差减去控制频差，式中 $K_0K_dF(P)\sin\theta_e(t)$是环路作用后环路的控制频差。当环路锁定后，$\theta_e(t)$为常数，瞬间频差 $P\theta_e(t)$为零，这时鉴相器输出电压为直流电压，此时环路起始频差完全被环路控制频差所抵消。

式（6－4）是一非线性微分方程，这是由于鉴相器鉴相特性的非线性所引起，但是当环路处于锁定情况，也就是输出相位 $\theta_o(t)$跟踪输入相位 $\theta_i(t)$变化时，$\theta_e(t)$比较小，可近似写成：

$$\sin\theta_e(t)\approx\theta_e(t)$$

这样式（6－4）可变成线性微分方程

$$P\theta_e(t)=P\theta_i(t)-K_0K_dF(P)\theta_e(t)$$

对方程两边取拉普拉斯变换，可得

$$S\theta_e(S)=S\theta_i(S)-K_0K_dF(S)\theta_e(S)$$

$$\theta_e(S)=\frac{S}{S+K_0K_dF(S)}\theta_i(S)$$

$$H_e(S)=\frac{\theta_e(S)}{\theta_i(S)}=\frac{S}{S+K_0K_dF(S)} \tag{6-5}$$

$H_e(S)$称为环路误差传输函数。用

$$\theta_e(S)=\theta_i(S)-\theta_o(S)$$

代入式(6－5)可得环路闭环传输函数为

$$H(S)=\frac{\theta_o(S)}{\theta_i(S)}=\frac{K_0K_dF(S)}{S+K_0K_dF(S)} \tag{6-6}$$

也可写成

$$H(S)=\frac{\dfrac{K_0K_dF(S)}{S}}{1+\dfrac{K_0K_dF(S)}{S}}=\frac{G(S)}{1+G(S)} \tag{6-6'}$$

$G(S)=K_0K_dF(S)/S$ 称为环路开环传输函数。

由式（6-5）和式（6-6）可得

$$H_e(S)=1-H(S) \tag{6-7}$$

从上面可以看出，环路的传输函数主要取决于环路滤波器的传输函数 F（S）。

三、一阶环路和二阶环路

1. 无环路滤波器的一阶环路。

若环路不存在环路滤波器，也就是 $F(P)=1$，代入式（6-4）得

$$P\theta_e(t)=P\theta_i(t)-K_0K_d\sin\theta_e(t)$$

当输入信号频率和 VCO 输出频率差为 $\Delta\omega_o$ 时，则 $d\theta_i(t)/dt=\Delta\omega_o$，也就是起始频差为 $\Delta\omega_o$，代入上式得

$$P_{\theta_e}(t)=\Delta\omega_o-K_0K_d\sin\theta_e(t)$$

从环路锁定的条件——输入和输出无频率差可得

$$P\theta_e(t)=0$$

这时方程就变成：

$$\Delta\omega_o=K_0K_d\sin\theta_e(t)$$

从上式可得出环路锁定所允许的最大起始频差为

$$\Delta\omega_{0\max}=K_0K_d$$

通常称为环路锁定范围。

2. 二阶环路

将上述三种常用环路滤波器的传输函数 $F(P)$ 代入 $H(S)$ 的公式中，就可得到各种环路的闭环传输函数，如表 6-1 所示。

根据反馈控制理论，通常将闭环传输函数表示为系统自然谐振频率 ω_n 和阻尼系数 ξ 的函数。这三种滤波器组成的环路中的 ω_n 和 ξ 也由表 6-1 给出。

6.1.2　线性环路的稳态误差和稳定性

一、各种不同输入时的稳态误差

为了研究环路的跟踪性能，通常要知道在各种输入相位的情况下所引起的稳态相位误差。所谓稳态相位误差是在 $t\to\infty$ 时 $\theta_e(t)$ 的数值，它是衡量环路跟踪性能好坏的标志之一。

环路稳态误差的求法是利用拉普拉斯变换的终值定理，即

$$\theta_{e\infty}=\lim_{t\to\infty}\theta_e(t)=\lim_{s\to0}S\theta_e(S)$$

$$\theta_e(S)=[1-H(S)]\theta_i(S)$$

$$\theta_{e\infty}=\lim_{s\to\infty}S[1-H(S)]\theta_i(S)$$

$$=\lim_{s\to0}SH_e(S)\theta_i(S) \tag{6-8}$$

从式(6-8)可知稳态误差不但与误差传输函数有关,还与输入相位变化有关。

下面求在不同 $\theta_i(t)$ 的情况下，采用无源比例积分滤波器的环路所产生的稳态相位误差 $\theta_{e\infty}$。

（1）输入信号相位作相位阶跃。若输入信号相位在 $t=0$ 时有一个相位阶跃 $\Delta\theta$，这样输入相位 $\theta_i(t)$ 的拉普拉斯变换为

$$\theta_i(S)=\Delta\theta/S$$

用表 6－1 中无源比例积分滤波器环路的 $H(S)$ 代入式(6－8) 可得

$$\theta_e(S)=\frac{S(S+\omega_n^2/K_0K_d)}{S^2+S\xi\omega_nS+\omega_n^2}\cdot\frac{\Delta\theta}{S}$$

$$=\frac{(S+\omega_n^2/K_0K_d)\Delta\theta}{S^2+2\xi\omega_nS+\omega_n^2}$$

$$\theta_{e\infty}=\lim_{s\to 0}S\theta_e(S)=0$$

所以二阶环路对输入信号作相位阶跃时，其稳态误差为零。

（2）输入信号相位作频率阶跃。输入信号在 $t=0$ 时，有一个频率阶跃 $\Delta\omega$，也就是 $\frac{d\theta_i(t)}{dt}=\Delta\omega U(t)$，$U(t)$为单位阶跃函数，此时有

$$\theta_i(S)=\Delta\omega/S^2$$

则

$$\theta_e(S)=\frac{S(S+\omega_n^2/K_0K_d)}{S^2+2\xi\omega_nS+\omega_n^2}\cdot\frac{\Delta\omega}{S^2}$$

$$\theta_{e\infty}=\lim_{s\to 0}S\theta_e(S)=\lim_{s\to 0}\frac{(S+\omega_n^2/K_0K_d)\Delta\omega}{S^2+2\xi\omega_nS+\omega_n^2}$$

$$=\Delta\omega/K_0K_d$$

可见，在输入信号作频率阶跃时，对用无源比例积分滤波器的环路，有一个与频率阶跃 $\Delta\omega$ 成正比的稳态误差。

读者可自行证明，若采用有源比例积分滤波器作环路滤波器的环路，当输入信号作频率阶跃时，其稳态相位误差为零。

（3）输入信号相位作频率斜升变化。当输入信号频率以速度 $\Delta\dot{\omega}$（$\mathrm{rad/s^2}$）随时间作线性变化时，输入频率和输入相位分别为

$$\omega_i(t)=\Delta\dot{\omega}t;\quad \theta_i(t)=\frac{1}{2}\Delta\dot{\omega}t^2$$

输入相位的拉普拉斯变换 $\theta_i(S)$为

$$\theta_i(S)=\Delta\dot{\omega}/S^3$$

则

$$\theta_e(S)=\frac{S(S+\omega_n^2/K_0K_d)}{S^2+2\xi\omega_nS+\omega_n^2}\frac{\Delta\dot{\omega}}{S^3}$$

$$=\frac{\Delta\dot{\omega}\ (S+\omega_n^2/K_0K_d)}{S^2\ (S^2+2\xi\omega_nS+\omega_n^2)}$$

$$\theta_{e\infty}=\lim_{s\to 0}S\theta_e(S)$$

$$=\lim_{s\to 0}\frac{\Delta\dot{\omega}(S+\omega_n^2/K_0K_d)}{S(S^2+2\xi\omega_nS+\omega_n^2)}=\infty$$

由于这时稳态相差趋于无限大，说明此时存在频率误差，环路处于失锁状态。因此只要求出此时环路的频率误差，就可求得在有限时间内所积累的相位误差。

已知相位误差的拉普拉斯变换为 $\theta_e(S)$，由于频率差是相应位差的微分，所以频率差的拉普拉斯变换可写成 $S\theta_e(S)$，运用拉普拉斯变换终值定理可求出稳态频率误差为

$$\omega_{e\infty} = \lim_{t\to\infty}\frac{d\theta_e(t)}{dt} = \lim_{s\to 0} S[S\theta_e(s)]$$

$$= \lim_{s\to 0}\frac{\Delta\dot{\omega}(S+\omega_n^2/K_0K_d)}{S_2+2\xi\omega_n S+\omega_n^2} = \frac{\Delta\dot{\omega}}{K_0K_d}$$

这说明采用无源比例积分滤波器的环路，对以 $\Delta\dot{\omega}$ 为斜率的频率斜升信号存在稳态频率误差 $\Delta\dot{\omega}/K_0K_d$，它与频率斜升速率 $\Delta\dot{\omega}$ 成正比，而与环路增盖 K_0K_d 应反比，环路处于失锁状态。

读者可以自行证明，采用有源比例积分滤波器的环路，当输入相位作频率斜升时，其稳态相差 $\theta_{e\infty} = \Delta\dot{\omega}/\omega_n^2$。

二、环路的稳定性

在线性反馈系统中，已学过线性系统的稳定性判定法。系统稳定的定义是当外界干扰作用时，使系统偏离原有状态；而当外界干扰消失后，系统能自动回到原来状态，这样的系统是稳定的。但实际上，由于锁相环路是非线性系统，只有在干扰较小时，才能近似认为是线性系统。因此在分析环路稳定性时，需分成小干扰情况和大干扰情况进行讨论。在小干扰情况下，可用线性系统的稳定性理论进行分析；而对大干扰情况，就必须用非线性理论来分析。在此仅仅分析在小干扰情况下环路稳定性的问题。

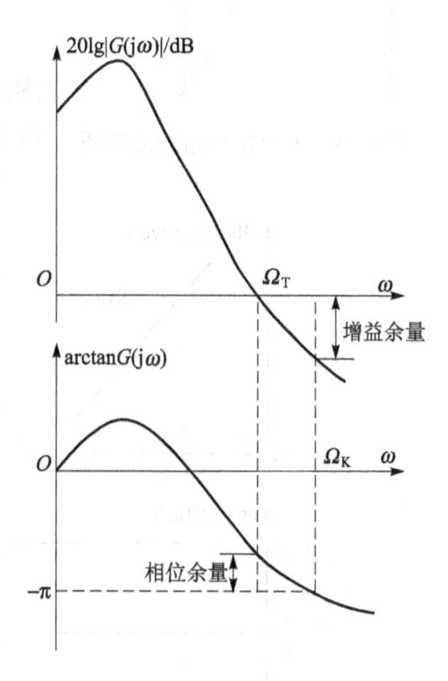

图 6－7　稳定环路的波特图

根据自动控制理论，对线性系统进行稳定性分析的方法很多，在此仅用波特图法来分析环路的稳定性。波特图法是一种利用开环传输函数的幅频和相频特性对系统进行稳定性判定的方法，若开环相移达到 π 之前，其幅频特性已小于 1（0 dB）则环路在闭环时是稳定的。如图 6－7 所示，通常把开环幅频特性下降到 0 dB 时的频率称为增益临界频率，用 Ω_T 表示；而把开环相移达到 π 时的频率称为相位临界频率，用 Ω_K 表示。那么，对于稳定环路来说，总有 $\Omega_T < \Omega_K$。

如果环路开环相移达到 π 时，其开环幅频特性仍大于 1（0 dB）；或者说，当开环幅频特性降到 0 dB 时，开环相移已超过 π，此时必有 $\Omega_T > \Omega_K$，如图 6－8 所示，此时环路不稳定。

由式（6－6′）可知，锁相环路的开环传输函数为

$$G(S) = K_0K_d\frac{F(S)}{S} \tag{6-9}$$

因此开环的频率响应为

$$G(j\omega) = K_0K_d\frac{F(j\omega)}{j\omega}$$

下面分别讨论不同阶数环路的稳定性。

（1）一阶环路。它的环路滤波器的频率响应 $F(j\omega)=1$，则开环频率响应为

$$G(j\omega) = K/j\omega$$

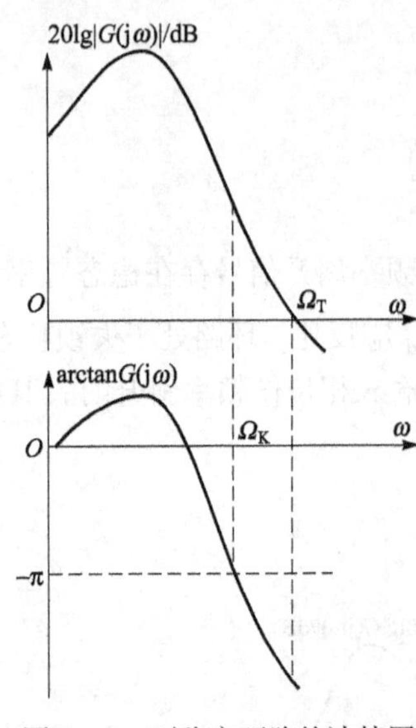

图 6-8　不稳定环路的波特图

它的幅频和相频特性分别为

$$|G(j\omega)| = K/\omega \qquad \arg[G(j\omega)] = -\pi/2$$

此时 $\Omega_T = K$，而 Ω_K 为∞，$\Omega_T < \Omega_K$，因此一阶环路为绝对稳定。图 6-9 为其幅频和相频特性。

（2）具有无源比例积分滤波器的环路。这种滤波器的频率响应为

$$F(j\omega) = \frac{1 + j\omega\tau_2}{1 + j\omega(\tau_1 + \tau_2)}$$

环路的开环频率响应为

$$G(j\omega) = \frac{K_0 K_d(1 + j\omega\tau_2)}{j\omega[1 + j\omega(\tau_1 + \tau_2)]}$$

它的波特图如图 6-10 所示。其 Ω_K 无限大。这样永远满足 $\Omega_T < \Omega_K$，环路为绝对稳定。同样可以证明具有有源比例积分滤波器的环路也是绝对稳定的。

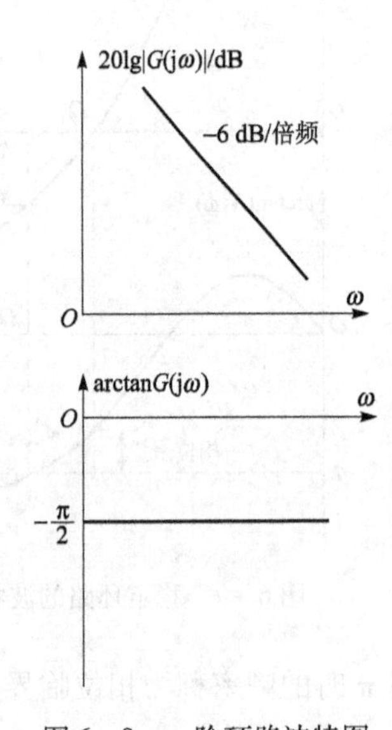

图 6-9　一阶环路波特图

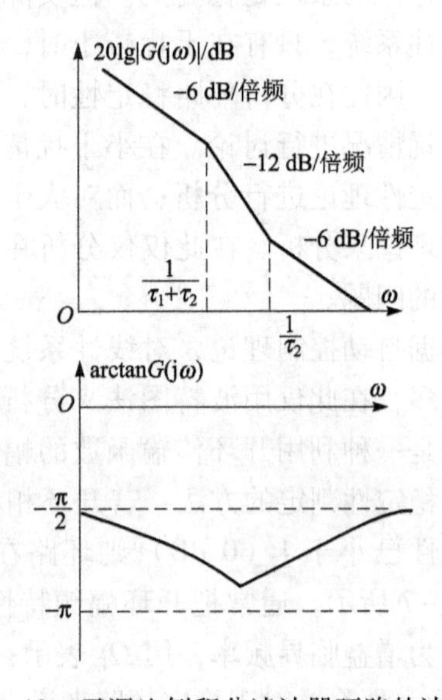

图 6-10　无源比例积分滤波器环路的波特图

（3）高阶环路的稳定性。在实际中二阶环路用得较多，但为了改善某些信号的响应，或在输入信号消失时提高环路的记忆能力，有时也有采用较高阶环路。当环路的寄生参数较大时，二阶环路也可能变成三阶或四阶环路。现在分析两种环路滤波器的特性为

$$F_1(j\omega) = \frac{1}{j\omega} \cdot \frac{1}{1 + j\omega\tau}$$

和

$$F_2(j\omega) = \frac{(1 + j\omega\tau_2)^2}{(j\omega\tau_1)^2}$$

所组成的环路稳定性。

它们的开环频率响应分别为

$$G_1(\mathrm{j}\omega)=\frac{K_0K_\mathrm{d}}{(\mathrm{j}\omega)^2(1+\mathrm{j}\omega\tau)}$$

$$G_2(\mathrm{j}\omega)=\frac{K_0K_\mathrm{d}(1+\mathrm{j}\omega\tau_2)^2}{(\mathrm{j}\omega)^3\cdot\tau^2}$$

它们的波特图分别如图 6－11 和图 6－12 所示。

从图 6－11 可知，其相频特性在全频域中，永远在 $-3\pi/2\sim-\pi$ 之间变化。$\Omega_\mathrm{K}=0$，这样 $\Omega_\mathrm{T}>\Omega_\mathrm{K}$ 在全频域成立，所以环路为绝对不稳定。

从图 6－12 可知，它的相位裕量是环路参数的函数，有可能为正，也可能为负。也就是有可能 $\Omega_\mathrm{T}>\Omega_\mathrm{K}$，也可能 $\Omega_\mathrm{T}<\Omega_\mathrm{K}$，这样环路为有条件稳定。

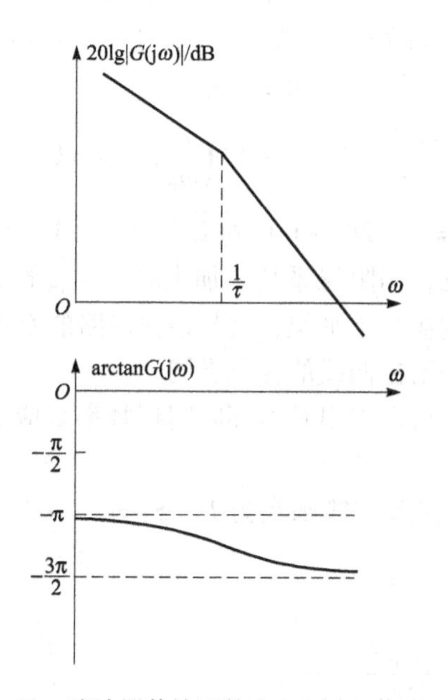

图 6－11　滤波器传输函数为 $1/\mathrm{j}\omega\cdot1/1+\mathrm{j}\omega\tau$ 的三阶环路的波特图

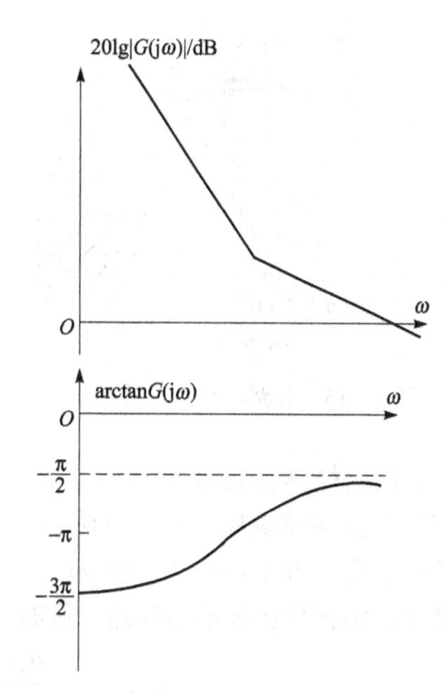

图 6－12　$F(\mathrm{j}\omega)=(1+\omega\tau_2)^2/(\mathrm{j}\omega\tau_1)^3$ 的三阶环路的波特图

6.1.3　线性环路的频率响应和暂态响应

现在分别从频域和时域两方面来研究环路的线性响应。

一、环路的频率响应

在研究二阶环路频率响应之前，必须强调这时的频率响应是对输入信号相位 $\theta_\mathrm{i}(t)$ 的频率而言的，而不是对输入信号电压 $u_\mathrm{i}(t)$ 或电流 $i_\mathrm{i}(t)$ 的频率而言的。

（1）闭环频率响应。以有源比例积分滤波器的环路为例进行讨论。从表 6－1 可得到它的传输函数 $H(S)$，将 $S=\mathrm{j}\omega$ 代入，可得环路的闭环频率响应为

$$H(j\omega)=\frac{\theta_o(j\omega)}{\theta_i(j\omega)}=\frac{1+j2\xi\frac{\omega}{\omega_n}}{1+j2\xi\frac{\omega}{\omega_n}-\left(\frac{\omega}{\omega_n}^2\right)}$$

其模值为

$$H(j\omega)=\left[\frac{1+\left(2\xi\frac{\omega}{\omega_n}\right)^2}{\left[1-\left(\frac{\omega}{\omega_n}\right)^2\right]^2+\left(2\xi\frac{\omega}{\omega_n}\right)^2}\right]^{1/2}$$

图 6－13 给出了不同 ξ 值时，所对应的环路闭环幅频特性。从图中可以看出，对于输入相位 $\theta_i(t)$ 来说，环路具有低通特性，它的 3 dB 通带，可由 $|H(j\omega)|=1/\sqrt{2}$ 得到，即

$$\left(\frac{\omega}{\omega_n}\right)^4-2(2\xi^2-1)\left(\frac{\omega}{\omega_n}\right)^2-1=0$$

$$\omega_{3dB}=\omega_n\left[2\xi^2+1+\sqrt{(2\xi^2+1)^2+1}\right]^{1/2}$$

从图中可见，当阻尼系数 ξ 加大时，ω_{3dB} 的值也加大，频率响应趋于平坦，这与谐振回路的 Q 变化所引起的回路谐振曲线的变化类同。

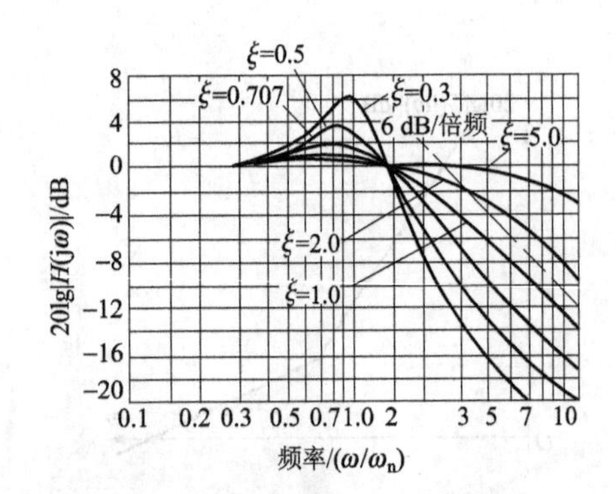

图 6－13　环路闭环幅频特性

同样，可以求出其他环路闭环频率响应的幅频特性，它们同样具有低通响应。

（2）误差频率响应。从式（6－7）可得到环路误差传输函数为 $H_e(S)=1-H(S)$ 所以误差频率响应为 $H_e(j\omega)=1-H(j\omega)$。

对于有源比例积分滤波器的环路，则有

$$H_e(j\omega)=\frac{\theta_e(j\omega)}{\theta_i(j\omega)}=\frac{-\omega^2}{-\omega^2+j2\xi\omega_n\omega+\omega_n^2}$$

$$|H_e(j\omega)|=\frac{\omega^n}{\sqrt{(\omega_n^2-\omega^2)^2+(2\xi\omega_n\omega)^2}}$$

$$\phi_e(j\omega)=\pi-\arctan\frac{2\xi\omega_n\omega}{\omega_n^2-\omega^n}$$

采用有源比例积分滤波器环路的误差幅频特性如图 6－14 所示。从图中可见，环路误差频率响应如同一高通滤波器。

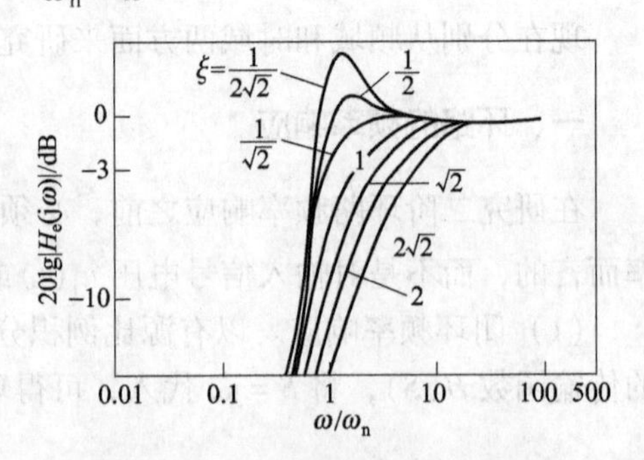

图 6－14　环路的误差幅频特性

二、环路的暂态响应

在前面已讲了稳态跟踪误差，也就是 $t\to\infty$ 时的相位误差。为了进一步了解环路的跟踪性能，就有必要了解系统的暂态过程。在讨论暂态过程时，首先假设环路是线性系统，然后假设环

路在 $t<0$ 时处于锁定状态。在 $t=0$ 时环路输入端出现不同的输入相位变化，观察输出相位的变化过程。在 $t<0$ 时，输入和输出的信号为

$$u_i(t)=U_{im}\sin\omega t$$
$$u_o(t)=U_{om}\cos\omega t$$

当 $t=0$ 时信号变为

$$u_i(t)=U_{im}\sin[\omega t+\theta_i(t)]$$
$$u_o(t)=U_{om}\cos[\omega t+\theta_o(t)]$$

$\theta_o(t)$是环路对 $\theta_i(t)$的响应，而 $\theta_e(t)=\theta_i(t)-\theta_o(t)$为环路的相位差，它是检验环路线性工作假设是否合理的基准量，因此常用计算 $\theta_i(t)$的暂态响应来替代计算 $\theta_o(t)$，由式（6-7）可得

$$\theta_e(S)=[1-H(S)]\theta_i(S) \tag{6-10}$$

将已知的 $\theta_i(S)$代入式（6-10），再求反拉普拉斯变换，可得到环路相位误差的暂态响应。

下面考虑环路滤波器为有源比例积分滤波器的情况，从表6-1可得

$$1-H(S)=\frac{S^2}{S^2+2\xi\omega_n S+\omega_n^2}$$

设输入信号相位变化分别为相位阶跃 $\Delta\theta$，频率阶跃 $\Delta\omega_\xi$ 和频率斜升其速率为 $\Delta\dot{\omega}$。用不同的 $\theta_i(S)$ 与上式一起代入式（6-10），再求反拉普拉斯变换，可得其暂态响应，结果如表6-2所示。它给出了不同输入情况下环路对于不同阻尼系数 ξ 的暂态响应，分别由图6-15、图6-16和图6-17所示。

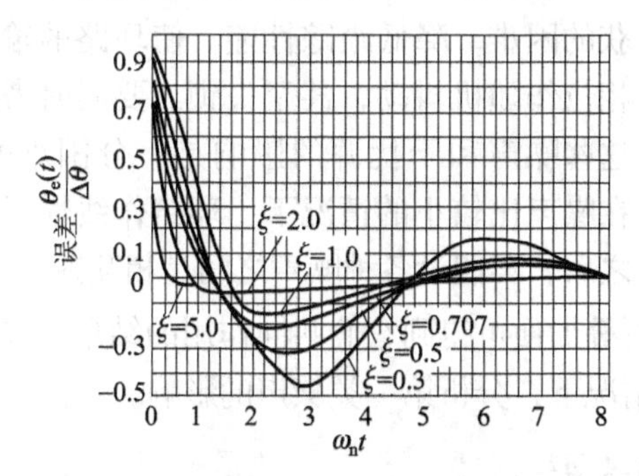

图6-15 $F(S)=(1+\tau_2S)/\tau_1S$ 的二阶环路对相位阶跃的相位误差响应

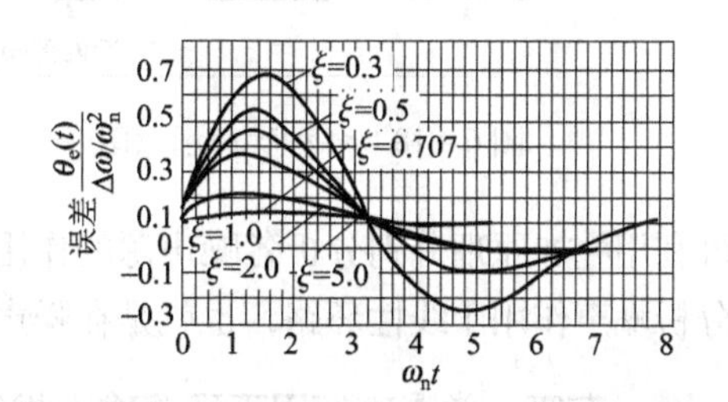

图6-16 $F(S)=(1+\tau_2S)/\tau_1S$ 的二阶环路对频率阶跃的相位误差响应

从图6-15可知，输入相位作相位阶跃时，ξ 越大，消除暂态误差的时间越短。从图6-16可知，输入相位作频率阶跃和频率斜升时，$\xi=0.7\sim1$ 时暂态过程最短。对这三种输入，ω_n 越大暂态过程越短，跟踪性能越好。对有源比例积分滤波器的环路，在输入相位作频率斜升时，有稳态相差 $\theta_{e\infty}=\Delta\dot{\omega}/\omega_n^2$，与前面讨论的情况一致。

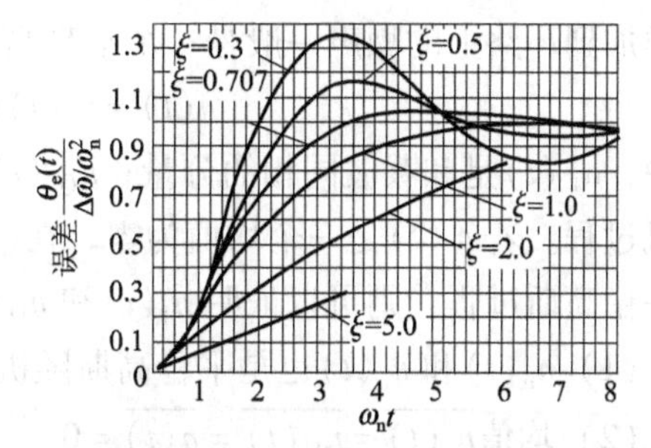

图6-17 $F(S)=(1+\tau_2S)/\tau_1S$ 的二阶环路对频率斜升的相位误差响应

表 6－2　不同输入时有源比例积分滤波器环路的暂态响应

	输入相位阶跃 $\theta_i(S)=\Delta\theta/S$	输入频率阶跃 $\theta_i(S)=\Delta\omega/S^2$	输入频率斜升 $\theta_i(S)=\Delta\dot{\omega}/S^3$
$\xi<1$	$\Delta\theta\left(\cos\sqrt{1-\xi^2}\,\omega_n t-\frac{\xi}{\sqrt{1-\xi^2}}\sin\sqrt{1-\xi^2}\,\omega_n t\right)e^{-\xi\omega_n t}$	$\frac{\Delta\omega}{\omega_n}\left(\frac{1}{\sqrt{1-\xi^2}}\sin\sqrt{1-\xi^2}\,\omega_n t\right)e^{-\xi\omega_n t}$	$\frac{\Delta\dot{\omega}}{\omega_n^2}-\frac{\Delta\dot{\omega}}{\omega_n^2}\left(\cos\sqrt{1-\xi^2}\,\omega_n t+\frac{\xi}{\sqrt{1-\xi^2}}\sin\sqrt{1-\xi^2}\,\omega_n t\right)e^{-\xi\omega_n t}$
$\xi=1$	$\Delta\theta(1-\omega_n t)e^{-\omega_n t}$	$\frac{\Delta\omega}{\omega_n}(\omega_n t)e^{-\omega_n t}$	$\frac{\Delta\dot{\omega}}{\omega_n^2}-\frac{\Delta\dot{\omega}}{\omega_n^2}(1+\omega_n t)e^{-\omega_n t}$
$\xi>1$	$\Delta\theta-\left(\cos h\sqrt{\xi_2-1}\,\omega_n t-\frac{\xi}{\sqrt{\xi^2-1}}\sin h\sqrt{\xi^2-1}\,\omega_n t\right)e^{-\xi\omega_n t}$	$\frac{\Delta\omega}{\omega_n}\left(\frac{1}{\sqrt{\xi^2-1}}\right)\sin h\sqrt{\xi^2-1}\,\omega_n t)e^{-\xi\omega_n t}$	$\frac{\Delta\dot{\omega}}{\omega_n^2}-\frac{\Delta\dot{\omega}}{\omega_n}\left(\cos h\sqrt{\xi^2-1}\,\omega_n t+\frac{\xi}{\sqrt{\xi^2-1}}\sin h\sqrt{\xi^2-1}\,\omega_n t\right)e^{-\xi\omega_n t}$

6.1.4　线性环路的噪声性能

在实际应用中，总有噪声和干扰存在。根据环路使用场合不同，噪声和干扰的来源和种类是十分多的。图 6－18 中标出了几种主要噪声和干扰的来源。把噪声分成三类：和信号同时进入鉴相器的噪声称为第一类噪声；加到鉴相器和环路滤波器之间的噪声称为第二类噪声；在 VCO 之前加入的噪声称为第三类噪声。

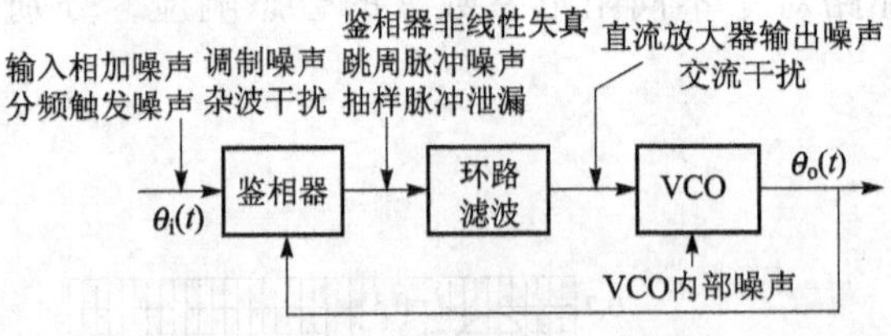

输入相加噪声　调制噪声　鉴相器非线性失真　直流放大器输出噪声
分频触发噪声　杂波干扰　跳周脉冲噪声　交流干扰
抽样脉冲泄漏
$\theta_i(t)$　鉴相器　环路滤波　VCO　$\theta_o(t)$
VCO内部噪声

图 6－18　各种噪声示意图

这些噪声和干扰作用于环路会增加捕获的困难，降低跟踪性能，使环路的输出相位作随机抖动，甚至失锁。要同时考虑这些噪声和干扰源的影响是十分困难的。在噪声比较小的情况下，环路作线性近似之后，再假设各种噪声之间是相互独立的，就可利用叠加原理分别分析各噪声源的作用，然后再叠加便可得到它们共同作用的结果。在此只分析噪声作用于线性环路，也就是在噪声较小的情况下，分析第一类噪声的影响。

一、在第一类噪声作用下环路输出相位噪声方差 $\overline{\theta}_{no}^2$

一般锁相环路之前总有带通滤波器存在，而且中心频率 f_0 和带宽 B 之间总满足 $B\ll f_0$，这样加到环路上的噪声一般是一个窄带高斯噪声，对于一个窄带高斯噪声可表示为

$$n(t)=n_I(t)\cos\omega_0 t+n_Q(t)\sin\omega_0 t$$

式中，$n_I(t)$是和载波同相的分量；$n_Q(t)$是和载波正交的分量；$n_I(t)$和,$n_Q(t)$是两个低频随机过程。若 $n(t)$是一个均值为零，在$(f-B/2)\sim(f+B/2)$的频域内单边功率谱密度为 N_0 的平稳高斯过程，则可以证明 $n_I(t)$和 $n_Q(t)$有如下特性：

（1） $n_c(t)$和 $n_s(t)$也是平稳高斯随机过程；

（2） 均值$\overline{n_I(t)}=\overline{n_Q(t)}=\overline{n(t)}=0$；

（3） 方差$\overline{n_I^2(t)}=\overline{n_Q^2(t)}=\overline{n^2(t)}=N_0B$；

（4）功率谱密度 $S_{n_I}(f)=S_{n_Q}(f)=2N_0$； $(0\leqslant f\leqslant B/2)$；

（5）$n_I(t)$和$n_Q(t)$相互独立；

（6）自相关函数$\overline{n_I(t)n_I(t+\tau)}=\overline{n_Q(t)n_Q(t+\tau)}=R(\tau)$。

当有一个未调制信号 $u_i(t)$和加性窄带高斯噪声共同作用于环路输入端，即

$$u_i(t)+n(t)=U_{im}\cos\omega_0 t+n_I(t)\cos\omega_0 t+n_Q(t)\sin\omega_0 t$$
$$=\sqrt{[U_{im}+n_I(t)]^2+n_Q^2(t)}\cos[\omega_0 t+\theta_{ni}(t)]$$

式中，

$$\theta_{ni}(t)=\arctan\frac{n_Q(t)}{U_{im}+n_I(t)} \tag{6-11}$$

信号和噪声共同作用后，就成为一个幅度和相位受噪声调制的信号，这样在环路的输入端就有一个等效相位噪声 $\theta_{ni}(t)$。

在弱噪声作用下，即 $U_{im}\gg n_I(t)$、$n_Q(t)$时，也就是信噪比较大的情况下，则有

$$\theta_{ni}(t)\approx n_Q(t)/U_{im} \tag{6-12}$$

由于$n(t)$是平稳随机过程，所以 $\theta_{ni}(t)$也是一个平稳随机过程，均值为零，方差为

$$\sigma_{\theta ni}^2=\overline{\theta_{ni}^2(t)}=\frac{\overline{u_Q^2(t)}}{U_{im}^2}=\frac{N_0B}{U_{im}^2} \tag{6-13}$$

它的功率谱密度 $S_{\theta ni}(f)$为

$$S_{\theta ni}(f)=\frac{\theta_{ni}^2(t)}{B/2}=\frac{2N_0}{U_{im}^2} \tag{6-14}$$

而环路输入端的信噪比为

$$\left(\frac{S}{N}\right)_i=\frac{U_{im}^2/2}{N_0B}=\frac{U_{im}^2}{2N_0B} \tag{6-15}$$

与式（6-13）比较，可得

$$\sigma_{\theta ni}^2=\overline{\theta_{ni}^2(t)}=\frac{1}{2\left(\frac{S}{N}\right)_i}$$

由上式可知，等效输入相位噪声方均值等于输入噪信比（信噪比的倒数）的一半。

利用环路闭环频率特性 $H(\mathrm{j}2\pi f)$和输入相位噪声功率谱密度 $S_{\theta ni}(f)$，可求出输出相位噪声功率谱密度为

$$S_{\theta no}(f)=S_{\theta ni}(f)\,|H(\mathrm{j}2\pi f)|^2 \tag{6-16}$$

输出相位噪声的方差为

$$\sigma_{\theta no}^2=\overline{\theta_{no}^2(t)}=\frac{2N_0}{U_{im}^2}\int_0^{B/2}|H(\mathrm{j}2\pi f)|^2\mathrm{d}f$$

一般情况下，频率大于 $B/2$ 时，$H(\mathrm{j}2\pi f)=0$，则上式可写为

$$\sigma_{\theta no}^2=\frac{2N_0}{U_{im}^2}\int_0^{\infty}|H(\mathrm{j}2\pi f)|^2\mathrm{d}f=\frac{2N_0}{U_{im}^2}B_L \tag{6-17}$$

式中，

$$B_L=\int_0^{\infty}|H(\mathrm{j}2\pi f)|^2\mathrm{d}f \tag{6-18}$$

定义为环路等效噪声带宽。

将式（6－13）代入式（6－17）可得

$$\sigma_{\theta no}^{2} = \sigma_{\theta ni}^{2} \cdot \frac{B_{L}}{B/2} \tag{6-19}$$

一般情况下，环路的等效带宽 $B_L \ll B/2$，这样 $\sigma_{\theta no}^2 \ll \sigma_{\theta ni}^2$，这反映了环路对噪声的抑制作用，其抑制作用的强弱表现在 B_L 的大小上，下面讨论 B_L 的含义和计算方法。

二、环路等效噪声带宽 B_L

从式（6－18）可以看见，B_L 的几何意义是用一个矩形频率响应的滤波器代替实际的滤波器，若该矩形的高度为 $H(0)=1$，面积与 $|H(\mathrm{j}2\pi f)|^2$ 所包含的面积相等，则矩形的宽度就是 B_L，如图 6－19 所示。

对于不同环路滤波器有不同的 $H(\mathrm{j}2\pi f)$，可以算出不同的 B_L，其结果如下：

对于一阶环路有

$$B_{L} = \frac{K_{0}K_{d}}{4} \tag{6-20}$$

对于有源比例积分滤波器的二阶环路有

$$B_{L} = \frac{\omega_{n}}{8\xi}(1+4\xi^{2}) \tag{6-21}$$

按式（6－21）将 B_L/ω_n 和 ξ 的关系画成如图 6－20 所示的曲线。由曲线可得，对于理想二阶环路，在 ξ 等于 0.5 的附近有一个 B_L 的最小值，$B_{Lmin}=0.5\omega_n$。从图中还可以看出，在 $\xi=0.5$ 附近曲线比较平坦，ξ 在 0.5～1 之间，B_L 总低于 $0.625\omega_n$，但考虑其他因素一般环路 ξ 在 0.25～1 范围内选择。

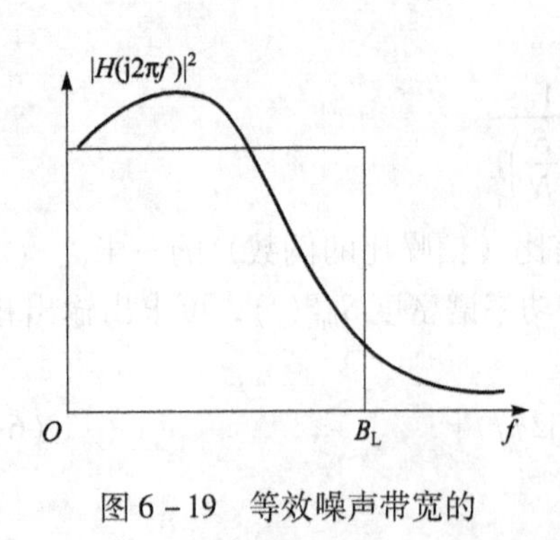

图 6－19　等效噪声带宽的几何意义

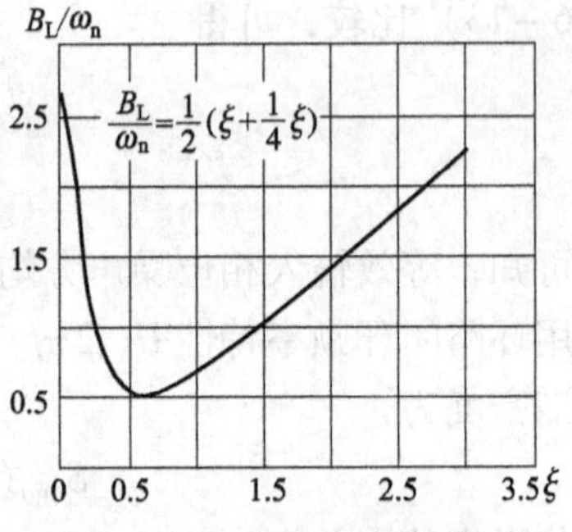

图 6－20　有源比例积分滤波器环路 B_L 和 ξ 的关系

§6.2　锁相环路的非线性分析

通过上一节分析已经知道，锁相环路是一个非线性电路，它的电路方程为非线性微分方程，即

$$P\theta_{e}(t) = P\theta_{i}(t) - K_{0}K_{d}F(P)\sin\theta_{e}(t) \tag{6-22}$$

在某些特定条件下（即输入和输出的相位差十分小时）上述非线性微分方程可线性化。

但实际上并不总是满足这些条件，例如在环路捕捉过程中，它的相位差 $\theta_e(t)$ 就可能很大，不满足线性近似条件，这样就要求对环路进行非线性分析。

现在工程上对非线性系统的分析方法，大致有相图法、等效线性化技术、李雅普诺夫法和状态变量法。在本节中主要介绍锁相环路捕捉过程的物理过程，简单地说明捕捉过程的一些术语，再叙述一阶环路的相图。

6.2.1 环路锁定、失锁和牵引过程

在进行环路非线性分析之前，首先从物理概念上阐明环路的捕捉过程。根据起始频率 $\Delta\omega_o=\omega_i-\omega_o$ 的大小可分三种情况。

（1）当 $\Delta\omega_o$ 比较小时，鉴相输出电压 $u_D(t)$ 的频率为两个信号频率的差拍频率，即起始频率差 $\Delta\omega_o$。这时由于 $\Delta\omega_o$ 比较小，能通过低通滤波器，故得到的控制电压 $u_c(t)$ 就较大，这样随 $u_c(t)$ 变化的 VCO 输出频率的变化也就较大，使 ω_o 逐步向 ω_i 靠拢，最后使 VCO 输出频率和环路输入频率相等，它们的相位差不再随时间变化，$u_D(t)$ 为一直流电压，这时环路进入锁定状态。图 6－21（a）、（b）分别画出了 $\omega_i>\omega_o$ 和 $\omega_i<\omega_o$ 时，VCO 输出频率 $\omega(t)$ 的变化情况。在 $t<t_1$ 时 VCO 输出频率为 ω_o，在 $t=t_1$ 时环路闭合，开始进入捕捉状态。在 $t=t_2$ 时环路锁定。从起始状态到锁定状态所需的时间不超过一个差拍周期。从此可以看出，当 $\Delta\omega_o=|\omega_i-\omega_o|$ 较小时，θ_e 不用变化 2π，环路就可锁定，这种捕捉过程称为快捕过程。

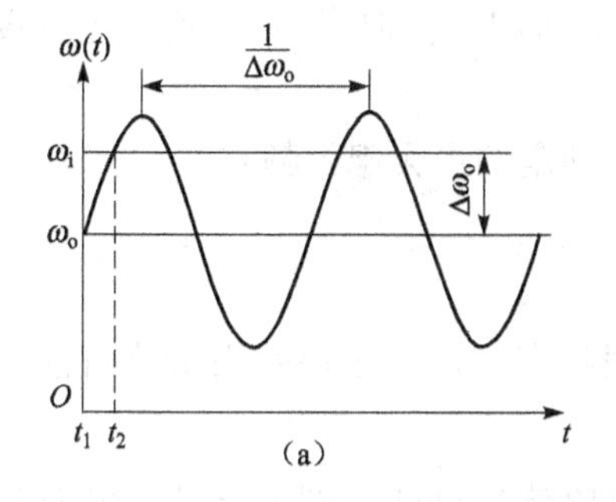

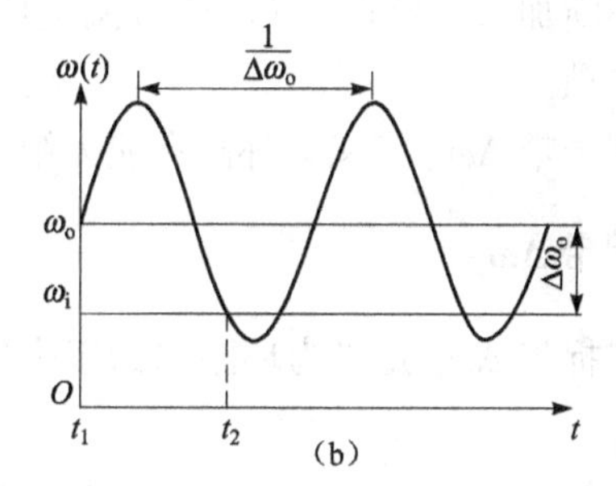

图 6－21 环路的快捕过程

（2）当 $\Delta\omega_o$ 很大时，鉴相器输出电压 $u_D(t)$ 中的差拍频率 $\Delta\omega_o=\omega_i-\omega_o$ 也就比较大，以至于处于环路低通滤波器通带之外，因而对 $u_D(t)$ 产生较大的衰减作用，使 $u_c(t)\approx 0$，这时环路不起控制作用，不能使 ω_o 向 ω_i 靠拢，环路处于失锁状态。

（3）当起始频差 $\Delta\omega_o$ 不很大时，$u_D(t)$ 的频率也不很高，但通过低通滤波器后有一定衰减，$u_c(t)$ 比较小，这就使环路在 $u_c(t)$ 变化时不能直接由快捕进入锁定状态，如图 6－22 中曲线 Ⅰ 所示。这时 VCO 的输出电压为调频波。而鉴相器的两个输入电压中，一个为正弦波，而另一个为调频波，这样鉴相器输出电压 $u_D(t)$ 为一个尖叶形波，如图 6－23 所示，这是由于差拍频率在一个差拍周期内是变化的。由图 6－22 中曲线 Ⅰ 可以看出，上半周差拍频率低，其周期长；而下半周期频率高，周期短，因此形成尖叶形波。从此波形中可以看出，它包含有一定直流分量 U_o，该直流分量使 $\omega(t)$ 不断地向 ω_i 靠近，成了图 6－22 中的曲线 Ⅱ。由于二阶环路滤波器的积分作用，使这个直流分量不断积累，

最后使 $\omega(t)$ 成为图 6-22 中的曲线Ⅲ时，环路进入锁定状态。这样环路从起始状态到锁定状态，$u_D(t)$ 已变化了若干周期，也就是 θ_e 变化了若干个 2π，这个过程为环路捕捉过程，它称为频率牵引过程。

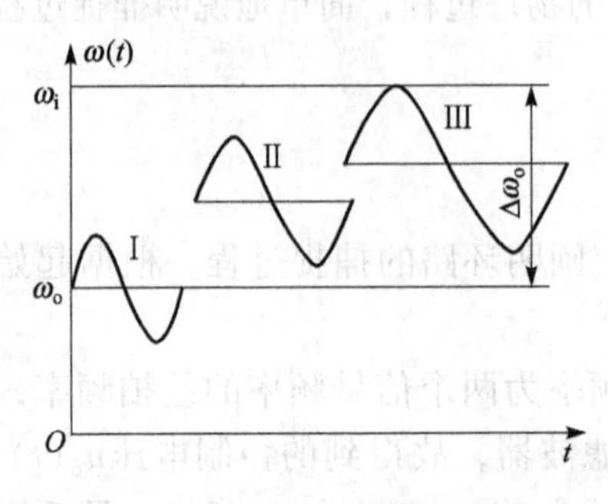

图 6-22　环路的频率捕捉过程

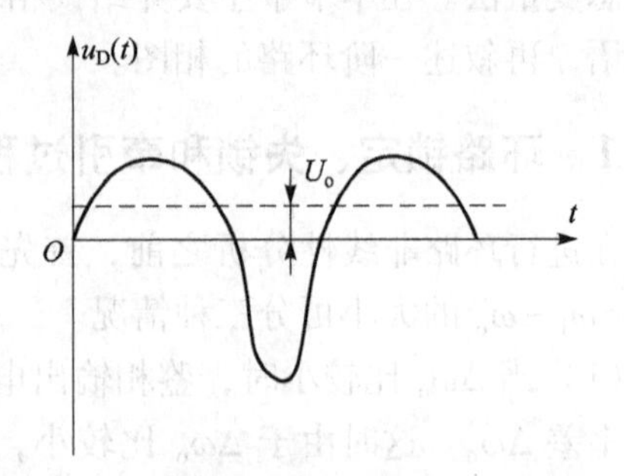

图 6-23　正弦波和调频波鉴相后的输出电压波形

6.2.2　环路的同步和捕捉性能

一、同步带 $\Delta\omega_H$

若起始时环路处于锁定状态，VCO 的输出频率 ω_o 可随输入信号频率 ω_i 变化，这时由鉴相器输出电压 $u_D(t)$ 的直流分量来调整 VCO 的频率。当 ω_i 的变化不断加大时，使环路稳态相位误差不断加大，导致 $u_D(t)$ 的直流电压不断加大。但当 ω_i 变到一定程度后，就可能使锁相环路失锁。

环路的同步带 $\Delta\omega_H$ 定义为环路有能力维持锁定的最大起始频差。

二、捕捉带 $\Delta\omega_P$

环路的捕捉带 $\Delta\omega_P$ 定义为环路起始于失锁状态，通过频率牵引最终有能力自行锁定的最大起始频差。

对于一个理想的锁相环路（这是一个有源比例积分滤波器的环路，并且运放的放大量为无限大，它是一个理想积分滤波器），环路的捕捉带从理论上说应为无限大，也就是无论起始频率差 $\Delta\omega_o$ 有多大，鉴相器输出差拍波中的直流分量是多么的小，总可以通过长时间的积分，产生一个随时间增长的直流控制电压，将 VCO 的频率牵引到和输入频率相等，因此捕捉带 $\Delta\omega_P$ 为无限大。

但实际上是不可能有理想二阶环的，因为运放增益不可能为无限大。另外，VCO 的控制范围也是有限。实际上环路的捕捉带常用下述公式进行计算。对于无源比例积分滤波器环路有

$$\Delta\omega_P = 4\sqrt{K\xi\omega_n} \tag{6-23}$$

对于有源比例积分滤波器环路有

$$\Delta\omega_P = 4\sqrt{KA\xi\omega_n} \tag{6-24}$$

式中，A 为运放增益。

三、快捕带 $\Delta\omega_L$

快捕带定义为环路在捕捉过程中不产生频率牵引现象，$\theta_e(t)$在 2π 范围内即可进行锁定的最大起始频差。一般情况下可用式（6－25）计算：

$$\Delta\omega_L = 4\xi\omega_n \tag{6-25}$$

四、捕捉时间 T_P

环路由起始失锁状态到达锁定状态所需的时间为环路捕捉时间，用 T_P 表示。

$$T_P = \frac{\Delta\omega_n^2}{2\xi\omega_n^3} \tag{6-26}$$

从上述四个参数来看，要增大捕捉带和快捕带就要加大 ω_n，也就是增大环路滤波器的带宽，这样环路的捕捉时间也可以减小。加大环路滤波器带宽，从式（6－21）可以看出环路的等效噪声带宽就要加大，从而使输出相位噪声增大。因此在环路中，捕捉性能和噪声性能总是一对矛盾，在设计中要折中选取环路参数，以同时满足这两方面的要求。不同环路的捕捉性能如表 6－3 所示。

表 6－3　正弦鉴相器环路的捕捉性能

环路名称	同步带 $\Delta\omega_H$	捕捉带 $\Delta\omega_P$	快捕带 $\Delta\omega_L$	捕捉时间 T_P
一阶环路	$2K$	$2K$	$2K$	$\frac{2}{K}\ln\frac{2}{\delta_\theta}$
理想二阶环路	∞	∞	$4\xi\omega_n$	$\frac{\Delta\omega_o^2}{2\xi\omega_n^3}$
无源滤波二阶环路	$2K$	$4\sqrt{K\xi\omega_n}$	$4\xi\omega_n$	$\Delta\omega_o/2\xi\omega_n^3$
有源滤波二阶环路	$2AK$	$4\sqrt{KA\xi\omega_n}$	$4\xi\omega_n$	$\Delta\omega_o/2\xi\omega_n^3$

6.2.3　一阶环路的相图分析

对于锁相环路要研究的量是相位误差 $\theta_e(t)$，并将时间 t 看成参变量，研究 $\theta_e(t)$和 $\mathrm{d}\theta_e/\mathrm{d}t$ 的关系。用 $\theta_e(t)$和 $\mathrm{d}\theta_e/\mathrm{d}t$ 作为直角坐标系的横轴和纵轴，这样的平面称为相平面。对于任一时间 t，存在相对应的 $\theta_e(t)$和 $\mathrm{d}\theta_e/\mathrm{d}t$，在相平面上就有一个点和该时刻 t 对应，此点称为相点。当 t 从 $0\to\infty$ 时，对应相点就在相平面上描绘出一条相应的曲线，这条曲线反映了系统状态的变化过程，称为相轨迹。用相轨迹表示系统变化过程的方法，称为系统的相平面表示法，简称相图法。

一阶环路的微分方程为

$$\frac{\mathrm{d}\theta_e}{\mathrm{d}t} = \frac{\mathrm{d}\theta_i}{\mathrm{d}t} - K\sin\theta_e$$

若输入信号频率 ω_i 和 VCO 的中心频率 ω_o 有一个起始频差 $\Delta\omega_o$（$\Delta\omega_o = \omega_i - \omega_o$），即上

式中$d\theta_i/dt=\Delta\omega_o$，则上式可写为

$$\dot{\theta}_e=\Delta\omega_o-K\sin\theta_e$$

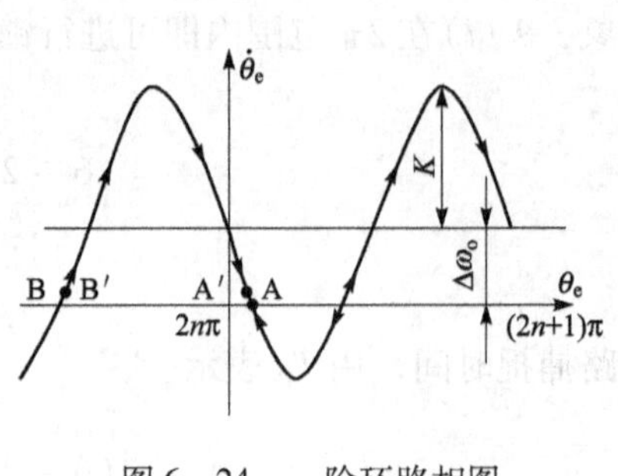

图 6 – 24　一阶环路相图

该式即为一阶环路的相轨迹方程，它的相图如图 6 – 24 所示，起始频差 $\Delta\omega_o$ 不同时，其相轨迹沿纵轴上下移动。

从相图可知，对于横轴上方任一点，由于 $\dot{\theta}_e>0$，这就使相点沿相轨迹向 θ_e 增加方向移动；反之，在横轴下方的相点由于 $\dot{\theta}_e<0$，将沿相轨迹向 θ_e 减小方向移动。

当 $\Delta\omega_o<K$ 时，相轨迹和横轴的交点满足

$$\dot{\theta}_e=\frac{d\theta_e}{dt}=0$$

该点为平衡点。根据相轨迹的运动方向可知，在图 6 – 24 中 A 点为稳定平衡点，B 点为不稳定平衡点。由于相轨迹的周期性，可得稳定平稳点 A 位于

$$\theta_{eA}=2n\pi-\arcsin\frac{\Delta\omega_o}{K}\qquad n=0,\ 1,\ 2,\ \cdots \tag{6-27}$$

而不稳定平衡点 B 位于

$$\theta_{eB}=(2n-1)\pi-\arcsin\frac{\Delta\omega_o}{K}\qquad n=0,1,2,\cdots \tag{6-28}$$

从图中还可以看出，由于稳定平衡点的周期为 2π，对于任何起始状态，到达它最接近的 θ_{eA} 的相位变化不超过 2π，所以一阶环路在稳定过程中 $\theta_e(t)$ 的变化不会超过 2π。

若起始频差 $\Delta\omega_o>K$ 时，相轨迹和横轴无交点，也就是系统无平衡点，这说明环路不能入锁。此时 $\theta_e(t)$ 沿相轨迹不断增长，鉴相器输出是频率为差拍频率的正弦波，所以环路进入锁定状态的条件是系统有平衡点。若定义环路的捕捉带为环路能进入锁定的最大起始频差，则一阶环路的捕捉带为

$$\Delta\omega_P=K \tag{6-29}$$

由于它的锁定过程不会发生超过 2π 相位的变化，因此一阶环路的快捕带为

$$\Delta\omega_L=\Delta\omega_P=K \tag{6-30}$$

同时它的同步带为

$$\Delta\omega_H=\Delta\omega_P=K \tag{6-31}$$

这是由于一阶环路无环路滤波器，对鉴相器输出无积分作用，所以环路不存在频率牵引过程。

环路捕捉时间为起始状态到达锁定状态所需时间，它与起始频差有关。由图 6 – 24 可以看出，最长的捕捉时间发生在起始频差位于不稳定平衡点 B，并沿着相轨迹的大半周趋向稳定点 A。由于接近平衡点 A 或 B 时，$\dot{\theta}_e$ 趋于零，即相移速度趋于零。因此，从理论上说，从 B 点到 A 点所需时间为无限大。而在工程上认为只要在足够接近 A 点的 A′点时，就认为捕捉过程结束。另外由于干扰存在，起始点也不必从 B 点算起，而从足够接近 B 点的 B′点算起即可。这样计算的捕捉时间 T_P 将随 A′和 B′点的选择不同而不同。为此，通常给一个限

制量 δ_θ，只要 $|\theta_{eB'}-\theta_{eB}|<\delta_\theta$，就可认为是 B′起始状态，只要 $|\theta_{eA'}-\theta_{eA}|<\delta_\theta$，便可以认为到达稳定平衡状态。这样捕捉时间是从

$$\theta_e(t'_B)=[-\pi-\arcsin(\Delta\omega_o/K)+\delta_\theta]$$

到 $\theta_e(t'_A)=[\arcsin(\Delta\omega_o/K)-\delta_\theta]$ 所需要的时间，可得

$$T_P=\int_{t'_B}^{t'_A}dt=\int_{\theta_e(t'_B)}^{\theta_e(t'_A)}\frac{d\theta_e}{\Delta\omega_o-K\sin\theta_e}$$

只要 δ_θ 足够小，可算得

$$T_P\approx\frac{2}{K\cos\theta_{e\infty}}\ln\frac{2}{\delta_\theta}\tag{6-32}$$

式中，$\theta_{e\infty}=\arcsin(\Delta\omega_o/K)$ 为稳态相位误差。若 $K\gg\Delta\omega_o$，式（6－32）可近似为

$$T_P\approx\frac{2}{K}\ln\frac{2}{\delta_{\theta e}}$$

§6.3　集成锁相环

由于 PLL 系统日益广泛的应用，对降低成本、提高可靠性要求的提高，锁相环路不断向集成化、数字化、小型化和通用化方向发展。20 世纪 60 年代中后期这一方面得到了迅速发展，现有 50 多种 200 多个型号的集成锁相环路用于通信系统等各个领域。集成 PLL 的特点是不用电感线圈，依靠调节环路滤波器和环路增益，对输入相位和频率进行自动跟踪，对噪声进行窄带滤波等功能，它已成为继运算放大器之后第二个通用的模拟集成器件。

目前，市场上的 PLL 集成电路可以分成数字和模拟两大类，每一类中又分为通用和专用两种。本节主要叙述通用型 PLL 集成电路。首先介绍集成 PD 和集成 VCO，然后介绍几种常用 PLL 集成电路。

6.3.1　集成鉴相器

常用的集成鉴相器有模拟乘法鉴相器、异或门鉴相器、负沿触发 J－K 触发器鉴相和鉴频鉴相器。模拟乘法鉴相和门电路鉴相已在第五章叙述了，这里不重复。

一、负沿触发 J－K 触发器鉴相

它是一个数字鉴相电路，电路如图 6－25 所示，当 $u_i(t)$ 信号负沿到来时，J－K 触发器置“1”，而 $u_o(t)$ 信号的负沿到来时，J－K 触发器复位。由于它主要是由负沿触发，因此和输入信号的空度比无关。

若鉴相器工作在同频状态，图 6－26（a）给出 $\theta_e\to 0$ 时的情况，这时 PD 的输出脉冲宽度也趋于无限窄。它和 θ_e 成正比，此时取均值后输出电压接近于零。图 6－26（b）给出了 $\theta_e=\pi$ 时的情况。这时 PD 的输出是空度比为 50% 的方波，取均值后为 $U_{Dm}/2$，U_{Dm} 为输出脉冲的幅度值。图 6－26（c）给出 $\theta_e\to 2\pi$ 时的情况。此时 PD 输出电压为空度比趋于 100% 的脉冲波，取均值后为 U_{Dm}。这样可得图 6－27 所示的鉴相特性，其鉴相灵敏度为 $U_{Dm}/2\pi$，形状为锯齿波。

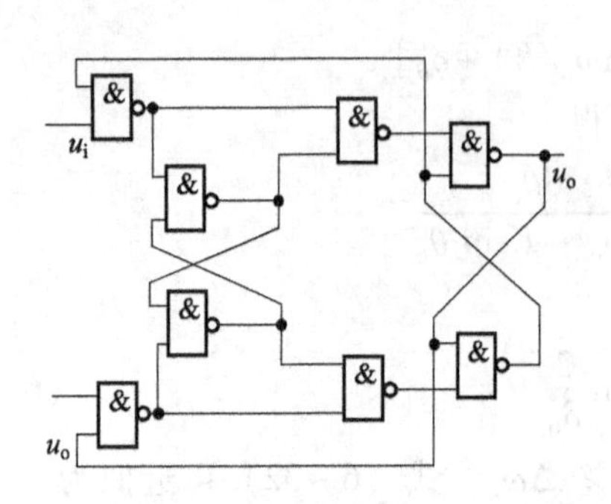

图 6-25　J-K 触发器鉴相的电路图

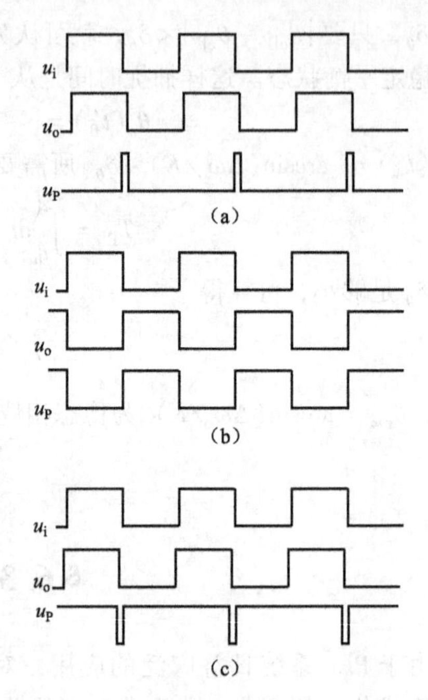

图 6-26　对应图 6-31 的波形图

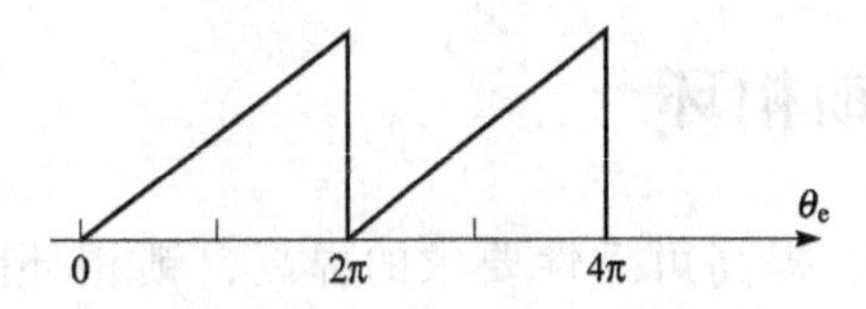

图 6-27　J-K 触发器鉴相的鉴相特性

二、鉴频鉴相器

电路如图 6-28 所示，鉴频鉴相器比异或门鉴相和 J-K 触发器鉴相优越。它的输出不仅和输入波形的空度比无关，而且对输入的频率误差有较高的灵敏度，因此称这种电路为鉴频鉴相器。

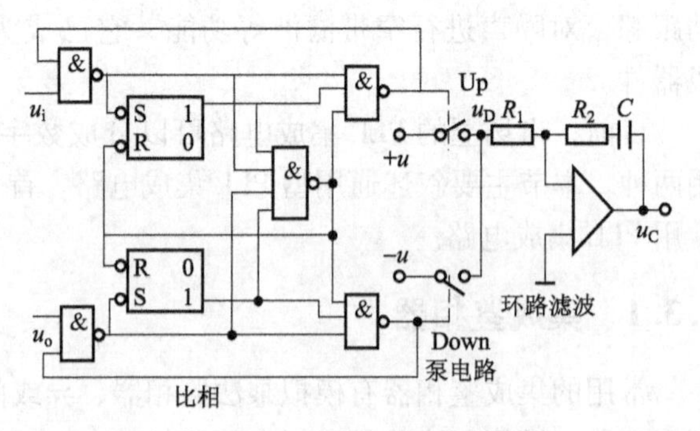

图 6-28　鉴频鉴相电路图

从图 6-28 可知，它由两个 R-S 触发器组成。一个比相电路产生两个阀门信号 Up 和 Down，再用这两个信号去控制一个泵电路。比相器工作原则为

（1）如果 $u_i(t)$ 的上升沿作用于 $u_o(t)$ 的低电平，则 $u_i(t)$ 的下降沿使 Up 信号为高电平，$u_o(t)$ 的下降沿使 Up 信号为低电平；

（2）如果 $u_i(t)$ 的上升沿作用于 $u_o(t)$ 的高电平，则 $u_i(t)$ 的下降沿使 Down 信号输出为高电平，而 $u_o(t)$ 的下降沿使 Down 信号输出为低电平。

图 6-29 可用来解释鉴频和鉴相原理。图 6-29（a）和图 6-29（b）是在 $\omega_i=\omega_o(\theta_e>0$ 或 $\theta_e<0)$ 时，$u_o(t)$ 滞后或超前 $u_i(t)$ 的情况。根据上述原则，在 $u_o(t)$ 滞后 $u_i(t)$ 时，Up 阀信号是一个和相位差 θ_e 成正比的负脉冲信号，这个信号开启泵电路中的 Up 阀门，使 u_D 是幅度为 $+u$、宽度为 θ_e 的脉冲。同样 $u_o(t)$ 超前 $u_i(t)$ 时，Down 阀门信号是一个和相位差 θ_e 成正比的脉冲，它开启 Down 阀门，使 u_D 变成幅度为 $-u$、宽度为 θ_e 的脉冲，取平均后可得图 6-30 所示的鉴相特性。图 6-29（c）为 $\omega_i=1.1\omega_o$ 时的输出波形。和图 6-29（a）一样，只有 Up 阀门信号有输出，而 Down 阀门信号无输出，此时 u_D 是一个脉冲宽度不断变

化的脉冲串，通过环路滤波后，相当于在 VCO 上加了一个正的控制电压，它使 VCO 频率上升，趋向 ω_i。图 6－29（d）为 $\omega_i = 0.9\omega_o$ 的情况，这时 Dwon 阀门信号是一个宽度不断变化的脉冲串，经滤波后，使 VCO 上加一个负的控制电压，使 ω_o 下降，趋近于 ω_i。从理论上讲，这样的鉴相器组成的环路，它的捕捉带和同步带应为无限大，但实际上受到 VCO 控制范围和运放输出电压的限制。

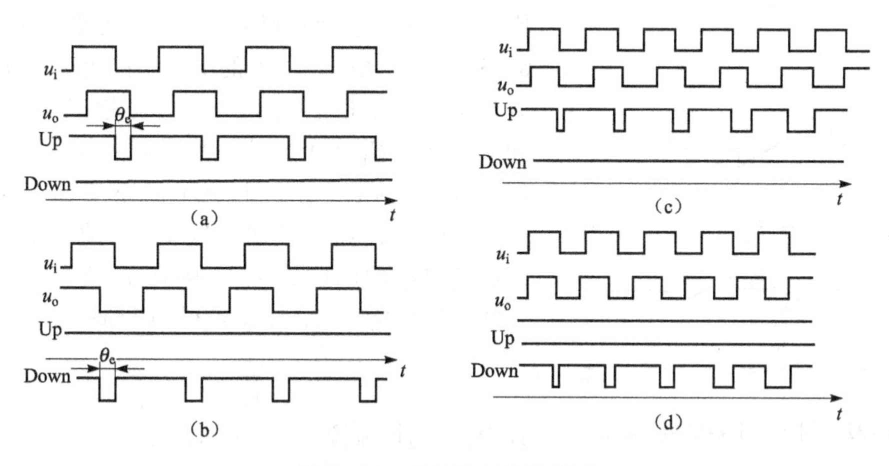

图 6－29　鉴频鉴相的波形图

6.3.2　压控振荡器

集成的压控振荡器（VCO）种类很多，在此只介绍两种：数字式射极定时压控振荡电路和模拟式射极耦合振荡电路。

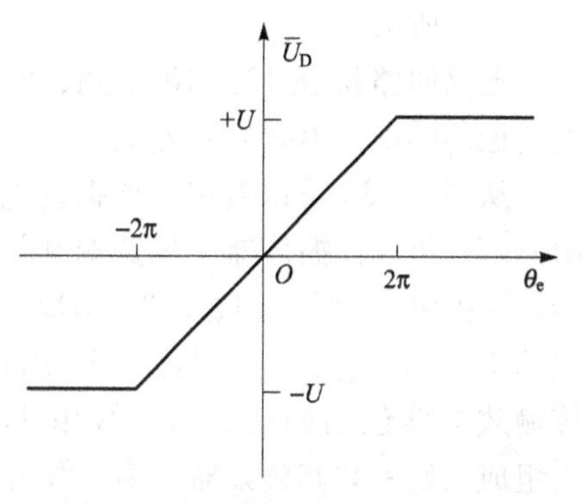

图 6－30　鉴频鉴相器的鉴相特性

一、射极定时压控振荡电路

目前，在中规模集成单片锁相环中，广泛采用射极压控多谐振荡器，如图 6－31 所示。它的工作频率可达 1 MHz 以上，直到 40～50 MHz。图中 T_1、T_2 通过交叉耦合组成正反馈级，且其射极分别接有受电压 $u_c(t)$ 控制的恒流源 I_1、I_2，通常 $I_1 = I_2$，其电路两边是对称的。当 T_1 和 T_2 交替导通和截止时，定时电容 C_T 由电流源 I_1 和 I_2 交替充电和放电。在 T_1、T_2 的集电极得到对称方波输出。二极管 D_1 和 D_2 与电阻 R 并联作为 T_1 和 T_2 的负载，这样可以提高 T_1 和 T_2 的转换速度。

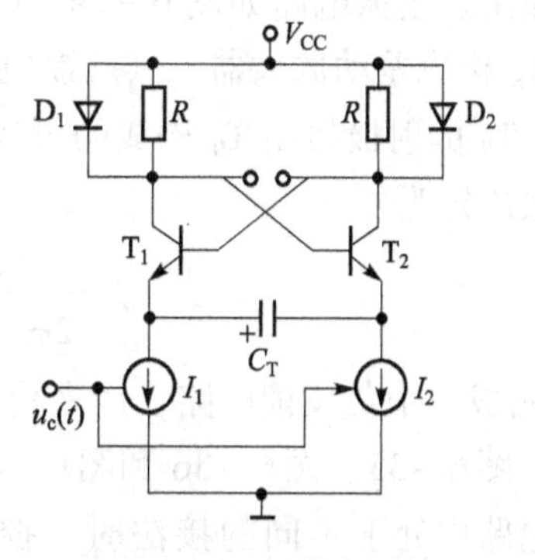

图 6－31　压控振荡器

若起始时 T_1 导通，由于交叉耦合作用，T_2 处于截止状态，这时，u_{c2}、u_{b1} 的电压为 V_{CC}，而 u_{c1}、u_{b2} 的电压为 $V_{CC} - U_D$，在此 U_D 为 D_1 导通时的压降（硅管为 0.6～0.7 V）。由于 u_{b1} 为 V_{CC}，这样 u_{e1} 被钳在 V_{CC} －

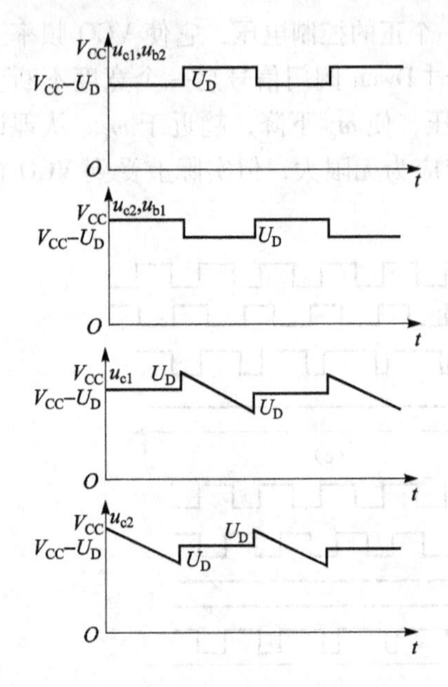

图 6－32　图 6－31 各级电压波形

U_D 的电位上，由于 Q_1 导通，电容 C_T 由 V_{CC} 通过 D_1，T_1 和 I_1 被充电，在充电的过程中，u_{e2} 的电位不断下降。当下降到 $u_{b2}-U_D=V_{CC}-2U_D$ 时，T_2 被导通，这时 u_{c2}、u_{b1} 从 V_{CC} 突降到 $V_{CC}-U_D$，这样 T_1，就截止，这时，u_{c1} 和 u_{b2} 从 $V_{CC}-U_D$ 上升到 V_{CC}，而 u_{e2}，则从 $V_{CC}-2U_D$ 上升到 $V_{CC}-U_D$，各级电压波形如图 6－32 所示。由于 C_T 上的电压不能突变，使 u_{e1} 也上升到 V_{CC}。从此时开始，电容 C_T 通过 V_{CC}，D_2，T_2 和 I_2 放电，C_T 上的电位不断下降。由于 u_{e2} 被钳位在 $V_{CC}-U_D$，这样 u_{e1} 的电位不断下降，一直下降到 $V_{CC}-2U_D$ 时，T_1 又导通，T_2 截止。假设这样一个电容器充放电的周期为 T_{u1}，则在 $T_u/2$ 的时间内，C_T 上的电压变化 $2U_D$，于是可得到 VCO 的频率为

$$f=\frac{1}{T_u}=\frac{I}{4C_TU_D}$$

式中，I 为恒流源电流，$I=I_1I_2$。

二、射极耦合振荡电路

它是一个 LC 振荡电路，其电路如图 6－33 所示。

振荡回路接在 12～10 之间，它的最高振荡频率在 100 MHz 左右。

从图 6－33 可以看出，该振荡电路由三部分组成：振荡器、偏置源和放大器。主振电路由 T_7、T_8 和 T_9 构成；偏置源由 T_{10}、T_{11}、T_{12}、T_{13} 和 T_{14} 组成，传输放大器包括两级，第一级由 T_4 和 T_5 组成共发－共基放大器，第二级由 T_2 和 T_3 组成差动放大器，经 T_1 射极跟随器输出。主振电路如图 6－34 所示。T_7 和 T_8 构成差动放大器，其反馈电路是由 T_7 构成的射随器经射极耦合到 T_8 形成正反馈电路，T_7、T_8 的射极接由 T_9 构成的可控电流源，振荡频率由 LC 回路参数决定为

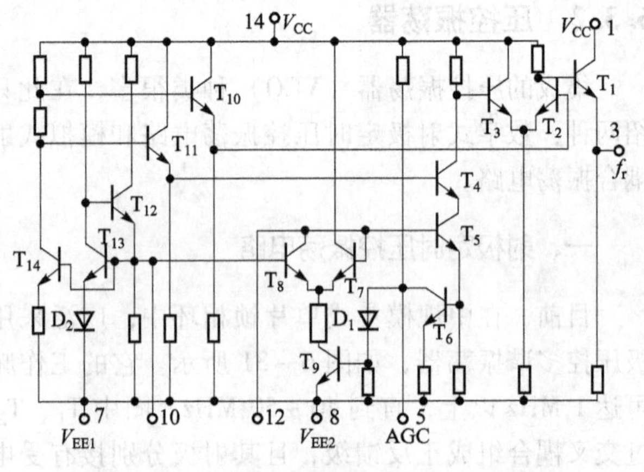

图 6－33　E1648 压控振荡器内部电路图

$$f=\frac{1}{2\pi\sqrt{LC}}$$

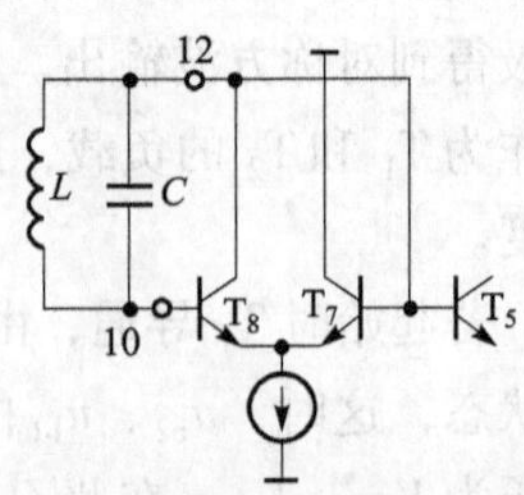

图 6－34　E1648 主振电路

T_6 构成一个负反馈电路，用来稳定振荡器的幅度。

图 6－35、图 6－36 和图 6－37 分别给出了变容二极管在振荡电路中处于不同的接法时，控制电压 u_c 和振荡频率 f 的曲线。从图中可知 VCO 的线性工作范围和压控灵敏度。

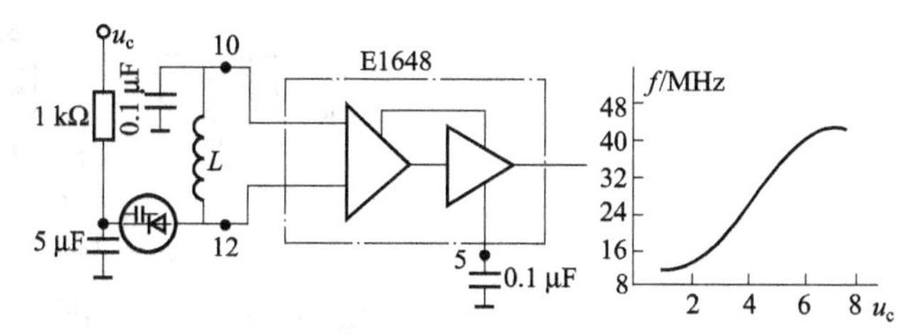

图 6 - 35　单管连接（变容二极管全部接入）

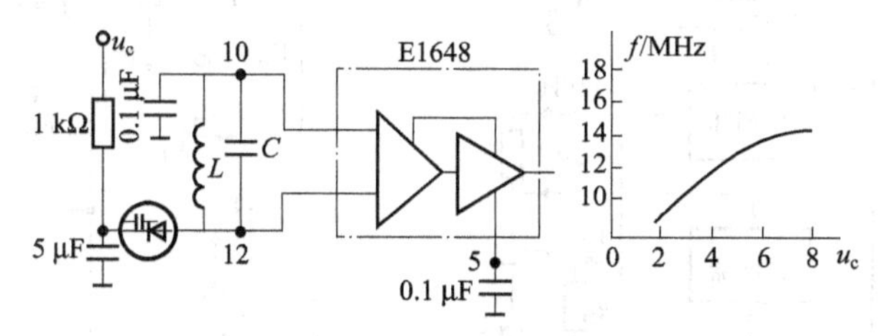

图 6 - 36　单管连接（变容二极管部分接入）

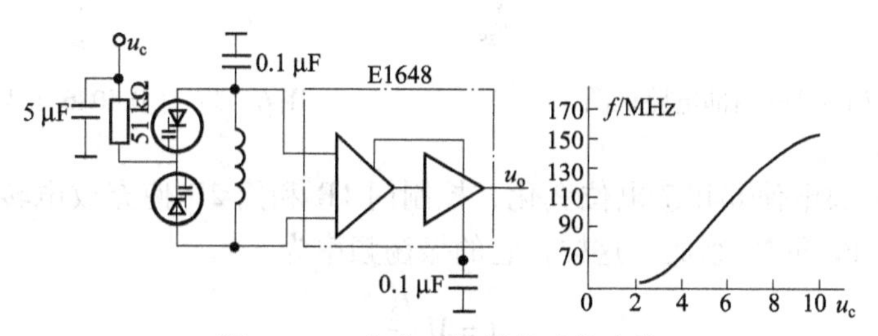

图 6 - 37　变容二极管背对背连接

图 6 - 35 是单个变容二极管全部接入回路的情况。它的控制范围大、压控灵敏度高。图 6 - 36 变容二极管部分接入回路，这样可以改善 VCO 控制特性的线性度。另一个改善线性的方法是采用如图 6 - 37 所示背对背连接法。从理论上说，线性度可改善 10 dB 左右。以上三种电路的控制范围

$$\frac{f_{\max}}{f_{\min}} = \frac{\sqrt{C_{\mathrm{jmax}} + C}}{\sqrt{C_{\mathrm{jmin}} + C}}$$

式中，C 为回路外接电容；C_{jmax} 和 C_{jmin} 为变容二极管的最大和最小结电容。

三、单片集成电路

在此介绍两种常用的单片集成锁相环。

CD 4046 是一数字集成锁相环，它的组成框图如图 6 - 38 所示。该片内有两个鉴相器供选择，一个是异或门鉴相器，另一个是鉴频鉴相器。这两个鉴相器可任选一个作为 PLL 的鉴相器。

CD 4046 的压控振荡器电路如图 6 - 39 所示。它是一个受控的 RC 振荡器，其工作原理是控制电压控制对 C_1 的充放电电流，从而控制充放电速率。图中 N_1 和 R_1 构成源极跟随器，P_1、P_2 和 P_3 分别构成两个镜像恒流源，这样 $I_1 + I_2$ 呈镜像电流，即 $I_1 = I_2$ 且 $I_3 = I_1 + I_2$；在 V_{DD} 一定时，I_3 为恒定值。

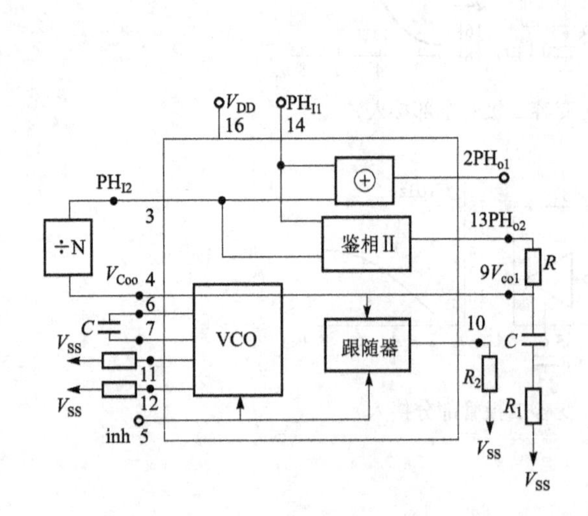

图 6－38　CD 4046 内部电路框图

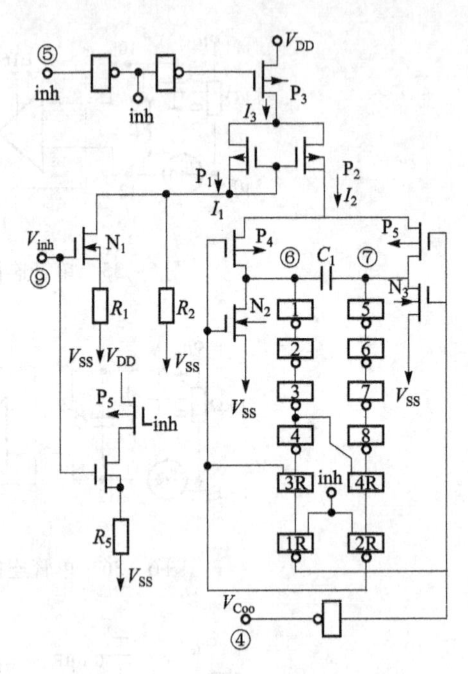

图 6－39　CD 4046 中 VCO 电路图

由于电容的充放电使⑥和⑦电位变化，控制门 1R 和门 2R 使充放电转换，充放电电路分别由 P_4 和 N_3，P_5 和 N_2 组成。这样，它的振荡频率为

$$f = M\frac{I_2}{C}$$

式中，M 为一比例常数。

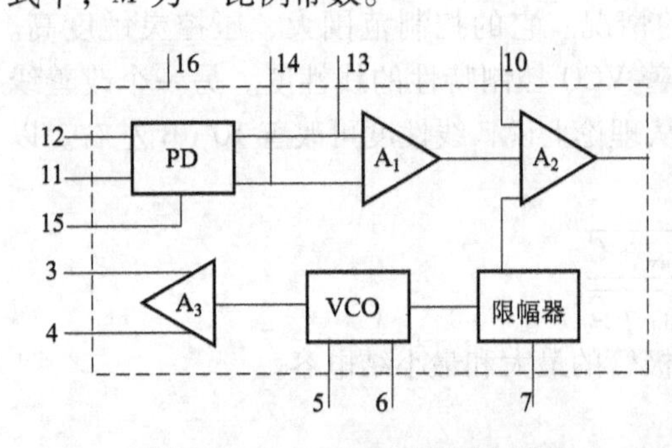

图 6－40　L 562 内部组成框图

L 562 是一个多功能单片集成锁相环路，其组成方框图如图 6－40 所示。除 PD 和 VCO 之外还有三个放大器（A_1，A_2 和 A_3）、限幅器、稳压电路等辅助电路。鉴相器采用双平衡模拟乘法电路，由图 6－41 中 T_{17} ~ T_{23} 组成，误差电压由 13、14 端输出，13、14 端外接阻容网络和 T_{17} 和 T_{20} 的集电极 6 kΩ 电阻构成环路滤波器。然后，一路经 T_{24} 齐纳二极管 D_{13} 加到 T_{12} 和 T_{13} 的基极，另一路径 T_{25}、齐纳二极管 D_{14} 和 T_{26} 加到 T_{12} 和 T_{13} 的射极作为 VCO 的控制电压。VCO 是一射极定时多谐振荡器，由 T_6 ~ T_9 组成，其中 T_6 和 T_9 为两个射随器，起隔离、改善振荡波形和位移电平的作用。T_{10}、T_{11}、T_{14} 和 T_{15} 为恒流源。来自 PD 的误差电压分别加到 T_{12}、T_{13} 是基极和发射极上，以控制定时电容充放电电流的大小。VCO 的振荡频率为

$$f = \frac{I}{4C_T V_D}$$

式中，I 为定时电容的充放电电源；C_T 为定时电容；V_D 为二极管的正向压降。

图 6－42 和图 6－43 分别为 L 562 用作 FM 解调器和频率合成器时的连接图。

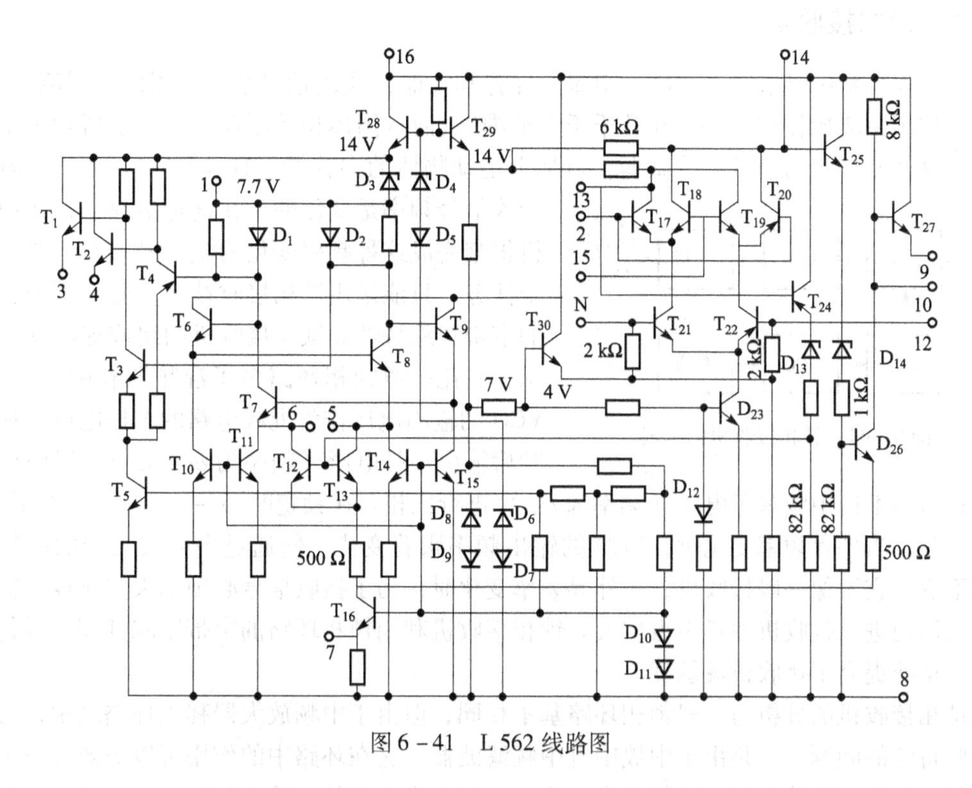

图 6－41　L 562 线路图

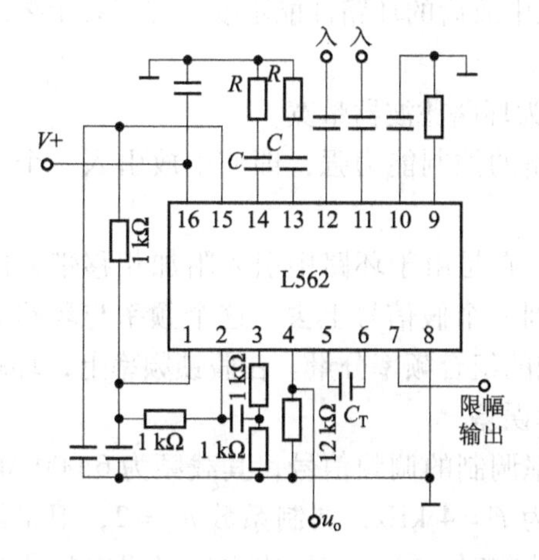

图 6－42　L 562 作 FM 解调器时的连接图

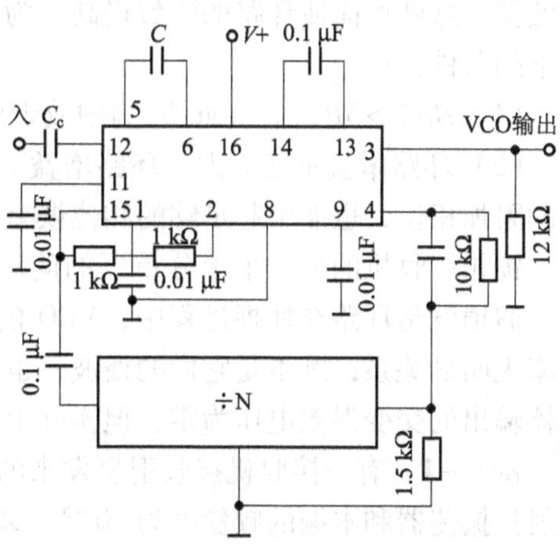

图 6－43　L 562 作频率合成器时的连接图

§6.4　锁相环路的应用

现在锁相环路已被广泛用于电子技术的各个邻域，从电视接收机到空间技术，几乎都有锁相环路的应用，限于篇幅本节只能从四个方面来简述其应用。

6.4.1　锁相接收机

在空间技术中要求对飞行器（卫星、导弹和飞船）实现信号捕获、跟踪和遥测等功能，但由于作用距离比较远（一般在几千千米范围）、而且因体积受限制，使发射机功率不可能太大，这就使接收的信号十分微弱，再加上运动物体的多普勒（Doppler）频率的影响，使接收信号频率是变化的。在这种情况下，普通接收机很难完成这种频率变化的微信号接收。要完成这个任务，只能采用锁相接收技术，即利用锁相环路的窄带跟踪特性。锁相接收机的组成如图6-44所示，它比一般锁相环路多了混频器和中频放大器。VCO的输出电压作为混频电路的本振电压，加入混频后输出中频电压（频率为$\omega_i-\omega_o$），经中放后加到鉴相器与本机中频参考电压（频率为ω_{Io}）进行比相。在锁定时$\omega_i-\omega_o=\omega_{Io}$。由于$\omega_{Io}$为标准中频，当外界频率变化时，VCO的输出频率跟着变化，使通过中频放大器的中频信号频率不变。它不像一般接收机，当外界频率变化时，为了接收信号必须加大中频放大器的带宽，从而使进入接收机的噪声也加大。锁相接收机利用锁相环路的窄带跟踪性能可进行窄带接收，从而提高了接收机灵敏度。

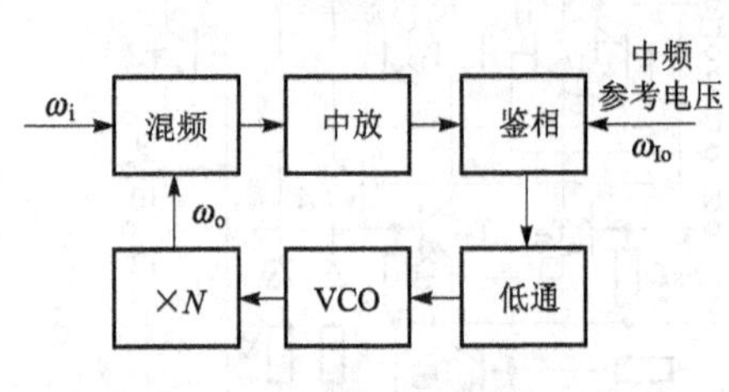

图6-44　锁相接收机的组成

锁相接收机的分析与一般锁相环路基本相同，但由于中频放大器移入环路之中，可能产生一些特殊的问题。一是由于中放中有中频滤波器，它在环路中的作用可以等效为一个低通滤波器，这就可能使环路的阶数提高。为了使加入中放后的环路性能不变，在工程上要求满足下列条件：

（1）$B_i/2>5B_{3dB}$，在此B_i为中放带度，B_{3dB}为环路滤波器带宽。

（2）环路增益不能太大。环路增益大说明环路的控制能力强，即使中放引入一个十分小的附加相位，也能引起足够的相位误差。

锁相接收机的另一个十分重要的问题是假锁。它是由于环路中引入附加相移带来的问题。假锁就是环路在捕捉过程中，VCO的频率锁到一个假信号上去。这个频率与环路其他频率无明显关系，既不是它们的谐波，也不是它们的组合频率分量。在假锁频率上，环路鉴相器输出的交变误差电压为零，但实际上存在频率误差。

例6-1　有一接收机接收卫星发来的单一频率调制的调频信号，其载频为6 000 MHz，发射机振荡器和本振的频稳度为10^{-5}，调制频率为$F=4$ kHz，调制系数$m_f=2$，卫星最大径向速度为$v_R=3$ km/s。试问用锁相接收和普通接收时，输出信噪比之比（设在接收机前端产生的噪声相同）。

解：（1）调频信号带宽为$B_{信}=2(m_i+1)F=24$ kHz，对于锁相接收机的通频带$B_{锁}=B_{信}=24$ kHz。

（2）求多普勒频率

$$f_d=f_c\cdot\frac{v_R}{c}$$

式中，c为光速；v_R为卫星径向速度；f_c为截频。将已知参数代入上式得$f_d=60$ kHz。

（3）收、发振荡器的频率漂移为

$$\Delta f_{发}=\Delta f_{收}=10^{-5}\times 6\ 000\times 10^{6}\ \text{Hz}=60\times 10^{3}\ \text{Hz}=60\ \text{kHz}$$

（4）求普通接收机的带宽为

$$B_{普}=B_{信}+2\ (f_{\text{d}}+\Delta f_{发}+\Delta f_{收})\ =384\ \text{kHz}$$

（5）
$$\frac{(\text{SNR})_{普}}{(\text{SNR})_{锁}}=\frac{S/(N_0\cdot B_{普})}{S/(N_0\cdot B_{普})}=\frac{B_{锁}}{B_{普}}=\frac{24}{384}=-12\ \text{dB}$$

这说明锁相接收机输出信噪比要比普通接收机的输出信噪比大 12 dB。

6.4.2　锁相鉴频

调频体制在现代通信中是常用的调制方式，它的主要优点是比调幅体制抗干扰能力强，这是以加宽信号带宽为代价而换取来的。然而这种优点只有在鉴频器输入信噪比到达一定值之后才能实现。当输入信噪比低于某一数值以下时，鉴频器输出信噪比会急剧地下降，如图6－45 所示，这就是鉴频器的门限效应。当输出信噪比比原来正常情况低 1 dB 时所对应的输入信噪比值为鉴频器的门限值，从图中可以看出它和调频信号的调制系数 m_{f} 值有关。

一般鉴频器的门限值比较高，已不能满足现代通信所提出的越来越高的要求，如卫星通信中弱信号的接收。这样，就迫切需要寻求一种低门限的解调技术。锁相鉴频就是一种比较理想的低门限鉴频方式。

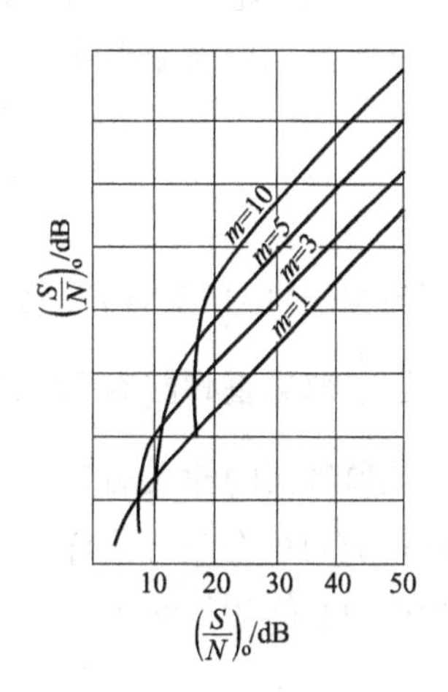

图 6－45　一般鉴频器（S/N）$_{\text{o}}$ 和（S/N）$_{\text{i}}$ 的关系

一、锁相鉴频原理

锁相环路是一个相位负反锁系统，它能跟踪输入信号的相位变化。调频信号是一种角度调制信号，它的相位随调制信号的积分变化。设计一个适当的调制跟踪环路，总可以使它的 VCO 输出电压相位精确地跟踪输入调频信号的相位变化。这时 VCO 的输入控制电压正比于调制电压，可以在环路中提取调制信息。锁相鉴频的组成如图 6－46 所示，调制信号可以从鉴相器输出端或 VCO 输入端取出，经过输出滤波后得到。

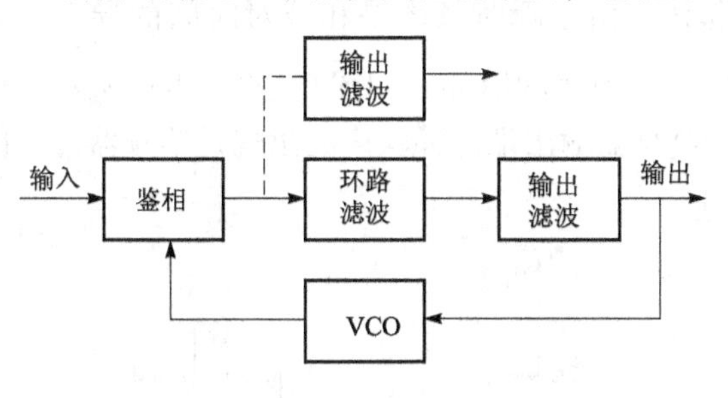

图 6－46　锁相鉴频器的组成

假设输入调频信号为

$$u_{\text{i}}(t)=U_{\text{im}}\sin\left[\omega_{\text{i}}t+\theta_{\text{m}}(t)\right]$$

这样，它的调制信号为

$$u_{\Omega}(t)\propto\frac{\text{d}}{\text{d}t}\theta_{\text{m}}(t)$$

两边取拉普拉斯变换得

$$u_{\Omega}(S)\propto S\theta_{\text{m}}(S)$$

根据环路的线性分析，由式（6－5）可得

$$\theta_e(S)=\frac{S\theta_i(S)}{S+K_0K_dF(S)}=\frac{S\theta_m(S)}{S+K_0K_dF(S)}$$

$$\propto U_\Omega(S)\left[\frac{1}{S+K_0K_dF(S)}\right]$$

此式表示输入信号与 VCO 输出信号之间的相位差正比于调制电压乘以代表环路等效滤波器的传输系数（由括号中的部分表示）。因此从鉴相器输出端即可提取调制电压。

但直接从鉴相器输出端提取解调信号，将有较大的干扰和噪声，所以一般不用此法。通常，从环路滤波器输出端取解调电压，其关系为

$$U_c(S)=K_d\theta_eF(S)$$

$$=S\theta_m(S)\frac{K_dF(S)}{S+K_0K_dF(S)}\propto U_n(S)\cdot\frac{H(S)}{K_0}$$

上式表明，VCO 输入的控制电压为调制电压经过一等效滤波器波滤后的电压。

二、普通鉴频器的门限效应

当鉴频器的输入端有信号 $u_i(t)$ 和窄带噪声 $n(t)$ 共同作用时，窄带噪声可分解为正交的 $x(t)$ 和 $y(t)$ 的分量。这样信号和噪声合成的矢量图如图 6－47 所示。当输入信噪比较大时，由噪声引起的相位变化

$$\theta_n(t)=\arctan\frac{y(t)}{u_i(t)+x(t)}$$

比较小。当输入信噪比较小时，由于 $x(t)$ 和 $y(t)$ 是相互独立的随机变量，偶尔噪声可能足够大到使合成矢量绕过原点，也就是产生 $\theta_n(t)$ 的 2π 跳跃。当然，2π 跳跃的产生与输入信噪比有关，信噪比越小产生 2π 跳跃的概率越大。此时形成的相位噪声 $\theta_n(t)$ 的时间轴上的变化如图 6－48（a）所示。大部分时间内 $\theta_n(t)$ 仅在某一参考相位上作小的起伏。当出现 2π 跳跃后，它又在新的参考相位上作起伏。由于瞬时频率是相位对时间的导数，即 $\dot{\theta}_n(t)=d\theta_n/dt$，故每一个 2π 相位阶跃就对应一个频率的脉冲，如图 6－48（b）所示。这种频率尖峰经频率解调后就形成一脉冲噪声。鉴频器输出端脉冲噪声的出现是鉴频器产生门限的物理原因。

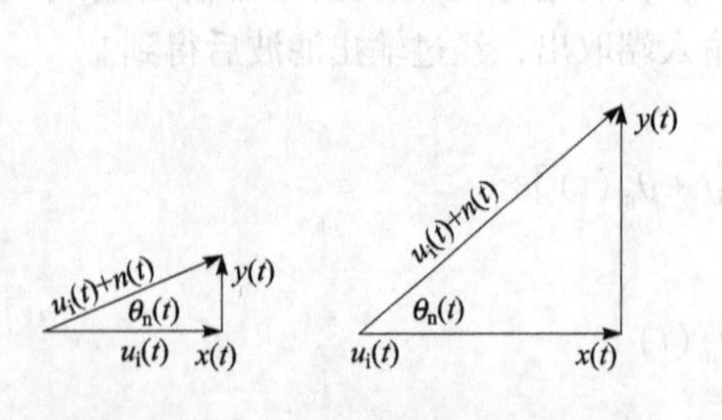

图 6－47　信号与窄带噪声的合成矢量

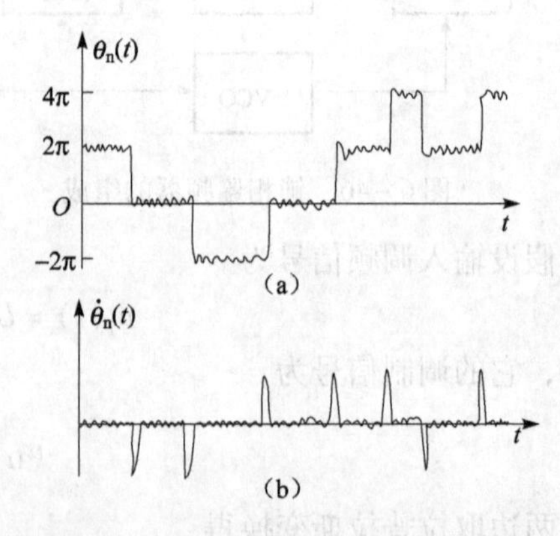

图 6－48　$\theta_n(t)$ 的变化和频率尖峰的形成

在加性噪声 $n(t)$ 的作用下，鉴频器输出噪声由两部分组成：① 常规噪声，服从高斯分布，在其作用下调频体制有增益。② 脉冲噪声，此脉冲产生的时间分布大致服从泊松分布。随着信噪比的下降，产生脉冲噪声的概率增大。

三、锁相鉴频器的门限效应

前面已说明一般鉴频器的门限是由于信号加噪声的合成矢量产生 2π 相位阶跃而在鉴频器输出端引起脉冲噪声阶跃造成的。从造成门限效应的根本原因来说，锁相鉴频器也是一样的，但其脉冲噪声的产生过程有差别。从图 6－47 可以看出，$u_i(t)$ 和 $n(t)$ 进行矢量合成时，合成矢量除了产生相位噪声 $\theta_n(t)$ 外，还同时伴随幅度的变化，这种幅度变化对一般鉴频器的影响不大，但对锁相鉴频就不一样了。因为锁相鉴频不仅取决于 $\theta_n(t)$ 是否有 2π 相位阶跃，还决定于环路输入端的 2π 相位阶跃能否被跟踪。若环路不能跟踪输入端的 2π 相位阶跃，也就是输入端产生 2π 相位阶跃时，环路仍保持锁定，环路无跳周现象，则就无脉冲噪声输出。这是锁相鉴频低门限的原因。

从上面分析可知，环路的跟踪能力与环路增益成正比，环路增益 K_0K_d 中，K_d 与 PD 输入信号幅度成正比。当加性噪声 $n(t)$ 不大时，不但 2π 相位阶跃产生的概率较小，而且幅度也不太大。环路跟踪能力较弱时，环路产生跳周的概率更小，VCO 输入端不太可能产生脉冲噪声。当 $n(t)$ 很大时，合成矢量在发生 2π 阶跃的同时，其幅度也增大，使环路跟踪能力增强，环路产生跳周的可能性也大大加强，这时 $u_c(t)$ 产生脉冲噪声的概率也就加大。

综上所述，一般鉴频器门限取决于 2π 相位阶跃数，而锁相鉴频的门限取决于环路跳周数，也就是 $\theta_n(t)$ 的 2π 阶跃数和环路跟踪能力。

至于门限性能究竟可改善多少，则完全取决于环路跟踪性能，也就是环路带宽。环路带宽越宽，跟踪 $\theta_n(t)$ 的 2π 阶跃数就越多，输出脉冲噪声也越多，其门限改善越不明显。反之环路带宽越窄，改善程序越明显。但在考虑环路带宽时，必须使其大于最高调制频率 F_{max}，以便保持环路对调制电压的跟踪性能。

6.4.3 频率合成器

随着电子技术的不断发展，对频率源的频稳度、频谱纯度、频率范围和输出频率的个数提出越来越高的要求。为了提高频稳度，经常采用晶体振荡等方法来解决，但它不能满足频率个数多的要求。因此大量采用频率合成技术。它能用一个高稳定度和高准确度的标准频率源，产生大量具有相同稳定度和准确度的多个不同频率。

频率合成的方法很多，大致可分为直接合成法和间接合成法两种。直接合成法是通过倍频器、分频器、混频器对频率进行加、减、乘、除运算得到各种所需频率。图 6－49 给出一个直接式频率合成器的实例。

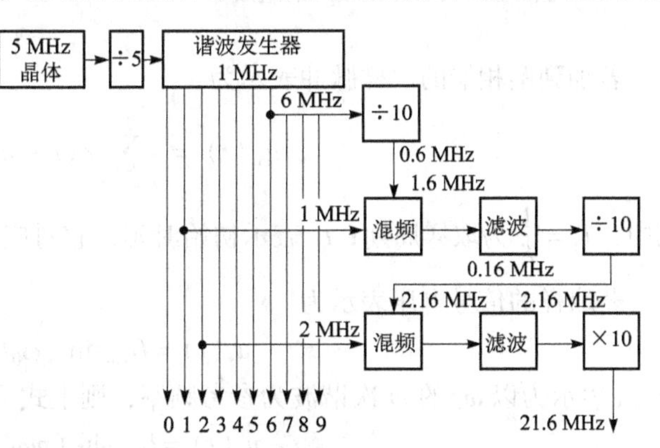

图 6－49 直接式频率合成器

直接合成法的优点是频率转换时间短，能产生任意小的频率增量。但它存在一些不可克服的缺点，即用这种方法合成的频率范围受到限制。更重要的是由于若有大量的倍频、混频电路，就要有不少滤波电路，使设备十分复杂。随着数字技术的发展，近几年来数字式直接频率合成技术（DDFS）发展较快，已弥补了以上的缺点。间接合成法就是利用锁相环路的窄带跟踪特性来得到不同的频率。目前在频率合成器中所采用的环路主要是取样锁相环和可变数字式锁相环。

一、脉冲取样锁相环

取样锁相环的组成如图 6－50 所示。从图中可以看出，在取样锁相环中用取样保持鉴相器替代了一般模拟鉴相器。只要对取样保持鉴相器的工作原理有所了解，环路的工作原理也就清楚了。

取样保持鉴相器由取样和保持两部分组成。取样保持鉴相器实质上是一个开关，由取样脉冲 $u_R(t)$ 控制，使其周期性闭合，对输入信号 $u_s(t)$ 取样。取样后的样品电压与 $u_R(t)$ 和 $u_s(t)$ 之间的相位差有关。保持电路是将取样后的样品电压保持到下一个取样时刻。

图 6－51 是一个典型取样保持鉴相器。它由四只二极管组成桥式取样保持鉴相器，保持电路由电容 C 构成。当取样脉冲 $u_R(t)$ 到来时，四只二极管全部导通，输入电压 $u_s(t)$ 给 C 充电。由于二极管内阻十分小，所以电容上的电压很快被充到 $u_s(t)$ 的值，即对 $u_s(t)$ 进行取样。取样脉冲过后，R_1C_1 上的自给偏压使四只二极管全部截止。由于二极管反向电阻和下一极输入阻抗很高，故保持电容 C 上的电荷不能很快泄放，因此电容 C 两端的电压能保持到下一个取样脉冲到来时刻。

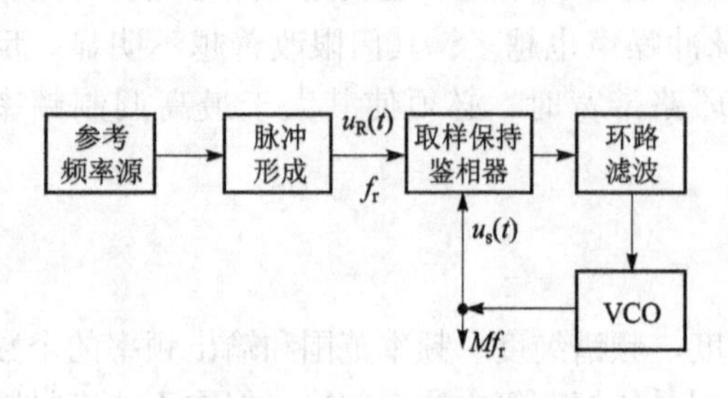

图 6－50 取样锁相环的组成

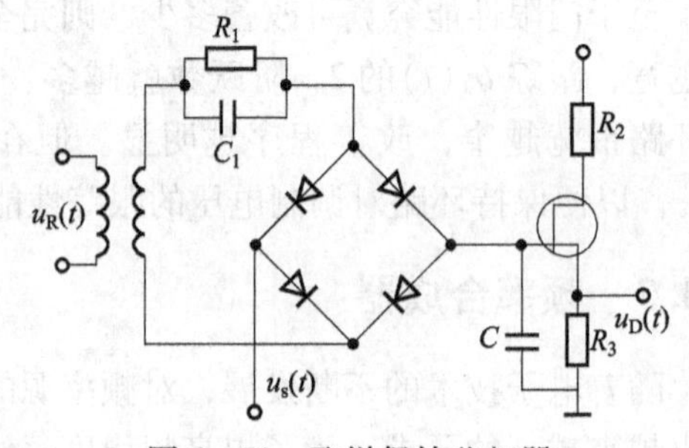

图 6－51 取样保持鉴相器

若加到鉴相器的取样脉冲表示为

$$u_R(t) = \sum_{n=-\infty}^{\infty} \delta(t - nT_r + t_1)$$

式中，$T_r = \dfrac{1}{f_r}$ 为取样周期；t_1 表示初始时延，它对应的初相为 $\theta_1 = \left(\dfrac{2\pi}{T_r}\right)t_1$。

若取样的信号电压表示为

$$u_s(t) = U_{sm}\sin(\omega_0 t + \theta_2)$$

当 ω_0 表示为以 ω_r 的 m 次谐波为参考频率，则上式可写为

$$u_s(t) = U_{sm}\sin(m\omega_r t + \theta_0)$$

式中，$\theta_0 = (\omega_0 - m\omega_r)t + \theta_2$，它是 VCO 输出电压以 $m\omega_r$ 为参考频率时的相位。

将取样时刻 $t = nT_r - t_1$，代入 $u_s(t)$ 表示式，可得到理想取样时的样品电压为

$$\begin{aligned} u_D^*(t) &= U_{sm}\sin\left[m\frac{2\pi}{T_r}(nT_r - t_1) + \theta_0\right] \\ &= U_{sm}\sin(mn2\pi + \theta_0 - m\theta_1) \\ &= U_{sm}\sin(\theta_0 - m\theta_1) \\ &= U_{sm}\sin\theta_e(t) \end{aligned}$$

式中，

$$\begin{aligned} \theta_e(t) &= \theta_0 - m\theta_1 = (\omega_0 - m\omega_r)t + \theta_2 - m\theta_1 \\ &= (\omega_0 t + \theta_2) - (m\omega_r t + m\theta_1) \end{aligned}$$

从上式可知 $\theta_e(t)$ 为 VCO 输出的正弦信号和取样脉冲信号 m 次谐波之间的相位差。在 $m\omega_r = \omega_0$ 时，$u_D^*(t)$ 为直流，所以只要对 VCO 进行适当的预置，环路就可以锁定在 $m\omega_r(m = 1, 2, \cdots)$ 的频率上。由此可以看出，环路可作倍频用，而且 m 可做得较大。若将 VCO 电压作取样电压，把参考电压作为被取样电压，环路又可以作为分频器。

二、数字式锁相频率合成器

它是在一般环路中加入一个可变程序数字分频器，如图 6－52 所示。在此数字式分锁器中的分频比 M 是可变的，当环路锁定时有 $f_r = f_o/M$，则

$$f_o = Mf_r$$

这样，只要改变数字式分频器的分频比 M，就可得到不同的输出频率。

图 6－53 给出了一个数字式锁相频率合成器的实例，它的输出频率为 26.965 ~ 27.405 MHz，其频率间隔为 5 kHz，此合成器使用了 MC 145106 锁相环路集成电路。该集成电路中包含鉴相器、参考频率的分频器、VCO 频率的程序分频器和参考信号振荡器。在此例中参考频率为 10.24 MHz，通过参考频率分频器（÷2 和 2^{10}）后，到鉴相器的频率为 f_r = 5 kHz。此时，若程序分频器的分频比为 273，混频器的输出只有为 1.365 MHz（273 × 5 kHz = 1.365 MHz）时，到鉴相器的频率才能为 5 kHz，环路才能入锁。因此，程序分频比为 273 时，VCO 的输出频率为 25.6 MHz + 1.365 MHz = 26.965 MHz，若程序分频器分频比为 361 时，这时 VCO 输出频率 f_o 为 f_o = 25.6 MHz + 361 × 5 kHz = 27.405 MHz。若程序分频器的分频比在 273 ~ 361 之间变化，VCO 输出频率为 26.965 MHz ~ 27.405 MHz，步进为 5 kHz。

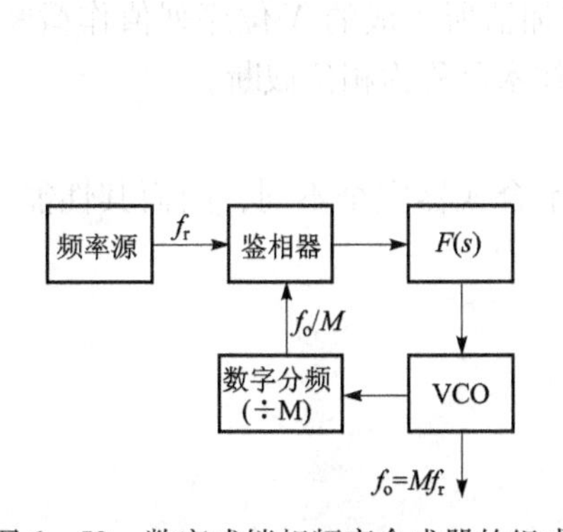

图 6－52　数字式锁相频率合成器的组成

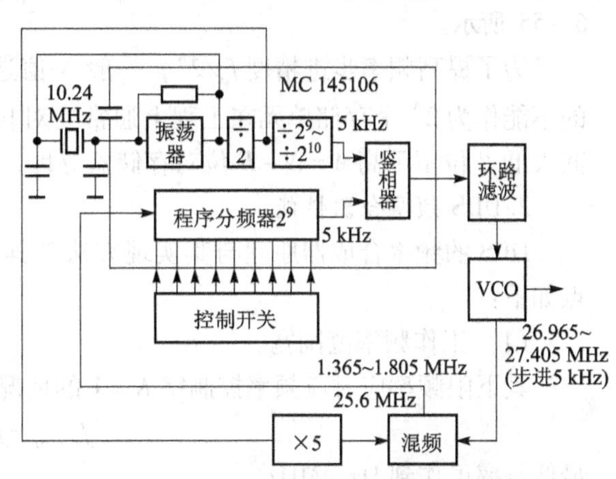

图 6－53　数字式频率合成器的实例

三、直接数字频率合成

1. 基本原理

直接数字频率合成（Direct Digital Fregueney Synthesis，DDFS 或 DDS）和前面所讲述的直接式频率合成器方法不同，不是对频率进行加、减、乘、除运算，而是通过对相位的运算进行频率合成的。对一个正弦波而言，若每个时钟周期内，加 1°相位，则要经过 360 个时钟周期才能完成一个正弦波。此正弦波的频率为时钟频率的 1/360。而每个时钟周期加 2°相位，则输出正弦波的频率为时钟频率的 1/180。

在实际中可采用相位累加器来实现上述的相位累加过程。相位累加器的结构如图 6 - 54 所示，它用 N 位数字全加器和 N 位数字寄存器构成，其工作过程为：每一个时钟脉冲到来时，全加器将上一个周期内寄存器所寄存的值与输入参数 K 相加，其和存入寄存器作为相位累加器的当前相位值输出。K 值就是一个时钟周期内的相位增量。当寄存器存满时，产生一次溢出将整个相位累加器置 0。如果采用 N 位字的数字寄存器，这样最小相位间隔为

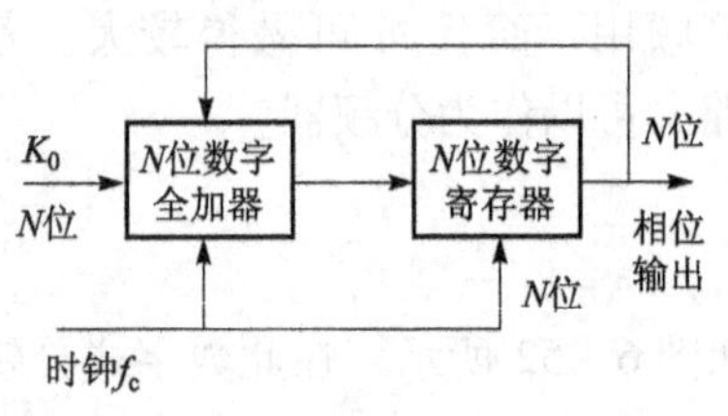

图 6 - 54　DDFS 相位数字累加器结构

$$Q_{\min}=\frac{2\pi}{2^N}$$

若输入的相位增量为 K，则输出的频率为

$$f_o=\frac{K}{2^N}f_c$$

f_c 为时钟频率，这就是 DDS 输出信号的频率关系。在一定时钟频率下，K 决定了合成信号的频率，因此 K 被称为频率控制字。

工程上，只需将正弦函数值用一定字存入只读存储器（ROM）中，并将相位累加器的输出作为 ROM 的存储单位的地址。这样 DDS 的基本结构如图 6 - 55 所示。

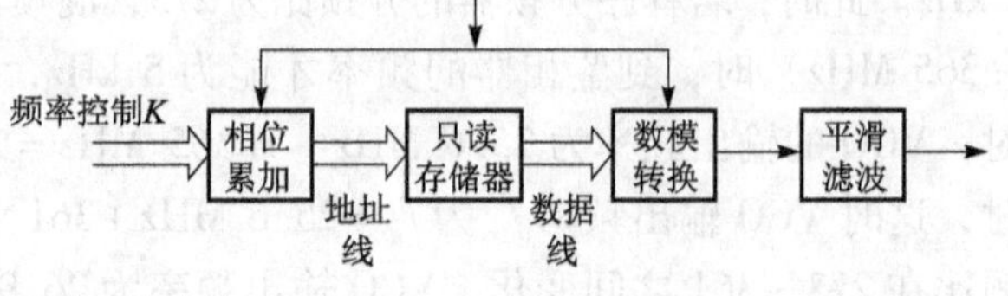

图 6 - 55　DDS 基本组成结构

为了提高频率步进精度 $f_c/2^N$，一般 N 值选得较大，而作为 ROM 来说存储单元是有限的不能作为 2^N 个存储单元在工程上通常要对相位累加器所生成的 N 位序列值作截断处理，截去低 B 位留下高 $A=N-B$ 位对存储器寻址，这一技术可称为相位截断。

2. DDS 频率合器性能

DDS 的频率合成器原理与其实现方法与其他频率合成器完全不同，因而其性能主要特点如下：

（1）工作频率范围宽。

其下限频率应对应频率控制字 $K=1$ 的情况

$$f_{o\min}=f_c/2^N$$

最低频率可作到 Hz、MHz。

其上限频率时钟频率 f_c 和抽样定理限制

$$f_{o\,max} < 1/2f_c$$

实际应用中考虑到输出滤波器的非理想特性，一般采用

$$f_{o\,max} = (0.3204)\,f_c$$

（2）频率间隔小。

DDS 的频率间隔（最小频率步进量）是它的最低频率，即

$$\Delta f_o = f_{o\,min} = f_c/2^N$$

（3）极短的频率转换时间。

从理论上说转换时间近似为即时的而实际上常常是数据预置时间在纳秒级。

（4）频率转换时相位连续。

（5）有任意波形输出能力。

若在 ROM 中存储不同波形就可输出所需的各种波形。

（6）可完成正交输出。

只要在两个 ROM 中存储 $\sin\theta$ 和 $\cos\theta$ 两个函数表可用的输出

$$f_i(t) = \sin(2\pi f_o t)$$

和它的正交输出

$$f_Q(t) = \cos(2\pi f_o t)$$

（7）相位噪声。

由于 DDS 为全数字结构，由于数字电路中存在触发噪声等，因此 DDS 的相位噪声大，同时由于导用相位截断技术，它的后果是给 DDS 的输出信号引入杂散。

Qualcomm 公司 Q2230 是一个单通道 DDS 器件采用 85 MHz 时钟频率可合成出 DC 到 34 MHz的正弦信号，分辨率为 20 mHz，转换时间为 0.1 μs，杂散电平可达到 -76 dBc，其内部框图如图 6-56 所示。

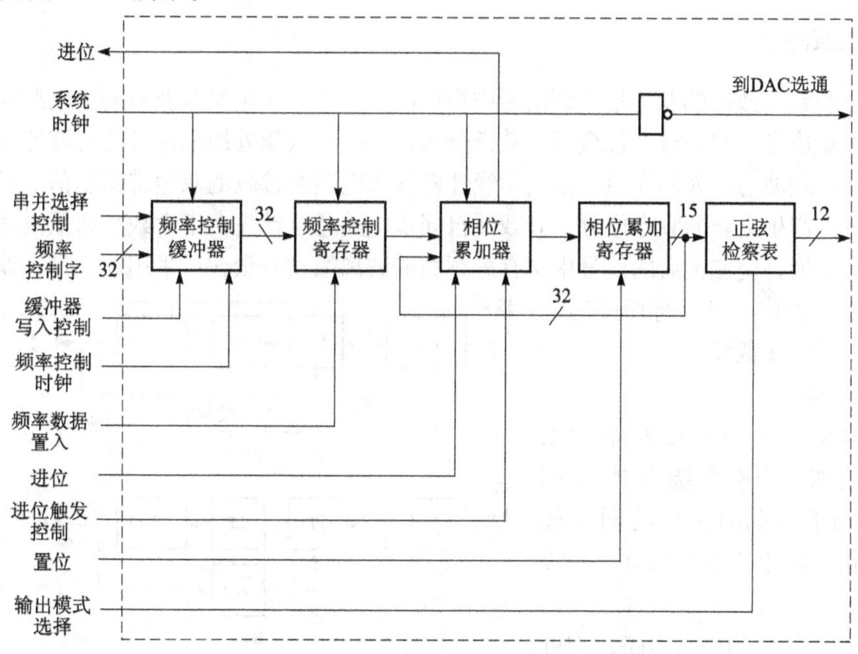

图 6-56　Q2230 内部框图

6.4.4 同步

同步是数字通信中特殊而重要的问题。同步主要包括载波同步、位同步和帧同步。在模拟通信系统中，对抑制载波的双边带调制信号需采用同步解调（检波），或称为相干解调，实现这种解调方式的前提首先是在接收端恢复出载波，这一载波恢复过程通常称为载波提取或载波同步。在第十章将要介绍的数字频带调制系统中，许多类型的数字调制信号必须采用相干解调，同样也有载波同步问题。

位同步也称为位定时恢复或码元同步。在任何形式的数字通信系统中，位同步通常是不可缺少的，无论数字基带传输系统还是数字频带传输系统，无论相干解调还是非相干解调，都必须完成位同步，即从接收信号中设法恢复出与发送端重复频率相同的码元时钟信号，保证解调时在最佳时刻进行抽样判决，以消除噪声干扰所导致的解调基带信号的失真，使接收端能以较低的错误概率恢复出被传输的数字信息。位同步是数字通信系统中特有的技术问题。

在数字通信中，数据往往是按照一定的数据格式传送的，比如：一路数字信号的若干比特构成一个“字”，若干“字”构成一“帧”，即信息是以“帧”的形式传送的；在时分复用（TDM）系统中，各路数字信号的数据按一定的帧结构排列成“群”，在收端对各路信号进行分离时，必须能正确判断每一帧的起止时刻，故帧同步在许多数字通信系统中往往是不可少的。此外，随着数字通信网规模的日益扩大，为保证各用户终端之间可靠地交换数据，还必须解决网同步问题，即在整个通信网络内建立一个统一的时间节拍标准。

在数字通信中，同步系统工作性能的下降将会导致整个通信系统性能的下降，甚至使系统无法正常工作。由于数字通信经常是以同步方式进行的，可以说，同步是数字化信息正确传输的前提。

在此仅仅就采用 PLL 同步的截波同步和位同步加以简述。

一、载波同步

从不含载频离散谱的双边带已调信号中提取同步载波，常常是载波自同步电路需要完成的功能。由于双边带调制信号不含载频离散谱分量，直接在载频处用窄带带通滤波器或锁相环是提取不出同步载波的。人们知道，采用非线性器件或电路对接收的双边带调制信号进行非线性变换，便可以产生出新的频率成分，故载波自同步电路总是首先对不含载频离散谱的已调信号进行非线性变换，使变换后的信号中含有载频的谐波离散谱分量，可采用常规带通滤波器或锁相环进行频率提取，再进行相应的分频，就可得到同步载波。

1. 平方环

平方环是第十章将要介绍的二进制移相键控 2PSK 系统中对 2PSK 信号进行相干解调时常用的同步载波提取电路，其组成框图如图 6－57 所示。

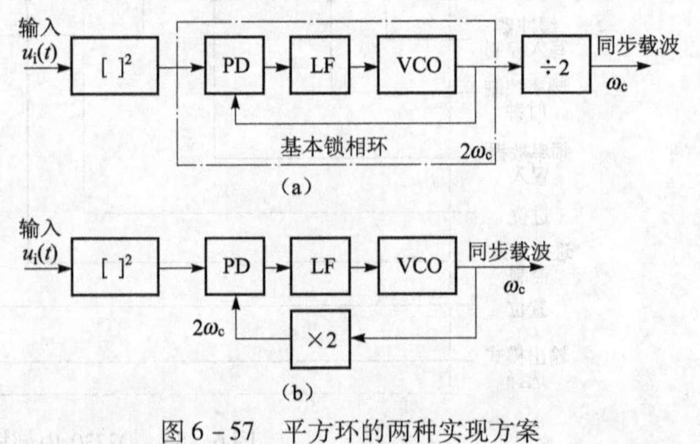

图 6－57　平方环的两种实现方案

图中“$[\ ]^2$”为平方电路，它可用二极管全波整流、场效应管或模拟乘法器实现；“÷2”和“×2”分别为二分频与二倍频电路，其中方案如图6－57（a）所示的VCO输出频率为$2\omega_c$，方案如图6－57（b）所示的VCO输出频率为ω_c，比较起来方案如图6－57（a）所示更易实现，实际中多被采用。现对方案如图6－57（a）所示进行分析。

设平方环输入电压为$u_i(t)=m(t)U_{im}\cos(\omega_c t+\theta_i)$，$m(t)$为归一化幅度双极性数字基带信号（取值±1），$\omega_c$和$\theta_i$分别为输入已调波的载波角频率和初相位，$U_{im}$为其振幅，则$u_i(t)$经理想平方电路的非线性变换后为

$$
\begin{aligned}
[u_i(t)]^2 &= m^2(t)U_{im}^2\cos^2(\omega_c t+\theta_i) \\
&= \frac{1}{2}m^2(t)U_{im}^2+\frac{1}{2}m^2(t)U_{im}^2\cos(2\omega_c t+2\theta_i)
\end{aligned}
$$

在实际的平方环电路中，必须在平方电路后边插入一个以$2\omega_c$为中心频率的带通滤波器，以便能够滤除直流分量、调制信号连续谱和噪声分量，提取$2\omega_c$频率分量。又因$m^2(t)=1$，故基本锁相环鉴相输入为

$$[u_i(t)]^2=\frac{1}{2}U_{im}^2\cos(2\omega_c t+2\theta_i)$$

显然，平方电路的非线性变换消除了调制信息$m(t)$的影响，并新产生出载频的二次谐波$2\omega_c$离散谱分量，经带通滤波送入工作在$2\omega_c$频率的基本锁相环。此时，在鉴相器中进行比相的是两个模拟信号，故该鉴相器通常由模拟乘法器构成。若环路处于锁定状态，且VCO输出电压为

$$u_o(t)=U_{om}\sin(2\omega_c t+2\theta_o)$$

则乘积型鉴相器输出电压为

$$
\begin{aligned}
&(K/2)U_{im}^2U_{om}\sin(2\omega_c t+2\theta_o)\cos(2\omega_c t+2\theta_i) \\
&=(K/4)U_{im}^2U_{on}[\sin 2(\theta_o-\theta_i)+\sin(4\omega_c t+2\theta_o+2\theta_i)]
\end{aligned}
$$

式中的第一项为慢变化分量，即鉴相器输出的误差控制电压$u_d(t)$，且有

$$
\begin{aligned}
u_d(t) &= \frac{K}{4}U_{im}^2U_{om}\sin 2(\theta_o-\theta_i) \\
&= K_d\sin 2\theta_e \qquad (6-33)
\end{aligned}
$$

式中，K_d为鉴相灵敏度；$\theta_e=(\theta_o-\theta_i)$为环路相位误差。式（6－33）给出了$u_d$与$\theta_e$之间的函数关系，称之为鉴相特性。式（6－33）表示的鉴相特性曲线如图6－58所示。

2. 科斯塔斯（Costas）环

科斯塔斯环就是同相－正交环，其组成原理如图6－59所示。该环路由同相载波支路和正交载波支路构成。

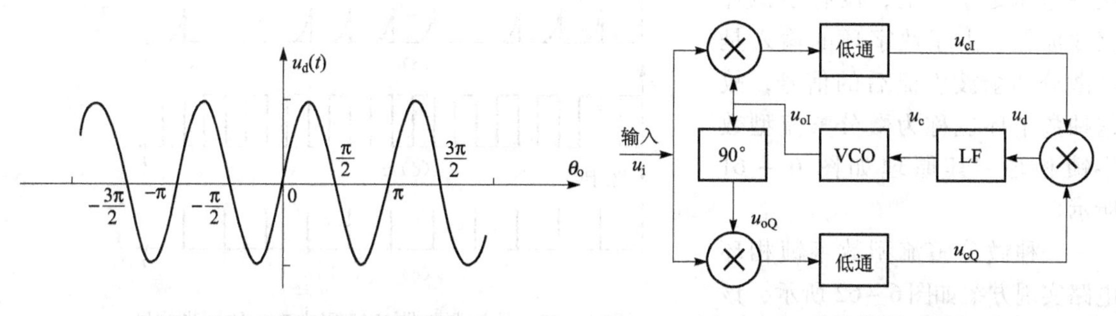

图6－58　平方环鉴相特性曲线　　图6－59　科斯塔斯环组成原理

现仍假设输入为 $u_{\mathrm{i}}(t)=m(t)U_{\mathrm{im}}\cos(\omega_{\mathrm{c}}t+\theta_{\mathrm{i}})$，当环路锁定后，同相与正交两个鉴相器的本地参考信号分别为

$$u_{\mathrm{oI}}(t)=U_{\mathrm{om}}\cos(\omega_{\mathrm{c}}t+\theta_{\mathrm{o}}) \tag{6-34}$$

$$u_{\mathrm{oQ}}(t)=U_{\mathrm{om}}\sin(\omega_{\mathrm{c}}t+\theta_{\mathrm{o}}) \tag{6-35}$$

同相与正交支路完成正交相干接收，通常 θ_{e} 很小，$u_{\mathrm{cI}}(t)$ 中含调制信息 $m(t)$，而 u_{cQ} 中几乎无调制信息 $m(t)$，即

$$\begin{aligned}u_{\mathrm{cI}}(t)&=K_{\mathrm{I}}U_{\mathrm{om}}U_{\mathrm{im}}m(t)\cos(\theta_{\mathrm{o}}-\theta_{\mathrm{i}})\\&=K_{\mathrm{dI}}m(t)\cos\theta_{\mathrm{e}}\end{aligned} \tag{6-36}$$

$$\begin{aligned}u_{\mathrm{cQ}}(t)&=K_{\mathrm{Q}}U_{\mathrm{om}}U_{\mathrm{im}}m(t)\sin(\theta_{\mathrm{o}}-\theta_{\mathrm{i}})\\&=K_{\mathrm{dQ}}m(t)\sin\theta_{\mathrm{e}}\end{aligned} \tag{6-37}$$

$u_{\mathrm{cI}}(t)$ 和 $u_{\mathrm{cQ}}(t)$ 经乘积型鉴相器比相后消除了调制信息 $m(t)$ 的影响，此时鉴相特性为

$$u_{\mathrm{d}}(t)=\frac{1}{2}K_{\mathrm{dI}}K_{\mathrm{dQ}}m^{2}(t)\sin 2\theta_{\mathrm{e}}=K_{\mathrm{d}}\sin 2\theta_{\mathrm{e}} \tag{6-38}$$

由式（6-38）可见，科斯塔斯环与平方环有相同的鉴相特性，其中 $u_{\mathrm{oI}}(t)$ 即为提取的同步载波。与平方环比较，科斯塔斯环有如下优点：科斯塔斯环的 VCO 工作频率为 ω_{c}，而平方环的 VCO 工作频率为 $2\omega_{\mathrm{c}}$。在数字通信系统中，若数据率很高或接收系统中频较高时，科斯塔斯环对 VCO 工作频率的限制更低，并且不需平方电路；当环路处于较好的锁定状态时，稳态相差可以很小，由式（6-36）可见，同相支路输出 $u_{\mathrm{cI}}(t)$ 近似为调制信息 $m(t)$ 的规律，可直接送取样判决器，故科斯塔斯环兼有载波同步提取和相干解调两种功能。当然，科斯塔斯环比平方环的设备量大，实现起来要复杂些。

二、位同步

采用锁相环对微分、全波整流输出信号进行位同步频率提取（如图 6-60 所示）。所用的锁相环通常为数字锁相环，特别是集成度高、便于调试和工作稳定的全数字环应用最多。全数字环的主要特点是鉴相信号为数字信号，鉴相输出也是数字信号，即环路误差电压是量化的，没有模拟环路滤波器。由于数字环的输入是经微分和全波整流后的信号，故这种数字环也称为微分整流型数字锁相环，其原理如图 6-61 所示。

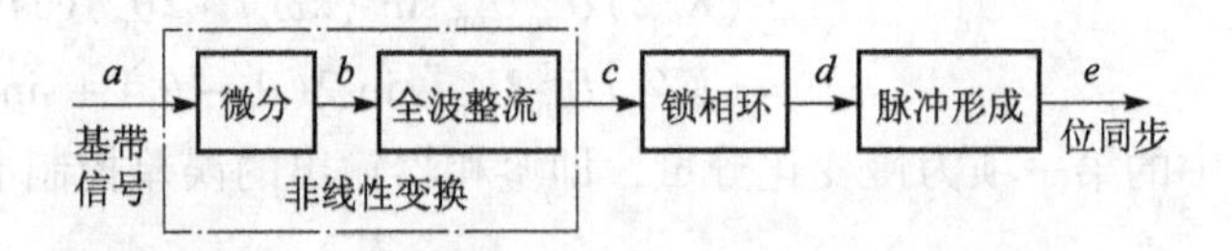

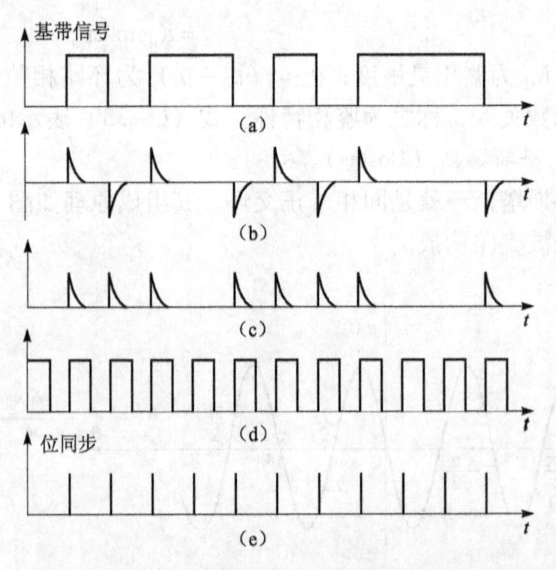

图 6-60　从解调基带 NRZ 码中产生位同步信号

一种微分整流型数字锁相环电路实现方案如图 6-62 所示，该电路由码变换器、鉴相器、控制

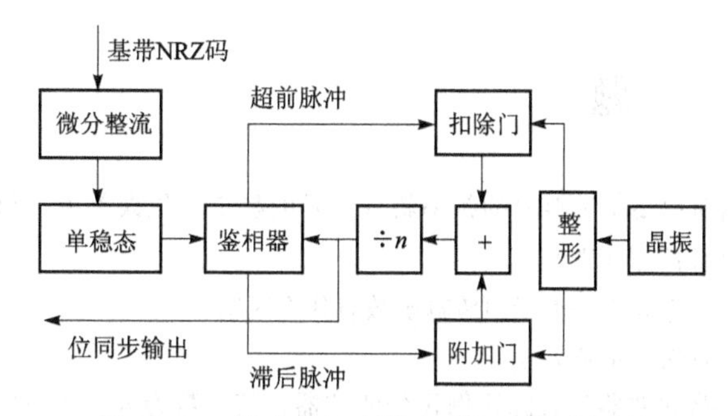

图 6－61 微分整流型数字锁相环组成原理

调节器组成，各部分的作用如下：

（1）码变换器完成解调出的基带 NRZ 码到 RZ 码的变换（也就是完成微分作用），使鉴相输入信号 x 含有位同步离散谱分量。

（2）鉴相器用于检测信号 x 与输出位同步信号（分频输出 D）相位间的超前、滞后关系，并以量化形式提供表示实时相位误差的超前脉冲 F 和滞后脉冲 G，供控制调节器使用。当分频输出位同步信号 D 相位超前于信号 x 时，鉴相器输出超前脉冲 F（低电平有效）；反之，则输出滞后脉冲 G（高电平有效），两者均为窄脉冲。

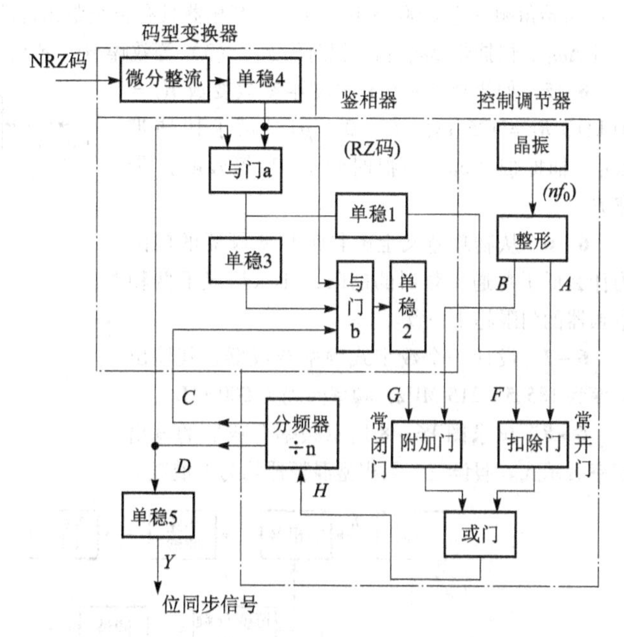

图 6－62 微分整流型数字锁相环电路原理

（3）控制调节器的作用是根据鉴相器输出的误差指示脉冲，在信号 D 与信号 x 没有达到同频与同相时调节信号 D 的相位。高稳定晶振源输出 180°相位差、重复频率为 nf_0 的 A、B 两路窄脉冲序列作为控制调节器的输入，经 n 分频后输出重复频率为 f_0（$f_0 \approx 1/T_s$）的被调位同步信号 D，它与信号 x 在鉴相器中比相。因超前脉冲 F 低电平有效并作用于扣除门（与门），平时扣除门总是让脉冲序列 A 通过，故扣除门为常开门；又因滞后脉冲 G 高电平有效并作用于附加门（与门），平时附加门总是对脉冲序列 B 关闭的，故附加门为常闭门。当信号 D 的相位超前于信号 x 的相位时，鉴相器输出窄的低电平超前脉冲 F，扣除门（与门）将从脉冲序列 A 中扣除一个窄脉冲，则 n 分频器输出信号 D 的相位就推迟 T_s/n（相移 $360°/n$），信号 D 的瞬间频率也被调低；当信号 D 的相位滞后于信号 x 的相位时，鉴相器输出窄的高电平滞后脉冲 G，附加门（与门）此时打开让脉冲序列 B（与脉冲序列 A 保持 180°固定相差）中的一个脉冲通过，经或门插进来自扣除门输出的脉冲序列 A 中，则分频器输入多插入的这个脉冲使 n 分频器输出信号 D 的相位超前了 T_s/n（相移 $360°/n$），信号 D 的瞬时频率则被调高。由此可见，环路对信号 D 相位和频率的控制调节是通过对 n 分频器输入脉冲序列的步进式加、减脉冲实现的，经环路的这种反复调节，最终可达到相位锁定，从而达到了位同步状态。

习　题

6－1　试求理想有源比例积分滤波器二阶环路对以 $\Delta\dot{\omega}$ 为斜率的频率斜升信号的稳定相位误差 $\dot{\theta}_{e\infty}$ 和稳定频率误差 $\dot{\theta}_{e\infty}$，它和无源比例积分滤波器环路有什么区别?

6－2　试求锁相环路对第三类噪声的传输函数，它和第一类噪声传输函数有什么区别?

6－3　试求二阶无源比例积分滤波器环路的等效噪声带宽 B_L。

6－4　锁相环路相位模型如图 P6－4 所示。环路滤波器为有源比例积分滤波器，其参数为 $R_2 = 1\ \text{k}\Omega$，$R_1 = 125\ \text{k}\Omega$，$C = 10\ \mu\text{F}$，环路参数为 $K_d = 1\ \text{V/rad}$，$K_o = 5\times10^4\ \text{rad/s}\cdot\text{V}$，设 $u_i(t) = U_m\sin(10^6 t + 0.5\sin 200t)$，VCO 初始角频率为 $1.005\times10^6\ \text{rad/s}$，鉴相器具有正弦鉴相特性，求（1）锁定后 $u_o(t)$ 的表示式。（2）捕带 $\Delta\omega_P$、快捕带 $\Delta\omega_L$ 和捕捉时间 T_P。（3）等效噪声带宽 B_L。

6－5　如果题 6－4 中滤波器参数变成 $R_2 = 10\ \text{k}\Omega$，$R_1 = 125\ \text{k}\Omega$，$C = 0.1\ \mu\text{F}$，试求快捕带 $\Delta\omega_L$、捕捉带 $\Delta\omega_P$、捕捉时间 T_P 和等效噪声带宽 B_L。

6－6　从物理意义上解释锁相鉴频器的门限为什么低于普通鉴频器的门限；什么情况下两种鉴频器的门限趋于一致。

6－7　设计一个数字式频率合成器，其输出频率为 185.5～215 MHz，频率间隔为 500 kHz。

6－8　试求图 P6－8 所示频率合成器的输出频率表示式。假设三个乘积型混频器均为上混频。

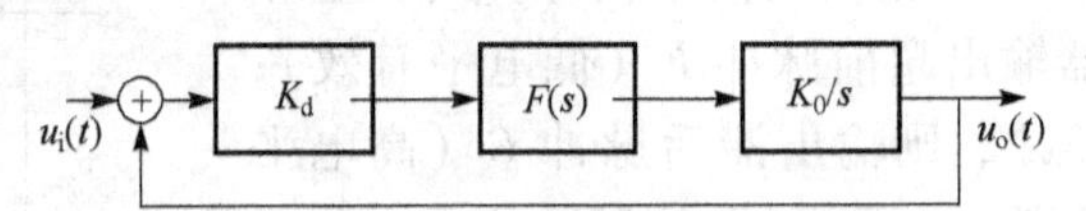

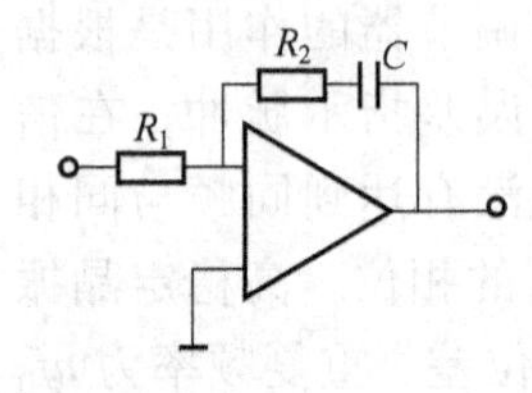

图 P6－4

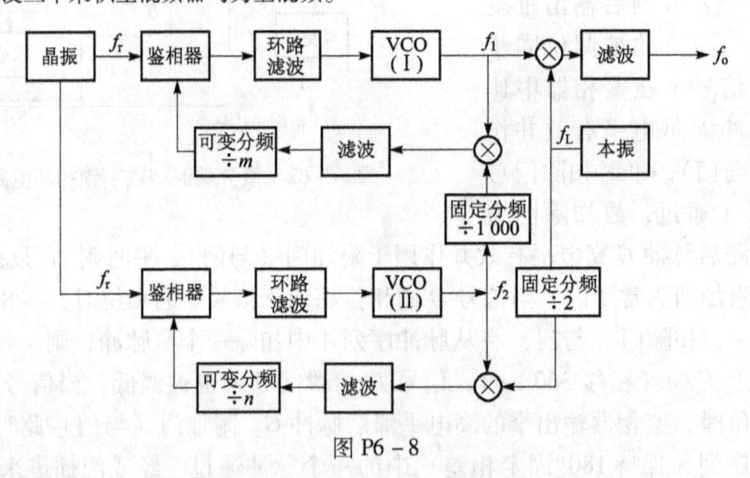

图 P6－8

6－9　在如图 P6－9 所示的频率合成器中，若可变分频器的分频比 $N = 760 \sim 860$，试求输出频率范围和其频率间隔。

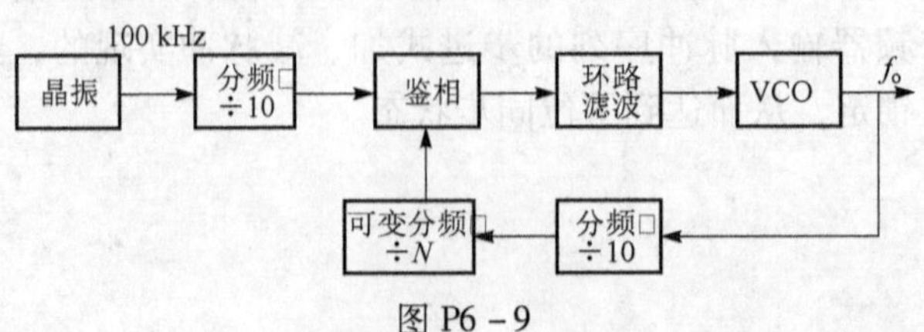

图 P6－9

参 考 文 献

[1] 郑继禹，等．锁相环路原理和应用［M］．北京：人民邮电出版社，1984.
[2] 仇善忠，等．锁相与频率合成技术［M］．北京：电子工业出版社，1986.
[3] 罗伟雄，等．锁相技术及其应用［M］．北京：北京理工大学出版社，1990.
[4] Dr Roland，E Best. Phase Locked Loops Theory，Design and Application［M］．USA：MCGRAW — Hill，1984.

第七章　模拟通信系统设计

在通信系统设计中会遇到很多问题，总的来说有三方面的内容，一是调制方式的选择；二是发射系统的设计；三是接收系统的设计。一般来说发射系统主要是如何提高发射机的效率，这个问题在第二章中已讲述了。因此这章主要讲述模拟调制的抗噪声性能，如何提高接收机灵敏度和接收机中的自动增益控制（AGC）、自动频率控制（AFC）问题。

§7.1　调幅与调频系统的抗噪声性能

7.1.1　幅度调制系统的抗噪声性能

一、调制制度增益

调制系统的抗噪声性能一般采用解调器的抗噪声性能来衡量。分析解调器性能的模型如图7－1所示。该模型中$u_i(t)$是已调信号，信道用相加器表示，而$n(t)$为加性高斯白噪声。$u_i(t)$及$n(t)$在到达解调器之前，通常都要经过一带通滤波器，其作用是滤除已调信号频带以外的外噪声，并将有用信号选取出来。因此，在解调器输入端的信号仍可认为是$u_i(t)$，而噪声$n(t)$则由白噪声变成带通型噪声$n_i(t)$。可见，解调器输入端的噪声带宽与已调信号的带宽是相同的。

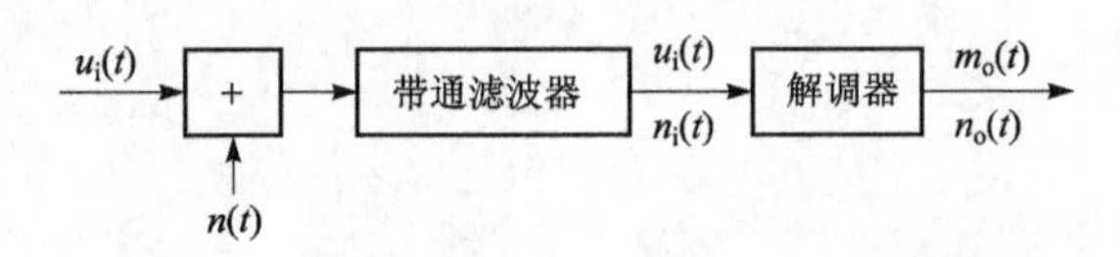

图7－1　幅度调制系统抗噪声性能分析模型

对于不同的调制系统，将有不同形式的$u_i(t)$，但解调器输入端的噪声形式却都是相同的，即带通型噪声。这个带通型噪声通常是一个窄带高斯噪声。它可表示成[2]

$$n_i(t) = n_I(t)\cos\omega_c t - n_Q(t)\sin\omega_c t \tag{7-1}$$

或者写成

$$n_i(t) = U(t)\cos[\omega_c t + \theta(t)] \tag{7-2}$$

式（7－1）中$n_I(t)$及$n_Q(t)$分别称为$n_i(t)$的同相分量及正交分量，它们均具有相同的平均功率，即有

$$\sigma_{n_i} = \sigma_{nI} = \sigma_{nQ} \tag{7-3}$$

或记为

$$\overline{n_i^2(t)} = \overline{n_I^2(t)} = \overline{n_Q^2(t)} \tag{7-4}$$

式中，“——”表示统计平均（对随机信号）或时间平均（对确定信号）。

如果解调器输入噪声$n_i(t)$具有带宽B，则规定输入噪声平均功率为

$$N_i = \overline{n_i^2(t)} = n_o B \tag{7-5}$$

式中，n_0 是噪声单边功率谱密度，它在通带 B 内是恒定的。

若设经解调器解调后得到的有用基带信号记为 $m_o(t)$，解调器输出噪声记为 $n_o(t)$，则解调器输出信号平均功率 S_o 与输出噪声平均功率 N_o 之比，即输出信噪比可表示为

$$\frac{S_o}{N_o}=\frac{\overline{m_o^2(t)}}{\overline{n_o^2(t)}} \tag{7-6}$$

而输入信噪比表示为

$$\frac{S_i}{N_i}=\frac{\overline{u_i^2(t)}}{\overline{n_i^2(t)}} \tag{7-7}$$

由求得的解调器输入及输出信噪比，便可以对该解调器的抗噪声性能作出评估。为了简明的度量不同调制方式下的解调器抗噪声性能，可采用信噪比增益 G 来度量。G 的定义为

$$G=\frac{S_o/N_o}{S_i/N_i}$$

这个比值 G 通常称为调制制度增益，简称制度增益。G 越大，则表明解调器的抗噪声性能越好。

下节分别推导各种幅度解调器的输入及输出信噪比，并在此基础上对各种调制系统的抗噪声性能作出评述。

二、幅度调制系统的抗噪声能力比较

1. DSB 调制系统的性能

由于 DSB - SC 信号的解调器为同步解调器，即由相乘器和低通滤波器构成，故在解调过程中，输入信号及噪声可以分别单独解调。若解调器输入信号为

$$u_i(t)=m(t)\cos\omega_c t$$

则其平均功率为

$$S_i=\overline{u_i^2(t)}=\overline{[m(t)\cos\omega_c t]^2}=\frac{1}{2}\overline{m^2(t)} \tag{7-8}$$

若同步解调器中的相干载波为 $\cos\omega_c t$，则解调器输出端的信号可以写为

$$m_o(t)=\frac{1}{2}m(t) \tag{7-9}$$

于是，输出端的有用信号功率为

$$S_o=\overline{m_o^2(t)}=\overline{\left[\frac{1}{2}m(t)\right]^2}=\frac{1}{4}\overline{m^2(t)} \tag{7-10}$$

为了计算解调器输出端的噪声平均功率，先求出同步解调的相乘器输出的噪声，即

$$\begin{aligned} n_i(t)\cos\omega_c t&=[n_I(t)\cos\omega_c t-n_Q(t)\sin\omega_c t]\cdot\cos\omega_c t\\ &=\frac{1}{2}n_I(t)+\frac{1}{2}[n_I(t)\cos 2\omega_c t-n_Q(t)\sin 2\omega_c t]\end{aligned}$$

由于 $n_I(t)\cos 2\omega_c t$ 及 $n_Q(t)\sin 2\omega_c t$ 分别表示 $n_I(t)$ 及 $n_Q(t)$ 调制到 $2\omega_c$ 载频上的波形，它们将被解调器的低通滤波器所滤除，故解调器最终的输出噪声为

$$n_o(t)=\frac{1}{2}n_I(t)$$

因此，输出噪声功率为

$$N_o = \overline{n_o^2(t)} = \frac{1}{4}\overline{n_I^2(t)}$$

根据式（7－4），则有

$$N_o = \frac{1}{4}\overline{n_i^2(t)} = \frac{1}{4}N_i \tag{7-11}$$

由式（7－8）及式（7－5）可得解调器的输入信噪比为

$$\frac{S_i}{N_i} = \frac{1/2\ \overline{m^2(t)}}{n_o B} \tag{7-12}$$

又根据式（7－10）及式（7－11）可得解调器的输出信噪比为

$$\frac{S_o}{N_o} = \frac{(1/4)\overline{m^2(t)}}{(1/4)N_i} = \frac{\overline{m^2(t)}}{n_o B} \tag{7-13}$$

由式（7－12）及式（7－13）可得

$$G = \frac{S_o/N_o}{S_i/N_i} = 2 \tag{7-14}$$

由此可见，对于 DSB－SC 调制而言，调制制度增益为 2。这就是说，DSB－SC 信号的解调器使信噪比改善 1 倍。这是因为采用同步解调，使输入噪声中的一个正交分量 $n_Q(t)$ 被消除的缘故。

2. SSB 调制系统的性能

SSB 信号的解调方法与 DSB 信号相同，其区别仅在于解调器之前的带通滤波器。在 SSB 调制时，带通滤波器只让一个边带信号通过，而在 DSB 调制时，带通滤波器必须让两个边带信号通过。可见，前者的带通滤波器的带宽是后者的一半。

由于 SSB 信号的解调器与 DSB 信号的相同，故计算 SSB 信号解调器输入及输出信噪比的方法也相同。SSB 信号解调器的输出噪声与输入噪声功率可由式（7－11）给出，即

$$N_o = \frac{1}{4}N_i = \frac{1}{4}n_o B \tag{7-15}$$

式中，B 是 SSB 的带通滤波器的带宽。对于 SSB 解调器的输入及输出信号功率，则不能简单地照搬 DSB 时的结果。这是因为 SSB 信号的表示式与 DSB 的不同。它的表示式可写为

$$u_i(t) = \frac{1}{2}m(t)\cos\omega_c t \pm \frac{1}{2}\hat{m}(t)\sin\omega_c t \tag{7-16}$$

式中，$\hat{m}(t)$是将 $m(t)$的所有频率成分都相移 90°的希尔伯特变换信号。

现以 SSB 信号（上边带，取"－"者）为例，计算它在解调器输入和输出端的信号功率。首先计算 SSB 解调器的输入信号功率：

$$\begin{aligned} S_i &= \overline{u_i^2(t)} = \frac{1}{4}\overline{[m(t)\cos\omega_c t - \hat{m}(t)\sin\omega_c t]^2} \\ &= \frac{1}{4}\{\overline{[m(t)\cos\omega_c t]^2} + \overline{[\hat{m}(t)\sin\omega_c t]^2} - \overline{2m(t)\hat{m}(t)\cos\omega_c t\sin\omega_c t}\} \\ &= \frac{\overline{m^2(t)}}{8} + \frac{\overline{[\hat{m}(t)]^2}}{8} - \frac{1}{4}\overline{m(t)\hat{m}(t)\sin 2\omega_c t} \end{aligned} \tag{7-17}$$

式中，由于 $m(t)$是基带信号，其相移 90°的 $\hat{m}(t)$同样也是基带信号。因而，$m(t)\cdot\hat{m}(t)$随时间的变化，相对于以 $2\omega_c$ 为载频的载波的变化是十分缓慢的，所以式（7－17）中的最后一项应为

$$\overline{m(t)\hat{m}(t)\sin 2\omega_c t} = \lim_{T\to\infty}\frac{1}{T}\int_{-\frac{T}{2}}^{\frac{T}{2}} m(t)\hat{m}(t)\sin 2\omega_c t = 0$$

于是，式（7－17）变为

$$S_i = \frac{\overline{m^2(t)}}{8} + \frac{\overline{[\hat{m}(t)]^2}}{8} \tag{7-18}$$

由于 $m(t)$ 与 $\hat{m}(t)$ 具有相同的功率谱密度或相同的平均功率，故有

$$\frac{\overline{m^2(t)}}{8} = \frac{\overline{[\hat{m}(t)]^2}}{8}$$

因此，式（7－18）变成

$$S_i = \frac{1}{4}\overline{m^2(t)} \tag{7-19}$$

SSB 解调器的输出信号功率的计算如下，将式（7－16）所表示的 SSB 信号 $u_i(t)$ 通过同步解调器（即相乘器及低通滤波器）得出 $m_o(t) = \frac{1}{4}m(t)$，于是输出端信号功率为

$$S_o = \overline{\left[\frac{1}{4}m(t)\right]^2} = \left[\frac{1}{16}\overline{m^2(t)}\right] \tag{7-20}$$

则 SSB 解调器的输入信噪比和输出信噪比分别为

$$\frac{S_i}{N_i} = \frac{1/4\ \overline{m^2(t)}}{n_o B} = \frac{\overline{m^2(t)}}{4n_o B} \tag{7-21}$$

及

$$\frac{S_o}{N_o} = \frac{1/16\ \overline{m^2(t)}}{1/4 n_o B} = \frac{\overline{m^2(t)}}{4n_o B} \tag{7-22}$$

SSB 调制方式的调制制度增益为

$$G = \frac{S_o/N_o}{S_i/N_i} = 1 \tag{7-23}$$

比较式（7－14）及式（7－23）可见，从信噪比角度来说，DSB 的改善效果是 SSB 的 2 倍。这就是说，DSB 解调器的 G 为 SSB 的 2 倍。造成这个结果的原因是 SSB 信号中的 $\hat{m}(t)\sin\omega_c t$ 分量被解调器滤除了，而它在解调器输入端却是信号功率的组成部分。

然而，并不能根据上述结果说明 DSB 解调性能比 SSB 要好。这是因为，SSB 信号所需带宽仅仅是 DSB 的一半。因而，在噪声功率谱密度相同的情况下，DSB 解调器的输入噪声功率是 SSB 的 2 倍，从而也使 DSB 解调器输出噪声比 SSB 的大 1 倍。因此，尽管 DSB 解调器制度增益比 SSB 的大，但它的实际解调性能不会优于 SSB 的性能。不难看出，如果解调器的输入噪声功率谱密度相同，输入信号功率也相等，则 DSB 和 SSB 在解调器输出端的信噪比是相等的。这就是说，从抗噪声能力来看，SSB 的解调性能和 DSB 是相同的。

三、普通 AM 系统的性能

普通 AM 信号可用包络检波和同步检波两种方法进行解调。因为不同的解调方法，解调器输出端将可能有不同的信噪比，所以，分析 AM 系统的性能应根据不同的解调方法来进行。受篇幅限制，下面仅结合线性包络检波器进行讨论。设解调器输入信号为

$$u_i(t) = [A_c + m(t)]\cos\omega_c t \tag{7-24}$$

式中，$A_c \geqslant |m(t)|_{max}$，输入噪声表示为

$$n_i(t) = n_I(t)\cos\omega_c t - n_Q(t)\sin\omega_c t \tag{7-25}$$

显然，解调器输入的信号功率和噪声功率为

$$S_i = \frac{A_c^2}{2} + \frac{\overline{m^2(t)}}{2} \tag{7-26}$$

及
$$N_i = \overline{n_i^2(t)} = n_o B \tag{7-27}$$

为了求出包络检波器输出端的信号功率和噪声功率，有必要求得检波器输入端信号加噪声的矢量合成的包络。根据式（7－24）和式（7－25）可知

$$\begin{aligned} u_i(t) + n_i(t) &= [A_c + m(t)]\cos\omega_c t + n_I(t)\cos\omega_c t - n_Q(t)\sin\omega_c t \\ &= [A_c + m(t) + n_I(t)]\cos\omega_c t - n_Q(t)\sin\omega_c t \\ &= A(t)\cos[\omega_c t + \Phi(t)] \end{aligned} \tag{7-28}$$

其中瞬时幅度（矢量合成包络）：

$$A(t) = \sqrt{[A_c + m(t) + n_I(t)]^2 + n_Q^2(t)} \tag{7-29}$$

相角
$$\Phi(t) = \arctan\{n_Q(t)/[A_c + m(t) + n_I(t)]\} \tag{7-30}$$

当包络检波器的电压传输系数 $K_d \approx 1$ 时，则检波器的输出就是 $A(t)$。由此可知，检波输出中有用信号与噪声无法完全分开。所以，在分析检波器的输出信噪比时遇到一定的困难。为简化讨论，在此考虑两种特殊情况。

1. 大信噪比情况

在这种情况下有 $A_c + m(t) \gg n_i(t)$，故有 $A_c + m(t) \gg n_I(t)$ 及 $A_c + m(t) \gg n_Q(t)$。于是式（7－29）变为

$$\begin{aligned} A(t) &= \sqrt{[A_c + m(t)]^2 + 2[A_c + m(t)]n_I(t) + n_I^2(t) + n_Q^2(t)} \\ &\approx \sqrt{[A_c + m(t)]^2 + 2[A_c + m(t)]n_I(t)} \\ &\approx [A_c + m(t)]\sqrt{1 + \frac{2n_I(t)}{A_c + m(t)}} \\ &\approx [A_c + m(t)]\left[1 + \frac{n_I(t)}{A_c + m(t)}\right] \\ &\approx A_c + m(t) + n_I(t) \end{aligned} \tag{7-31}$$

这里，利用了近似公式：$(1+x)^{\frac{1}{2}} \approx 1 + \frac{x}{2}$，当 $|x| \gg 1$ 时。由式（7－31）可见，包络检波器输出的有用信号是 $m(t)$，输出噪声是 $n_I(t)$，故输出的信号功率和噪声功率分别为

$$S_o = \overline{m^2(t)} \tag{7-32}$$

及
$$N_o = \overline{n_I^2(t)} = \overline{n_i^2(t)} = n_o B \tag{7-33}$$

于是，可得

$$\frac{S_o}{N_o} = \frac{\overline{m^2(t)}}{n_o B} \tag{7-34}$$

因此
$$G = \frac{S_o/n_o}{S_i/N_i} = \frac{2\overline{m^2(t)}}{A_c^2 + \overline{m^2(t)}} \tag{7-35}$$

由以上分析可知，在大信噪比情况下，普通 AM 信号的解调器（包络检波）的制度增

益随 A_c 的减小而增加。但对于包络检波器来说，为了不发生过调幅失真，A_c 不能减小到低于 $|m(t)|_{\max}$，因此，对 100% AM（即 $A_c = |m(t)|_{\max}$），且 $m(t)$ 又是正弦型信号，有

$$\overline{m^2(t)} = A_c^2/2 \tag{7-36}$$

将式（7－36）代入式（7－35）得到

$$G = 2/3 \tag{7-37}$$

这就是包络检波器能够得到的最大信噪比改善值。

可以证明，采用相干解调时，普通 AM 信号的制度增益与式（7－35）给出的结果相同。但应注意到，相干解调器的制度增益不受信号与噪声相对幅度假设条件（$A_c + m(t) \gg n_i(t)$）的限制。

2. 小信噪比情况

在这种情况下有 $A_c + m(t) \gg n_i(t)$，以及有 $n_I(t) \gg A_c + m(t)$ 和 $n_Q(t) \gg A_c + m(t)$。这样式（7－29）变成

$$\begin{aligned} A(t) &\doteq \sqrt{n_I^2(t) + n_Q^2(t) + 2n_I(t)[A_c + m(t)]} \\ &= \sqrt{[n_I^2(t) + n_Q^2(t)]\left\{1 + \frac{2n_I(t)[A_c + m(t)]}{n_I^2(t) + n_Q^2(t)}\right\}} \\ &\approx \sqrt{n_I^2(t) + n_Q^2(t)} + \frac{n_I(t)}{\sqrt{n_I^2(t) + n_Q^2(t)}}[A_c + m(t)] \end{aligned} \tag{7-38}$$

由式（7－38）可知，调制信号 $m(t)$ 无法与噪声分开，而且有用信号“淹没”在噪声之中。这时候输出信噪比出现急剧恶化，通常把这种现象称为门限效应，开始出现门限效应的输入信噪比称为门限值，它是当检波器的输入端的 S_i/N_i 降低到某个特定情况时的数值。

有必要指出，相干解调过程可视为信号与噪声分开，故解调器输出端总是单独存在有用信号项，因而，相干解调器不存在门限效应。

例 7－1　设某信道内具有均匀的双边噪声功率谱密度 $n_o/2 = 0.005 \times 10^{-3}$ W/Hz。在信道内传输 DSB－SC 信号，经过一个理想带通滤波器，到达相干解调器。理想带通滤波器的输入信号为

$$u_i = (10\cos 2\pi \times 1\,000 \times 10^3\, t + 10\cos 2\pi \times 1\,010 \times 10^3\, t)\,\text{mV}$$

试问：（1）理想带通滤波器应具有怎样的传输特性？（2）解调器输入端与输出端信噪比各为多少？

解：（1）依题意，理想带通滤波器的传输特性应为

$$H(\omega) = \begin{cases} 1 & \omega_1 \leqslant \omega \leqslant \omega_2 \\ 0 & \text{其他} \end{cases}$$

这里 $\omega_1 = 2\pi \times 1\,000 \times 10^3$ rad/s，$\omega_2 = 2\pi \times 1\,010 \times 10^3$ rad/s，即理想滤波器的限定宽度为

$$B = (1\,010 - 1\,000) \times 10^3\ \text{Hz} = 10\ \text{kHz}$$

（2）题给 DSB－SC 信号可写成

$$u_i = 20\cos 2\pi \times 5 \times 10^3\, t \cdot \cos 2\pi \times 1\,005 \times 10^3\, t\quad \text{mV}$$

即 $m(t) = 20\cos 2\pi \times 5 \times 10^3\, t$ mV，由式（7－8）可得 DSB－SC 信号平均功率为

$$S_i=\frac{1}{2}\overline{m^2(t)}=\frac{1}{2}\cdot\frac{20^2}{2}\text{ mW}=100\text{ mW}$$

或者直接由题给 u_i 求得

$$S_i=\left(\frac{10^2}{2}+\frac{10^2}{2}\right)\text{ mW}=100\text{ mW}$$

计算单边噪声功率谱密度，应有

$$n_o=2\times0.005\times10^{-3}\text{ W/Hz}$$

及
$$N_i=n_oB=2\times0.005\times10^{-3}\times10\times10^3=100\text{ mW}$$

则相干解调器输入端信噪比为

$$\frac{S_i}{N_i}=\frac{100}{100}=1$$

相干解调器输出信号可写成（参见式（7-9））

$$m_o(t)=\frac{1}{2}m(t)=10\cos 2\pi\times5\times10^3\,t\text{ mV}$$

输出有用信号功率为

$$S_o=\overline{m_o^2(t)}=\frac{10^2}{2}\text{ mW}=50\text{ mW}$$

根据式（7-11），输出端噪声功率为

$$N_o=\frac{1}{4}N_i=25\text{ mW}$$

所以
$$\frac{S_o}{N_o}=\frac{50}{\frac{10}{4}}=2$$

或直接由式（7-13）得

$$\frac{S_o}{N_o}=\frac{\overline{m^2(t)}}{n_oB}=\frac{\frac{20^2}{2}}{100}=2$$

7.1.2　调频系统的抗噪声性能

为了分析调频系统性能，采用如图 7-2 所示的系统。接入限幅器的目的是为了消除调频信号在幅度上可能出现的畸变。假设信道噪声为高斯白噪声。

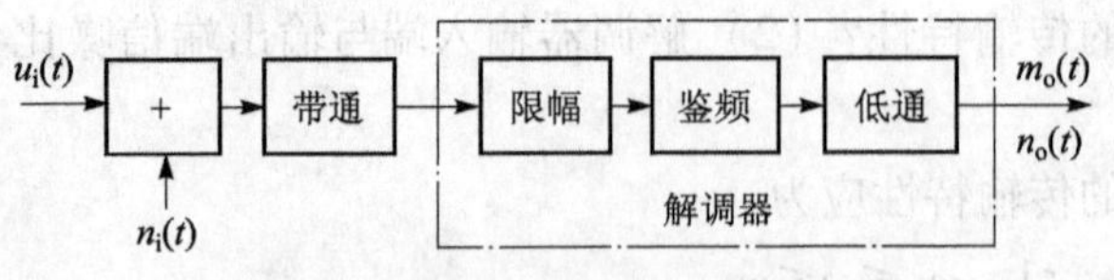

图 7-2　调频系统抗噪声性能分析模型

已知输入调频信号为

$$u_i(t)=A_c\cos\left[\omega_ct+K_f\int m(t)\,\mathrm{d}t\right]=A_c\cos\left[\omega_ct+\phi(t)\right]$$

则输入信号功率

$$S_i=A_c^2/2\tag{7-39}$$

输入噪声功率

$$N_i=n_oB_f\tag{7-40}$$

解调器输入端的信噪比为

$$\frac{S_i}{N_i}=\frac{A_c^2/2}{n_o B_f}=\frac{A_c^2}{2n_o B_f} \tag{7-41}$$

式中，B_f 为系统带宽；n_0 为单边噪声功率谱密度。

由于解调器输入波形是调频信号为窄带高斯噪声的混合波形，该波形在进行限幅以前可表示为

$$\begin{aligned}u_i(t)+n_i(t)&=u_i(t)+n_I(t)\cos\omega_c t-n_Q(t)\sin\omega_c t\\&=A_c\cos[\omega_c t+\phi(t)]+V(t)\cos[\omega_c t+\theta(t)]\end{aligned}$$

式中，$\phi(t)$为调频信号的瞬时相位；$V(t)$为窄带高斯噪声的瞬时幅度；$\theta(t)$为其瞬时相位。上式中两个角频率相同的余弦波可以合成为一个余弦波，即

$$u_i(t)+n_i(t)=U(t)\cos[\omega_c t+\varphi(t)] \tag{7-42}$$

这里 $U(t)$对鉴频器来说究竟为何值是无关紧要的，鉴频器只对瞬时频率变化有反应，因此人们只需研究 $\varphi(t)$。

为了求得 $\varphi(t)$，令

$$\left.\begin{aligned}A_c\cos[\omega_c t+\phi(t)]&=a_1\cos\phi_1\\V(t)\cos[\omega_c t+\theta(t)]&=a_2\cos\phi_2\\U(t)\cos[\omega_c t+\varphi(t)]&=a_3\cos\phi_3\end{aligned}\right\} \tag{7-43}$$

在大信噪比时，合成余弦波的矢量图可用图 7-3 表示。如图所示由一个较大的信号矢量 a_1 和一个较小的噪声矢量 a_2 合成了矢量 a_3，利用图中三角形关系可得

$$\tan(\phi_3-\phi_1)=\frac{BC}{OB}=\frac{a_2\sin(\phi_2-\phi_1)}{a_1+a_2\cos(\phi_2-\phi_1)} \tag{7-44}$$

因而

$$\phi_3=\phi_1+\arctan\frac{a_2\sin(\phi_2-\phi_1)}{a_1+a_2\cos(\phi_2-\phi_1)} \tag{7-45}$$

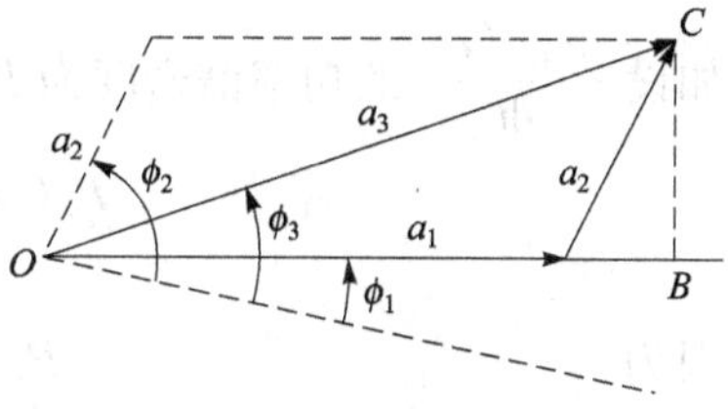

图 7-3　大信噪比时合成矢量图

根据式（7-45）和式（7-43）可得

$$\varphi(t)=\phi(t)+\arctan\frac{V(t)\sin[\theta(t)-\phi(t)]}{A_c+V(t)\cos[\theta(t)-\phi(t)]} \tag{7-46}$$

当输入信噪比很高，即 $A_c\gg V(t)$时，式（7-46）可简化为

$$\varphi(t)\approx\phi(t)+\frac{V(t)}{A_c}\sin[\theta(t)-\phi(t)] \tag{7-47}$$

显然式中 $\phi(t)$是与有用信号有关的项，而式（7-47）右边的第二项是取决于噪声的项。

因为解调器的输出电压 $u_o(t)$应与输入信号的瞬时频偏成正比，利用式（7-47）可得

$$\begin{aligned}u_o(t)&=\frac{1}{2\pi}\frac{d\varphi(t)}{dt}\\&=\frac{1}{2\pi}\left[\frac{d\phi(t)}{dt}\right]+\frac{1}{2\pi A_c}\cdot\frac{d}{dt}\{V(t)\sin[\theta(t)-\phi(t)]\}\end{aligned} \tag{7-48}$$

这里瞬时频偏用 $\Delta f(t)$形式，故出现系数$\frac{1}{2\pi}$。于是解调器输出的有用信号为

$$m_o(t)=\frac{1}{2\pi}\cdot\frac{d\phi(t)}{dt} \tag{7-49}$$

考虑到

$$\phi(t)=K_f\int_{-\infty}^{t}m(t)dt$$

故有
$$m_o(t)=\frac{K_f}{2\pi}m(t)$$

于是在大信噪比情况下，解调器输出的信号功率为
$$S_o=m_o^2(t)=\frac{K_f^2}{4\pi^2}m^2(t) \tag{7-50}$$

而解调器的输出噪声为
$$n_o(t)=\frac{1}{2\pi A_c}\frac{d}{dt}\{V(t)\sin[\theta(t)-\phi(t)]\}$$
$$=\frac{1}{2\pi A_c}\frac{dn_Q(t)}{dt} \tag{7-51}$$

其中
$$n_Q(t)=V(t)\sin[\theta(t)-\phi(t)]$$

为求输出噪声功率，可先求出 $n_Q(t)$ 的功率。从数值上有
$$\overline{n_Q^2(t)}=\overline{n_i^2(t)}=n_oB_f \tag{7-52}$$

不过，应该区分清楚，$n_i(t)$ 是带通型噪声，而 $n_Q(t)$ 是解调后的低通（0，$B/2$）型的噪声。

由于 $\frac{dn_Q(t)}{dt}$ 实际上就是 $n_Q(t)$ 通过微分器后输出，故它的功率谱密度应等于 $n_Q(t)$ 的功率谱密度乘以微分器的功率传输函数。假设 $n_Q(t)$ 的功率谱密度为 $P_i(\omega)$，并假设为理想微分器，其功率传输函数为
$$|H(\omega)|^2=|j\omega|^2=\omega^2 \tag{7-53}$$

如设 $\frac{dn_Q(t)}{dt}$ 的功率谱密度为 $P_o(\omega)$，则有
$$P_o(\omega)=|H(\omega)|^2\cdot P_i(\omega)=\omega^2P_i(\omega) \tag{7-54}$$

因为
$$P_i(\omega)=\begin{cases}\frac{\overline{n_Q^2(t)}}{B}=n_o & |f|\leqslant\frac{B}{2}\\ 0 & \text{其他}f\end{cases}$$

所以
$$P_o(\omega)=\omega^2n_o=(2\pi f)^2n_o \qquad |f|\leqslant\frac{B}{2} \tag{7-55}$$

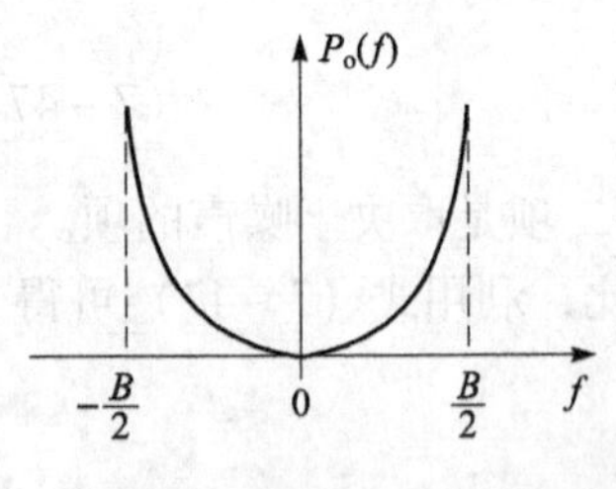

图 7-4 $\frac{dn_Q(t)}{dt}$ 的功率谱密度

由此可见，$\frac{dn_Q(t)}{dt}$ 的功率谱密度与 f^2 成正比，即在频带内不再是均匀的。上述结果可用图 7-4 表示。

现假设解调器中的低通滤波器的截止频率为 f_m，并且有 $f_m<B/2$，再利用式（7-51），可求得输出噪声功率为
$$N_o=\overline{n_o^2(t)}=\frac{1}{4\pi^2A_c^2}\overline{\left[\frac{dn_Q(t)}{dt}\right]^2}$$
$$=\frac{1}{4\pi^2A_c^2}\int_{-f_m}^{f_m}P_o(f)df$$
$$=\frac{1}{4\pi^2A_c^2}\int_{-f_m}^{f_m}(2\pi f)^2n_odf$$
$$=\frac{2n_o}{3A_c^2}f_m^3 \tag{7-56}$$

于是，由式（7-50）和式（7-56）可得调频解调器的输出信噪比为

$$\frac{S_o}{N_o}=\frac{3A_c^2K_f^2\overline{m^2(t)}}{8\pi^2n_of_m^3} \tag{7-57}$$

为使式（7-57）具有简明的结果，只考虑 $m(t)$ 为单一频率余弦时的情况（$m(t)=\cos\omega_m t$），即有 $\overline{m^2(t)}=1/2$，（假定幅度为1）

及
$$K_f=2\pi\Delta f,\ (\Delta f\text{ 为频偏})$$

则
$$K_f^2\overline{m^2(t)}=4\pi^2(\Delta f)^2\frac{1}{2}=2\pi^2(\Delta f)^2$$

代入式（7-57），可得

$$\frac{S_o}{N_o}=\frac{3\cdot A_c^2(\Delta f)^2}{4\cdot n_o\cdot f_m^3}=\frac{3}{2}\cdot m_f^2\cdot\frac{A_c^2/2}{n_of_m} \tag{7-58}$$

式中，$m_f=\Delta f/f_m$。由于 $S_i=A_c^2/2$，$N_i=n_oB_f$，$B_f=2(\Delta f+f_m)$，将式（7-58）分项整理并代入上列关系式，有

$$\begin{aligned}\frac{S_o}{N_o}&=\frac{3}{2}\cdot m_f^2\cdot\frac{A_c^2}{2}\cdot\frac{1}{n_oB_f}\cdot\frac{B_f}{f_m}\\&=\frac{3}{2}\cdot m_f^2\cdot[2(m_f+1)]\cdot\frac{S_i}{N_i}=3\cdot m_f^2\cdot(m_f+1)\cdot\frac{S_i}{N_i}\end{aligned} \tag{7-59}$$

由此可以得到调频系统的调制制度增益 G 为

$$G=\frac{S_i/N_i}{S_o/N_o}=3m_f^2(m_f+1) \tag{7-60}$$

上述结果表明，在大信噪比的情况下，宽带调频解调器的制度增益是很高的，即宽带调频系统的抗噪声性能非常好。例如，当宽带调频时，若 $m_f=5$，则制度增益 $G=450$。也就是说，加大调制指数 m_f 时，制度增益 G 按调频指数 m_f 的立方正比增大，可使调频系统的抗噪声性能迅速改善。

为了更清楚上述特点，可将调频系统和调幅系统作一比较。为简单起见，假设两者均采用单一频率调制，信道的噪声功率谱密度相同，并且应在两者输入功率相等情况下比较，此时应有：

$$A^2=\frac{2}{3}A_c^2\ （\text{AM 波 } m=1\text{ 时}）$$

这里 AM 波载波幅度为 A，FM 波载波幅度为 A_c。

大信噪比情况下，AM 信号包络检波器的输出信噪比为

$$\left(\frac{S_o}{N_o}\right)_{AM}=\frac{\overline{m^2(t)}}{n_oB}$$

若设 AM 信号为100%调制，则 $m(t)$ 的平均功率为

$$\overline{m^2(t)}=\frac{1}{2}A^2$$

因而
$$\left(\frac{S_o}{N_o}\right)_{AM}=\frac{A^2/2}{n_oB} \tag{7-61}$$

式中，B 是 AM 波信号的带宽，为 $B=2f_m$。故有

$$\left(\frac{S_o}{N_o}\right)_{AM}=\frac{A^2}{4n_o f_m} \tag{7-62}$$

由式（7－62）及式（7－58），可以得到调频系统输出信噪比与调幅系统输出信噪比之间的相对关系式为

$$\frac{(S_o/N_o)_{FM}}{(S_o/N_o)_{AM}}=4.5m_f^2 \tag{7-63}$$

由此可见，在调频指数较高时，宽带 FM 信号的解调输出信噪比远大于普通 AM 信号。例如 $m_f=5$ 时，两者比较相差 112.5 倍，这一结果是很可观的。可以理解成当两者输出信噪比相等时，电波的路径传播的衰减相同时，FM 信号的发射功率可大大减少。

应当指出，调频系统的这一优越性是以增加传输带宽来换得的。

$$B_{FM}=2(m_f+1)f_m=(m_f+1)B_{AM} \tag{7-64}$$

当 $m_f \gg 1$ 时，式（7－64）可近似为

$$B_{FM}\approx m_f B_{AM} \tag{7-65}$$

在上述条件下，式（7－63）变成

$$\frac{(S_o/N_o)_{FM}}{(S_o/N_o)_{AM}}=4.5\left(\frac{B_{FM}}{B_{AM}}\right)^2 \tag{7-66}$$

由此可见，宽带调频的抗噪性能相对于调幅的改善将与其传输带宽的平方成正比。调频方式的这种以带宽换取信噪比的提高是十分有益的，其优越程度受到人们重视，因而获得广泛应用。

7.1.3　门限效应及降低门限的解调方法

在输入信噪比较小（即 $V(t)\gg A_c$）情况下，由噪声引起的相位变化不能再用式（7－44）表示。此时的合成矢量图如图 7－5 所示，根据该图并且依照写出式（7－44）～式（7－47）的步骤，很容易求得在小信噪比条件下的相位关系为

$$\phi_3=\phi_2+\arctan\frac{a_1\sin(\phi_1-\phi_2)}{a_2+a_1\cos(\phi_1-\phi_2)} \tag{7-67}$$

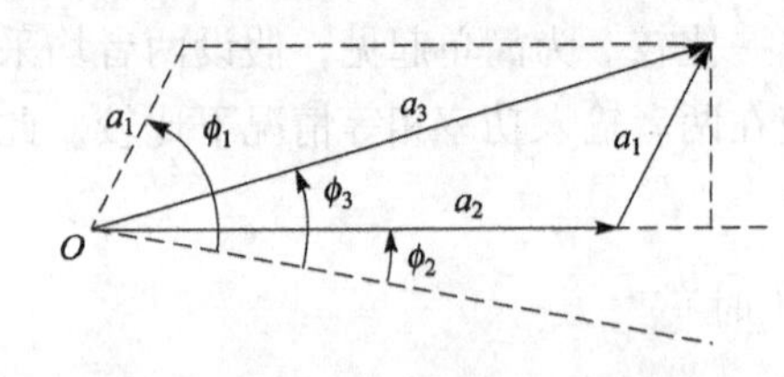

图 7－5　小信噪比时的矢量合成

考虑到 $V(t)\gg A_c$，由式（7－67）和式（7－43）可得出

$$\varphi(t)\approx\theta(t)+\frac{A_c}{V(t)}\sin[\phi(t)-\theta(t)] \tag{7-68}$$

分析式（7－68）可知，这时没有单独存在的有用信号项，解调器输出几乎由噪声决定了，而这种噪声是由于相位 $\theta(t)$ 出现 2π 阶跃引起的。

当输入信噪比下降到某一数值以下时，频率解调器也会出现门限效应，从有用信号完全被噪声淹没这个角度看，与常规调幅包络检波时的门限效应很相似。但鉴频器的门限效应引起一种尖峰状脉冲噪声，在收听时是较刺耳的喀喇声。

出现门限效应的转折点与调频指数 m_f 有关，附图 7－1 中给出 $m_f=3$ 和 $m_f=6$ 两种情形下的性能曲线，注意两者出现门限效应时的曲线拐点是不同的。

采用比普通鉴频器性能优越的一些解调方法，可以明显改善门限效应，这将在稍后一些予以说明。下面仅介绍一般的改善方法。

在调频方式中为进一步提高鉴频器的抗噪声干扰能力，可以采用预加重/去加重方法。前面分析指出，在鉴频器输出端，噪声功率谱密度与频率平方成正比；而在调频广播中传送的语音信号大部分能量集中在低频端，因而在信号功率谱密度较小的频率范围内，输出噪声功率谱却是最大。预加重就是在发送端采取措施，提升调制信号的高音频率成分，而在接收端采用去加重措施，以相应削弱鉴频器输出信号中的高音成分。只要预加重和去加重配合得当，则语音信号不会失真。而对于噪声而言，由于去加重削弱了集中在高音频率范围内的噪声，使鉴频器输出信噪比进一步改善。预加重和去加重网络如附图 7－2（a）、（b）所示。附图 7－2 中给出预加重和去加重技术对信噪比改善的计算值，大约为 6 dB，可供设计参考。

下面来看一个在调频系统中应用预加重和去加重的实例。

卫星广播电视是用同步广播卫星接收地面发射台发送的电视信号，进行频率变换和放大后再向地面发送。通常卫星上发射功率为 100 W 以上，地面接收站只需要直径 1 m 或更小的抛物面天线即可接收。目前卫星广播电视都采用调频来传送图像信号，伴音则用脉冲编码调制。为了改善信噪比，图像信号在调频之前采用了预加重措施，而在卫星广播电视接收机中采用去加重措施。

应当指出，预加重和去加重技术应用广泛，在录音和放音设备中得到大量应用的杜比（Dolby）系统就是例子。

在某些应用场合，例如空间通信中，对调频接收机的门限效应十分关注，希望在接收到最小信号电平时仍能满意地工作。这就要求门限效应的转折点尽可能地向低输入信噪比方向扩展。为了达到这一目的，通常采用两种比较优越的方法改善门限效应。这两种方法对应的鉴频电路为锁相环路解调器和调频负反馈解调器，它们都是性能有明显改善的频率解调电路。

§7.2　接收机中的干扰与噪声

进入通信系统接收端的信号，除了有用信号之外，总是会有或多或少的无用成分，这些无用成分妨碍着有用信号的监测。通常把这些无用成分称为干扰。接收机中的干扰，有的是来自接收机外部，经天线进入接收机，也有的是接收机内部的元件和器件产生的，因此接收机干扰的来源可分为外部干扰和内部干扰两大类。

接收机内部干扰主要是由接收机中的电阻，馈线等元件产生的噪声，以及接收机中的晶体管和场效应管等器件产生的噪声，这些干扰的强弱是随机起伏变化的，通常称为起伏噪声或简称“噪声”。

接收机外部干扰主要是天线热噪声和人为干扰，还有宇宙干扰和工业干扰。

天线热噪声：它是由于天线周围介质的热运动产生的电磁波辐射，由天线接收进来而形成的。这种干扰与内部噪声特性相似，也是起伏噪声。

人为干扰：有敌方干扰机产生的有意干扰，以及邻近电台的无意干扰。

宇宙干扰：它是由地球大气层以外的电磁波辐射源引起的。干扰大多呈起伏噪声的统计特性。这种干扰在空间的分布是不均匀的。

工业干扰：它是由各种电气设备产生的电火花引起的。干扰呈不规则的脉冲状。这种干扰在干扰源附近时才会有显著影响，而且随频率的增大而减弱。

天电干扰：它是由大气层内各种自然现象（主要是雷电放电）引起的，干扰呈不规则的脉冲状，这种干扰的强弱与频率、气象和地理位置等因素有关。

7.2.1 电阻的热噪声

根据物理学的观点，构成物质的所有微粒（包括带电的微粒－自由电子）都处于热运动状态。一个有一定电阻的导体，在一定温度下导体中的自由电子处于不规则的热运动状态，每个自由电子运动方向和速度均是不规则的，因此通过导体任一截面的自由电子数目是随时间变化的，即使在导体两端不加外电压，在导体中也会有这种热运动而引起的电流，这种电流呈现为杂乱起伏的状态，即起伏噪声电流。起伏噪声电流流过导体本身，就会产生起伏噪声电压，如图7－6所示。

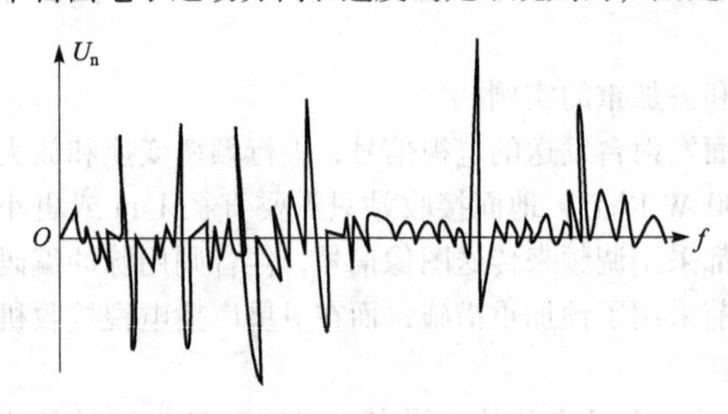

图7－6 电阻热噪声的波形

从图7－6可以看出电阻起伏热噪声电压的瞬时值 U_n 是一个随机值，其均值 $\overline{U_n}=0$。但其方均值 $\overline{U_n^2}$ 是一有限值，它表示噪声在1 Ω上所消耗的功率。

$$\overline{U_n^2}=\lim_{T\to\infty}\frac{1}{T}\int_0^T U_n^2(t)\,dt \tag{7-69}$$

根据概率论的中心极限定理，热噪声电压幅度的概率分布密度应是正态分布，又称高斯分布。

电阻热噪声的频率覆盖范围很宽，一般认为频率由0到＋∞，其功率频谱密度（也就是单位频率的噪声功率）是均匀的，与频率无关。

用热力学的统计理论和实验可以证明：电阻 R 产生的热噪声其电压方均值为

$$\overline{U_n^2}=4KTRB \tag{7-70}$$

式中，K 为玻耳兹曼常量 1.38×10^{-23} J/K；T 为热力学温度（K）；R 为电阻值；B 为测试设备带宽。

例7－2 一个电阻100 Ω，在室温 T（$T=290$ K）条件下，与带宽为4 MHz网络相接，求其噪声电压方均值和方均根值。

$$\overline{U_n^2}=\Delta KTRB=4\times1.38\times10^{-23}\times290\times4\times10^6\times100\ \mathrm{V^2}$$
$$=6.4\times10^{-12}\ \mathrm{V^2}$$
$$\sqrt{\overline{U_n^2}}=2.5\ \mu\mathrm{V}$$

从式（7－70）可求得电阻噪声的功率谱密度 $S(f)$

$$S(f)=4KTR \tag{7-71}$$

根据上面所述，一个有噪声的电阻 R，可以等效为一个噪声功率源与一个无噪声的电阻 R 串联，如图7－7所示，处于相同条件下，仅由电阻串联、并联组成的一个复杂电路，它所产生的噪声可以用等效电路来计算。若两个电阻串联，可按如图7－8所示的方法计算。两个电阻产生的噪声是独立不相关的，计算时不能用有效值相加，只能用方均值（即功率）相加。

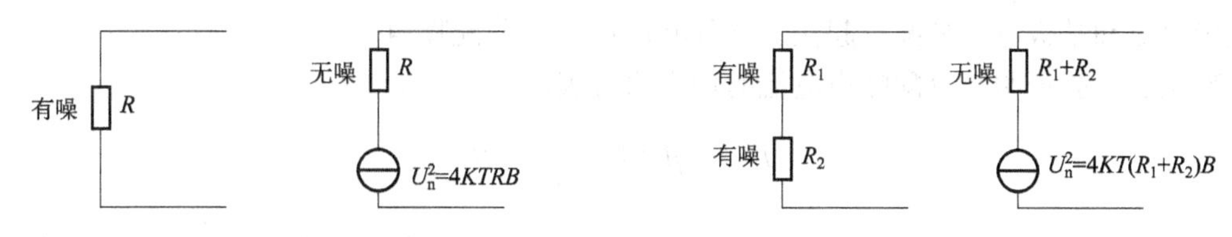

图 7－7　电阻的噪声等效电路　　图 7－8　电阻串联时噪声等效电路

对于无损的电流元件从理论上可证明是不会产生噪声的。但是实际所用的电流元件均是有损的，它的损耗电阻会产生噪声。对于电表，若其损耗电阻为 r 其噪声电压方均值为 $\overline{U_n^2}=4KTrB$。对于电容，由于损耗很小，其噪声电压可不计。

7.2.2　晶体管噪声

一、晶体管的主要噪声来源及其表示式

1. 热噪声

在二极管中，热噪声是由晶体管的等效电阻 R_e 决定的，其噪声电压的方均值为

$$\overline{U_n^2}=KTR_eB \tag{7-72}$$

晶体三极管热噪声主要由基区欧姆电阻 r_{bb} 产生，且噪声电压方均值为

$$\overline{U_n^2}=KTr_{bb}B \tag{7-73}$$

2. 散弹噪声

在晶体管中每个载流子的速度不尽相同，致使在单位时间内通过 PN 结空间电荷区的载流子数目有起伏。因而引起通过 PN 结的电流在某一电平上有微小的起伏变化，如图 7－9 所示。这种起伏称为散弹噪声。

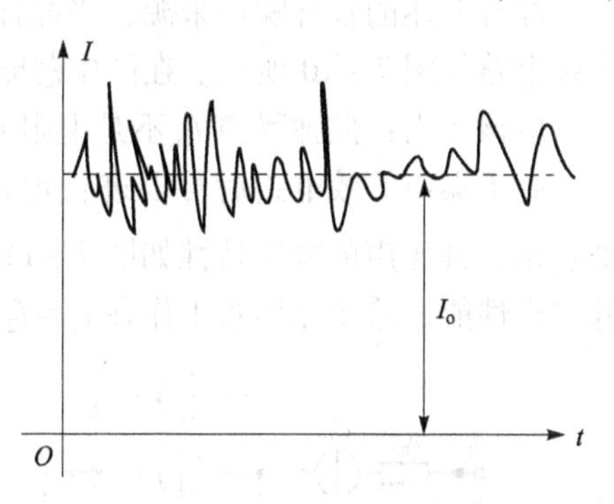

图 7－9　晶体管的散弹噪声

理论和实验证明，二极管中散弹噪声电流方均值为

$$\overline{I_n^2}=2qI_oB \tag{7-74}$$

式中，q 为电子电荷量，其值为 1.6×10^{-19} C；I_o 为通过二极管的平均电流。

式（7－74）表明：二极管的散弹噪声与流过的电流成正比。这点和电阻热噪声不同。

同理晶体三极管中发射结和集电结均会产生散弹噪声，它们噪声电流的方均值分别为

$$\overline{I_{en}^2}=2qI_eB \tag{7-75}$$

$$\overline{I_{cno}^2}=2qI_{co}B \tag{7-76}$$

式中，I_e 为发射极电流；I_{co}为集电极反向饱和电流。

上式表明晶体三极管的散弹噪声也是白噪声。一般情况下集电极反向饱和电流远小于发射极电流。因此集电极反向饱和电流引起的散弹噪声可以忽略不计，只需改总发射极电流引起的散弹噪声。

3. 分配噪声

这种噪声只存在于晶体管中，它是由于基区载流子的复合是随机起伏而引起的。这就使

集电极电流和基极电流分配有起伏，这种噪声称为“分配噪声”。

理论和实验证明：分配噪声电流的均方值可表示为

$$\overline{I_{\mathrm{cn}}^2}=2qI_{\mathrm{c}}\left(1-\frac{|\alpha|^2}{\alpha_0}\right)B \tag{7-77}$$

式中，I_{c} 为集电极直流电流；$\alpha=\dfrac{\alpha_0}{1+\mathrm{j}\dfrac{f}{f_\alpha}}$为共基极电路电流放大倍数；$f_\alpha$ 为共基极晶体管截止频率；f 为晶体管工作频率。

$$|\alpha|^2=\frac{\alpha_0^2}{1+(f/f_\alpha)^2}$$

从上式可看出分配噪声不是白噪声，其功率谱密度是随频率而变化的；当放大器工作频率 $f\ll f_\alpha$ 时 $\alpha\approx\alpha_0$，式（7－77）可近似为

$$\overline{I_{\mathrm{cn}}^2}=2qI_{\mathrm{c}}(1-\alpha_0)B \tag{7-78}$$

4. $1/f$ 噪声

又称闪烁噪声。这种噪声产生的原因比较复杂，目前没有确切的理论分析，它与半导体材料的状态与表面处理等因素有关，其噪声功率与工作频率 f 近似成反比，因此称 $1/f$ 噪声。

二、晶体管的噪声等效电路

综合上述的各种噪声来源，当晶体三极管工作于高频，且接成共发射极电路时，其噪声等效电路如图7－10所示。在图中忽略了 $1/f$ 噪声和集电极反向饱和电流引起的噪声。

应该指出：散弹噪声 I_{en}^2 不是电阻 r_{e} 产生的，分配噪声 I_{cn}^2 不是 $r_{\mathrm{b'c}}$ 产生的。

有了噪声等效电路后可以进行定量计算。通常晶体管内部噪声大小用“噪声系数” F 来表示，其噪声的频率特性如图7－11所示。图中 $f_1\approx1\sim50$ kHz；$f_2\approx\sqrt{1-\alpha_0}f_1$。为了得到低噪声性能，希望晶体管工作在 $f_1\approx f_2$ 频域内。

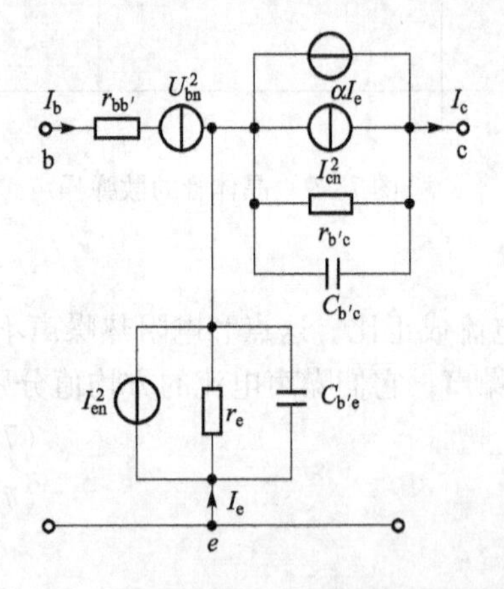

图7－10 晶体管共发射极电路噪声等效电路

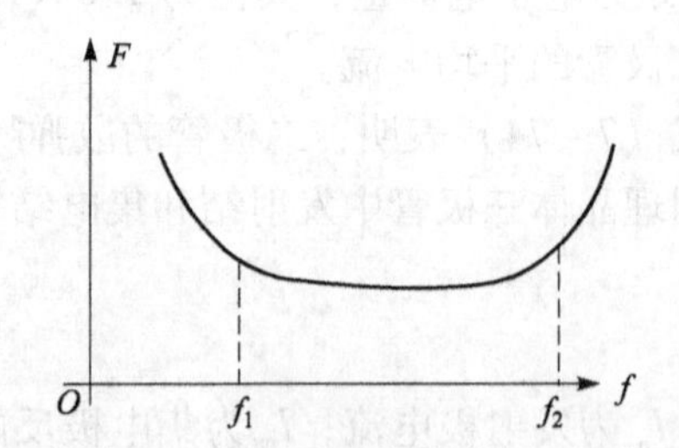

图7－11 晶体管噪声的频率特性

7.2.3 噪声系数与噪声温度

噪声系数与噪声温度是衡量接收机噪声性能的重要参数。

一、噪声系数

噪声系数的定义是接收机输入端信号与噪声功率比与其输出端信号与噪声功率比之比值。

$$F=\frac{P_{si}/P_{ni}}{P_{so}/P_{no}} \tag{7-79}$$

图 7-12 表示了噪声系数的定义和意义。A、A_p 分别表示接收机的电压增益和功率增益，R_A 为天线等效电阻，U_{sA} 和 U_{nA} 为天线感应的信号电压和噪声电压，P_{si} 和 P_{ni} 为接收机（或网络）输入信号功率与噪声功率，R_L 为接收机（或线性网络）线性电路（检波之前）的负载电阻，P_{so} 和 P_{no} 分别为输出信号功率与噪声功率。

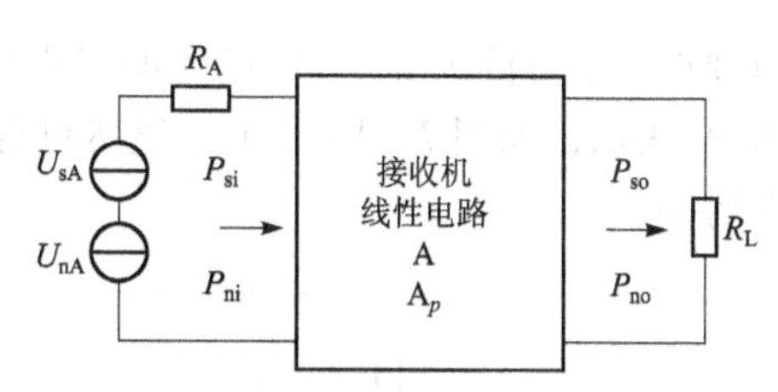

图 7-12　噪声系数的说明图

如果接收机（或线性网络）内部不产生噪声，其输入和输出信噪比不会变，即 $P_{si}/P_{ni}=P_{so}/P_{no}$，则 $F=1$。若接收机（或线性网络）内部产生噪声，通过接收机（或线性网络）后其信噪比要变小，$P_{si}/P_{no}>P_{so}/P_{no}$，$F>1$。噪声系数 F 表示由于接收机内部噪声的影响，使接收机输出信噪比对输入信噪比变坏的倍数。F 值越大，则表示接收机（或网络）内部噪声越大。它的另一种表示为

$$F_P=\frac{P_{si}/P_{ni}}{P_{so}/P_{no}}=\frac{P_{no}/P_{ni}}{P_{so}/P_{si}}=\frac{P_{no}}{P_{ni}A_p} \tag{7-80}$$

式中，$A_p=P_{so}/P_{si}$ 为接收机的功率增益；$P_{ni}A_p$ 为外部噪声通过接收机放大后在 R_L 上呈现的噪声功率，可用 P_{nAo} 表示。

$$F=\frac{P_{no}}{P_{nAo}}=\frac{\text{网络输出的噪声总功率}}{\text{外部噪声在网络输出端的噪声功率}} \tag{7-81}$$

式（7-81）的物理意义是噪声系数为实际接收机由于内部噪声的影响，使接收机输出端的噪声功率比理想接收机输出端的噪声功率大多少倍。理想接收机是接收机本身不产生内部噪声，而其他参数与实际接收机相同。

接收机（或线性网络）输出端的输出噪声功率由两部分组成，即通过接收机后的输入噪声功率部分 $P_{nAo}=A_pP_{ni}$ 和接收机的内部噪声在接收机输出端呈现的噪声功率 P_{nBo}，即

$$P_{no}=P_{nAo}+P_{nBo} \tag{7-82}$$

代入式（7-81），可得

$$F=1+P_{nBo}/P_{nAo} \tag{7-83}$$

以上对噪声系数的定义不仅适用于接收机的线性部分，还可以推广到任何线性二端口网络。

从式（7-80）可以看出，要唯一的决定接收机的噪声系数必须对输入噪声 P_{ni} 有一个统一的标准，若不同标准对同一接收机或网络可以得到不同的噪声系数。这一标准对于接收机是规定以其天线的辐射电阻 R_A 在室温 290 °K时产生的热噪声作为标准。对于线性二端口网络，规定以网络的信号源内阻在室温 290 °K时产生的热噪声作为标准。

二、额定功率与额定功率增益

在分析和计算噪声系数时，往往会遇到额定功率和额定功率增益的概念，这些内容在

《电路分析基础》课程中已学过，在此作一个复习。

一个信号电压为 U_s，内阻抗为 $Z_s=R_s+jX_s$ 的信号源，当其负载阻抗和信号源阻抗共轭匹配时，即负载阻抗 $Z_L=R_s-jX_s$ 时，此信号源输出的信号功率，也就是负载上得到的功率最大。这时信号源输出的最大功率称为额定功率，用 P_{sa} 表示。

$$P_{sa}=\left(\frac{U_s}{2R_s}\right)^2\cdot R_s=U_s^2/4R_s \tag{7-84}$$

同理把一个阻抗为 R_s+jX_s 的无源二端口网络所能输出的最大噪声功率称为噪声额定功率，用 P_{na} 表示，如图 7-13 所示，显然只有当负载与网络输出端共轭匹配时，才能输出最大噪声功率。

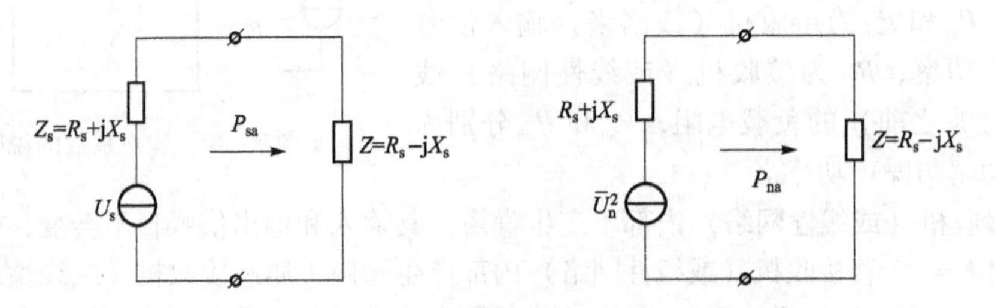

图 7-13　额定信号功率和额定噪声功率示意图

$$P_{na}=\overline{U}_n^2/4R_s=4KTR_sB/4R_s=KTB \tag{7-85}$$

上式表明任何一个二端口无源网络的噪声额定功率只与温度 T 和通频带 B 有关，与负载阻抗和网络本身的阻抗无关。

额定功率是无源网络本身的一个特征参量。只要网络一定，其额定功率就是一个定值。

额定功率增益是二端口网络的输入端和输出端均处于共轭匹配也就是额定功率输出时的功率增益。即

$$A_{pa}=\frac{P_{oa}}{P_{ia}} \tag{7-86}$$

式中，P_{ia} 为网络与信号源共轭匹配时，信号源到网络输入端的额定功率；P_{oa} 为负载与网络输出端共轭匹配时在负载上得到的额定功率。

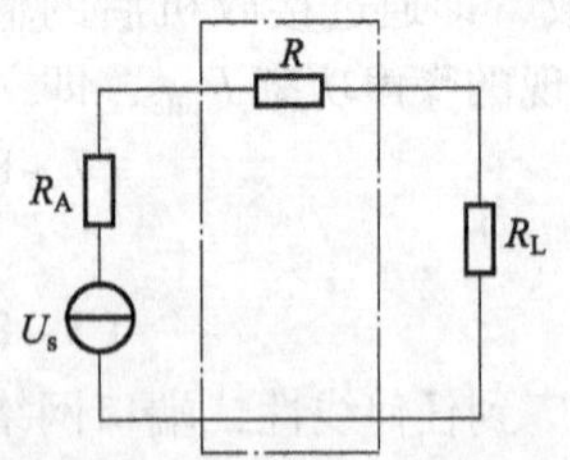

图 7-14　例 7-3 电路图

例 7-3　试求图 7-14 所示二端口网络的额定功率增益 A_{pa}。

解： 先求输入额定功率 P_{ia}

$$P_{ia}=\frac{U_s^2}{4R_A}$$

虽然信号源负载 $R+R_L$ 与信号源内阻 R_A 不匹配，但信号源有其额定功率。

要求输出额定功率 P_{oa}；从二端口网络输出端向左看，仍可看为内阻为 R_A+R，其电压为 U_s 的信号源，这时输出端的额定功率为

$$P_{oa}=\frac{U_s^2}{4(R_A+R)}$$

即可求得

$$A_{pa}=\frac{R_A}{R_A+R}$$

下面研究额定功率 P_a 与实际功率 P，额定功率增益 A_{pa} 与实际功率增益的关系。

额定功率是二端口网络所能输出的最大功率。而实际功率是电路中负载能从二端口网络所取得的功率。当电路匹配时，实际功率 P 等于额定功率 P_a；当电路失配时，实际功率 P 小于额定功率 P_a

$$P=P_a\cdot q \tag{7-87}$$

式中，q 为失配系数；$q\leqslant 1$。只要电路与负载决定后 q 是可以计算的。

$$A_{pa}=\frac{P_{oa}}{P_{ia}}=\frac{P_o/q_o}{P_i/q_i}=A_p\cdot\frac{q_i}{q_o} \tag{7-88}$$

同样根据噪声系数的定义可得

$$F=\frac{P_{si}/P_{ni}}{P_{so}/P_{no}}=\frac{P_{sia}\cdot q_i/P_{nia}\cdot q_i}{P_{soa}\cdot q_o/P_{noa}\cdot q_o}=\frac{P_{sia}/P_{nia}}{P_{soa}/P_{noa}} \tag{7-89}$$

$$F=\frac{P_{no}}{P_{nAo}}=\frac{P_{noa}\cdot q_o}{P_{nAoa}\cdot q_o}=\frac{P_{noa}}{P_{nAoa}} \tag{7-90}$$

三、无源二端口网络的噪声系数

若二端口网络的电路如图 7-15 所示。从二端口网络输入端向左看是一个电阻为 R_A 的无源二端口网络，这时其额定功率为

$$P_{na}=KTB \tag{7-91}$$

由于失配，输入二端口网络的实际功率为

$$P_{ni}=q_i\cdot P_{na}=q_i\cdot KTB \tag{7-92}$$

经过网络传输，加在负载电阻 R_L 上的实际噪声功率为

$$P_{nAo}=P_{ni}\cdot A_p=q_iKTB\cdot A_p \tag{7-93}$$

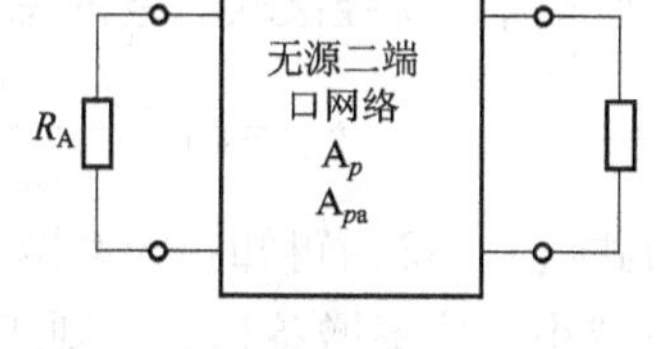

图 7-15　端口网络电路图

从负载向左看，也是一个由 R_A 和无源二端口网络组合而成的二端口网络，其噪声额定功率也是 KTB，由于负载与二端口网络失配，加到负载 R_L 上的实际噪声功率为

$$P_{no}=q_o\cdot P_{na}=q_oKTB \tag{7-94}$$

代入式（7-90）可得

$$F=\frac{P_{no}}{P_{nAo}}=\frac{q_o\cdot KTB}{q_i\cdot KTB\cdot A_p}=\frac{1}{A_p\dfrac{q_i}{q_o}}=\frac{1}{A_{pa}}$$

从例 7-3 的网络可得

$$F=\frac{1}{A_{pa}}=\frac{R_A+R}{R_A}=1+\frac{R}{R_A}$$

四、级联网络的噪声系数

由多个四端口网络级联构成的网络，其总的噪声系数可以由各网络的噪声系数及其额定功率增益确定，如图 7-16 所示。图中 A_{pa_1}，A_{pa_2} 分别为两网络的额定功率增益，F_1，F_2 为

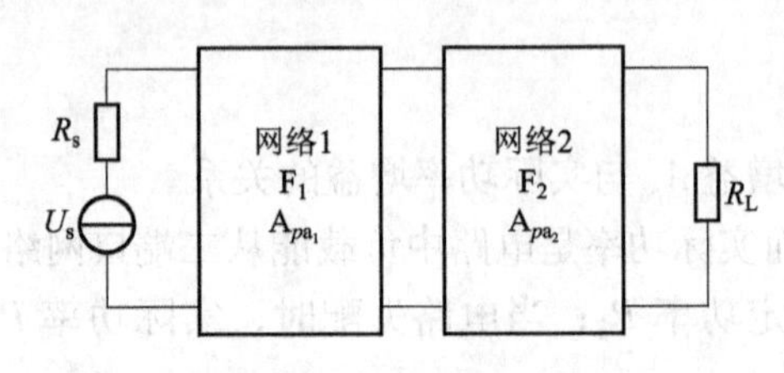

图7－16　两个网络级联图

两网络的噪声系数。

在网络输出端用额定功率计算噪声系数可由式（7－90）改写得到

$$F_g = 1 + \frac{P_{nBoa}}{P_{nAoa}} = 1 + \frac{P_{nBoa}}{KTB \cdot A_{pa}} \qquad (7-95)$$

式中，P_{nBoa}为网络内部噪声在输出端呈现的额定噪声功率；A_{pa}为网络的额定功率增益。

对于两个网络级联电路，其总的噪声系数为

$$F_{总} = 1 + \frac{P_{nBoa_1} \cdot A_{pa_2} + P_{nBoa_2}}{KTB \cdot A_{pa_1} \cdot A_{pa_2}} \qquad (7-96)$$

式中，P_{nBoa_1}，P_{nBoa_2}为网络1和网络2内部噪声在各自输出端呈现的噪声功率。

对于网络1，由式（7－95）可得

$$F_1 = 1 + \frac{P_{nBoa_1}}{KTBA_{pa_1}}$$

$$P_{nBoa_1} = (F_1 - 1) KTBA_{pa_1} \qquad (7-97)$$

同样可得

$$P_{nBoa_2} = (F_2 - 1) KTBA_{pa_2}$$

代入式（7－96），可得

$$F_{总} = F_1 + \frac{F_2 - 1}{A_{pa_1}}$$

依此类推，n级级联网络的总的噪声系数$F_{总}$为

$$F_{总} = F_1 + \frac{F_2 - 1}{A_{pa_1}} + \frac{F_3 - 1}{A_{pa_1} \cdot A_{pa_2}} + \frac{F_4 - 1}{A_{pa_1} \cdot A_{pa_2} \cdot A_{pa_3}} + \cdots + \frac{F_n - 1}{A_{pa_1} \cdots A_{pa_{(n-1)}}} \qquad (7-98)$$

由式（7－98）可知：级联网络的噪声系数，主要由网络前级的噪声系数确定。前级噪声系数越小，功率增益越大，则级联网络的噪声系数越小。因此接收机的前端采用低噪声的放大，可以减小整机的噪声系数，提高接收机灵敏度。

五、噪声温度

网络内部噪声的大小可以用噪声系数F来表示，但它不能比较内部噪声和外部噪声的大小。要进行比较可把网络内部噪声折合到网络的输入端。从上面可知外部热噪声可表示为$P_{na} = KT_eB$，在此T_e为实际温度，常用290 K来表示。对于内部噪声的大小也用此形式$P_{nBia} = KT_nB$来表示，在此T_n为等效噪声温度，简称噪声温度，是表示网络噪声性能的另一种方法，可以看出它与噪声系数存在一定关系。由噪声系数定义可知

$$F = 1 + \frac{P_{nBia}}{P_{nAia}}$$

式中，P_{nAia}为网络输入端的外部噪声额定功率，$P_{nAia} = KT_eB$；由上式可得内部噪声折合到输入端的噪声额定功率为

$$P_{nBia} = (F-1) P_{nAia} = (F-1) KT_eB$$

用噪声温度T_n表示

$$P_{nBia} = KT_nB = (F-1) KT_eB$$

可得噪声温度 T_n 为

$$T_n = (F-1)T_e = (F-1) \cdot 290\ \mathrm{K} \tag{7-99}$$

噪声温度 T_n 的物理意义是把网络的内部噪声功率看成是理想网络（无内部噪声的网络）的信号源内阻在温度为 T_n 时产生的热噪声。

T_n 与 F 之间可以互换计算，如表 7－1 表示。

表 7－1　F（倍数）F（dB）与 T_n（K）的对照表

F（倍数）	1	1.05	1.1	1.5	2	5	8	10
F/dB	0	0.21	0.41	1.76	3.01	6.99	9.03	10
T_n/K	0	14.5	29	145	290	1 160	2 030	2 610

六、接收机灵敏度

接收机灵敏度是保证接收机输出信噪比为一定值时，接收机输入端的最小有用信号功率。而最小可检测信号电压是在此功率时输入端处于匹配状态的有用信号电压。

由噪声系数的定义可得到接收机灵敏度为

$$P_{\mathrm{simin}} = \left(\frac{P_{\mathrm{so}}}{P_{\mathrm{no}}}\right) F \cdot KTB \tag{7-100}$$

式中，$\frac{P_{\mathrm{so}}}{P_{\mathrm{no}}}$为接收机输出端所要求的信噪比。而最小可检测电压为

$$V_{\mathrm{imin}} = 2\sqrt{R_i \cdot P_{\mathrm{simin}}} \tag{7-101}$$

式中，R_i 为接收机输入电阻。

例 7－4　接收机通频带为 2 MHz，输入电阻为 50 Ω，噪声系数为 6 dB。当要求输出信噪比为 1 时，接收机灵敏度和最小可检测信号电压各为多少？

解：由于 $F=6$ dB，即 $F=4$

$$\begin{aligned} P_{\mathrm{simin}} &= 1 \times 4 \times 1.38 \times 10^{-23} \times 290 \times 2 \times 10^6\ \mathrm{W} \\ &= 3.2 \times 10^{-11}\ \mathrm{mW} \end{aligned}$$

如用 dBm 表示，则

$$P_{\mathrm{simin}} = 10\log_{10}(3.2 \times 10^{-11})\ \mathrm{dBm} = -105\ \mathrm{dBm}$$

当输入电阻为 50 Ω 时，最小信号电压为

$$V_{\mathrm{imin}} = \left(2\sqrt{50 \times 3.2 \times 10^{-14}}\right)\ \mathrm{V} = 2.5\ \mu\mathrm{V}$$

注：在匹配负载上得到 1 mW 功率为 0 dBm，dBm 称为毫分贝。

七、噪声系数的计算

为了提高接收机灵敏度，要求接收机前端为低噪声放大器（LNA），主要用于微弱信号的放大，对它的主要要求为：噪声系数小，增益大，大增益不但可以有效地放大信号，同时可以减小后级噪声的影响；动态范围大，也就是在较大输入信号的变化范围内可不失真地放大。在此主要讨论放大器的噪声特性，以共射晶体管放大器为例，讨论其中高频时的噪声特性。

首先画出其噪声等效图，在此图中忽略了 $C_{b'e}$ 的影响，由于在中、高频，因此不计闪烁噪声，并假设各噪声源之间是相互独立的。其噪声等效电路如图 7 – 17 所示。

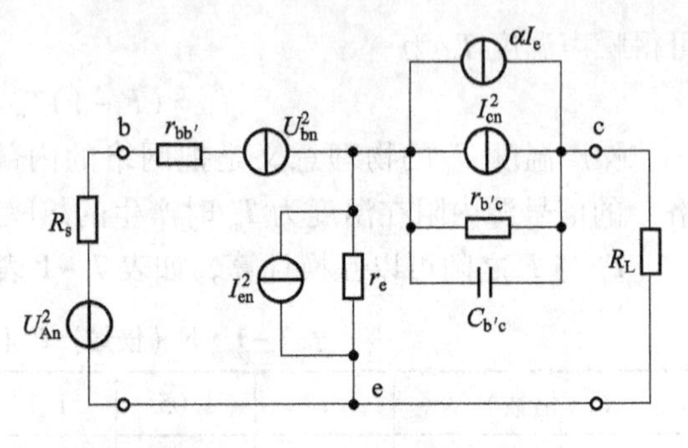

图 7 – 17　噪声等效电路

图中各噪声源为

信号源电阻热噪声　$U_{An}^2=4KTR_sB$；

基极电阻热噪声　$U_{bn}^2=4KTr_{bb'}B$；

晶体管散弹噪声　$I_{en}^2=2qI_eB$；

晶体管分配噪声　$I_{cn}^2=2qI_c(1-\alpha_0)B$；

将电流源改成电压源，上述等效电路如图 7 – 18 所示。

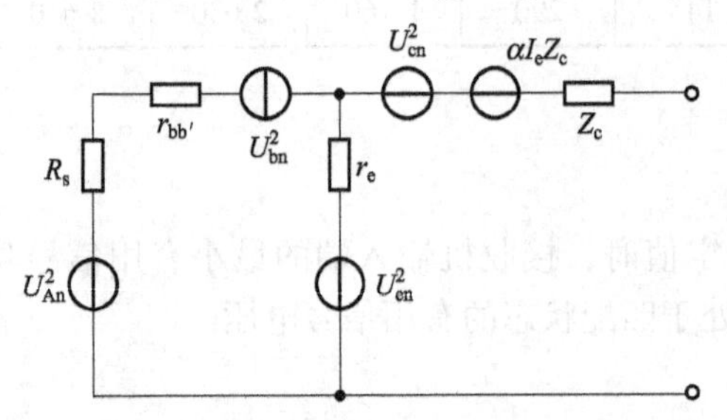

图 7 – 18　用开路电压法求噪声系数的噪声等效电路

图中　$U_{en}^2=I_{en}^2\cdot r_e^2=2qI_eB\cdot r_e^2$　(7 – 102)

由于发射结电流 I_e 为

$$I_e=I_s\left(e^{qv/KT}-1\right)$$

$$\frac{1}{r_e}=\partial Ie/\partial v=\frac{q}{KT}e^{qv/KT}I_s\approx\frac{q}{KT}I_s$$

将上式代入式（7 – 102），可得

$$U_{en}^2=2KTr_eB$$

上式由于前面系数为 2，而不是 4，有时也称为“半热噪声”。

$$U_{cn}^2=I_{cn}^2\cdot|Z_c|^2=2q(1-\alpha_0)|Z_c|^2\cdot B$$

$$Z_c=\frac{r_{b'c}}{1+jwC_{b'c}\cdot r_{b'c}}$$

下面用开路电压法（也就是 $R_L=\infty$）来计算噪声系数，即

$$F=1+\frac{U_{nBo(开)}^2}{U_{nAo(开)}}$$

式中，$U_{nBo(开)}$ 为输出端开路时内部噪声在输出端呈现的开路电压；$U_{nAo(开)}$ 为外部噪声在输出端呈现的开路电压。

由于假设各噪声源是相互独立的，则可用叠加原理分别计算各噪声源所产生的开路噪声电压。

对于基级电阻热噪声所产生的开路噪声电压 $U_{bno(开)}^2$ 可用图 7 – 19 计算：

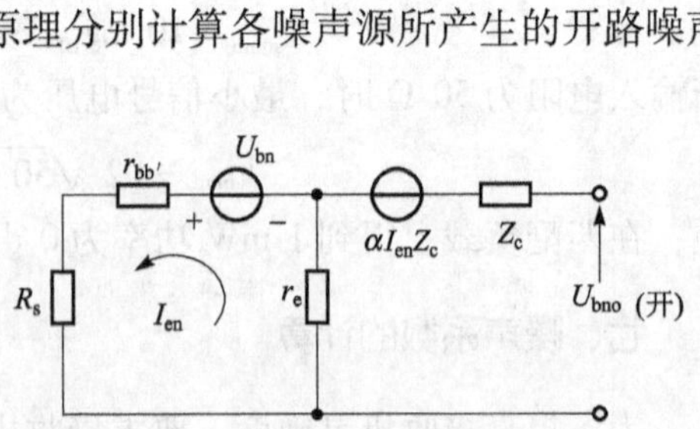

$$I_{en}=\frac{U_{bn}}{R_s+r_{bb'+r_e}}$$

$$U_{bno}=\alpha I_{en}Z_c-I_{en}r_e=I_{en}(\alpha Z_c-r_e)$$

$$U_{bno(开)}^2=\left|\frac{U_{bn}(\alpha Z_c-r_e)}{R_s+r_{bb'}+r_e}\right|^2$$

图 7 – 19　计算开路噪声电压 $U_{bno(开)}^2$ 图

通常 $\alpha Z_c\gg r_e$，即

$$\overline{U_{\text{bno}}^{2}}(\text{开}) = \overline{U_{\text{bn}}^{2}}\frac{|\alpha Z_{\text{c}}|^{2}}{(R_{\text{s}}+r_{\text{bb}'}+r_{\text{bb}'})^{2}}$$

对于散弹噪声在输出端呈现的开路电压方均值$\overline{U_{\text{eno}}^{2}}$（开），可用图7－20来计算

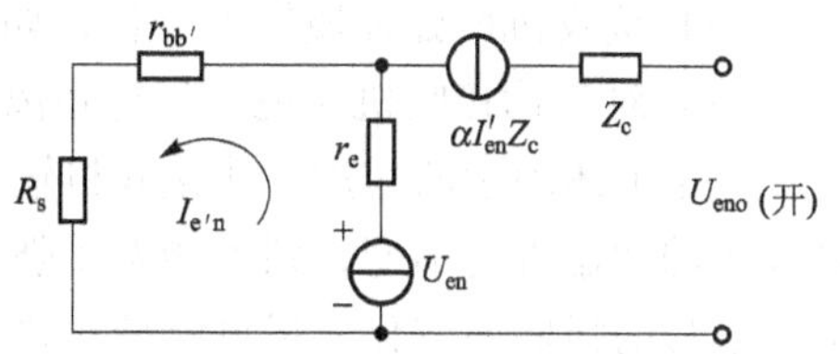

图7－20　计算$U_{\text{eno(开)}}$的图

$$I'_{\text{en}} = \frac{U_{\text{en}}}{R_{\text{s}}+r_{\text{bb}'}+r_{\text{e}}}$$

$$\begin{aligned}U_{\text{eno}}(\text{开}) &= \alpha I'_{\text{en}}Z_{\text{c}} + I'_{\text{en}}(r_{\text{bb}'+R_{\text{s}}})\\ &= I'_{\text{en}}(\alpha Z_{\text{c}}+r_{\text{bb}'}+R_{\text{s}})\end{aligned}$$

$$\overline{U_{\text{eno}}^{2}}(\text{开}) = \overline{U_{\text{en}}^{2}}\left|\frac{\alpha Z_{\text{c}}+r_{\text{bb}'}+R_{\text{s}}}{R_{\text{s}}+r_{\text{e}}+r_{\text{bb}'}}\right|^{2}$$

通常$\alpha Z_{\text{c}} \gg R_{\text{s}}+r_{\text{bb}'}$，则

$$\overline{U_{\text{eno}}^{2}}(\text{开}) = \overline{U_{\text{en}}^{2}}\frac{|\alpha Z_{\text{c}}|^{2}}{(R_{\text{s}}+r_{\text{bb}'}+r_{\text{e}})^{2}}$$

同样可以求得信号源内阻R_{s}在输出端呈现的开路噪声电压方均值$\overline{U_{\text{Ano}}^{2}}$（开）

$$\overline{U_{\text{Ano}}^{2}}(\text{开}) = \overline{U_{\text{An}}^{2}}\frac{|\alpha Z_{\text{c}}|^{2}}{(R_{\text{s}}+r_{\text{e}}+r_{\text{bb}'})^{2}}$$

而分配噪声在输出端呈现的开路噪声电压方均值$\overline{U_{\text{cno}}^{2}}(\text{开}) = \overline{U_{\text{cn}}^{2}}$；这样内部噪声在输出端呈现的开路噪声电压方均值$\overline{U_{\text{nBo}}^{2}}$为

$$\overline{U_{\text{nBo}}^{2}}(\text{开}) = \overline{U_{\text{bno}}^{2}}(\text{开}) + \overline{U_{\text{eno}}^{2}}(\text{开}) + \overline{U_{\text{cno}}^{2}}(\text{开})$$

$$F = 1+\frac{\overline{U_{\text{nBo}}^{2}}}{U_{\text{nAo}}} = 1+\frac{\overline{U_{\text{bn}}^{2}}}{\overline{U_{\text{An}}^{2}}}+\frac{\overline{U_{\text{en}}^{2}}}{\overline{U_{\text{An}}^{2}}}+\frac{\overline{U_{\text{cn}}^{2}}}{\overline{U_{\text{An}}^{2}}}\,\frac{(R_{\text{s}}+r_{\text{e}}+r_{\text{bb}'})^{2}}{|\alpha Z_{\text{c}}|^{2}}$$

将各噪声源代入

$$F = 1+\frac{r_{\text{bb}'}}{R_{\text{s}}}+\frac{r_{\text{e}}}{2R_{\text{s}}}+\frac{2qI_{\text{c}}(1-\alpha_{0})|Z_{\text{c}}|^{2}}{4KTR_{\text{s}}}\cdot\frac{(R_{\text{s}}+r_{\text{bb}'}+r_{\text{e}})^{2}}{|\alpha Z_{\text{c}}|^{2}}$$

再用　$KT = qr_{\text{e}}I_{\text{e}} = qr_{\text{e}}\dfrac{I_{\text{c}}}{\alpha}$代入上式得

$$F = 1+\frac{r_{\text{bb}'}}{R_{\text{s}}}+\frac{r_{\text{e}}}{2R_{\text{s}}}+\frac{1-\alpha_{0}}{2\alpha r_{\text{e}}R_{\text{s}}}(R_{\text{s}}+r_{\text{e}}+r_{\text{bb}'})^{2} \qquad (7-103)$$

式（7－103）可以看出F和R_{s}有关，而且R_{s}有一个最佳值。在此值时，F为最小，如图7－21所示。

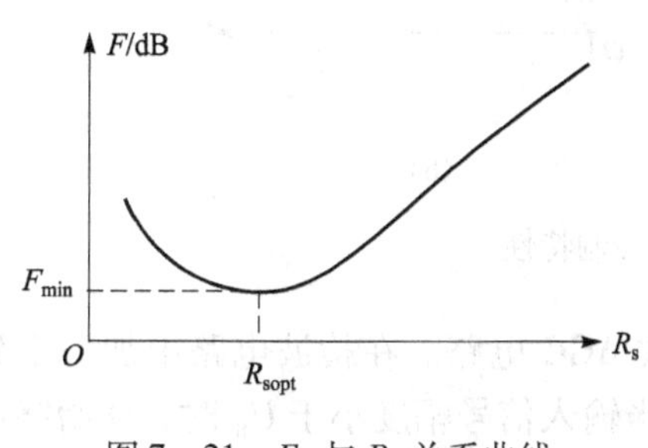

图7－21　F_{n}与R_{s}关系曲线

§7.3　自动增益控制与自动频率细调

7.3.1　自动增益控制电路

一、自动增益控制的必要性

在实际中，无线电接收设备的输入信号强度受各种因素的影响，主要因素有

（1）接收不同频率，不同距离和不同发射功率电台的信号。

（2）电磁波在传输过程中信道的衰减量发生变化，如电离层的瞬时骚动，雨雪，海浪等；

（3）接收机所处环境发生变化，如移动式电台靠近高楼，大山或穿越森林等；

（4）对雷达接收机来说，目标距离和有效反射面积发生变化；

由于上述因素的作用，使接收机输入信号强度可能随时间在很大范围内迅速变化，如果接收机的增益维持不变，则可能发生强信号阻塞或弱信号丢失。为此必须使接收机的增益随输入信号的强弱而变化，尽可能减小接收机输出电平的变化范围，完成此功能的电路为增益控制电路。对于随时间快速变化的信号不可能采用手动增益控制，必须采用自动增益控制（AGC）电路，它是接收机中几乎不可缺少的辅助电路。

二、自动增益控制的方法与电路

1. 控制电压的获得

为了实现自动增益控制，必须产生一个电压（或电流），它应随外来信号强度的改变而改变，然后用这个电压（或电流）去控制接收机中各放大器的增益，以减小输出电平的变化。

控制放大器增益的电压常称为 AGC 电压。它一般可以从检波器得到。因为检波器的输出包含一个正比于输入载波电平的直流电压。图 7－22 画出了普通 AGC 电路及其控制特性。从图 7－22（a）可以看出改变二极管的连接极性，可以获得正或负的 AGC 电压。从图 7－22（b）可以看出，只要有接收信号就有 AGC 电压输出，使放大器增益受控（即下降），这样会降低接收机的灵敏度。这是普通 AGC 电路的缺点。

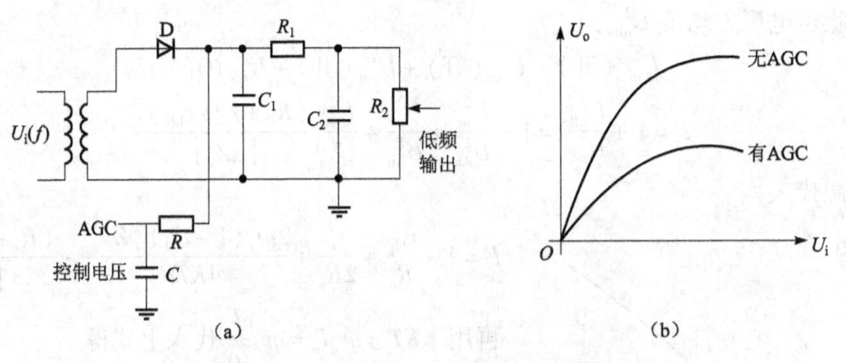

图 7－22　普通 AGC 电路及其控制特性

为了克服上述缺点，可采用图 7－23 所示的延迟式 AGC 电路。在检波电路中加一个延迟电压 U_R，它对二极管 D 来说是一个反向偏压。因此当输入信号幅度小于 U_R 时，D 始终不

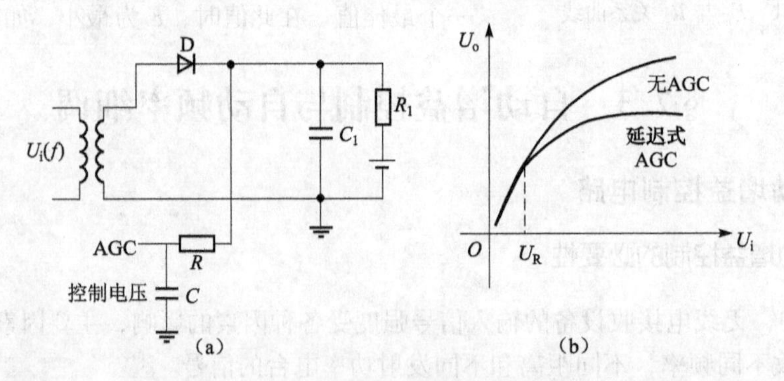

图 7－23　延迟式 AGC 电路及其控制特性

导通，检波器输出一固定电压 U_R；当其输入信号电压大于 U_R 时，AGC 电路才起作用，其控制特性如图 7－23（b）所示。显然，在采用延迟式 AGC 电路的接收机中，信号检波器和 AGC 电压检波器必须分开，否则会使输入信号幅度小于 U_R 时，检波器无信号输出。

2. 控制放大器增益的方法

放大器的增益 $A = Y_{fe} \cdot R$，或 $A = g_m \cdot R$；Y_{fe}为正向传输导纳，g_m 为晶体管的跨导。对于 BJT 的 Y_{fe}和 FET 的 g_m 随工作点变化的曲线如图 7－24、图 7－25 所示。因此可以通过变化工作点和负载电阻的方法来变化放大器增益。对于负反馈放大器也可以通过变化反馈系数来改变放大器增益。

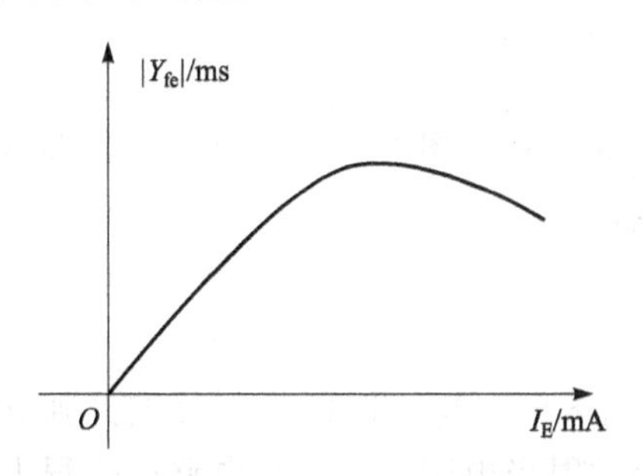

图 7－24　BJT 的 $|Y_{fe}|$与 I_E 关系曲线

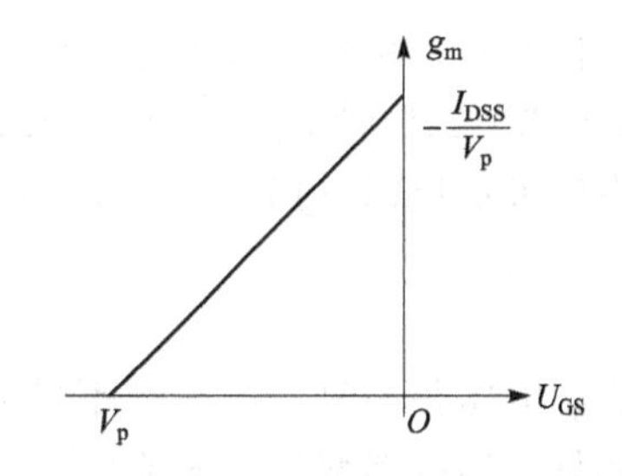

图 7－25　FET 的 g_m 与 U_{GS}关系曲线

（1）变化工作点改变晶体管跨导。

图 7－26 为正向 AGC 放大电路，它利用晶体管 $|Y_{fe}| \sim I_E$ 曲线的下降段，它要求当 AGC 电压随输入信号幅度增大而增大时，I_E 必须随之增大，使 $|Y_{fe}|$减小，放大器增益减小，从而保持输出电压基本不变。

上述方法在增益控制过程中，由于工作点的变化，随之引起放大器输入阻抗和输出阻抗的变化，这将使放大器的中心频率和带宽发生变化。通常每级放大器增益控制范围不宜太大，以减小 AGC 对放大器性能的影响。

（2）改变负载电阻。

在集成电路中，常用晶体管作为可变负载用 AGC 电压控制其导通程度，从而实现增益控制。图 7－27 画出其内部电路及外部连接。其工作原理是：信号经自耦变压器输入到 T_1

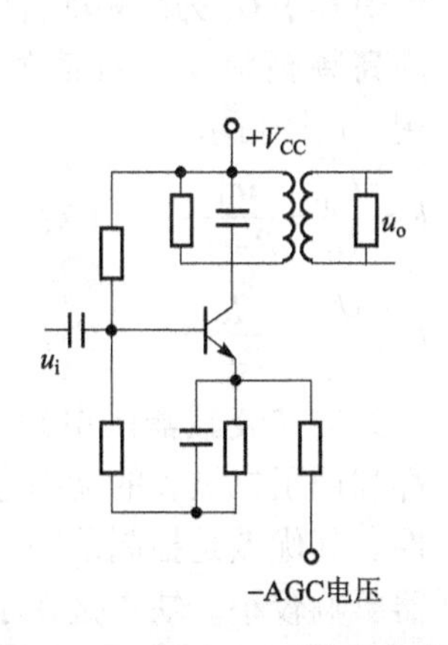

图 7－26　正向 AGC 放大电路

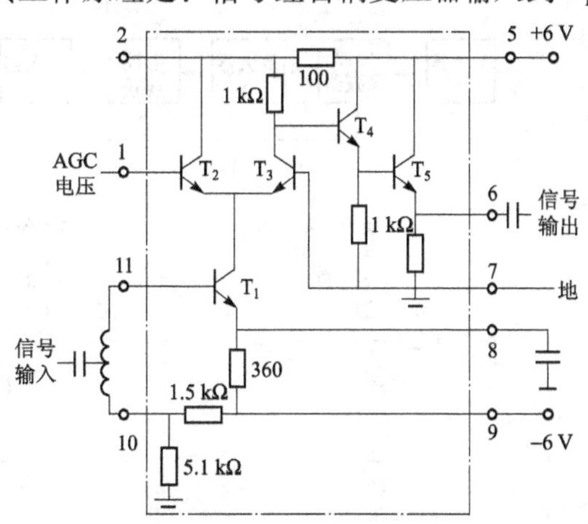

图 7－27　FZD1 内部电路及外部连接

的基极，T_1 和 T_2 组成共发—共基级联放大器，再经 T_4 和 T_5 组成两级射随器（起阻抗变换和隔离作用）后输出。T_2 起增益控制作用，当 AGC 电压使 T_2 截止时，T_1 的等效负载电阻最大，增益最高；当 AGC 电压使 T_2 导通时，T_1 的等效负载电阻减小，增益降低。随 AGC 电压的变化，T_2 导通程度改变，就能实现增益控制作用。

(3) 改变负反馈的方法。

图7-28所示电路是用改变发射极负反馈的方法实现增益控制，图中 T_1 和 T_2 组成差分放大电路。信号从两个晶体管的基极输入，由两个集电极输出。AGC 控制电压，通过 R_A 加于两个二极管 D_1，D_2 的正极，D_1，D_2 构成差分放大器的发射极负反馈电路，每一个二极管的内阻 r_d 为

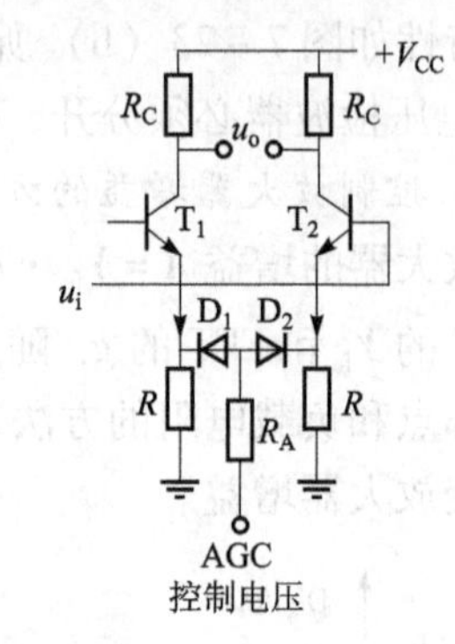

图7-28　改变负反馈实现 AGC

$$r_d = \frac{26\ \text{mV}}{I_E\ \text{mA}}$$

当控制电压很小时，二极管不导通，$I_E=0$，即 $r_d \approx \infty$，T_1，T_2 的发射极彼此独立。由于输入信号产生的多变信号电流 i_1，i_2 分别流过两个发射极电阻 R，于是电路产生很大的负反馈，使放大器增益下降。当 $r_d=0$ 时，T_1，T_2 发射极相通，两个 R 并联构成 $R_E=\frac{1}{2}R$。由于差分放大器，i_1 和 i_2 大小相等，方向相反。在 R_E 上互相抵消，因此对交变信号不产生负反馈，这时放大器增益最大。考虑到发射极反馈电压 R_E 影响后，差分放大器增益为

$$A_u = -\frac{g_m R_c}{1+g_m R_E}$$

因此，改变控制电压，即可变化 R_E，达到控制增益的目的。

(4) 电控衰减器。

在分立电路中，常采用在两级放大器之间插入电控衰减器的方法来实现增益控制，如图7-29所示。电控衰减器常用二极管和电阻以某种连接方式组成一个分压电路，利用 AGC 电压控制二极管的动态电阻 r_d，改变分压比的大小，从而实现电控衰减。图7-29 (b)、(c) 画出了两种最简单的电控衰减器，图中 C_1，C_2 为高频耦合电容；RFC 为高频扼流圈，对信号起隔离作用。由图可求出

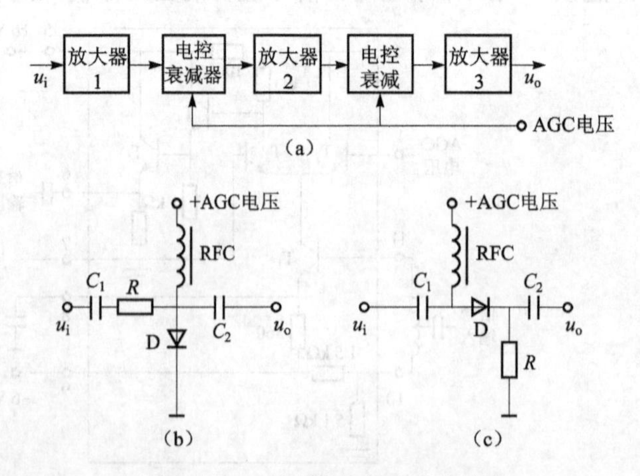

图7-29　简单的电控衰减电路

$$K=\frac{U_d}{U_i}=\frac{r_d}{R+r_d} \quad \text{(对于(b)电路)}$$

$$K=\frac{U_o}{U_i}=\frac{R}{R+r_d} \quad \text{(对于(c)电路)}$$

电控衰减器的电路形式很多，都利用了二极管的动态电阻变化特性。其优点是控制范围大，对放大器影响较小。缺点是在小信号时有一定的插入损耗，在设计接收机时

应考虑这一点。

三、AGC电路设计考虑

AGC电路是整个接收机电路的一部分，设计时应统一考虑。在此只作简单介绍。

1. 低通滤波器时间常数的选择

AGC电路的低通滤波器一般由RC电路构成，其时间常数应根据信号形式选择。若选择太大，就可能使AGC电压跟不上输入信号的变化，使AGC电路失灵；若选得太小，则可能由于AGC的控制作用而抵消了一部分AM信号的幅度变化，又称反调制，一般对语音AM信号，低通滤波器的时间常数可选为0.02～0.2 s，而对等幅电报信号可选为0.1～1 s。

2. 受控放大器的级数与位置

受控放大器的级数取决于所需的增益控制倍数P和单级放大器增益控制倍数P_1。显然，受控放大器的级数n应满足

$$P_1^n \geqslant P \qquad \text{或} \quad n \geqslant 20\lg P / 20\lg P_1$$

关于放大器受控级的位置，一般高放第一级，混频级和前置中放（无高放）第一级不宜受控。这是由于要兼顾接收机灵敏度所致，其他各级高放，中放均可受控。

7.3.2　自动频率细调电路

一、自动频率细调的必要性

在超外差接收机中，用混频器将高频信号变成一个固定中频的信号，再进行放大。而在实际中常常会出现高频信号频率和本振信号频率均不稳的情况，使得到的中频信号频率偏离固定中频，造成中放电路失谐，因而增益下降，影响接收机的性能，严重时甚至丢失信号。

为了解决上述问题，可在接收机中采用自动频率细调（AFC）电路，使混频器输出中频率尽可能接近固定值。此方法也可以用在发射机或其他电子设备中，自动调整其输出信号频率，使其保持基本不变。

二、自动频率细调的组成及原理

为了完成频率自动调节，AFC电路与AGC电路相类似，也是一个闭环控制系统。只是控制对象不同而已。在接收机中其组成框图如图7－30所示。下面简述其工作原理。

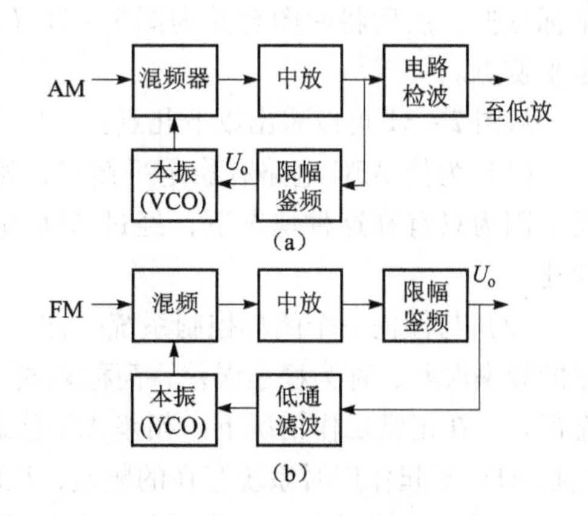

图7－30　AFC框图

(a) 调幅接收机；(b) 调频接收机

图7－30（a）为调幅接收机情况，鉴频器的中心频率调整在接收机固定中频f_{Io}，其输出电压U_o正比于输入鉴频器信号频率f_s与f_{Io}之差。本地振荡器是一个电压控制振荡器（VCO），它的频率受U_o的控制。如果由于外界因素使本振频率发生一个正偏离Δf_L，混频后中频频率也发生同样偏离Δf_I，于是鉴频器输出电压U_o产生一个正

增量 ΔU_o，使本振频率减小，经过闭环系统多次循环调节作用可使本振频率在小于 Δf_L 的新频率上稳定下来。反之，本振频率发生一个负偏离，鉴频器将输出相应的负增量，使本振频率提高，同样达到频率控制的目的。当信号载频不稳时，AFC 电路也起同样的作用，不再赘述。

图 7－30（b）为调频接收机情况，其工作原理与图 7－30（a）相同，不同点有：一是调频接收机本身就有鉴频器，不需另外增加。二是考虑到鉴频器输出电压除了有用作控制频率的反馈直流电压（慢变化）外，还包含调频波的解调电压。为了消除解调器电压对本振频率的影响，在鉴频器后接一个低通滤波器，将解调电压滤除，使 AFC 电路正常工作。

三、自动频率细调电路的工作特性

由上面的分析可以看出，自动频率控制过程实质上是利用频率误差信号的反馈作用去控制振荡器的频率，使其稳定。误差信号是由鉴频器产生的，被控部件是 VCO，因此 AFC 电路的工作特性主要决定于鉴频特性与压控特性，下面用图解法定性讨论 AFC 特性。

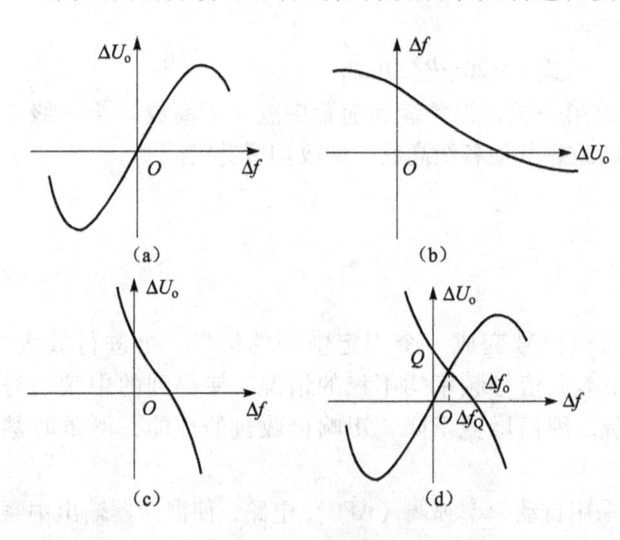

图 7－31　AFC 电路工作特性图解

设鉴频特性和压控特性曲线分别如图 7－31 所示，由于鉴频器与 VCO 工作于同一闭环中，在正常情况下达到动态平衡时，两条特性曲线应有交点，即稳定的平衡点。为了求得 AFC 电路的动态平衡点，必须设法将图 7－31（a）与图 7－31（b）的曲线合并在同一坐标中。为此可先将图 7－31（b）的曲线用逐点描迹的方法变换成图 7－31（c），即把纵坐标与横坐标互换，然后将两图合并为图 7－31（d）。图中两条曲线的交点 Q 即为 AFC 电路的稳定平衡点。

从图 7－31 可以看出以下几点：

（1）为使 AFC 电路有稳定平衡点，鉴频特性曲线与压控特性曲线的斜率必须极性相反。因为只有在这种情况下，经过 AFC 电路的多次反馈作用，系统的频差是向减小方向变化。

（2）与任何一个闭环控制系统一样，AFC 电路作为一个频率反馈控制系统存在一个稳定的频率误差，称为稳态误差，简称频差。图 7－31（d）中 Q 点所对应的频差 Δf_Q 就是稳态误差。在正常工作情况下，频差 Δf_Q 总是比初始频率 Δf_o 小，但不可能达到零。初始频差是指 AFC 不起作用时系统存在的频差，反映在压控特性上为 $\Delta U_o=0$ 时的频差 Δf_o。

（3）当初始频率一定时，为了减小频差，应加大鉴频曲线和压控特性曲线的斜率，即它们的灵敏度。

对 AFC 电路工作特性的分析，可参考锁相环的分析，这里不再进行分析。

附录 7.1　各种模拟调制系统的对比

各种模拟调制系统的抗噪声性能对比如下所述。

假设所有系统在接收机输入端具有相等的信号功率，且加性噪声都是均值为零，双边功率谱密度为 $n_o/2$ 的高斯白噪声；基带信号 $m(t)$ 在所有系统中都满足

$$\overline{m(t)}=0;\overline{m^2(t)}=0.5;|m(t)|_{max}=1$$

例如 $m(t)$ 为正弦型信号；同时，所有的调制与解调系统都具有理想特性。显然，满足上述比较条件时，式（7-13）、式（7-22）、式（7-34）及式（7-59）可分别写成：

$$\left(\frac{S_o}{n_o}\right)_{DSB}=\left(\frac{S_i}{n_oB}\right);\left(\frac{S_o}{n_o}\right)_{SSB}=\left(\frac{S_i}{n_oB}\right)$$

$$\left(\frac{S_o}{n_o}\right)_{AM}=\frac{1}{3}\left(\frac{S_i}{n_oB}\right)\text{（假定 } m=100\%\text{）；}$$

$$\left(\frac{S_o}{n_o}\right)_{FM}=\frac{3}{2}m_f^2\left(\frac{S_i}{n_oB}\right)$$

上述各式中，B 为调制信号带宽，或称基带宽度。

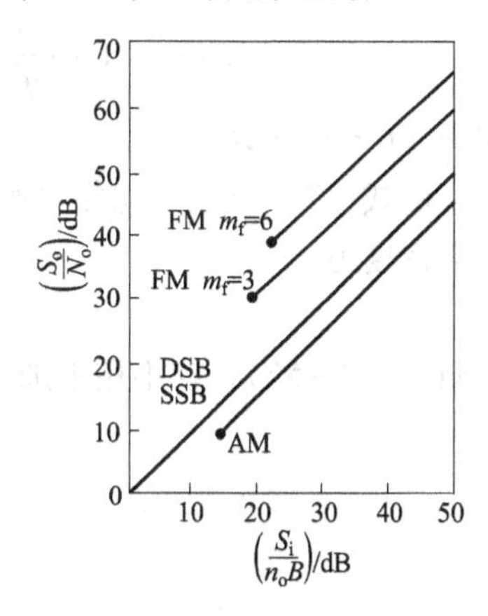

附图 7-1　各种模拟调制系统的抗噪声性能曲线

附图 7-1 表示各种模拟调制系统的抗噪声性能曲线。图中，黑圆点表示出现门限效应时的曲线拐点。门限电平以下，曲线将迅速跌落；在门限值以上，DSB-SC、SSB 的信噪比比 AM 优越 4.7 dB 以上，而 FM（$m_f=6$）的信噪比比 AM 优越 22 dB。由此可见，当输入信噪比较高时，采用 FM 方式可以得到更大的好处。

另外，对各种模拟调制系统的带宽、设备（调制与解调）复杂性等方面的比较，扼要地在附表 7-1 给出，并指出了它们的一些主要应用。

附表 7-1　各种调制方式比较

调制方式	传输带宽	设备复杂性	主要应用
DSB-SC	$2B$	中等：要求相干解调	立体声广播（FM）（超短波波段）
AM	$2B$	较小	广播（中、短波）
SSB	B	较大：要求传输小导频，调制器也复杂	载波通信 无线电台 数据传输
VSB	略大于 B	较大：调制器比较复杂	电视 传真 高速数据
FM	$2(m_f+1)B$	中等：调制器稍复杂，解调器简单	广播（WBFM） 卫星通信 移动电话（NBFM） 高速数据（WBFM） 微波中继

附录7.2　预加重/去加重对信噪比的改善值

通常采用如附图7-2（a）所示的 RC 网络作为预加重网络，其幅频特性如附图7-2（b）所示，在频率 f_1 与 f_2 之间具有微分特性，而在较低频率范围内则是平坦的。相应的去加重网络及幅频特性如附图7-2（c）、（d）所示。图7-2（b）预加重网络的传输函数为

$$H(f)=1+\mathrm{j}\frac{f}{f_1}$$

式中，$f_1=1/2\pi R_1C$。

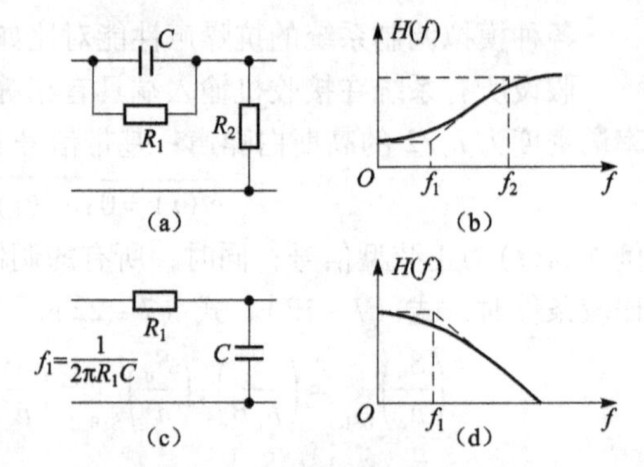

附图7-2　预加重和去加重网络

由式（7-55）可知频率解调器输出噪声功率谱密度为

$$P_o(f)=(2\pi f)^2n_o\qquad |f|\leqslant B/2$$

参照式（7-56），在不用去加重时，输出噪声功率为

$$\begin{aligned}N_o&=\frac{1}{4\pi^2A_c^2}\int_{-f_m}^{f_m}P_o(f)\,\mathrm{d}f\\&=\frac{2n_0}{A_c^2}\int_{-f_m}^{f_m}f^2\,\mathrm{d}f\end{aligned}$$

附图7-2（d）所示去加重网络的传输函数与附图7-2（b）相反为

$$H(f)=\frac{1}{1+\mathrm{j}\dfrac{f}{f_1}}$$

故去加重后输出噪声功率为

$$\begin{aligned}N_o'&=\frac{1}{4\pi^2A_c^2}\int_{-f_m}^{f_m}P_o(f)\,|H(f)|^2\mathrm{d}f\\&=\frac{2n_o}{A_c^2}\int_0^{f_m}\frac{f^2}{1+(f/f_1)^2}\mathrm{d}f\end{aligned}$$

上面 N_o 和 N_o' 式中的 f_m 为信号中最高频率。

假设在信号不发生失真时，有信噪比的改善值为

$$\Gamma=\frac{N_o}{N_o'}$$

将上面得出 N_o 和 N_o' 的积分式代入可得

$$\Gamma=\frac{1}{3}\,\frac{(f_m/f_1)^3}{(f_m/f_1)-\arctan\,(f_m/f_1)}$$

在调频广播中，通常取 $f_1=2.1$ kHz($R_1C=75\ \mu$s)。当 $f_m=15$ kHz 时，可算得信噪比改善值 Γ 约为13.28 dB。

去加重后的输出噪声功率谱如附图7-3所示。由于预加重网络的作用是提升高频分量，因此调频后的最大频偏就有可能增加，故会超出原有信道所容许的频带宽度。为使预加重后

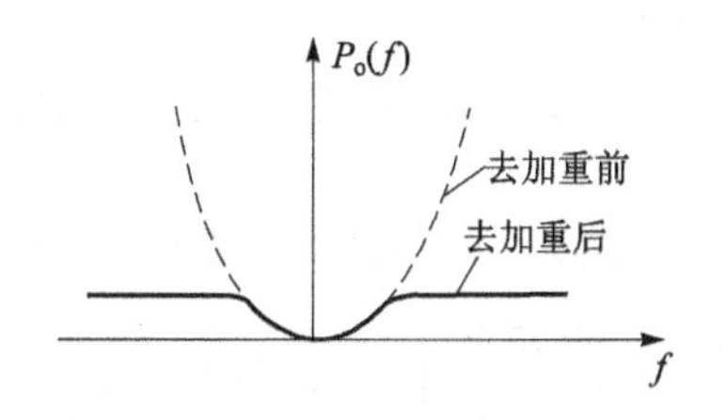

附图 7－3　去加重后的输出噪声功率谱

的频偏仍保持不变化，需要在预加重后再将信号衰减一些进行调制，这样必然会使实际的信噪比改善效果有所下降。

假设调制信号的功率谱密度为

$$S(f)=\frac{C}{1+(f/f_1)^2}$$

这里 C 为一常数。不同于预加重时，调制信号功率为

$$P_s=\int_{-f_m}^{f_m}S(t)\,df=2Cf_1\arctan\left(\frac{f_m}{f_1}\right)$$

预加重后的调制信号功率为

$$P_s'=\int_{-f_m}^{f_m}S(f)\,|H_a(f)|^2df=2Cf_m$$

为了保持调制信号功率不变化，以使最大频偏不发生变化，则应在预加重后引入衰减

$$L=\frac{\arctan(f_m/f_1)}{f_m/f_1}$$

当 $f_m=15$ kHz，$f_1=2.1$ kHz 时，$L=0.2=-6.98$ dB。因此，输出信噪比的实际改善值不是 13.28 dB，而应是 13.28 dB－6.98 dB＝6.3 dB 左右。

附图 7－4 给出了预加重/去加重的信噪比改善曲线。查出 Γ 值随 f_m/f_1 变化的曲线值，减去相应的引入衰减 L 值，就是信噪比实际改善值。

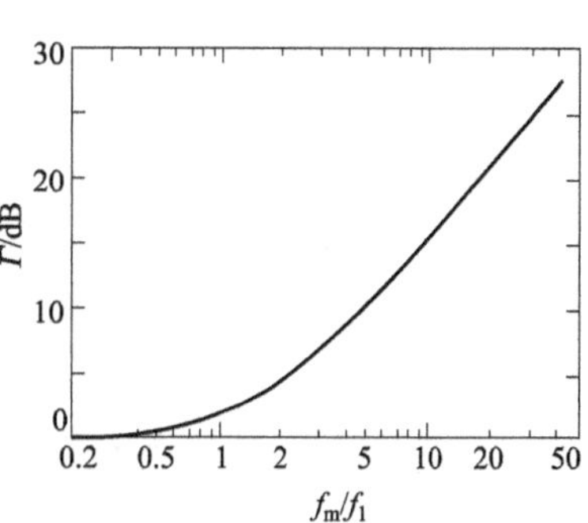

附图 7－4　信噪比改善曲线

习　　题

7－1　一个 1 000 Ω 电阻在温度 300 K 和 5 MHz 频带内工作，试计算它两端产生的噪声电压和噪声电流的方均值（图 P7－1）。

7－2　三个电阻，其阻值分别为 R_1，R_2 和 R_3；并保持温度为 T_1，T_2 和 T_3。若将三个电阻串联，并用一等效电阻 R 和等效温度 T 表示。求 R 和 T。

7－3　何谓额定功率，何谓额定功率增益？

7－4　求图 P7－4 所示无源网络的噪声系数。

7－5　某卫星接收机的线性部分如图 P7－5 所示，为满足输出端信噪比为 20 dB 的要求，试计算天线所需获得的信号功率。

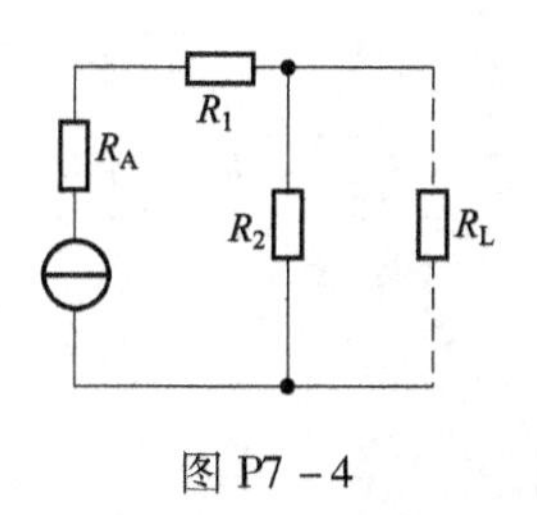

图 P7－4

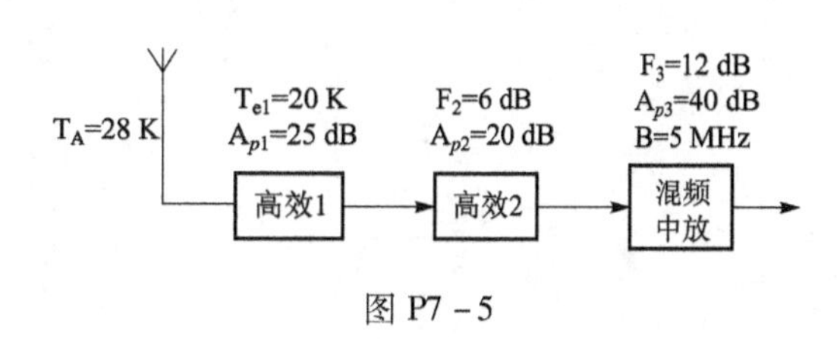

图 P7－5

7－6 接收机采用 AGC 电路后，输出电压能否保持绝对不变？为什么？

7－7 已知接收机输入信号动态范围为 80 dB，要求输出电压在 0.8～1 V 范围内变化，求整机增益控制倍数应为多大？

7－8 图 P7－8 为一接收机 AGC 电路框图，已知 $\eta=1$ 三级可控增益放大器，其控制特性相同，为

$$A(U_c)=\frac{20}{1+2U_c}$$

当可控增益放大器输入电压幅度 $(U_{im})_{min}=125\ \mu V$ 时，输出电压幅度 $(U_{om})_{min}=1\ V$；若当输入动态范围 $(U_{im})_{max}/(U_{im})_{min}=2\ 000$，要求 $(U_{om})_{max}/(U_{om})_{min}=3$，试求直流放大器的增益 A_1 及基准电压，U_r 的最小允许值。

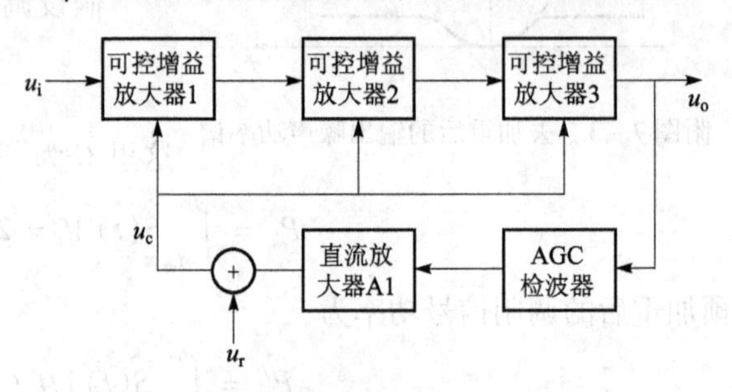

图 P7－8

第八章　模拟信号数字化

从第一章可知数字通信系统有很多优点，但在实际情况中通信系统要传输的信息有不少是模拟信号。模拟信号要在数字通信系统中传输，必须首先将模拟信号变成数字信号，再在数字系统中传输。模拟信号有很多，例如语音信号、图像信号等，本章重点分析语音信号的数字传输，其他模拟信号的数字传输也大体类同。

语音信号的数字化又称为语音编码，大致可分为波形编码和参量编码两大类。波形编码是对信号波形进行编码，现常用的有脉冲编码调制（PCM）方式和增量调制（ΔM）方式，其特点是传输信号的质量较高。参量编码是直接提取语音信号的一些特征参量，并对其进行编码。也就是说，由信源产生语音信号的条件，找出语音信号产生的物理模型，然后提取出语音信息中某些主要参量，经编码后传输到接收端，经接收端解码后恢复与发送端相应的特征参量，然后根据信号产生的物理模型合成为相应的语音，这就是语音的分析和合成方法。声码器就属于此类，其特点是可以大大压缩数据率。但与波形编码相比，质量要差一些。在本章中只叙述波形编码原理。

脉冲编码调制的过程如图 8－1 所示。它主要包括抽样，量化与编码三个过程。抽样是把时间连续的模拟信号转换为时间离散幅度连续的抽样信号；量化是把时间离散和幅度连续的抽样信号转换成时间离散和幅度离散的数字信号；编码是将量化后的信号编码形成一个二进制码组输出，即形成数字信号。国际标准的语音 PCM 是用八个码元组成一个码组来代表一个抽样值。

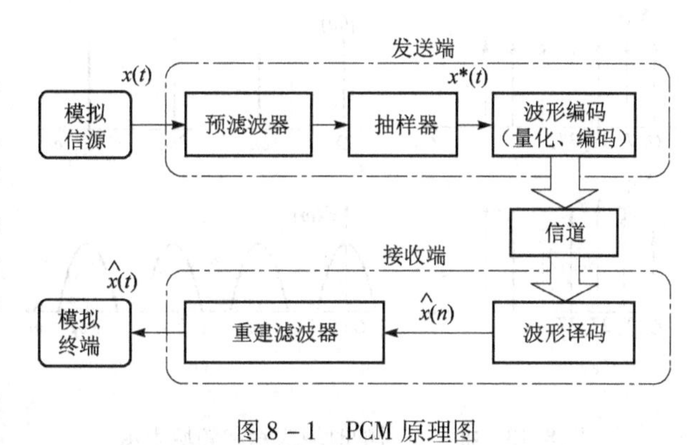

图 8－1　PCM 原理图

§8.1　抽样定理

抽样定理是模拟信号数字化的理论基础，其实质上是一个时间连续的模拟信号通过抽样变成时间离散的序列后能否从此离散序列重现原始模拟信号的问题。

8.1.1　低通抽样定理

抽样定理：若一个信号 $x(t)$ 的频谱限制在 $(0, f_H)$ 之内，则这个信号可以由该信号在间隔为 $T_s \leqslant 1/2f_H$ 的各时刻的抽样值完全确定。这个 $2f_H$ 称为 $x(t)$ 的奈奎斯特（Nyquist）频率。这说明在信号频谱的最高频率分量 f_H 所对应的周期中至少要抽样两次。

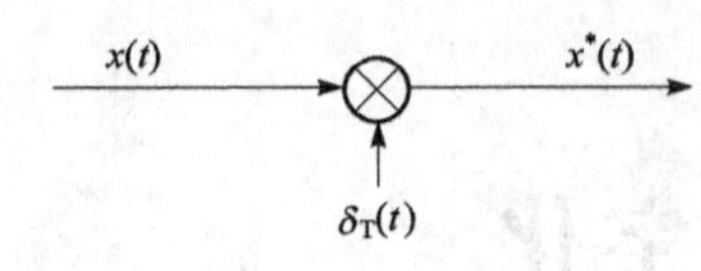

图 8-2　理想抽样过程

由图 8-2 可知，一个模拟信号 $x(t)$ 的抽样过程是将它和周期性冲激函数 $\delta_T(t)$ 相乘，得到一个均匀间隔为 T_s 的冲激序列，这些冲激强度为 $x(t)$ 上的相应瞬时值，用 $x^*(t)$ 来表示，即

$$x^*(t)=x(t)\delta_T(t) \tag{8-1}$$

若 $x(t)$、$\delta_T(t)$ 和 $x^*(t)$ 的频谱分别用 $x(\omega)$，$\delta_T(\omega)$ 和 $x^*(\omega)$ 表示，由频域卷积定理可得

$$x^*(\omega)=\frac{1}{2\pi}[X(\omega)*\delta_T(\omega)] \tag{8-2}$$

由于 $\delta_T(\omega)=\frac{2\pi}{T_s}\sum_{n=-\infty}^{\infty}\delta_T(\omega-n\omega_s)$

在此 $\omega_s=2\pi/T_s$，则

$$x^*(\omega)=\frac{1}{T_s}\left[X(\omega)*\sum_{n=-\infty}^{\infty}\delta_T(\omega-n\omega_s)\right]=\frac{1}{T_s}\sum_{n=-\infty}^{\infty}x(\omega-n\omega_s) \tag{8-3}$$

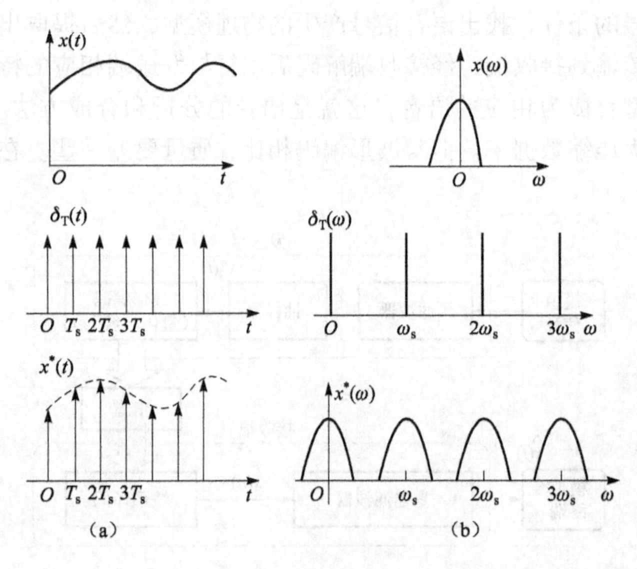

图 8-3　抽样信号的时域表示和频域表示

式（8-3）表明，抽样信号 $x^*(t)$ 的频谱 $x^*(\omega)$ 是由无穷多个间隔为 ω_s 的 $x(\omega)$ 叠加而成。这意味着 $x^*(\omega)$ 中包含有 $x(\omega)$ 的全部信息。

同样，也可用图解法证明抽样定理的正确性。图 8-3（a）分别表示出 $x(t)$、$\delta_T(t)$ 和 $x^*(t)$ 的波形，图 8-3（b）表示它们的频谱 $x(\omega)$、$\delta_T(\omega)$ 和 $x^*(\omega)$。由图可知，抽样信号 $x^*(t)$ 的频谱 $x^*(\omega)$ 包含原有信号频谱 $x(\omega)$，以及经过平移的原信号频谱，平移的频率间隔为抽样频率及其各次谐波。若抽样频率满足抽样定理的要求，即 $f_s\geqslant 2f_H$，则抽样后的信号频谱不会产生重叠，这样就可以通过低通滤波器来得到原来模拟信号的频谱，即恢复了原有的连续模拟信号。若不满足 $f_s\geqslant 2f_H$，即 $f_s<2f_H$ 时，抽样以后的频谱就有可能出现重叠，重叠部分的幅度和原信号频谱不一样，这样就不能恢复原有信号。这种出现频谱重叠的现象称为“混叠现象”，如图8-4所示。

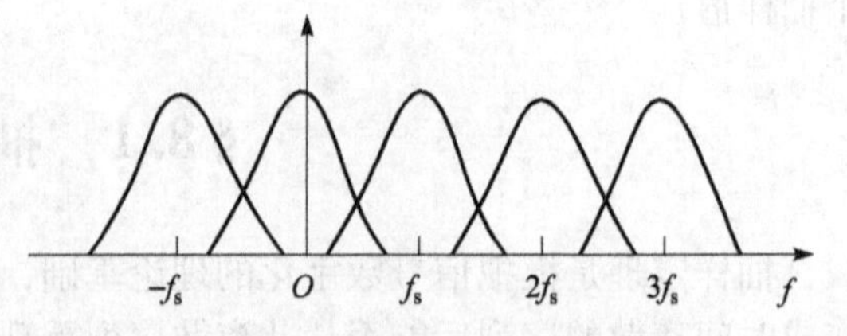

图 8-4　频谱的“混叠现象”

下面再来说明如何从已抽样信号 $x^*(t)$ 来恢复原有信号 $x(t)$。从频域上看，抽样后信号通过传输函数为 $H(\omega)$ 的理想低通滤波器后，其频谱为

$$\hat{x}(\omega)=x^*(\omega)\cdot H(\omega)\qquad |\omega|<\omega_H$$

式中，

$$H(\omega)=\begin{cases}1 & |\omega|\leqslant\omega_H\\ 0 & |\omega|>\omega_H\end{cases}$$

这样
$$\hat{x}(\omega)=\frac{1}{T_s}\sum_{n=-\infty}^{\infty}x(\omega-n\omega_s)\cdot H(\omega)=\frac{1}{T_s}X(\omega) \tag{8-4}$$

从时域上看，重建信号 $\hat{x}(t)$ 可表示为

$$\begin{aligned}\hat{x}(t)&=h(t)*x^*(t)\\&=\frac{1}{T_s}\left(\frac{\sin\omega_H t}{\omega_H t}\right)*\sum_{n=-\infty}^{\infty}x(t)\delta(t-nT_s)\\&=\frac{1}{T_s}\sum_{n=-\infty}^{\infty}x(nT_s)\frac{\sin\omega_H(t-nT_s)}{\omega_H(t-nT_s)}\end{aligned} \tag{8-5}$$

若 ω_H、T_s 及 $x(nT_s)$ 都是已知的，则由式（8－5）可得 $\hat{x}(t)$ 它在时域中可按式(8－5)由抽样值 $x(nT_s)$ 和 $\sin\omega_H t/\omega_H t$ 相乘后得到的波形叠加而成，如图 8－5 所示。

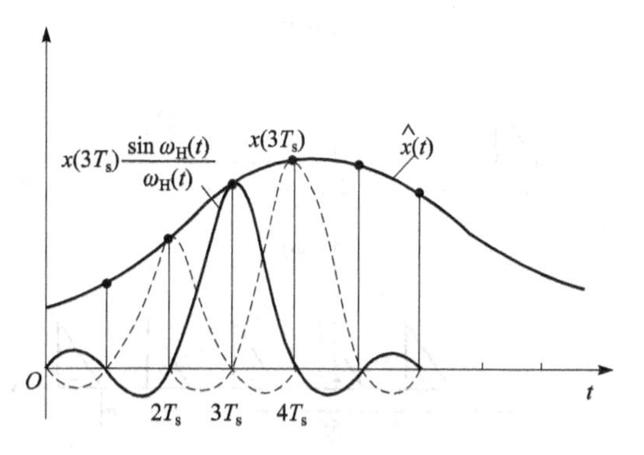

图 8－5　模拟信号的重建

8.1.2　带通抽样定理

实际中遇到的许多信号是带通信号，例如各种已调信号等。若带通信号的上截止频率为 f_H，下截止频率为 f_L，其频谱如图 8－6（a)所示。从提高传输效率考虑应尽量降低抽样频率，对图 8－6 所示的带通型频谱信号，其抽样频率不一定选为 $f_s\geqslant 2f_H$，如能适当选择抽样频率使抽样后的频谱列相互不产生交叠，这样就不可能产生混叠现象。

下面分两种情况讨论带通型信号抽样频率的选择问题。首先考虑带通型信号上截止频率 f_H 是信号带宽 $B=f_H-f_L$ 的整数倍的情况，即 $f_H=NB$，N 为正整数。对于带通型信号同样可以用式（8－3）出发来分析抽样后的频谱。现用 $\delta_T(t)$ 对信号抽样，而抽样频率 f_s 选为 $2B$，这时 $\delta_T(t)$ 的频谱 $\delta_T(\omega)$ 如图 8－6（b）所示。已抽样信号频谱 $x^*(\omega)$ 为 $x(\omega)$ 和 $\delta_T(\omega)$ 的卷积，如图 8－6（c）所示。由图可见，这时 $x^*(\omega)$ 恰好不产生频谱的相互重叠。于是将已抽样的信号通过一通带为 $f_1\sim f_H$ 的理想滤波器，即可恢复原信号 $x(t)$。

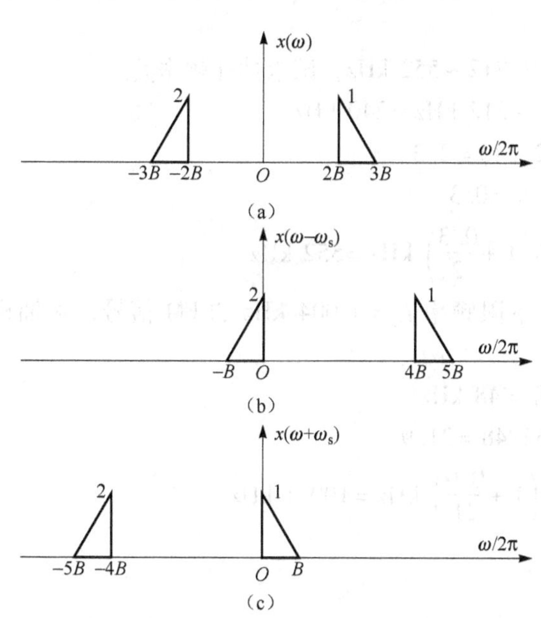

图 8－6　$f_H=NB$ 时带通型信号的抽样频谱（$N=3$）

下面再分析一般情况，即 $f_H=NB+KB$，其中 $0<K<1$，N 为小于 f_H/B 的最大整数。这时 f_H 不再是 B 的整数倍，若仍取抽样频

率 $f_s=2B$，则抽样后的频谱应是原信号频谱从原位器上以间隔为抽样频率 $f_s=2B$ 的周期向正、负两个方向在频率轴上移动，可得图 8－7 所示的频谱，由图可以看出有明显的混叠现象。如要使频谱不产生混叠现象，由图 8－7 可以看出，应多移 $(2f_H-2NB)$ 的距离，平均到每次只需比 $2B$ 多移 $(2f_H-2NB)/N$。这样一般情况下带通信号的最小抽样频率应为

$$f_s=2B+2(f_H-NB)/N$$

用 $f_H=NB+KB$ 代入，可得

$$f_s=2B\left(1+\frac{K}{N}\right) \tag{8-6}$$

根据式（8－6）可画出最小抽样频率 f_s 与带通信号上截止频率 f_H 的关系曲线，如图 8－8 所示。

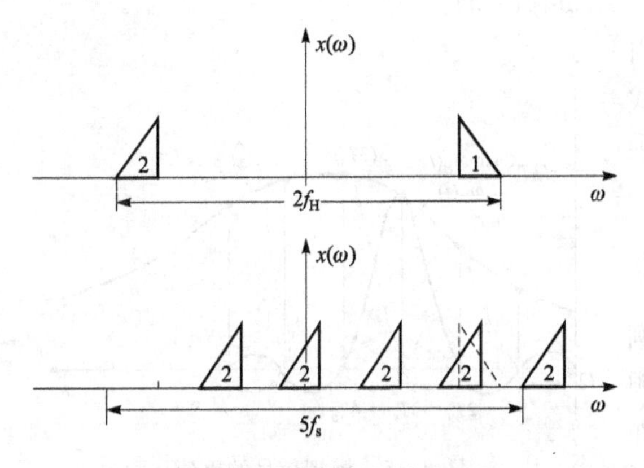

图 8－7 带通信号抽样的混叠

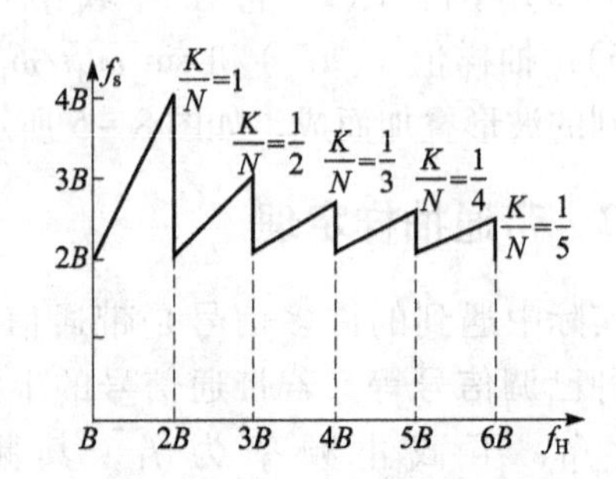

图 8－8 带通信号抽样频率 f_s 和 f_H 的关系曲线

对于窄带高频信号（$f_H \gg B$），其抽样频率近似等于 $2B$。因为此时 N 很大，所以不论 f_H 是否为 B 的整数倍，f_s 都近似等于 $2B$。

例 8－1 载波电话 60 路群信号，其频率为 312～552 kHz，试求抽样频率 f_s。

解：

$$B=f_H-f_L=552\text{ kHz}-312\text{ kHz}=240\text{ kHz}$$

$$f_H/B=552/240=2.3$$

即

$$N=2,\ K=0.3$$

$$f_s=2B\left(1+\frac{K}{N}\right)=2\times240\left(1+\frac{0.3}{2}\right)\text{ kHz}=552\text{ kHz}$$

例 8－2 对于上限频率 $f_H=1\,052$ kHz，下限频率 $f_L=1\,004$ kHz 的 FM 信号，求抽样频率。

解：

$$B=f_H-f_L=48\text{ kHz}$$

$$f_H/B=1\,052/48=21.9$$

$$f_s=2B(1+K/N)=2\times48\left(1+\frac{0.9}{21}\right)\text{ kHz}=100.1\text{ kHz}$$

8.1.3 实际抽样

前面分析均采用理想单位冲激脉冲序列作为抽样脉冲，但实际上是不可能产生没有宽度的 $\delta(t)$ 脉冲，通常都是采用具有一定宽度 τ，重复周期为 T_s 的脉冲序列来抽样。若在脉冲持续期

τ 中幅度不变称为平顶抽样，若在脉冲持续期 τ 内幅度随被抽象信号变化称为自然抽样。

一、自然抽样

它为抽样脉冲序列和被抽样信号 $x(t)$ 相乘的过程，若抽样脉冲序列表示为

$$S_T(t) = \sum_{n=-\infty}^{\infty} S(t-nT_s)$$

式中，$S(t)=\begin{cases}1 & 0<|t|\leqslant\tau/2\\0 & |t|\leqslant\tau/2\end{cases}$。

这种脉冲序列如图 8－9 所示。用自然抽样，在抽样脉冲持续期间脉冲振幅随信号幅度变化。图 8－10 给出了信号$x(t)$，抽样脉冲 $s_T(t)$ 和抽样后信号 $x^*(t)$ 的波形和频谱。

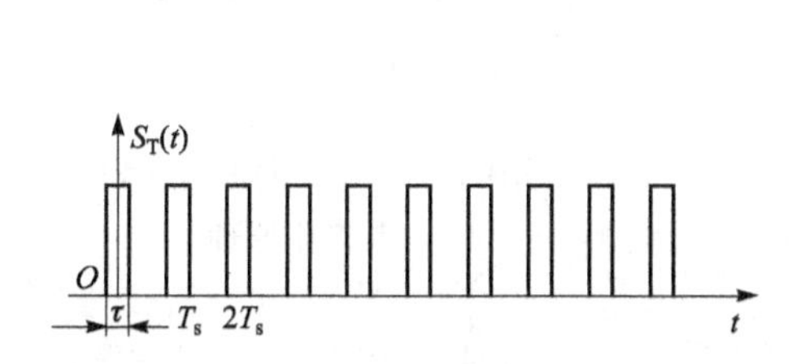

图 8－9　实际常用的脉冲序列

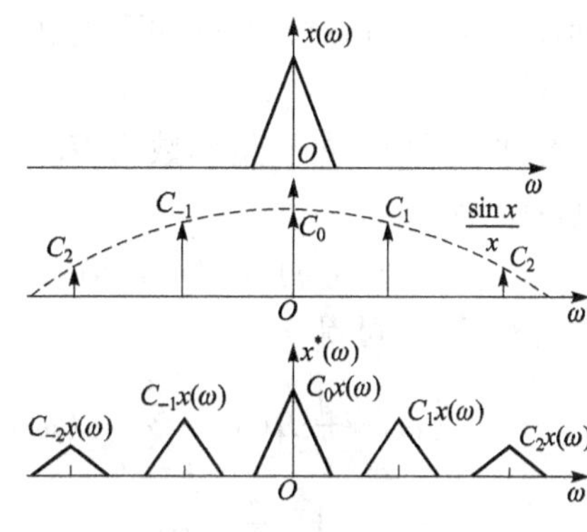

图 8－10　自然抽样过程

$s_T(t)$可用傅里叶级数表示为

$$s_T(t) = \sum_{n=-\infty}^{\infty} a_n e^{jn\omega_s t}$$

$$a_n = \frac{1}{T_s}\int_{-T_s/2}^{T_s/2} s_T(t)e^{-jn\omega_s t}dt$$

$$= \frac{1}{T_s}\int_{-\tau/2}^{\tau/2} e^{-jn\omega_s t}dt = \frac{\tau}{T_s}\frac{\sin\frac{n\omega_s\tau}{2}}{\frac{n\omega_s\tau}{2}}$$

抽样后的信号为

$$x^*(t) = x(t)s_T(t)$$

$$x^*(t) = \frac{\tau}{T_s}\sum_{n=-\infty}^{\infty} x(t)e^{-jn\omega_s t}\frac{\sin\frac{n\omega_s\tau}{2}}{\frac{n\omega_s\tau}{2}}$$

它的频谱为

$$x^*(\omega) = \frac{\tau}{T_s}\sum_{n=-\infty}^{\infty} x(\omega-n\omega_s)\frac{\sin\frac{n\omega_s\tau}{2}}{\frac{n\omega_s\tau}{2}} \tag{8-7}$$

将式（8－7）与理想抽样的频谱式（8－3）相比较，自然抽样的频谱多了一项 $\sin\frac{n\omega_s\tau}{2}/\frac{n\omega_s\tau}{2}$，说明其包络按 $Sa(x)$ 函数变化，如图 8－10 所示。显然采用低通滤波就可以从 $x^*(\omega)$ 中滤出原频谱 $x(\omega)$。

二、平顶抽样

平顶抽样所得到的已抽样信号如图 8－11 所示，这时每个抽样脉冲的幅度正比于瞬时抽样值，有时也称为脉冲幅度调制（PAM）。已抽样信号在原理上可按图 8－11（b）来形成。图中首先将 $x(t)$ 和 $\delta(t)$ 相乘得到理想抽样信号，再通过一个脉冲形成电路，输出为平顶抽样信号 $x_f^*(t)$。

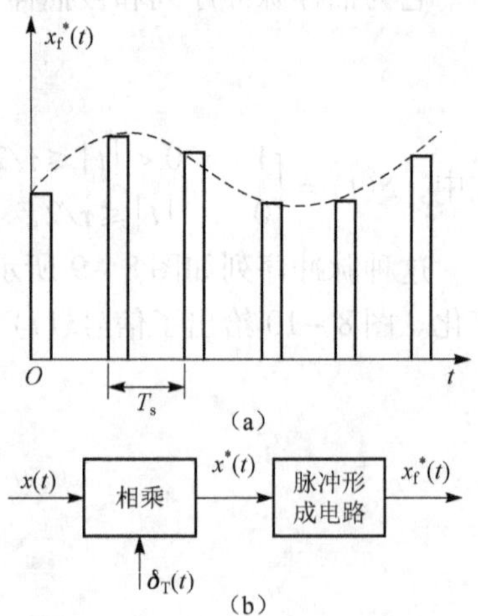

图 8－11　平顶抽样信号与其产生原理

设脉冲形成电路的传输函数为 $H(\omega)$，其输出信号频谱 $x_f^*(\omega)$ 应为

$$x_f^*(\omega)=x^*(\omega)H(\omega)$$

利用式（8－3），可得

$$x_f^*(\omega)=\frac{1}{T}H(\omega)\sum_{n=-\infty}^{\infty}x(\omega-n\omega_s)$$

$$=\frac{1}{T}\sum_{n=-\infty}^{\infty}H(\omega)x(\omega-n\omega_s) \tag{8-8}$$

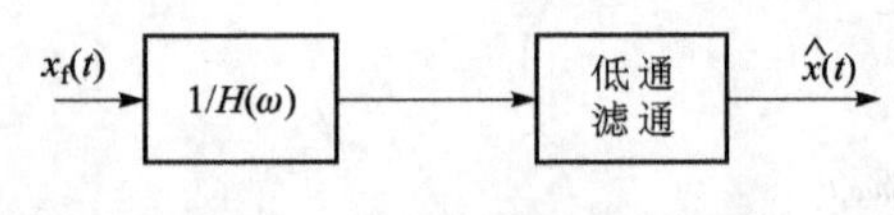

图 8－12　平顶抽样解调方式

由上式可知，平顶抽样信号的频谱 $x_f^*(\omega)$ 是由 $H(\omega)$ 加权后的周期重复频谱 $x(\omega)$ 组成，因此采用低通滤波器不能直接从 $x^*(\omega)$ 中得到 $x(\omega)$，这时 $H(\omega)$ 不是常数，而是 ω 的函数。

要得到原信号必须采用如图 8－12 所示的解调方式，在低通滤波之前加一个 $1/H(\omega)$ 的修正网络。

实际上，平顶抽样经常用抽样保持电路来实现。

§8.2　量化理论

抽样仅将模拟信号变成时域上离散的信号，但抽样值还是随信号幅度连续变化的。若将抽样值用预先规定的有限电平来表示，这一过程称为量化过程。这样就将幅度连续的抽样值变成幅度离散的抽样值。图 8－13 给出了量化过程，图中 $x(t)$ 为输入模拟信号；$x(kT_s)$（$k=0, 1, 2, \cdots$）为抽样后的抽样值；$x_q(kT_s)$ 为量化后的输出，它为 Q 个可允许电平（m_1，$m_2\cdots$，m_Q）之一，图中 x_1，x_2，…，x_Q 为量化区间的端点。量化规则为

$$x_q(kT_s)=m_i \qquad x_{i-1}\leqslant x(kT_s)<x_i \tag{8-9}$$

式中，m_i 为量化电平。

量化过程是一个近似过程，量化后的信号和原信号之间存在一定的误差，这种误差称为量化误差。由于这个误差是随机的，有时也称为量化噪声。量化性能通常用输出功率与量化

噪声功率之比来量度，其定义为

$$\frac{S_q}{N_q}=\frac{E\{[x_q(kT_s)]^2\}}{E\{[x(kT_s)-x_q(kT_s)]^2\}} \tag{8-10}$$

式中，$x(kT_s)-x_q(kT_s)$为量化误差。

量化按量化间隔划分方式不同可分为均匀量化和非均匀量化。

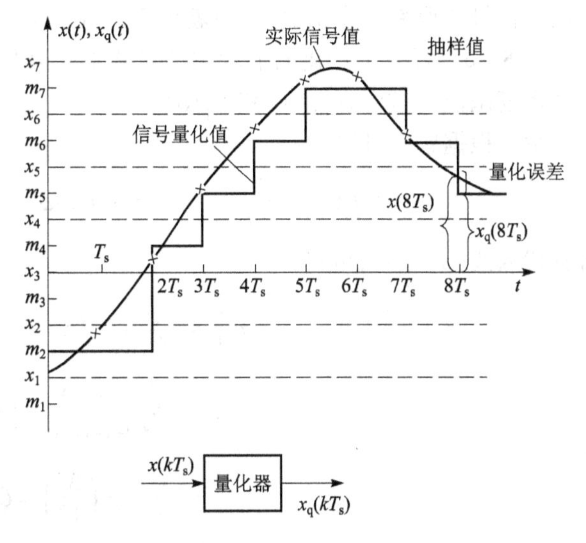

图8-13　量化过程示意图

8.2.1　均匀量化

均匀量化是把输入信号的变化范围分成Q个相同的区域，每个区域的宽度即预定电平均间隔称为量阶，用符号Δ表示。若抽样信号$x(kT_s)$是在第i个量化区域内，则在这个抽样周期内输出该区域的中点值m_i，如图8-13所示。假设输入信号的最大值和最小值分别为a和b，则量阶为

$$\Delta=\frac{a-b}{Q} \tag{8-11}$$

量化输出为

$$x_q=m_i \qquad x_{i-1}\leqslant x<x_i$$

在此

$$x_i=b+i\Delta \qquad i=1,2,3,\cdots,Q$$

$$m_i=\frac{x_{i-1}+x_i}{2}$$

下面分析均匀量化时的量化噪声功率（简称量化噪声）和量化信噪比。一般情况下，量化噪声包含未过载量化噪声σ_q^2和过载量化噪声σ_{q0}^2，总的量化噪声为

$$\sigma_{qs}^2=\sigma_q^2+\sigma_{q0}^2 \tag{8-12}$$

先分析未过载量化噪声σ_q^2，则有

$$\sigma_q^2=E[(x-x_q)^2]$$

对于随机输入信号来说，量化误差是一个以$-\Delta/2\sim+\Delta/2$为界的随机变量。量化噪声除了与量化误差有关外，还与模拟输入信号的概率分布有关。当信号的概率密度函数为$P(x)$时，量化噪声可写为

$$\begin{aligned}\sigma_q^2&=\int_b^a(x-x_q)^2P(x)\,\mathrm{d}x\\&=\sum_{i=1}^{Q}\int_{x_{i-1}}^{x_i}(x-m_i)^2P(x)\,\mathrm{d}x\end{aligned} \tag{8-13}$$

此时的输出信号的功率S_q为

$$\begin{aligned}S_q&=E[(x_q)^2]\\&=\sum_{i=1}^{Q}(m_i)^2\int_{x_{i-1}}^{x_i}P(x)\,\mathrm{d}x\end{aligned} \tag{8-14}$$

若已知信号的概率密度函数 $P(x)$ 就可算出 σ_q^2，S_q 和 S_q/σ_q^2。

例 8－3 设一个量化电平均匀的量化器，其信号的变化范围为 $(-a, a)$，并具有均匀概率密度函数，试求 σ_q^2，S_q 和 S_q/σ_q^2。

解： 根据题意可得

$$P(x)=\frac{1}{2a},\qquad x_i=-a+i\Delta,\qquad m_i=-a+i\Delta-\frac{\Delta}{2}$$

将其代入式(8－13)，可得

$$\begin{aligned}\sigma_q^2 &= \sum_{i=1}^{Q}\int_{x_{i-1}}^{x_i}(x-m_i)^2\left(\frac{1}{2a}\right)\mathrm{d}x\\ &= \sum_{i=1}^{Q}\int_{-a+(i-1)\Delta}^{-a+i\Delta}\left(x+a-i\Delta+\frac{\Delta}{2}\right)^2\cdot\frac{1}{2a}\mathrm{d}x\\ &= \sum_{i=1}^{Q}\frac{1}{2a}\left(\frac{\Delta^3}{12}\right)=Q\left(\frac{1}{2a}\right)\left(\frac{\Delta^3}{12}\right)\end{aligned}$$

因 $Q\Delta=2a$，则

$$\sigma_q^2=\frac{\Delta^2}{12} \tag{8-15}$$

从式（8－15）可知量化噪声仅仅与量阶 Δ 的平方成正比，要减少量化噪声必须减小量阶。在信号变化范围不变时，必须加大量化电平的数目 Q。

由式（8－14）可得输出信号功率为

$$\begin{aligned}S_q &= \sum_{i=1}^{Q}(m_i)^2\int_{x_{i-1}}^{x_i}P(x)\mathrm{d}(x)\\ &= \frac{(Q^2-1)}{12}\cdot\Delta^2\end{aligned}$$

因而，平均信号量化噪声功率比为

$$S_q/\sigma_q^2=Q^2-1$$

当 $Q\gg 1$ 时，$\dfrac{S_q}{\sigma_q^2}\approx Q^2$ 通常量化电平数 Q 应根据对量化器输出信号量化噪声功率比的要求来确定。

若量化器的最大量化电平为 V，输入信号的电平超出 $(-V, V)$ 时，称为量化器过载，其量化噪声称为过载噪声。过载噪声定义为

$$\sigma_{q0}^2=\int_V^{\infty}(x-V)^2P(x)\mathrm{d}x+\int_{-\infty}^{-v}(x+V)^2P(x)\mathrm{d}x$$

$P(x)$ 为对称分布时

$$\sigma_{q0}^2=2\int_V^{\infty}(x-V)^2P(x)\mathrm{d}x. \tag{8-16}$$

对于实际的语音信号，不可避免有部分信号幅度超出量化范围而造成过载，因此，量化噪声将由未过载和过载噪声两部分组成。语音信号幅度概率密度可近似用拉普拉斯分布来表示，即

$$P(x)=\frac{1}{\sqrt{2}\sigma_x}\mathrm{e}^{-\frac{\sqrt{2}|x|}{\sigma_x}} \tag{8-17}$$

在此 σ_x 是信号为 x 的方均根值，σ_x^2 是语音信号在单位电阻上消耗的功率。其对应的分布曲线如图 8－14 所示。

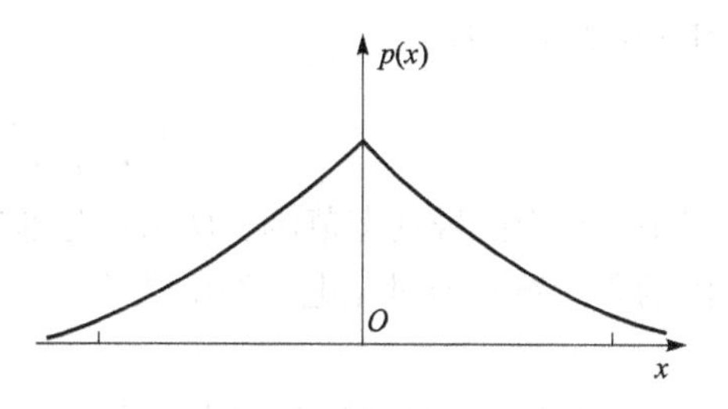

图 8－14　语音信号幅度的概率密度

首先，计算非过载量化噪声 σ_q^2。根据式（8－13）

$$\sigma_q^2 = \sum_{i=1}^{Q}\int_{x_{i-1}}^{x_i}(x-m_i)^2P(x)\mathrm{d}x$$

当 $Q \gg 1$ 时，Δ 很小，可以近似认为在 Δ_i 内其概率密度函数 $P(x)$ 是不变的，并以常数 $P(x_i)$ 表示，则上式可写为

$$\sigma_q^2 = \sum_{i=1}^{Q}P(x_i)\int_{x_{i-1}}^{x_i}(x-m_i)^2\mathrm{d}x = \sum_{i=1}^{Q}\frac{1}{12}\Delta^3\cdot P(x_i) \tag{8-18}$$

再令 P_i 为信号落在 Δ_i 这一范围内的概率，则应有

$$P_i = \int_{x_{i-1}}^{x_i}P(x)\mathrm{d}x = P(x_i)\Delta \tag{8-19}$$

将式（8－19）代入式（8－18）可得

$$\sigma_q^2 = \sum_{i=1}^{Q}\frac{\Delta^2}{12}P_i = \frac{\Delta^2}{12}\sum_{i=1}^{Q}P_i \tag{8-20}$$

式中，$\sum_{i=1}^{Q}P_i$ 为信号在非过载区的总概率。如适当的选择量化范围，可使信号过载概率很小。因此，可以认为 $\sum_{i=1}^{Q}P_i \approx 1$。另外若令语音信号量化范围为$(-V,V)$，则量阶 Δ 可写成

$$\Delta = 2V/Q$$

代入式（8－20）可得

$$\sigma_q^2 = \frac{\Delta^2}{12} = \frac{V_2}{3Q^2} \tag{8-21}$$

过载噪声可用式（8－16）来计算

$$\sigma_{q0}^2 = 2\int_V^{\infty}\frac{(x-V)^2\mathrm{e}^{-\frac{\sqrt{2}x}{\sigma_x}}}{\sqrt{2}\sigma_x}\mathrm{d}x = \sigma_x^2\mathrm{e}^{-\frac{\sqrt{2}V}{\sigma_x}} \tag{8-22}$$

总的量化噪声为

$$\sigma_{qs}^2 = \sigma_q^2 + \sigma_{q0}^2 = \frac{V^2}{3Q^2} + \sigma_x^2\mathrm{e}^{-\frac{\sqrt{2}V}{\sigma_x}} \tag{8-23}$$

语音信号的信号功率为

$$S = \int_{-\infty}^{\infty}x^2P(x)\mathrm{d}x = \sigma_x^2$$

信号与量化噪声功率比，即量化信噪比应为

$$\frac{S}{\sigma_{qs}^2} = \frac{\sigma_x^2}{\sigma_{qs}^2} = \left[\frac{V^2}{3\sigma_x^2Q^2} + \mathrm{e}^{-\frac{\sqrt{2}V}{\sigma_x}}\right]^{-1}$$

令 $D = \sigma_x/V$，则

$$\frac{S}{\sigma_{qs}^2} = \left[\frac{1}{3D^2Q^2} + \mathrm{e}^{-\frac{\sqrt{2}V}{\sigma_x}}\right]^{-1} \tag{8-24}$$

用 dB 表示，有

$$\left(\frac{S}{\sigma_{q_s}^2}\right)_{dB} = -10\lg\left[\frac{1}{3D^2Q^2} + e^{-\frac{\sqrt{2}}{D}}\right] \tag{8-25}$$

式中，D 为信号动态范围；Q 为信号非过载范围的量化电平数。在二进制信号编码中，码组内的码元数 n 与量化电平数的关系为

$$Q = 2^n$$

当 $D<0.2$ 时，过载噪声很小，有

$$\left[\frac{S}{\sigma_{qs}^2}\right]_{dB} \approx -10\lg\left[\frac{1}{3D^2Q^2}\right] \approx 6.02n + 4.77 + 20\lg D \tag{8-26}$$

当信号有效值很大时，$D \gg 1$ 时，过载噪声将起主要作用，于是

$$\left[\frac{S}{\sigma_{qs}^2}\right]_{dB} \approx 6.1/D \tag{8-27}$$

图 8－15 给出了输入为语音信号时信噪比特性。

根据电话传输标准的要求，在信号动态范围大于 40 dB 的条件下信噪比应不低于 26 dB。按照这一要求，利用式（8－26）计算可得 $26 \leqslant 6.02n + 4.77 - 40$，要求一个码组内码元数 $n \geqslant 11$。如每个抽样值用 11 位码来传输，则信道的利用率较低。但如果减少码元数则又会降低量化噪声信噪比。为了解决这一矛盾可采用非均匀量化。

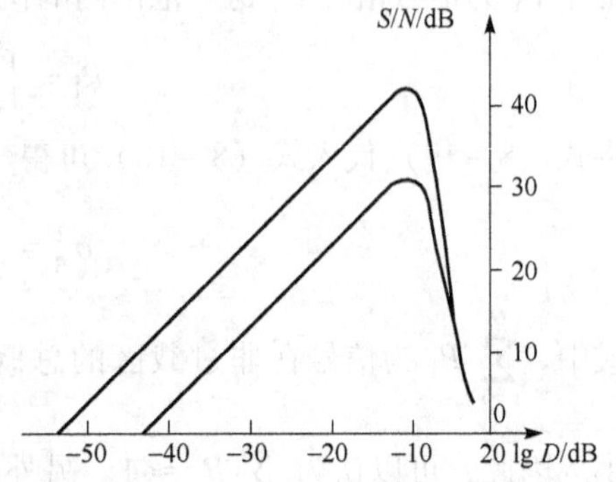

图 8－15　输入为语音信号时信噪比特性

8.2.2　非均匀量化

如前所述，采用均匀量化时其量化信噪比随信号电平的减小而下降。产生这现象的原因是量化噪声功率和输入信号电平无关，仅仅和量阶 Δ 的平方成正比［式（8－15）说明］。当采用均匀量化时，量阶 Δ 为常数，也就是信号电平变化时，量化噪声是不变的。故大信号时信噪比大，而小信号时信噪比小。解决这一问题的方法是变化量阶 Δ，这就是非均匀量化。其特点是信号电平低时，使量阶 Δ 小，量化噪声功率也就小；信号电平高时，使量阶 Δ 大，量化噪声功率也就大，使信号动态范围内量化信噪比基本相同。

非均匀量化对于像语音信号这类概率密度函数不均匀的信号，可将概率密度大的区域量化间隔分得细一些，即 Δ 取小一些，如语音信号幅度小的区域。使量化噪声功率降低，提高量化信噪比。对概率密度小的区域，量化间隔分得粗一些，即 Δ 取大一些，使量化电平数少一些。这样可设法找到一种和概率密度相配合的量化特性，使量化信噪比基本满足要求，而量化电平可显著减少。

实际上，非均匀量化的实现方法通常是将信号抽样值通过压缩后再进行均匀量化，即将抽样所得的抽样信号先通过一个非线性电路进行压缩，再进行均匀量化。该非线性电路的特性是：在最大信号时其增益为 1，并随着信号的减小增益系数逐渐变大，其压缩特性如图 8－16 所示。信号通过这种非线性电路后，就可改变大信号和小信号之间的比例关系。在 A/D 转换系统中，这一处理过程称为压缩。为了在接收端恢复原有的幅度关系，必须将信

号经过一个与压缩特性相反的电路，该电路称扩张器，它的增益特性为：小信号时增益小，大信号时增益大，其特性如图 8－17 所示。这两个过程统称为压扩过程。

通常采用的压缩器中，大多采用对数式压缩，即 $y=\ln x$。广泛采用的两种对数压缩律是 μ 压缩律和 A 压缩律。美国采用 μ 压缩律，而欧洲各国和我国采用 A 压缩律。下面分别讨论 μ 压缩律和 A 压缩律。

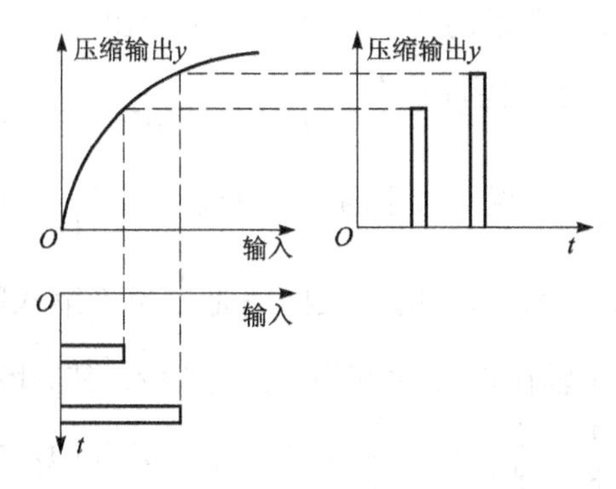

图 8－16　压缩特性

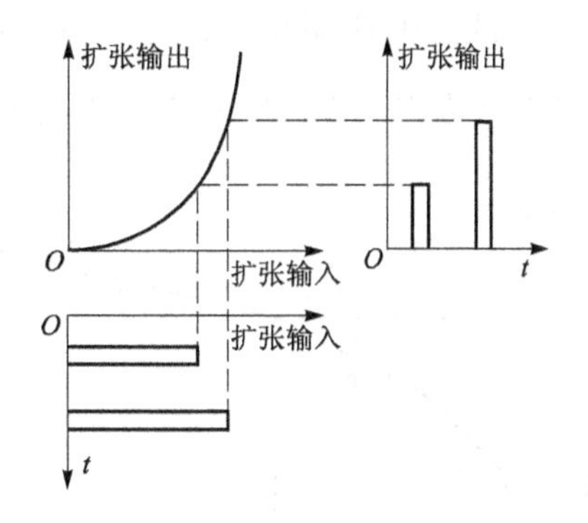

图 8－17　扩张特性

一、μ 压缩律

所谓 μ 压缩律就是压缩器具有下述压缩特性

$$y=\frac{\ln(1+\mu x)}{\ln(1+\mu)}\qquad 0\leqslant x\leqslant 1 \tag{8-28}$$

式中，y 和 x 均是经过归一化的；μ 值是与电路参数有关的参量，μ 的数值表示输出信号相对于输入信号的压缩程度。μ 值越大表示压缩性越强，$\mu=0$ 表示无压缩特性。不同 μ 值时以归一化量表示的压缩特性如图 8－18 所示。美国早期采用 $\mu=100$，而现在通常用 $\mu=255$。

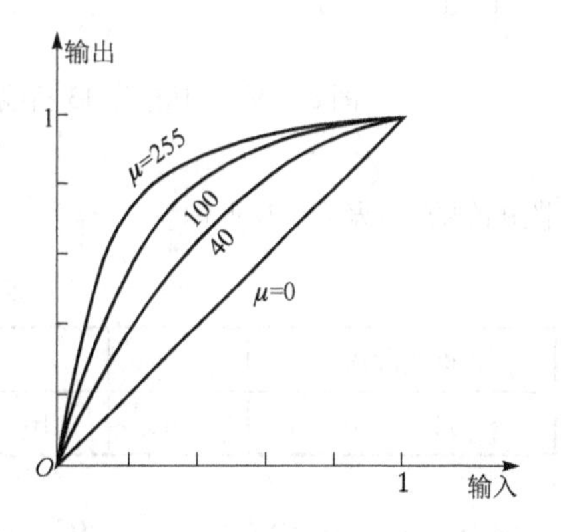

图 8－18　不同 μ 值的压缩特性

图 8－18 中只画出了信号幅度为正值的情况，实际的语音信号的抽样值是双向的，所以实际的压缩特性是以原点为中心的奇对称特性。

二、A 压缩律

A 压缩律是压缩特性为如下特性的压缩律。则有

$$y=\begin{cases}\dfrac{Ax}{1+\ln A} & 0\leqslant x\leqslant \dfrac{1}{A}\\[2ex] \dfrac{1+\ln Ax}{1+\ln A} & \dfrac{1}{A}<x\leqslant 1\end{cases} \tag{8-29}$$

式中，x 为归一化压缩器的输入电压；y 为归一化压缩器的输出电压；A 为压缩参量，表示压缩程度，常用 $A=87.6$。由于 x，y 均在 -1 与 $+1$ 之间变化，其特性曲线是在一、三象限，而式（8－29）仅仅表示第一象限的特性曲线。由于在 y 轴上从 -1 到 $+1$ 被均匀量化为 Q 个量化区间，因此其量价为 $2/Q$。

三、对数压缩的折线法近似

理想的A压缩律和μ压缩律压缩特性用模拟电路来实现是十分复杂的，而且很难保证压缩特性的一致性和稳定性。目前经常用数字电路来实现。CCITT 国际标准建议用13折线法近似A压缩律压缩特性，而用15折线法近似μ压缩律压缩特性。图8－19表示近似A压缩律的13折线法的压缩特性，图中只画出了输入信号为正的特性。从图中可看出，x轴在0～1的范围内以1/2递减规律分成八个不均匀段，其分段点是$\frac{1}{2}$，$\frac{1}{4}$，$\frac{1}{8}$，$\frac{1}{16}$，$\frac{1}{32}$，$\frac{1}{64}$和$\frac{1}{128}$。这说明最小的一个分段间隔是$\frac{1}{128}$位于第一段，最大的分段间隔是$\frac{1}{2}$位于第八段。而y轴在0～1之间均匀分成八段，其分段点为$\frac{1}{8}$，$\frac{2}{8}$，…，$\frac{7}{8}$和1，将坐标点(1/128，1/8)和原点相连，再将(1/64，2/8)点与(1/128，1/8)点相连，(1/32,3/8)点与(1/64，2/8)点相连，……。这样就组成由八段直线连成的一条折线，但由于第一、二段折线斜率相等，实际上只有七段折线。同样输入信号为负时，压缩特性对原点对称，负方向还有七段折线。由于负的第一段和正的第一段斜率相同，因此共有13段折线。该折线与式（8－36）表示的压缩特性近似，各段的斜率如表8－1所示。

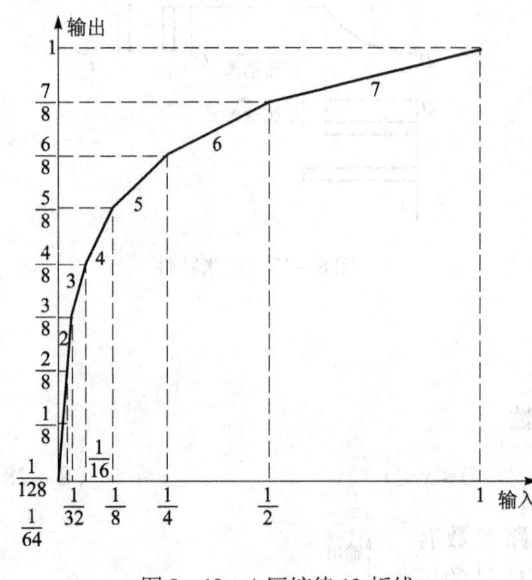

图8－19　A压缩律13折线

表8－1　13折线各段的斜率

折线段落	一	二	三	四	五	六	七	八
斜　率	16	16	8	4	2	1	1/2	1/4

用$A=87.6$代入式（8－29）可计算y与x的对应关系，并与折线关系计算值对比，结果列于表8－2中

表8－2　A压缩律（$A=87.6$）与13折线的对比

y / x	$\frac{1}{8}$	$\frac{2}{8}$	$\frac{3}{8}$	$\frac{4}{8}$	$\frac{5}{8}$	$\frac{6}{8}$	$\frac{7}{8}$	1
A压缩律关系求得x	1/128	1/60.6	1/30.6	1/15.4	1/7.8	1/3.4	1/2	1
折线关系求得x	1/128	1/64	1/32	1/16	1/8	1/4	1/2	1

以上较详细地讨论了A压缩律和μ压缩律的压缩原理，只是扩张是压缩的逆过程，只要

掌握了压缩原理就不难理解扩张原理。

在此讨论的均匀量化和非均匀量化为标量量化，至于矢量量化在性能上比标量量化要优越得多，在此不作介绍。

§8.3　PCM编码原理

一个模拟信号经抽样与量化后变为一组幅度有限的离散值，但它们并没有完成数字化的过程。为了最后完成数字化还需要把离散的样值变成相应的二进制的数字信号码组，这种变换过程称为编码，其逆过程称为译码。实际上量化是在编码过程中同时完成的，故编码过程也称模/数转换，记作A/D。

编码有各种方法：按编码速度区分有低速编码和高速编码；按编码的性质区分又可分为线性编码和非线性编码；按编码实现方法区分又可分为逐次反馈型、级联型和混合型；按编码器在通信系统中所处位置区分又可分为单路编码器和群路编码器。在此仅叙述高速非线性单路编码器，并采用逐次反馈型。

语音信号一般采用二进制数字编码。每一位二进制数字码只能表示两个数值即“1”或“0”，而两位二进制数字码则可有四种组合：00，01，10，11。其中每一种组合称码组或称码字。若每个码组由 n 位码元组成，这样便有 2^n 个不同码组。例如7位二进制码元表示一个码字，这样便有 $2^7=128$ 种不同码组。量化电平数和编码码组中的码元数的关系为

$$Q=2^n$$

其中，Q 为量化电平数；n 为码组中码元数。

在具体叙述编码原理之前，先简述常用的几种二进制码型。

8.3.1　二进制码型

常用二进制的码型有三种，即一般二进制码（又称自然码）。折叠二进制码和循环码（又称格雷码）。表8-3是以4位码元构成的码组为例说明各码组与量化电平的对应关系。就量化电平和码组关系而言，一般二进制码最简单，为

$$A=a_n 2^{n-1}+a_{n-1}2^{n-2}+\cdots+a_1 2^0 \tag{8-30}$$

表8-3　不同二进制编码规则对照

量化电平	一般二进制码	折叠二进制码	循环码
0	0000	0111	0000
1	0001	0110	0001
2	0010	0101	0011
3	0011	0100	0010
4	0100	0011	0110
5	0101	0010	0111
6	0110	0001	0101
7	0111	0000	0100

续表

量化电平	一般二进制码	折叠二进制码	循环码
8	1000	1000	1100
9	1001	1001	1101
10	1010	1010	1111
11	1011	1011	1110
12	1100	1100	1010
13	1101	1101	1011
14	1110	1110	1001
15	1111	1111	1000

在此 a_n 为最高位码元，n 表示码组中码元的个数。在从左到右排列中最高位为最左边一位。

这三种码型是可以互换的，若用 b_i，r_i 和 f_i 分别表示一般二进制码、循环码和折叠二进制码的第 i 个码元的数值，其中 $i=1，2，\cdots，n$，则可有下列变换关系：

$$r_n=b_n，\ r_i=b_i\oplus b_{i+1}，\ 1\leqslant i\leqslant n-1$$

$$b_n=r_n，\ b_i=r_n\oplus r_{n-1}\oplus\cdots\oplus r_i，\ 1\leqslant i\leqslant n-1$$

$$f_n=b_n，\ f_i=\bar{b}_n\oplus b_i，\ 1\leqslant i\leqslant n-1$$

$$b_n=f_n，\ b_i=\bar{f}_n\oplus f_i，\ 1\leqslant i\leqslant n-1$$

从对双极性信号编码的实现方法上考虑，采用折叠二进制码比较方便。因为折叠二进制码的最高位可用来表示信号的极性，而用余下的码元去表示信号的绝对值，这就是说，信号极性用最高位表示后，再将信号整流，用单极性编码方法编出其余码，这就可以大大简化编码过程。

8.3.2 非线性编码

将非均匀量化和编码两个过程合起来等效为一非线性编码。下面就 A 压缩律 13 折线的编码过程加以说明，并采用逐次反馈编码原理。

信号样值有正有负，要用 1 位码来表示，这位码称为极性码。A 压缩律 13 折线压缩律在第一象限有八个段落，每个段落斜率不同，故需用 3 位码来表示不同的段落，这三个码称为段落码，它们也表示了各段落的起始电平。在每个段落内再均分为 16 等分。由于每个段的长度不同，这样每段均匀等分成小段的长度也是不等的。把第一段的一个等分作为最小均匀量化的量阶 Δ，在第 1 ~ 8 段落内的每个等分依次为 1Δ，1Δ，2Δ，4Δ，…，64Δ，如表 8 - 4 所示。由于每个段落内分成 16 等分，需用 4 位码来表示，这 4 位码称为段内码。按上述考虑，设 b_1，b_2，…，b_8 为 8 位码的 8 个码元，其排列如下：

极性码	段落码	段内码
b_1	$b_2b_3b_4$	$b_5b_6b_7b_8$

小信号时量阶较小，最小量化间隔为 $1/128\times1/16=1/2\ 048=\Delta$；大信号时量化间隔为 $1/2\times1/16=1/32=64\Delta$，这对提高量化信噪比有利。

现在将非线性编码和线性编码作一个比较。设线性编码的量化间隔（量阶）等于非线性编码的最小量阶Δ，这样两种编码在小信号时量化信噪比是相等的。对于非线性编码从1～8段所包含的Δ数为2 048Δ，这样的数构成128个量化电平（量化间隔），可用7位码来完成编码（除极性码外）。若用线性编码表示2 048个Δ，就要用11个码（不包含极性码），因为$2^{11}=2\ 048$。可见，在保证小信号量化间隔相等的条件下，7位非线性编码和11位线性编码等效。

表8－4　7位线性编码规则

段落序号	段落码 $b_2b_3b_4$	各段起始电平	各段长度	各段段内量阶	各段斜度	各段段内码数值 b_5 b_6 b_7 b_8
0	000	0	16	1	16	8 4 2 1
1	001	16	16	1	16	8 4 2 1
2	010	32	32	2	8	16 8 4 2
3	011	64	64	4	4	32 16 8 4
4	100	128	128	8	2	64 32 16 8
5	101	256	256	16	1	128 64 32 16
6	110	512	512	32	1/2	256 128 64 32
7	111	1 024	1 024	64	1/4	512 256 128 64

注：表中起始电平、长度、量阶和段内码数值单位均为最小量阶Δ

现在来说明逐次反馈型编码原理。编码器的任务是要根据输入的抽样值编出相应的8位二进制代码。除第一位极性码b_1外，其他7位码是通过逐次反馈比较确定的。预先规定好一些作为标准的电流（或电压），称为权值电流，用符号I_w表示。I_w的个数与编码位数有关。当抽样脉冲到来后，用逐步逼近的方法有规律地用各标准电流I_w去和抽样值比较，每比较一次出1位码，直到I_w和抽样值I_s逼近为止。逐次反馈比较编码器的原理框图如图8－20所示，它由整流器、保持电路、比较器和本地译码器组成。

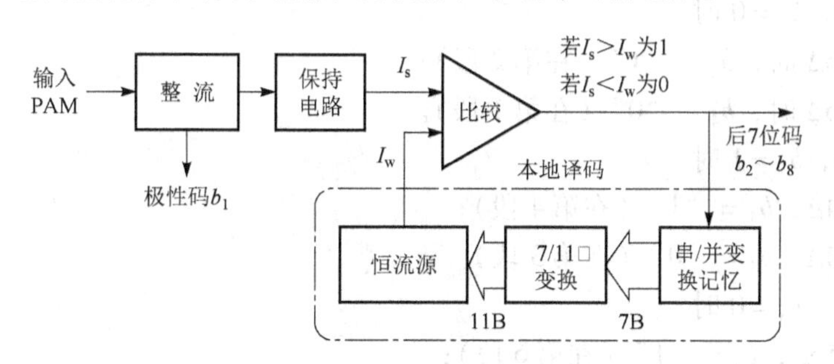

图8－20　逐次反馈型编码器框图

整流器需有良好的线性，通常采用高增益宽频带运算放大器来实现，它用来判别抽样值的极性，编出极性码b_1。样值为正时，$b_1=1$。而样值为负时，$b_1=0$。同时将双极性脉冲变成单极性脉冲。比较器由电压比较器组件来完成，它通过将样值电流I_s和标准电流I_w进行比较，从而对输入信号抽样值实现非线性编码和最化。每比较一次输出1位二进制代码。且$I_s>I_w$时，比较器输出为“1”；反之输出为“0”。由于13折线法中用7位码来代表一个抽样值，因此对每个样品值进行七次比较，每次所需的权值标准电流I_w由本地译码电路产生。

本地译码电路包括串/并变换及记忆电路、7/11 变换电路和恒流源。串/并变换及记忆电路是将输出的串行变为并行，并用记忆电路来寄存。因为除第一次比较外，其余各次比较均要根据前面几次的比较结果来确定 I_w 值，因此 7 位码组中前 6 位状态应由记忆电路寄存下来。7/11 变换电路是将 7 位非线性码变成 11 位线性码，由 7/11 变换电路输出的 11 位码去控制恒流源网络产生的相应的权值电流。

图中保持电路的作用是保证输入的抽样值在整个比较过程中保持幅度不变。

编码器的工作过程是采用逐步分段分级的方法进行。首先确定段落码 b_2，b_3 和 b_4。第一次比较应先确定 b_2，也就是在上 4 段（1，2，3，4 段）还是下 4 段（5，6，7，8 段）。从表 8－4 可见第一次的权值应是第 5 段的起始电平即 $I_w=128\Delta$。

第一次比较决定段落码的第 1 位码 b_2，即

$$I_s>128\Delta \text{ 时，} b_2 \text{ 为 “1”，} I_s<128\Delta \text{，} b_2 \text{ 为 “0”}$$

第二次比较要决定 b_3，其权值电流 I_w 有两个值，它取决于 b_2 的值，即

$$I_w=\begin{cases}32\Delta & (\text{当 } b_2=0)\\ 512\Delta & (\text{当 } b_2=1)\end{cases}$$

当 $I_s \geqslant 512\Delta$ 时，b_3 为 “1”（在 b_2 = “1” 时）；

$I_s<512\Delta$ 时，b_3 为 “0”（在 b_2 = “1” 时）；

$I_s \geqslant 32\Delta$ 时，b_3 为 “1”（在 b_2 = “0” 时）；

$I_s<32\Delta$ 时，b_3 为 “0”（在 b_2 = “0” 时）。

第三次比较要决定 b_4，其权值电流 I_w 有四个值，它取决于 b_2，b_3 的值，即

$$I_w=\begin{cases}16\Delta & (\text{当 } b_2=0,\ b_3=0 \text{ 时})\\ 64\Delta & (\text{当 } b_2=0,\ b_3=1 \text{ 时})\\ 256\Delta & (\text{当 } b_2=1,\ b_3=0 \text{ 时})\\ 1\,024\Delta & (\text{当 } b_2=1,\ b_3=1 \text{ 时})\end{cases}$$

当　$b_2=0$，$b_3=0$ 时

$I_s \geqslant 16\Delta$ 时，b_4 = “1”（在第 2 段）；

$I_s<16\Delta$ 时，b_4 = “0”（在第 1 段）。

当　$b_2=0$，$b_3=1$ 时

$I_s \geqslant 64\Delta$，b_4 = “1”（在第 4 段）；

$I_s<64\Delta$，b_4 = “0”（在第 3 段）。

当　$b_2=1$，$b_3=0$ 时

$I_s \geqslant 256\Delta$，b_4 = “1”（在第 6 段）；

$I_s \geqslant 256\Delta$，b_4 = “0”（在第 5 段）。

当　$b_2=1$，$b_3=1$ 时

$I_s \geqslant 1\,024\Delta$，$b_4$ = “1”（在第 8 段）；

$I_s \geqslant 1\,024\Delta$，$b_4$ = “0”（在第 7 段）。

经过以上三次比较后，已确定了抽样值处于哪一个段落，下面再确定段内码，也就是 I_s 处于某一段落内哪一等分。在 A 压缩律 13 折线 8 位码情况下，每一段落均匀分为 16 等分。因此是非均匀量化，所以不同段落的每一等分是不相等的，如表 8－4 所示。用 Δ_i 表示，如

第一段落内每个等分 $\Delta_1=\Delta$；而第八段落内每一等分 $\Delta_8=64\Delta$。

第四次比较把所在段落一分为二，判断是上 8 等分还是下 8 等分。决定段内码第一位 b_5 的权值电流 I_w 应为

$$I_w=\text{段落的起始电平}+8\Delta_i$$

设在第 5 段，则 $I_w=128\Delta+8\times8\Delta=192\Delta$。

当$I_s\geqslant192\Delta$ 时，$b_5=$ “1”，说明在上 8 等分。

$I_s<192\Delta$ 时，$b_5=$ “0”，说明在下 8 等分。

根据上一次比较结果。若 $b_5=$ “0” 时说明在下 8 等分，在决定 b_6 时，就要判定 I_s 在这八等分中是处于上 4 等分还是下 4 等分。I_w 应为起始电平加 $4\Delta_i$，$b_5=$ “1” 时说明在上 8 等分，则 I_w 应为起始电平加 $8\Delta_i$，再加 $4\Delta_i$。若同样在第五段

$I_w=128\Delta+4\times8\Delta=160\Delta$　　（在 $b_5=$ “0” 时）；

$I_w=128\Delta+8\times8\Delta+4\times8\Delta=224\Delta$　　（在 $b_5=$ “1” 时）。

当 $b_5=0$ 时

$I_s\geqslant160\Delta$ 时，$b_6=$ “1”；

$I_s<160\Delta$ 时，$b_6=$ “0”。

当 $b_5=1$ 时

$I_s\geqslant224\Delta$ 时，$b_6=$ “1”；

$I_s<224\Delta$ 时，$b_6=$ “0”。

第六、七次比较可以模仿上述方式进行。图 8－21 给定了各次比较的权值。

上述的 7/11 变换电路是将 7 位压缩码变成 11 位的线性码，它实际上起了数字扩张的作用。它的作用可用表 8－5 说明。

表 8－5　非线性码转换为线性码的规则

段落		非线性码（压缩码）							线性码（扩张码）											
序号	起始电平	A	B	C	W	X	Y	Z	1024	512	256	128	64	32	16	8	4	2	1	$\frac{1}{2}$
1	0	0	0	0	W	X	Y	Z	0	0	0	0	0	0	0	W	X	Y	Z	1
2	16	0	0	1	W	X	Y	Z	0	0	0	0	0	0	1	W	X	Y	Z	1
3	32	0	1	0	W	X	Y	Z	0	0	0	0	0	1	W	X	Y	Z	1	0
4	64	0	1	1	W	X	Y	Z	0	0	0	0	1	W	X	Y	Z	1	0	0
5	128	1	0	0	W	X	Y	Z	0	0	0	1	W	X	Y	Z	1	0	0	0
6	256	1	0	1	W	X	Y	Z	0	0	1	W	X	Y	Z	1	0	0	0	0
7	512	1	1	0	W	X	Y	Z	0	1	W	X	Y	Z	1	0	0	0	0	0
8	1 024	1	1	1	W	X	Y	Z	1	W	X	Y	Z	1	0	0	0	0	0	0

表中 ABCWXYZ 为 7 位非线性码（压缩码），ABC 代表的权值为各段的起始电平，在线性码（扩张码）各栏中 1 代表各段起始电平，段内码为均匀量化。所以，以不变的形式移到线性码的相应栏内。

要说明的是在表中线性码的后面栏内应均加 1，它是在解码时补上的，目的为了减小误

差。图 8 - 21 给出了各次比较权值电流值。

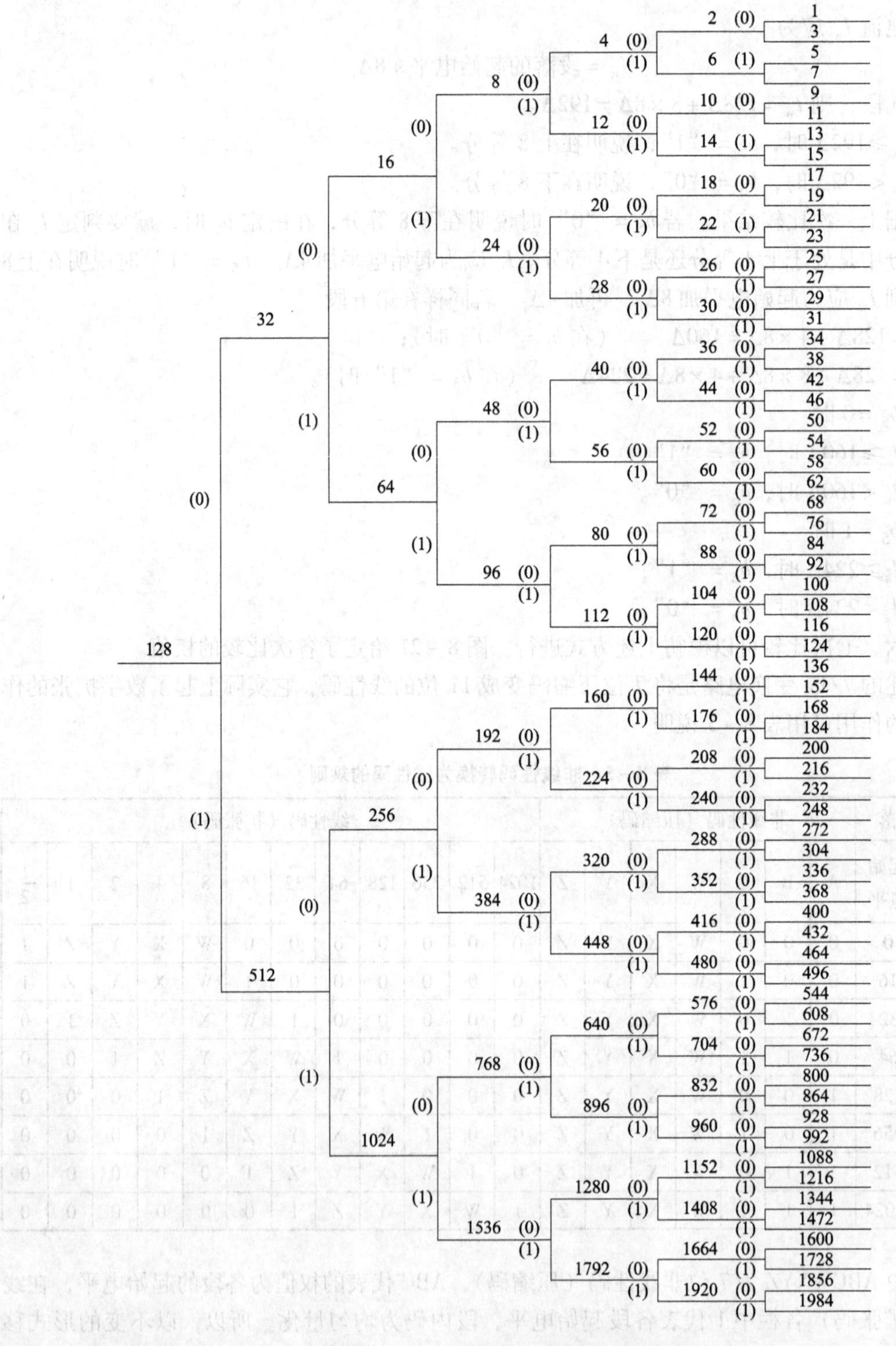

图 8 - 21　各次比较权值电流值

8.3.3　PCM 系统的抗噪声性能

常用的 PCM 通信系统方框图如图 8－22 所示。现对 PCM 通信系统的抗噪声性能进行分析。由图 8－22 可以看出，接收端低通滤波器的输出 $\hat{x}(t)$ 为

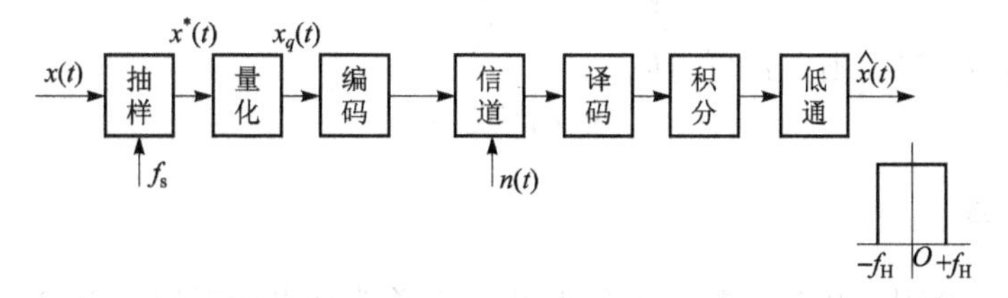

图 8－22　PCM 通信系统框图

$$\hat{x}(t)=x_o(t)+n_q(t)+n_o(t) \tag{8-31}$$

式中，$x_o(t)$为输出信号；$n_q(t)$为量化噪声引起的输出噪声电压；$n_o(t)$为信道加性噪声引起的输出噪声电压。

通常用 PCM 系统输出信噪比来衡量该系统的抗干扰性能，系统输出信噪比定义为

$$\frac{S_o}{N_o}=\frac{E[x_o^2(t)]}{E[n_q^2(t)]+E[n_q^2(t)]}=\frac{E[x_o^2(t)]}{\sigma_q'^2+E[x_o^2(t)]} \tag{8-32}$$

该值越大，说明系统抗干扰性能越好。由于量化噪声和信道噪声来源不同，因此它们是相互独立的，可分别加以讨论。

一、量化噪声

若采用均匀量化，由例 8.1 可知，量化噪声功率为

$$\sigma_q^2=\Delta^2/12$$

其功率谱密度可证明[1]为

$$S_{eq}(f)=\frac{1}{T_s}\sigma_q^2=\frac{1}{T_s}\cdot\Delta^2/12 \tag{8-33}$$

暂不考虑信道噪声，那么在低通滤波器输出的重现信号中量化噪声的功率谱密度为

$$S'_{eq}(f)=S_{eq}(f)\cdot|H_R(f)|^2$$

式中，$H_R(f)$是带宽为f_H 的理想低通滤波器的传输函数，即

$$H_R(f)=\begin{cases}1 & |f|\leqslant f_H\\0 & |f|>f_H\end{cases}$$

则

$$S'_{eq}(f)=\begin{cases}S_{eq}(f) & |f|\leqslant f_H\\0 & |f|>f_H\end{cases}$$

若取样频率$f_s=2f_H$，则低通滤波器输出量化噪声为

$$\sigma_q'^2=\int_{-f_H}^{f_H}S'_{eq}(f)\,df=\frac{1}{T_s}\cdot\frac{\Delta^2}{12}\cdot 2f_H=\frac{1}{T_s^2}\frac{\Delta^2}{12} \tag{8-34}$$

同样可得低通滤波器输出信号 $x_o(t)$的平均功率为

$$E[x_o^2(t)] \approx \frac{Q^2}{T_s^2} \cdot \left(\frac{\Delta^2}{12}\right) \tag{8-35}$$

因此，PCM 系统输出端平均量化信噪比为

$$\frac{S_o}{\sigma_q'^2} = \frac{E[x_o^2(t)]}{\sigma_q'^2} \approx Q^2$$

对于二进制编码 $Q=2^n$，则上式可写成

$$S_o/\sigma_q'^2 = 2^{2n}$$

二、信道噪声

由于信道噪声会引起接收端判决器的误判，这样就会出现误码。而 PCM 信号中每一码组均表示一确定的量化电平，所以只要发生误码，接收端恢复的抽样值就必然与原抽样值不同，这就是信道噪声在接收输出端产生的噪声。

在信道加性噪声作用下，在一个码组中的每一个码元产生误码的概率是相同的，设为 P_e，这样一个码组中产生一个误码的概率为 nP_e，（n 为码组中的码元数），而产生两个误码的概率为 $C_n^2 P_e^2$，可以看出，产生一个误码的概率要远大于同时在一个码组中产生两个误码的概率。因此，通常仅仅讨论码组中出现一个误码所产生的均方误差功率。

由式（8-30）可知，自最低位码元到最高位码元的加权值分别为 2^0，2^1，…，2^{n-1}，其量阶为 Δ。因此第 $i+1$ 位码元出现误码造成的误差值为 $\pm 2^i\Delta$，而含有几个码元的码组中每一个码元都可能出现误码，故由于误码在译码器输出端造成的方均误差功率为

$$E[Q_\Delta^2] = \frac{1}{n}\left[\sum_{i=0}^{n-1}(2^i\Delta)^2\right] = \frac{\Delta^2}{n}\sum_{i=0}^{n-1}(2^i)^2$$

$$= \frac{2^{2n-1}}{3n}\Delta^2 \approx \left(\frac{2^{2n}}{3n}\right)(\Delta^2)$$

假设一个码组中每个码元的误码率为 P_e，则每个误码产生的平均时间间隔为 T_s/P_e。而一个码组由 n 个码元组成，则错误码组产生的平均间隔时间为

$$T_0 = \frac{T_s}{nP_e}$$

这样由于信道加性噪声所产生误码噪声的功率谱密度为

$$S_{th}(f) = \frac{1}{T_0}E[Q_\Delta^2] = \frac{nP_e}{T_s} \cdot \left(\frac{2^{2n}}{3n}\right)\Delta^2 \tag{8-36}$$

接收端带宽为 f_H 的理想低通滤波器输出的平均信道噪声功率为

$$E[n_o^2(t)] = \int_{-f_H}^{f_H} S_{th}(f)\,df = \frac{2^{2n}\Delta^2 P_e}{3T_s^2} \tag{8-37}$$

将式（8-34），式（8-35），式（8-37）代入式（8-32）可得 PCM 系统输出信噪比为

$$\frac{S_o}{N_o} = \frac{2^{2n}}{1+4P_e 2^{2n}} \tag{8-38}$$

当接收端输入信噪比较大时，可忽略误码噪声，则输出的信噪比为

$$S_o/N_o = 2^{2n} \tag{8-39}$$

在小信噪比时，量化噪声可不计，则输出信噪比为

$$\frac{S_o}{N_o} \approx \frac{2^{2n}}{4P_e 2^{2n}} = \frac{1}{4P_e}$$

通常在误码率小于 10^{-6} 时，可用式（8－39）来估算 PCM 的性能。

8.3.4　单片 PCM 编解码器

一、编解码器的发展和特点

实用化的 PCM 数字电话系统，已经有三十多年的历史。20 世纪 70 年代以前，PCM 编解码器采用的是分立元件和小规模集成电路。电路的功耗和体积均比较大，结构又比较复杂，装调不易。因此在多路 PCM 系统中往往公用一个 PCM 编解码器，即各路语音信号经脉幅调制（PAM）后，用时分方式进行排列加入公用编码。在接收端先进行公用解码，然后分路。近年来，由于超大规模集成电路技术的发展，已经实现单片的 PCM 编解码器，它使用方便，可靠性高，体积小，功耗低，在数字通信的发展中呈现出了广阔的应用前景。

单片 PCM 编解码器也经历了一个不断地更新换代的过程。第一代集成化 PCM 编码器中模拟电路采用双极性工艺，而数字电路采用 MOS 工艺，因而由两个芯片才能组成一个 PCM 编码器。第二代 PCM 单片编解码器采用 NMOS 工艺，在一个芯片上集成一个编码器或解码器。第三代则采用 NMOS 或 CMOS 工艺，在一个芯片上集成了一个编码器和解码器，还带有收发开关电容滤波器。

表 8－6 列出了几种典型的 PCM 编解码器的单片性能。其中 Intel 2910，2911 属于第二代产品，而 Intel 2914，29C14，MC 14402，MC 14403 属于第三代产品。29C50，29C51 为功能更加完善且可编程的单片编解码器，更适合于软件控制。

表 8－6　典型 PCM 编码器典型性能

合　司	Intel	Intel	Intel	Intel	AMI	Mitel（加）	Motorola
型　号	2910（μ） 2911（A）	2914 （非同步）	29C14	29C51	S3506	MT8960（μ） MT8963（A）	MC14402 MC14403
工　艺	NMOS	NMOS	CHMOS	CHMOS	CMOS	CMOS	CMOS
组成部分	D/A，A/D 时间分配 控制电路	A/D，D/A 发、收 滤波器	A/D 发、收 滤波器	A/D 平衡网络第 二话路编码	A/D，D/A 发、收 滤波器	A/D，D/A 发、收 滤波器	A/D，D/A 发、收 滤波器
引　脚	22 24	24 22	28	28	22 28	18 20 24	16 18 22
电　源 /V	±5 +12	±5	±5	±5	±5	±5	±5 或 +10
工作功耗/mW 低功耗/mW	230 33	170 10	70 5	90 8	110 9	40 2.5	45～70 3

续表

D/A A/D	R串 逐次逼近				C-R压扩 逐次逼近		C-R压扩 逐次逼近
参考源 V_{REF}	内含 +3.15 V	内含μ，A 可选择	内含	内含	内含	外接 2.5 V	内含 (3.15 V) 或外接

二、29C14 单片编解码器

图 8-23 给出了 29C14 PCM 编解码器框图。该芯片由五部分组成：PCM 编码、PCM 解码、控制部分以及发端与收端的开关电容滤波器。

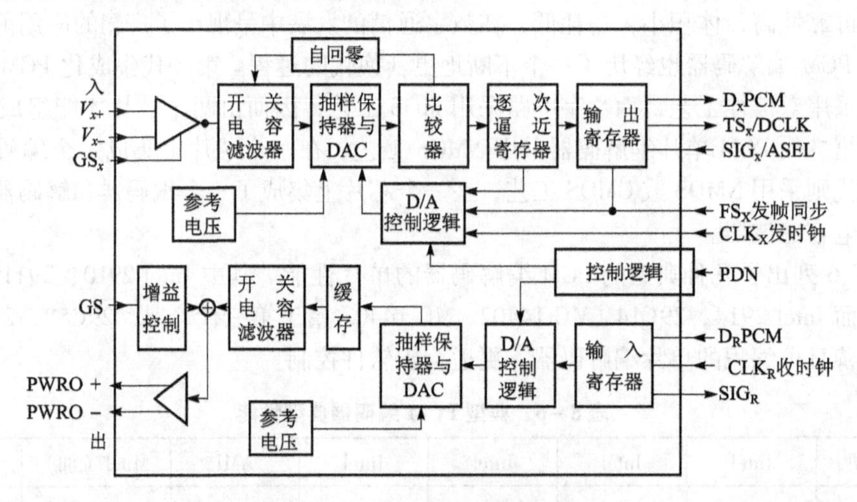

图 8-23　29C14 PCM 编解码器

输入的语音模拟信号由 V_{x+}，V_{x-} 端平衡地输入运算放大器，该放大器增益可由 GS_x 控制，最大增益可达 20 dB。然后信号经过开关电容滤波器，此滤波器在 300 Hz ~ 3 400 Hz 通带内起伏小于 ±0.125 dB，并对 50 Hz ~ 60 Hz 电源干扰有 23 dB 以上的衰减。滤波后的模拟语音经抽样保持器与 DAC 后，在控制逻辑电路的控制下，经过逐次逼近反馈编码后，输出 PCM 码，并寄存于输出寄存器中，最后由 D_x 端输出 8 位 PCM 码。该 8 位码的时隙位置由 FS_x 帧内路定时控制决定。发送 PCM 码的数据率及相位由发端主时钟 CLK_x 确定。收到的 PCM 码经输入寄存器后，在 D/A 控制逻辑电路的控制下，送入抽样保持器与 DAC 输出模拟信号，该模拟信号经收端开关电容滤波器滤波以及运放后再平衡输出。控制部分可控制单片工作功耗状态（工作功率与低功耗两种状态）。当单片暂不处于编解码工作状态时，可通过 PDN 控制单片处于低功耗状态，此时功耗只有正常工作状态的 1/10 左右。控制部分还能使芯片工作于三种不同输入时钟：2 048 kHz，1 544 kHz，1 536 kHz，以适应于不同国家标准 PCM 系统基群数据率。开关电容滤波器的性能在不同时钟下保持不变。

单片 PCM 种类较多，具体结构略有差异，详细技术性能及使用方法可以在各厂家的手册中查到。

§8.4 增量调制（ΔM或DM）

64 kbit/s 的 A 压缩律或 μ 压缩律的对数压扩 PCM 已在大容量光纤通信系统和数字微波系统中得到广泛的应用，但是，PCM 占用频带要比模拟载波系统宽很多倍。因此，对于大容量的长途传输系统，尤其是卫星通信方式，采用 PCM 的经济性很难与模拟载波相比。对于超短波移动通信网，其频道有限每路电话频带间隔必须小于 25 kHz 甚至更小，这样 64 kbit/s PCM很难获得应用。

多年来人们一直研究压缩数字化语音信号占有频带的工作，即在相同传输质量的前提下，降低数字化语音的码率，以提高系统的频带利用率。

通常把低于 64 kbit/s 的语音编码方法称为语音压缩编码。其方法很多，如差分脉码调制（DPCM）、子带编码（SBC）、参量编码及矢量量化（VQ）等。

表 8-7 给出了语音编码方法及其相应的传输速率及最小带宽的要求。

表 8-7 语音编码方式说明

编 码 方 法	传输速率/（kbit/s）	最小基带带宽/kHz	质 量
PCM	64	32	长途电话
ADPCM	32	16	长途电话
SBC（子带）+ADPCM	64	32	广播
ΔM	32	16	通信
SBC（子带）	16	8	通信
RELP-LTP（规则脉冲激励）	16	8	通信
LD-CELP（短延时码激励）	16	8	接近长途
MPLPC（多脉冲）	8	4	通信
CELPC（码本激励）	4.8	2.4	通信
LPC（线性预测）	2.4	1.2	合成
LPC-VQ（矢量量化）	1.2	0.6	合成

由于语音信号的相邻抽样点之间有一定的幅度关联性，所以可以根据前些时刻的样值来预测现时刻的样值，只要传输预测值和实际值之差，而不需要传输每个样值，这种方法称为预测编码。

增量调制是预测编码的一种，简称 ΔM 或 DM。它自 1946 年提出以来，几十年中得到了很大发展，在军事和工业部门的专用通信网和卫星通信中得到广泛应用。近年来在高速大规模集成电路中用作 A/D 转换器。

8.4.1 增量调制原理

ΔM 可以看成是 PCM 的一种特例。它只用 1 位二进制码来代表一个抽样值，但这 1 位码不是用来表示抽样值的大小，而是表示抽样的时刻波形变化的趋势，这是 ΔM 与 PCM 的本质区别。ΔM 中，在每个抽样时刻，把信号在该时刻的抽样值 $x(n)$ 与本地译码信号 $x_1(n)$（严格说，应为预测值）进行比较。若 $x(n) > x_1(n)$，则编为“1”码；$x(n) < x_1(n)$，则编为“0”码。由于在实用 ΔM 系统中，本地译码信号 $x_1(n)$ 应十分接近前一时刻的抽样值 $x(n-1)$，因而可以说，这 1 位码反映了相邻两个抽样值的近似差值，即增量。增量调制也由此得名。图 8－24 给定了简单 ΔM 的原理图。它适合于理论分析和计算机模拟研究，图8－25 给出了 ΔM 实现框图。

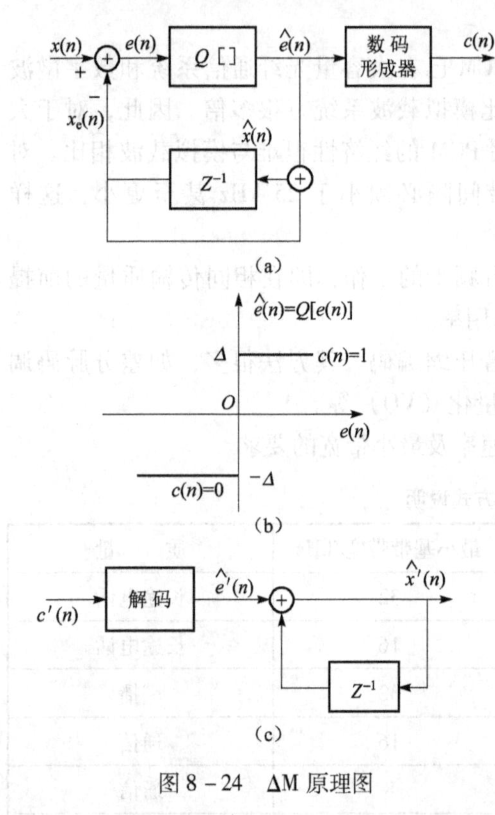

图 8－24　ΔM 原理图

图 8－24（a）中输入信号是模拟信号 $x(t)$ 的第 n 个抽样值 $x(n)$；$x_e(n)$ 表示第 n 时刻的预测值，即本地译码信号 $x_e(n) = \hat{x}(n-1)$；$\hat{x}(n)$ 为 $x(n)$ 在第 n 时刻的重建样值。在没有传输误码的情况下，$\hat{x}(n)$ 就是接收端的重建样值。图中 Z^{-1} 又称为一阶预测器。$e(n)$ 是差值信号，$e(n) = x(n) - x_e(n)$。Q［　］表示量化器其量化特性如图 8－24（b）所示。量化器输出只有两个电平：$+\Delta$ 或 $-\Delta$。数码形成器将量化器输出电平按以下规则编成 1 位二进码 $c(n)$：

$$若\ \hat{e}(n) = \Delta，则\ c(n) = 1；$$

$$若\ \hat{e}(n) = -\Delta，则\ c(n) = 0。$$

式中，Δ 称为 ΔM 的量阶。在图 8－24（c）所示接收端译码部分，由接收到的信码 $c'(n)$ 按以下规则解出差值信号量比值 $\hat{e}'(n)$：

$$若\ c'(n) = 1，则\ \hat{e}'(n) = \Delta；$$

$$若\ c'(n) = 0，则\ \hat{e}'(n) = -\Delta。$$

经延迟及相加电路后，输出重建信号 $\hat{x}'(n)$ 为

$$\hat{x}'(n) = \hat{e}'(n) + \hat{x}'(n-1)$$

若传输信道无误码，则接收端重建信号 $\hat{x}'(n)$ 应和发送端本地重建信号 $\hat{x}'(n)$ 相同，即 $\hat{x}'(n) = \hat{x}(n)$。

实际的 ΔM 系统如图 8－25 所示。它的原理与图 8－24 相同，其主要区别有

（1）输入信号是 $x(t)$，而不是 $x(n)$。

（2）抽样、量化和编码由比较器一次完成，在此比较器可用 D 触发器来完成。时钟信号由抽样脉冲替代。

（3）量化器输出信号 $\hat{e}'(n)$ 由输出码 $c(n)$ 控制的一个正、负双极性脉冲发生器来产生，其幅度为 $\pm E$。

（4）加法器和延迟（预测）器由积分器完成。积成器工作原理如图 8－26 所示。当 $c(n) = 1$ 时，脉冲产生器输出为 $+E$，反之输出为 $-E$。当积分器遇到 $+E$ 时，就以固定斜率

在抽样周期内上升一个 ΔE，并使 $\Delta E=\Delta$。反之，在 T_s 周期下降一个 Δ。

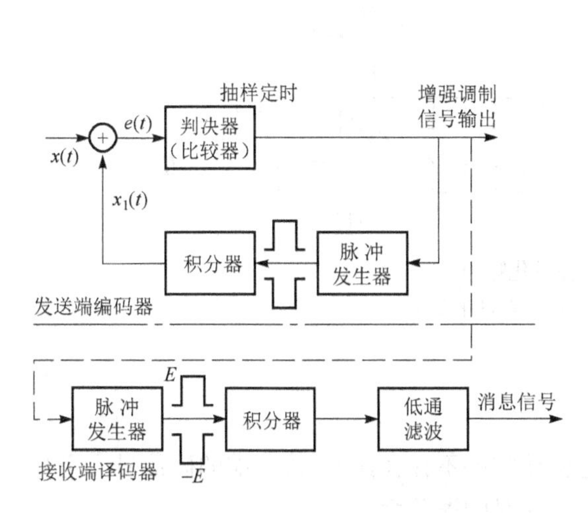

图 8-25 ΔM 实现框图

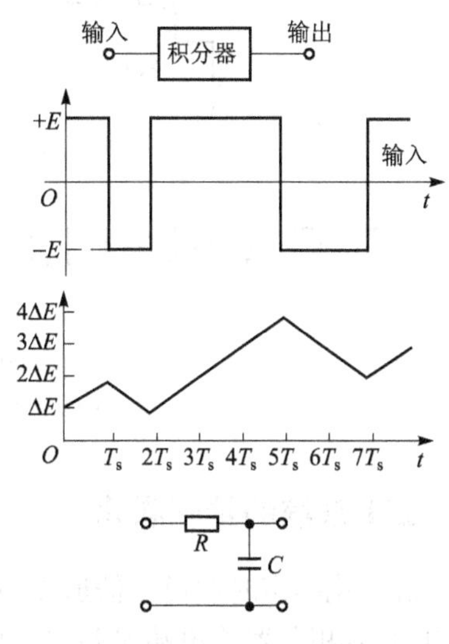

图 8-26 积分器译码示意图

图 8-25 的工作过程如下：信号 $x(t)$ 与来自积分器的信号 $x_1(t)$ 相减得到量化误差信号 $e(t)$。如果在抽样时刻 $e(t)>0$，判决器（比较器）输出为“1”；反之 $e(t)<0$ 时则为“0”，判决器输出的一路作为编码信号输送至信道传输，而另一路送至脉冲发生器。输出幅度为 $\pm E$ 的双极性脉冲，积分后得 $x_1(t)$。积分器输出信号有两种形式：一种是折线近似的积分波形，如图 8-27 中虚线所示；另一种是阶梯形波，如图 8-27 中实线所示。但不管是哪种波形，在相邻抽样时刻，其波形幅度都只增加或减少一个固定的量阶 Δ。

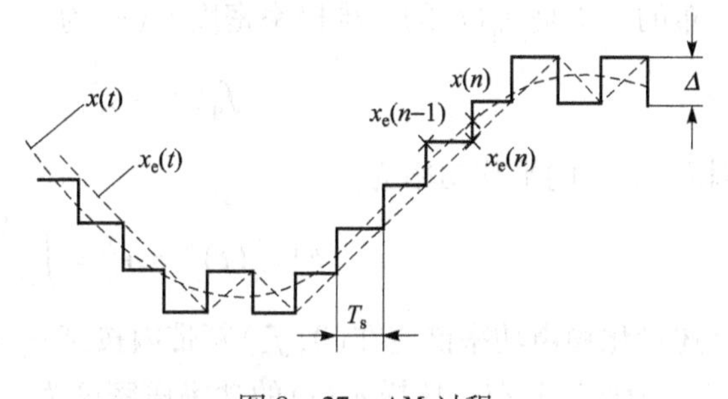

图 8-27 ΔM 过程

接收端译码器与发送端编码器中本地译码部分完全相同，只是积分器输出再经过一个低通滤波器平滑后，即可恢复发送信号 $x(t)$。

从上述讨论可知，ΔM 信号是按量阶 Δ 来量化的，因而同样存在量化噪声问题。ΔM 系统中的量化噪声有两种形式：一种称为过载量化噪声，如图 8-28（b）所示；另一种称为一般量化噪声，如图 8-28（a）所示。过载量化噪声是当输入的模拟信号 $x(t)$ 变化太快时，由于量阶 Δ 和抽样周期 T_s 是固定的，使阶梯电压波形跟不上信号的变化，形成的很大失真称为过载失真，也称过载噪声。

设抽样周期为 T_s 则一个量阶上的最大斜率 K 为

$$K=\Delta/T_s=\Delta f_s \tag{8-40}$$

即译码器的最大跟踪斜率。要使 ΔM 系统不发生过载现象，必须使信号最大斜率不超过此值。要做到这点通常加大 Δ 和 f_s。但对于一般量化噪声，在加大 Δ 后，其一般量化噪声也加大了，如图 8-28 所示，因此 Δ 要适当选取。通常，在 ΔM 系统中的抽样频率选得比较高，它既可减小过载噪声，又能降低一般量化噪声，它的抽样频率比 PCM 系统的抽样频率要高两倍以上。

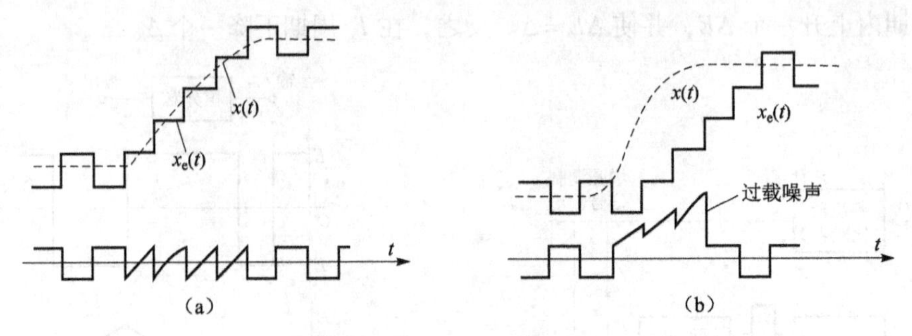

图 8 – 28　两种量化噪声

(a) 一般量化噪声；(b) 过载量化噪声

8.4.2　ΔM 系统的量化噪声

在分析量化噪声时假设无信道噪声存在，这样接收端不存在误码，接收端的码信号完全与发送端相同，故积分器输出端误差就是量化噪声。这时的误差为

$$e_q(t) = |x(t) - \hat{x}(t)| \leqslant \Delta \tag{8-41}$$

上述不等式只有不存在过载现象时才成立。假设随机变量 $e_q(t)$ 在区间（$-\Delta$，$+\Delta$）内是均匀分布的，于是 $e_q(t)$ 的一维概率密度 $f_q(e)$ 为

$$f_q(e) = \frac{1}{2\Delta} \qquad -\Delta \leqslant e_q \leqslant \Delta$$

因而 $e_q(t)$ 的平均功率为

$$E[e_q^2(t)] = \sigma_q^2 = \int_{-\Delta}^{+\Delta} \frac{1}{2\Delta} e_q^2(t) \mathrm{d}e_q = \frac{\Delta^2}{3} \tag{8-42}$$

上述量化噪声功率谱应在 $(0, f_s)$ 频带内按某一规律分布。为了计算简单起见，假定它在 $(0, f_s)$ 内为均匀分布，这样 $e_q(t)$ 的功率谱密度为

$$S_{eq}(f) = \begin{cases} \frac{1}{6}\left(\frac{\Delta^2}{f_s}\right) & |f| < f_s \\ 0 & \text{其他} \end{cases}$$

这个量化噪声频谱通过接收端带宽为 f_H 的理想低通滤波器后输出量化噪声功率为

$$E[(n_q(t)^2)] = \int_{-f_H}^{f_H} S_{eq}(f) \mathrm{d}f = \frac{\Delta^2}{3} \cdot \frac{f_H}{f_s} \tag{8-43}$$

由此可见，在未过载的前提下，ΔM 系统输出量化噪声功率与量化量阶 Δ 的平方成正比，并与 (f_H/f_s) 有关，而与输入信号幅度无关。实际上，不产生过载是对输入信号幅度的一个限制。从上面分析可知，不产生过载必须使信号的变化率小于阶梯波的变化率 $\Delta \cdot f_s$。以正弦信号为例，$x(t) = A\sin \omega_x t$ 其最大变化率为 $A\omega_x$，为了不产生过载，须满足

$$A\omega_x \leqslant \Delta \cdot f_s = \frac{\Delta}{T_s} \tag{8-44}$$

则不产生过载的最大信号幅度为

$$A_{max} = \frac{\Delta \cdot f_s}{\omega_x} \tag{8-45}$$

在临界条件下，系统将有最大的信号功率输出为

$$P_o=\frac{A_{max}^2}{2}=\frac{\Delta^2 f_s^2}{2\omega_x^2}=\frac{\Delta^2 f_s^2}{8\pi^2 f_x^2} \tag{8-46}$$

此时最大信噪比为

$$S_o/N_o=P_o/N_q=\frac{3}{8\pi^2}\cdot\frac{f_s^3}{f_H\cdot f_x^2} \tag{8-47}$$

式（8-47）是ΔM中最重要的关系式。它说明

（1）简单ΔM的信噪比与f_s三次方成正比，即f_s提高一倍，量化信噪比提高9 dB。因此一般ΔM系统抽样频率至少在16 kHz以上。也就是PCM系统取样频率的一倍以上。

（2）量化信噪比与信号频率f_x的平方成反比。因此，简单ΔM系统对语音信号高频段影响较大。

8.4.3　PCM系统与ΔM系统的性能比较

由前面的分析可知，ΔM系统是用一个码元传输经过抽样的模拟信号，若它的数字序列的速率为f_s bit/s，则由于PCM系统用n个码元组成的码组来传输经过抽样和量化的模拟信号，它的数字序列的速率就应为nf_s bit/s，因此传输PCM信号所需的信道带宽要宽得多。

现在在相同信道情况下比较这两个系统的抗干扰性。由于信道噪声所产生的误码是相同的，故在此不考虑误码引起的噪声。同时认为两个系统数字序列的速率相同，这样若PCM系统抽样频率为$f_s=2f_x$，f_x为信号最高频率，它形成的数字序列速率为$2nf_x$。ΔM系统要产生同样的数字序列速率，它的抽样频率应为$2nf_x$，将其代入式（8-47）可得

$$\left(\frac{S_o}{N_q}\right)_\Delta=\frac{3}{8\pi^2}\frac{(2nf_x)^3}{f_x^2\cdot f_H}=\frac{3}{\pi^2}n^3\frac{f_x}{f_H} \tag{8-48}$$

若选择低通滤波器带宽$f_H=f_x$，则

$$\left(\frac{S_o}{N_q}\right)_\Delta=\frac{3}{\pi^2}\cdot n^3 \tag{8-49}$$

而PCM系统的量化信噪比见式(8-39)。

$$(S_o/N_q)_{PCM}=2^{2n}$$

图8-29给出了不同n值时，PCM和ΔM系统量化信噪比的曲线。由图可以看出，在传输速率相同情况下，PCM系统在n小于4时，它的性能比ΔM差；而当n大于4时，随n不断加大，PCM比ΔM系统的性能将越来越好。

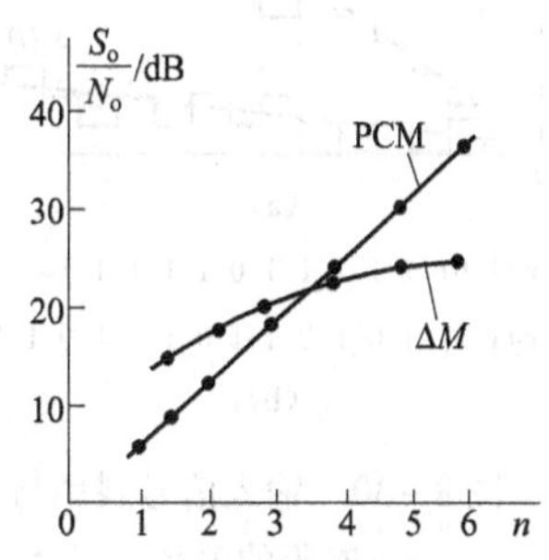

图8-29　不同n值时PCM和ΔM量化信噪比的比较

8.4.4　改进型ΔM系统

由于简单增量调制存在不少缺点，如容易过载、动态范围小等，因此实际上使用的ΔM系统是在此基础上的改进型。在此仅介绍数字检测自适应ΔM系统和与PCM结合的增量（差分）脉冲编码调制（DPCM）系统。

一、数字检测自适应 ΔM 系统

由式（8－45）可知，为了保证 ΔM 系统中不产生过载，量阶 Δ 必须按输入的最大信号幅度 A_{max} 来选定。这样就限制了小信号幅度的正确编码。因为只有输入信号大于 Δ 时，才开始正确编码，而在小于 Δ 时，输出码为 1010…码型，这和输入直流电压一样。为了克服上述缺点，采用可变量阶方法，即输入大信号时，选用大的量阶；当输入小信号时，选用小的量阶。这种使量阶随输入信号幅度的变化而变化的方法，称为自适应量化。在数字检测自适应 ΔM 系统中，它的量阶 Δ 是随输入信号电压的平均斜率变化的，它具有如下的特点：（1）可防止过载，加大输入的动态范围。（2）平均斜率信息从调制输出的数字序列中提取，因此称为数字检测自适应 ΔM 。（3）它的控制信号是后馈式的。（4）它的初始状态为 1010…码型。

为了弄清如何从调制输出码型中提取输入信号电压的平均斜率信息，先研究一般线性增量调制输出数字序列中“1”“0”的分布，以及连“1”和连“0”出现的状况。首先，当输入小信号即 $x(t)\leqslant\Delta$ 时，调制器输出码序列为 1010…。随着输入信号 $x(t)$ 加大，其平均斜率也加大，连“1”会增多（负斜率时，连“0”增多）。图 8－30（a）画出了两条不同斜率的输入信号 $x_1(t)$ 和 $x_2(t)$，图中 $\frac{dx_1}{dt}>\frac{dx_2}{dt}$。图 8－30（b）中给出了相应的输出码序列。由图中可见，在对应大斜率输入信号 $x_1(t)$ 的输出数字序列中，不仅在一段时间内（如波形上升）“1”的总数目多，并且连“1”也长。这说明在输出码序列中包含输入信号 $x(t)$ 的斜率信息，当然此信息只能在一段时间内才能得到。在实际中常用在一段时间内取平均的方法来提取平均斜率信息。在数字检测 ΔM 中，用检测输出序列连“0”和连“1”的方法来改变量阶 Δ。数字检测自适应 ΔM 的调制器和解调器原理框图如图 8－31 所示。

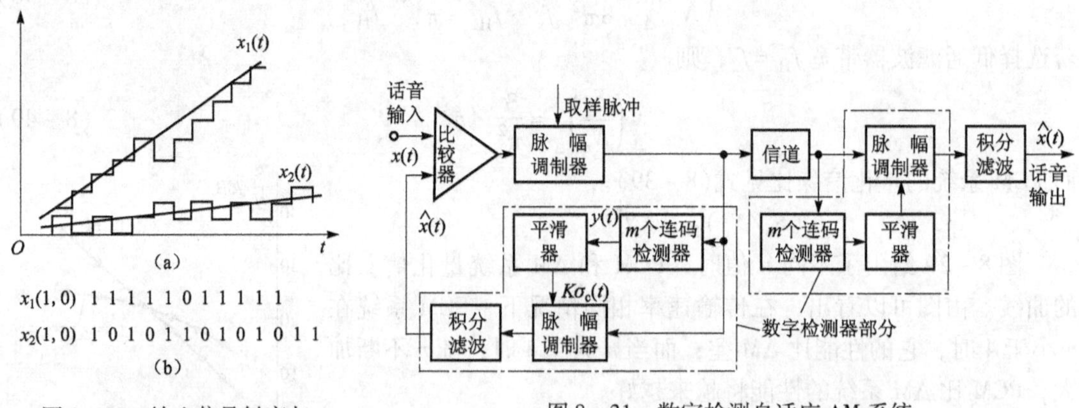

图 8－30　输入信号斜率与连码的关系

图 8－31　数字检测自适应 ΔM 系统调制器和解调器原理框图

从图中可以看出，数字检测自适应 ΔM 调制器由两部分组成，一是点画线方框以外的一般线性 ΔM 调制器；另一部分是点画线方框内的数字检测与控制部分，包括 m 个连码检测器、平滑器及脉幅调制器（PAM）。在 PAM 内将连码检测器输出的脉冲经平滑后提取输入信号 $x(t)$ 的平均斜率信息 $K\sigma_c(t)$ 与反馈的码序列相乘，得到幅度变化的 $K\sigma_c(t)\cdot x(1.0)$ 脉

冲序列，再由积分器求得量化近似电压波形 $\hat{x}(t)$，即

$$\hat{x}(t)=\sum K\sigma_{c}(t)\cdot x(1.0) \tag{8-50}$$

在此 K 是一常数。

数字连码检测电路为每有 m 个连码（1 或 0），检测器输出 1 个码元宽度的正脉冲；每有 $(m+1)$ 个连码，检测器输出 2 个码元宽度的正脉冲。当出现 $(m+n)$ 个连码时，连码检测器输出信号 $y(t)$ 为 $(n+1)$ 个码元宽度的正脉冲。经平滑后提取平均电压 $\sigma_{c}(t)$ 为

$$\sigma_{c}(t)=\frac{1}{\tau}\int_{0}^{\tau}y(t)\,dt$$

在此 $\tau=RC$，将此控制电压与输出码序列相乘，再经过积分可得到 $\hat{x}(t)$，它随输入电压的斜率变化而变化，以适应 $x(t)$ 的动态变化范围。

二、增量脉冲编码调制（DPCM）系统

从上面 PCM 系统和 ΔM 系统的性能比较可以看出，ΔM 的性能通常比 PCM 差，这主要因为 ΔM 系统无论误差的大小，只有两个量化电平即 $+\Delta$，$-\Delta$。如果把误差信号 $e(t)$ 量化为 n bit 的二进制码所表示的多电平信号，这样系统的性能就会得到改善。在这样的系统中，由于对传输的增量还要经过脉冲编码调制，因而称为增量（差分）脉冲编码调制（DPCM）。

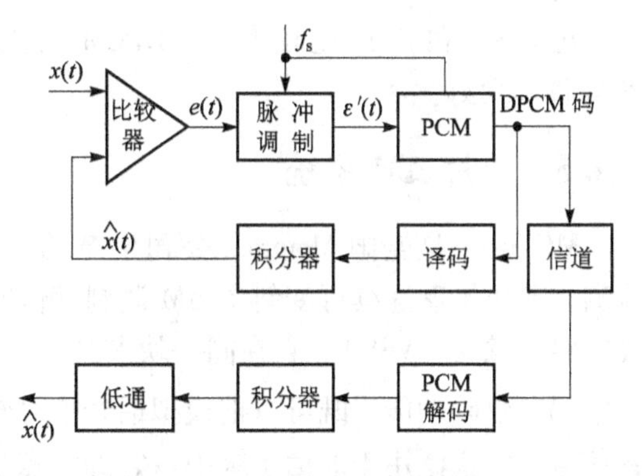

图 8-32　DPCM 系统组成框图

图 8-32 表示 DPCM 的组成框图。图中 $e(t)$ 是输入信号 $x(t)$ 和重建信号 $\hat{x}(t)$ 的差值信号，然后对 $e(t)$ 进行抽样、量化和编码处理得到 DPCM 信号。它的一路给信道进行传输，而另一路经译码和积分后提供重建信号 $\hat{x}(t)$。

DPCM 系统在接收端经译码后恢复成误差信号，再经积分后通过低通滤波器得原发送信号。

图 8-33 表明 $n=2$ 时 DPCM 的编码过程。$n=2$ 时量化电平 $Q=2^{n}=4$，即 $+3\Delta V$，$+\Delta V$，$-\Delta V$，$-3\Delta V$。它们分别用 ++、+-、-+、-- 表示。

根据上述的叙述，分析 DPCM 系统的性能。它的信号功率 P_{o} 仍可用式（8-46）来计算，只是在 DPCM 系统中，由于误差范围（$+\Delta$，$-\Delta$）被量化为 Q 个电平，故此时的 $\Delta=\left(\frac{Q-1}{2}\right)\Delta V$，这里 ΔV 为量化的量阶。

$$\begin{aligned}P_{o}&=\frac{\Delta^{2}f_{s}^{2}}{8\pi^{2}f_{x}^{2}}\\&=\frac{\left(\frac{Q-1^{2}}{2}\right)(\Delta V)^{2}f_{s}^{2}}{8\pi^{2}f_{x}^{2}}\\&=\frac{(Q-1)^{2}(\Delta V)^{2}f_{s}^{2}}{32\pi^{2}f_{x}^{2}}\end{aligned} \tag{8-51}$$

再求量化噪声功率 N_q，由于对误差值进行均匀量化，其量阶为 ΔV，因此，$N_q=(\Delta V)^2/12$。仍假设经量化后的误差信号具有均匀的功率谱密度，而 DPCM 系统输出数字信号的码元速率为 nf_s，于是噪声频谱被认为均匀分布于频带宽度（$0\sim nf_s$）内。故可求得此时的双边功率谱密度为

$$S_{eq}(f)=(\Delta V)^2/24nf_s \tag{8-52}$$

经截止频率为 f_H 的低通滤波器后，噪声功率为

$$N_q=\int_{-f_H}^{f_H}S_{eq}(f)\,df=(\Delta V)^2f_H/12nf_s \tag{8-53}$$

此时 DPCM 系统输出量化信噪比为

$$\frac{S_o}{N_o}=\frac{3n(Q-1)^2}{8\pi^2}\,\frac{f_s^3}{f_x^2\cdot f_H} \tag{8-54}$$

将式（8-54）与式（8-47）和式（8-39）比较可看出 $n>1$ 和 f_s/f_x 比较大时，DPCM 均比 ΔM 和 PCM 性能要好。

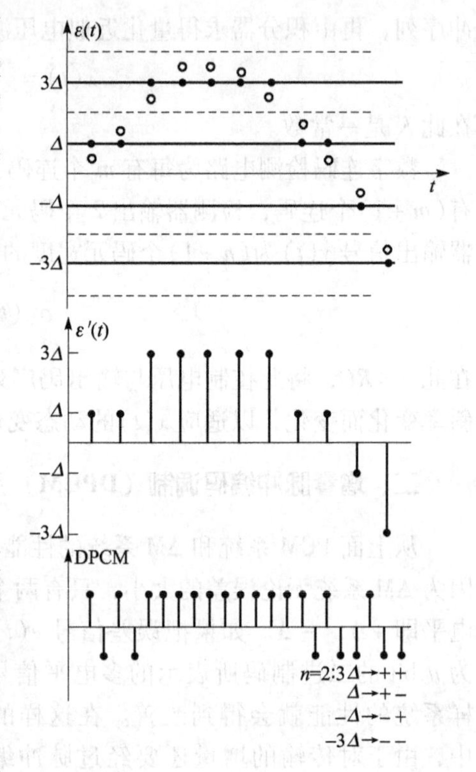

图 8-33　$e(t)$ 量化和编码过程

8.4.5　单片 ΔM 系统

MC 3417 是美国 Motorola 公司生产的一种数字检测音节压扩型连续可变斜率 ΔM 调制/解调单片集成电路（简称 CVSD）。它在同一块芯片上，同时具有编码和解码功能，既可以把模拟话音信号转换成二进制数码，也可以把数码恢复为模拟话音信号。它广泛用于通信系统中。它的特点是：（1）可用一个数字输入去选择编码和解码功能，输入阈值可以选择。（2）在 芯片内提供 $V_{CC}/2$ 基减电源。（3）具有 3 位算法，数字输出和 CMOS 兼容。同类产品还有 MC 3418，MC 3517，MC 3518。它们的电路组成基本相同。

MC 3417 是双列直插式 16 引脚集成块，其内部框图如图 8-34 所示，编码和解码组成由图 8-35 和图 8-36 表示。

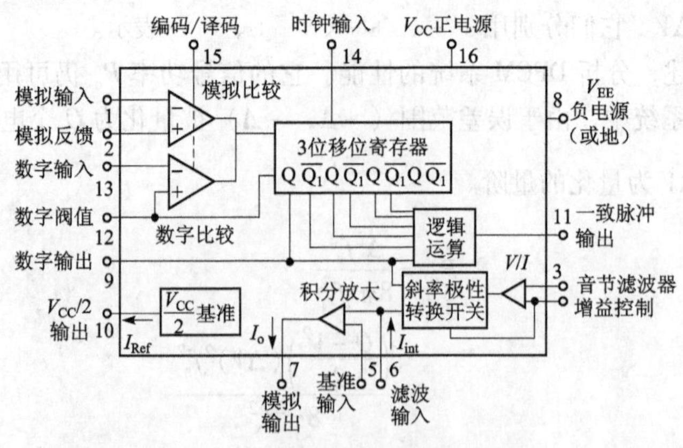

图 8-34　MC 3417 内部框图

图 8-37 是应用 MC 3417 的 16 kHz 简单话音编译码器的外部电路连接图。当 15 脚与 +5 V 连接时为编码工作状态。

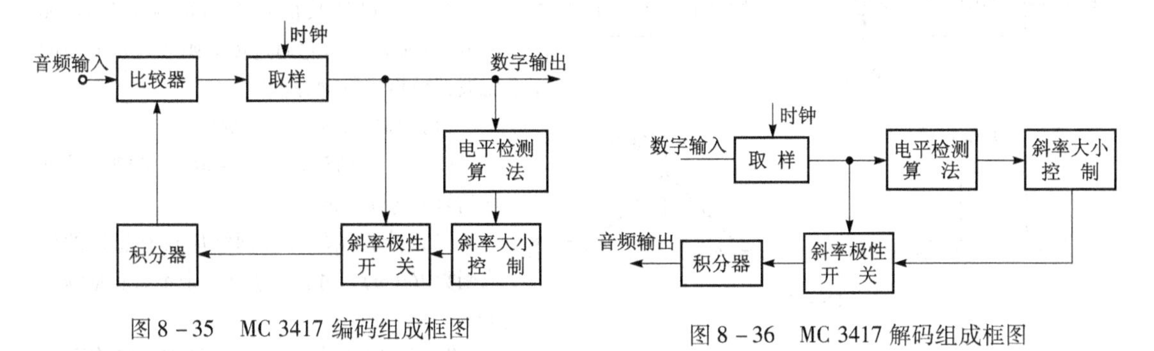

图 8-35　MC 3417 编码组成框图

图 8-36　MC 3417 解码组成框图

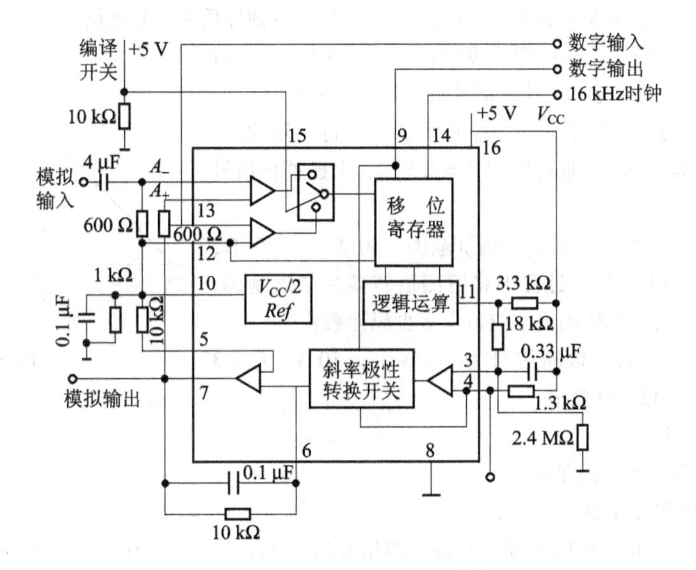

图 8-37　MC 3417 应用举例

习　题

8-1　已知一低通信号 $m(t)$ 的频谱 $M(f)$ 为

$$M(f)=\begin{cases}1-\dfrac{|f|}{200} & |f|<200\\ 0 & \text{其他}\end{cases}$$

(1) 假设以 $f_s=300$ Hz 的速率对 $m(t)$ 进行理想抽样，试画出已抽样信号 $m^*(t)$ 的草图。

(2) 若用 $f_s=400$ Hz 的速率抽样，重做上题。

8-2　一个函数 $f_1(t)$ 的频带限于 4 000 Hz 以下，另一个函数 $f_2(t)$ 也限于 4 000 Hz 以下，如果用单独的两个抽样信号分别对以上信号进行抽样后按时分方式进行重合，试确定可用的最大抽样间隔，若用一个抽样信号对两个信号进行抽样，此时的最大抽样间隔为多大？

8-3　已知一基带信号 $m(t)=\cos 2\pi t+2\cos 4\pi t$，对其进行理想抽样。

(1) 为了在接收端不失真地从已抽样信号 $m^*(t)$ 中恢复 $m(t)$，试问抽样间隔应如何选择？

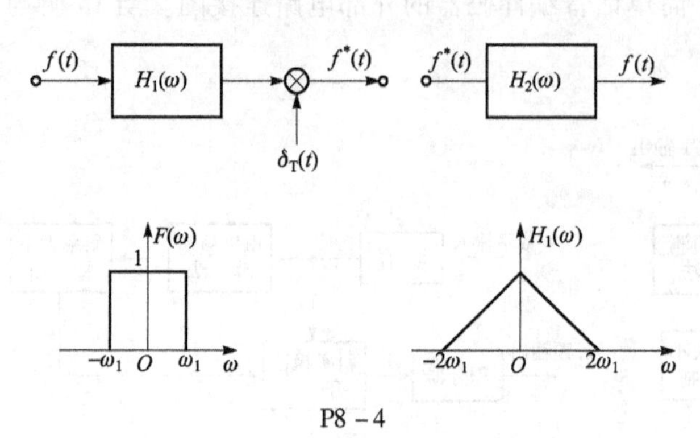

P8－4

（2）若抽样间隔取为0.2 s，试画出已抽样信号的频谱图。

8－4　已知某信号$f(t)$的频谱$F(\omega)$如图P8－4所示。将它通过传输函数为$H_1(\omega)$的滤波器后再进行理想抽样。

（1）抽样速率应为多少？

（2）若设抽样速率$f_s=3f_1$，试画出已抽样信号$f^*(t)$的频谱。

（3）接收端的接收网络应具有怎样的传输函数$H_2(\omega)$，才能由$f^*(t)$中不失真地恢复$f(t)$。

8－5　12路载波电话信号占有频率范围为60 kHz～108 kHz，求出其最低抽样速率$f_{smin}=$?并画出理想抽样后的信号频谱。

8－6　已知模拟信号$x(t)$的概率密度函数$f(x)$如图P8－6所示。若按四电平进行均匀量化，试计算信号量化噪声功率比。

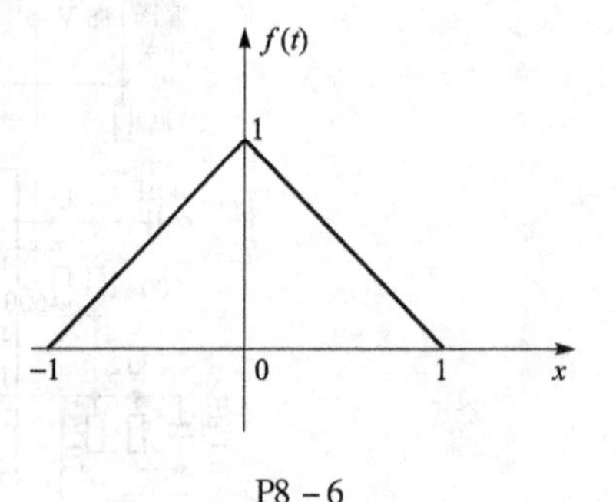

P8－6

8－7　信号$f(t)$的最高频率为f_H，由矩形脉冲进行平顶抽样。矩形脉冲宽度为τ，幅度为A。抽样频率$f_s=2.5f_H$，求已抽样信号的时域表示式和频谱表示式。

8－8　相隔1 s对温度进行测量，测量范围－40 ℃～＋40 ℃，精度要求0.5 ℃，在PCM传输过程中将所测值转换为二进制码，并采用均匀量化。试问此PCM码组中应包含多少码元数?

8－9　二进制PCM系统传输信号为－1 V～＋10 V，$f_x=3$ kHz。若量化电平$Q=512$，试确定

（1）最低抽样频率。

（2）每个PCM码组所需码元数。

（3）PCM信号的码元速率。

8－10　采用具有八电平的PCM系统传输两路语音信号（f_{xmax}）＝3 kHz，求最低的码元速率。

8－11　设PCM系统重现信号要求的最小信噪比是30 dB，若因信道噪声产生的误码率为10^{-4}，试求最小量化电平数。

8－12　采用13折线A压缩律编码，设最小量化级为1Δ，已知取样值为$+635\Delta$。

（1）试求此时编码器输出码组，并计算量化误差。

（2）写出对应于该7位码（不包括极性码）的均匀量化11位码。

8－13　采用13折线A压缩律编码和译码电路。设收到的码组为“01010011”，最小量化单位为“1Δ”，并已知段内码为折叠码。

（1）试问译码器输出为多少Δ；

（2）写出对应于该7位码的均匀量化11位码（不包含极性码）。

8－14　ΔM系统传送幅值为1 V，频率为3.4 kHz的正弦波，已知抽样速率为25 kHz，为不产生过载，试确定适当的量阶Δ。

参考文献

［1］董荔真，等．模拟与数字通信电路［M］．北京：北京理工大学出版社，1990.
［2］樊昌信，等．通信原理［M］．北京：国防工业出版社，1995.
［3］曹志刚，等．现代通信原理［M］．北京：清华大学出版社，1992.
［4］郭世满，等．数字通信——原理、技术及其应用［M］．北京：人民邮电出版社，1994.
［5］王士林，等．现代数字调制技术［M］．北京：人民邮电出版社，1987.

第九章　数字基带传输系统

§ 9.1　引　　言

从本章起开始研究数字通信的基本原理和有关技术问题。本章讨论数字信号基带传输的基本原理，其中包括：数字基带信号的码型，波形设计与功率谱的分析，数字基带传输系统的最佳设计；误码性能，码间干扰与均衡技术等主要问题。

在第一章中已经了解到，一般数字通信系统中首先将消息变为数字基带信号，常称为信源编码，再经过调制后进行传输。在接收端先进行解调恢复为基带信号，再进行解码转换为消息。而在有些传输系统中，不需要进行调制和解调，直接用基带信号进行传输。这种不经调制，直接让数字基带信号进行传输的方式称为数字基带传输。而对经过调制，将信号频谱搬移到某个载频再进行传输的方式称为数字频带传输。

数字基带传输的理论和技术在数字通信中起着十分重要的作用。这是由于，一是频带传输中同样存在基带传输的问题，正如第一章所叙述的，若将频带传输的信道视为广义信道，频带系统就成了基带系统，这样基带系统中的许多问题在频带系统中也存在；二是随着数字通信技术的发展，基带传输方式也有迅速发展（例如电力线计算机局域网通信），它不仅用于低速数据传输，而且还用于高速数据传输；三是任何一个线性调制频带系统总可以等效为一个基带传输系统。

图 9－1 为数字基带系统的基本结构。该结构由信道信号形成器（波形形成器）、信道、接收滤波器和抽样判决器组成。信道信号形成器是用于产生适合于信道传输的基带信号；接收滤波器用于接收信号并滤除信号在信道传输过程中混入的信道噪声和干扰；抽样判决是在噪声背景下判定并再生基带信号。

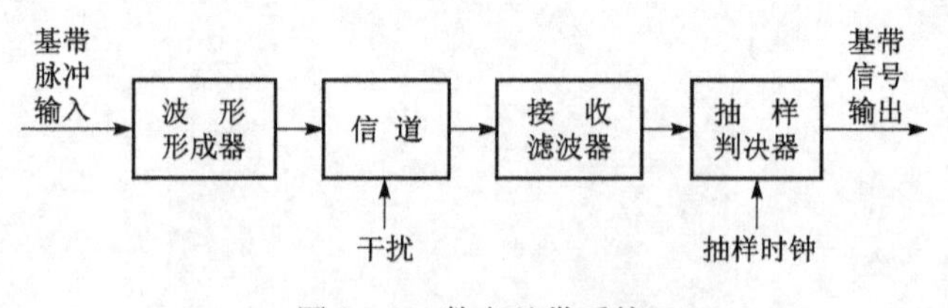

图 9－1　数字基带系统

§ 9.2　数字基带信号的码型

基带信号是信息代码的电表示形式，在实际的基带传输系统中，并不是所有代码的电波形均能在信道中传输，因此有基带信号的选择问题，在这中间有合理地设计数字信号的码型和波形两个问题。数字信号波形是数字信号电脉冲的形状。而数字信号码型为电脉冲序列的结构形式。这两个问题是数字信号传输中十分重要的问题。本节首先讨论数字基带信号的码型设计，至于基带信号的波形问题在后面几节加以讨论。

9.2.1　码型设计的原则

当数字信号进行长距离传输时，高频分量的衰减随距离的增加而增大。同时信道中往往还存在隔直流电容或耦合变压器，它们不能传输直流分量及对低频分量有较大的衰减。因此对一般信道来说其高频和低频部分均是受限的，此时必须考虑码型选择问题。

归纳起来，在设计数字基带信号码型时需考虑如下原则：

（1）对于低频信号传输受限的信道，应使线路传输码型的频谱不含直流分量，并且只有很小的低频分量。

（2）能从相应的基带信号中提取定时信息。在基带传输系统中，定时信息是在接收端再生原始信息所必需的。一般传输系统中，为了节省频带是不传输定时信息的，必须在接收端从相应的基带信号中加以提取。

（3）所选用旧码型应对任何信源都具有透明性，也就是与信源的统计特性无关，即能适应于信源的变化。

（4）便于实时监测系统的传输质量，即误码率。这就要求基带信号码型具有内在检错能力。

（5）对于某些传输码型，信道中产生单个错码会扰乱一段解码，即影响后续码的检测，出现错码，这种现象称为错码扩散或错码增值。在选择码型时，希望错码增值越少越好，最好是前面码正确与否，并不影响后续码的检测。

（6）尽可能提高传输码型的传输效率，也就是减小基带信号频谱中的高频分量，节省频带，提高频带利用率。

（7）编码和解码设备应尽量简单。

数字基带信号的码型种类繁多，本节不能一一叙述。在此仅就目前应用以及将得到实际应用的一些重要码型作简单叙述。下面以矩形波形为例按每个码元的幅度取值不同，分为二元码、三元码和多元码加以介绍。

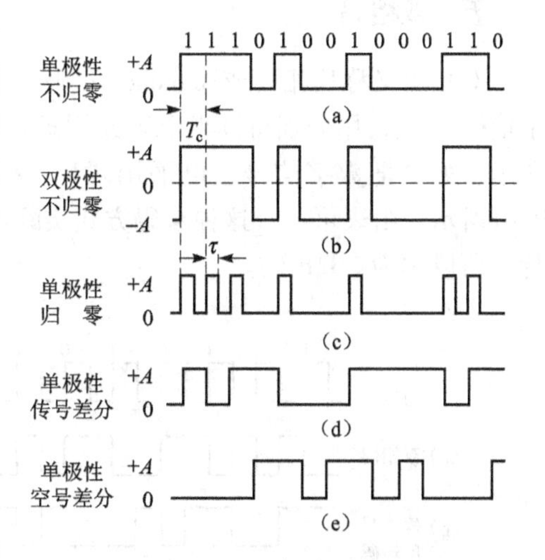

图9－2　几种二元码的码型图

9.2.2　二元码

二元码的矩形脉冲取值只有两种不同电平，如图9－2所示为几种不同二元码的码型图。

一、单极性不归零码

这种二元码用高电平和低电平（常为零电平）分别表示二进制信息“1”和“0”。容易看出，这种码在一个码元周期 T_c 内电平保持不变，电脉冲之间无间隔，常用NRZ表示，如图9－2（a）所示。

二、双极性不归零码

这种二元码用正电平和负电平分别表示二进制信息“1”和“0”。与 NRZ 一样，在一个码元周期 T_c 内电平保持不变。在这种码中不存在零电平，如图 9－2（b）所示。

三、单极性归零码

单极性归零码是指它的电脉冲宽度比码元周期 T_c 窄，发送“1”时只在码元周期 T_c 内持续一段时间的高电平，其余时间内则为零电平，常用 RZ 表示，如图 9－2（c）所示。

四、差分码

差分码是用电平“跳变”或“不变”来表示“1”或“0”的。如果用电平跳变表示“1”，电平不变表示“0”，则称为传号差分码（在电报通信中常称“1”为传号，“0”为空号）。反之，若用电平跳变表示“0”，电平不变表示“1”，则称为空号差分码。如图 9－2（d）、（e）所示。由于差分码是用电平的相对变比值来表示“0”、“1”，而不是用电平的绝对值来表示“1”、“0”。因此在数字调相相干解调中被用于解决相干载波相位 180°模糊问题。

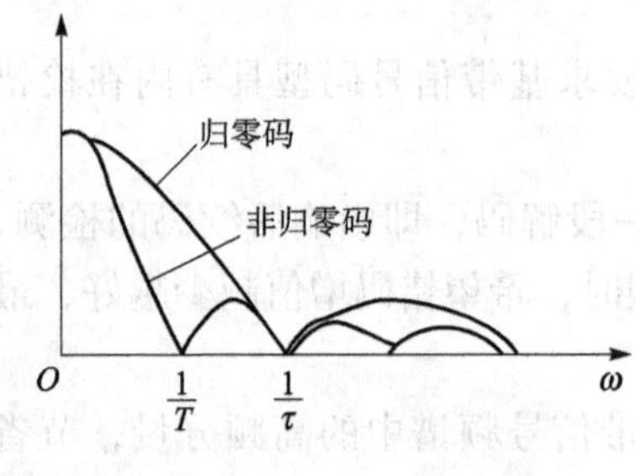

图 9－3　常见二元码功率谱

上述四种最简单的二元码其功率谱中有丰富的直流分量和低频分量，如图 9－3 所示，故不能用于采用交流耦合的有线信道。此外，当信息中包含长串联“1”或连“0”时，不归零码就呈现连续的固定电平，因而无法提取定时信息。其他三种也存在这种情况，因此它们只用于机内或近距离的信息传输。

五、双相码

双相码又称反相码或 Manchester 码。它是用分别持续半个码元周期的正、负电平组合表示信码“1”，用分别持续半个码元周期的负、正电平组合表示信码“0”，如图 9－4（a）所示，如果把数字信号正电平用“1”表示，而负电平用“0”表示，则其编码关系如表 9－1所示。由表可见，这种编码方式实际上是将原始的 1 位二进制信码用 2 位二进制码来代替，所以称为 1B2B 码。

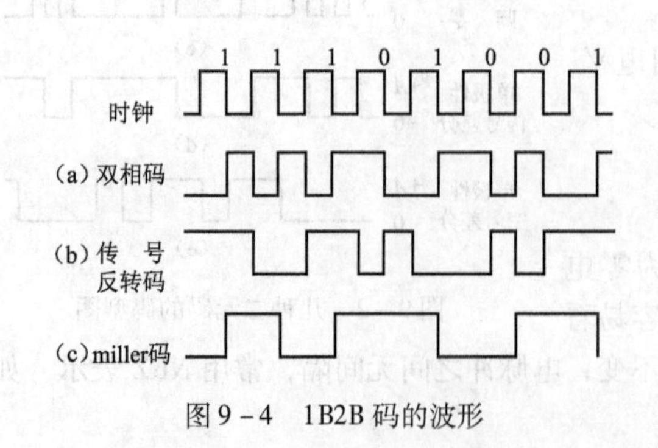

图 9－4　1B2B 码的波形

表 9－1　双相码与信码对照表

信码	双相码
1	10
0	01

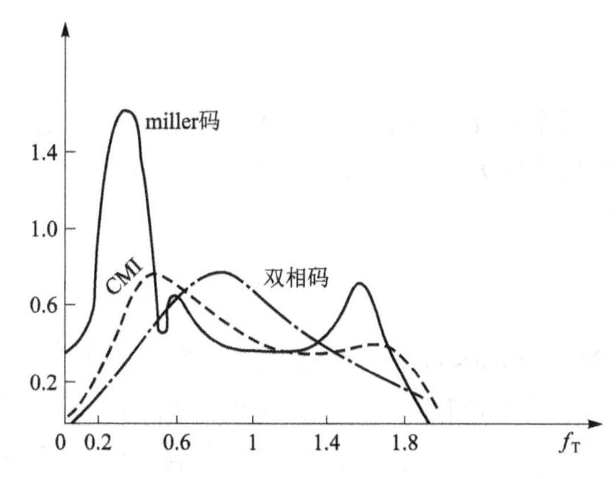

图 9－5 Miller 码、CMI 码和双相码的功率谱

双相码的主要特点是不管信码的统计特性如何，在每个码元周期 T_c 的中点都存在电平跃变，因此比较容易提取定时信号。另外在任一个码元周期内信号正、负电平各占一半，因而无直流分量。但是，由于矩形脉冲的最小宽度为 $T_c/2$，因此与上述不归零码相比它占用的带宽加倍，如图 9－5 所示。这说明双相码的上述优点是以增加传输带宽换来的。

双相码适用于数据终端设备在短距离上传输，如由 Xerox、DEC 和 Intel 公司共同开发的“以太”本地数据网（Ethernet）中采用数字双相码作为传输码型。由 Echelon 公司推出的 LON works 产品中也用双相码作为在电力线上传输的信息码和控制码。

六、传号反转码

传号反转码可简称为 CMI 码（Coded Mark Inversion），它也是一种 1B2B 码，其波形如图 9－4（b）所示，编码规则如表 9－2 所示，即用交替持续一个码元周期的正或负电平表示信码“1”，用持续半个码元的负或正电平组合来表示信码“0”。

表 9－2 CMI 码和信码对比表

信码	CMI 码
1	11 或 00
0	01

CMI 码的主要优点是：① 没有直流分量。② 定时信号容易被提取。由波形可知，只要将其中负跳变取出，即可作为定时信号。③ 有检错能力。因为在 CMI 码序列中，只会出现 01 和交替出现 00 或 11，不会出现 10 或连续出现 00 或 11，若出现就为错码。

由于 CMI 码的上述优点，CCITT 已建议，CMI 码作为脉冲编码调制（PCM）四次群的接口码型，在传输速率低于 8 448 kbit/s 的光纤数字传输系统中作为线路传输码型。

七、延迟调制码

延迟调制码又称密勒码（Miller 码），其编码规则是：信码“1”用码元周期中点出现电平跳变，即用 10 或 01 表示；信码“0”则分两种情况，当出现单个“0”时，在码元周期内不出现电平跳变；当遇到连“0”时，则在前一个“0”结束（即后一个“0”开始）时刻出现电平跳变，即“00”或“11”交替。其波形如图 9－4（c）所示。

Miller 码的主要特点是：① 由编码规则可知，当信码序列出现“101”时，Miller 码出现最大脉冲宽度为两个码元周期，而信码出现连“0”时，它的最小脉冲宽度为一个码元周期。这一性质可以用来进行误码检测。② 比较双相码与 Miller 码的码型图，可以发现后者可由前者经过一级触发器来得到。因此 Miller 码是双相码的差分形式。在数字调相相干解调系统中，利用 Miller 码可解决相干载波的相位模拟问题。

由图 9－5 可以看出：Miller 码的信号能量主要集中在 1/2 码速率的频率范围内，直流分量很小，频带宽度约为双相码的一半。

9.2.3 三元码

在三元码数字基带信号中，信号幅度取值有三个：+1，0，-1。由于实现时并不是将二进制数变成三进制数，而是某种特定取代，因此又称为准三元码或伪三元码。三元码种类很多，在 PCM 系统中被广泛作为线路传输码型。

一、传号交替反转码

传号交替反转码可记为 AMI 码（Alternate Mark Inversion）。其编码规则为：信码“0”用 0 电平表示；信码“1”交替用“+1”和“-1”的归零码表示；这就是信码“0”用“00”表示，而信码“1”交替用“01”和“10”表示。由于它是将 1 位二进制信码变换为 1 位三进制传输码，因此它是一种 1B1T 码，其波形如图 9-6 所示。

二进制码	1	0	0	0	0	1	0	0	0	0	1	1	0	0	0	0	1	1
AMI 码	-1	0	0	0	0	+1	0	0	0	0	-1	+1	0	0	0	0	-1	+1
HDB_3 码	-1	0	0	0	-V	+1	0	0	0	+V	-1	+1	-B	0	0	-V	+1	-1

图 9-6　三元码波形

根据下一节理论分析表明，AMI 码的功率谱如图 9-7 所示。由图可知，AMI 码无直流分量，低频分量较小，能量集中在频率为 1/2 码率左右处。虽然在 AMI 码功率谱中无定时脉冲的频率分量，但只要对基带信号进行必要的非线性处理（如全波整流或平方），即可提取定时信号。AMI 码的另一个优点是具有一定的检错能力，因为传号是按交替规律进行传输，若接收端的码不符合这一规律，就可出现错码。

AMI 码的主要缺点是它的一些性能和信源的统计特性有关。首先它的功率谱形状与信码中“1”码出现的概率有关，如图 9-7 所示。其次当信码中出现较长的连“0”时，由于 AMI 码长时间不出现电平跳变，使提取定时信息时较困难。

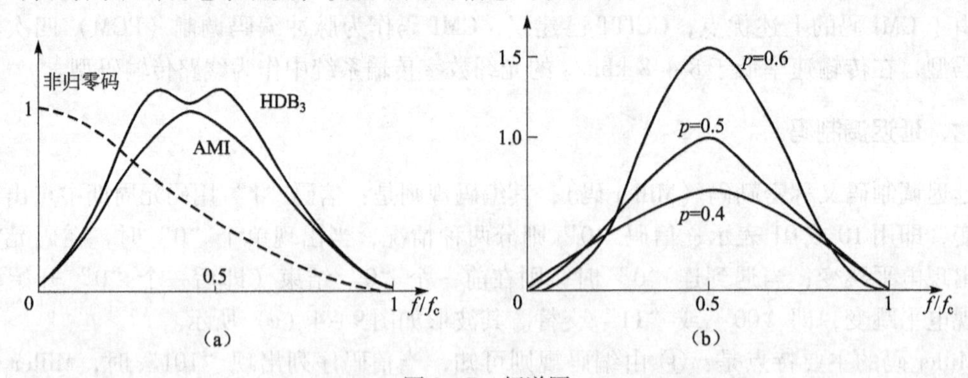

图 9-7　频谱图

二、三阶高密度双极性码

三阶高密度双极性码的缩写形式为 HDB_3 码（High Density Binary-3）它是 AMI 码的一种改进型，主要是为了克服 AMI 码中连“0”时所带来的提取定时信息的困难。它的编码原理为：首先将信码变换为 AMI 码，然后检查 AMI 码序列中连“0”的情况。当出现四个以上的连“0”时，将每四个连“0”小段中的第四个“0”位变成一个非0的破坏位V，其极性和前一个非“0”同极性。这样就破坏了“极性交替反转”的规律。可以在接收端很快发现破坏位，使原信码得到恢复。但也破坏了AMI码无直流分量的优点，为了保持无直流分量这一特点，还必须保证相邻V码也应极性交替。这一点在相邻V码之间有奇数个非“0”位时，可以得到保证；当有偶数个非“0”位时，则就得不到保证，这时再将该小段第一个“0”位变换成+B或-B，B的极性与前一非“0”位相反，并让后面的非“0”位从V位开始再交替变化。

HDB_3码的特点是：保持了AMI码的优点，克服了AMI码在遇到连“0”长时难以提取定时信息的困难，因而获得广泛应用。CCITT已建议把HDB_3码作为PCM终端设备一次群到三次群的接口码型。AMI码与HDB_3码的功率谱如图9-7（a）所示，AMI码在不同传号概率时的功率谱如图9-7（b）所示。

§9.3　数字基带信号的功率谱

在研究基带传输系统时，对于基带信号频谱的分析是十分必要的。由于基带信号是一个随机脉冲序列，研究基带信号频谱即为求随机脉冲序列的频谱。对于任意一种给定的数字基带信号计算其功率谱密度不是一件容易的事，往往需要复杂的数学计算。在此仅给出结果，计算过程可以参考本章附录9.1。

随机脉冲序列功率谱密度为

$$S(\omega)=f_cP(1-P)|G_1(f)-G_2(f)|^2+\sum_{m=-\infty}^{\infty}|f_c[PG_1(mf_c)+(1-P)G_2(mf_c)]^2|\delta(f-mf_c) \tag{9-1}$$

式（9-1）为双边功率谱密度。从式中可看出随机脉冲序列的功率谱密度包括两部分，第一部分为连续谱，而第二部分为离散谱。

9.3.1　单极性脉冲序列

对于单极性脉冲序列，$g_1(t)=0, g_2(t)=g(t)$。代入式（9-1）得其功率谱密度为

$$S(\omega)=f_cP(1-P)|G(f)|^2+\sum_{m=-\infty}^{\infty}|f_c(1-P)G(mf_c)|^2\delta(f-mf_c) \tag{9-2}$$

当$P=\frac{1}{2}$时，$g(t)$为一矩形脉冲，即

$$g(t)=\begin{cases}1 & |t|\leqslant\frac{T_c}{2}\\ 0 & \text{其他}\ t\end{cases}$$

则

$$G(f)=T_c\left(\frac{\sin\pi fT_c}{\pi fT_c}\right)$$

那么式（9-2）为

$$S(\omega)=\frac{1}{4}f_cT_c^2\left[\frac{\sin\pi fT_c}{\pi fT_c}\right]^2+\frac{1}{4}\delta(f)$$

9.3.2　双极性脉冲序列

此时 $g_1(t) = -g_2(t) = g(t)$，代入式（9-1），得

$$S(\omega) = 4f_c P(1-P)|G(f)|^2 + \sum_{m=-\infty}^{\infty} |f_c[(2P-1)G(mf_c)]|^2 \delta(f - mf_c) \quad (9-3)$$

当 $P = \frac{1}{2}$ 时，即为二进制等概率情况，则式（9-3）为

$$S(\omega) = f_c |G(f)|^2 \quad (9-4)$$

若 $g(t)$ 为矩形时，其双极性脉冲序列的功率谱密度为

$$S(\omega) = f_c \left| T_c \left[\frac{\sin \pi f T_c}{\pi f T_c} \right] \right|^2$$

从上式可以看出当二进制为等概率 $\left(P = \frac{1}{2}\right)$ 时，双极性脉冲序列的功率谱密度只有连续谱，而无离散谱，即不存在时钟频率 f_c 和其谐波 mf_c 的线谱。

§ 9.4　基带脉冲传输和码间干扰

如前面所述，能够携带数字信息的基带信号波形可以有种种形式，其中较常见的基本波形是以矩形（有无或正负）表示数字信息的形式。现就以这种形式为基础来说明基带脉冲的传输。

基带脉冲传输系统的典型框图如图9-8所示。为了便于分析，把数字基带脉冲的产生过程分成码型编码和波形形成两步。码型编码的输出为传输码型的 δ 脉冲序列 $\sum_{n=-\infty}^{\infty} a_n \delta(t - nT_c)$。而波形形成网络的作用是将每个 δ 脉冲转换为一定波形的基带信号。信号通过信道传输，一方面要受信道特性的影响，使信号畸变；另一方面信号被信道中加性噪声所叠加，造成信号的随机畸变，因此到达接收端的基带脉冲信号已经发生了畸变。为此接收端有一接收滤波器，使噪声尽量地得到抑制，而使信号顺利通过。然而在接收滤波器的输出信号中，总还存在信号畸变和混有噪声。为了提高接收系统的可靠性，对输出信号再进行再生判决。再生判决由限幅整形电路和抽样判决电路组成，限幅整形电路将接收信号中低于门限电平的信号变成低电平，而高于门限电平的信号变成高电平，如图9-9（b）所示。抽样判决电路是将整形后的信号先进行抽样，然后将抽样值和判决电平进行比较。若抽样值大于判决电平，则认为有基带波形存在，否则认为无基带波形，如图9-9（c）所示。不难看出，这样可以进一步排除噪声，提取有用信号。然而在此电路中需要有一个和发送端同步的位同步信号。

由图9-8知，由码型编码的输出信号为一 δ 序列，可写为

$$d(t) = \sum_{n=-\infty}^{\infty} a_n \delta(t - nT_c) \quad (9-5)$$

式中，a_n 取值为0、1或-1，+1。这是一个时间间隔为 T_c，强度为 a_n 的一系列 δ 函数。当它激励波形形成器时，波形形成器将输出为 $s(t)$ 的信号，可表示为

$$s(t) = \sum_{n=-\infty}^{\infty} a_n g_T(t - nT_c) \quad (9-6)$$

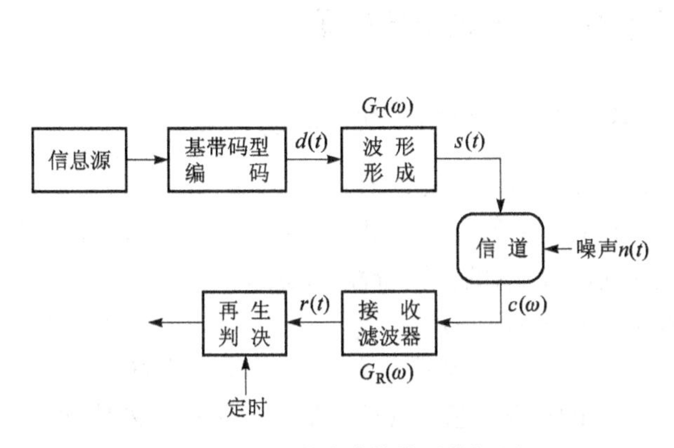

图 9－8　基带脉冲传输系统框图

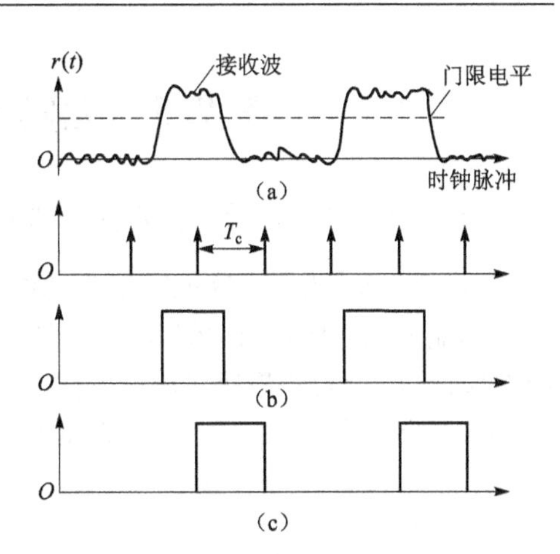

图 9－9　接收基带波形的再生和判决

式中，$g_T(t)$为发送的基本波形。设波形形成器的传输特性为$G_T(\omega)$，则$g_T(t)$可写为

$$g_T(t)=\frac{1}{2\pi}\int_{-\infty}^{\infty}G_T(\omega)e^{-j\omega t}d\omega$$

信号$s(t)$通过信道时会产生波形畸变，同时还要叠加噪声。假设信道的传输特性为$C(\omega)$，接收滤波器的传输特性为$G_R(\omega)$，则接收滤波器的输出信号$r(t)$为

$$r(t)=\sum_{n=-\infty}^{\infty}a_n g_R(t-nT_c)+n_R(t) \tag{9-7}$$

式中，

$$g_R(t)=\frac{1}{2\pi}\int_{-\infty}^{\infty}G_T(\omega)C(\omega)G_R(\omega)e^{j\omega t}d\omega \tag{9-8}$$

式中，$n_R(t)$为噪声$n(t)$通过接收滤波器后的输出。

将$r(t)$的信号进行抽样判决，抽样时刻为kT_c+t。其中k为第k个时刻，t_0表示可能的时偏，抽样值为

$$\begin{aligned}r(kT_c+t_0)&=\sum_{n=-\infty}^{\infty}a_n g_R(kT_c+t_0-nT_c)+n_R(kT_c+t_0)\\&=a_k g_R(t_0)+\sum_{n\neq k}a_n g_R(kT_c+t_0-nT_c)+n_R(kT_c+t_0)\end{aligned} \tag{9-9}$$

式中，右边第一项$a_k g_R(t_0)$是第k个接收基本波形在上述时刻上的取值，它是确定a_k信息的依据；第二项$\sum\limits_{n\neq k}a_n g_R(kT_c+t_0-nT_c)$是接收信号中第$k$个以外的所有其他基本波形在第$k$个抽样时刻上的总和，称为码间干扰，如图9－10所示。由于$\{a_n\}$为随机序列，因此码间干扰也为一个随机变量。第三项$n_R(kT_c+t_0)$为噪声对抽样值的影响。

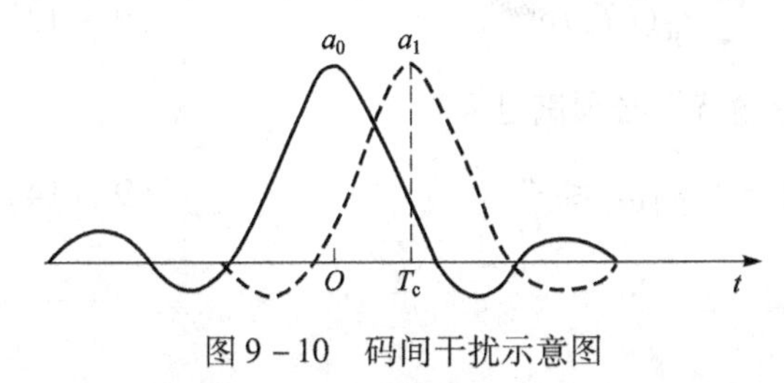

图 9－10　码间干扰示意图

从式（9－9）可看出，由于码间干扰和随机噪声存在，对抽样值$r(kT_c+t_0)$进行判决时有可能产生错判，从而产生错码。为使基带脉冲传输系统获得低的误码率，就必须减小码间干扰和随机噪声的影响。下面两节就这两方面的问题进行讨论。

§ 9.5 无码间干扰的基带传输特性

由式（9－9）可看出，要使基带传输系统不产生码间干扰，应使其第二项 $\sum\limits_{n\neq k} a_n g_R[(k-n)T_c+t_0]$ 为零。这说明接收的波形 $g_R(t)$ 仅在本码元抽样时刻，即 $k=n$ 时不为零，而对其他码元抽样时刻的信号值无影响，如图 9－11 所示。从式（9－8）可知接收端的系统响应信号 $g_R(t)$ 是取决于波形形成电路至接收滤波器的传输特性 $H(\omega)$。

$$H(\omega)=G_T(\omega)C(\omega)G_R(\omega) \tag{9-10}$$

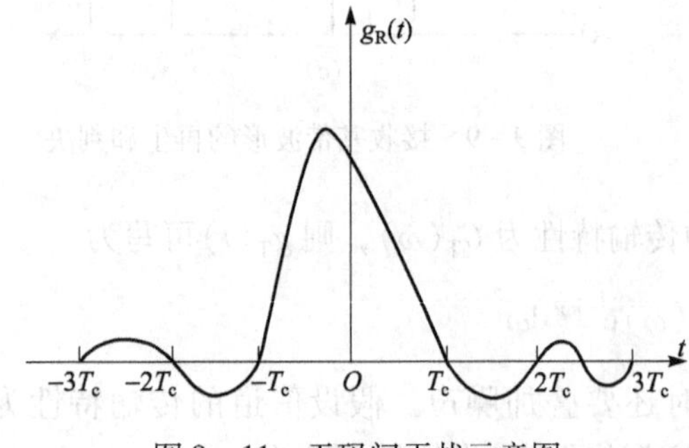

图 9－11　无码间干扰示意图

现在的问题是：什么样的传输特性 $H(\omega)$ 能使它的冲激响应 $g_R(t)$ 在抽样时刻有下列特性

$$g_R(kT_c)=\begin{cases}1 & k=0\\0 & k\neq 0\end{cases} \tag{9-11}$$

在式（9－11）中暂不考虑时偏 t_0。因为

$$g_R(kT_c)=\frac{1}{2\pi}\int_{-\infty}^{\infty}H(\omega)\mathrm{e}^{\mathrm{j}\omega kT_c}\mathrm{d}\omega$$

将积分域分隔成间隔为 $2\pi/T_c$ 的若干个区域，则

$$g_R(kT_c)=\frac{1}{2\pi}\sum_i\int_{(2i-1)\pi/T_c}^{(2i+1)\pi/T_c}H(\omega)\mathrm{e}^{\mathrm{j}\omega kT_c}\mathrm{d}\omega$$

作变量置换，令 $\omega'=\omega-\dfrac{2i\pi}{T_c}$，则上式为

$$\begin{aligned}g_R(kT_c)&=\frac{1}{2\pi}\sum_i\int_{-\pi/T_c}^{\pi/T_c}H\left(\omega'+\frac{2i\pi}{T_c}\right)\mathrm{e}^{\mathrm{j}\omega' kT_c}\mathrm{e}^{\mathrm{j}2\pi ik}\mathrm{d}\omega'\\&=\frac{1}{2\pi}\sum_i\int_{-\pi/T_c}^{\pi/T_c}H\left(\omega'+\frac{2i\pi}{T_c}\right)\mathrm{e}^{\mathrm{j}\omega' kT_c}\mathrm{d}\omega'\\&=\frac{1}{2\pi}\int_{-\pi/T_c}^{\pi/T_c}\sum_i H\left(\omega+\frac{2i\pi}{T_c}\right)\mathrm{e}^{\mathrm{j}\omega kT_c}\mathrm{d}\omega\end{aligned} \tag{9-12}$$

这里变量 ω 的定义域为 $(-\pi/T_c,\pi/T_c)$。式（9－12）表明，$g_R(kT_c)$ 是 $\dfrac{1}{T_c}\sum\limits_i H\left(\omega+\dfrac{2i\pi}{T_c}\right)$ 的指数型傅里叶级数的系数，即有

$$g_R(kT_c)=\frac{2\pi}{T_c}\int_{-\pi/T_c}^{\pi/T_c}\frac{1}{T_c}\sum_i H\left(\omega+\frac{2i\pi}{T_c}\right)\mathrm{e}^{\mathrm{j}\omega kT_c}\mathrm{d}\omega$$

而

$$\frac{1}{T_c}\sum_i H\left(\omega+\frac{2i\pi}{T_c}\right)=\sum_k g_R(kT_c)\mathrm{e}^{\mathrm{j}\omega kT_c} \tag{9-13}$$

根据式（9－11）无码间干扰的条件，其基带传输特性必须满足

$$\frac{1}{T_c}\sum_i H\left(\omega+\frac{2i\pi}{T_c}\right)=1\quad |\omega|\leqslant\frac{\pi}{T_c} \tag{9-14}$$

或

$$\sum_i H\left(\omega+\frac{2i\pi}{T_c}\right)=T_c \quad |\omega|\leqslant\frac{\pi}{T_c} \tag{9-15}$$

式（9－15）说明基带传输特性 $H(\omega)$ 只要满足式中条件，这可不产生码间干扰，这是检验一个给定系统 $H(\omega)$ 是否会产生码间干扰的一个准则，该准则称为奈奎斯特（Nyquist）第一准则。

式（9－15）的物理意义是：将波形形成电路输入到接收滤波器输出的传输特性 $H(\omega)$ 在 ω 轴上以 $2\pi/T_c$ 间隔切开，然后分段沿 ω 轴平移到 $(-\pi/T_c, \pi/T_c)$ 区间内，将它们叠加起来，其结果应当为一常数 T_c，如图 9－12 所示。

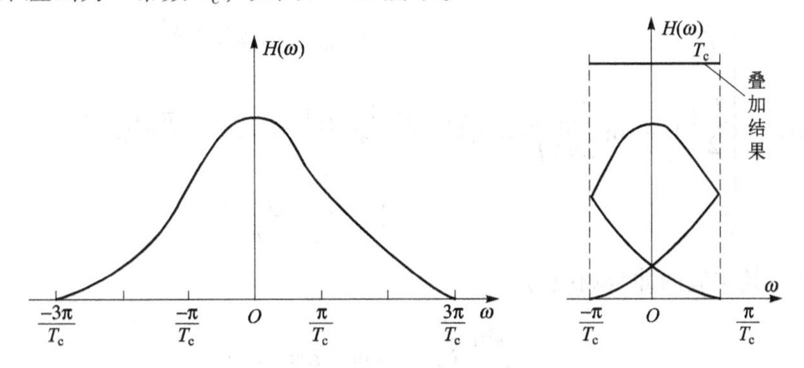

图 9－12　满足无码间干扰的传输特性

很容易想到的是 $H(\omega)$ 为一理想低通特性，即

$$H(\omega)=\begin{cases}T_c & |\omega|\leqslant\pi/T_c\\ 0 & 0\end{cases} \tag{9-16}$$

该特性是满足无码间干扰条件的。它的冲激响应可用图 9－13 表示，由该图看出，输入数据以 $1/T_c$ 码率进行传输时，在抽样时刻上的码间干扰是不存在的；如果系统码元速率高于 $1/T_c$ Bd 时，就会产生码间干扰。考虑到理想低通特性的带宽为 $1/2T_c$，而码元速率为 $1/T_c$，因此这时的系统最高频带利用率为 2 Bit/Hz。

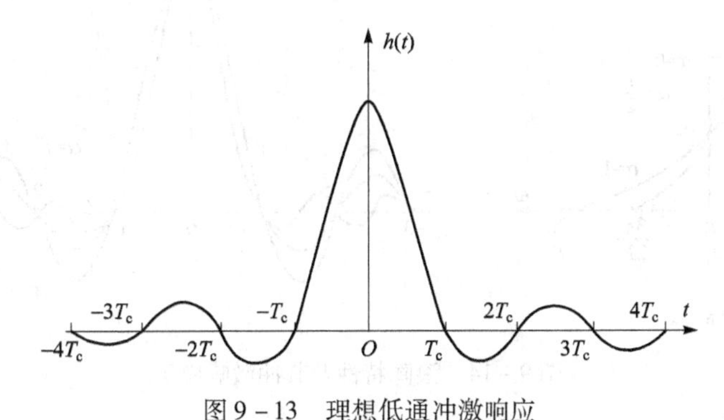

图 9－13　理想低通冲激响应

设系统频带为 ω Hz，则该系统无码间干扰时最高的码元速率为 2ω Bit，传输速率称为奈奎斯特速率。

对于式（9－16）所表示的理想低通特性可满足无码间干扰的条件，但它只有理论意义，实际上是不可能达到的，因为它要求传输特性有无限陡峭的过渡带。而且，即使可获得相当逼近理想的特性，其冲激响应仍不适合传输系统。因为 $g_R(t)$ 的“尾巴”——衰减振荡幅度较大，因此在得不到严格定时（抽样时刻出现偏差）时，码间干扰可能较大。因此实际上不采用理想低通特性，只把这种情况作为理论标准。在实际中得到广泛应用的是以 π/T_c 为中心，呈奇对称升余弦的振幅特性。图 9－14（a）显示了三种升余弦的振幅特性，这种振幅特性呈“圆滑”状，通常被称为“滚降”。图中 α 为滚降系数，定义为

$$\alpha = \frac{\text{滚降部分频率区间}}{\text{无滚降时的截止频率}}$$

这类升余弦的频谱特性可表示为

$$H(\omega) = \begin{cases} T_c & 0 \leqslant |\omega| \leqslant \dfrac{\pi(1-\alpha)}{T_c} \\ \dfrac{T_c}{2}\left[1 + \sin\dfrac{T_c}{2\alpha}\left(\dfrac{\pi}{T_c} - \omega\right)\right] & \dfrac{\pi(1-\alpha)}{T_c} \leqslant |\omega| \leqslant \dfrac{\pi(1+\alpha)}{T_c} \\ 0 & |\omega| > \dfrac{\pi(1+\alpha)}{T_c} \end{cases} \tag{9-17}$$

在此 $0 \leqslant \alpha \leqslant 1$。其相应的冲激响应为

$$g_R(t) = \frac{\sin\dfrac{\pi}{T_c}t}{\dfrac{\pi}{T_c}t} \quad \frac{\cos(\alpha\pi t/T_c)}{1 - (4\alpha^2 t^2/T_c)} \tag{9-18}$$

它的波形如图 9－14（b）所示，由图可知，升余弦特性除抽样点 $t=0$ 时不为零外，其余所有抽样点上均为零。而且随 α 的增大，波形振荡起伏变小，也就是“尾巴”衰减快，但其所占频带加宽。当 $\alpha=1$ 时其占有频带为 $\alpha=0$ 时的 2 倍，因而频带利用率下降一半，为1 Bd/Hz。

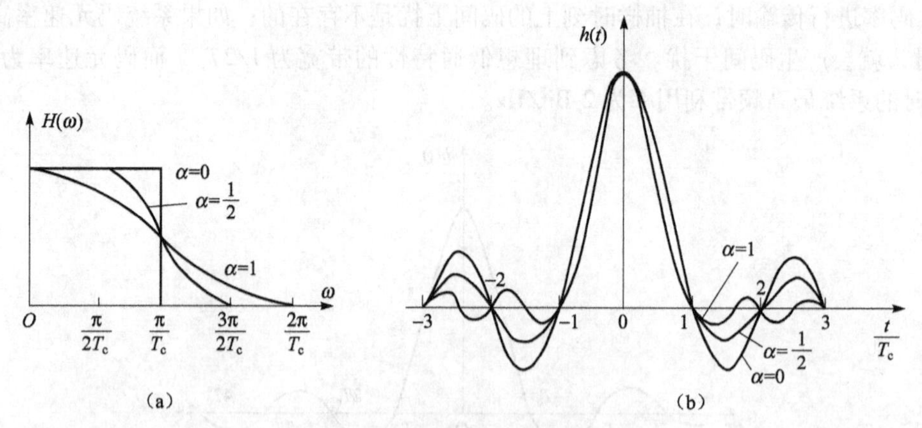

图 9－14　滚降特性及其冲激响应

§ 9.6　无码间干扰基带系统的抗噪声性能

§ 9.5 节讨论无噪声影响时无码间干扰的基带传输特性，本节将讨论无码间干扰时，由于加性高斯噪声造成错误判决的概率。

如果基带传输系统既无码间干扰又无噪声，则通过连接在接收滤波器之后的判决电路，即能无差错地恢复原发送的基带信号。但当存在加性噪声时，即使无码间干扰，判决电路也很难保证“无差错”恢复。图 9 - 15 分别示出了无噪声及有噪声时判决电路的输入波形。其中图 9 - 15（b）是既无码间干扰又无噪声影响时的信号波形，而图 9 - 15（c）则是图 9 - 15（b）波形叠加上噪声后的混合波形。显然，这时的判决电平应选择在平均电平，而抽样判决的规则应是：若抽样值大于判决电平，则判为“1”码；若抽样值小于判决电平，则判为“0”码。不难看出叠加噪声后就可能出现判决错误。

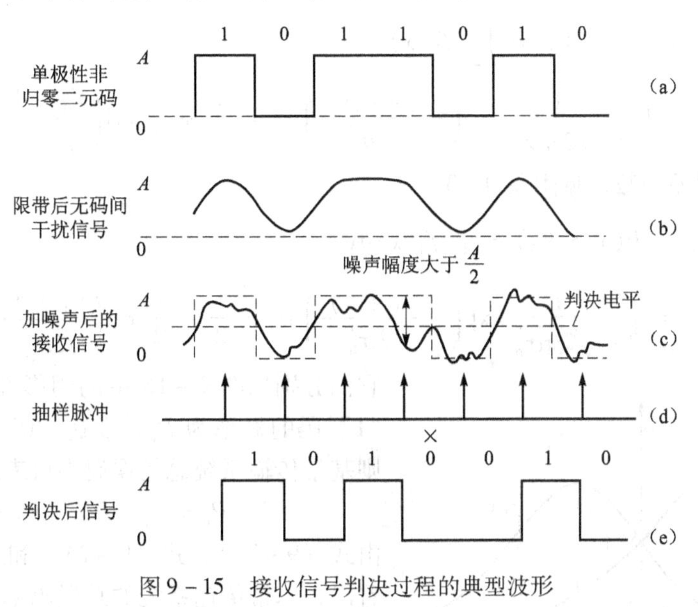

图 9 - 15　接收信号判决过程的典型波形

现在计算在抽样判决时所造成的错误概率（或称误码率）。判决电路输入端的随机噪声是信道加性噪声通过接收滤波器后的输出噪声。因为信道噪声通常被假设成平稳高斯白噪声，而接收滤波器又是一个线性网络，故判决电路输入噪声 $n_R(t)$ 也是平稳高斯随机噪声，且它的功率谱密度 $S_n(\omega)$ 为

$$S_n(\omega) = \frac{n_o}{2}|G_R(\omega)|^2$$

式中，$n_o/2$ 为信道白噪声双边功率谱密度；$G_R(\omega)$ 为接收滤波器的传输特性。
为了简便起见，假设这个噪声特性均值为零，方差为 σ_n^2。这样，这个噪声瞬时值 V 的统计特性为一维高斯概率分布密度函数，即

$$f(V) = \frac{1}{\sqrt{2\pi}\sigma_n} e^{-V^2/2\sigma_n^2} \tag{9-19}$$

在噪声影响下发生误码有两种情况：一是发送的是“1”码，却被判为“0”码；二是发送为“0”，被判为“1”码。下面求这两种情况的误码率。

对于双极性基带信号，抽样判决器输入端信号可表示为

$$x(t) = \begin{cases} A + n_R(t) & \text{发送“1”时} \\ -A + n_R(t) & \text{发送“0”时} \end{cases} \tag{9-20}$$

当发送“1”时，信号 $A + n_R(t)$ 的一维概率密度为

$$f_1(x)=\frac{1}{\sqrt{2\pi}\sigma_{\mathrm{n}}}\exp\left[-\frac{(x-A)^2}{2\sigma_{\mathrm{n}}^2}\right] \tag{9-21}$$

而当发送“0”时，信号 $-A+n_{\mathrm{R}}(t)$ 的一维概率密度为

$$f_0(x)=\frac{1}{\sqrt{2\pi}\sigma_{\mathrm{n}}}\exp\left[-\frac{(x+A)^2}{2\sigma_{\mathrm{n}}^2}\right] \tag{9-22}$$

与它们相应的曲线分别表示于图 9－16。这时若令判决电平为 V_{d}，则将“1”错判为“0”的概率 P_{e1} 及将“0”错判为“1”的概率 P_{e2} 可以分别表示为

$$\begin{aligned}P_{\mathrm{e1}}&=p(x<V_{\mathrm{d}})=\int_{-\infty}^{V_{\mathrm{d}}}f_1(x)\mathrm{d}x\\&=\int_{-\infty}^{V_{\mathrm{d}}}\frac{1}{\sqrt{2\pi}\sigma_n}\exp\left(-\frac{(x-A)^2}{2\sigma_{\mathrm{n}}^2}\right)\mathrm{d}x=\frac{1}{2}+\frac{1}{2}\operatorname{erf}\left(\frac{V_{\mathrm{d}}-A}{\sqrt{2}\sigma_n}\right)\end{aligned} \tag{9-23}$$

在此 $\operatorname{erf}(x)$ 为误差函数，见附录 9－3。

$$\begin{aligned}P_{\mathrm{e2}}&=P(x>V_{\mathrm{d}})=\int_{V_{\mathrm{d}}}^{\infty}f_0(x)\mathrm{d}x\\&=\int_{V_{\mathrm{d}}}^{\infty}\frac{1}{\sqrt{2\pi}\sigma_{\mathrm{n}}}\exp\left[-\frac{(x+A)^2}{2\sigma_{\mathrm{n}}^2}\right]\mathrm{d}x=\frac{1}{2}-\frac{1}{2}\operatorname{erf}\left(\frac{V_{\mathrm{d}}+A}{\sqrt{2}\sigma_n}\right)\end{aligned} \tag{9-24}$$

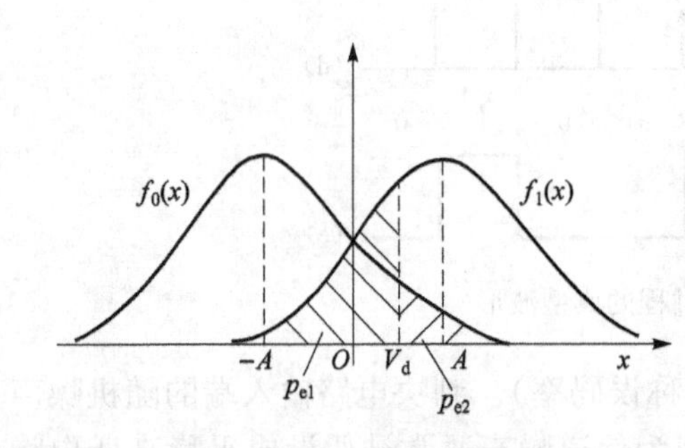

图 9－16　$x(t)$ 的概率密度曲线

它们分别如图 9－16 中的阴影部分所示。若发送“1”码的概率为 P_1，发送“0”码的概率为 P_0，则基带传输系统总的误码率可表示为

$$P_{\mathrm{e}}=P_1\cdot P_{e1}+P_0\cdot P_{e2} \tag{9-25}$$

由式（9－23）、式（9－24）和式（9－25）可以看出，基带传输系统的总误码率与判决电平 V_{d} 有关。通常，把使总误码率最小的判决电平称为最佳判决电平，若令

$$\frac{\mathrm{d}P_{\mathrm{e}}}{\mathrm{d}V_{\mathrm{d}}}=0$$

则可求得最佳判决电平为

$$V_{\mathrm{dopt}}=\frac{\sigma_n^2}{2A}\ln\frac{P_0}{P_1} \tag{9-26}$$

若 $P_1=P_0=1/2$，则最佳判决电平为

$$V_{\mathrm{dopt}}=0$$

这时，基带传输系统总误码率为

$$\begin{aligned}p_{\mathrm{e}}&=\frac{1}{2}P_{\mathrm{e1}}+\frac{1}{2}p_{\mathrm{e2}}\\&=\frac{1}{2}\left[1-\operatorname{erf}\left(\frac{A}{\sqrt{2}\sigma_n}\right)\right]=\frac{1}{2}\operatorname{ercf}\left(\frac{A}{\sqrt{2}\sigma_n}\right)\end{aligned} \tag{9-27}$$

在此 $\operatorname{ercf}(x)$ 为误差互补函数，见附录 9－3。这就是发送“1”和“0”的概率相等，且在最佳判决电平下，基带传输系统总的误码率的表示式。从该式可见，系统的总误码率仅与信号峰值 A 和噪声方均根值 σ_n 之比有关，而与采用什么样的信号形式无关。

注意以上是在采用双极性基带波形情况下得到的。如果采用单极性基带波形，则它们将

变成

$$V_{\mathrm{dopt}} = \frac{A}{2} + \frac{\sigma_n^2}{A}\ln\frac{P_0}{P_1} \tag{9-28}$$

$$P_e = \frac{1}{2}\left[1 - \operatorname{erf}\left(\frac{A}{2\sqrt{2}\sigma_n}\right)\right] = \frac{1}{2}\operatorname{erfc}\left(\frac{A}{2\sqrt{2}\sigma_n}\right) \tag{9-29}$$

由式（9-27）与式（9-29）比较可见，在单极性与双极性基带波形的峰值 A 相等、噪声方均根值 σ_n 也相同时，单极性基带系统的抗噪声性能不如双极性基带系统。

§9.7　眼　　图

从上两节分析可知，一个实际基带传输系统的性能由其码间干扰大小和信道噪声大小来决定。尽管经过十分精心的设计，但要使传输特性完全符合理想情况是困难的，甚至是不可能的。因此，码间干扰和信道噪声的影响是不可避免的，它们对传输的影响大小与波形形成器特性、信道特性、接收滤波器特性等因素有关，因而计算由于这些因素所引起的误码率就非常困难。尤其是在信道不能完全确知的情况下，甚至得不到一种合适的定量分析方法。

下面介绍利用实验手段方便地估计系统性能的一种方法，即所谓“眼图”。这种方法的具体做法是：用一个示波器，将接收波形加入到示波器的垂直放大器，把扫描周期调整到接收码元周期或其整数倍，这时便可以从示波器显示的图形上观察出码间干扰和噪声的影响从而估计出系统性能的优劣程度。所谓眼图就是指在传输二进制数字信号时，示波器显示的图形和人眼相似。

图9-17是传输某一序列的波形，在接收滤波器输出端接示波器，将示波器的扫描周期调整到 $3T_c$，示波器上的图形便稳定下来（同步），这样图9-17（a）中每一个三码元段将重叠在一起。由于荧光屏的余辉所呈现的图形不仅是一次扫描所及的三个码元，而是若干段重叠后的图形，如图9-17（b）所示。从图中可看出这个图形就像并排的三只人眼。由于扫描频率和码元频率同步，又不存在码间干扰和噪声，所以每次重叠上去的迹线和原来的重合，示波器的迹线很细、很清晰，这样就形成眼图。当示波器扫描频率和码元频率的倍比变化时，并列的眼睛数也改变。但对于二电平系统只有一排眼睛。眼睛中央的垂直线即表示最佳抽样时刻，它的归一化峰值为 ±1；眼睛中央的横轴，即两峰值中央的水平线是最佳判决电平。当波形存在码间干扰时，如图9-18所示，在抽样时刻得到的值不再等于 ±1，其抽样值和判决电平的差值与无码间干扰时的差值之比称为垂直张开度，而1减去垂直张开度为垂直闭合度。在眼图上过判决电平的最小距离除码元宽度为眼的水平张开度。无码间干扰时，垂直张开度和水平张开度均为1。而有码间干扰时，垂直和水平张开度均小于1。

对于像AMI码这样的三电平系统，其无噪声、无码间干扰时的波形和眼图如图9-19所示。

当存在噪声时，由于噪声叠加在信号上，因而眼图的迹线更不清晰，于是“眼睛”张开度就更小。不过应注意，从图形上并不能观察到随机噪声的全部形态。如出现概率很小的大幅度噪声，由于它在示波器上一晃而过，因而不能观察到，所以从眼图只能大致估计噪声

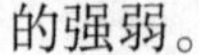
的强弱。

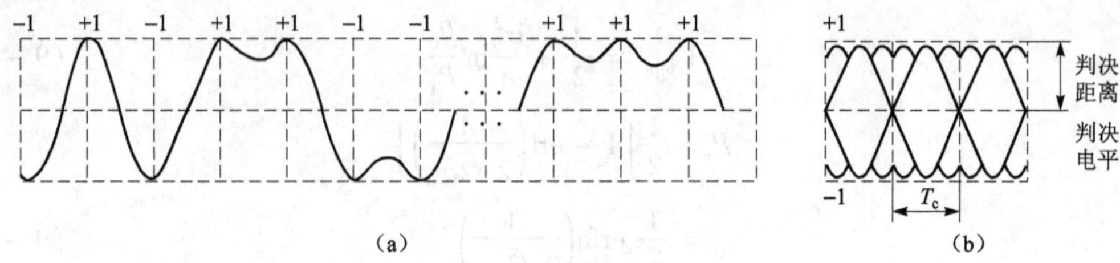

图 9－17　无码间干扰和无噪声时基带波形和眼图

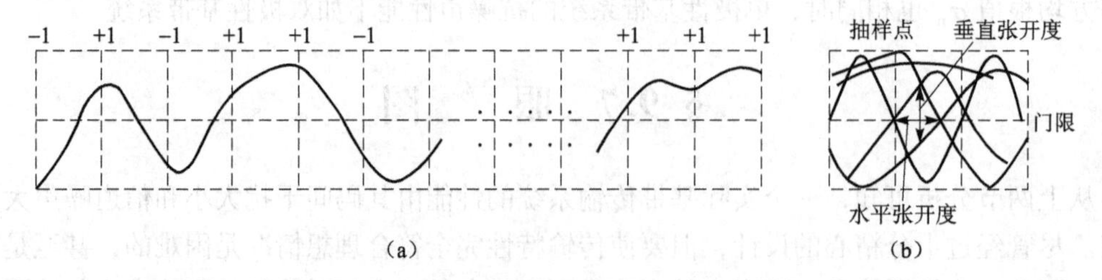

图 9－18　无噪声有码间干扰时基带波形和眼图

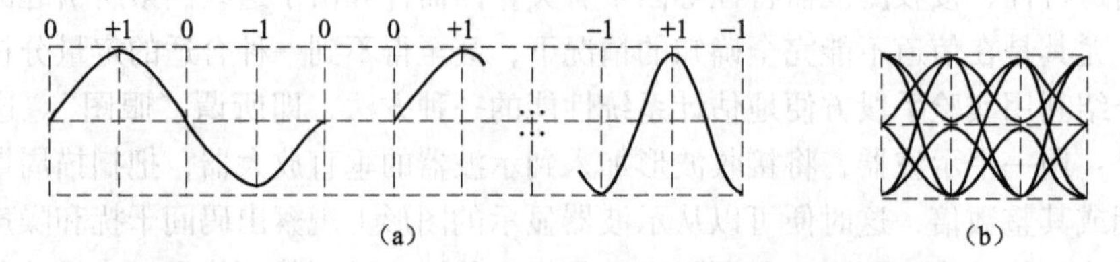

图 9－19　无噪声、无码间干扰时 AMI 码的波形和眼图

为了方便地定义一些参量，并把它们和一些部件的质量指标联系起来，可以把眼图模式化，如图 9－20 所示。结合该图定义几个参量：

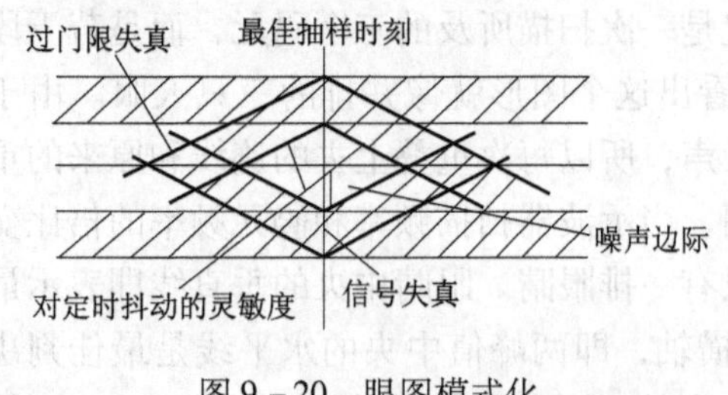

图 9－20　眼图模式化

（1）最佳抽样时刻，定义为眼图垂直方向最大张开时刻。

（2）定时误差的灵敏度，定义为抽样时刻的改变（增量）与垂直张开度之比，这个比值越小，对定时误差越灵敏。

（3）噪声容量，定义为抽样时刻上下两阴影区的间隔之半。

（4）信号畸变范围，定义为图的阴影部分的垂直高度。

（5）过零点畸变，定义为图阴影部分水平方向在判决电平上的宽度。

§ 9.8　均　　衡

由于信道特性不够理想，因此传输数字信号时会产生码间干扰，引起误码。减少码间干扰的方法是在传输系统中加装均衡器。均衡器有两种类型，一种称为频域均衡器，另一种称为时域均衡器。频域均衡器是利用可调滤波器的频率特性去补偿信道幅度频率特性和相位频率特性（或群时延频率特性）的一种均衡方法。频域均衡器通常分为幅度均衡器和群时延均衡器两种。幅度均衡器主要用来补偿信道及接收滤波器等总的幅频特性，而群时延均衡器用来补偿群时延频率特性。但要使用这些频域均衡方法，必须精确掌握信道特性。另外，当信道特性发生变化时，均衡效果就达不到预期的效果了。

在数字传输系统中常用时域均衡器。实践证明，时域均衡方法是减小码间干扰行之有效的一种技术措施。时域均衡的基本方法是利用均衡器产生的响应波形去补偿已经畸变的波形，使最终的波形在抽样时刻有效地消除码间干扰。

时域均衡通常是利用具有可变增益的多抽头横向滤波器来实现，而且均衡器的形式也是很多的。随着数字信号处理理论和超大规模集成电路的发展，时域均衡已成为如今高速数字传输中所使用的主要方法。本节主要叙述横向滤波器的基本结构及减小码间干扰的原理，均衡效果的评价及均衡器的形式。

9.8.1　横向滤波器的结构

横向滤波器的基本结构如图 9－21 所示。图中 T_s 表示一个满足无畸变条件的延迟线，即在整个频率轴上的传输函数是常数，其幅度为 K，相移为 ωT_s。C_{-N}，C_{N-1}，…，C_N 为增益可变元件，从 C_{-N} 到 C_N 有（$2N+1$）个，每个这样的元件称为抽头，它们的数为加权系数。$\sum$ 表示加法器，它把来自（$2N+1$）个抽头的信号相加之后再输出。下面分析横向滤波器的传输特性。

设 $x(t)$，$X(\omega)$ 代表输入信号的波形与频谱，而 $y(t)$，$Y(\omega)$ 代表输出信号的波形与频谱。横向滤波器的传输函数为

$$E(\omega)=\frac{Y(\omega)}{X(\omega)}=\mathrm{e}^{-\mathrm{j}\omega NT_s}\sum_{n=-N}^{N}C_n\mathrm{e}^{-\mathrm{j}\omega nT_s} \tag{9-30}$$

式中，$\mathrm{e}^{-\mathrm{j}\omega NT_s}$ 为一固定时延项。若把它们分离，则传输函数为

$$E(\omega)=\sum_{n=-N}^{N}C_n\mathrm{e}^{-\mathrm{j}\omega nT_s} \tag{9-31}$$

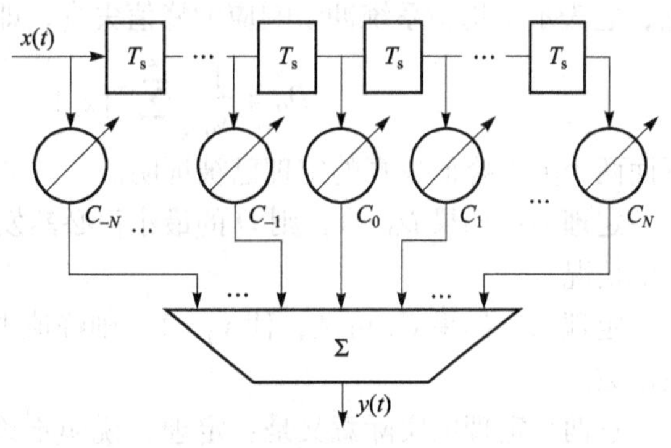

图 9－21　横向滤波器的结构图

由式（9－31）可知，$E(\omega)$ 被 $(2N+1)$ 个加权系数 C_n 所确定，其相移特性是线性的，而幅度特性可以通过改变 C_n 进行调整，即不同 C_n 的组合可得到不同的 $E(\omega)$。

其时域表示式可写为

$$y(t)=\sum_{n=-N}^{n}C_n x(t-nT_s) \tag{9-32}$$

在抽样时刻 $t=kT_s$ 时，有

$$y(kT_s)=\sum_{n=-N}^{n}C_n x[(k-n)T_s] \tag{9-33}$$

或简写为

$$y_k = \sum_{n=-N}^{n} C_n x_{k-n} \qquad (9-34)$$

式9－34说明，均衡器在第k个抽样时刻所得到的样值y_k将由（$2N+1$）个C_n与x_{k-n}乘积之和来确定。但从消除码间干扰要求来看，希望除y_0外，所有的y_k都等于零。因此这里要解决的问题是如何决定C_n值，才能使式（9－34）中的y_k满足无码间干扰的要求。

一般来说，当采用有限个抽头的横向滤波器时，码间干扰不可能完全消除。那么此时如何衡量均衡效果呢？一般采用最小峰值失真准则或最小方均失真准则来设计。

9.8.2 峰值失真准则和迫零算法

图9－22表示输入$x(t)$为单位冲激信号时，均衡器输出的一种失真波形。显然，其中除y_0以外的所有y_k都属于波形失真引起的码间干扰。为了反映这些失真的大小，系统冲激响应的峰值失真定义为

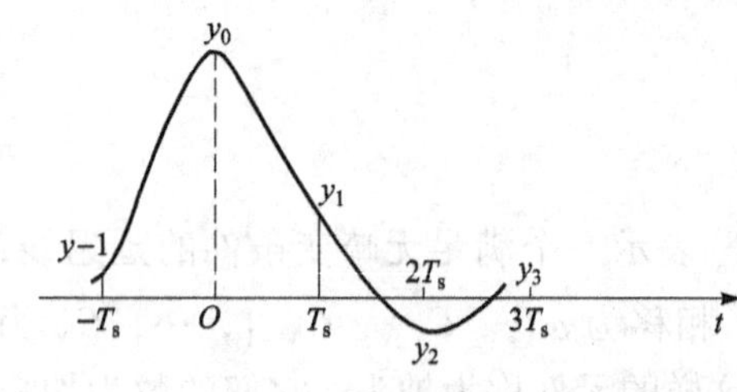

图9－22 有失真的冲激响应波形

$$D = \frac{1}{y_0} \sum_{k=-\infty}^{\infty} |y_k| \qquad (9-35)$$

式（9－35）中并不包括$k=0$项，因而D表示的是所有码间干扰量的绝对值之和与y_0之比。

当均衡器抽头增益$C_n=0$（$n \neq 0$）和$C_0=1$时，所得到的峰值失真称为初始失真，记为D_0，它表示未均衡系统冲激响应的峰值失真，即

$$D_0 = \frac{1}{x_0} \sum_{k=-\infty}^{\infty} |x_k| \qquad (\text{除去 } k=0 \text{ 项}) \qquad (9-36)$$

下面两个关于峰值失真的定理已被证明。

定理一：如果$D_0<1$，则D的最小值必然发生在y_0前后的y_k（$k \neq 0$，$|k| \leqslant N$）都等于零的情况。

定理二：如果C_0可调，使$y_0=1$，则峰值失真D是$2N$个系数C_n（$n \neq 0$，$|n|<N$）的凸函数。

这两个定理的实际意义是：定理二说明不论用何种方法求得D的极小值，一定是D的最小值。定理一说明，如果$D_0<1$，应调整均衡器的各抽头增益C_n，使得

$$y_k = \begin{cases} 0 & k = \pm 1, \pm 2, \cdots, \pm N \\ 1 & k = 0 \end{cases} \qquad (9-37)$$

按这一准则去确定或调节抽头增益的均衡器称为迫零均衡器，它能保证y_0前后N个抽样时刻无码间干扰，但不能消除所有抽样时刻的码间干扰。

现在考虑如何确定迫零均衡器的抽头增益。由式（9－37）和式（9－34）所规定的条件，可得到抽头增益必须满足的（$2N+1$）个线性方程，它们是

$$\left.\begin{aligned} &\sum_{n=-N}^{N} C_n x_{k-n} = 0 \qquad k = \pm 1, \pm 2, \cdots, \pm N \\ &\sum_{n=-N}^{N} C_n x_{-n} = 1 \end{aligned}\right\} \qquad (9-38)$$

写成矩阵形式，有

$$\begin{pmatrix} x_0 & x_{-1} & \cdots & x_{-2N} \\ x_1 & x_0 & \cdots & x_{-2N+1} \\ x_2 & x_1 & \cdots & x_{-2N+2} \\ \vdots & \vdots & & \vdots \\ x_{2N} & x_{2N-1} & \cdots & x_0 \end{pmatrix} \begin{pmatrix} C_{-N} \\ C_{-N+1} \\ \vdots \\ C_0 \\ \vdots \\ C_{N-1} \\ C_N \end{pmatrix} = \begin{pmatrix} 0 \\ 0 \\ \vdots \\ 1 \\ 0 \\ \vdots \\ 0 \end{pmatrix} \begin{matrix} \left.\right\} N\text{ 个 }0 \\ \\ \left.\right\} N\text{ 个 }0 \end{matrix} \tag{9-39}$$

如果x_{-2N}，…，x_0，…，x_{2N}已知，则解线性方程组（9－39）就可求得C_{-N}，…，C_0，…，C_N，下面举例说明。

例9－1　设计一个三抽头的迫零均衡器以减小码间干扰，已知$x(t)$的波形如图9－23（a）所示。

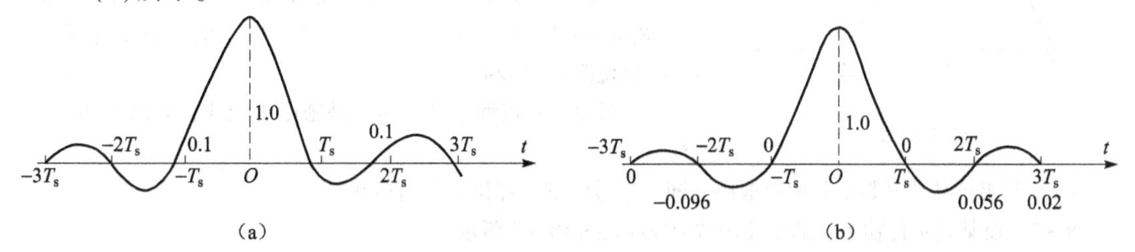

图9－23　三抽头迫零均衡器的输入与输出

解：从$x(t)$的波形可读得$x_{-3}=0$，$x_{-2}=0$，$x_{-1}=0.1$，$x_0=1.0$，$x_1=-0.2$，$x_2=0.1$，$x_3=0$。把有关值代入式（9－39），得

$$\begin{pmatrix} 1.0 & 0.1 & 0 \\ -0.2 & 1.0 & 0.1 \\ +0.1 & -0.2 & 1.0 \end{pmatrix} \begin{pmatrix} C_{-1} \\ C_0 \\ C_1 \end{pmatrix} = \begin{pmatrix} 0 \\ 1 \\ 0 \end{pmatrix}$$

解得

$$\begin{pmatrix} C_{-1} \\ C_0 \\ C_1 \end{pmatrix} = \begin{pmatrix} -0.096 \\ 0.96 \\ 0.2 \end{pmatrix}$$

通过式（9－34）可算出$y_{-3}=0$，$y_{-2}=0.0096$，$y_{-1}=0$，$y_0=1$，$y_1=0$，$y_2=0.0557$，$y_{-3}=0.02016$。

均衡后的波形$y(t)$如图9－23（b）所示，可以看出，三抽头均衡器消除了在$t=0$两边$\pm T_s$处的码间干扰。但在远离$t=0$处出现小的码间干扰，而未均衡波形在那些时刻不一定出现码间干扰。

习　题

9－1　设二进制符号序列为1 1 0 0 1 0 0 0 1 1 1 0，试以矩形脉冲为例，分别画出相应单极性不归零波形，双极性不归零波形，单极性归零波形，双极性归零波形，二进制差分码波形及八电平波形。

9－2　设二进制符号序列为0 1 0 0 1 1 0 0 0 0 1 0 0 1 1 1，试以矩形脉冲为例，画出对应的双相码、

CMI 码和延迟调制码。

9 – 3 设二进制符号序列为 0 1 1 0 1 0 0 0 0 1 0 0 0 1 1 0 0 0 0 0 1 0，试分别画出 AMI 码和 HDB_3 码。

9 – 4 设数字基带信号的基本波形 $g(t)$ 为

$$g(t) = S_a\left(\frac{\pi t}{T_s}\right)$$

其中 T_s 为码元宽度。已知数字信号为“1”时的相对幅度为 1；为“0”时的相对幅度为 − 1。试定性地画出数字序列为 {1 0 1 1 0 0 1} 时的信号波形。

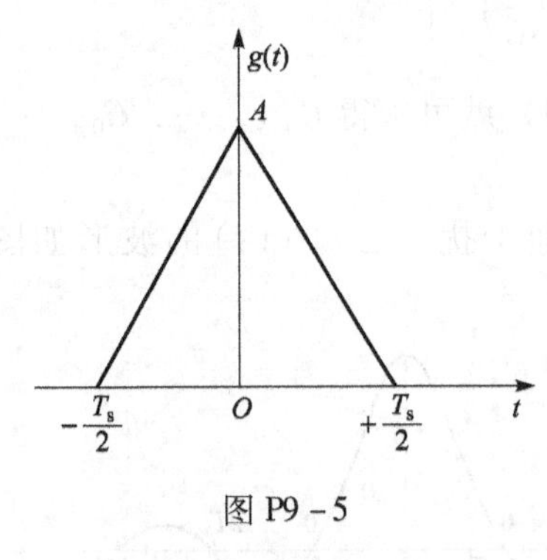

图 P9 – 5

9 – 5 设某二进制数字基带信号的基本波形为三角形脉冲，如图 P9 – 5 所示。其中 T_s 为码元宽度，数字序列“1”和“0”分别用 $g(t)$ 有无表示，而且“1”和“0”出现的概率均为 1/2。

（1）求此数字基带信号的功率谱密度，并画出功率谱密度图。

（2）从此数字基带信号中是否可以提取码元同步信号？

9 – 6 设某数字基带信号的基本波形如图 P9 – 6 所示。其高度为 1，宽度 $\tau = 1/3T_s$ 的矩形脉冲。已知“1”的出现概率为 3/4，“0”的出现概率为 1/4。

（1）写出该双极性信号的功率谱密度表示式，并画出功率谱密度图。

（2）是否可从此基带信号中提取码元同步信号？试计算该分量的功率。

9 – 7 设某基带传输系统的传输函数 $H(\omega)$ 如图 P9 – 7 所示。

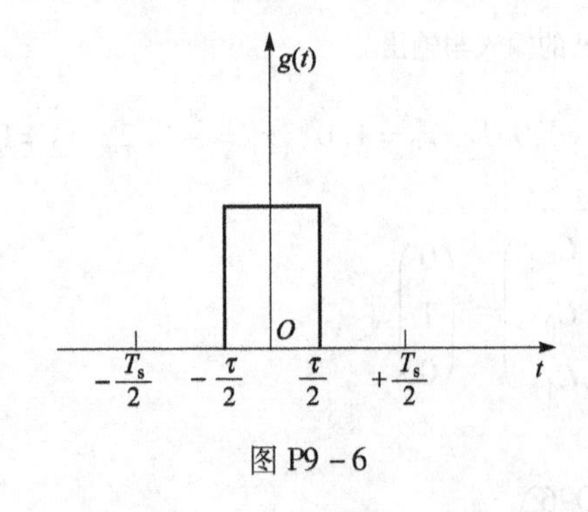

图 P9 – 6

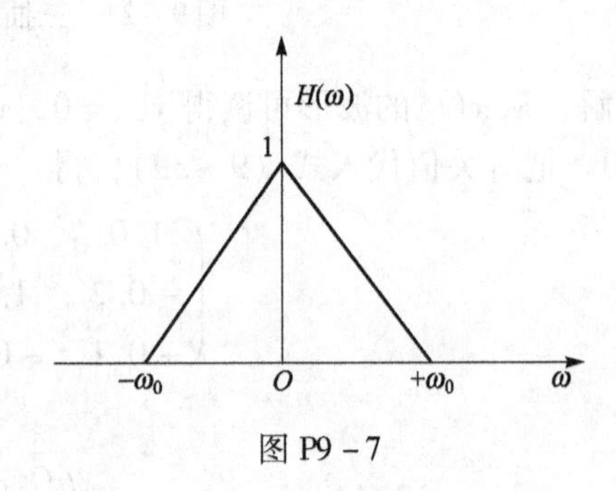

图 P9 – 7

（1）求该系统接收滤波器输出的冲激响应的表示式。

（2）当数字基带信号码元速率为 $R_0 = \omega_0/\pi$ 时是否存在码间干扰？

9 – 8 设基带传输系统的传输函数 $H(\omega)$ 如图 P9 – 8 所示。若要以 $2\pi/T_s$ Bd 的速率进行数据传输，试问图中各种 $H(\omega)$ 是否满足抽样点上不存在码间干扰的条件。

9 – 9 设某数字基带传输系统的传输函数 $H(\omega)$ 如图 P9 – 9 所示，其中 Sa 为小于 1 的某正数。

（1）试检验该系统是否能实现无码间干扰传输，此时的码元速率为多大？

（2）这时系统的频带利用率为多少？

9 – 10 为了传送码元速率 $R_B = 10^3$ Bd 的数字基带信号，试问系统采用图 P9 – 10 中所给的哪种传输特性较好，说明理由。

9 – 11 设某二进制数字基带信号中，“1”和“0”分别用 $g(t)$ 和 $-g(t)$ 表示，且它们的出现概率为等概率，$g(t)$ 为升余弦脉冲，即

$$g(t) = \frac{1}{2}\frac{\cos\left(\frac{\pi t}{T_s}\right)}{1 - 4t^2/t_s^2}S_a\left(\frac{\pi t}{T_s}\right)$$

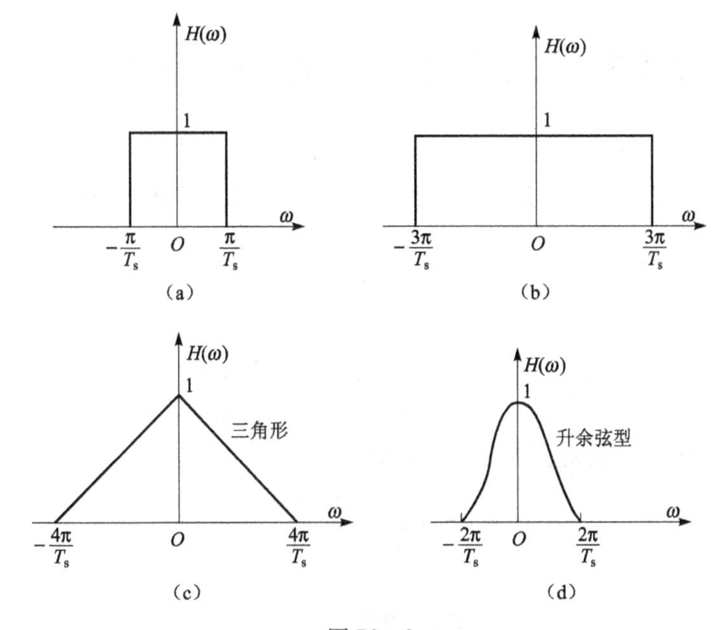

图 P9－8

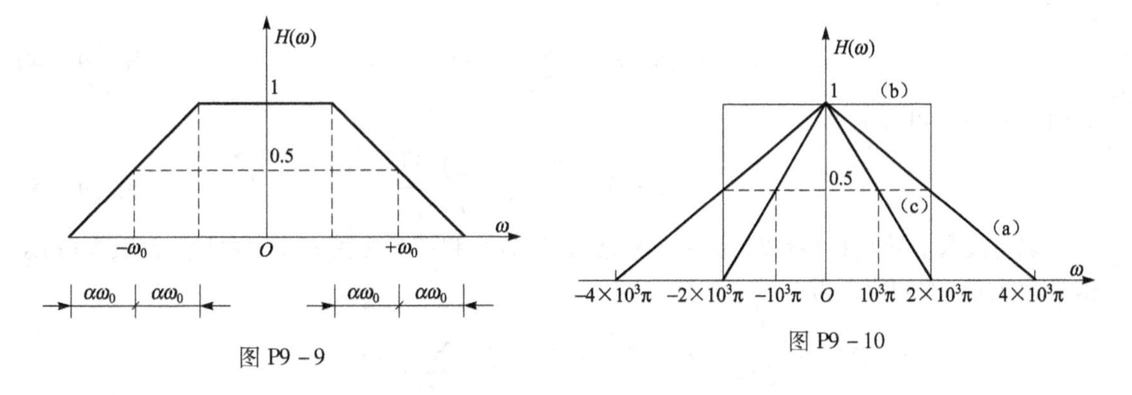

图 P9－9　　　　图 P9－10

（1）写出该数字基带信号的功率谱密度表示式，并画出功率谱密度图。

（2）从该数字基带信号中能否提取码同步信号。

（3）若码元宽度 $T_s = 1$ ms，试求该数字基带信号的码元速率及频带宽度。

9－12　某二进制数字基带系统所传的是单极性基带信号，且数字信息“1”和“0”的出现概率为等概率。

（1）若数字信息为“1”时，接收滤波器的输出信号在抽样判决时刻的值 $A = 1$ V，且接收滤波器输出噪声是均值为 0，方均根值为 0.2 V 的高斯噪声，试求这时的误码率 P_e；

（2）若要求误码率 P_e 不大于 10^{-5}，试确定 A 至少应该是多少？

参 考 文 献

[1] 曹志刚，等．现代通信原理［M］．北京：清华大学出版社．1992.

[2] 樊昌信，等．通信原理［M］．北京：国防工业出版社，1995.

[3] 郭世满，等．数字通信——原理、技术及其应用［M］．北京：人民邮电出版社，1994.

[4] 李文海，等．数字通信原理［M］．北京：人民邮电出版社，1986.

附录 9.1　数字基带信号功率谱密度计算

设一个二进制随机脉冲序列 $g_1(t)$ 和 $g_2(t)$ 分别代表二进制的“0”和“1”，T_c 为码元宽度。另外在码元中出现 $g_1(t)$ 和 $g_2(t)$ 的概率分别为 P 和 $1-P$。这样该序列可写为

$$s(t)=\sum_{n=-\infty}^{\infty}S_n(t) \qquad \text{附 (9-1)}$$

式中，

$$S_n(t)=\begin{cases}g_1(t-nT_c) & \text{概率为 } P\\ g_2(t-nT_c) & \text{概率为 } 1-P\end{cases} \qquad \text{附(9-2)}$$

此时随机序列 $s(t)$ 的功率谱密度 $S(\omega)$ 可表示为

$$S(\omega)=\lim_{T\to\infty}\frac{E[\,|S_T(\omega)|^2]}{T} \qquad \text{附 (9-3)}$$

设截取时间 T 为

$$T=(2N+1)T_c$$

则截取信号 $S_T(t)$ 可写为

$$S_T(t)=\sum_{n=-N}^{N}S_n(t) \qquad \text{附 (9-4)}$$

式附（9-3）可表示为

$$S(\omega)=\lim_{N\to\infty}\frac{E[\,|S_T(\omega)|^2]}{(2N+1)T_c} \qquad \text{附 (9-5)}$$

现将截取信号 $S_T(t)$ 看成是由一个稳态信号 $v_T(t)$ 和一个交变信号 $u_T(t)$ 组成的，其稳态信号为 $S_T(t)$ 的均值，为

$$\begin{aligned}v_T(t)&=P\sum_{n=-N}^{N}g_1(t-nT_c)+(1-P)\sum_{n=-N}^{N}g_2(t-nT_c)\\&=\sum_{n=-N}^{N}[Pg_1(t-nT_c)+(1-P)g_2(t-nT_c)]\end{aligned} \qquad \text{附 (9-6)}$$

交变信号 $U_T(t)$ 为

$$u_T(t)=S_T(t)-v_T(t) \qquad \text{附 (9-7)}$$

将式附（9-5）、式附（9-2）和式附（9-7）代入可得

$$v_T(t)=\begin{cases}\sum\limits_{n=-N}^{N}g_1(t-nT_c)-\sum\limits_{n=-N}^{N}Pg_1(t-nT_c)-\sum\limits_{n=-N}^{N}(1-P)g_2(t-nT_c) & \text{概率为 } P\\ \sum\limits_{n=-N}^{N}g_2(t-nT_c)-\sum\limits_{n=-N}^{N}Pg_1(t-nT_c)-\sum\limits_{n=-N}^{N}(1-P)g_2(t-nT_c) & \text{概率为}(1-P)\end{cases}$$

$$=\begin{cases}(1-P)[\sum\limits_{n=-N}^{N}g_1(t-nT_c)-\sum\limits_{n=-N}^{N}g_2(t-nT_c)] & \text{概率为 } P\\ -P[\sum\limits_{n=-N}^{N}g_1(t-nT_c)-\sum\limits_{n=-N}^{N}g_2(t-nT_c)] & \text{概率为 } 1-P\end{cases}$$

又可写为

$$v_T(t)=\sum_{n=-N}^{N}C_n[g_1(t-nT_c)-g_2(t-nT_c)] \qquad 附(9-8)$$

其中 C_n 为

$$C_n=\begin{cases}(1-P) & 概率为 P\\ -P & 概率为(1-P)\end{cases} \qquad 附(9-9)$$

现已给出了稳态波 $v_T(t)$ 和交变波 $u_T(t)$ 的表示式，因而可以求出它们的频谱，最终得出随机脉冲序列的功率谱密度。

附 9.1.1　交变信号 $u_T(t)$ 的功率谱密度

已知交变波 $u_T(t)$ 的频谱 $u_T(\omega)$ 为

$$\begin{aligned}U_T(\omega)&=\int_{-\infty}^{\infty}u_T(t)e^{-j\omega t}dt\\&=\sum_{n=-N}^{N}C_n\int_{-\infty}^{\infty}[g_1(t-nT_c)-g_2(t-nT_c)]e^{-j\omega t}dt\\&=\sum_{n=-N}^{N}C_n e^{-j\omega nT_s}[G_1(f)-G_2(f)]\end{aligned} \qquad 附(9-10)$$

于是

$$\begin{aligned}|U_T(\omega)|^2&=U_T(\omega)U_T^*(\omega)\\&=\sum_{m=-N}^{N}\sum_{n=-N}^{N}C_mC_ne^{j\omega(n-m)T_s}[G_1(f)-G_2(f)][G_1^*(f)-G_2^*(f)]\end{aligned} \qquad 附(9-11)$$

取均值

$$E[|U_T(\omega)|^2]=\sum_{m=-N}^{N}\sum_{n=-N}^{N}E[C_mC_n]e^{j\omega(n-m)T_c}|G_1(f)-G_2(f)|^2 \qquad 附(9-12)$$

不难看出当 $m=n$ 时表示为同一时刻。由式附（9-9）得

$$C_mC_n=C_n^2=\begin{cases}(1-P)^2 & 概率为 P\\ P^2 & 概率为 1-P\end{cases}$$

所以

$$E(C_mC_n)=P(1-P)^2+(1-P)P^2=P(1-P) \qquad 附(9-13)$$

当 $m\neq n$ 时，表示不同时刻，为条件概率。

$$C_mC_n=\begin{cases}(1-P)^2 & 概率为 P^2\\ P^2 & 概率为(1-P)^2\\ -P(1-P) & 概率为 2P(1-P)\end{cases}$$

$$E(C_mC_n)=P^2(1-P)^2+(1-P)^2P^2-2P^2(1-P)^2=0 \qquad 附(9-14)$$

根据式附（9-3）可得

$$S_u(\omega)=\lim_{T\to\infty}\frac{E[|U_T(\omega)|^2]}{T}$$

将式附（9-12）代入上式，并考虑式附（9-13）、式附（9-14）的结果，可得

$$S_u(\omega)=\lim_{N\to\infty}\frac{|G_1(f)-G_2(f)|^2\sum_{n=-N}^{N}P(1-P)}{(2N+1)T_c}$$

$$= \lim_{N\to\infty} \frac{|G_1(f) - G_2(f)|^2 (2N+1) P(1-P)}{(2N+1)T_c}$$

$$= P(1-P)\,|G_1(f) - G_2(f)|^2 \cdot \frac{1}{T_c} \qquad 附 (9-15)$$

说明 $s(t)$ 的功率谱密度 $S_u(\omega)$ 与 $g_1(t)$ 和 $g_2(t)$ 的频谱 $G_1(f)$ 和 $G_2(f)$ 以及出现概率 P 有关。

附 9.1.2　稳态信号 $v_T(t)$ 的功率谱密度

由式附（9-6）可看出，当 $T\to\infty$ 时，$v_T(t)$ 变成 $v(t)$，有

$$v(t) = \sum_{n=-\infty}^{\infty} [Pg_1(t-nT_c) + (1-P)g_2(t-nT_c)]$$

而且有 $v(t+T_c) = v(t)$，它为一周期函数，周期为 T_c。将 $v(t)$ 用傅里叶级数展开可得

$$v(t) = \sum_{m=-\infty}^{\infty} C_m e^{j2\pi mf_c t}$$

$$C_m = \frac{1}{T_c}\int_{-T_c/2}^{T_c/2} v(t) e^{-j2\pi mf_c t} dt$$

$$= \frac{1}{T_c}\int_{-T_c/2}^{T_c/2} e^{-j2\pi mf_c t} \sum_{n=-\infty}^{\infty} [Pg_1(t-nT_c) + (1-P)g_2(t-nT_c) dt]$$

式中，$f_c = \frac{1}{T_c}$ 为时钟频率。令 $t' = t - nT_s$，可得

$$C_m = f_c \sum_{n=-\infty}^{\infty} \int_{-nT_c - \frac{T_c}{2}}^{-nT_c + \frac{T_c}{2}} [Pg_1(t') + (1-P)g_2(t')] e^{-j2\pi mf_c(t'+nT_c)} dt'$$

$$= f_c \int_{-\infty}^{\infty} [Pg_1(t') + (1-P)g_2(t')] e^{-j2\pi mf_c t'} dt'$$

$$= f_c [PG_1(mf_c) + (1-P)G_2(mf_c)]$$

于是，$v(t)$ 的功率谱密度为

$$S_v(\omega) = \sum_{m=-\infty}^{\infty} |f_c[PG_1(mf_c) + (1-P)G_2(mf_c)]|^2 \delta(f - mf_c) \qquad 附 (9-16)$$

附 9.1.3　随机基带序列 $s(t)$ 的功率谱密度

当 $T\to\infty$ 时，截取信号 $s_T(t)$ 就变为 $s(t)$，根据式附（9-7）可得

$$s(t) = u(t) + v(t)$$

于是 $s(t)$ 的功率谱密度 $S(\omega)$ 可写为

$$S(\omega) = S_u(\omega) + S_v(\omega)$$

用式附（9-15）和式附（9-16）代入，可得

$$S(\omega) = f_c P(1-P)\,|G_1(f) - G_2(f)|^2 + \sum_{m=-\infty}^{\infty} |f_c[PG_1(mf_c) + (1-P)G_2(mf_c)]|^2 |\delta(f - mf_c) \qquad 附 (9-17)$$

式附（9-17）为双边功率谱密度。从式中可看出随机脉冲序列的功率谱密度包括两部分，第一部分为连续谱，而第二部分为离散谱。

附录 9.2　部分响应基带传输系统

随着高速传输的发展，人们对频带利用率的要求不断提高，前述的滚降升余弦特性虽然减小了尾巴振荡，对定时也可放松要求，可是所需频带却加宽了，即频带利用率降低。现需要找到频带利用率高，而且收敛快的传输波形，要寻找这样的波形须应用奈奎斯特第二准则。该准则是：有控制地在某些码元抽样时刻引入码间干扰，而在其余码元的抽样时刻无码间干扰，那么就能使频带利用率提高到理论上的最大值，同时又可降低对定时精度的要求，使波形收敛加快。通常把这种波形称为部分响应波形。利用部分响应波形进行传送的基带传输系统称为部分响应系统。

附 9.2.1　部分响应波形

为了说明部分响应波形的一般特性，先以一种常用的部分响应波形为例。具有理想低通特性的传输系统的冲激响应为 $\sin x/x$ 波形，现将两个相隔一个码元间隔的 $\sin x/x$ 波形的合成波形来替代 $\sin x/x$ 波形，如附图 9－1（a）所示。其结果是合成波形的振荡衰减加快了，原因是相距一个码元间隔的 $\sin x/x$ 的振荡正负相反而相互抵消、合成波形的数学表示式为

$$g(t)=\frac{\sin\frac{\pi}{T_c}\left(t+\frac{T_c}{2}\right)}{\frac{\pi}{T_c}\left(t+\frac{T_c}{2}\right)}+\frac{\sin\frac{\pi}{T_c}\left(t-\frac{T_c}{2}\right)}{\frac{\pi}{T_c}\left(t-\frac{T_c}{2}\right)} \qquad 附(9-18)$$

经化简得

$$g(t)=\frac{4}{\pi}\left[\frac{\cos\ (\pi t/T_c)}{1-(4t^2/T_c^2)}\right] \qquad 附(9-19)$$

可见

$$\left.\begin{aligned}&g(0)=4/\pi\\&g\left(\pm\frac{T_c}{2}\right)=1\\&g\left(\frac{kT_c}{2}\right)=0\qquad k=\pm3,\ \pm5,\cdots\end{aligned}\right\} \qquad 附(9-20)$$

从式附（9－19）可知，$g(t)$的幅度约与 t^2 成反比，而 $\sin x/x$ 波形幅度仅与 t 成反比，因此振荡衰减加速，如附图 9－1 所示。

从频谱来看，合成波形的频谱函数为

$$\begin{aligned}G(\omega)&=\begin{cases}T_c(e^{-j\omega T/2}+e^{-j\omega T/2}) & |\omega|\leqslant\pi/T_c\\0 & |\omega|>\pi/T_c\end{cases}\\&=\begin{cases}2T_c\cos\ (\omega T_c/2) & |\omega|\leqslant\pi/T_c\\0 & |\omega|>\pi/T_c\end{cases}\end{aligned} \qquad 附(9-21)$$

频谱如附图 9－1 所示。由图可见，上述部分响应信号的频谱具有缓变的滚降过渡特性。

从附图 9－1 的曲线可以看出，形成这种传输特性的幅频特性是 1/4 周期的余弦形状，截止频率为信号传输速率的 1/2。所以，该系统的频带利用率为 2 Bd/Hz。

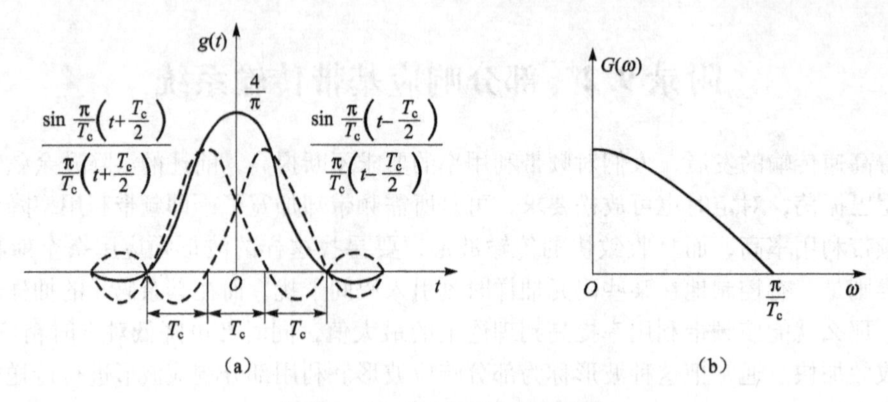

附图9－1　第Ⅰ类部分响应信号

该系统接收滤波器的输出是

$$r(t) = \sum_{n} a_n g_{\mathrm{R}}(t - nT_{\mathrm{c}}) + n_{\mathrm{o}}(t)$$

上式表示的波形序列如附图9－2所示。由图可以看出，对于其中任一波形来说，除了与波峰值点左右相邻的两个零点的间隔为$3T_{\mathrm{c}}$外，其余零点间隔仍为T_{c}。这样如果在峰值点上抽样，就会存在码间干扰，因为前后波形在本波形峰值点处的值不为零。例如在$t=0$时抽样，则a_{-1}与a_1对a_0在峰值点上有干扰。但是，如果在$(k\pm0.5)\ T_{\mathrm{c}}$这些点上抽样，那么除了前后相邻的波形外，其余波形都没有码间干扰。例如在$-T_{\mathrm{c}}/2$点上抽样，除了a_{-1}对a_0有码间干扰外，其余所有波形对a_0是没有干扰的。显然，在$(k\pm1/2)T_{\mathrm{c}}$点上的抽样值可写为

$$C_k = \begin{cases} +2 & \text{第}\ k\ \text{与}(k-1)\ \text{码元均为}\ 1 \\ 0 & \text{第}\ k\ \text{与}(k-1)\ \text{码元不同} \\ -2 & \text{第}\ k\ \text{与}(k-1)\ \text{码元均为}\ -1 \end{cases} \qquad \text{附}(9-22)$$

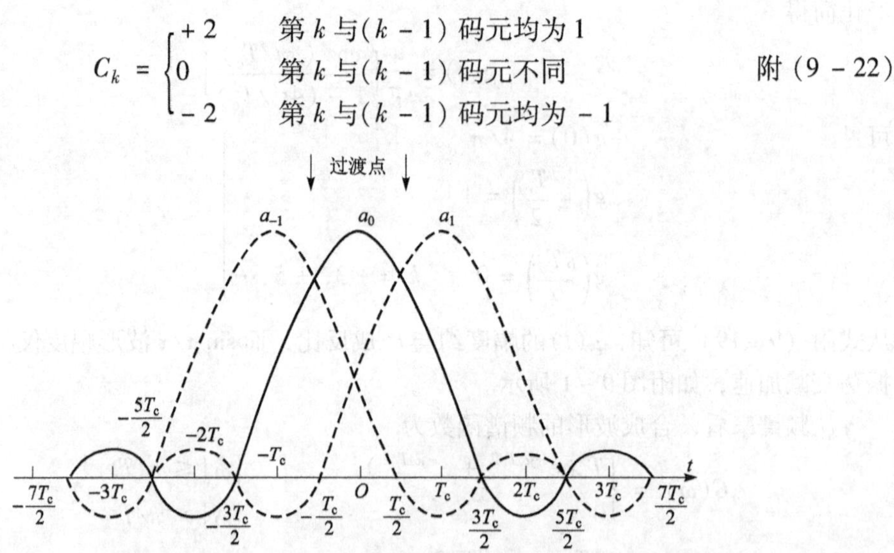

图附9－2　第Ⅰ类部分响应系统的波形序列

由式附（9－22）可以看出，如果对于a_0 bit，抽样时刻在$-T_{\mathrm{c}}/2$上，那么根据该时刻的抽样值作出的判决将不单纯是a_0，而是有其前一码元a_{-1}的残余影响。此时的抽样值是前一个码元和本码元之和，即

$$C_k = a_k + a_{k-1} \qquad \text{附}(9-23)$$

则
$$a_k = C_k - a_{k-1} \tag{附(9-24)}$$
如果第（$k-1$）个码元 a_{k-1} 已被判定，则借助于式附（9-24）根据接收端收到的 C_k 再减去 a_{k-1}，便可以得到 a_k 的取值。初看起来，这种判决方法似乎是完善的，因此在开机传输时，总可以约定在传输第一个码元之前的预置状态。但是，一个明显的缺点是若传输中某个码元发生差错，差错将会扩散，造成错误的传播，即相继影响以后的码元。

如果对输入传输系统的原始数字序列进行预编码，然后再把编码后的序列进行传输，不但可以消除差错的扩散，还会使接收系统更简单。

设原始二进制数字序列为 $\{a_k\}$ 利用下述规则的预编码变成另一序列 $\{b_k\}$，即
$$b_k = a_k \oplus b_{k-1}, \text{或} \ a_k = b_k \oplus b_{k-1} \tag{附(9-25)}$$
式中"$\oplus$"表示"模 2 加"。然后把 $\{b_k\}$ 作为发送端波形形成电路的输入，由式附（9-18）决定 $g(t)$ 序列，于是参照式附（9-23）可得
$$C_k = b_k + b_{k-1} \tag{附(9-26)}$$
若对式附（9-26）作模 2 处理，则有
$$\{C_k\}_{\text{mod2}} = \{b_k + b_{k-1}\}_{\text{mod2}} = b_k \oplus b_{k-1} = a_k \tag{附(9-27)}$$
这个结果说明，对 C_k 作模 2 处理后便可直接得到原始数字序列 $\{a_k\}$，此时不需要预先知道 a_{k-1}，也不会存在差错传播。通常把上述过程中 $\{a_k\}$ 按式附（9-25）变成 $\{b_k\}$ 称为预编码，而把式附（9-26）的关系称为相关编码。因此，整个上述处理过程可概括为"预编码－相关编码－模 2 判决"过程。例如设 $\{a_k\}$ 为 1 1 0 1 0 0 1，则有

a_k	1 1 1 0 1 0 0 1
b_{k-1}	0 1 0 1 1 0 0 0
b_k	1 0 1 1 0 0 0 1
C_k	1 1 1 2 1 0 0 1
$\{C_k\}_{\text{mod2}}$	1 1 1 0 1 0 0 1

上面讨论的系统组成框图如附图 9-3（a）是原理框图，附图 9-3（b）是实际系统组成框图。在图中没有考虑噪声的影响。

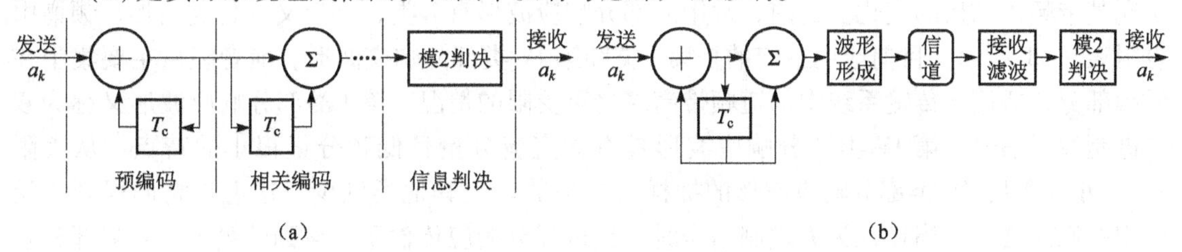

附图 9-3　第 I 类部分响应系统的原理及组成框图

附 9.2.2　一般部分响应系统

部分响应的一般形式可以是 N 个 $\sin x/x$ 波形之和，其表达式为
$$g(t) = r_0 \frac{\sin \frac{\pi}{T_c}\left(t - \frac{T_c}{2}\right)}{\frac{\pi}{T_c}\left(t - \frac{T_c}{2}\right)} + r_1 \frac{\sin \frac{\pi}{T_c}\left(t + \frac{T_c}{2}\right)}{\frac{\pi}{T_c}\left(t + \frac{T_c}{2}\right)} +$$

$$r_2\frac{\sin\frac{\pi}{T_c}\left(t+\frac{3T_c}{2}\right)}{\frac{\pi}{T_c}\left(t+\frac{3T_c}{2}\right)}+\cdots+r_N\frac{\sin\frac{\pi}{T_c}\left(t+\frac{2N-1}{2}T_c\right)}{\frac{\pi}{T_c}\left(t+\frac{2N-1}{2}T_c\right)} \qquad 附(9-28)$$

式附（9－28）中加权系数 r_0，r_1，r_2，…，r_n 为整数，式附（9－28）所示部分响应波形的频谱函数为

$$G(\omega)=\begin{cases}T_c\sum\limits_{k=0}^{N}r_k\mathrm{e}^{-\mathrm{j}\omega T_c(2k-1)/2} & |\omega|\leqslant\frac{\pi}{T_c}\\ 0 & |\omega|>\frac{\pi}{T_c}\end{cases} \qquad 附(9-29)$$

$G(\omega)$在频域（$-\pi/T_c$，π/T_c）之内才有非零值，不同的 $r_m(m=1,2,\cdots,N)$ 有不同的相关编码形式。若输入数字序列为 $\{a_k\}$ 相应编码电平为 $\{C_k\}$，则

$$C_k=r_0a_k+r_1a_{k-1}+\cdots+r_Na_{k-N} \qquad 附(9-30)$$

由此看出，C_k 的电平数将依赖于 a_k 的进制及 r_m 的取值。无疑一般 C_k 的电平数将要超过 a_k 的进制数。

为从 C_k 重新得 a_k，一般要经过类似于前面介绍的"预编码－相关编码－模 2 判决"过程。预编码则是完成下述运算

$$a_k=r_0b_k+r_1b_{k-1}+\cdots+r_Nb_{k-N} \qquad 附(9-31)$$

若 a_k 是 L 进制。则式附（9－31）的"＋""为模 L 相加"，b_k 为 L 进制。

然后，将 b_k 进行相关编码

$$C_k=r_0b_k+r_1b_{k-1}+\cdots+r_Nb_{k-N}(\text{算术加}) \qquad 附(9-32)$$

再对 C_k 作模 L（mod$L$）处理，则有

$$\{C_k\}_{\mathrm{mod}L}=\{r_0b_k+r_1b_{k-1}+\cdots+r_Nb_{k-N}\}_{\mathrm{mod}L}=a_k \qquad 附(9-33)$$

此时不存在差错传播问题，而且接收端译码也十分简单，只需对 C_k 作模 L 处理即可得 a_k。

采用部分响应波形能实现 2 Bd/Hz 的频带利用率，而且它的振荡衰减大、收敛快，还可实现基带频谱结构的变化。目前，常用的部分响应波形有五类，其定义及各类波形、频谱由表附表 9－1 所示。目前应用最广的是第 I 类和第 IV 类部分响应波形。前者能量主要集中在低频部分，适用于传输系统中信道频带高端严重受限的情况。第 I 类部分响应波形又称为双二进制编码信号。第 IV 类部分响应波形具有无直流分量且低频分量很小的特点。从表附 9－1 可知第 I、IV 类部分响应波形的抽样值电平数均比其他类别少，这也是它们得到广泛应用的原因之一。当输入为 L 进制信号时，经过部分响应传输系统得到的第 I、IV 类部分响应波形其电平数为（$2L-1$）。

附表 9－1　部分响应波形

类别	R_1	R_2	R_3	R_4	R_5	R_6	$g(t)$	$G(\omega),\ \lvert\omega\rvert\leqslant\frac{\pi}{T_c}$	二进制传输时 C_R 的电平数
0	1						T_c　t	$\frac{1}{2T_s}$　O	2

续表

类别	R_1	R_2	R_3	R_4	R_5	R_6	$g(t)$	$G(\omega),\ \|\omega\| \leqslant \frac{\pi}{T_c}$	二进制传输时 C_R 的电平数
Ⅰ	1	1						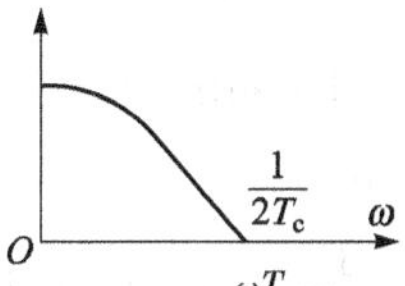 $2T_c\cos\frac{\omega T_c}{2}$	3
Ⅱ	1	2	1				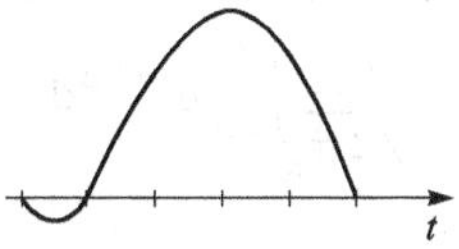	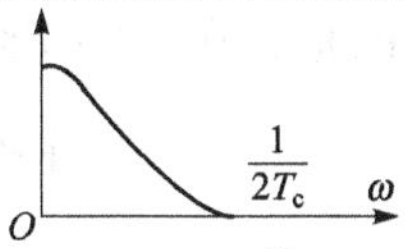 $4T_c\cos^2\frac{\omega T_c}{2}$	5
Ⅲ	2	1	-1				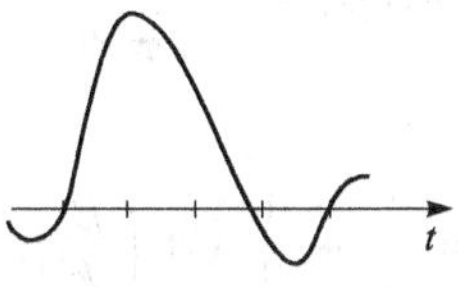	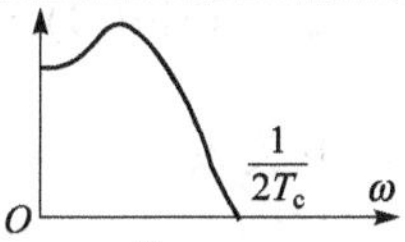 $2T_c\cos\frac{\omega T_c}{2}\sqrt{5-4\cos\omega T_c}$	5
Ⅳ	1	0	-1				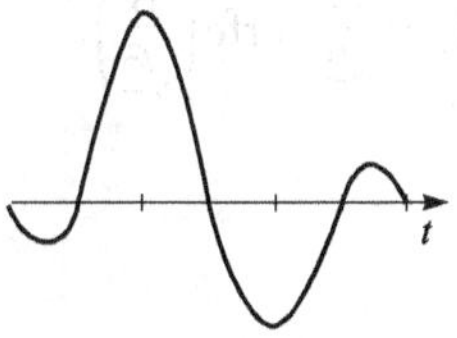	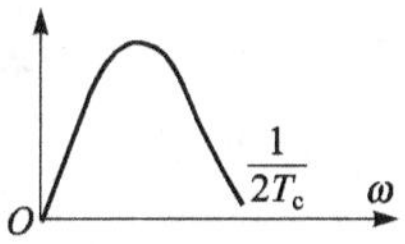 $2T_c\sin\omega T_c$	3
Ⅴ	-1	0	2	0	-1		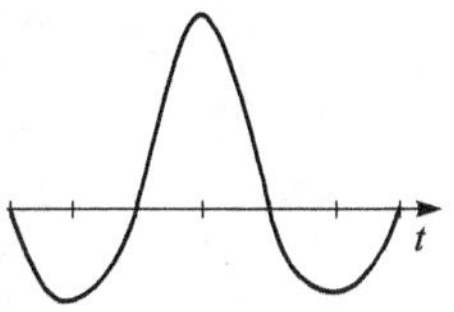	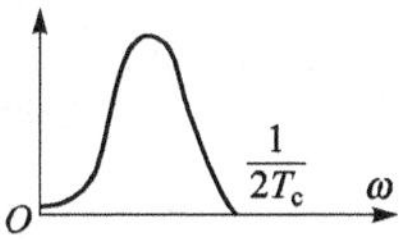 $4T_c\sin^2\omega T_c$	5

附录 9.3　误差函数

误差函数是统计学上常用的函数，通常定义为

$$\mathrm{erf}(\beta) = \frac{2}{\sqrt{\pi}}\int_0^{\beta} e^{-y^2}\,dy$$

它有如下性质：

（1）$\mathrm{erf}(-\beta) = -\mathrm{erf}(\beta)$

（2）$\mathrm{erf}(\infty) = 1$

（3）对于均值为 a，方差为 σ^2 高斯分布的随机变量，其取值落在（$a-\beta\sigma$，$a+\beta\sigma$）内的概率为

$$P(a-\beta\sigma \leqslant y \leqslant a+\beta\sigma) = \mathrm{erf}(\beta/\sqrt{2})$$

互补误差函数定义为

$$\mathrm{erfc}(\beta) = 1 - \mathrm{erf}(\beta) = \frac{2}{\sqrt{\pi}}\int_{\beta}^{\infty} e^{-y^2} dy$$

它的性质为

（1） $\mathrm{erfc}(-\beta)=1-\mathrm{erfc}(\beta)$

（2） $\mathrm{erfc}(\infty)=0$

（3） $\mathrm{erfc}(\beta)=\frac{1}{\beta\sqrt{\pi}} e^{-\beta^2}, \beta \gg 1$

这里需要指出的是，在某些文献上误差函数又可定义为

$$\mathrm{Erf}(\beta) = \frac{1}{\sqrt{2\pi}}\int_{-\infty}^{\beta} e^{-y^2/2} dy$$

互补误差函数又可定义为

$$\mathrm{Erfc}(\beta) = 1 - \mathrm{Erf}(\beta) = \frac{1}{\sqrt{2\pi}}\int_{\beta}^{\infty} e^{-y^2/2} dy$$

这两种定义之间有以下关系：

$$\mathrm{Erf}(\beta) = \frac{1}{2} + \frac{1}{2}\,\mathrm{erf}\left(\frac{\beta}{\sqrt{2}}\right)$$

$$\mathrm{Erf}(\beta) = \frac{1}{2}\,\mathrm{erfc}\left(\frac{\beta}{\sqrt{2}}\right)$$

第十章　数字频带调制

§10.1　概　　述

前边讨论的 PCM 信号和 ΔM 信号都属于数字基带信号，这种信号在许多类型的信道，特别是在无线信道中并不能直接进行基带传输，必须进行数字频带调制，其必要性同模拟通信系统中的问题是相同的。数字频带调制的实质也是把数字基带信号的功率谱搬移到载频附近，从而形成数字频带调制信号。例如：用数字基带信号调制射频载波的某一参量，便形成适合于在无线信道中传输的数字频带信号。在某些带通型模拟信道，如在有线电话信道中进行数据传输，目前最通用的方法是将数字基带信号调制在话带内的音频载波上，形成适合话带传输的已调信号进行数传。无论载波是射频还是音频，数字频带调制的原理是相同的，可用数字基带信号分别单独控制载波的幅度、频率和相位，从而构成幅度键控（ASK）、移频键控（FSK）和移相键控（PSK）三种基本数字频带调制方式。数字基带信号可以是二进制的，也可以是多进制的，从而分为二进制数字频带调制和多进制数字频带调制。

§10.2　二进制数字频带调制

调制信号为二进制序列时的数字频带调制称为二进制数字调制。由于被调载波有幅度、频率和相位三个独立的可控参量，当用二进制信号分别调制这三种参量时，就形成了二进制幅度键控（2ASK）、二进制移频健控（2FSK）和二进制移相键控（2PSK）三种最基本的数字频带调制信号，而每种调制信号的受控参量只有两种离散变化状态。

10.2.1　二进制幅度键控（2ASK）

2ASK 信号是利用载波幅度的变化表征被传输信息状态的，被调载波的幅度随二进制信号序列的 1、0 状态变化，即用载波幅度的有无来代表传 1 或传 0。2ASK 信号典型的时域波形如图 10－1 所示，其时域数学表达式为

$$S_{2ASK}(t)=a_n\cdot A\cos\omega_o t \tag{10-1}$$

式中，A 为未调载波幅度；ω_c 为载波角频率；a_n 为符合下列关系的二进制序列的第 n 个码元：

$$a_n=\begin{cases}0 & \text{出现概率为 } P\\ 1 & \text{出现概率为 } 1-P\end{cases} \tag{10-2}$$

综合式（10－1）和式（10－2），令 $A=1$，则 2ASK 信号的一般时域表达式为

$$\begin{aligned}S_{2ASK}(t)&=\Big[\sum_n a_n g(t-nT_c)\Big]\cos\omega_o t\\&=S(t)\cos\omega_o t\end{aligned} \tag{10-3}$$

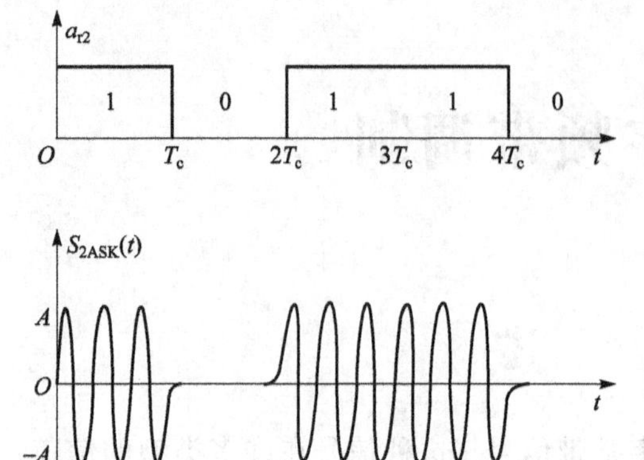

图 10－1　2ASK 信号的典型时域波形

式中，T_c 为码元间隔，$g(t)$ 为持续时间 $\left[-\frac{T_c}{2},\frac{T_c}{2}\right]$ 内任意波形形状的脉冲（分析时一般设为归一化矩形脉冲），$S(t)$ 代表二进制信息的随机单极性脉冲序列。

为了更深入掌握 2ASK 信号的性质，除时域分析外，还应进行频域分析。由于二进制序列一般为随机序列，其频域分析的对象应为信号功率谱密度。设 $g(t)$ 为归一化矩形脉冲，若 $g(t)$ 的傅里叶变换为 $G(f)$，$S(t)$ 则为二进制随机单极性矩形脉冲序列，且任意码元为 0 的概率为 P，则由第八章推导出的 $S(t)$ 功率谱密度表达式为

$$P_s(f)=f_cP(1-P)|G(f)|^2+f_c^2(1-P)^2|G(0)|^2\delta(f) \tag{10-4}$$

式中，$G(f)=T_c\left(\frac{\sin\pi fT_c}{\pi fT_c}\right)$；$f_c=\frac{1}{T_c}(\mathrm{Hz})$，并与二进制序列的码元速率 $R_c(\mathrm{Bd})$ 在数值上相等。可以看出，单极性矩形脉冲随机序列含有直流分量。2ASK 信号的双边功率谱密度表达式为

$$P_{2ASK}(f)=\frac{1}{4}f_cP(1-P)\left[|G(f+f_o)|^2+|G(f-f_o)|^2\right]+$$
$$\frac{1}{4}f_c^2(1-P)^2|G(0)|^2\left[\delta(f+f_o)+\delta(f-f_o)\right] \tag{10-5}$$

式（10－5）表明，2ASK 信号的功率谱由两部分组成：① 由 $g(t)$ 经线性幅度调制所形成的双边带连续谱；② 由被调载波分量确定的载频离散谱。图 10－2 为 2ASK 信号的单边功率谱示意图。

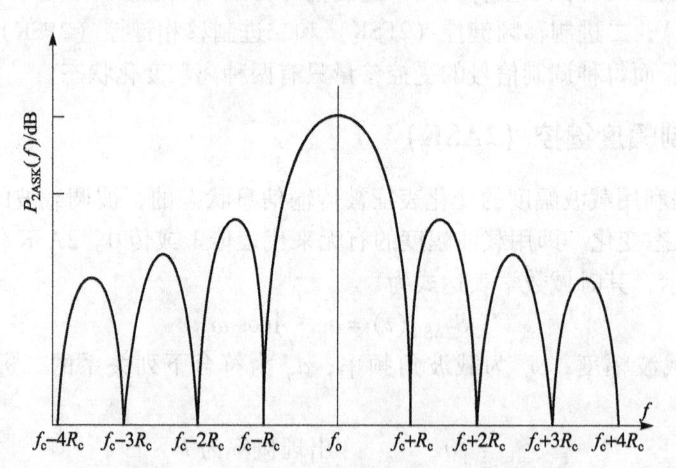

图 10－2　2ASK 信号的单边功率谱示意图

对信号进行频域分析的主要目的之一就是确定信号的带宽。在不同应用场合，信号带宽有多种度量定义，但最常用和最简单的带宽定义是以功率谱主瓣宽度为度量的“谱零点带宽”，这种带宽定义特别适用于功率谱主瓣包含信号大部分功率的信号。显然，2ASK 信号

的谱零点带宽为

$$B_{2ASK}=(f_o+R_c)-(f_o-R_c)=2R_c=2T_c(\text{Hz}) \tag{10-6}$$

式中，R_c 为二进制序列的码元速率，它与二进制序列的信息传输速率（比特率）R_b(bit/s) 数值上相等。

2ASK 信号的产生方法比较简单。首先，因 2ASK 信号的特征是对载波的“通－断键控”，用一个模拟开关作为调制载波的输出通－断闸门，由二进制序列 $S(t)$ 控制开关的通断，$S(t)=1$ 时开关导通，$S(t)=0$ 时开关截止，这种调制方法称为通－断键控法。其次，2ASK 信号可视为 $S(t)$ 与载波的乘积，故用模拟乘法器实现 2ASK 调制也是很容易想到的另一种方式，称其为乘积法。图 10－3 为 2ASK 信号调制产生的两种主要方式：通断键控法；乘积法。

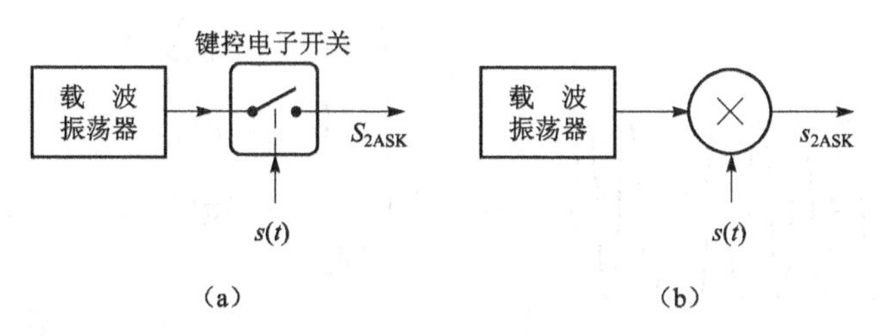

图 10－3　2ASK 信号调制的主要方式

(a) 通断键控法；(b) 乘积法

对 2ASK 信号的调解通常有两种方式，即非相干调解（包络检波）和相干解调（同步检波）。由于此时的调制信号不再是模拟信号，而是只有 1 和 0 两种离散状态的数字信号序列，故与模拟调制信号解调不同的是，必须严格按照发送端码元时钟节拍（通过位同步获得）对解调器中的低通滤波器输出电压进行抽样判决。这样设计的目的一方面是输出二进制数字序列的需要，另一方面也是削弱信道噪声干扰、提高解调性能的需要。可以说，抽样判决是数字解调系统中特有的环节。2ASK 信号的两种解调方式如图 10－4 所示。

从图 10－4 可以看出，2ASK 信号的相干解调系统需要相干（同步）载波，它由本地载

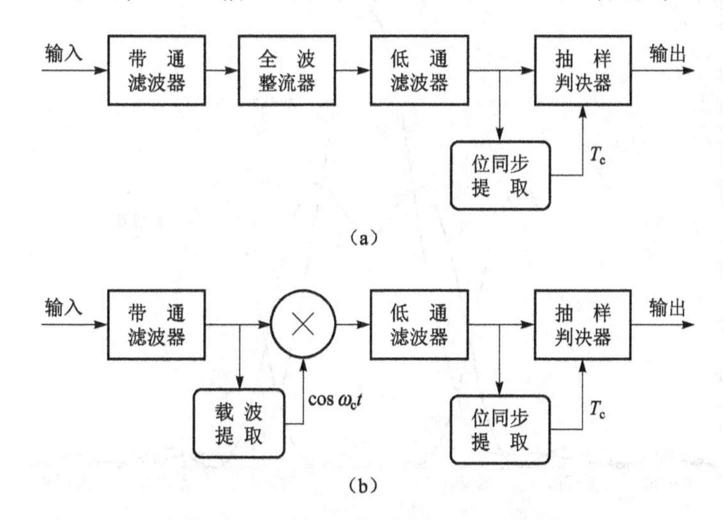

图 10－4　2ASK 信号的两种解调方式

(a) 2ASK 信号的非相干解调；(b) 2ASK 信号的相干解调

波同步提取电路供给。两种解调方式中，位同步环节是不可缺少的，这是正确进行抽样判决的需要。在实际应用中，2ASK 调制方式一般不多采用，而其相干解调就更少采用了。

10.2.2 二进制移频键控（2FSK）

2FSK 信号是用载波频率的变化表征被传信息状态的，被调载波的频率随二进制序列 1、0 状态而变化，即载频为 f_0 时代表传 0，载频为 f_1 时代表传 1。显然，2FSK 信号完全可以看成两个分别以 f_0 和 f_1 为载频、以 a_n 和 $\overline{a}_n$ 为被传二进制序列的两种 2ASK 信号的合成。2FSK 信号的典型时域波形如图 10－5 所示，其一般时域数学表达式为

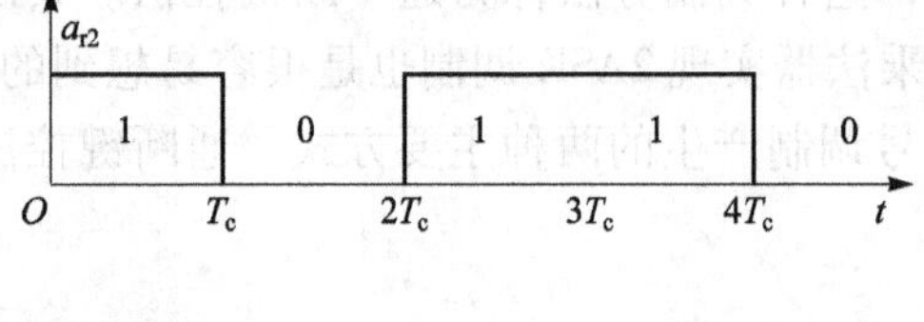

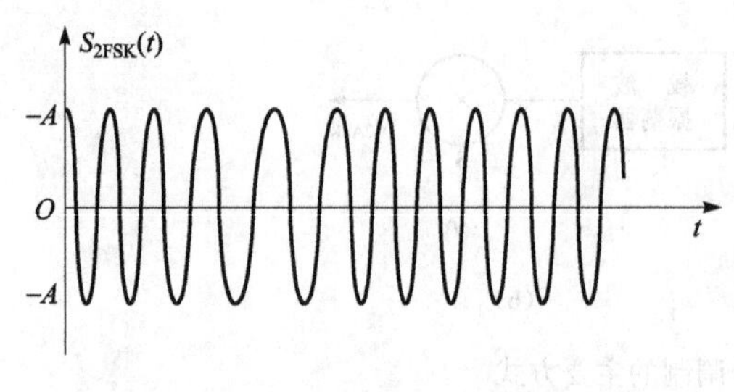

图 10－5 2FSK 信号的典型时域波形

$$S_{2FSK}(t) = \left[\sum_n a_n g(t-nT_s)\right]\cos\omega_0 t + \left[\sum_n \overline{a}_n g(t-nT_s)\right]\cos\omega_1 t \qquad (10-7)$$

式中，$\omega_0 = 2\pi f_0$，$\omega_1 = 2\pi f_1$；$\overline{a}_n$ 是 a_n 的反码，即

$$a_n = \begin{cases} 0 & 概率为 P \\ 1 & 概率为 1-P \end{cases}$$

$$\overline{a}_n = \begin{cases} 1 & 概率为 P \\ 0 & 概率为 1-P \end{cases}$$

因 2FSK 属于频率调制，通常可定义其移频键控指数为

$$h = |f_1 - f_0| T_c = |f_1 - f_0| / R_c \qquad (10-8)$$

显然，h 与模拟调频信号的调频指数 m_f 性质是一致的，其大小对已调波带宽有很大影响。设 $f_c = (f_1 + f_0)/2$，图 10－6 给出了 h＝0.5、1.0 和 3.0 时对应的 2FSK 信号单边功率谱示意图。图中只给出了 2FSK 信号的连续谱，且大小并没有采用分贝值表示。2FSK 信号与

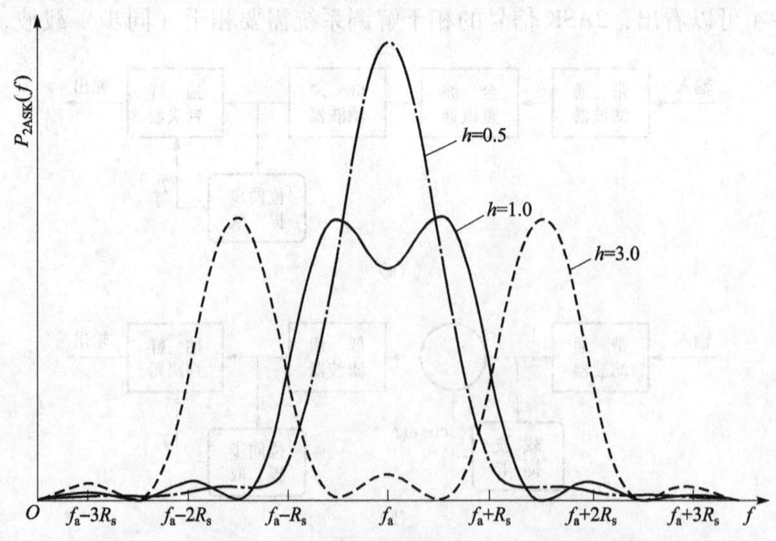

图 10－6 不同 h 值的 2FSK 单边功率谱示意图

2ASK 信号的相似之处是含有载频离散谱分量，也就是说，两者均可采用非相干方式进行解调。可以看出，$h<1$ 时，2FSK 信号的功率谱与 2ASK 的极为相似，呈单峰状；当 $h \gg 1$ 时，2FSK 信号功率谱呈双峰状，此时的信号带宽近似为

$$B_{2FSK} = |f_1 - f_0| + 2R_c \text{（Hz）} \tag{10-9}$$

2FSK 信号的产生通常有两种方式：频率选择法、载波调频法，其实现原理如图 10-7（a）、（b）所示。由于频率选择法产生的 2FSK 信号为两个彼此独立的载波振荡器输出信号之和，在二进制码元状态转换（0→1 或 1→0）时刻，2FSK 信号的相位通常是不连续的，这会不利于已调信号功率谱旁瓣分量的收敛。载波调频法是在一个直接调频器中产生 2FSK 信号，这时的已调信号出自同一个振荡器，信号相位在载频变化时始终是连续的，这将有利于已调信号功率谱旁瓣分量的收敛，使信号功率更集中于信号带宽内。

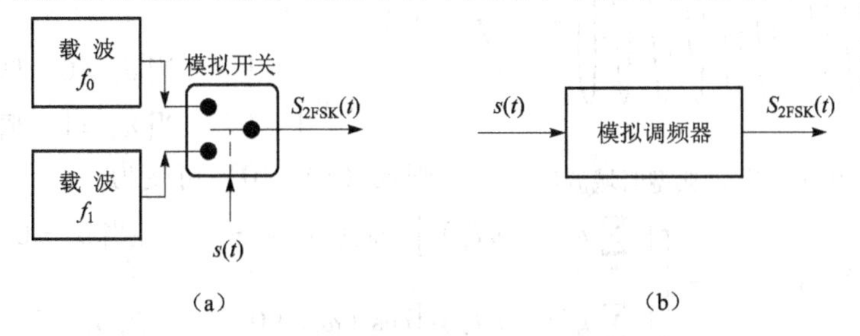

图 10-7　2FSK 信号产生的两种方式

（a）频率选择法；（b）载波调频法

2FSK 信号同样有相干解调和非相干解调两种方式，如图 10-8（a）、（b）所示，解调原理与 2ASK 基本相同，只是使用了两套电路。另外，目前许多具有 2FSK 解调功能的集成芯片几乎利用锁相环路的鉴频功能进行非相干解调，其基本原理如图 10-8（c）所示。

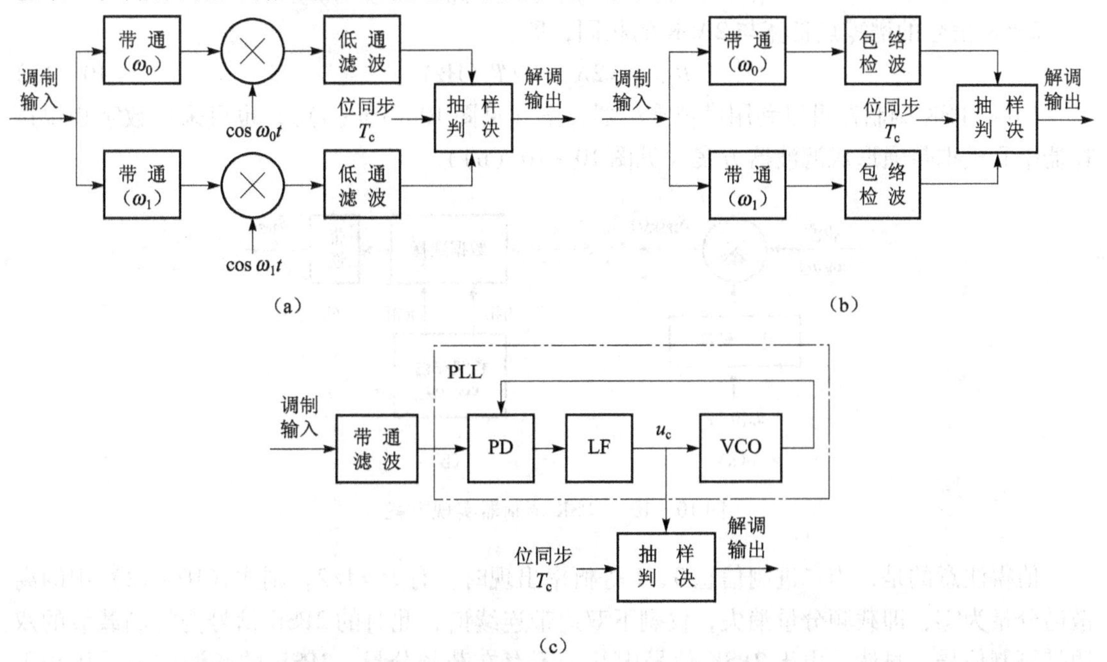

图 10-8　2FSK 信号的解调方式

10.2.3 二进制移相键控（2PSK 或 BPSK）

2PSK 信号是用载波相位的变化表征被传输信息状态的，通常规定 0 相位载波和 π 相位载波分别代表传 1 和传 0，其时域波形示意图如图 10-9 所示。设二进制单极性码为 a_n，其对应的双极性二进制码为 b_n，则 2PSK 信号的一般时域数学表达式为

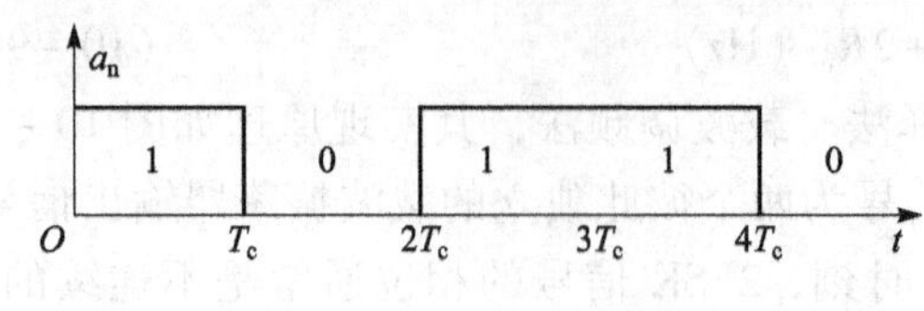

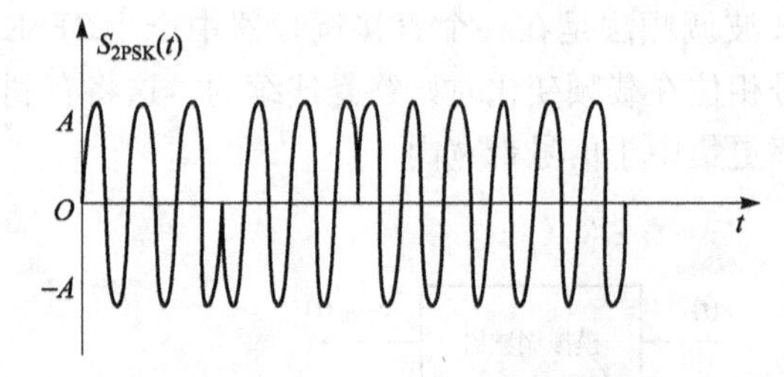

图 10-9　2PSK 信号的典型时域波形

$$S_{2PSK}(t)=\left[\sum_n b_n g(t-nT_c)\right]\cos\omega_0 t \tag{10-10}$$

式中，

$$b_n=\begin{cases}-1 & 当\ a_n=0，概率为 P\\ +1 & 当\ a_n=1，概率为 1-P\end{cases}$$

则式（10-10）可变为

$$S_{2PSK}(t)=\begin{cases}\left[\sum_n g(t-nT_c)\right]\cos(\omega_c t+\pi) & 当\ a_n=0\\ \left[\sum_n g(t-nT_c)\right]\cos(\omega_c t+0) & 当\ a_n=1\end{cases} \tag{10-11}$$

由式（10-10）可见，2PSK 信号是一种双边带调制信号，比较式（10-10）和式（10-3）可知，其双边功率谱表达式与 2ASK 的近乎相同，即为

$$P_{2PSK}(f)=f_s P(1-P)[\,|G(f+f_0)|^2+|G(f-f_0|^2]+\frac{1}{4}f_c^2$$
$$(1-2P)^2|G(0)|^2[\delta(f+f_0)+\delta(f-f_0)] \tag{10-12}$$

2PSK 信号的谱零点带宽与 2ASK 的相同，即

$$B_{2PSK}=2R_c=2/T_c(\mathrm{Hz}) \tag{10-13}$$

构成 2PSK 调制器可以利用模拟乘法器方案（见图 10-10（a）），也可采用数字相位选择器串联模拟带通形成滤波器方案（见图 10-10（b））。

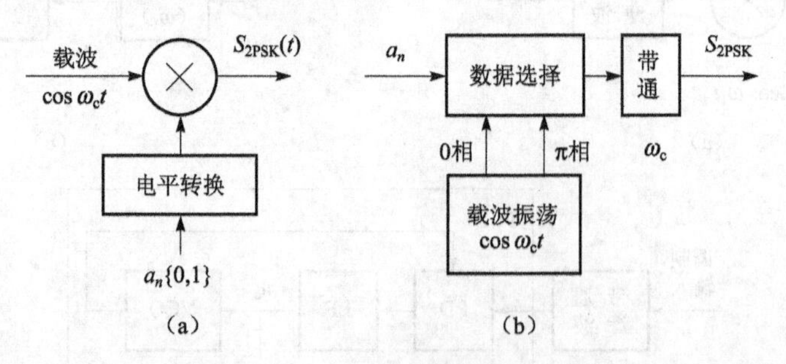

图 10-10　2PSK 调制器实现方案

值得注意的是，当二进制信息 0、1 等概率出现时，有 $P=1/2$，则式（10-12）中的离散谱分量为零，即载频分量消失，仅剩下双边带连续谱，此时的 2PSK 信号为抑制载波的双边带调制信号。显然，由于 2PSK 信号中几乎不存在载频分量，2PSK 的解调应该采用相干解调方式，其前提是在接收端首先获得同步（相干）载波。图 10-11 为 2PSK 信号相干解

调器组成框图。

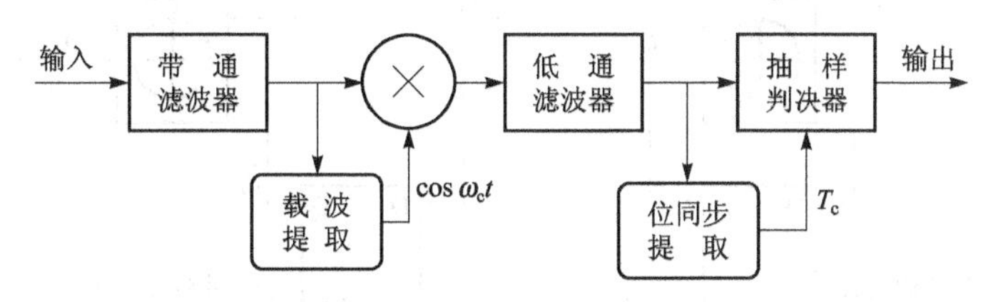

图 10－11　2PSK 相干解调器组成

在第六章中曾讨论了载波提取问题，通常采用自同步法，从 2PSK 信号中提取载波多采用平方环或科斯塔斯环，但这两种载波提取环路所固有的载波相位模糊度，极为可能使本地恢复出的同步载波相位出现“倒 π”现象。事实上，2PSK 信号采用的是一种绝对移相方式。调制时，依据被调载波的某一参考初相位（如 0°相位），按照式（10－11）所规定的基带调制码 a_n 到载波相位间的映射关系生成已调波；解调时，同样要求本地提取的同步载波具有与发送被调载波相同的参考初相位，一旦这种参考相位关系遭到破坏，本地同步载波相位将出现“倒 π”现象，从而造成解调输出的“反码”现象（即解调输出变为 $\overline{a}_n$）。为了克服这一问题，实际的二进制移相键控系统都采用二进制差分移相键控（2DPSK）方式。

10.2.4　二进制差分移相键控（2DPSK）

只要以相对移相方式而不是像 2PSK 那样的绝对移相方式进行键控调制，就能克服载波相位模糊度所带来的问题。2DPSK 正是利用前后两个相邻码元间的相对载波相位置 $\Delta\phi$ 进行键控调制的。$\Delta\phi$ 定义为本码元 a_n 与前一码元 a_{n-1} 各自对应的被调载波初相之差。在产生 2DPSK 信号时，直接对前后两个码元的模拟载波初相进行差值处理获得 $\Delta\phi$ 往往比较困难。能否先对基带调制码 a_n 进行某种码变换，再利用原有的 2PSK 系统进行传输呢？

如果将 2PSK 系统中的基带码称为绝对码，则差分码正是反映绝对码前后相邻码元 1 和 0 相对变化的一种编码，故也称为相对码。设要传输的单极性二进制码 a_n 为绝对码，其对应的差分码（相对码）为 d_n，差分编码规则为：若 $a_n \neq a_{n-1}$，则 $d_n = 1$；若 $a_n = a_{n-1}$，则 $d_n = 0$。显然，数字基带信号的差分编码过程即为绝对码/相对码的变换过程，可满足 2DPSK 信号被调载波相对相位变换的要求。

在实现 2DPSK 系统传输时，在发送端首先进行差分编码，将绝对码 a_n 变为相对码 d_n，再将 d_n 送入原有的 2PSDK 系统传输，2PSK 系统解调输出为 d_n 的估值 $\hat{d}_n$，再经差分译码得到 a_n 的估值 $\hat{a}_n$，即由相对码恢复为绝对码。差分编码关系式为式（10－14－a），差分译码关系式为式（10－14－b），即

$$
\begin{cases}
d_n = a_n \oplus d_{n-1} & (10-14a) \\
\hat{a}_n = \hat{d}_n \oplus \hat{d}_{n-1} & (10-14b)
\end{cases}
$$

差分编码与译码电路如图 10－12（a）、（b）所示，相干解调 2DPSK 系统组成框图如图 10－13（a）所示。

2DPSK 信号的另一种解调方式称为差分相干解调，其解调系统如图 10－13（b）所示。该解调方式本质上属于非相干解调，它将接收的已调信号延迟一个码元间隔 T_c 后直接比较前后两个相邻码元的载波相位差。与相干解调方式不同的是，此时的解调已包含了差分译码

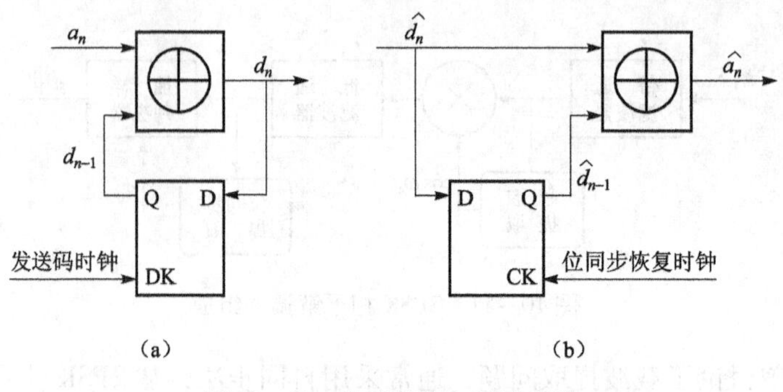

图 10－12　差分编码与译码电路

（a）差分编码电路；（b）差分译码电路

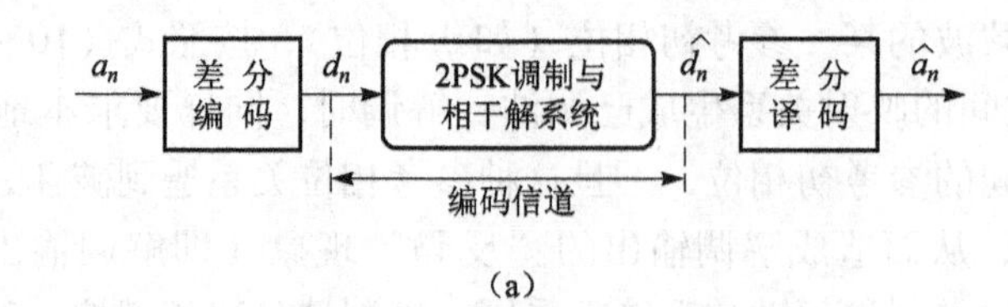

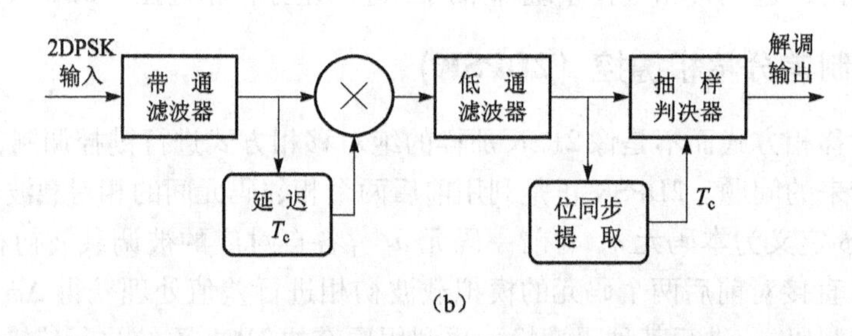

图 10－13　2DPSK 系统及差分相干 2DPSK 解调系统

功能，无须再进行解调后的差分译码，也无须专门的同步载波提取电路。当然，实现该解调方式的难度主要在于必须精确地将接收的已调信号延迟一个 T_c。差分相干 2DPSK 解调系统的误码性能比相干解调 2DPSK 系统的差一些。

我们现在来看一下相干解调 2DPSK 系统是如何克服相干解调 2PSK 系统中同步载波相位模糊度的。假设相干解调 2PSK 系统中本地同步载波出现了“倒 π”现象，则 2PSK 系统解调输出的基带码必然全部反相，即 $\hat{d}_n$ 变为 $\overline{\hat{d}}_n$，经差分译码有

$$\overline{\hat{d}}_n \oplus \overline{\hat{d}}_{n-1} = \hat{d}_n \oplus \hat{d}_{n-1} = \hat{a}_n$$

这说明，引入差分编、译码环节就可以克服 2PSK 系统中同步载波相位模糊度的影响，保证数字调制信息的正确传输。另外，2DPSK 信号的功率谱结构及谱零点带宽与 2PSK 的相同。

§10.3　二进制键控信号的误比特率

在此主要研究信道加性噪声所引起的误比特率。假设信道加性噪声为高斯白噪声。在接收机输入端除信号电压 $s(t)$ 之外，还有噪声电压 $n_i(t)$。它通过图 10－4 中的带通滤波器后，信号完整的通过，而噪声电压 $n_i(t)$ 变成了窄带高斯噪声 $n(t)$，它可表示为

$$n(t)=n_c(t)\cos w_0 t-n_s(t)\sin w_0 t$$

式中 w_0 为滤波器中心频率。

在分析比较 2ASK、2FSK、2PSK 和 2DPSK 信号相干解调的误比特率时，假设有以下前提：

（1）$s_0(t)$ 和 $s_1(t)$ 等概出现，即 $P(s_0)=P(s_1)=\frac{1}{2}$；

（2）各种类型的二进制键控信号具有相同的信号平均能量 E_b，且满足 $E_b=1/2(E_{s0}+E_{s1})$，如果 2FSK、2PSK 和 2DPSK 的已调载波幅度为 A，则 2ASK 传输 $s_1(t)$ 时的已调载波幅度便为 $\sqrt{2}A$；

（3）接收带通滤波器的带宽理想化为 $B=\frac{1}{T_S}$；

（4）码元间隔 T_S 为未调载波周期的整数倍。

10.3.1　ASK 信号的误比特率（误码率）

一、相干解调

ASK 相干解调的框图如图 10－4（b）所示，此时带通滤波器的输出信号为

$$a(t)=\begin{cases}a_n\cos\omega_0 t+n_c(t)\cos\omega_0 t-n_s(t)\sin\omega_0 t & \text{发“1”}\\ n_c(t)\cos\omega_0 t-n_s(t)\sin\omega_0 t & \text{发“0”}\end{cases}$$
$$=\begin{cases}[a_n+n_c(t)]\cos\omega_\varepsilon t-n_s(t)\sin\omega_0(t) & \text{发“1”}\\ n_c(t)\cos\omega_0 t-n_s(t)\sin\omega_0 t & \text{发“0”}\end{cases}\tag{10－15}$$

通过同步检波后，在抽样判决器的输入端得到的波形为

$$x(t)=\begin{cases}a_n+n_c(t) & \text{发“1”}\\ n_c(t) & \text{发“0”}\end{cases}\tag{10－16}$$

由于 $n_c(t)$ 为高斯过程，a_n 为常数，所以发“1”时 $x(t)$ 一维概率密度函数为

$$f_1(x)=\frac{1}{\sqrt{2\pi}\sigma_n}\exp[-(x-a_n)^2/2\sigma_n^2]\tag{10－17}$$

而发“0”时的一维概率密度函数为

$$f_0(x)=\frac{1}{\sqrt{2\pi}\sigma_n}\exp[-x^2/2\sigma_n^2]\tag{10－18}$$

这样用第九章的方法可求得最佳判决电率为

$$V_{opt}=\frac{a_n}{2}\tag{10－19}$$

它的误比特率为

$$P_e=\frac{1}{2}\operatorname{erfc}\left(\frac{a_n}{2\sqrt{2}\sigma_n}\right)\tag{10－20}$$

在此 $\operatorname{erfc}=\frac{2}{\sqrt{n}}\int_x^\infty e^{-z^2}dz$ 为互补误差函数。有的书用高斯概率函数来表示，高斯概率函数定义为

$$Q(x)=\frac{1}{\sqrt{2\pi}}\int_x^{\infty}\mathrm{e}^{-z^2/2\mathrm{d}z}$$

根据定义可得

$$\mathrm{erfc}(x)=Q(\sqrt{2}x)$$

这样误比特率也可以写成

$$P_{\mathrm{e}}=Q\left(\frac{a_n}{2\sigma_n}\right)$$

二、非相干解调

它是将同步检波变成包络检波，如图 10－4（a）所示，此时检波输入信号的包络为

$$x(t)=\begin{cases}\sqrt{(a_n+n_{\mathrm{c}}(t)+n_{\mathrm{s}}^2(t)} & 发“1” \\ \sqrt{n_{\mathrm{c}}^2(t)+n_{\mathrm{s}}^2(t)} & 发“0”\end{cases} \tag{10-21}$$

可以证明对发“1”时 $x(t)$ 为一随机过程，它的一维概率密度函数服从广义瑞利分布，为

$$f_1(x)=\frac{x}{\sigma_{\mathrm{n}}^2}I_0\left(\frac{a_n x}{\sigma_{\mathrm{n}}^2}\right)\exp[-(x^2+a_n^2)/2\sigma_2^{-2}] \tag{10-22}$$

式中，σ_{n} 为 $n(t)$ 的方差；$I_0(\cdot)$ 是第一类修正贝塞尔函数。

在大信噪比时，即 $a_n^2\gg\sigma_{\mathrm{n}}^2$，此时，贝塞尔函数可近似

$$I_0\left(\frac{ax}{\sigma_{\mathrm{n}}^2}\right)\approx\sqrt{\frac{\sigma_{\mathrm{n}}^2}{2\pi a_n x}}\exp(a_n x/\sigma_n^2)$$

因而

$$f_1(x)\approx\sqrt{\frac{x}{2\pi a_n\sigma_{\mathrm{n}}^2}}\exp[-(x-a_n)^2/2\sigma_{\mathrm{n}}^2]$$

在 $x=a$ 附近，可进一步近似为

$$f_1(x)=\sqrt{\frac{1}{2\pi\sigma_{\mathrm{n}}^2}}\exp[-(x-a_n)^2/2\sigma_{\mathrm{n}}^2] \tag{10-23}$$

这说明，信号加噪声的包络概率分布可近似看成约值为 a_n，方差为 σ_{n}^2 的高斯分布如图 10－14所示。

对于发“0”时，$x(t)$ 的包络

$$x(t)=\sqrt{n_{\mathrm{c}}^2(t)+n_{\mathrm{s}}^2(t)}$$

其概率分布服从瑞利分布，其概率密度函数为

$$f_0(x)=\frac{x}{\sigma_{\mathrm{n}}^2}\exp(-x^2/2\sigma_n^2) \tag{10-24}$$

信号 $x(t)$ 经包络检波后的输出，在 $K_{\mathrm{d}}=1$ 的情况下，由其输入的幅度式（10－24）所决定，然后经抽样判决，决定接收码元为“1”还是“0”，若 $x(t)$ 的抽样值大于门限 b 时，接收码元为“1”。反之抽样值小于等于 b 时，码元为“0”，从此可以看出，门限电平 b 的选取与误比特率是密切相关的。

对于二进制数字系统的误码总有两部分组成，一是发“1”时，到达判决器的抽样电压 $x\leqslant b$，这时判决器输出为“0”；另一个是发“0”时，到达判断决器抽样电压 $x>b$，这时判

决器输出为“1”。当发端发“0”和“1”为等概率时即 $P=1/2$，这样发生错误的总概率为

$$P_e=\frac{1}{2}P(x\leqslant b)+\frac{1}{2}P(x>b)=\frac{1}{2}\int_0^b f_1(x)\,dx+\frac{1}{2}\int_b^\infty f_0(x)\,dx \tag{10-25}$$

由式（10－26）可以看出，在门限电平 b 取定后，误码率为图 10－14 中两块阴影的面积之和的一半，要使误码率最低，只有把门限电平 b 取在 $f_1(x)$ 和 $f_0(x)$ 的交点 b_{opt} 处，因为这时阴影面积最小，这时 b_{opt} 为最佳门限。

最佳门限的确定为

$$f_1(x)=f_0(x)$$

这时 $x=b_{opt}$。用式（10－22）和式（10－25）代入可得

$$\ln I_0\left(\frac{a_n b_{opt}}{\sigma_n^2}\right)=\frac{a_n^2}{2\sigma_n^2} \tag{10-26}$$

在大信噪比时，即 $a_n^2\gg 2\sigma_n^2$，式（10－26）可近似为

$$\frac{a_n^2}{2\sigma_n^2}=\frac{a_n b_{opt}}{\sigma_n^2}$$

$$b_{opt}=a_n/2 \tag{10-27}$$

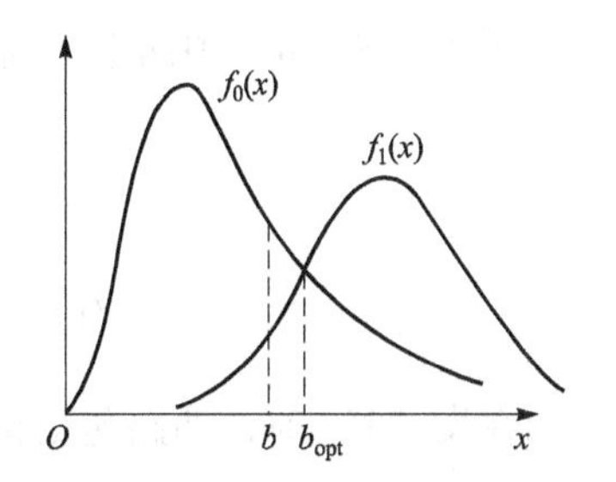

图 10－14　信号加噪声和噪声包络概率密度函数

实际上，采用包络检波的接收系统通常总工作在大信噪比的情况，因此它的最佳门限电平值为信号幅度的 1/2。在大信噪比和最佳门限情况下，将式（10－22）和式（10－25）代入式（10－26），可得误比特率为

$$P_e=\frac{1}{2}e^{-\gamma/4} \tag{10-28}$$

式中，$\gamma=a_n^2/2\sigma_n^2$ 为信噪比。这表明包络检波的误比特率 P_e 在大信噪比和最佳门限时，将随信噪比小的增加按指数规律下降。

例 10－1　在电话线上传输二进制数据，电话线可用带宽为 3 kHz，其输出最大信噪比为 6 dB，设采用相干 ASK 方式传送。

（1）试确定最大码元速率，并求出误比特率；

（2）若信息传输速率为 300 bit/s，试计算误比特率。

解：（1）已知 ASK 信号的主瓣频谱宽度为 $1/T_c$，为 ASK 信号的带宽，则信道带宽也应为 $2/T_c$，根据题意信道可用带宽为 3 kHz，则最大码元速率为

$$R_c=\frac{1}{T_c}=\frac{3\,000}{2}\text{ Bd}=1\,500\text{ Bd}$$

由 $P_e=Q(\sqrt{\gamma/2})$，及已给定 $\gamma=6\text{ dB}=4$，则

$$P_e=Q(\sqrt{2})$$

查表可得

$$P_e=0.080\,8$$

（2）若信息传输速率 300 bit/s，这样相应 ASK 带宽为 600 Hz，在电路中加一个 600 Hz 的带通滤波器，这时噪声功率为 $N_0\times 600$ Hz，比原来 3 kHz 时的噪声功率小 5 倍，即信噪比大 5 倍，因而 $\gamma=4\times 5=20$，则

$$P_e=Q(\sqrt{10})=8\times 10^{-4}$$

10.3.2 FSK 信号的误比特率（误码率）

FSK 信号解调方式由图 10－8 所示，图 10－8（a）是相干解调。图 10－8（b）是非相干解调，下面分别就这两种情况下求误比特率。

一、非相干解调

图 10－8（b）中两个带通滤波器的输出 $x_1'(t)$ 和 $x_2'(t)$ 均可表示为

$$x_1'(t)=\begin{cases}a_n\cos\omega_1 t+n(t) & 发“1”\\ n(t) & 发“0”\end{cases}$$

$$x_2'(t)=\begin{cases}n(t) & 发“1”\\ a_n\cos\omega_2 t+n(t) & 发“0”\end{cases}$$

在发“1”时，两路包络检波器的输出分别为

$$x_1(t)=\sqrt{[a_n+n_c(t)]^2+n_s^2(t)}$$

$$x_2(t)=\sqrt{n_c^2(t)+n_s^2(t)}$$

式中，$x_1(t)$ 为图 10－8（b）上通道，由上面可知 $x_1(t)$ 服从广义瑞利分布，$x_2(t)$ 为下通道，其服从瑞利分布。要计算发“1”时产生的错误概率，只要计算 $x_1(t)$ 的取值 x_1 小于 $x_2(t)$ 的取值的概率即可，可计算为

$$P_{e_1}=P(x_1<x_2)=\int_0^\infty f_1(x_1)\left[\int_{x_2=x_1}^\infty f_2(x_2)\mathrm{d}x_2\right]\mathrm{d}x_1$$

$$=\int_0^\infty \frac{x_1}{\sigma_n^2}I_0\left(\frac{a_n x_1}{\sigma_n^2}\right)\exp[-(2x_1^2+a^2)/2\sigma_n^2]\mathrm{d}x_1$$

通过计算可得

$$P_{e_1}=\frac{1}{2}\mathrm{e}^{-\gamma/2} \tag{10-29}$$

在此 $\gamma=a_n^2/2\sigma_n^2$。

同样可求得发“0”时的误比特率为

$$P_{e_0}=\frac{1}{2}\mathrm{e}^{\gamma/2}$$

在发“1”和“0”等概率时，总的误比特率为

$$P_e=\frac{1}{2}\mathrm{e}^{\gamma/2}$$

二、相干解调

FSK 相干解调的框图由图 10－8（a）所示，发“1”时，送至抽样判决器进行比较的两路信号分别为

$$x_1(t)=a_n+n_c(t)$$

$$x_2(t)=n_s(t)$$

这样 $x_1(t)$ 为均值是 a_n，方差是 σ_n^2 的高斯过程，x_2 是均值为零，方差为 σ_n^2 的高斯过程。要计算发“1”时的错误概率，只要计算 $x_1<x_2$ 的概率为

$$P_{e_1}=P(x_1<x_2)=P(a_n+n_c(t)<n_s(t))=P(a_n+n_c-n_s<0)$$

令 $z=a_n+n_c-n_s$，这时 z 是均值为 a_n，方差为 σ_z^2 的高斯过程，在此 σ_z^2 为

$$\sigma_z^2=\overline{(z-\bar{z})^2}=2\sigma_n^2$$

z 的概率分布密度为

$$f(z)=\frac{1}{\sqrt{2\pi\gamma_z}}\exp[-(z-a)^2/2\sigma_n^2]$$

则发"1"的错误概率 P_{e_1} 为

$$P_{e_1}=\int_{-\infty}^{0}f(z)\,\mathrm{d}z=\frac{1}{2}\operatorname{erfc}\left(\frac{\gamma}{2}\right) \tag{10-30}$$

同样可求得发"0"的错误概率和上式一样，在等概率是，可得 FSK 相干解调时总的错误概率为

$$P_e=\frac{1}{2}\operatorname{erfc}\left(\frac{\gamma}{2}\right) \tag{10-31}$$

在大信噪比时式（10－32）可写为

$$P_e=\frac{1}{\sqrt{2\pi\gamma}}e^{-\gamma/2}$$

和 ASK 一样，差错概率式（10－31）也可写成

$$P_e=Q(\sqrt{\gamma})$$

例 10－2　在电话线上传输二进制数据，电话线可使用带宽为 3 kHz，要用 FSK，传输频率为 2 025 Hz 和 2 225 Hz，信息传输速率为 300 bit/s，信道输出信噪比为 6 dB，计算相干解调系统的差错率。

解： 由于 $f_2-f_1=200$ Hz，而 $f_c=300$ Hz，因此该 2FSK 信号频谱为单峰，它的带宽可近似看为 300 Hz，若带通滤波器的带宽为 300 Hz，这样其输出的信噪比是信道噪比的 10 倍。而信道信信噪比

$$S/N=6\text{ dB}=4$$

则带通滤波器输出信噪声比为

$$S/N=40$$

这时错误概率 $P_e=Q(\sqrt{40})$，查表可得

$$P_e=10^{-9}$$

10.3.3　PSK 信号的误比特率（误码率）

一、PSK 信号相干解调

图 10－15 给出了 2PSK 相干解调系统的框图，有时也称极性比较解调。它和 ASK 相干解调一样。低通滤波器的输出为

$$x(t)=\begin{cases}a_n+n_c(t) & 发“1”\\ -a_n+n_c(t) & 发“0”\end{cases} \tag{10-32}$$

式（10－33）可知发"1"时，$x(t)$ 为均值 a_n 方差 σ_n^2 的高斯过程。发"0"时，$x(t)$ 为均

值 $-a_n$ 方差 σ_n^2 的高斯过程。此时最佳门限电平 $b_{opt}=0$，这时发“1”时的错误概率为

$$P_{e_1}=P(x<0) \qquad 发“1”$$

发“0”时的错误概率为

$$P_{e_0}=P(x>0) \qquad 发“0”$$

计算 P_{e_1} 为

$$P_{e_1}=\int_{-\infty}^{0}\frac{1}{\sqrt{2\pi}\sigma_n}\exp[-(x-a_n)^2/2\sigma_n^2]\,dx=\frac{1}{2}\operatorname{erfc}(\sqrt{\gamma})$$

同样求 P_{e_0}，$P_{e_0}=P_{e_1}$，在等概率时

$$P_e=\frac{1}{2}P_{e_0}+\frac{1}{2}P_{e1}=\frac{1}{2}\operatorname{erfc}(\sqrt{\gamma}) \tag{10-33}$$

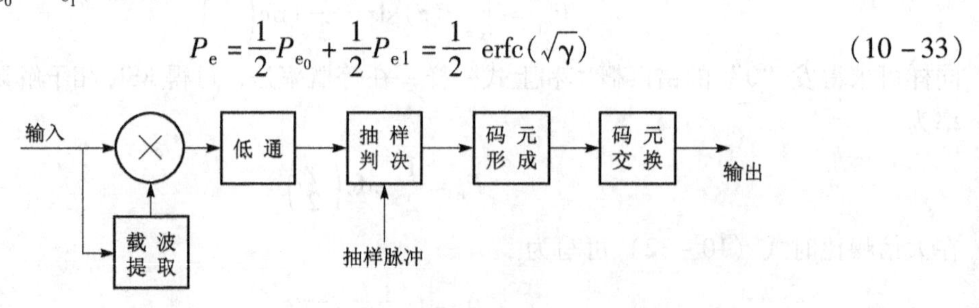

图 10－15　PSK 相干解调方框图

二、PSK 信号非相干解调

对于 PSK 可用如图 10－16 所示的方法进行非相干解调，也就是对前后两个码元的相位进行比较，这种方法又称相位比较法。

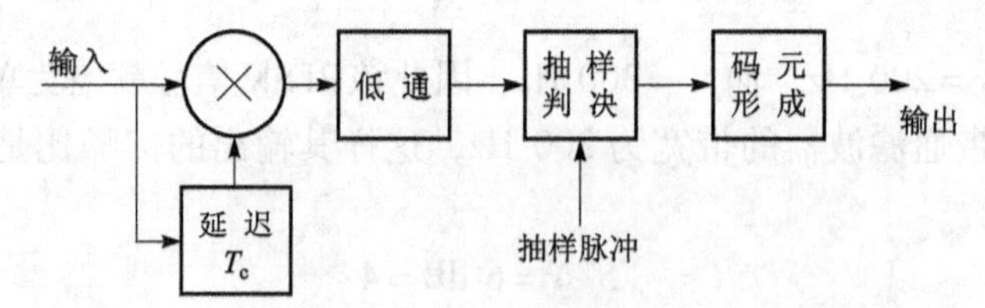

图 10－16　PSK 非相干解调框图

此方法经计算可得，在等概率时，总错误率为

$$P_e=\frac{1}{2}e^{-\gamma} \tag{10-34}$$

例 10－3　利用微波信道传输二进制数据，信息传输速率为 10^6 bit/s，信道带宽为 3 MHz，接收机输入噪声功率谱密度为 $n_o=10^{-10}$ W/Hz，要求误码率为 $P_e\leqslant 10^{-4}$，试求相干 PSK 和非相干接收机输入所需要的平均载波功率。

解：(1) 相干 PSK 的误码率为

$$P_e=Q(\sqrt{2\gamma})$$

式中

$$\gamma=\frac{a_n^2/2}{n_o\cdot B}$$

则

$$P_e=Q(\sqrt{2\cdot(a_n^2/2)/n_o\cdot B})\leqslant 10^{-4}$$

查表可得

$$\sqrt{2\cdot\left(\frac{a_n^2}{2}\right)/n_oB}\geqslant 3.75$$

此时平均载波功率为

$$\frac{a_n^2}{2}\geqslant\frac{1}{2}(3.75)^2\times 10^{-10}\times 3\times 10^6\ \text{dBm}=3.1\ \text{dBm}$$

2. 非相干 PSK 解调误码率

$$P_e=\frac{1}{2}\exp\left[-\frac{a_n^2}{2}/n_o\cdot B\right]\leqslant 10^{-4}$$

故

$$\frac{a_n^2}{2}/n_oB\geqslant 8.517$$

$$\frac{a_n^2}{2}\geqslant 8.517\times 10^{-6}\times 3\times 10^{-10}\ \text{dBm}=4.1\ \text{dBm}$$

本例说明：在误码率为 10^{-4}时，相干 PSK 比非相干 PSK 要求输入载波功率约小 1 dBm。

§10.4　二进制数字调制系统的性能比较

将§10.3 中得到的误码率 P_e 与信噪比 γ 关系的公式列表如表 10－1 所示。从表中可以看出，每一对相干和非相干的键控系统中，相干方式略优于非相干方式。它们基本上是 erfc $\sqrt{r}$和 exp（$-\gamma$）之间的关系，而且随 $\gamma\to\infty$，它们将趋于一致。另外，三种相干（或三种非相干方式）之间，若在相同误码率的条件下，则在信噪比要求上 2PSK 比 2FSK 小 3 dB，2FSK 比 2ASK 小 3 dB。由此看来，在抗加性高斯白噪声方面，相干 2PSK（即极性比较法 PSK）性能最好，而 2ASK 最差，图 10－17 是按表 10－1 画出的三种数字调制系统的误码率 P_e 与信噪比 γ 的关系曲线。

表 10－1　二进制系统误码率公式

系统名称	P_e 和 r 的关系
相干 2ASK	$P_e=\frac{1}{2}\text{erfc}\frac{\sqrt{\gamma}}{2}$
非相干 2ASK	$P_e=\frac{1}{2}e^{-\gamma/4}$
相干 2FSK	$P_e=\frac{1}{2}\text{erfc}\sqrt{\frac{\gamma}{2}}$
非相干 2FSK	$P_e=\frac{1}{2}e^{-\gamma/2}$
相干 2PSK（极性比较）	$P_e=\frac{1}{2}\text{ercf}\sqrt{r}$
差分相干 2PDSK（相位比较）	$P_e=\frac{1}{2}e^{-\gamma}$

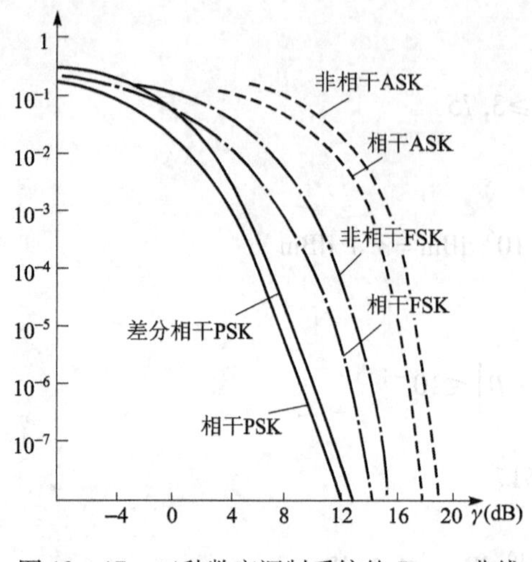

图 10 - 17　三种数字调制系统的 $P_e-\gamma$ 曲线

从实际应用角度来看，虽然相干检测的性能优于非相干检测的性能，但相干系统要求参考信号与接收信号之间保持严格的载波同步，这就需要有载波提取电路，从而增加了系统的复杂性。

因此，通常只有在高质量的数字通信中才采用相干解调方式。

从频谱角度来看，在相同传输速率情况下，2PSK 和 2ASK 信号比 2FSK 信号所占的频带宽度要小。因而，从频带利用率角度来看，2PSK 和 2ASK 要比 2FSK 系统优越。

最后还须提出，在本章分析中，均未考虑由于信道乘性噪声的影响。因此，分析只适用于恒参信道。

§ 10.5　多进制数字频带调制

至此，仅仅讨论了二进制数字调制系统的有关问题，而许多实际应用场合常常需要多进制（也称为 M 进制，$M=2^n$，$n>1$）数字调制方式，以满足在有限带宽内高速率传输数据的需要，它是许多近代数字通信系统普遍采用的方式。为了便于把二进制编码变换为 M 进制编码，实际中总是将 n 位二进制码编为一个符号，每一个符号有 $M=2^n$ 种状态，则该符号称为 M 进制符号，由它去调制载波就形成了 M 进制数字频带调制信号。二进数字调制信号与 M 进制数字调制信号对比有以下特点：

（1）设发送一个码元（符号）的时间间隔为 T_c，码元（符号）速率为 $R_c=1/T_c(\mathrm{Bd})$，信息传输速率为 $R_b(\mathrm{bit/s})$。对于二进制调制，有

$$R_{c2}=R_b(\mathrm{Bd}) \tag{10-35}$$

对于 M 进制调制，有

$$R_{cM}=R_{c2}/\log_2 M=R_b/\log_2 M(\mathrm{Bd}) \tag{10-36}$$

显然，当两者有相同的信息传输速率 R_b 时，M 进制调制的码元速率仅为二进制调制的 $1/\log_2 M$ 倍。由于已调信号带宽 B 与码元（符号）速率成正比，故此时的 M 进制调制信号带宽仅为二进制调制信号的 $1/\log_2 M$ 倍，即

$$B_M=B_2/\log_2 M(\mathrm{Hz}) \tag{10-37}$$

（2）当两者有相同码元速率时，M 进制数字调制的信息传输速率 R_{bM} 是二进制数字调制信息传输速率的 R_b 的 $\log_2 M$ 倍，即

$$R_{bM}=\mathrm{R_b}\log_2 M(\mathrm{bit/s}) \tag{10-38}$$

显然，在同样的信号带宽下，M 进制调制比二进制调制的传信效率高。由二进制变为 M 进制加大了调制信号集（从两个信号点变为 M 个信号点），增加了信号传输的冗余度，便于引入差错控制编码。

10.5.1　多进制幅度键控（MASK）

多进制幅度键控信号的特征是已调载波幅度有 M 种大小取值，在每个符号传送期间 T_s

内，只发送一种幅度的载波信号。MASK 的时域表达式为

$$S_{\mathrm{MASK}}(t)=\left[\sum_{n} M_n g(t-nT_{\mathrm{s}})\right]\cos\omega_{\mathrm{c}}t \tag{10-39}$$

MASK 信号的产生方法与 2ASK 的几乎相同，所不同的是数字基带信号 M_n 已不再是二电平信号，而是 M 电平信号，$M_n=\{A_i;\ i=0,1,2,\cdots,M-1\}$，$M$ 种电平取值依照一定的概率出现，即

$$\begin{bmatrix} A_0 & A_1 & A_2 & \cdots & A_{M-1} \\ P_0 & P_1 & P_2 & \cdots & P_{M-1} \end{bmatrix}$$

且有 $\sum_{i=0}^{M-1} P_i=1$。

在实际产生 MASK 信号时，为了提高抗干扰能力，在二电平/M 平转换时，一般是先对待传二进制信息序列 B_n 按每个 n 个码元为一组进行串/并转换，形成 n 位($M=2^n$)并行二进制码 P_n，再将 P_n 变换为格雷码 G_n，再经 D/A 变换器生成 M 电平信号送入幅度调制器。格雷码的特点是相邻码元间只有一个比特差异，当接收的误判决导致相邻电平状态差错时(这种情况发生的概率最大)，只会造成格雷码的一比特差错，而纠正单比特随机差错的前向纠错是很容易实现的，故在实际的 M 进制数字调制系统中几乎都采用了这种编码方式。以 4ASK 信号产生为例，设 M 电平信号的最大电平归一化，表 10－2 给出了 P_n 和 G_n 变换关系及对应的 M 电平值 A_i。

表 10－2　二进制/格雷码变换及对应 M 电平

并行二元码 P_n	格雷码 G_n	M 电平值 A_i
0 0	0 0	0
0 1	0 1	1/3
1 0	1 1	2/3
1 1	1 0	1

由式（10－40）可见，MASK 信号有与 2ASK 信号完全相同的功率谱结构，其谱零点带宽是 M 电平基带信号 M_n 符号速率的 2 倍。MASK 信号每个符号间隔内可传输 $\log_2 M$ 比特信息量，即 $\log_2 M$ 个二进制码元所包含的信息量，而 MASK 信号带宽主要取决于其基带码元速率 R_s。若 MASK 信号与 2ASK 信号有相同的信息速率时，MASK 信号谱零点带宽是 2ASK 信号的$1/\log_2 M$倍；若 MASK 信号与 2ASK 信号有相同的符号速率时，两者谱零点带宽相等。

MASK 信号的解调原理与 2ASK 信号的相同，可采用相干解调和非相干解调两种方式，只是解调后需将 M 电平信号再恢复成二电平信号。可推导出[2]，MASK 相干解调时的误码率为

$$\begin{aligned} P_{\mathrm{sMASK}} &=\frac{2(M-1)}{M}Q\left\{\sqrt{\frac{3}{M^2-1}\left(\frac{S}{N}\right)}\right. \\ &=\frac{2(M-1)}{M}Q\left\{\sqrt{\frac{3}{M^2-1}\left(\frac{E_{\mathrm{b}}}{n_{\mathrm{o}}}\right)\left(\frac{R_{\mathrm{s}}}{B}\right)}\right. \end{aligned} \tag{10-40}$$

式中，R_{s}/B 为单位频带的波特率（Bd/Hz）。采用格雷编码时，若信道噪声影响不很大，绝

大多数误判决仅发生在相邻电平之间，因 MASK 信号每个码元包含 $n=\log_2 M$ 个比特，故其误比特率近似为

$$P_{\mathrm{bMASK}} \approx \frac{1}{n} p_{\mathrm{sMASK}} = P_{\mathrm{sMASK}} / \log_2 M \tag{10-41}$$

10.5.2　多进制移相键控（MPSK）

MPSK 信号的调制特征是已调载波幅度恒定，而载波相位有 M 种不同取值，其时域表达式为

$$S_{\mathrm{MPSK}(t)} \left[\sum_n Ag(t-nT_\mathrm{s}) \right] \cos\left(\omega_\mathrm{c} t + \phi_i\right) \tag{10-42}$$

式中，载波相位 $\phi_i = \frac{2\pi}{\mathrm{M}} i + \theta$，$i=0, 1, 2, \cdots, M-1$，$\theta$ 为初相位。ϕ_i 依照一定的概率取值，即

$$\begin{pmatrix} \phi_0 & \phi_1 & \phi_2 & \cdots & \phi_{M-1} \\ P_0 & P_1 & P_2 & \cdots & P_{M-1} \end{pmatrix}$$

且

$$\sum_{i=0}^{M-1} P_i = 1$$

假设 $\theta=0$ 则式（10-42）可变为

$$\begin{aligned} \mathrm{S_{MPSK}}(t) &= \left[\sum_n Ag(t-nT_\mathrm{s}) \cos\phi_i \right] \cos\omega_\mathrm{c} \mathrm{t} - \left[\sum_n Ag(t-nT_\mathrm{s}) \sin\phi_i \right] \sin\omega_\mathrm{c} \mathrm{t} \\ &= I(t) \cos\omega_\mathrm{c} t - Q(t) \sin\omega_\mathrm{c} t \end{aligned} \tag{10-43}$$

式中，$I(t) = \sum_n Ag(t-nT_\mathrm{s}) \cos\phi_i$ 称为同相分量；$Q(t) = \sum_n Ag(t-nT_\mathrm{s}) \sin\phi_i$ 称为正交分量。

为了更清晰地描述 MPSK 信号，可从归一化载波幅度的 MPSK 信号平面矢量图入手，定义单位圆上各信号矢量端点为“信号点”，信号点间的直线距离为“信号距离”，将信号点的平面分布图称为“信号星座图”。图 10-18 给出了 4PSK 和 8PSK 信号矢量端点分布的星座图。

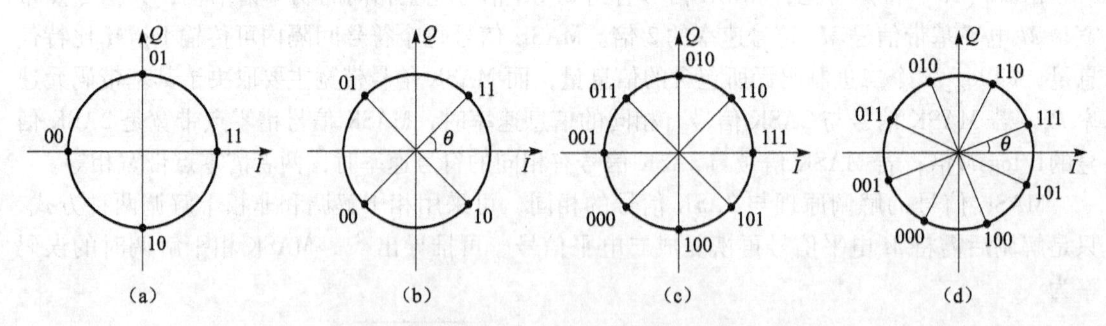

图 10-18　4PSK 和 8PSK 信号星座图

在上述信号星座图中，4PSK 信号的最小信号距离为 $d_{4\mathrm{PSK}} = 2\sin(\pi/4)$，8PSK 信号的最小信号距离为 $d_{8\mathrm{PSK}} = 2\sin(\pi/8)$。显然，MPSK 信号的最小信号距离为

$$d_{\mathrm{MPSK}} = 2\sin(\pi/M) \tag{10-44}$$

利用信号星座图定性分析多进制数字调制信号的抗干扰性能是十分方便的，最小信号距离是影响已调信号误码性能的重要参数。另外，图10－18中(a)、(b)及10－18(c)、(d)的初相位θ不同，这不会影响到MPSK的调制原理；只是各自的实现方法略有不同，图中对应各信号点的编码为格雷码。4PSK习惯上常称为QPSK，其产生方法主要有正交调制法、相应选择法和脉冲插入法。采用正交调制法产生QPSK信号的原理如图10－19所示。

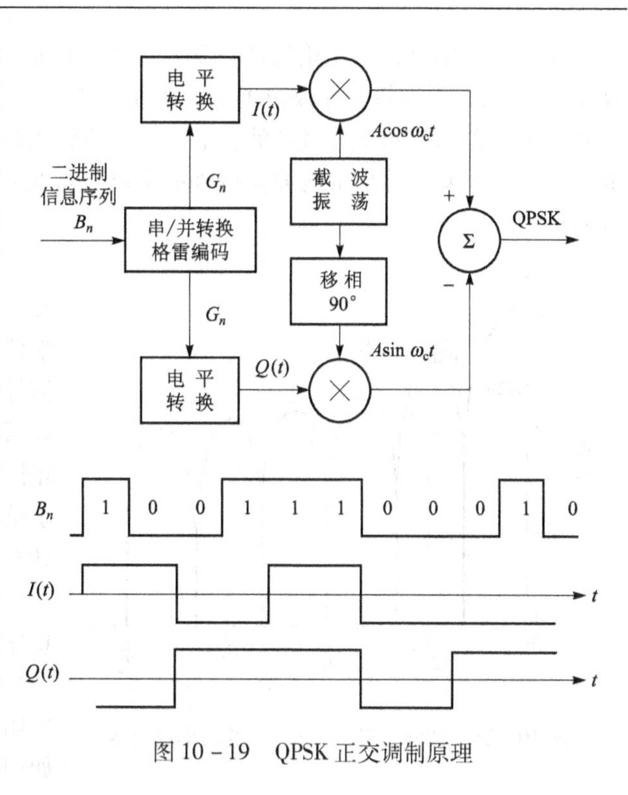

图10－19　QPSK正交调制原理

随着数字集成电路水平的提高，许多以往采用模拟电路完成的信号处理，逐步采用全数字化或主要部件数字化的电路来完成。相位选择法就特别适合MPSK调制器的数字化实现，其中产生QPSK信号的数字式相位选择法调制原理如图10－20所示。

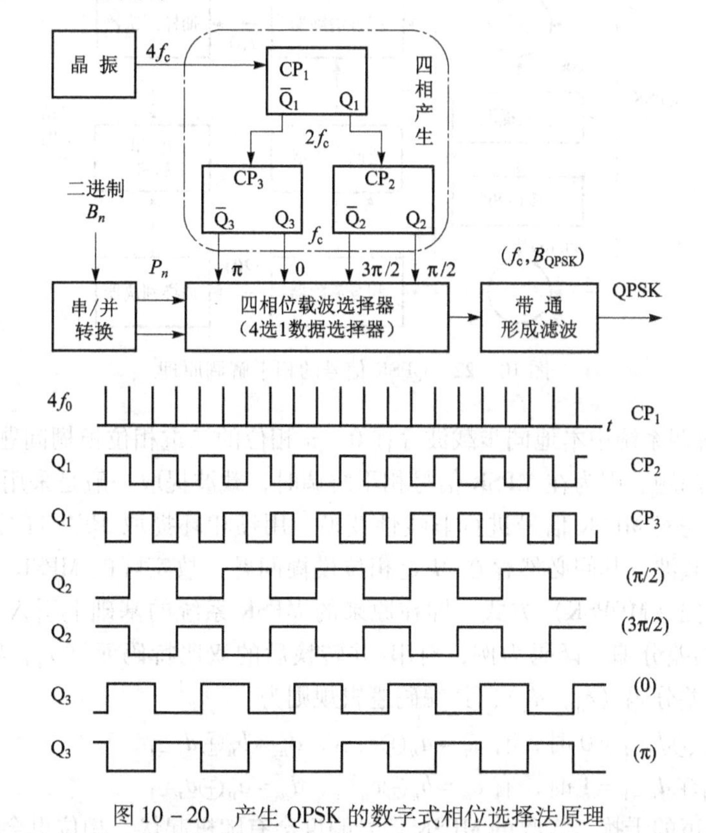

图10－20　产生QPSK的数字式相位选择法原理

应该注意的是，采用相位选择法产生 QPSK 信号时，载波频率 f_c 原则上应为码元速率 R_s 的整数倍，否则将会导致输出相位关系的混乱。数据选择器输出的载波为方波，经以 f_c 为中心频率的带通形成滤波器滤波后，使最终输出的 QPSK 载波为正弦波，确保已调波带宽符合要求。可见，除形成滤波器以外的电路完成可以全数字化实现，8PSK 信号的产生也可用该方法。

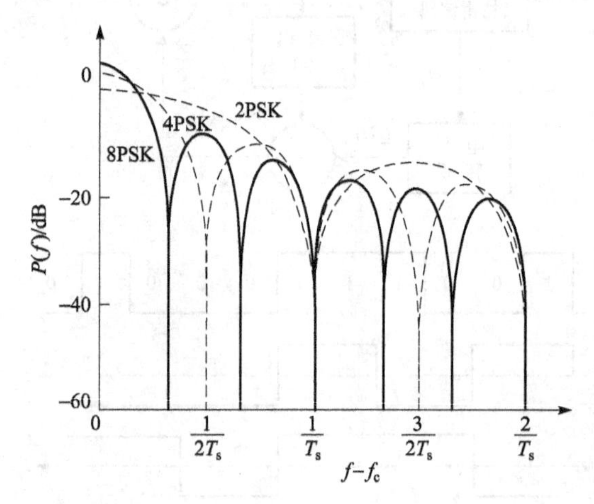

图 10－21　2PSK、4PSK、8PSK 的功率谱对照

MPSK 信号实质上是正交双边带调制信号，可以看成两路对相互正交载波进行多电平调制后的 MASK 信号合成。所以，MPSK 信号的功率谱结构与 MASK 的相同，谱结构以载频为中心对称分布，两者的谱零点带宽相同，为符号速率的 2 倍。图 10－21 给出了信息传输速率 R_b 相同的 2PSK、4PSK、8PSK 信号在 $f-f_c>0$ 时的单边功率谱对照。

就 MPSK 信号的解调而言，当二进制信息序列中的 0、1 等概出现时，与 2PSK 信号一样，MPSK 信号不含载波离散谱，通常要采用相干解调。QPSK 信号的相干解调原理如图10－22所示。

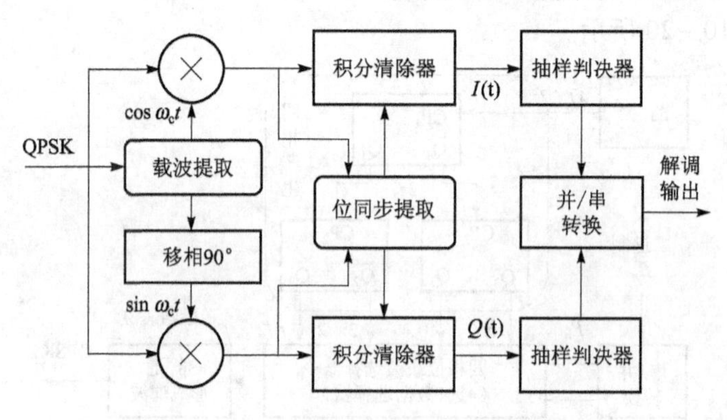

图 10－22　QPSK 信号的相干解调原理

2PSK 相干解调系统中本地同步载波存在 0、π 相位的二重相位模糊问题，MPSK 的相干解调同样有这一问题。因为在 MPSK 信号相干解调时，载波提取一般是采用与平方环类似的 M 次方环，即首先对 MPSK 信号进行非线性变换，用锁相环提取 Mf_c 离散谱分量，再经 M 次分频得到同步载波，其间必然存在 M 重相位模糊问题，故实际的 MPSK 系统通常采用多进制差分移相键控（MDPSK）方式，即在原来的 MPSK 系统的基础上引入差分编、译码环节。以 QDPSK 的差分编、译码为例，对串/并转换后的双比特码元（a_n，b_n）进行差分编码，生成双比特差分码（c_n，d_n），其编码逻辑规则为

（1）当 $c_{n-1}\oplus d_{n-1}=0$ 时，有 $c_n=a_n\oplus c_{n-1}$，$d_n=b_n\oplus d_{n-1}$　　（10－45）

（2）当 $c_{n-1}\oplus d_{n-1}=1$ 时，有 $c_n=b_n\oplus c_{n-1}$，$d_n=a_n\oplus d_{n-1}$　　（10－46）

由于信道噪声的干扰，接收的 MPSK 信号幅度会有随机起伏，相位也会随机抖动，即接

收信号点将出现随机扩散分布，如信号点扩散导致偏离理想信号点位置过大就容易造成误判决。图 10－23 中阴影部分为 QPSK 信号 0 相位信号点的相位正确判决范围，如信号点落入阴影部分以外，则可能误判为$\frac{\pi}{2}$相或$\frac{3\pi}{2}$相信号点。

由此可见，随着 M 值的增大，最小信号距离随之变小，信号点的相位正确判决范围也变小，误判决的概率将会变大。如果能够获得信号点相位随机分布的概率密度函数 $f(\phi)$，且每个信号点等概出现，则理论上 MPSK 信号的误符号率为

$$P_{\mathrm{sMPSK}} = 1 - \int_{-\pi/M}^{\pi/M} f(\phi)\,\mathrm{d}\phi \tag{10-47}$$

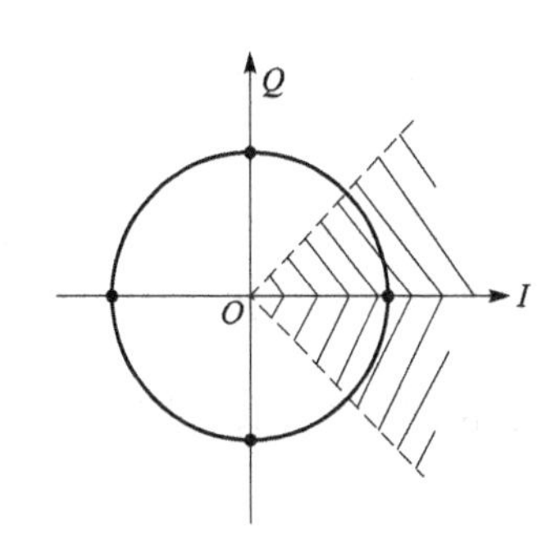

图 10－23　QPSK 信号 0 相位信号点的正确判决范围

在高斯白噪声信道下，可求出 MPSK 信号最佳正交接收的误符号率为[2]

$$P_{\mathrm{sMPSK}} = 2Q\left\{\sqrt{2\left(\frac{E_{\mathrm{b}}}{n_{\mathrm{o}}}\right)\sin^2\left(\frac{\pi}{M}\right)}\right\} \tag{10-48}$$

式中，MPSK 的误符号率符合 $2Q(x)$ 函数规律，而 $x \propto d^2_{\mathrm{MPSK}}\left(\frac{E_{\mathrm{b}}}{n_{\mathrm{o}}}\right)$，这说明在信噪比$(E_{\mathrm{b}}/n_{\mathrm{o}})$一定的情况下，$d_{\mathrm{MPSK}}$越大的 MPSK 信号将有更高的抗噪声性能，其传输的误符号率越低。反之，抗干扰性能下降，误符号率上升。可以说，最小信号距离至少能用来定性比较不同类型多进制数字调制信号之间的抗噪声性能。同样条件下，MDPSK 信号的误符号率近似为[2]

$$P_{\mathrm{sMDPSK}} \approx 2Q\left\{\sqrt{2\left(\frac{E_{\mathrm{b}}}{n_{\mathrm{o}}}\right)\sin^2\left(\frac{\pi}{\sqrt{2}M}\right)}\right\} \tag{10-49}$$

可以看出，当信噪比较低时，MDPSK 要比 MPSK 性能差；当信噪比较高时，两者性能比较接近。若采用格雷编码，误比特率与误码率间的关系近似为

$$P_{\mathrm{bMPSK}} \approx P_{\mathrm{sMPSK}}/\log_2 M \tag{10-50}$$

MPSK 的实际应用较为广泛，如在 CCITT 推荐的话带数传系列标准中，就有速率为 2 400 bit/s、4 800 bit/s 时分别采用 QDPSK 和 8DPSK 调制方式的规定。在微波数字通信中，MPSK 也常被采用。

10.5.3　正交幅相键控（MQAM）

回顾前边介绍过的各种数字调制方式，其共同特点都是单独借助载波的幅度、频率或相位来携带调制信息。从最小信号距离概念看，这样设计的数字调制信号并没有最充分地利用信号的二维矢量平面，没有达到最小信号距离的最大化，必然影响到数字已调信号抗噪声性能的进一步提高。在调制制式 M 和信息传输速率一定的条件下，构造最佳数字调制信号的原则是最充分地保证最小信号距离的最大化。

MQAM 就是基于上述思想所产生的一种多进制数字调制方式，其特点是对载波幅度和相位进行混合调制。现给出 16QAM 和 16PSK 信号星座图，如图 10－24（a）、（b）所示。

显然，16QAM 的最小信号距离 $d_{16\mathrm{QAM}} = 0.47$，而 16PSK 的最小信号距离 $d_{16\mathrm{PSK}} = 0.39$，这说明 16QAM 的抗噪声性能优于 16PSK。式（10－45）已给出了 MPSK 的最小信号距离表达式，不难求出，MQAM 的最小信号距离为

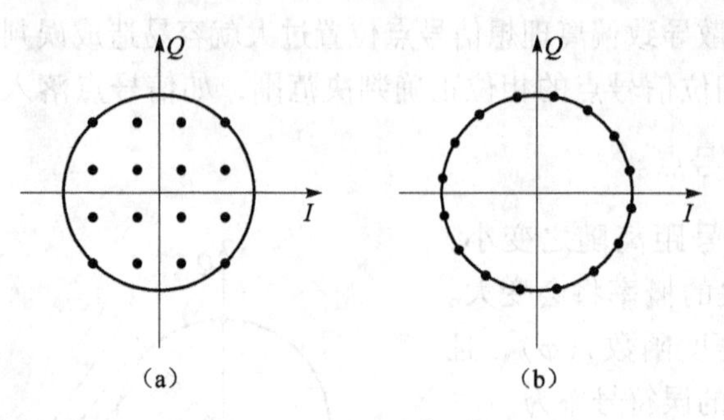

图 10－24　16QAM、16PSK 信号星座图

$$d_{\mathrm{MQAM}}=\sqrt{2}/(\sqrt{M}-1) \qquad (10-51)$$

MQAM 信号与 MPSK 信号有相似之处。MPSK 在 $M>4$ 时，同相与正交两路基带信号电平具有相关性，两支路信号的矢量合成保证了每个信号点落在信号平面的单位圆周上；MQAM 信号同样可用正交调制法产生，但同相与正交两路基带信号电平之间相互独立。可以证明，当 $M>4$ 后，有 $d_{\mathrm{MQAM}}>d_{\mathrm{MPSK}}$。现以 8QAM 信号产生为例，其正交调制原理如图 10－25 所示。

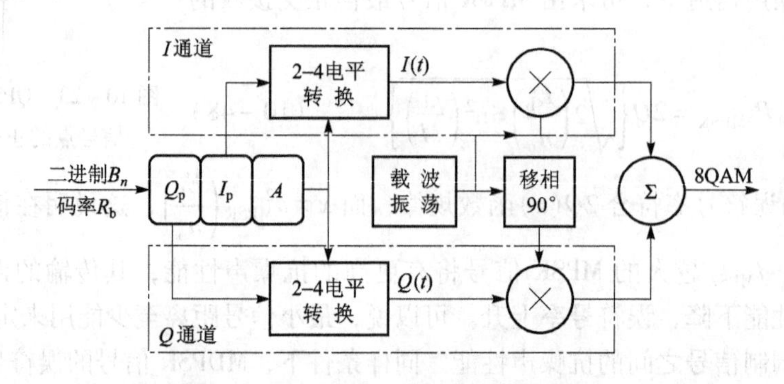

图 10－25　8QAM 的正交调制器原理

8QAM 正交调制器首先将输入码率为 R_b 的二进制序列每 3 个比特为一个分组，3 个比特分别定义为 Q_p 比特、I_p 比特和 A 比特，并以 $R_b/3$ 码率分别送往 Q 通道、I 通道和 2－4 电平转换器，其中 Q_p、I_p 比特决定 2－4 电平转换器输出信号的极性，A 比特决定转换电平的幅值。采用正交调制法的某种 8QAM 调制器的比特分离器编码与 2－4 电平转换器输出的真值表如表 10－3 所示。

表 10－3　比特分离器与电平转换器间的真值表

I_p、Q_p 比特	A 比特	2－4 电平转换器输出/V	I_p、Q_p 比特	A 比特	2－4 电平转换器输出/V
0	0	－0.541	1	0	+0.541
0	1	－1.307	1	1	+1.307

可见，$I(t)$ 和 $Q(t)$ 为 4 电平信号，分别对同相和正交载波进行幅度调制后相加得到 8QAM 信号。例如，当某 3 个比特分组“Q_pI_pA”＝000 时，则有 $I(t)=Q(t)=-0.541$ V，I、Q 通道乘法器输出分别为 $-0.541\cos\omega_c t$ V 和 $-0.541\sin\omega_c t$ V，在该分组期间的 8QAM 输出即为两分量之和，即

$$S_{\mathrm{8QAM}}(t)=-0.541\cos\omega_c t-0.541\sin\omega_c t$$
$$=0.765\cos(\omega_c t+135°)\ \mathrm{V} \qquad (10-52)$$

同理，有各分组与对应的 8QAM 输出幅度和相位的真值表，如表 10－4 所示。

表 10－4　分组编码与 8QAM 输出之的真值表

3 bit 分组编号			8QAM 输出		3 bit 分组编码			8QAM 输出	
I_p	Q_p	A	幅度/V	相位/(°)	I_p	Q_p	A	幅度/V	相位/(°)
0	0	0	0.765	+135	1	0	0	0.765	+45
0	0	1	1.848	+135	1	0	1	1.848	+45
0	1	0	0.765	−135	1	1	0	0.765	−45
0	1	1	1.848	−135	1	1	1	1.848	−45

实际上，16QAM 比 8QAM 应用更多，16QAM 正交调制器原理与 8QAM 的十分相近，只是起串/并转换作用的比特分离器有所不同，16QAM 正交调制器中的比特分离器及 2－4 电平转换器如图 10－26 所示。

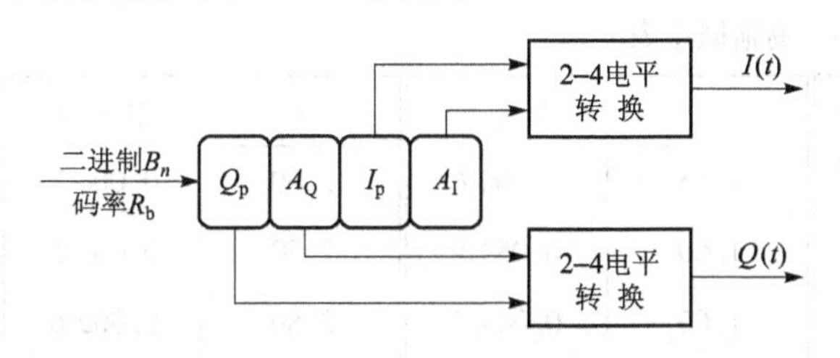

图 10－26　16QAM 的比特分离器及电平转换器

16QAM 正交调制器首先将输入码率为 R_b 的二进制序列第 4 个比特为一个分组，4 个比特分别定义为 Q_p 比特、A_Q 比特、I_p 比特和 A_I 比特，并以 $R_b/4$ 码率分别送往 Q、I 通道的2－4电平转换器，其中 Q_p 比特和 I_p 比特决定 2－4 电平转换器输出信号的极性，A_Q 比特和 A_I 比特决定 2－4 电平转换器输出的幅值。采用正交调制法的某种 16QAM 正交调制器的分组编码与 2－4 电平转换器输出 $Q(t)$ 和 $I(t)$ 的真值表如表 10－5 所示。

表 10－5　16QAM 分组编码与 $Q(t)$、$I(t)$ 的真值表

Q_p	A_Q	$Q(t)$/V	I_p	A_I	$I(t)$/V
0	0	−0.22	0	0	−0.22
0	1	−0.821	0	0	−0.821
1	0	+0.22	1	0	+0.22
1	1	+0.821	1	1	+0.821

MQAM 信号的解调同样可用正交相干解调方式，其原理如图 10－27 所示，其中对低通滤波器输出的 N 电平信号判决使用（$N-1$）个门限电平，这里的 N 为 MQAM 信号点在信号平面水平轴上的投影数目，通常满足 $M=N^2$。

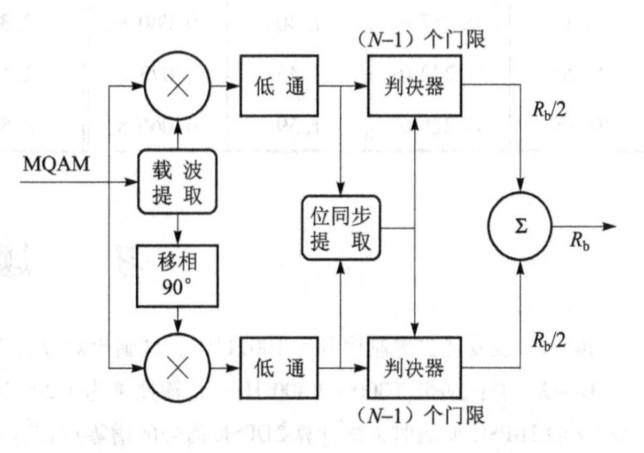

图 10－27　MQAM 的正交相干解调原理

由于 MQAM 和 MPSK 都可以视为两个正交载波的双边带调幅信号的合成，当二者有相同的信号点数目 M 时，它们的功率谱结构是相同的，谱零点带宽 B 同样为基带信号码元速率 R_s 的两倍。

在 $R_s/B=1$ 的理想化条件下，MQAM 和 MPSK 的最高频带利用率为 $\log_2 M$（bit/s/Hz）。

由于 MQAM 信号同样可看成两个相互正交且独立的 MASK 信号的合成，其误码性能取决于 MASK 信号的误码性能，MQAM 的误码率为[2]

$$P_{s,MQAM}=\frac{2\ (N-1)}{N}Q\left\{\sqrt{\frac{6\log_2 N}{N^2-1}\left(\frac{E_b}{n_0}\right)}\right\} \tag{10-53}$$

在近代数字通信系统中，MQAM 应用非常广泛，如在公用电话交换网上进行 4 800 bit/s、7 200 bit/s 或 9 600 bit/s 速率的文件传真及 PCFAX 时，使用的调制解调器（Modem）通常符号国际电信联盟电信标准部门（ITU-T）推荐的 V. 29 建议，即话带宽度为 300 ~ 3 400 Hz，载频 1 700 Hz，4 800 bit/s 速率时采用 4QAM，7 200 bit/s 速率时采用 8QAM，9 600 bit/s速率时采用 16QAM。在近代微波高速数据传输系统中，有 128QAM、甚至 256QAM 调制方式的应用（表 10 - 6）。

表 10 - 6　高斯概率表

y	Q（y）	y	Q（y）	y	Q（y）	y	Q（y）
0. 05	0. 480 1	0. 80	0. 211 9	1. 55	0. 060 6	2. 60	0. 004 7
0. 1	0. 460 2	0. 85	0. 197 7	1. 60	0. 054 8	2. 70	0. 003 5
0. 15	0. 440 5	0. 90	0. 184 1	1. 65	0. 049 5	2. 80	0. 002 6
0. 20	0. 420 7	0. 95	0. 171 1	1. 70	0. 044 6	2. 90	0. 001 9
0. 25	0. 401 3	1. 00	0. 158 7	1. 75	0. 040 1	3. 00	0. 001 3
0. 30	0. 382 1	1. 05	0. 146 9	1. 80	0. 035 9	3. 10	0. 001 0
0. 35	0. 363 2	1. 10	0. 135 7	1. 85	0. 032 2	3. 20	0. 000 69
0. 40	0. 344 6	1. 15	0. 125 1	1. 90	0. 028 7	3. 30	0. 000 48
0. 45	0. 326 4	1. 20	0. 115 1	1. 95	0. 025 6	3. 40	0. 000 34
0. 50	0. 308 5	1. 25	0. 015 6	2. 00	0. 028 8	3. 50	0. 000 23
0. 55	0. 291 2	1. 30	0. 096 8	2. 10	0. 017 9	3. 60	0. 000 16
0. 60	0. 274 3	1. 35	0. 088 5	2. 20	0. 013 9	3. 70	0. 000 10
0. 65	0. 257 8	1. 40	0. 080 8	2. 30	0. 010 7	3. 80	0. 000 07
0. 70	0. 242 0	1. 45	0. 073 5	2. 40	0. 008 2	3. 90	0. 000 05
0. 75	0. 226 6	1. 59	0. 066 8	2. 50	0. 006 2	4. 00	0. 000 03

习　题

10 - 1　设发送二进制序列为 10011101，试画出对应的 2ASK、2FSK、2PSK 和 2DPSK 示意波形。

10 - 2　如在话带（300 ~ 3 400 Hz）传输速率为 1 200 bit/s 的 0、1 等概二进制数据，当采用载频为 1 800 Hz 的 2DPSK 调制时，试计算 2DPSK 信号的谱零点带宽 B。若码速率变为 2 400 bit/s，该调制信号是否还适合在话带中传输？

10-3　若对码元速率为1 200 bit/s的2ASK信号进行最佳非相干解调，发送“1”的概率为P，发送“0”的概率为$1-P$，解调器输入端的高斯白噪声平均功率（方差）为3×10^{-12} W。

（1）若$P=1/2$，$P_{bNCASK}=10^{-4}$，则接收的信号幅度A为何值？若从接收输入到判决器总的电压增益为100 dB，则最佳判决电平V_T为何值？

（2）说明$P>1/2$时的最佳判决门限比$P=1/2$时大还是小？

（3）若$P=1/2$，且$(E_b/n_0)=10$ dB，求P_{bNCASK}。

10-4　采用8PSK调制传输4 800 bit/s速率的二进制数据，则已调信号的最小理论带宽为何值？可否在300 Hz～3 400 Hz话带内传输？其载频设为1 800 Hz是否合适？

10-5　对2ASK信号和正交2FSK信号分别进行最佳相干解调。2ASK信号定义为传1时有载波输出，传0时无载波输出。若2ASK传1时的载波幅度A与2FSK的载波幅度相同，2FSK信号的平均能量为E_b，信道噪声为高斯白噪声，其单边功率谱密度为n_0，两种键控信号的码元间隔均为T_s。当传1与传0的概率相等时，分别求出2ASK和2FSK的误比特率表达式，并与（8-50）式和（8-55）式作比较，说明原因。

10-6　设一空间数字通信系统采用正交2FSK调制及非相干解调方式，空间飞行器发送信号的信息传输速率$R_b=0.1$ Mb/s，发射信号平均功率$P_t=10$ W，发射天线增益$G_t=6$ dB；地面接收机天线增益$G_t=30$ dB，系统带宽$B=1$ MHz，路径传输衰耗$L_p=100+20\lg d$，d的单位为km，L_p的单位为dB，空间噪声视为高斯白噪声，其单边功率谱密度$n_0=4\times10^{-21}$ W/Hz。若使接收误比特率达到10^{-5}，则该系统的最大通信距离为多少km？

10-7　若信道的高斯白噪声单边功率谱密度$n_0=2\times10^{-14}$ W/Hz，信息速率一律为$R_b=300$ bit/s。若要求解调后的误比特率为10^{-5}，求2PSK、2DPSK、2FSK和2ASK最佳相干接收系统中解调器输入信号平均功率的dB值？

10-8　若信道的高斯白噪声单边功率谱密度$n_0=10^{-10}$ W/Hz，信息传输速率一律为R_b1 000 bit/s，接收带宽为3 000 Hz。若要求解调后的误比特率为10^{-5}，试比较非相干2ASK和2FSK的解调器输入平均信号功率间的差别。

10-9　若采用QPSK调制的系统误符号率10^{-5}，现需提高传信率，调制改为16PSK，在保证误符号率指标的前提下，问16PSK信号平均功率要比QPSK的高多少分贝？

参考文献

[1] 樊昌信，等. 通信原理 [M]. 北京：国防工业出版社，1988.
[2] 曹志刚，等. 现代通信原理 [M]. 北京：清华大学出版社，1992.
[3] 董荔真，等. 模拟与数字通信电路 [M]. 北京：北京理工大学出版社，1990.
[4] Ferrel G. Stremler. Introduction Communication Systems [M]. 1997.
[5] 郭世满，等. 数字通信——原理、技术及其应用 [M]. 北京：人民邮电出版社，1994.
[6] 王士林，等. 现代数字调制技术 [M]. 北京：人民邮电出版社，1987.

10-3 若某数字信号的码元速率为 1 000 Bd，[illegible]

(1) [illegible] 100 Hz，[illegible]

(2) [illegible] $P=1/2$ [illegible]

(3) [illegible]

10-4 [illegible] 3 000 Hz [illegible] 1 800 Hz [illegible]

10-5 [illegible] 2PSK [illegible] 2ASK [illegible]

10-6 [illegible]

10-7 [illegible]

10-8 [illegible] 1 000 Hz [illegible] 2 000 Hz [illegible]

10-9 [illegible] QPSK [illegible]

参考文献

[1] [illegible] 通信原理[M]. [illegible] 出版社，1980.
[2] [illegible] [M]. 北京：[illegible] 出版社，1992.
[3] [illegible] [M]. 北京：北京邮电大学出版社，1990.
[4] [illegible] Introduction to Communication Systems. [illegible] 1990.
[5] [illegible] [M]. 北京：人民邮电出版社，1994.
[6] [illegible] [M]. 北京：[illegible] 出版社，[illegible]